KB069009

제4판

프로젝트 관리학

강창욱·김진호·김형도·백동현
정은주·최광호·황인극
공저

박영사

제4판 머리말

프로젝트 환경이 나날이 변하고 있다. 또한, 2015년에 개정판을 출판한 이후 프로젝트관리와 관련된 기술과 지식도 많은 변화가 있었다. 먼저, 그동안 2015년 개정판을 대학 교재나 사내교육 교재로 활용하면서 다양한 개선의견을 제시해 주신 학계 및 산업계 전문가들에게 이 자리를 빌려 깊은 감사의 말씀을 드린다. 이번에 새롭게 출판하는 개정판은 프로젝트 환경의 변화와 새로운 기술과 지식, 그리고 국내 전문가들의 개선의견을 성의껏 반영하고 독자의 이해와 교육의 수월성을 확보하기 위하여 많은 노력을 기울였다.

이번 개정판은 프로젝트관리 국제표준인 ISO 21500:2012를 참고하여 내용을 구성하였고, 프로젝트 선정 단계와 프로젝트 평가 단계를 추가하였으며, 독자들의 의견을 반영하여 프로젝트관리 정보시스템은 제외했다. 2017년 PMI에서 PMBOK 가이드 6판을 출판했기에 그 내용을 참고하였고, 또한 PRINCE2도 2017년에 개정된 내용을 참고하였다. 2020년에 한국프로젝트경영협회(KPMA)는 국내 최초로 프로젝트관리 지침서(A Guide to Project Management Success, GPMS)를 발간하였다. 이 지침서도 많이 참고하였다는 것을 밝혀둔다. 연습문제도 보강하여 학습에 도움이 될 수 있도록 하였다. 그 외에도 많은 내용을 최신의 내용으로 보완하였다.

집필진은 이 책이 프로젝트관리 분야의 교육에 도움이 되고, 국내 프로젝트관리 발전에 초석이 되기를 진심으로 바라고 있다. 또한 국내 최초로 발간된 GPMS와 함께 상호 보완적으로 활용되기를 간절히 바란다. 끝으로 이 책을 흔쾌히 출판해 준 박영사에 진심으로 감사의 뜻을 전한다.

2021년 2월

저자 일동

머리말

훌륭한 프로젝트관리자가 되기 위해서는 체계적인 교육을 받아야 한다. 프로젝트 구성원들은 프로젝트를 성공시키기 위하여 나름대로 열심히 한다. 전문 교육을 받았더라면 효과와 효율 측면에서 훨씬 더 좋은 성과를 얻을 수 있을 것이다. 경험도 중요하지만 기록에 의한 체계적이고 과학적인 관리는 효과가 더 크다. 요즈음 같이 기술이 급속도로 발전하고, 기업환경이 급변하는 상황에서는 경험만으로는 프로젝트의 성공을 기대할 수 없다. 따라서 개인이나 기업은 PM지식을 적극적으로 습득하지 않으면 안 된다.

이 책은 PM이 절실하게 요구되는 시점에 보다 많은 사람들에게 PM을 소개하고 널리 알리는 데 목적을 두고 학계와 업계의 전문가로 구성된 집필진에 의해서 국내에서 최초로 시도된 것으로서, 몇 가지 중요한 특징을 갖고 있다. 첫째로 프로젝트 수행 경력이 없거나 경험이 적은 독자들이 PM을 이해하고 앞으로 프로젝트관리자로서의 역량을 강화하는 데 도움을 주고자 모든 내용을 가능한 한 쉽게 설명하려고 노력하였다. 둘째는 PM에 대한 학문적 배경과 이론을 바탕으로 산업현장의 실무와 연결하였다. 따라서 이 책은 학부에서 한 학기 강의용 교재로 사용할 수 있도록 적절하게 편집하였다. 강의순서는 1, 2, 3부 순서대로 강의를 진행하는 것이 바람직하다. 만약 시간상 어려움이 있을 때는 1부를 먼저하고 2부는 범위관리, 일정관리, 원가관리, 품질관리만 먼저 강의하고 나머지 부분은 적절하게 조정해서 강의하더라도 특별한 문제는 없을 것이다. 셋째는 국내는 물론 전 세계적으로 가장 많이 보급되고 있는 미국 프로젝트관리협회(PMI)가 발간한 PMBOK Guide의 기본체제와 유사하게 편집하였다. PMI가 주관하는 PM 전문가 자격시험(PMP Certification)을 준비하는 독자들에게 많은 도움이 될 것이다. 특히 PM에 대한 이론적 배경을 이해함으로써 PMBOK Guide의 내용을 보다 쉽고 정확하게 파악할 수 있을 것이다.

집필진 전원은 이 책이 PM의 확산을 통해 기업 및 국가 경쟁력 향상에 초석이 될 수 있기를 간절히 바라고 있다. 원고를 정리하는 데 많은 시간을 보낸 한양대학교 박사과정 홍의표, 백재원, 강해운 씨와 어려운 가운데도 이 책을 흔쾌히 출판해 준 북 파일의 김효섭 사장님께 진심으로 감사의 뜻을 전한다.

2009년 6월
저자 일동

목차

CHAPTER

01

프로젝트관리 개요

오늘날 프로젝트는 아주 흔히 사용하는 용어 중의 하나이다. 기업 활동은 프로젝트의 연속이라고 할 수 있고, 글로벌 프로젝트, 국가 프로젝트, 지자체 프로젝트, 개인 프로젝트 등 다양한 프로젝트들이 우리 주변에서 수행되고 있다. 4차 산업혁명 시대를 맞이하여 경영환경은 급변하고 있으며, 새로운 기술을 이용한 제품과 서비스에 의한 조직의 경쟁은 세계 시장에서 더욱 치열해지고 있는 상황이다. 모든 조직들은 살아남기 위하여 고객의 요구사항을 충족시키고 사업의 전략적 목적을 달성하기 위하여 다양한 프로젝트를 수행하고 있다. 프로젝트의 성공은 조직에게 많은 기회와 이익을 제공한다. 그러므로 모든 조직들은 프로젝트를 성공적으로 수행하기 위하여 프로젝트관리를 조직적이고 체계적이고 효율적으로 활용해야 한다.

그렇다면 프로젝트와 프로젝트관리가 최근에 생겨난 개념이 아니면서 최근 들어 그 중요성이 더해 가는 이유는 무엇일까?

첫째, 새로운 기술의 출현으로 프로젝트의 수가 증가하였다. 4차 산업혁명 시대를 대표하는 스마트제조, 인공지능, 로봇기술, 사물인터넷, 전기자동차, 자율주행 등과 관련된 새로운 제품과 서비스를 개발하기 위한 프로젝트의 수가 기하급수적으로 증가하고 있다.

둘째, 제품의 수명주기가 과거에 비해 현격하게 짧아졌다. 짧아진 수명주기에 대응하기 위하여 프로젝트 기간도 단축되어야 하므로 체계적이고 효율적인 프로젝트관리 수행이 요구되고 있다.

셋째, 제품과 서비스가 기술적으로 복잡해졌다. 기술적 복잡성은 제품과 서비스의 설계와 생산에 많은 어려움을 주고 있다. 이를 해결하기 위해 설계 방법이나 생산라인을 개선하는 많은 프로젝트가 수행되고 있다.

넷째, 글로벌화에 따라 조직의 국내외 경쟁이 심화되었다. 모든 조직들은 이러한 경쟁에서 살아남기 위하여 프로젝트관리를 활용하여 신속하고 유연하게 대응할 수 있는 체계를 갖추고 있다.

이상에서 설명한 새로운 기술의 출현, 수명주기의 단축, 기술적 복잡성, 그리고 글로벌화에 따른 경쟁심화 이외에도 다른 많은 요인들에 의해 경영환경은 급변하고 매우 복잡해지고 있다. 민간 조직이나 공공 조직 모두 이러한 경영환경 속에서 운영 효율성 제고, 기술 혁신, 신제품 개발, 경영환경 변화에 대한 신속한 대응 등을 위한 주요 수단으로 프로젝트를 활용하고 있다. 프로젝트는 세상을 변화시키는 주요 수단이다. 무엇을 변화시킨다는 것과 새로운 것을 추가하는 것 자체가 프로젝트 활동이고 이것을 보다 효율적으로 목적에 맞게 수행하는 활동이 프로젝트관리라 할 수 있다. 따라서 프로젝트에 대한 올바른 이해와 체계적이고 효율적인 프로젝트관리를 통해 모든 조직들은 경쟁력 우위를 확보할 수 있을 것이다.

1.1 프로젝트

프로젝트는 인류 문명 발전과 함께 존재해 왔다. 고대 문명 발상지에 아직 존재하고 있는 많은 유적에서 그 유래를 찾아볼 수가 있을 것이다. 프로젝트의 어원을 살펴보면 project란 pro(미리 또는 ~을 위해서)와 ject(던지다 또는 해 보다) 두 단어의 결합으로 '어떤 목적을 위해서 해 보다'의 의미를 갖는 단어이다. 예를 들면, 인천국제공항은 우리나라의 대표적인 건설 프로젝트로서 급증하는 국제선 수요에 대응하기 위하여 2001년 3월에 개항하였다.

1.1.1 프로젝트의 정의

프로젝트에 대한 정의는 다양하다.

우선, 세계표준화기구 ISO(International Organization for Standardization)는 2012년 9월에 발행한 프로젝트관리 국제표준 ISO 21500에서 "프로젝트는 프로젝트의 목표 달성을 위하여 수행되는 고유한 프로세스의 집합으로 구성되며, 프로세스는 시작일과 종료일이 정해져 있고 조정되고 통제되는 활동으로 이루어진다(A project consists of a unique set of processes consisting of coordinated and controlled activities with start and end dates, performed to achieve project objectives)"라고 정의하고 있다.

유럽의 세계프로젝트관리협회 IPMA(International Project Management Association)는 프로젝트관리를 위한 개인역량기준 ICB(Individual Competence Baseline) 4.0(2015)에서 프로젝트를 "사전에 정의된 요구사항과 제약사항 안에서 합의된 인도물을 현실화하는 고유하고 한시적이고 다학문적이고 조직화된 활동(A unique, temporary, multidisciplinary and organized endeavor to realize agreed deliverables within pre-defined requirements and constraints)"으로 정의하고 있다.

미국의 프로젝트관리협회 PMI(Project Management Institute)는 프로젝트관리 지침서 PMBOK 가이드(A Guide to Project Management Body Of Knowledge) 6판(2017)에서 프로젝트를 "고유한 제품, 서비스 또는 결과를 창출하기 위하여 수행하는 한시적인 활동(A project is a temporary endeavor undertaken to create a unique product, service, or result)"으로 정의하고 있다.

영국의 AXELOS는 정보시스템 프로젝트관리 표준인 PRINCE2(PRojects IN Controlled

Environments version 2) 3판(2017)에서 프로젝트를 "합의된 비즈니스 케이스에 따라 한 개 또는 여러 개의 비즈니스 제품을 인도할 목적으로 만들어진 한시적인 조직(A project is a temporary organization that is created for the purpose of delivering one or more business products according to an agreed business case)"으로 정의하고 있다.

한국의 한국프로젝트경영협회 KPMA(Korea Project Management Association)는 프로젝트관리 지침서 GPMS(A Guide to Project Management Success)(2020)에서 프로젝트를 "고유한 제품이나 서비스, 또는 결과를 창출하기 위하여 취한 일시적인 노력"으로 정의하고 있다.

〈표 1-1〉 각 단체별 프로젝트 정의 비교

단체	표준 또는 지침서(연도)	프로젝트 정의
ISO	ISO 21500(2012)	프로젝트는 프로젝트의 목표 달성을 위하여 수행되는 고유한 프로세스의 집합으로 구성되며, 프로세스는 시작일과 종료일이 정해져 있고 조정되고 통제되는 활동으로 이루어진다.
IPMA	ICB 4.0(2015)	프로젝트는 사전에 정의된 요구사항과 제약사항 안에서 합의된 인도물을 현실화하는 고유하고 한시적이고 다학문적이고 조직화된 활동
PMI	PMBOK 가이드 6판(2017)	프로젝트는 고유한 제품, 서비스 또는 결과를 창출하기 위하여 수행하는 한시적인 활동
AXELOS	PRINCE2(2017)	프로젝트는 합의된 비즈니스 사례에 따라 한 개 또는 여러 개의 비즈니스 제품을 인도할 목적으로 만들어진 한시적인 조직
KPMA	GPMS(2020)	프로젝트는 고유한 제품이나 서비스, 또는 결과를 창출하기 위하여 취한 일시적인 노력

위 정의들을 종합해 보면 프로젝트는 한시적(temporary), 고유한(unique), 조직적(organized)이라는 특징을 갖고 있다. 이러한 프로젝트의 특징들을 살펴보기로 한다.

1.1.2 프로젝트의 특징

프로젝트를 추진할 때 프로젝트의 특징들을 충분하게 알고 대처하는 것이 프로젝트를 성공시키는 핵심요인이다.

첫째, 프로젝트는 한시적이다.

여기서 '한시적'이라 함은 모든 프로젝트가 시작과 끝을 가지고 있다는 것을 의미한다. 한시적이라 하여 반드시 기간이 짧은 것은 아니며 어떤 프로젝트의 경우는 수년에 걸쳐 계속되기도 한다. 기업에서 일상적으로 수행하는 업무는 일반적으로 지속적인 업무라는 점에서 프로젝트와 차이가 있다. 또한 프로젝트 활동이 한시적이지 프로젝트활동에 의해 창출되는 제품이나 서비스 등이 한시적이라는 의미가 아니라는 점에 유의해야 한다.

둘째, 프로젝트는 고유하다.

여기서 고유하다는 것은 과거의 프로젝트에서 창출한 제품, 서비스, 결과와 분명하게 다르다는 것을 의미한다. 이때 제품은 완제품, 반제품, 부품 등을 포함하며, 서비스는 유형의 제품을 생산하지는 않지만 생산을 지원하는 기업 활동과 같은 유용한 업무인 서비스를 수행할 수 있는 능력이고, 결과는 프로젝트관리 활동을 수행하여 나온 산출물을 말하는데, 성과나 문서를 포함한다. 이 세 가지를 통칭하여 프로젝트 인도물(deliverable)이라고도 한다.

셋째, 프로젝트는 조직적이다.

프로젝트는 대부분 프로젝트 팀을 구성하고 업무를 분담하여 최종 결과를 확보할 때까지 조직적이고 체계적인 활동으로 진행된다. 이때 프로젝트 팀은 프로젝트 목적과 산출물을 구체적으로 이해해야만 성과를 낼 수가 있다. 그러므로 프로젝트 팀 구성과 팀 개발은 아주 중요하다.

조직의 업무는 프로젝트와 지속적이고 반복적인 업무를 수행하는 운영으로 분류될 수 있다. 한시적이고 고유한 업무인 프로젝트와 조직의 일상 운영에는 다음과 같은 차이가 있다.

<표 1-2>는 프로젝트와 일상 운영의 공통점과 차이점을 보여주는 것으로, 양자는 사람이 수행하고 제한된 자원에 제약을 받으며 계획, 실행 및 통제된다는 공통점이 있으나 프로젝트는 한시적이고 유일하며 점진적으로 구체화되는 반면 일상 운영은 지속적이고 반복적이라는 차이가 있다. 또한 프로젝트는 주어진 목표를 달성하는 것이 목적인 반면 일상 운영은 비즈니스를 지속하는 것이 목적이라는 점에서 그 차이가 있다. 물론 대부분의 기업은 일상 운영과 프로젝트를 함께 운영하는 경우가 많다.

이 외에도 프로젝트가 갖는 일반적인 특성들은 다음과 같다.

- 프로젝트에서 실현해야 할 특정의 목표와 사명이 부여된다.
- 복수의 작업으로 구성되며 각 작업마다 작업내용과 성과물이 다르다.
- 일정, 범위, 예산, 자원 등의 제약을 받는다.
- 여러 이해관계자가 존재한다.

이와 같은 프로젝트의 특성과 높은 불확실성으로 인해 신속한 의사결정과 프로젝트 관리의 총 책임자인 프로젝트관리자(project manager)의 리더십 및 조정능력이 프로젝트의 성공을 위해 매우 중요하다.

〈표 1-2〉 프로젝트와 운영의 비교

프로젝트	운영
• 일시적 팀에 의해 수행 • 비반복적이며 고유한 인도물 제공	• 비교적 안정된 팀에서 수행 • 지속적이고 반복적인 프로세스 • 조직유지에 중점

출처: 프로젝트관리 표준(ISO 21500) 이행가이드, 2013

1.1.3 프로젝트의 종류

프로젝트는 그 규모나 성격 등에 따라 조직의 본부나 부 같은 상위수준 또는 과 정도의 중간수준 등 다양한 수준에서 수행된다. 프로젝트에 참여하는 인력도 서너 명에서 수천 명에 이를 수 있으며 프로젝트 수행기간도 몇 주에서 몇 년까지 다양하다. 또한 조직 내부 인력만으로 프로젝트를 수행하기도 하고 어떤 경우는 외부 전문가나 전문 기업들이 참여하기도 한다. 프로젝트는 고속철도, 국제공항, 원자력발전소 등 건설 산업 분야뿐만 아니라 우주항공 개발, 연구개발(R&D), 신제품 개발, 문화콘텐츠 개발, 소프트웨어 개발, 금융상품 개발, 정보시스템 개발 및 통합 등 거의 대부분의 산업 분야에서 활용되고 있다.

또한 이와 같은 가시적인 프로젝트 이외에도 조직의 효율적인 인력채용 방식 개발, 조직구조의 개편, 업무처리 절차의 개선이나 개발, 생산방식의 개선, 새로운 서비스나 운송수단의 개발, 마케팅 캠페인, 선거 캠페인 등도 프로젝트로 추진하는 경우가 많다. 특히 글로벌화에 따라 여러 나라의 조직들이 공동으로 참여하는 글로벌 또는 다국적 프로젝트 진행도 활발하게 추진되고 있다. 1960년대 초기에는 신제품 개발이나 건설 산업 등을 프로젝트로 많이 추진하였으나 기업환경의 변화와 치열한 경쟁으로 거의 대부분의 분야에서 새로운 프로젝트의 착수가 더욱 활성화되고 있는 추세이다. 심지어 비교적 안정된 산업 분야인 은행이나 보험회사 등도 전통적인 비즈니스 프로세스만으로는 경쟁에 살아남기 어렵게 됨에 따라 새로운 분야를 프로젝트를 통하여 개척하고 있다.

1.2 프로젝트관리

일반적으로 관리는 어떤 목표를 달성하기 위하여 재료나 사람 같은 필요한 자원을 조화롭게 배분하고 운영하는 의사결정, 의사전달, 통솔 등의 노력이라 할 수 있다. 또한 관리는 PDCA(Plan-Do-Check-Act)사이클의 연속이라고 할 수도 있다. 프로젝트관리는 앞서 설명한 바와 같이 제한된 기간에 제한된 자원을 관리해야 하기 때문에 일반적인 관리 기법과는 다르게 정의할 필요가 있다.

1.2.1 프로젝트관리의 정의

프로젝트의 정의와 마찬가지로 프로젝트관리에 대해서도 여러 단체에서 다양하게 정의하고 있다. 우선, 세계표준화기구 ISO는 프로젝트관리 국제표준 ISO 21500에서 프로젝트관리를 "프로젝트에 방법, 도구, 기법, 그리고 역량을 적용하는 것(Project management is the application of methods, tools, techniques and competencies to a project)"이라고 정의하고 있다.

유럽의 세계프로젝트관리협회 IPMA는 ICB 4.0에서 "프로젝트관리는 목표를 달성하기 위하여 프로젝트에 방법, 도구, 기법, 그리고 역량을 적용하는 것과 관련이 있다(Project management is concerned with the application of methods, tools, techniques and competences to a project to achieve goals)"라고 정의하고 있다.

미국의 프로젝트관리협회 PMI는 PMBOK 가이드 6판에서 "프로젝트관리는 프로젝트 요구사항을 충족시키기 위하여 관련 지식, 기량, 도구 및 기법 등을 프로젝트 활동에 적용하는 것이다(Project management is the application of knowledge, skills, tools and techniques to project activities to meet project requirements)"라고 정의하고 있다.

영국의 AXELOS는 PRINCE2에서 "프로젝트관리는 조직 내에서 새로운 이니셔티브 또는 변경 사항이 구현되는 방식을 시작, 계획, 실행 및 관리하기 위해 특정 프로세스 및 원칙을 적용하는 규율이다(Project management is the discipline of applying specific processes and principles to initiate, plan, execute and manage the way that new initiatives or changes are implemented within an organization)"라고 정의하고 있다.

한국의 한국프로젝트경영협회 KPMA는 GPMS에서 "프로젝트관리는 프로젝트의 정의된 범위 내에서 프로젝트 목표 달성을 위한 제반 관리 활동이다"라고 정의하고 있다.

〈표 1-3〉 각 단체별 프로젝트관리 정의 비교

단체	표준 또는 지침서	프로젝트관리 정의
ISO	ISO 21500	프로젝트관리는 프로젝트에 방법, 도구, 기법, 그리고 역량을 적용하는 것이다.
IPMA	ICB 4.0	프로젝트관리는 목표를 달성하기 위하여 프로젝트에 방법, 도구, 기법, 그리고 역량을 적용하는 것과 관련이 있다.
PMI	PMBOK 가이드 6판	프로젝트관리는 프로젝트 요구사항을 충족시키기 위하여 관련 지식, 기량, 도구 및 기법 등을 프로젝트 활동에 적용하는 것이다.
AXELOS	PRINCE2	프로젝트관리는 조직 내에서 새로운 이니셔티브 또는 변경 사항이 구현되는 방식을 시작, 계획, 실행 및 관리하기 위해 특정 프로세스 및 원칙을 적용하는 규율이다.
KPMA	GPMS	프로젝트관리는 프로젝트의 정의된 범위 내에서 프로젝트 목표 달성을 위한 제반 관리 활동이다.

결국 프로젝트관리란 프로젝트를 성공적으로 완료하기 위하여 필요한 작업의 양과 품질, 작업요구조건, 필요한 자원, 작업 방법 등에 대한 계획을 수립하고, 이 계획을 실행하는 것이라고 요약할 수 있다. 계획을 실행하기 위해서는 필요한 조직과 인력을 확보하여 작업을 지시하고, 작업이 계획대로 진행되는지를 지속적으로 감시하여 계획과 차이가 발생하면 그 영향을 검토하여 적절한 조정을 하는 등의 통제업무를 수행한다. 이러한 프로젝트관리에 대해 총괄적인 책임을 가진 사람을 프로젝트관리자라고 한다.

프로젝트관리자의 주요한 책임을 정리하면 다음과 같다(Kerzner, 2006).

- 제한된 자원과 3중 제약 속에서 프로젝트의 최종 성과물의 인도
- 외부로부터 수주한 프로젝트의 경우 계약상 이익목표의 달성
- 프로젝트관리에 필요한 의사결정
- 내·외부 고객 및 이해관계자에 대해 프로젝트를 공식적으로 대표
- 프로젝트 업무추진을 위해 필요시 사내 기능부서 등과 협상 실시
- 프로젝트 팀 구성원 간 발생하는 갈등의 해결

1.2.2 프로젝트관리의 역사 및 관련 단체

인류문명이 시작된 이후 지금까지 수없이 많은 프로젝트들이 진행되어 왔고 이를 통해 인류는 많은 성과를 이룰 수 있었다. 특정 목표를 달성하기 위해 효과적으로 계획하고 실행하는 일련의 활동들을 넓은 의미에서 프로젝트라고 정의한다면 산업화 시

대 이전에도 수많은 프로젝트들이 진행되었다. 이집트의 피라미드나 중국의 만리장성 등이 그 예다. 우리나라의 경우 조선 22대 정조대왕이 축조한 수원화성은 건설기록을 1,334쪽에 달하는 화성성역 의궤에 정교하게 정리해 둔 프로젝트로 유명하다. 33개월 (1794. 1.~1796. 9.) 동안 시공한 화성의 건설기록은 현대 프로젝트기록에 못지않게 상세하고 정확하다 할 수 있다. 이 의궤는 2007년에 UNESCO에서 세계기록문화유산으로 지정하였다.

서양에서는 18세기 말부터 19세기에 걸친 산업혁명으로 산업 전 분야에 큰 변화가 일어났다.

이러한 변화는 프로젝트관리의 골격을 형성하도록 했다. 산업혁명으로 인한 엄청난 변화들과 그에 따른 영향들은 보다 넓은 수준에서의 새로운 해결책들을 필요로 했다. 예를 들어, 대량생산을 하는 산업에서는 많은 원료, 자원, 인력, 장비와 조직 등을 효율적으로 관리할 수 있는 운송, 저장, 제조, 배송에 대한 보다 정교한 시스템들을 개발해야 했다. 산업혁명은 운송과 배송시스템 발전에 커다란 영향을 주어 미국 대륙횡단 철도나 후버 댐과 같은 국가 대형 프로젝트들이 많이 진행되었다. 그러나 현대적인 프로젝트관리 측면에서 본다면 1911년 F.W.Taylor의 과학적 관리에 이어 2차 세계대전 당시의 원자폭탄 개발을 목표로 한 Manhattan 프로젝트에서 시작되었다고 할 수 있다. 1950년대에 기본적인 프로젝트 계획 도구인 PERT(Program Evaluation and Review Techniques)와 CPM(Critical Path Method)이 각각 미국 해군과 듀폰에 의해 개발되어 약 20여 년간 프로젝트관리와 거의 같은 의미로 사용되었다. 즉 프로젝트관리란 PERT/CPM을 기반으로 프로젝트를 계획하고 실행하는 것이 주종을 이루었으며, 건설산업과 우주항공산업 등에서 선도적으로 적용하였다.

1960년대에 들어와서야 프로젝트관리에 조직개념이 도입되었으며 이때부터 복잡한 프로젝트에 체계적인 프로젝트관리 기법과 도구를 사용하는 현대적인 프로젝트관리(modern project management)의 기반이 형성되었다고 할 수 있다. 유럽에서는 IPMA가 1965년에 설립되었고, 미국에서는 PMI가 1969년에 설립되었다.

1970~80년대는 개인용 컴퓨터의 보급 그리고 커뮤니케이션 네트워크의 발전이 급진전되었다.

이 기간 동안 건설, 우주항공 등의 산업에서 제조업과 소프트웨어 산업을 포함하여 보다 다양한 산업으로 프로젝트관리를 적용하기 시작했다. 특히 1988년에 개최된 캘거리 동계 올림픽은 프로젝트관리를 이벤트 관리에 접목시킨 성공적인 사례이다. 또한 일정과 비용 관리 외에 범위, 품질, 리스크, 조달 관리 등 보다 다양한 기능영역으로 관리 범위를 확대하였다. 우주 왕복선 챌린저호 프로젝트에서는 챌린저호 폭파로 위기관리와 품질관리의 중요성이 대두되었다. 개인용 컴퓨터의 발전에 따라 프로젝트관리를 효율적으로 할 수 있도록 지원하는 프로젝트관리 전산화가 상당히 진전되었다.

1990년대 이후는 기존의 비즈니스 방식을 급진적으로 바꾼 인터넷 시대이다. 이 기간에는 단순히 산출물이나 프로젝트 방법의 표준화나 인증뿐만 아니라 프로젝트의 비즈니스 측면에서의 편익에 보다 관심을 갖게 되었다. 또한 프로젝트관리 전문자격증 제도가 상당히 활성화되었고 프로젝트관리의 글로벌화 및 기업전략과의 연계가 진행되었으며 인적 자원관리, 이해관계자관리, 의사소통관리 등에 보다 많은 관심을 갖기 시작했다. 이 기간 동안 수행된 프로젝트로 게놈(genome) 프로젝트는 인체의 모든 유전정보를 가지고 있는 게놈을 해독해서 유전자 지도를 작성하고 유전자 배열을 분석하는 연구개발 프로젝트이다. 또한 ERP(Enterprise Resource Planning) 프로젝트는 기업활동을 위해 사용되는 기업 내의 모든 인적, 물적 자원을 효율적으로 관리하여 궁극적으로 기업의 경쟁력을 강화시켜 주는 역할을 하는 통합정보시스템을 개발하는 프로젝트다.

우리나라에서는 1960년대 후반에 전력회사가 발전소 건설에 프로젝트관리 기법을 도입하여 관련되는 건설 산업계로의 확산을 거쳐 지금은 IT산업을 포함한 다양한 분야에서 최신 프로젝트관리 기법을 활용하고 있다. 1991년에 설립된 KPMA는 국내 프로젝트관리 발전을 선도하고 있다. 이후 경부고속철도, 인천국제공항, 전자정부시스템, 인천대교 등 다양한 대형 프로젝트들이 성공적으로 수행되었다. 그러나 선진국 수준에 도달하기 위해서는 여전히 프로젝트관리 전문 인력양성 등 많은 발전이 필요한 실정이다.

1.3 프로젝트관리 표준 및 지침서

프로젝트관리가 발전해 오는 동안 미국, 영국, 독일, 일본 등 여러 선진국들은 스스로 프로젝트관리 지침서를 개발했고, 이 지침서를 국가표준으로 만들어 활용하고 있었다. 각 나라들은 주어진 환경과 여건이 모두 다르므로 한 나라의 프로젝트관리 지침서 또는 국가표준이 다른 나라에서 사용하기에는 적합하지 않을 수 있다.

따라서 세계표준화기구인 ISO는 프로젝트관리에 대한 국제표준 ISO 21500을 제정하기 위한 첫 회의를 2007년에 영국에서 개최하였고, 우리나라도 2008년부터 참가하여 프로젝트관리 국제표준 제정에 기여하였다. ISO는 2012년 9월에 ISO 21500을 공표하였다. 우리나라는 그동안 프로젝트관리에 대한 국가표준이 없었지만, 2013년에 국제표준 ISO 21500에 부합하는 한국PM표준 KS A ISO 21500을 제정하고 발표하였다.

<표 1-4>는 ISO 21500가 10개의 주제 그룹(통합, 이해관계자, 범위, 자원, 시간, 원가, 리스크, 품질, 조달, 의사소통)과 5개의 프로세스 그룹(착수, 계획, 이행, 통제, 종료)에 대한 39개의 세부 프로세스로 구성되어 있다는 것을 보여주고 있다.

〈표 1-4〉 ISO 21500 프로세스 및 주제 그룹별 세부 프로세스

주제 그룹	프로세스 그룹				
	착수	계획	이행	통제	종료
통합	4.3.2 프로젝트 헌장 개발	4.3.3 프로젝트 계획 수립	4.3.4 프로젝트 작업 지시	4.3.5 프로젝트 작업 통제 4.3.6 변경 통제	4.3.7 단계 또는 프로젝트 종료 4.3.8 교훈 수집
이해관계자	4.3.9 이해관계자 식별		4.3.10 이해관계자 관리		
범위		4.3.11 범위 정의 4.3.12 작업분류 체계 작성 4.3.13 활동 정의		4.3.14 범위 통제	
자원	4.3.15 프로젝트 팀 편성	4.3.16 자원 산정 4.3.17 프로젝트 조직 정의	4.3.18 프로젝트 팀 개발	4.3.19 자원 통제 4.3.20 프로젝트 팀 관리	
시간		4.3.21 활동 순서 4.3.22 활동 기간 추정 4.3.23 일정 수립		4.3.24 일정 통제	
원가		4.3.25 원가 산정 4.3.26 예산 편성		4.3.27 원가 통제	
리스크		4.3.28 리스크 식별 4.3.29 리스크 평가	4.3.30 리스크 대처	4.3.31 리스크 통제	
품질		4.3.32 품질 계획	4.3.33 품질 보증 수행	4.3.34 품질 통제 수행	
조달		4.3.35 조달 계획	4.3.36 공급자 선정	4.3.37 조달 관리	
의사소통		4.3.38 의사소통 계획	4.3.39 정보 배포	4.3.40 의사소통 관리	

주의: 본 표의 목적은 활동 수행 순서를 시간적으로 명시하는 데 있지 않고 주제 그룹과 프로세스 그룹을 표로 나타내는 데 있다.
출처: 프로젝트관리 표준(ISO 21500) 이행가이드, 2013

법, 의료, 회계 분야와 같은 전문 분야는 해당 분야에 대한 기본 지식체계(BOK: Body Of Knowledge)와 자격에 대한 기준을 수립, 운영하고 있다. 프로젝트관리 분야도 마찬가지로 여러 단체에서 프로젝트관리 지식체계를 개발하여 운영하고 있다. 주요한 몇 가지를 소개한다.

■ 미국 PMI의 PMBOK 가이드

미국 PMI의 PMBOK 가이드(A Guide to Project Management Body Of Knowledge)는 1996년에 발간을 시작하여 약 4년 주기로 개정을 하여 현재 6판(2017)까지 발간되었으며, 미국표준협회(American National Standard Institute)의 표준으로 등록되어 있다(ANSI/PMI 99-001-2013). <표 1-5>는 PMBOK 가이드 6판의 프로젝트관리 프레임워크로, 이 프레임워크는 10개의 지식영역(통합관리, 범위관리, 일정관리, 원가관리, 품질관리, 자원관리, 의사소통관리, 리스크관리, 조달관리, 이해관계자관리)과 5개의 프로세스 그룹(착수, 기획, 실행, 감시 및 통제, 종료)으로 구성되어 있다. PMBOK 가이드 6판은 다양한 단일 프로젝트관리에 범용으로 사용할 수 있도록 10개 지식영역과 5개의 프로세스 그룹에 따라 49개의 논리적으로 연결된 프로세스들로 구성되어 있다.

<표 1-5>는 PMI PMBOK 가이드 6판 프로세스 및 주제 그룹별 세부 프로세스를 표로 나타낸 것이다.

〈표 1-5〉 PMI PMBOK 가이드 6판 프로세스 및 주제 그룹별 세부 프로세스

지식 영역	프로젝트관리 프로세스 그룹				
	착수 프로세스 그룹	기획 프로세스 그룹	실행 프로세스 그룹	감시 및 통제 프로세스 그룹	종료 프로세스 그룹
4. 프로젝트 통합관리	4.1 프로젝트헌장 개발	4.2 프로젝트관리 계획서 개발	4.3 프로젝트작업 지시 및 관리 4.4 프로젝트지식 관리	4.5 프로젝트작업 감시 및 통제 4.6 통합 변경통제 수행	4.7 프로젝트 또는 단계 종료
5. 프로젝트 범위관리		5.1 범위관리 계획수립 5.2 요구사항 수집 5.3 범위정의 5.4 작업분류체계 (WBS) 작성		5.5 범위확인 5.6 범위통제	

지식 영역	프로젝트관리 프로세스 그룹				
	착수 프로세스 그룹	기획 프로세스 그룹	실행 프로세스 그룹	감시 및 통제 프로세스 그룹	종료 프로세스 그룹
6. 프로젝트 일정관리		6.1 일정관리 계획수립 6.2 활동정의 6.4 활동순서 배열 6.4 활동기간 산정 6.5 일정개발		6.6 일정통제	
7. 프로젝트 원가관리		7.1 원가관리 계획수립 7.2 원가산정 7.3 예산책정		7.4 원가통제	
8. 프로젝트 품질관리		8.1 품질관리 계획수립	8.2 품질관리	8.3 품질통제	
9. 프로젝트 자원관리		9.1 자원관리 계획수립 9.2 활동자원 산정	9.3 자원확보 9.4 팀개발 9.5 팀관리	9.6 자원통제	
10. 프로젝트 의사소통관리		10.1 의사소통관리 계획수립	10.2 의사소통관리	10.3 의사소통 감시	
11. 프로젝트 리스크관리		11.1 리스크관리 계획수립 11.2 리스크 식별 11.3 정성적 리스크분석 수행 11.4 정량적 리스크분석 수행 11.5 리스크대응 계획수립	11.6 리스크대응 실행	11.7 리스크 감시	
12. 프로젝트 조달관리		12.1 조달관리 계획수립	12.2 조달수행	12.3 조달통제	
13. 프로젝트 이해관계자 관리	13.1 이해관계자 식별	13.2 이해관계자 참여 계획수립	13.3 이해관계자 참여	13.4 이해관계자 참여 감시	

출처: PMBOK 가이드 6판, 2017

■ 영국 AXELOS의 PRINCE2

PRINCE는 PRojects IN Controlled Environments(통제된 환경에서의 프로젝트)의 약자로 1989년 영국의 OGC(Office of Government Commerce)에서 개발되어 1996년 PRINCE2로 개정되었다. 원래 PRINCE는 IT 프로젝트관리를 위한 영국 정부의 표준으로 개발되었으나 곧바로 영국 정부와 민간 부분에서 IT 이외의 프로젝트에도 확대 적용되었다. PRINCE2는 조직이 자원을 효율적이고 통제된 방식으로 사용하고 위험을 효과적으로 관리하기 위한 프로젝트관리 방법으로, 영국 정부와 민간에서 프로젝트관리를 위한 사실상의 표준으로 사용되고 있다.

PRINCE2는 어떤 형태의 프로젝트에도 적용이 가능한 프로젝트관리 방법으로서, 7개의 원칙, 7개의 주제, 7개의 프로세스로 연계되어 있다(AXELOS, 2017).

7 원칙(principle)

- 지속적인 프로젝트 검증(continued business justification)
- 경험으로부터 배우기(learn from experience)
- 정의된 역할과 책임(defined roles and responsibilities)
- 단계관리(manage by stages)
- 예외관리(manage by exception)
- 결과물에 집중(focus on products)
- 프로젝트에 맞게 조정(tailor to suit the project)

7 주제(theme)

- 비즈니스 케이스(business case)
- 조직(organization)
- 품질(quality)
- 계획(plans)
- 리스크(risk)
- 변경(change)
- 진척(progress)

7 프로세스(process)

- 프로젝트 시작(starting up a project)

- 프로젝트 지휘(directing a project)
- 프로젝트 착수(initiating a project)
- 단계조정(controlling a stage)
- 결과물 인도관리(managing product delivery)
- 단계경계관리(managing a stage boundary)
- 프로젝트 종료(closing a project)

<표 1-6>은 AXELOS PRINCE2 프로세스와 관리활동을 표로 나타낸 것이다.

〈표 1-6〉 AXELOS PRINCE2 프로세스와 관리활동

프로세스	관리활동	활동 수
프로젝트 준비	• 중역과 프로젝트관리자 임명 • 이전 경험 획득 • 프로젝트관리 팀 설계 및 임명 • 비즈니스 케이스 개요 준비 • 프로젝트 접근 방안 정의 • 착수 단계 계획	6
프로젝트 지휘	• 착수 승인 • 프로젝트 승인 • 단계 또는 예외 계획 승인 • 애드혹 지휘 • 프로젝트 종료 승인	5
프로젝트 착수	• 맞춤 요구사항 합의 • 리스크관리 접근 방안 준비 • 변경통제 접근 방안 준비 • 품질관리 접근 방안 준비 • 의사소통관리 접근 방안 준비 • 프로젝트 통제 설정 • 프로젝트 계획 생성 • 효익관리 접근 방안 준비 • 프로젝트 착수 문서(PID) 준비	9
단계통제	• 작업패키지(work package) 승인 • 작업패키지 진척도 검토 • 완성된 작업패키지 인수 • 관리 단계 상태 검토 • 주요 사항 보고 • 이슈와 리스크 파악 및 조사 • 이슈와 리스크 해소 • 시정조치	8

프로세스	관리활동	활동 수
산출물 인도관리	• 작업패키지 승인 • 작업패키지 실행 • 작업패키지 인도	3
단계경계관리	• 다음 단계 계획 • 프로젝트 계획 수정 • 프로젝트 비즈니스 케이스 수정 • 단계 종료 보고 • 예외 계획 생성	5
프로젝트 종료	• 계획된 종료 준비 • 조기 종료 준비 • 제품 인계 • 프로젝트 평가 • 프로젝트 종료 권고	5
전체 활동의 수		41

출처: PRINCE2, 2017

■ 유럽 IPMA의 ICB 4.0

IPMA의 개인역량기준 ICB 4.0은 1998년에 제정된 이래 세 번의 개정을 통해 2015년에 발표된 것이다. ICB 4.0은 조직역량기준 OCB(Organizational Competence Baseline)와 프로젝트우수성기준 PEB(Project Excellence Baseline)와 함께 연계되어 사용되고 있다. ICB 4.0은 세 개의 역량분야, 즉 관점(Perspective), 사람(People), 업무(Practice)를 설명하고 있다.

각 분야별로 여러 개의 역량요소로 구성되어 있다.

<표 1-7>은 IPMA ICB 4.0의 역량분야와 역량요소를 표로 나타낸 것이다.

〈표 1-7〉 IPMA ICB 4.0 역량분야와 역량요소

관점	사람	업무
• 전략 • 거버넌스, 구조, 프로세스 • 컴플라이언스, 표준, 규정 • 권한과 이해관계 • 문화와 가치	• 자기성찰과 자기관리 • 진실성과 신뢰성 • 대인 커뮤니케이션 • 관계와 참여 • 리더십 • 팀워크 • 갈등과 위기 • 문제해결력 • 협상	• 프로젝트 설계 • 요구사항과 목적 • 범위 • 시간 • 조직과 정보 • 품질 • 재무 • 자원 • 조달

관점	사람	업무
	• 결과지향성	• 계획과 통제 • 리스크와 기회 • 이해관계자 • 변화와 변환

출처: IPMA ICB 4.0, 2017

■ 한국프로젝트경영협회(KPMA)의 프로젝트관리지침서 GPMS

우리나라에는 1991년에 창립한 한국프로젝트경영협회를 비롯하여 2010년에 창립한 한국프로젝트경영학회가 상호 협력하여 국내 프로젝트관리 발전을 위해 노력하고 있다. 그 외에도 여러 개의 프로젝트관리 전문협회들이 활동을 하고 있다.

2020년 9월에 한국프로젝트경영협회는 협회전문가들이 집필하고 한국프로젝트경영학회 전문가들이 감수하여 국내 최초로 '프로젝트관리지침서(A Guide to Project Management Success)'를 발간하였다. GPMS는 13개의 프로젝트관리 주제, 7개의 프로젝트관리 프로세스 그룹, 57개의 세부 프로세스로 구성되어 있다.

<표 1-8>은 GPMS 프로젝트관리 주제와 프로세스 그룹의 매트릭스를 표로 나타낸 것이다.

〈표 1-8〉 KPMA GPMS 프로젝트관리 주제와 프로세스 그룹

프로젝트 관리 주제	프로젝트관리 프로세스 그룹						
	사전 프로젝트	착수	기획	이행	감시 및 통제	종료	사후 프로젝트
통합관리	4.1.1 사전 프로젝트 활동 4.1.3 프로젝트 착수 당위성	4.2.1 프로젝트 헌장 개발 4.2.2 프로젝트 감독 4.2.3 프로젝트 지시 및 후원 4.2.4 프로젝트 팀 동원 4.2.5 프로젝트 거버넌스와 접근 방법	4.3.1 프로젝트 감독 4.3.2 초기 프로젝트 기획 4.3.3 프로젝트관리 계획 4.3.4 프로젝트 지시 및 후원	4.4.1 프로젝트 감독 4.4.2 프로젝트 지시 및 후원 4.4.3 프로젝트 단계의 시작과 종료 관리 4.4.4 작업패키지의 시작, 진행, 종료 관리 4.4.5 인도물관리	4.5.1 프로젝트 감독 4.5.2 프로젝트 지시 및 후원 4.5.3 프로젝트 감시 및 통제	4.6.1 프로젝트 또는 단계 종료 4.6.2 교훈 식별 및 보고	4.7.1 사후 프로젝트 활동

프로젝트 관리 주제	프로젝트관리 프로세스 그룹					
	사전 프로젝트	착수	기획	이행	감시 및 통제	종료	사후 프로젝트
				4.4.10 이슈 식별 및 해결			
편익관리			4.3.5 편익 식별 및 분석		4.5.4 편익 감시 및 유지		4.7.2 프로젝트 성공 여부 및 편익의 실현
범위관리			4.3.6 작업분류체계 (WBS) 개발		4.5.5 범위 검증 및 통제		
자원관리			4.3.7 프로젝트 조직 기획 및 팀 구성 4.3.8 활동별 자원산정 4.3.9 물적 자원기획	4.4.6 프로젝트 팀 개발 4.4.7 물적 자원관리	4.5.6 프로젝트 팀 관리 4.5.7 물적 자원통제		
일정관리			4.3.10 일정개발		4.5.8 일정통제		
원가관리			4.3.11 원가산정 및 예산편성		4.5.9 원가통제		
리스크관리			4.3.12 리스크 계획 수립		4.5.10 리스크통제		
변경통제			4.3.13 변경통제 계획 수립	4.4.8 변경요청서 식별 및 평가	4.5.11 변경요청서 이행 및 종료		
품질관리			4.3.14 품질계획 수립	4.4.9 품질보증	4.5.12 품질통제		
이해관계자 참여		4.2.6 이해관계자 식별		4.4.11 이해관계자 참여관리			
의사소통 관리			4.3.15 의사소통 계획 수립	4.4.12 의사소통 이행	4.5.13 의사소통 통제		

프로젝트 관리 주제	프로젝트관리 프로세스 그룹						
	사전 프로젝트	착수	기획	이행	감시 및 통제	종료	사후 프로젝트
조직변화			4.3.16 조직변화 필요성 식별 및 계획 개발	4.4.13 조직의 변화 이행			
조달관리			4.3.17 조달 계획 수립	4.4.14 공급자 평가 및 선정	4.5.14 계약행정		

출처: GPMS, 2020

1.4 프로젝트 및 프로젝트관리 성공

1.4.1 프로젝트 성공에 대한 관점

프로젝트를 성공적으로 완료하기 위한 요인을 살펴보기 전에 무엇을 프로젝트의 성공으로 볼 것인가를 살펴볼 필요가 있다.

역사적으로, 삼중제약 조건은 프로젝트를 유일하게 정확히 측정할 수 있는 성공 기준으로 간주되었다. 일반적으로 프로젝트관리자는 비즈니스에 대한 지식이 제한된 사람으로 선정되었기 때문에 프로젝트의 성공은 대개 삼중제약(정시에, 예산 내에 요구 품질의 달성(또는 범위/성능))의 달성으로 정의되었다. 그러나 대부분의 프로젝트에서 이 세 가지 조건을 만족시키며 종료하는 프로젝트는 그다지 많지 않고 또한 삼중제약 조건관계에 있어 다른 조건에 영향을 주지 않고 한 조건을 변경하기 어렵다는 사실도 잘 알고 있다(trade-off).

프로젝트관리자의 비즈니스 전반에 대한 지식요구가 점점 늘어감에 따라 성공의 정의 또한 시장점유율이나 투자수익률(ROI)과 같은 비즈니스 요소를 포함하는 것으로 바뀌게 되었다. 그러나 대부분의 프로젝트들의 경우 비즈니스 목적이 결핍되어 있는 경우가 많이 있고 기업의 귀중한 자원들이 사업기회를 포함한 가치 있는 임무수행보다 고객요구나 상황적으로 바쁜 업무들을 더 빨리 처리하기 위해 매여 있다.

이 문제를 풀기 위해 각 기업들은 프로젝트 성공에 대한 기준의 정의를 수정하여 비즈니스 요소들을 포함시키기 시작했고, 비즈니스 요소의 존재는 프로젝트의 선택이

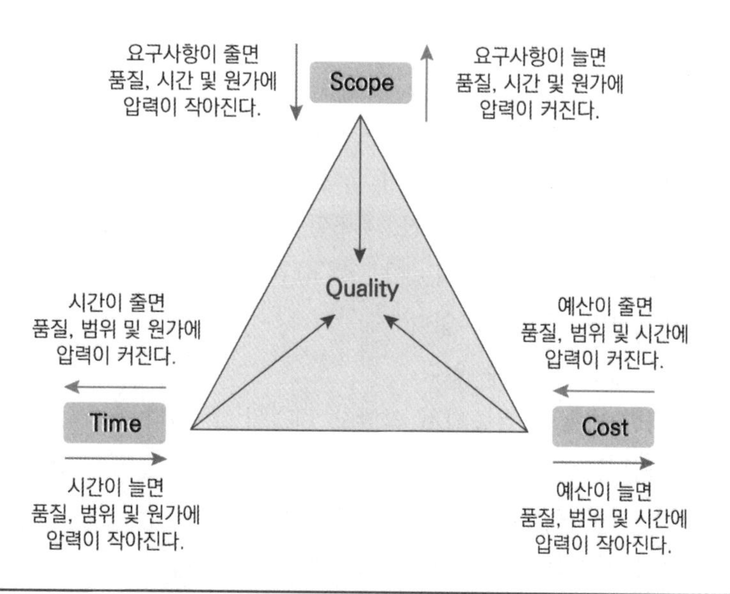

[그림 1-1] 삼중제약과 절충(trade-off)

나 우선순위화 그리고 프로젝트 포트폴리오관리에서 더욱 일을 수월하게 만들고 있다.

앞의 설명에서 언급한 것과 같이 전통적인 측정 방법에 의하면, 프로젝트의 성공은 삼중제약 내에서 일을 수행하는 것이다. 만약 프로젝트가 단순히 제품을 개발하기 위해 설계되었다면, 이것은 성공을 위한 합리적인 정의로 간주될 수도 있다. 하지만 제품의 개발이 전략적 노력의 일부로서 마케팅하고 판매해야만 하는 프로그램 같은 많은 노력의 일부분인 경우는 어떻게 되겠는가?

만약 프로젝트가 삼중제약의 요소 안에서 완료되었으나 기업이 제품에 대한 수요가 별로 없음을 알게 되었다면, 이 프로젝트는 본질적으로 성공으로 보기 어려울 것이다.

전통적으로 기업들은 프로젝트의 성공과 프로그램의 성공을 구분했다. 이것은 프로젝트를 성공적으로 볼 수 있어도 프로그램은 실패로 간주될 수 있음을 뜻한다. 오늘날 성공의 정의에는 ROI, 제품을 파는 능력, 그리고 시장의 요구를 만족시키는 능력과 같은 비즈니스 구성요소를 포함하고 있다. 느리지만 분명히 조직의 전략목표에 부합하는 비즈니스 구성요소를 성공의 정의에 포함시키고 있다. 이것은 기업이 받아들일 수 있는 일반적인 성공의 정의를 개발해 보도록 함으로써 프로젝트와 프로그램의 수준을 동등하게 받아들일 수 있도록 장려할 것이다. 앞으로 프로젝트와 프로그램의 성공은 서로 연결되어 상호 의존하게 될 것이다.

1.4.2 프로젝트 성공의 감안요소

다음의 전제 사항들은 프로젝트관리자가 비즈니스의 이해와 성공에 대한 정의의 일부로서 필요한 비즈니스 구성요소를 알기 위해 필요한 사항이다.

- 잘못된 프로젝트를 진행하고 있다면, 계획된 인도물을 프로젝트의 결과로 얻어낼 수 있지만 프로젝트를 잘하든 못하든 아무런 상관이 없다.
- 제품을 위한 시장이 어디에도 없다.
- 제품이 설계된 대로 만들 수 없다.
- 프로젝트에 대한 가정이 검증되지 않았고 변경될 수 있다.
- 시장과 요구사항이 변할 수 있다.
- 귀중한 자원이 잘못 선택된 프로젝트에 낭비되었다.
- 이해관계자들이 경영층의 성과에 실망할 수 있다.
- 프로젝트 선정과 포트폴리오관리 프로세스에 오류가 있다.
- 조직의 사기가 떨어졌다.
- 시간과 예산을 맞추는 것이 성공의 필수요소는 아니다.

그러므로 이렇게 하는 것이,

- 고객과 사용자의 만족을 보장하지 않는다.
- 고객이 제품과 서비스를 인수할 것을 보장하지 않는다.
- 성과기대치의 일치를 보장하지 않는다.
- 가치 있는 인도물로 보장하지 않는다.
- 시장에서의 수용을 보장하지 않는다.
- 성공을 보장하지 않는다.
- 삼중제약에 따라 프로젝트를 완료했다 하더라도 이것이 완료시점에서 필요한 가치를 보장하지 않는다.
- 전사적 프로젝트관리 방법론을 포함한 프로젝트 실무관행을 가지는 것이 프로젝트 완료시점에 비즈니스 가치를 보장하지 않는다.
- 비즈니스 가치는 당신의 고객이 대가를 치를 만한 가치가 있다고 인식하는 어떤 것이다.
- 성공이란 비즈니스 가치를 획득할 때이다.

결과적으로 프로젝트의 성공은 가치가 일어나 획득하였을 때이다. 그러나 프로젝트의 가치는 시간에 따라 변할 수 있고 프로젝트관리자는 이 변화가 일어난 것을 전혀 인식하지 못할 수 있다.

이러한 프로젝트 결과에 대한 가치의 부족이나 실패는 다음과 같은 결과를 가져올 수 있다.

- 시장예측 불가
- 변경된 시장요구
- 변화하는 제약과 가정
- 기술의 진보 또는 요구기능 달성 불가
- 핵심자원이 가용하지 않거나 필요한 스킬을 가진 자원이 부족

가치의 구성요소는 어떤 프로젝트를 취소해야 하는지를 나타낼 수도 있다.

프로젝트가 일찍 취소될수록 자원을 보다 높은 가치와 성공 가능성을 가진 프로젝트에 조금 더 빠르게 할당할 수가 있기 때문이다.

1.4.3 프로젝트 성공에 대한 의미의 변화

프로젝트관리가 발달하면서 성공의 정의 또한 계속해서 진화하고 있으므로 프로젝트를 시작하기 전에 관련 이해관계자들은 초기 기획 프로세스에서 성공의 정의에 대해 반드시 합의해야 한다. 이는 일반적으로 기획회의에서 이루어진다. 이 회의에서 프로젝트에 대한 기대는 신뢰성, 안정성, 보증, 사용에 대한 적합성 그리고 의사소통의 적시성에 관한 토론을 통해 정의된다.

성공의 정의가 변화됨에 따라 가치의 정의 또한 변화되어야 한다. 역사적으로, 프로젝트와 프로그램의 성공에 대한 정의가 서로 동떨어져 있었다. 성공적으로 완료된 프로젝트가 프로그램의 성공을 보장하지 않았고, 프로젝트의 성공은 보다 기술적인 관점에서 정의되고, 프로그램의 성공은 비즈니스 관점에서 정의된다는 것이 일반적인 관례로 여겨졌다. 그러므로 때때로, 프로그램의 성공은 이를 뒷받침하는 프로젝트가 완료된 이후에만 정의될 수 있을 것이다.

오늘날, 기업들은 프로젝트와 프로그램의 성공을 하나의 정의로 통합하고 있는데, 이는 비즈니스 결과와 비즈니스 기대치(즉, 가치)뿐만 아니라 삼중제약과 다른 성공 기준을 충족시키는 것을 말한다. 비즈니스 구성요소는 다음과 같이 재무용어로 정의될

수 있다.

- 투자수익률
- 회수기간
- 순현재가치
- 내부수익률
- 시장점유율
- 총 매출
- 고객 기반

1.4.4 성공기준의 재정의

시간, 원가 그리고 성과의 삼중제약은 [그림 1-2]에서 정육면체의 중앙에 있는 원이다. 그러나 현실에서는 정육면체가 성공의 실제에 대한 정의이다. 예를 들어:

- 예산을 천만 원 초과하여 프로젝트를 완료하는 것은 원래 예산의 규모와 달성된 가치의 정도에 따라 여전히 성공이라고 볼 수도 있다.
- 만약 고객이 최종 제품이나 인도물이 자신들의 요구를 만족시킨다고 인식하는 경우라면, 프로젝트의 기간과 지연되는 기간에 대해 고객이 허용하는 수준에 따라 프로젝트를 2주 정도 늦게 완료하는 것은 여전히 성공으로 볼 수 있다.
- 만약 기능이 대부분의 주요한 요구사항들을 처리한다면, 사양설명서 요구사항을 92%만 충족시킨 인도물을 제공하는 것도 고객의 입장에서는 성공으로 볼 수 있다.

사실, 성공의 정의는 삼중제약보다는 정육면체 내에서 프로젝트를 완료하는 것이다. 불행히도, 대부분의 경영진은 프로젝트관리자에게 정육면체 내의 한 개를 정의하거나 제공하지 않는 경우가 일반적이다.

프로젝트의 성공은 계획된 제약 및 가정 내에서 비즈니스 가치가 성취되었을 때 이루어진다. 그러므로 성공의 정의에는 반드시 가치가 포함되어야 한다. 그렇지만 생각하는 가치는 이해관계자마다 상이하고 다양한 형태로 나타나므로 말하기는 쉽지만 실제로 실행하기는 어렵다.

실질적인 가치 창출과 궁극적인 프로젝트의 성공을 달성하기 위해서 프로젝트관리자는 이해관계자의 관점에서 가치를 통찰할 수 있는 능력이 필요하다.

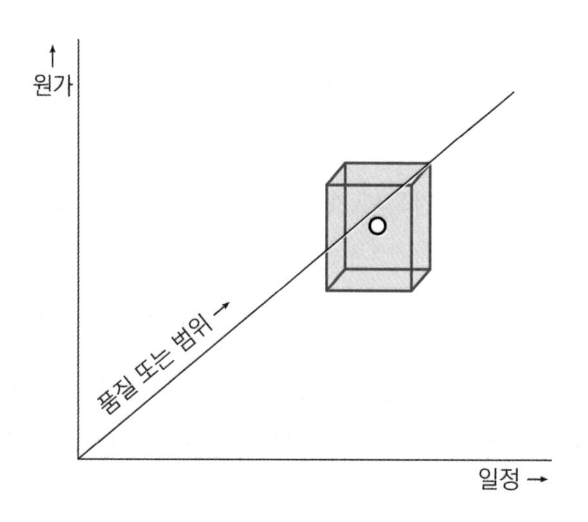

[그림 1-2] 삼중제약 성공의 재정의

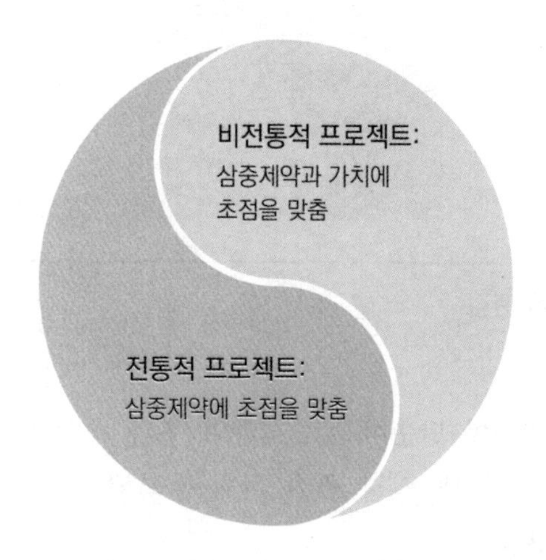

[그림 1-3] 프로젝트의 성공

그러므로 프로젝트의 성공을 정의하기란 쉽지 않은 일이다. 과거 대다수의 프로젝트에 있어서, 초점은 항상 삼중제약에 있었다. 즉, 원가, 범위 및 일정에 대한 균형을 유지하고 설정된 목표들을 충족시키는 것에 있었다는 것이다.

오늘날 이러한 관점들은 아래의 네 가지로 이루어진다(헤럴드커즈너, 2012).

- **내부적 성공**: 전사적 프로젝트관리(EPM: Enterprise Project Management) 방법론을 활용함으로써 성공적으로 관리된 프로젝트들의 연속적인 흐름을 가지는 능력과 정기적으로 지속적인 개선활동을 일으키는 것
- **재무적 성공**: 주요 이해관계자들의 재무적인 필요를 충족시킬 수 있는 장기적 수입원을 창출하는 능력
- **미래적 성공**: 기업을 미래까지 존속할 수 있도록 지원하는 연속적인 산출물 생산 능력
- **고객관련 성공**: 고객의 필요를 만족시키는 능력을 넘어서, 반복적인 비즈니스를 수주하고, 고객으로부터 계약자 혹은 공급자보다는 동반자라고 느끼게 하는 지점에까지 이르는 것

[그림 1-4] 성공의 네 가지 관점

이미 앞에서 얘기하였듯이 단순히 삼중제약의 부과 조건들을 충족하는 것이 성공을 보장하지는 않는다. 성공의 네 가지 관점 그림을 보면 일부 프로젝트는 하나 이상의 사분면에 해당될 수 있다.

예를 들어, 기업의 독자적인 기술을 사용하여 제품을 개발하고 해당 시장에서 인정받는다는 것은 재정적, 미래 고객 지향적 성공으로 이어질 수 있다. 또 다른 예제는 EPM 방법론의 출현이다. 비록 이러한 가치들이 내부 성공요소로 여겨질지라도, 방법론은 장기적인 고객과의 관계를 형성하고 궁극적으로 재정적 성공으로 이어질 수 있다. 그러므로 달성된 성공과 궁극적인 가치들은 하나 이상의 사분면에 영향을 줄 수 있다.

성공의 두 가지 기본 구성요소가 삼중제약 및 생산된 가치로 이루어지기 때문에, 우

리는 성공이 성취된 가치로서 더욱 잘 정의 내려진다고 말할 수 있다. 삼중제약이 이 구성의 나머지 부분에 대한 사분면 전체에 적용될 수 있다고 가정해 볼 때, 우리는 달성가치에 초점을 맞추게 될 것이다.

이전 페이지의 그림은 또한 투자 또는 가치를 달성하는 데 드는 비용과는 반대로 가치에서 얻은 이익과의 관계를 보여준다.

예를 들어, 단기적으로 기업의 프로세스들(즉, 내부가치들)을 개선하기 위해서는 저비용이 들지만, 고객 만족을 유지하기 위해서는 잠재적으로 고비용이 발생한다. 장기적 관점에서의 가치들은 재무적 성공과 미래의 성공을 지원한다.

가치를 실현하는 것은 항상 비정상적으로 높은 비용을 수반하므로 경영진은 보다 신중하게 실제로 발생되는 가치(프로젝트 완료시점과 미래 잠재적인 가치실현시점)와 요구된 가치를 실현하기 위한 비용을 비교해야 한다.

최종 산출물을 달성하기 위해 10억 원을 소비하는 프로젝트가 5억 원의 가치를 제공한다면 의사결정의 좋은 사례라 볼 수 없다. 물론 가치를 화폐가치로 표시하는 것은 다소 어려운 일이다. 불가능하지 않다면 적어도 합리적인 정확성을 갖고 있는 것이 바람직하다.

[그림 1-4]에서 보듯, 주어진 프로젝트를 어느 사분면에 위치시키는가는 매우 주관적일 수 있다. 어떤 프로젝트는 하나 이상의 사분면을 차지할 수 있고 심지어는 모든 사분면에 위치할 수도 있다.

이러한 주관성 때문에, 우리는 특정 프로젝트들이나 활동들을 최대 가치가 존재하거나 성취될 수 있는 사분면 안에 배치하게 될 것이다.

예를 들어, 제품의 상용화에 대하여 성공적으로 프로세스를 향상시킨 기업이 있다고 해 보자. 우리는, 프로세스의 개선으로 인한 내부 가치, 이익률을 증가시킴으로 인한 재무적 가치, 고객에게 더 빠르게 필요로 하는 제품을 공급함으로 인한 고객 관련 가치, 혹은 향후 모든 제품이나 서비스들을 잠재적으로 개선하기 위해 구상된 미래 가치를 주장할 수 있다. 이와 같이 우리의 생각 속에는 다른 가치들이 내부 가치로 인식되었다고 느끼고 있다. 또한 미래의 모든 잠재적인 상품들 및 서비스들을 개선하기 위해 설계되었기 때문에 미래 가치 또한 획득되었다고 말할 수 있다. 우리의 생각 속에, 이것은 내부 가치에 속하는 것이다.

1.4.5 프로젝트관리의 성공

프로젝트의 성공이 모든 관련 당사자의 만족에 기여하는 다양한 상호 관련된 행동과 이벤트의 긍정적인 가치의 결과라면, 프로젝트관리의 성공은 추가 비용을 창출하지 않고도 약속된 품질을 적시에 제공하는 목적과 목표를 달성하는 것이다.

모든 프로젝트를 기준으로 얘기하기는 어렵고 한정된 산업에 국한되어 있지만, 기존에 조사되어 있는 자료 중 가장 신뢰가 있는 Standish Group에서 업계의 일반적인 IT 및 소프트웨어 개발 프로젝트의 성공과 실패율을 요약한 주기적인 카오스 보고서를 발표한다. 보고서 내에서 이전 기간 동안 IT 관리자의 수많은 설문 조사 및 인터뷰에서 얻은 성공요인의 테이블이 있다. 요약하면 프로젝트의 29%가 성공했고, 52%는 도전이 있었으며 19%는 실패했다.

다음은 성공적인 프로젝트에 기여한 1994년부터 2015년까지의 프로젝트 성공요인 목록이다.

〈표 1-9〉 프로젝트관리 성공요인 목록

1994	1999	2001	2004	2010, 2012	2015
1. 사용자 참여	1. 사용자 참여	1. 경영진 지원	1. 사용자 참여	1. 경영진 지원	1. 경영진 스폰서십
2. 경영진 지원	2. 경영진 지원	2. 사용자 참여	2. 경영진 지원	2. 사용자 참여	2. 감정적 성숙도
3. 명확한 요구사항 기술서	6. 세분화된 프로젝트 이정표	3. 유능한 요원	3. 소규모 프로젝트 이정표	3. 명확한 비즈니스 목표	3. 사용자 참여
4. 적절한 기획	4. 유능한 요원	6. 세분화된 프로젝트 이정표	4. 열심히 일하고 집중적인 요원	4. 감성적 성숙도	4. 최적화
5. 현실적인 기대	5. 소유권	5. 명확한 비전과 목표	5. 명확한 비전과 목표	5. 범위 최적화	5. 유능한 요원
6. 세분화된 프로젝트 이정표				6. 애자일 프로세스	6. 표준 아키텍처
7. 유능한 요원				7. 프로젝트 관리 전문 지식	7. 애자일 프로세스
8. 소유권				8. 숙련된 자원	8. 실행력

1994	1999	2001	2004	2010, 2012	2015
9. 분명한 비전과 목표				9. 실행력	9. 숙달된 프로젝트관리
10. 근면하고 적합한 요원				10. 도구 및 인프라	10. 분명한 프로젝트 목표

출처: Chaos Report, 1994~2015

수년에 걸쳐 이 목록에는 몇 가지 문구가 변경되어 많은 유사점이 있다. 예를 들어 '소규모 프로젝트 이정표'는 더 작은 이정표와 피드백을 포함하는 '애자일'로 대체되었다. 일부 용어에는 요구사항 및 범위를 최적화하는 '최적화'와 같은 새로운 이름이 있다. 이는 '현실적인 기대'와 유사하다.

사용자 참여가 1994년에 1위, 2015년에 3위를 차지했거나, 적절한 계획이 4위를 차지하고 지금은 9위를 차지했다는 사실은 대부분 비물질적이다. 조직이 필요로 하는 정도까지 모든 관행이 이루어지지 않는 한 소규모 관행 하위 집합만으로는 프로젝트를 성공으로 만들지 않는다.

예를 들어, 다른 관행 없이 혼자 '민첩'에 몰리는 것은 새 자동차의 하위 프레임만 구입하는 것과 같다. 필수적이지만 완전하지는 않다. 애자일에 대한 '숙련도'를 갖는 것은 단순히 팀 구성원이 피드백을 위한 계획, 추적 및 데모의 세 가지를 기초적인 수준에서 수행할 수 있음을 의미한다.

이 목록은 모호한 기준 집합이며 고려해야 할 벤치마크를 제공한다. 다른 프로젝트관리 및 엔지니어링 프레임워크와 겹치는 것은 결과 없이는 건너뛸 수 없는 기본 관행의 지속적인 목록임을 나타낸다(C. Carroll, 1994–2012; S. Hastie, S. Wojewoda, 2015).

1.4.6 프로젝트관리자의 역할

프로젝트관리자란 '수행 조직에서 프로젝트 목표를 달성할 책임을 가지도록 팀의 리더로 선임된 책임자이다'라고 정의할 수 있다.

프로젝트관리자는 프로젝트의 목표를 달성하기 위해 프로젝트 팀의 리더십에서 중요한 역할을 한다. 이 역할은 프로젝트 전반에 걸쳐 명확하게 드러난다. 많은 프로젝트관리자가 착수부터 종료까지 프로젝트 전반에 걸쳐 참여하게 되나 일부 조직에서는 프로젝트 착수 전 평가 및 분석 활동에 프로젝트관리자가 참여하기도 한다.

이러한 활동에는 전략적 목표 강화, 조직성과 개선 또는 고객요구 충족을 위한 아이디어와 관련하여 경영진 및 사업부 임원진과의 협의가 포함될 수 있고, 일부 조직 환경에서는 프로젝트에 대한 비즈니스 분석, 비즈니스 케이스 개발, 포트폴리오관리 양상을 관리 또는 지원하는 일에 프로젝트관리자가 배정되기도 하나 프로젝트관리자는 프로젝트의 비즈니스 편익 실현과 관련된 후속 활동에도 참여할 수 있다. 프로젝트관리자의 역할은 조직마다 달라질 수 있다. 궁극적으로, 프로젝트관리 역할은 프로젝트관리 프로세스가 프로젝트에 맞게 조정되는 것과 동일한 방식으로 조직에 맞게 조정될 수 있다.

1) 프로젝트관리자의 역할

프로젝트관리자는 근본적으로 수동적인 방관자가 아닌 적극적인 실행가이다.

프로젝트관리자의 임무 중 계획이 중요한 부분을 차지한다. 즉, 프로젝트를 어떻게 착수할 것인가를 상세히 계획하는 것과 장애물의 예측 수행과정의 조정, 인적/기술적/비용 측면의 자원들을 할당하는 방법을 계속적으로 결정하는 것이다.

한 명부터 열 명 또는 그 이상의 직원과 일하고 있다면, 수행해야 할 작업에 대한 매일매일의 감독과 더불어 아마도 훈련형태의 일에도 개입되어야 할 것이다. 그 훈련은 한 번 또는 주기적으로 또는 지속적으로 실시될 수 있다. 프로젝트가 진행되면서 동기부여자, 응원단장, 때로는 엄격한 훈련지도자, 적극적인 경청자, 대변인이 되어야 한다는 것을 알게 된다. 모든 사람이 그런 능력을 감당할 능력이 있는 것은 아니며 감당하고 싶어하지 않을 수도 있다. 이런 책임 외에도 당신은 다양한 판매자, 공급자, 하청업자, 조직 내의 보조 팀과 연결해 주는 사람일 수도 있다.

이러한 프로젝트관리자가 프로젝트의 착수부터 종료까지 어떠한 역할 및 책임을 수행해야 하는가는 프로젝트의 형태, 규모, 문화 및 수명주기에 따라 일률적으로 정의하기가 어려운 것이 사실이다. 그러나 모든 프로젝트에 있어 일반적이고 기본적인 프로젝트관리자의 역할 및 책임은 [그림 1-5]를 참조한다.

- 프로젝트 목표 달성
- 팀의 설립과 선도(Soft Skill-Leadership)
- 프로젝트관리(Hard Skill-Technical Skill)

앞 절에서도 언급하였듯이 프로젝트의 목표 달성(프로젝트의 성공)을 어떻게 정의하는가에 따라 차이가 있지만 여기서는 전략적 및 비즈니스 분석 관점, 곧 재무적(financial),

고객관련(customer relation) 및 미래적 관점(future)은 제외하고 협의의 성공인 내부적 성공(internal success) 관점에서만 바라보는 것으로 한다.

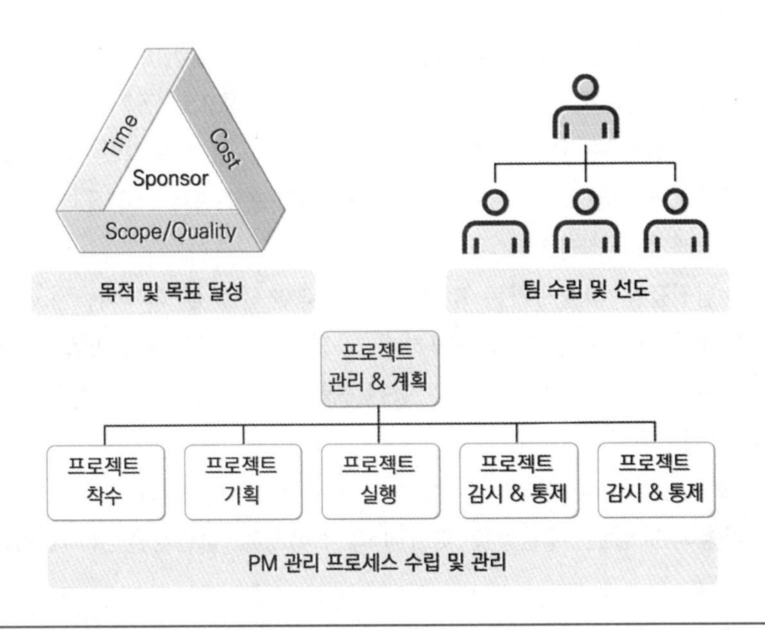

[그림 1-5] **프로젝트관리자의 기본적 역할**

프로젝트관리자의 역할과 책임이 프로젝트별로, 조직별로 다소 상이할 수 있겠지만, 다음과 같이 프로젝트 착수부터 종료까지 팀 수립, 팀 선도, 프로젝트관리 프로세스를 반복하여 발생하는 임무와 책임을 수행하고 이로 인해 프로젝트의 목표를 달성하게 된다.

- 프로젝트 계획을 수립하고 가능한 후원자에게 그 프로젝트를 설명하고 설득한다.
- 최고경영진, 라인관리자, 프로젝트 팀원, 지원스태프들과 행정요원들과의 상호 활동을 한다.
- 프로젝트 자원을 조달, 그것을 프로젝트 추진요원들에게 할당하고, 작업수준에 따라 자원이 관리될 것을 보장한다.
- 고객, 다른 프로젝트관리자, 조직 내의 프로젝트 요원들과의 상호 활동을 수행한다.
- 프로젝트 실행을 주도, 계속적으로 진행사항을 점검함으로써 중간목표 또는 마일스톤을 점검하며, 추진과정을 수정하고, 예산을 수시로 점검하여 지속적으로 모든 프로젝트 자원을 점검한다.
- 프로젝트 팀원들을 감독하고, 팀을 관리하며, 과업을 위임하고, 그 실행을 살펴보며

피드백을 해 주고 새로운 과업을 위임하는 일을 한다.

- 기회와 위협을 규명하고, 적절한 대응방안을 개발해 내며, 기대하는 성과달성에 초점을 지속적으로 맞춘다.
- 팀 간 분쟁을 다루며, 갈등을 최소화하고, 차이점을 해결하며, 팀 분위기를 고양시키고, 더 뛰어난 성과를 달성하도록 팀원들에게 지속적으로 동기부여한다.
- 최고경영진을 위한 중간발표 자료를 준비하여 확신 있는 보고를 제공함으로써 투입자원을 제공받아 그것을 프로젝트에 투입시키고, 프로젝트 요원들과 그 결과를 재음미하며 추진과정을 조정한다.
- 프로젝트 팀원들을 퇴출시키는 것과 같은 강력한 주문을 하거나, 예고도 없이 프로젝트 팀원에게 더 일을 하도록 요구하거나, 몇몇 사람에게는 실망스럽겠지만 역할과 책임을 다시 할당하고, 필요한 경우 팀원들을 훈련시키고, 그 팀에게 영향을 미치는 여러 문제들을 해결한다.
- 조언자, 고문, 코치들과 상의하고, 이전 프로젝트의 결과를 조사하며, 이전에 미확인되거나 사용되지 않은 자원들을 찾아내고, 침착성과 객관성을 유지한다.

2) 차세대 프로젝트에서의 프로젝트관리자의 역할

모든 산업에서 새로운 기술은 시장을 혼란에 빠뜨리고, 도전적인 경쟁자의 출현으로 인해, 조직이 현재의 비즈니스 방식을 변경하도록 요구되고 있다.

최고경영자들은 기술이 주간 또는 월간이 아니라 시간별로 변화한다고 말하면서 변화의 속도에 놀라고 있고, 많은 사람들이 모든 산업의 비즈니스가 파괴적인 기술(disruptive technologies)의 영향을 받아 시장 관련성을 면밀히 살펴봐야 한다고 덧붙이고 있다.

실제로 PMI의 조사에 의하면, 대상 조직의 91%가 파괴적인 기술의 영향을 받고 있다고 얘기하고 있다. 이러한 혼란은 확립된 기술을 대체하고 글로벌 시장을 흔들고 있다. 파괴적인 기술은 생산에 사용되는 도구 또는 자원(예 AI, 3D 프린팅) 또는 완제품 또는 서비스 자체(예 자율주행차량)일 수 있다. 대표적인 예로, 아이폰 개발을 위한 Apple 2007 프로젝트가 있는데, 이는 컴퓨터와 휴대폰의 구별을 흐리게 함으로써 통신산업을 혼란에 빠뜨리게 되었다. iPhone이 1985년 크레이-2 슈퍼컴퓨터보다 거의 3배의 처리 능력을 가지고 있으며, 비용도 아주 일부분으로 해결됐다는 것을 고려한다. 그리고 오늘날의 파괴자는 단순한 처리 능력의 한계를 넘어, 그들은 시장의 격차를 해소하여 이미 시장을 주도하고 있는 플레이어를 능가하고 있으며, 조직은 전략과 가치를 재평가하도록 강요하고 있다. 블록버스터, 블랙베리, 코닥이 그랬던 것처럼 빠르게 변화하는 세상에서 먹이가 되는 것을 피하기 위해 조직은 파괴적인 기술을 수용해야만 한다. 이러한 판도를 바꾸는 기술은 판매, 시장, 의사소통, 협업, 교육 혁신 등을 변화시키고 있다. 또한 많은 조직이 현재 중단으로 인한 영향을 경험하고 있지는 않지만 향후 5년 동안 영향을 준비할 것으로 예측된다(PMI, 2018).

이러한 혼란의 시대에 성공하는 조직은 새로운 기회와 도전에 빠르게 적응하는 조직이다. 미래 지향적인 조직은 더 나은 제품을 구축하고 이전에는 볼 수 없었던 속도로 더 강력한 고객관계를 구축하고 있다.

이러한 조직들은 디지털 기술의 영향을 관리하고 전문가를 인공지능 및 기계학습과 결합하여 민첩성과 속도를 가능하게 하는 기술과 경험을 가진 인력에 의존하고, 직원들이 다양한 작업구성 방법을 실험하고 역량을 넓히기 위한 강력한 교육을 제공할 수 있도록 지원한다. 필요한 역할을 만들고, 직책을 할당하며, 팀이 성공을 보장하기에 가장 적합한 프로젝트관리 접근 방식을 선택할 수 있도록 지원한다.

디지털 기술 환경에서 프로젝트관리자는 다음 요소를 사용하여 새로운 시나리오에 직면하면서 회사의 미래에 중요한 전략적 중요성을 지닌 프로젝트의 주요 리더가 되어야 한다.

- 프로젝트 팀은 통합되어야 할 자신의 문화적, 직업적 정체성을 가지고 세계 곳곳에서 상호작용할 사람들과 함께 점점 더 협업적으로 일하게 될 것이다.
- 하이브리드 프로젝트 팀의 성장, 일부 팀원은 '가상 조수'—인간과 유사한 학습 및 표현 기술을 갖춘 실제 소프트웨어이다.
- 최고의 경쟁력을 확보하기 위해 프로젝트의 혁신적인 측면이 점차 중요해지고 결과적으로 프로젝트 팀이 작아지고 구체적인 목표에 더욱 집중할 것이다.
- 백 오피스 작업과 같은 분석 및 디자인 기술이 필요 없는 비즈니스 작업은 점진적으로 자동화된다. 이 프로세스는 여전히 계층적 기능을 기반으로 하는 기업구조를 점차적으로 간소화된 구조로 대체하게 된다.
- 새로운 제조 구조에서는 엄청난 양의 데이터를 사용할 수 있다. 대량생산 및 맞춤화된 제품 및 서비스에 대한 수요에 맞게 비즈니스 프로세스를 적용하기 위해 개발, 공유 및 분석된다.
- 산업 생산의 출시시기 주기가 확실히 줄어들 것이다. 이러한 이유로 시장의 요구에 신속하게 적응할 수 있는 보다 유연한 생산 프로세스가 필요할 것이다.

디지털 기술의 통합은 업무방식을 혁신해야 하는 사람들의 불가피한 저항을 다루는 보편적인 변경관리 프로세스의 구현으로 특징 지워질 것이다.

프로젝트 팀은 과거에 요구된 것보다 높은 기술을 필요로 하며 최상의 결과를 얻기 위해서는 더 높은 자율성을 필요로 하고 다음과 같은 스킬이 필요하다.

(1) 하드 스킬

디지털 기술의 프로젝트는 심층적인 도메인 지식과 함께 프로젝트관리자의 사이버-물리적 공간에 대한 완전한 이해가 필요하다. 프로젝트관리자에게 가장 중요한 기술은 혁신적인 기술 및 프로젝트, 예측 알고리즘 및 대용량 데이터 분석을 통해 프로젝트를 올바르게 관리하고 목표 달성에 집중할 수 있는 경험이다.

프로젝트관리자의 권위는 미래의 프로젝트를 통제할 수 있는 프로세스의 흐름을 전체적으로 볼 수 있지만 모든 구성요소에서 볼 수 있는 능력을 기반으로 한다. 인간은 성공을 이끌어줄 도구를 사용하는 노하우와 기술을 통해 환경의 중심에 항상 있어야 한다.

이러한 의미에서, 프로젝트관리자는 린(lean)관리 원칙을 채택할 수 있다. 디지털 도구와 통합되면 일반적으로 모든 조직영역을 관통하는 프로젝트관리의 운영상의 중요성을 극복할 수 있다. 예를 들어 끌어오기 기술(pull technique)을 사용하면 린관리를 통해 운영자가 중요한 영역에 효과적으로 개입할 수 있는 지침을 제공할 수 있고, 신속한 분석을 수행할 수 있는 디지털 도구의 잠재력을 향상시킬 수 있다. 동시에, 이를 통해 생산 프로세스를 요구사항 변경에 적용하고 고객 요청에 부합할 수 있게 된다.

(2) 소프트 스킬

디지털 환경에서 프로젝트관리자의 소프트 스킬은 프로젝트 이해관계자와 상호작용하는 새로운 방식과 관련하여 중요한 변화를 겪을 것이다.

- **의사소통 기술**: 실시간으로 대응하고 결과적으로 문제해결 및 의사결정 프로세스를 가속화하기 위해 지식 관리 및 공유는 중요한 역할을 수행한다. 프로젝트관리자는 공유해야 할 프로젝트 세부정보를 숨길 필요가 없다. 시간이 지남에 따라 정보는 가치를 잃을 것이다. 정보를 모든 이해관계자와 공유하여 중요한 문제의 관리를 강화하고 협업 분위기를 조성하도록 권장해야 한다. 지식관리는 더 이상 고객과 공급업체를 네트워크에서 제외할 수 없다. 그들은 모두 문제해결에 중요한 공헌을 할 수 있다. 이 목표를 달성하기 위해 프로젝트관리자는 신속하게 의사소통 계획을 준비해야 한다.

- **권한**: 프로젝트관리자는 기술과 노하우를 지닌 경력자로서 이러한 변화 프로세스의 주요 주체 중 하나이다. 그들의 지도력은 조직도에서 보다 권위 있고 덜 단순한 입장으로 표현될 것이다. 프로젝트관리자는 합의를 이끌어내고 프로세스에 자신의 팀을 참여시켜야 하며, 자원 가치를 평가하는 기술을 시연할 수 있어야 한다.

- **팀 관리**: 프로젝트 팀 구성은 창의적이고 자율적으로 하며 프로젝트관리자는 기술적, 인지적 및 관계적 관점에서 팀 구성에 적합한 인력을 선택할 수 있어야 한다. 프로젝트관리자의 기본적인 임무는 프로젝트의 전략적 목표를 놓치지 않고 팀의 이니셔티브 정신을 장려하는 것이다. 실무 그룹에서 긍정적인 분위기를 조성하는 것이 프로젝트의 성공을 위한 기본요소이다. 이를 위해 성공 축하와 오류의 비난 없이 합리적인 분석은 프로젝트관리자가 팀 내 관계를 최적화하는 데 중요한 도구이다.

- **우발사태 관리**: 속도는 디지털 환경에서 핵심 단어이다. 의사결정의 속도와 예기치 못한 사건에 대처할 때의 부지런함은 데이터와 통신의 통합된 흐름에 의해 관리되는 시스템에서 근본적이다. 실시간으로 상황을 파악할 수 있다. 프로젝트관리자는 일관된 문제해결 능력을 갖추고 신속하게 대응해야 하며 동시에 적절한 균형을 유지해야 한다.

- **협상기술**: 산업 4.0에서는 전통적인 계층적 관계가 점진적으로 변할 것이다. 프로젝트 팀원은 과거보다 더 큰 자유로 자신의 창의력을 개발할 수 있는 독립적인 전문 인물이 될 것이다. 프로젝트관리자는 프로젝트와 도메인에 대한 360도 지식에 대한 자신의 권한을 쌓을 것이다. 효과적으로 관리하기 위해서는 프로젝트관리자가 팀원들에게 동기를 부여하고 안내해야 하며 다른 한편으로 투명성과 책임감으로 다른 이해관계자들 간의 관계를 관리해야 한다.

- **실수로부터 배우기**: 매우 혁신적인 맥락에서 경험 부족, 부적절한 위험 평가, 특정 노하우 부족으로 인한 실수가 자주 발생할 수 있다. 이러한 '실수'는 프로젝트 팀이 자신과 동료에게 개인적인 실패 또는 좌절의 원인으로 경험해서는 안 된다. 실수는 미래의 성공을 위한 기반이 되어야 한다. 이 목표를 달성하려면 적절한 방법으로 분석해야 한다. 미래에 반복되는 동일한 실수를 피하기 위한 올바른 전략을 찾아본다.

- **적극적인 청취**: 프로젝트관리자의 지도력은 더 이상 권위에 의해 특징 지어지지 않는다. 이해관계자의 모든 의견을 듣고 파악하고 해석할 수 있는 능력이 뛰어난 특성이

될 것이다. 프로젝트관리자는 프로젝트의 온도계가 될 것이며 문제를 예측하고 일단 확인되면 신속하게 문제를 해결할 솔루션을 제공해야 할 것이다. 이를 달성하기 위해, 프로젝트관리자는 어떤 이해관계자로부터의 인상, 의견, 기분 및 폭발을 무시해서는 안 된다.

이 장의 요약

- 모든 조직들은 프로젝트를 성공적으로 수행하기 위하여 프로젝트관리를 조직적이고, 체계적이고, 효율적으로 활용해야 한다.
- 프로젝트는 프로젝트의 목표 달성을 위하여 수행되는 고유한 프로세스의 집합으로 구성되며, 프로세스는 시작일과 종료일이 정해져 있고, 조정되고, 통제되는 활동으로 이루어진다(ISO 21500).
- 프로젝트관리는 프로젝트에 방법, 도구, 기법, 그리고 역량을 적용하는 것이다(ISO 21500).
- 프로젝트관리 국제표준은 ISO 21500이다.
- 프로젝트관리 지침서에는 미국 PMI의 PMBOK, 유럽 IPMA의 ICB, 영국 AXELOS의 PRINCE2, 한국 KPMA의 GPMS 등이 있다.
- 역사적으로 삼중제약 조건은 유일하게 측정할 수 있는 성공기준이었으나, ROI, 제품 파는 능력 그리고 시장의 욕구를 만족시키는 비즈니스 요소를 포함하고 있다.
- 전통적으로, 프로젝트의 성공은 삼중제약 내에서 일을 수행하는 것이었으나 프로젝트관리자의 비즈니스 전반에 대한 지식요구가 점점 늘어감에 따라 성공의 정의 또한 시장점유율이나 투자수익률(ROI)과 같은 비즈니스 요소를 포함하는 것으로 바뀌게 되었다.
- 결과적으로 프로젝트의 성공은 가치(내부적, 재무적, 고객관련, 미래적)가 일어나 획득하였을 때이다.
- 프로젝트관리자란 '수행 조직에서 프로젝트 목표를 달성할 책임을 가지도록 팀의 리더로 선임된 책임자이다'라고 정의할 수 있다.
- 프로젝트관리자의 주요 책임과 역할은 목표 달성, 팀의 설립 및 선도와 프로젝트관리 절차 수립과 이에 따른 추적 및 관리이다.
- 디지털 기술 환경에서 프로젝트관리자는 새로운 시나리오에 직면하면서 조직의 미래에 중요한 전략적 중요성을 지닌 프로젝트의 주요 리더가 되어야 한다.

1장 연습문제

1. **다음 용어를 설명하시오.**

   1) ISO 21500
   2) PMBOK
   3) ICB
   4) PRINCE2
   5) GPMS

2. **다음 제시된 문제를 설명하시오.**

   1) 프로젝트의 특징을 기술하시오.
   2) 프로젝트관리자의 역할과 책임을 설명하시오.
   3) 프로젝트와 프로젝트관리를 정의하시오.

3. **다음 객관식의 문제에 대해 올바른 답을 제시하시오.**

   1) 다음 중 프로젝트와 운영을 비교할 때 프로젝트에 속하는 것은?
      ① 비교적 안정된 팀에서 수행
      ② 지속적이고 반복적인 프로세스
      ③ 일시적 팀에 의해 수행
      ④ 조직유지에 중점

   2) ISO 21500 10개 주제 중 맞지 않는 것은?
      ① 통합
      ② 인적 자원
      ③ 품질
      ④ 이해관계자

3) ISO 21500 프로세스 중 착수 프로세스 그룹에 포함되어 있는 주제그룹은?

① 범위
② 자원
③ 원가
④ 리스크

4) PRINCE2에서 어떤 형태의 프로젝트에도 적용이 가능한 프로젝트관리 방법 중 7개 주제영역에 포함되지 않는 것은?

① 비즈니스 케이스
② 품질
③ 계획
④ 시간

5) 프로젝트관리자의 역할 및 책임으로 볼 수 없는 것은?

① 프로젝트 목표 달성
② 프로젝트 목표와 사업부의 조정
③ 팀의 설립과 선도
④ 적합한 프로세스 결정

CHAPTER

02

프로젝트 진행 단계

프로젝트는 유일한 제품, 서비스 또는 결과를 창출하기 위해 수행하는 일시적인 활동으로, 기업들은 급변하는 경영환경에서 전략적 목적 달성을 위한 핵심 수단으로 프로젝트를 적극 활용하고 있다. 이러한 프로젝트가 기업의 전략적 목적 달성과 조직가치 창출에 기여하기 위해서는 적합한 프로젝트 진행 단계를 설정하고 그에 따라 관리하는 것이 중요하다.

프로젝트 진행 단계는 [그림 2-1]과 같이 프로젝트 선정 단계, 프로젝트 관리 단계, 프로젝트 평가 단계로 구분할 수 있다. 기업은 한정된 자원으로 인해 필요한 프로젝트를 모두 시행하는 것은 어렵다. 프로젝트 선정 단계는 여러 개의 후보 프로젝트들 중에서 어떤 프로젝트들을 선정하여 시행할 것인지에 대한 의사결정을 내리는 단계이다. 기업 경쟁력 강화에 도움이 되는 올바른 프로젝트를 선정하는 것이야말로 프로젝트 관리를 잘하는 것 못지않게 중요하다. 프로젝트 관리 단계는 선정된 프로젝트를 효과적으로 관리하여 프로젝트가 목표를 달성하도록 하는 단계이다. 프로젝트 관리 단계는 '프로젝트 시작'이 결정된 이후에 그 프로젝트를 성공적으로 끝내기 위해 수행해야 하는 일련의 프로세스들로 구성되어 있다. 1장에서 설명한 PMBOK 가이드 6판과 ISO 21500의 프로젝트 관리 프로세스는 프로젝트 관리 단계를 효과적으로 수행하기 위한 프로세스라고 볼 수 있다. 마지막으로 프로젝트 평가 단계는 완료된 프로젝트가 성공적이었는지, 어느 부분을 개선해야 하는지를 중심으로 평가하고 평가결과를 조직의 지식으로 축적하는 단계이다. 그럼 이하에서는 프로젝트 선정 단계, 프로젝트 관리 단계, 프로젝트 평가 단계에 대해 알아본다.

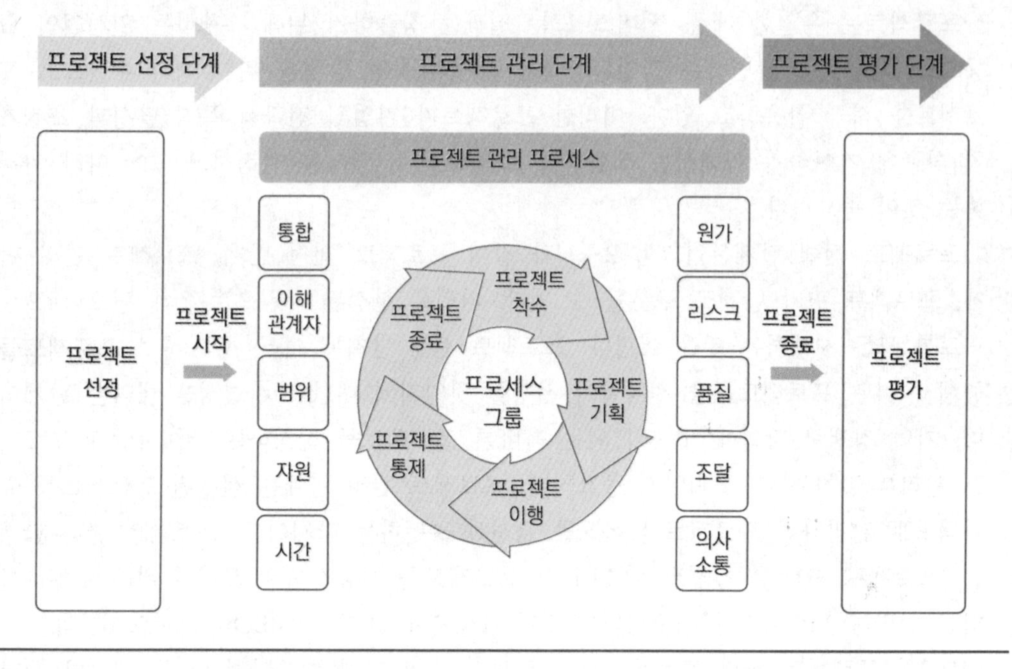

[그림 2-1] 프로젝트 진행 단계

2.1 프로젝트 선정 단계

2.1.1 새로운 프로젝트 필요성 발생

기업은 경영상 필요에 의해 새로운 기업 내부 프로젝트나 외부 프로젝트를 시작하게 된다. 내부 프로젝트는 주로 시장의 요구나 수요의 변화에 대응하고 기술진보를 반영하며 법적 요건이나 정부규제, 그리고 사회적 요구를 충족시키기 위해 시작한다. 예를 들면, 고객의 다양한 요구에 대응하기 위한 CRM시스템 도입 프로젝트, 새로운 제품 수요에 따른 신제품 개발 프로젝트, 새로운 정보통신 기술을 기업경영에 도입하는 프로젝트, 고객 자료 유출 및 사내 정보의 보호를 위한 방화벽시스템의 설치를 의무화하는 법률적 요건의 이행을 위한 프로젝트, 환경에 대한 사회의 관심 증가에 대응하기 위한 자동화된 모니터링시스템 설치 프로젝트 등이 있다.

외부 프로젝트는 기업 외부 조직과의 계약에 의한 프로젝트이다. 대부분의 건설 프로젝트나 시스템 통합(SI) 프로젝트가 그 예이다. 이러한 외부 프로젝트를 수주하기 위해서는 일반적으로 입찰 과정을 거쳐야 하며, 내부 프로젝트와 마찬가지로 기업의 경영상 필요에 따라 입찰 참여 여부를 결정하게 된다. 이상의 내용을 요약해서 정리한 것이 [그림 2-2]이다.

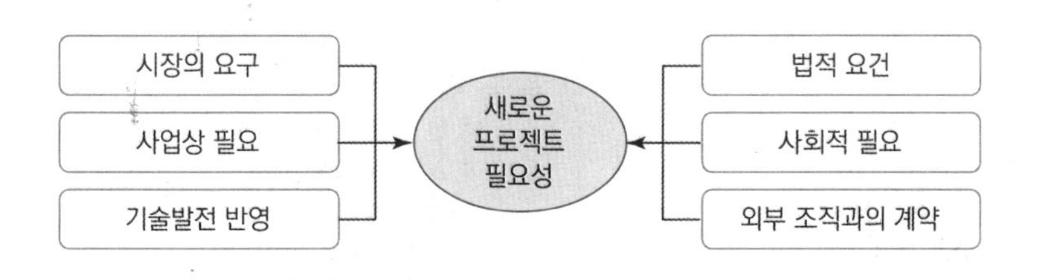

[그림 2-2] 새로운 프로젝트 필요성 발생

2.1.2 프로젝트 타당성 분석

프로젝트 타당성 분석은 프로젝트 착수 이전에 프로젝트를 정의하고 분석하여 타당성을 제시하는 단계로 일반적으로 잘 구조화된 문서 형태로 제시된다. 프로젝트 타당성 분석은 비즈니스 케이스 분석(business case analysis)이라고도 한다. 프로젝트 타당성 분석 문서는 새로운 프로젝트 추진을 위한 몇 개의 대안들 또는 옵션들의 조직 가치, 타당성, 비용, 효과, 리스크 등에 대해 분석함으로써 프로젝트가 인적, 물적 자원을 투입하고 투자할 만한 가치가 있는지 기업 경영차원에서 의사결정할 수 있도록 경영자에게 필요한 정보를 제공한다.

[그림 2-3]은 프로젝트 타당성 분석을 위한 템플릿의 예시이다. Executive Summary에는 비즈니스 문제 또는 기회, 가능한 대안들에 대한 요약, 추천 대안, 추천 대안에 대한 구현 방안 등에 대해 간략하게 제시한다. 일반적으로 새로운 프로젝트는 비즈니스 문제를 해결하거나 새로운 비즈니스 기회를 활용하기 위해 수행된다. 비즈니스 문제에서는 환경 분석 및 문제 분석결과를 제시한다. 먼저 환경 분석에서는 해당 프로젝트를 추진해야 하는 비즈니스 환경 측면의 핵심적인 사항들을 제시하는데, 사업 비전, 전략, 목적, 경쟁사의 동향, 입법이나 환경적 요구, 관련 법률 변경 등의 내용을 분석한다. 문제 분석에서는 해당 프로젝트를 수행함으로써 해결할 수 있는 비즈니스 문제나 창출할 수 있는 비즈니스 기회를 기술한다. 비즈니스 문제에 대한 분석이 끝나면 그 문제를 해결하기 위해 가능한 대안들은 어떤 것들이 있는지 분석하게 된다. 각 대안에 대

1. Executive Summary
    • 비즈니스 문제 또는 기회
    • 가능한 대안들에 대한 요약
    • 추천 대안
    • 추천 대안에 대한 구현 방안
2. 비즈니스 문제
    2.1 환경 분석
    2.2 문제 분석
        • 비즈니스 문제
        • 비즈니스 기회
3. 가능한 대안들
    3.1 대안 1 - [대안명]
        3.1.1 대안 개요
        3.1.2 효과 분석
        3.1.3 비용 분석
        3.1.4 타당성 분석
        3.1.5 리스크 분석
        3.1.6 이슈 사항
        3.1.7 전제 조건
    3.2 대안 2 - [대안명]
        3.2.1 대안 개요
        3.2.2 효과 분석
        3.2.3 비용 분석
        3.2.4 타당성 분석
        3.2.5 리스크 분석
        3.2.6 이슈 사항
        3.2.7 전제 조건
4. 추천 대안
    4.1 대안의 종합 평가
    4.2 추천 대안
5. 구현 방안
    5.1 프로젝트 착수
    5.2 프로젝트 기획
    5.3 프로젝트 이행
    5.4 프로젝트 종료
    5.5 프로젝트 관리
6. 부록
    6.1 지원 문서

[그림 2-3] 프로젝트 타당성 분석 템플릿

해 효과, 비용, 타당성, 리스크, 이슈, 전제 조건 등을 분석하게 된다. 여러 개의 대안에 대해 분석이 끝나면 대안들을 비교 분석하여 가장 높은 점수를 기록한 대안을 추천 대안으로 선정하게 된다. 마지막으로 추천 대안에 대한 구현 방안을 프로젝트 착수, 기획, 이행, 종료 관리 등의 측면에서 제시하게 되며, 필요시 부록으로 지원 문서를 첨부한다.

2.1.3 프로젝트 선정 방법

기업이 보유하고 있는 자원은 한계가 있다. 따라서 프로젝트의 필요성이 발생하고 추진 타당성이 확보되었다 하더라도 여러 프로젝트 중에서 어떤 프로젝트를 선정하여 시행할 것인지에 대한 의사결정은 여전히 남아 있다. 분명 이것은 간단한 의사결정이 아니다. 잘못된 의사결정은 막대한 비용만 초래하고 성과 없이 끝날 수 있다. 프로젝트 선정에서 가장 합리적인 선택은 어떻게 할 수 있나? 어떤 정보를 수집해야 하나? 의사결정은 엄격하게 재무 분석에 기초해야 하나, 아니면 다른 기준을 고려해야 하나? 이러한 질문들이 프로젝트 선정과 관련한 핵심적인 질문이다. 프로젝트 선정을 위해 다양한 접근 방법이 가능하다. 각각의 접근 방법은 장점과 단점이 있으며, 어느 하나를 채택하기보다 같이 고려해야 하는 경우도 많다. 프로젝트 선정 방법은 크게 선별적 모형(screening models), 재무적 모형(financial models), 포트폴리오 모형(portfolio models)으로 구분할 수 있다. 이하에서는 프로젝트 선정 방법에 대해 설명한다.

1) 선별적 모형

선별적 모형(screening models)은 평가자의 직관적, 경험적 판단을 기초로 각 프로젝트를 선정기준에 따라 평가하는 방법이다. 이 모형은 간단한 방법으로 비교적 적은 비용과 시간에 많은 대안 중에서 최적의 대안을 선택할 수 있도록 도와준다. 평점 모형, AHP 기법 등이 여기에 해당한다.

(1) 평점 모형

평점 모형(scoring model)은 프로젝트 선정기준(criteria)과 선정기준별 가중치를 개발하고 이를 이용해 각 프로젝트를 평가하여 가장 높은 평점을 얻은 프로젝트를 선정하는 방식이다. 선정기준과 가중치는 프로젝트를 통해 얻고자 하는 가치를 반영하도록 설계하는 것이 중요하다. <표 2-1>은 평점 모형을 적용한 간단한 사례이다. 이 사례는 선정기준을 프로젝트의 비용, 잠재 수익, 개발 리스크, 시장출시시간으로 하고 가중치(W)를 각각 1, 2, 2, 3으로 설정하였다. 이는 시장출시시간을 가장 중요하게 생각하고 다음으로 잠재 수익과 개발 리스크를 중요하게 생각한다는 것을 나타낸다. 평가자는 Project A, B, C 각각에 대해 선정기준에 따라 평점(S)을 1에서 5사이에서 부여하는데, 숫자가 높을수록 긍정적인 의미이다. 평점을 모두 부여하고 나면 가중치와 평점을 곱하여 가중평점을 구하게 되고 이를 다 더하면 평점 합계가 된다. 대안으로 검토하고 있는 3개의 프로젝트 중에서 평점 합계가 가장 높은 프로젝트가 선정되는데, 이 사례에서는 평점 합계가 26인 Project B가 선정된다. 만약 예산이 충분하여 2개의 프로젝트를 진행할 수 있다면 Project B와 C를 선정하면 된다.

〈표 2-1〉 평점 모형 예시

프로젝트	선정기준	가중치(W)	평점(S)	가중평점(W×S)
Project A	비용	1	3	3
	잠재 수익	2	1	2
	개발 리스크	2	4	8
	시장출시시간	3	2	6

프로젝트	선정기준	가중치(W)	평점(S)	가중평점(W×S)
	평점 합계			**19**
Project B	비용	1	5	5
	잠재 수익	2	2	4
	개발 리스크	2	4	8
	시장출시시간	3	3	9
	평점 합계			**26**
Project C	비용	1	4	4
	잠재 수익	2	3	6
	개발 리스크	2	4	8
	시장출시시간	3	2	6
	평점 합계			**24**

출처: *Project management achieving competitive advantage*, Jeffrey K. Pinto, Pearson, 2007

(2) AHP 기법

AHP(Analytical Hierarchy Process, 계층분석과정)는 Thomas Saaty가 개발한 모형으로 의사결정 모형에서 가장 널리 사용되는 것이다. AHP는 여러 가지 평가요소에 대하여 전문가들의 의견을 반영하여 각 평가요소의 가중치를 결정하여 의사결정을 내릴 수 있도록 한다. AHP는 효과적인 프로젝트 선정을 위해 점점 더 많이 사용되고 있으며, 다음과 같은 4단계로 구성된다.

① 의사결정 요소의 계층 구조화

AHP 기법의 첫 번째 단계는 의사결정 요소 간의 관계를 분석하여 계층구조를 형성하는 것이다. [그림 2-4]와 같이 의사결정 목표를 최상위에 위치시키고 그 밑에 의사결정 요소와 더 세밀한 의사결정 요소를 두며 가장 아래 계층에 대안을 배치한다.

앞서 평점 모형에서 제시한 사례를 계층 구조화하면 [그림 2-5]의 위쪽과 같다. 이 사례는 의사결정 요소인 프로젝트 선정기준이 한 계층에만 존재하는 경우이다. 계층 1에 프로젝트의 목표를 제시하고, 계층 2에는 프로젝트 선정기준인 비용, 잠재 수익, 개발 리스크, 시장출시시간을 위치시킨다. 마지막으로 계층 3에는 대안으로 고려하고 있는 Project A, Project B, Project C를 위치시키면 된다. 의사결정 요소를 두 계층으로 구조화해야 하는 경우도 있는데, [그림 2-5]의 아래쪽은 의사결정 요소를 선정기준-하위선정기준으로 두 개 계층으로 구조화한 것이다.

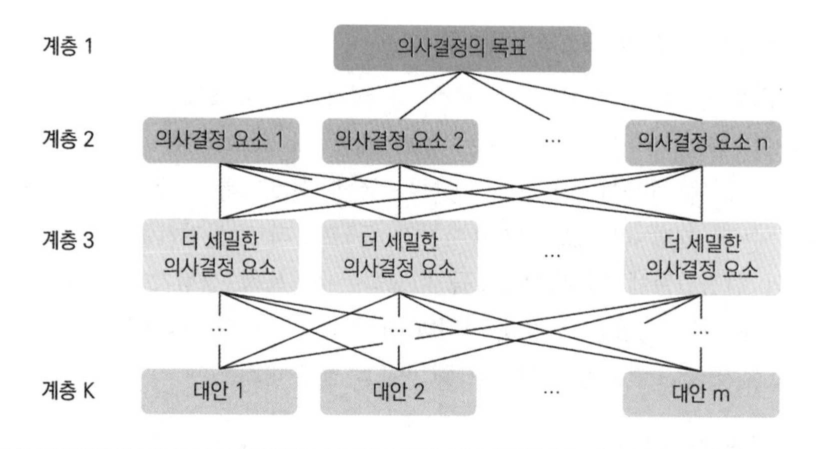

[그림 2-4] 의사결정 요소의 계층 구조화

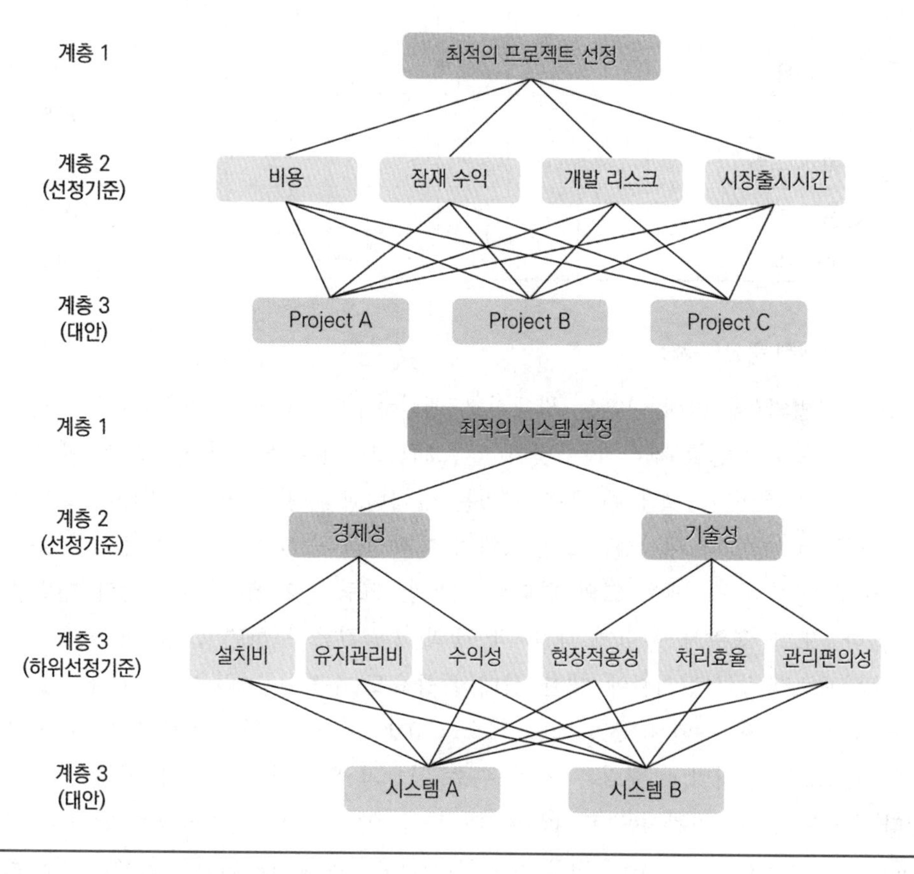

[그림 2-5] 의사결정 요소 계층 구조화 예시

② 각 계층 내 의사결정 요소의 쌍대비교

AHP 기법의 두 번째 단계는 각 계층 내 의사결정 요소들 간의 쌍대비교(pairwise comparison)를 하는 것이다. 이 단계는 특정 계층 내 요소들 간의 선호도를 평가하는 단계로, 각 요소에 대하여 1:1 비교 방식을 통해 선호도를 도출한다. <표 2-2>는 비용, 잠재 수익, 개발 리스크, 시장출시시간 등 프로젝트 선정기준을 쌍대비교한 예이다. 두 개의 선정기준에 대해 선호도를 비교하는데, 특정 선정기준을 더 선호하면 선호도의 크기에 따라 적합한 수치를 선택하고(예 잠재 수익을 비용보다 더 선호), 두 선정기준의 선호도가 같으면 1을 선택한다(예 비용과 잠재 리스크).

〈표 2-2〉 의사결정 요소의 쌍대비교

NO	선정기준	중요도									선정기준
		9	7	5	3	1	3	5	7	9	
1	비용							✓			잠재 수익
2	비용					✓					개발 리스크
3	비용							✓			시장출시시간
4	잠재 수익			✓							개발 리스크
5	잠재 수익				✓						시장출시시간
6	개발 리스크						✓				시장출시시간

③ 상대적 중요도 계산

AHP 기법의 세 번째 단계는 쌍대비교 행렬로부터 각 계층 내 의사결정 요소의 상대적 중요도(가중치)를 계산하는 것이다. [그림 2-6]은 상대적 중요도를 계산하는 과정을 설명한 것이다. 그림 맨 위쪽에 있는 쌍대비교 행렬은 2단계 쌍대비교를 통해 얻은 행렬로서, 행렬의 대각선은 모두 1이며 대각선을 중심으로 위, 아래가 대칭이다. 이 쌍대비교 행렬의 각 셀을 열의 합계로 나누면 그림 중간에 있는 표준화 행렬을 구할 수 있다. 또한 표준화 행렬에 대해 각 행의 평균값을 구하면 그림 맨 아래쪽에 있는 것처럼 프로젝트 선정기준에 대한 상대적 중요도(가중치)를 얻을 수 있다. 사례에서는 비용 0.086, 잠재 수익 0.539, 개발 리스크 0.093, 시장출시시간 0.282의 가중치를 얻었다. 참고로, 쌍대비교 행렬은 일정 수준 이상의 일관성이 있어야 의미 있는 비교를 했다 할 수 있다. 일관성을 판단하는 데 가장 많이 사용되는 척도는 일치성 지수(CI: Consistency Index)로 그 값이 작을수록 일관성이 높은 것을 의미한다. 일반적으로 일치성 지수값이 0.1 이하이면 받아들일 만한 수준이다.

〈쌍대비교 행렬〉

	비용	잠재 수익	개발 리스크	시장출시시간
비용	1	0.2	1	0.2
잠재 수익	5	1	5	3
개발 리스크	1	0.2	1	0.33
시장출시시간	5	0.33	3	1

각 셀을 열의 합계로 나눈다

〈표준화 행렬〉

	비용	잠재 수익	개발 리스크	시장출시시간
비용	0.083	0.116	0.100	0.044
잠재 수익	0.417	0.578	0.500	0.662
개발 리스크	0.083	0.116	0.100	0.073
시장출시시간	0.417	0.191	0.300	0.221

각 행의 평균을 구한다

〈상대적 중요도〉

	중요도(가중치)
비용	0.086
잠재 수익	0.539
개발 리스크	0.093
시장출시시간	0.282

출처: *Operations research: applications and algorithms*, 4th ed. Wayne L. Winston, Thomson

[그림 2-6] 상대적 중요도 계산 과정

④ 대안의 중요도 계산

AHP 기법의 마지막 단계는 각 계층별로 얻어진 요소들의 중요도(가중치)를 결합하여 대안의 중요도를 계산하는 단계이다. 대안의 중요도를 계산하는 방식은 여러 가지가 있지만 여기서는 가장 간단한 방식을 설명한다. <표 2-3>에 있는 것처럼, 평가자는 Project A, B, C 각각에 대해 선정기준에 따라 평점을 부여하고(1~5 중 택일), 평점과 가중치와 곱해 가중합을 구하면 대안의 중요도가 된다. 이 사례에서는 Project C의 중요도가 2.897로 가장 큰 것으로 나타나 Project C를 선정하면 된다. 앞서 평점모형에서는 Project B가 선정되었는데, 이러한 차이가 발생한 이유는 선정기준의 가중치가 변했기 때문이다.

〈표 2-3〉 대안의 중요도 계산

구분	비용 (0.086)	잠재 수익 (0.539)	개발 리스크 (0.093)	시장출시시간 (0.282)	대안의 중요도
Project A	3	1	4	2	1.733
Project B	5	2	4	3	2.726
Project C	4	3	4	2	2.897

2) 재무적 모형

재무적 모형(financial models)은 프로젝트의 비용 대비 이익을 평가하여 경제성 관점에서 선정하는 방법이다. 재무적 모형으로 많이 사용되는 것은 자본회수기간법, 순현재가치법, 투자수익률법, 내부수익률법 등이 있다.

(1) 자본회수기간법

자본회수기간법(payback period)은 투자 원금을 얼마나 빠른 시간 내에 회수할 수 있는지에 초점을 맞추고 프로젝트의 타당성을 살펴볼 수 있는 가장 간단한 방법이다. 자본회수기간은 투자 원금(프로젝트 비용)을 연평균 순현금흐름(순수입)으로 나누어 계산한다. 예를 들어, 어떤 프로젝트의 투자 원금이 1억 원이고 그 프로젝트로 인한 연평균 순현금흐름이 2,000만 원이라고 하면 그 프로젝트의 자본회수기간은 5년이 된다.

단일 투자안(프로젝트)인 경우는 그 투자안의 자본회수기간이 기업이 미리 설정한 최장의 회수기간보다 짧으면 그 프로젝트를 선택하게 된다. 투자안이 여러 개인 경우는 자본회수기간이 짧은 투자안을 선택하게 된다. <표 2-4>는 두 가지 투자안 Project A와 Project B의 초기 투자비와 연간 순현금흐름을 정리한 것이다. Project A는 초기 투자비가 1,000억 원이고, 이 프로젝트를 마치면 1차년도부터 500억 원, 400억 원, 300억 원, 200억 원, 200억 원, 100억 원 등 6년에 걸쳐 총 1,700억 원의 순현금흐름(순수입)이 예상된다. 반면 Project B는 초기 투자비가 1,000억 원으로 Project A와 동일하지만, 순현금흐름(순수입)은 1차년도부터 100억 원, 200억 원, 300억 원, 400억 원, 500억 원, 600억 원 등 6년에 걸쳐 총 2,100억 원이다. 이 두 프로젝트를 자본회수기간법을 이용해 비교하면 표 하단에 있는 것처럼 Project A는 초기 투자비 1,000억 원을 회수하는 데 2.33년이 소요되고, Project는 4년이 소요된다. 따라서 이 사례에서는 자본회수기간이 짧은 Project A를 선택하게 된다.

〈표 2-4〉 자본회수기간법

구분	Project A	Project B
투자비	1,000억 원	1,000억 원
순현금흐름(순수입)		
1차년도	500억 원	100억 원
2차년도	400억 원	200억 원
3차년도	300억 원	300억 원
4차년도	200억 원	400억 원
5차년도	200억 원	500억 원
6차년도	100억 원	600억 원
자본회수기간	2.33년 500억(1차년도)+400억(2차년도)+100억(3차년도 1/3)=1,000억 원	4년 100억(1차년도)+200억(2차년도)+300억(3차년도)+400억(4차년도)=1,000억 원

자본회수기간법은 투자안을 평가하는 데 있어 그 방법이 매우 간단하면서 서로 다른 투자안을 비교하기 쉽다는 장점을 가지고 있다. 그러나 화폐의 시간적 가치를 고려하지 않고, 원금이 회수된 이후의 현금흐름을 고려하지 않는다는 단점이 있다. 화폐의 시간적 가치를 고려하는 방법으로 다음에 설명할 순현재가치법이 있다.

(2) 순현재가치법

어떤 투자안의 순현재가치(NPV: Net Present Value)는 투자로 인해 발생하는 순현금흐름을 현재가치로 할인하여 모두 더한 값에서 초기 투자비를 차감하여 계산한다. 순현재가치법은 이렇게 계산한 순현재가치를 이용하여 투자안을 평가하는 방법이다. 순현재가치를 구하는 식은 다음과 같다.

$$NPV = -I_0 + \sum \frac{F_t}{(1+r)^t}$$

I_0 : 초기 투자비, F_t : t 기간의 순현금흐름, r : 할인율

프로젝트의 NPV값이 0보다 크거나 같아야 재무적 측면에서 프로젝트 추진의 가치가 있다. 만약 여러 개의 프로젝트를 대안으로 검토하고 있다면 NPV값이 큰 것을 선택하면 된다. <표 2-5>는 두 가지 프로젝트를 순현재가치법으로 비교한 것이다. 할

인율(r)을 20%로 가정했을 때 Project A의 순현재가치는 78.3억 원이고 Project B는 −9.39억 원이 된다. Project A의 순현재가치가 크기 때문에 Project A를 선택하면 된다. 단순하게 순현금흐름의 합계만 보면 Project A가 1,700억 원이고 Project B는 2,100억 원이기 때문에 Project B가 더 수익성이 있는 것처럼 보이지만 화폐의 시간적 가치를 고려하면 그렇지 않다는 것을 알 수 있다.

〈표 2-5〉 순현재가치법

구분	Project A	Project B
투자비	1,000억 원	1,000억 원
순현금흐름(순수입)		
1차년도	500억 원	100억 원
2차년도	400억 원	200억 원
3차년도	300억 원	300억 원
4차년도	200억 원	400억 원
5차년도	200억 원	500억 원
6차년도	100억 원	600억 원
합계	1,700억 원	2,100억 원

할인율(r) = 20% 가정

NPV	$-1{,}000+500/(1+0.2)+400/(1+0.2)^2+300/(1+0.2)^3+200/(1+0.2)^4+200/(1+0.2)^5+100/(1+0.2)^6=78.3$억 원	$-1{,}000+100/(1+0.2)+200/(1+0.2)^2+300/(1+0.2)^3+400/(1+0.2)^4+500/(1+0.2)^5+600/(1+0.2)^6=-9.39$억 원

(3) 투자수익률법

투자수익률(ROI: Return On Investment)은 투자기간의 연평균 이익을 투자비로 나눈 것으로 기업의 경영성과 측정 기준으로 널리 사용된다. 예를 들어 프로젝트 투자비가 1,000억 원이고 이 프로젝트로 인한 연평균 이익이 100억 원이라면, 프로젝트의 ROI는 10%가 된다. 프로젝트의 ROI가 기업 내부에서 정한 ROI 기준보다 크면 프로젝트를 선택한다.

$$\text{프로젝트}\ ROI = \frac{\text{프로젝트의 연평균 이익}}{\text{프로젝트 투자비}}$$

(4) 내부수익률법

어떤 투자안의 내부수익률(IRR: Internal Rate of Return)은 투자로 인해 발생하는 순현금흐름을 현재가치로 할인하여 모두 더한 값과 초기 투자비를 같게 만드는 할인율(r), 즉 순현재가치를 0으로 만드는 할인율을 나타낸다. 내부수익률을 구하는 식은 다음과 같다.

$$-I_0 + \sum \frac{F_t}{(1+r)^t} = 0$$

I_0 : 초기 투자비, F_t : t기간의 순현금흐름, r : 할인율

예를 들어 어떤 프로젝트의 초기 투자비가 1,000억 원이고, 그 투자로 인해 1차년도부터 6차년도까지 매년 500억 원, 400억 원, 300억 원, 200억 원, 200억 원, 100억 원의 순현금흐름이 발생하다면 그 투자안의 내부수익률은 아래 식과 같이 계산한다. 이 식을 계산하면 r=0.24가 되어 내부수익률은 24%가 된다. 내부수익률이 시장이자율보다 높다면 그 투자안은 투자할 가치가 있다. 투자대안이 여러 개가 있을 때는 내부수익률이 높은 대안을 선택하게 된다.

$$-1{,}000 + 500(1+r) + 400(1+r)^2 + 300(1+r)^3 + 200(1+r)^4 + 200(1+r)^5 + 100(1+r)^6 = 0$$

3) 포트폴리오 모형

포트폴리오 모형(portfolio models)은 다수의 프로젝트를 동시에 고려하여, 최적의 프로젝트 집합을 찾아내는 방법이다. 재무의 포트폴리오 이론과 유사하게 정해진 예산 범위 내에서 프로젝트의 리스크, 기술 복잡도, 규모, 그리고 전략적 의도 측면을 고려하여 포트폴리오를 구성해야 한다. 포트폴리오 모형으로 사용될 수 있는 기법은 BCG 매트릭스, 부즈 알렌 매트릭스, 맥킨지 매트릭스, ADL 기술 포트폴리오 매트릭스 등 다양한 기법이 있으나 여기서는 가장 많이 사용되는 BCG 매트릭스와 ADL 기술 포트폴리오 매트릭스에 대해 알아본다.

(1) BCG 매트릭스

BCG 매트릭스는 보스턴컨설팅그룹(Boston Consulting Group)에 의해 1970년대 초반 개발된 것으로, 기업의 경영전략 수립에 있어 하나의 기본적인 분석도구로 활용되는 사업포트폴리오(business portfolio) 분석기법이다. 이는 자금의 투입, 산출 측면에서 사

업(전략사업 단위)이 현재 처해 있는 상황을 파악하고, 이 상황에 적합한 처방을 내리기 위한 분석도구이다.

BCG 매트릭스는 [그림 2-7]과 같이 X축을 '상대적 시장점유율', Y축을 '시장성장률'로 설정하여 회사의 현재 또는 미래의 제품/사업/프로젝트를 별(Star), 물음표(Question Mark), 자금젖소(Cash Cow), 개(Dog) 등 네 가지로 구분한다. 회사의 제품/사업/프로젝트들을 이 매트릭스 상에 위치시켜 봄으로써 포트폴리오 구성이 적정한지, 어느 한곳으로 치우쳐 있는 것은 아닌지 판단한다.

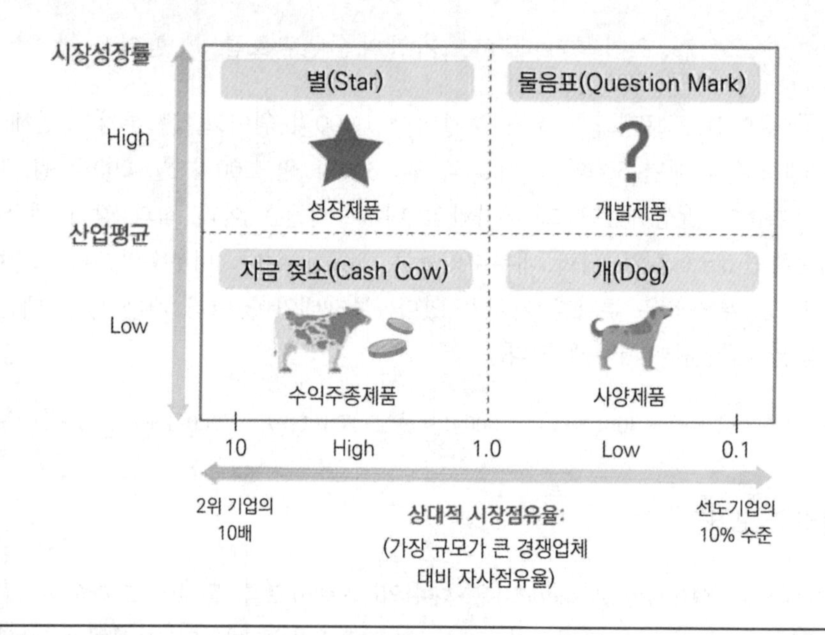

[그림 2-7] BCG 매트릭스

상대적 시장점유율은 수익성을, 시장성장률은 성장성을 나타낸다. 시장점유율은 낮지만 시장성장률이 높은 사업을 물음표, 둘 다 높은 사업을 별, 시장점유율은 높지만 시장성장률이 낮은 사업을 자금젖소, 둘 다 낮은 사업을 개로 구분했으며 각각의 뜻은 다음과 같다.

- 별(star): 성공 사업. 수익이 많이 발생하지만 높은 시장성장률로 인해 시장의 지위를 유지하기 위해 지속적인 투자가 필요하다.
- 자금젖소(cash cow): 수익 창출원. 기존의 투자에 의해 수익이 계속적으로 실현되므로 자금의 원천사업이 된다. 시장성장률이 낮으므로 투자금액이 유지·보수 차원에서 머물게 되어 자금 투입보다 자금 산출이 더 많다.

• 물음표(question mark): 신규 사업. 상대적으로 낮은 시장점유율과 높은 시장성장률을 가진 사업으로 기업의 행동에 따라서는 차후 별(star) 사업이 되거나, 개(dog) 사업으로 전락할 수 있는 위치에 있다. 일단 투자하기로 결정한다면 상대적 시장점유율을 높이기 위해 많은 투자금액이 필요하다.
• 개(dog): 사양 사업. 성장성과 수익성이 없는 사업으로 철수해야 한다. 만약 기존의 투자에 매달리다가 기회를 잃으면 더 많은 대가를 치를지도 모른다.

BCG 매트릭스는 사업의 성격을 단순화, 유형화하여 어떤 방향으로 의사결정을 해야 할지를 명쾌하게 제시하는 반면, 사업의 평가요소가 상대적 시장점유율과 시장성장률뿐이어서 지나친 단순화의 오류에 빠지기 쉽다는 한계가 있다.

(2) ADL 기술 포트폴리오 매트릭스

ADL 기술 포트폴리오 매트릭스는 컨설팅 회사인 Arthur D. Little이 개발한 매트릭스이다. 이 매트릭스는 [그림 2-8]과 같이 기술 개발의 '기술적 위험(X축)'과 해당 기술로 인한 '기대수익(Y축)'을 각각 3단계로 나눠 아홉 개의 셀로 구분한다. 기술적 위험이 낮고 기대수익이 높은 기술 개발이 가장 탁월한(excellent)한 투자이고 기술적 위험은 높으나 기대수익이 낮은 투자는 피해야 하는 투자이다. 한정된 자원으로 인해 모든 기술개발 프로젝트를 수행할 수 없는 경우 이 매트릭스를 활용하면 다수의 프로젝트를 동시에 고려하여 최적의 프로젝트 조합을 찾아낼 수 있다.

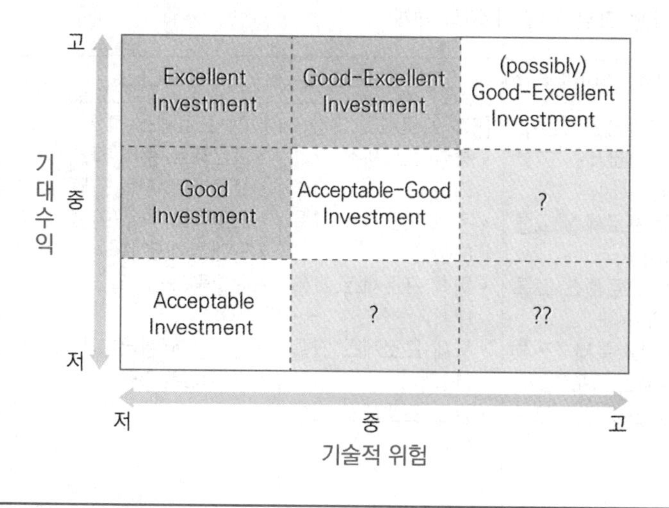

[그림 2-8] ADL 기술 포트폴리오 매트릭스

2.2 프로젝트 관리 단계

2.2.1 프로젝트관리 프로세스의 개요

프로젝트관리 프로세스는 성공적인 프로젝트 결과를 얻기 위해 꼭 필요하다. 필수적인 프로세스 그룹과 이것을 구성하는 프로세스들은 프로젝트를 진행하면서 적절한 프로젝트관리 지식과 기량을 적용하는 데 지침이 된다. 또한 프로젝트관리 프로세스는 프로젝트관리자와 프로젝트 팀이 원하는 프로젝트 목표를 달성할 수 있도록 프로세스 그룹에서 적절한 프로세스를 결정하고, 수행 담당자를 결정하며, 프로세스 실행에 적용할 기준을 결정할 수 있도록 한다.

프로젝트관리 프로세스는 프로젝트를 성공적으로 끝내기 위하여 수행해야 하는 일련의 프로세스들로 구성된다. 이 프로세스들은 크게 프로세스 그룹과 관리 대상에 따라 구분할 수 있다. 먼저, 프로세스 그룹은 프로젝트가 어떤 단계로 진행되느냐에 따라 정의되는데, 글로벌 프로젝트관리 표준 체계인 PMBOK 가이드 6판과 ISO 21500은 프로세스 그룹을 <표 2-6>에 있는 것처럼 착수 프로세스 그룹, 기획 프로세스 그룹, 이행 프로세스 그룹, 감시 및 통제(또는 통제) 프로세스 그룹, 종료 프로세스 그룹으로 정의하고 있다. 각 프로세스 그룹은 몇 개의 프로세스들로 구성되어 있는데 <표 2-6>

〈표 2-6〉 글로벌 프로젝트관리 지식 체계

분류	PMBOK 가이드 6판	ISO 21500	PRINCE2	GPMS
프로세스 그룹 (프로세스 개수)	[5개 프로세스 그룹] • 착수 프로세스 그룹 (2개) • 기획 프로세스 그룹 (24개) • 이행 프로세스 그룹 (10개) • 감시 및 통제 프로세스 그룹(12개) • 종료 프로세스 그룹 (1개)	[5개 프로세스 그룹] • 착수 프로세스 그룹 (3개) • 기획 프로세스 그룹 (16개) • 이행 프로세스 그룹 (7개) • 통제 프로세스 그룹 (11개) • 종료 프로세스 그룹 (2개)	[7개 프로세스 그룹] • 프로젝트 준비(6개) • 프로젝트 지휘(5개) • 프로젝트 착수(9개) • 단계통제(5개) • 산출물 인도 관리 (8개) • 단계경계 관리(3개) • 프로젝트 종료(5개)	[7개 프로세스 그룹] • 사전 프로젝트(2개) • 착수 프로세스 그룹 (6개) • 기획 프로세스 그룹 (17개) • 이행 프로세스 그룹 (14개) • 감시 및 통제 프로세스 그룹(14개) • 종료 프로세스 그룹 (2개) • 사후 프로젝트(2개)
계	49개 프로세스	39개 프로세스	41개 활동	57개 프로세스

의 괄호 안에 해당 프로세스 그룹에 속하는 프로세스의 개수가 제시되어 있다. 전체 프로세스 수는 PMBOK 가이드 6판은 49개, ISO 21500은 39개이다. 반면 PRINCE2는 PMBOK 가이드 6판이나 ISO 21500과는 다르게 7개 프로세스 그룹과 41개 활동들로 구성되어 있으며, GPMS는 7개 프로세스 그룹과 57개 프로세스로 이루어져 있다.

본서는 전 세계 표준으로 채택되어 있는 ISO 21500과 동일하게 다음과 같은 5개의 프로세스 그룹을 따르며 2장에서 각 프로세스 그룹에 대해 설명한다.

〈표 2-7〉 프로세스 그룹

프로세스 그룹	설 명	프로세스 수 (ISO 21500)
착수 프로세스 그룹	새로운 프로젝트나 기존 프로젝트의 새로운 단계(phase)를 정의하고, 승인을 받아 공식적으로 시작하기 위해 필요한 프로세스들로 구성된다.	3개
기획 프로세스 그룹	프로젝트의 범위와 목표를 명확히 하고, 그러한 목표 달성에 필요한 행동들을 계획하는 프로세스들로 구성된다.	16개
이행 프로세스 그룹	프로젝트관리 계획서에 정의된 작업을 완료하기 위해 수행해야 하는 프로세스들로 구성된다.	7개
통제 프로세스 그룹	프로젝트 진행 상황과 성과를 주기적으로 측정, 감시하며 목표 달성을 위해 필요한 경우 시정조치를 취하는 프로세스들로 구성된다.	11개
종료 프로세스 그룹	프로젝트관리 프로세스 그룹들의 모든 활동들을 종료하고 프로젝트, 단계 또는 계약 의무를 공식적으로 마무리하는 프로세스들로 구성된다.	2개
합계		39개

앞서 설명한 프로세스 그룹은 프로젝트 착수부터 종료까지 어떤 단계를 따라 프로젝트를 관리해야 하는지를 나타내는 것이다. 반면 프로젝트관리에서는 관리해야 하는 대상을 결정하는 것도 중요하다. PMBOK 가이드 6판과 ISO 21500은 이를 지식영역(knowledge area) 또는 주제그룹(subject group)이라고 부르며 다음 열 가지를 관리의 대상으로 하고 있다. 각각에 대해서는 3장에서 12장까지 상세히 설명하기로 한다.

〈표 2-8〉 지식영역(주제그룹)

지식영역(주제그룹)	설 명	프로세스 수 (ISO 21500)
통합관리(3장)	프로젝트관리의 다양한 요소들을 통합하는 프로세스들로 구성된다.	7개
이해관계자관리(4장)	프로젝트에 영향을 주거나 프로젝트에 의해 영향을 받는 사람, 집단, 조직을 식별하고 관리, 통제하는 프로세스들로 구성된다.	2개

지식영역(주제그룹)	설 명	프로세스 수 (ISO 21500)
범위관리(5장)	요구되는 작업들이 모두 프로젝트에 포함되고, 필요한 작업들만 포함되었는지를 규명하는 프로세스들로 구성된다.	4개
자원관리(6장)	프로젝트에 필요한 자원을 확보, 개발, 관리, 통제하는 프로세스들로 구성된다.	6개
시간관리(7장)	프로젝트를 시의적절한 때에 완료하도록 관리하는 프로세스들로 구성된다.	4개
원가관리(8장)	승인된 예산 내에서 프로젝트를 완료하기 위해 원가를 계획, 산정, 예산편성, 통제하는 프로세스들로 구성된다.	3개
리스크관리(9장)	프로젝트상의 리스크관리 수행과 관련된 프로세스들로 구성된다.	4개
품질관리(10장)	프로젝트가 부여받은 목표를 만족시키는 것을 보장하기 위한 프로세스들로 구성된다.	3개
조달관리(11장)	계약관리 프로세스뿐만 아니라 제품, 서비스, 결과물을 구매하거나 획득하는 프로세스들로 구성된다.	3개
의사소통관리(12장)	프로젝트 정보를 시의적절하고 적합하게 생성, 수집, 배포, 저장하고 궁극적으로 폐기하는 것과 관련된 프로세스들로 구성된다.	3개
합계		39개

[그림 2-9] 프로젝트관리 프로세스 프레임워크

이상의 내용을 정리하면 프로젝트관리 프로세스는 프로세스 그룹과 관리 대상(지식 영역/주제그룹)에 따라 논리적으로 연결된 프로세스들로 구성된다. [그림 2-9]는 이를 도식적으로 표현한 것이다.

1) 프로세스의 일반적인 개념

프로젝트관리를 포함하여 일반적으로 사용하는 프로세스의 개념을 우선 살펴보자. KS A 9001: 2015는 프로세스를 [그림 2-10]에 있는 것처럼 "입력물(input)을 출력물(output)으로 변환시키는 상호 관련되거나 상호작용하는 활동의 집합"이라고 정의하고 있다. 즉 프로세스는 그 크기와 복잡성에 상관없이 입력을 변환하여 출력으로 전환하기 위해 자원을 사용하는 모든 활동 또는 활동의 조합이다. 조직이 효과적인 기능을 발휘하기 위해서는 서로 연관되고 상호작용하는 수많은 프로세스를 파악하고 관리해야 한다. 많은 경우 하나의 프로세스에서 나온 출력은 곧바로 다음 프로세스의 입력이 된다. 조직 내에서 적용된 프로세스, 그리고 특히 그러한 프로세스 간의 상호작용을 체계적으로 파악하고 관리하는 것을 '프로세스 접근 방법'이라고 부른다.

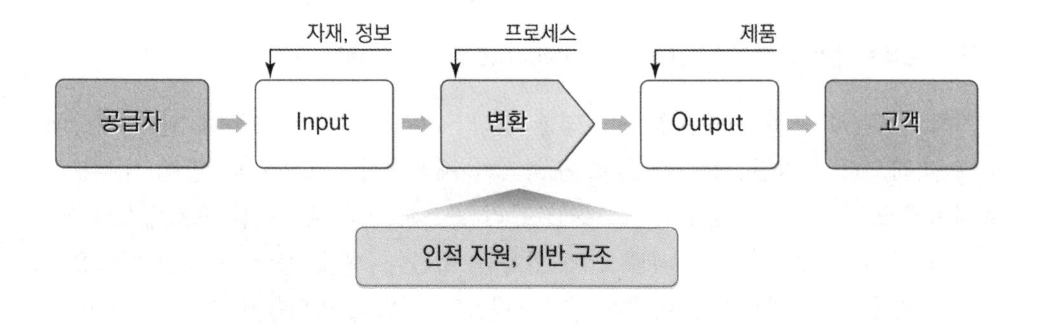

[그림 2-10] 프로세스의 개념

[그림 2-10]과 같이 모든 프로세스는 내·외부 공급자로부터 원자재, 인력, 에너지, 자본, 서비스와 같은 입력을 받는다. 프로세스 구성요소는 이러한 입력을 변환하기 위해 사용하는 자원들로서 인력, 장비, 방법, 관리 등의 범주로 구분할 수 있다. 프로세스의 결과인 출력은 내·외부 고객에게 전달하는 것을 의미하며 하드웨어, 소프트웨어, 서비스, 가공물질 또는 이들의 조합이다.

2) 프로젝트 프로세스의 개념

앞서 설명한 일반적인 프로세스의 정의는 그대로 프로젝트 프로세스에도 적용된다. 즉 프로젝트 프로세스란 프로젝트의 인도물인 제품, 서비스 또는 결과를 달성하기 위해 수행하는 상호 연관된 일련의 조치 및 활동들을 의미한다. 프로젝트 프로세스는 다시 제품중심 프로세스와 프로젝트관리 프로세스로 구분하여 설명할 수 있다.

(1) 제품중심 프로세스(product-oriented process)

여기서 제품이란 프로젝트의 인도물인 제품, 서비스, 결과를 포괄하는 의미를 갖고 있다. 제품중심의 프로세스는 제품의 생산과 관련된 프로세스로서 해당 제품마다 특유의 프로세스를 가지고 있다. 따라서 프로젝트마다 다른 프로세스를 가질 수 있다. 일반적으로 제품중심 프로세스는 프로젝트 수명주기(project life cycle)와 관련하여 정의된다. 예를 들면, 제품 개발을 위한 프로젝트 수명주기를 타당성 조사, 개념설계, 기본설계, 상세설계, 시제품 제작, 본 제작, 검사 및 시험, 출고 등으로 정의할 수 있으며 제품중심 프로세스 그룹도 대개 이와 같이 구성된다. 즉 제품중심 프로세스는 프로젝트의 수명주기에 의해 정의되며 적용 분야에 따라 달라진다.

(2) 프로젝트관리 프로세스(project management process)

프로젝트관리 프로세스는 앞서 설명한 것과 같이 프로세스 그룹과 관리 대상에 따라 논리적으로 연결된 프로세스들로 구성되며 제품중심 프로세스와 달리 대부분의 프로젝트에 공통적으로 적용된다. 프로젝트관리 프로세스와 제품중심 프로세스는 프로젝트 전반에 걸쳐 중첩되면서 서로 간에 영향을 미친다. 예를 들어, 지정된 제품을 생산하는 방법에 대한 기본적인 이해가 부족하면 프로젝트의 범위를 정의할 수 없으며, 따라서 프로젝트를 정의하거나 계획을 수립하기 어렵게 된다.

본서에서는 각 프로젝트에 공통적으로 적용할 수 있는 프로젝트관리 프로세스에 대해 설명하지만 특정 프로젝트의 관리 프로세스를 정의할 때는 필연적으로 제품중심의 프로세스를 고려하여 특정 프로젝트의 맞춤형 관리 프로세스를 수립해야 한다.

2.2.2 프로젝트 착수 프로세스 그룹

프로젝트 착수 프로세스 그룹은 새로운 프로젝트나 기존 프로젝트의 새로운 단계

(phase)를 정의하고, 승인을 받아 공식적으로 시작하기 위해 필요한 프로세스들로 구성된다. 착수 프로세스 그룹에서 프로젝트의 초기 범위가 정의되고, 초기 재원이 충당된다. 또한 프로젝트 전체 결과와 상호작용하며 영향을 미칠 내부 및 외부 이해관계자가 식별되고, 프로젝트 진행을 위한 프로젝트 팀을 편성한다. 착수 프로세스 그룹에는 프로젝트 헌장 개발, 이해관계자 식별, 프로젝트 팀 편성 등의 프로세스가 있다.

〈표 2-9〉 프로젝트 착수 프로세스 그룹

프로세스	설 명	해당 주제영역
프로젝트 헌장 개발	프로젝트를 공식적으로 승인하는 문서를 작성하고 이해관계자의 요구사항과 기대사항을 충족시키기 위한 초기 요구사항을 문서화하는 프로세스	통합관리
이해관계자 식별	프로젝트의 의사결정, 활동 또는 결과에 영향을 주거나 그로 인해 영향을 받을 수 있는 개인, 집단, 조직 등 이해관계자를 식별하는 프로세스	이해관계자관리
프로젝트 팀 편성	프로젝트 완료에 필요한 인적 자원을 획득하는 프로세스	자원관리

프로젝트 헌장(project charter) 개발은 프로젝트를 공식적으로 승인하는 문서를 작성하고 이해관계자의 요구사항과 기대사항을 충족시키기 위한 초기 요구사항을 문서화하는 프로세스이다. 프로젝트관리자는 최대한 빠른 시일 안에 선임하는 것이 필요하다. 가능하면 프로젝트 헌장을 개발하기 전에 그리고 반드시 기획을 시작하기 전에 선임되어야 한다. 프로젝트 헌장은 프로젝트 활동에 자원을 활용할 권한을 프로젝트관리자에게 제공하는 것이므로 프로젝트 헌장 개발에 프로젝트관리자가 참여하는 것이 좋다. 프로젝트 헌장은 일반적으로 잘 구성된 문서형태로 정리되는데, 이해관계자의 요구사항, 프로젝트의 필요성과 결과물, 프로젝트의 목적, 프로젝트관리자 지정 및 권한 부여, 프로젝트 마일스톤, 프로젝트 예산 등에 관한 사항들을 정리한다.

이해관계자 식별은 프로젝트의 의사결정, 활동 또는 결과에 영향을 주거나 그로 인해 영향을 받을 수 있는 개인, 집단, 조직 등 이해관계자를 식별하는 프로세스이다. 이해관계자는 프로젝트 팀의 모든 팀원과 대내적, 대외적으로 이해관계가 있는 모든 주체가 포함된다. 프로젝트 수행에 우호적인 이해관계자로부터 도움을 받고 비우호적인 이해관계자가 야기하는 부정적인 영향을 최소화하는 것이야말로 프로젝트 성공에 있어 중요한 요소이다. 프로젝트 초기에 관련 이해관계자를 식별하고 그들의 요구사항 및 기대사항, 영향력 및 관심사항을 분석하며, 분석 결과는 이해관계자등록부에 기록한다.

프로젝트 착수 프로세스 그룹에서 고려해야 하는 또 다른 프로세스는 프로젝트 팀 편성이다. 프로젝트 팀 편성은 프로젝트 완료에 필요한 인적 자원을 획득하는 것이다. 프로젝트 팀은 프로젝트관리자와 프로젝트의 목표를 달성하기 위해 프로젝트 작업을 함께 수행하는 팀원들로 구성된다. 프로젝트관리자는 언제 어떻게 프로젝트 팀원을 수급하고 방출할 것인지를 결정해야 한다. 조직 내 인적 자원이 여의치 않으면 추가 인력을 채용하거나 다른 공급자에게 의뢰할 수 있다. 프로젝트 팀은 자원요구, 프로젝트 조직도, 자원 가용성, 프로젝트계획서, 역할기술서 등을 고려하여 편성한다.

2.2.3 프로젝트 기획 프로세스 그룹

프로젝트 착수 프로세스 그룹에 의해 프로젝트가 공식적으로 착수되면 1차적으로 해야 할 일은 프로젝트관리를 위한 계획을 수립하는 것이다. 프로젝트 기획 프로세스 그룹은 프로젝트의 범위와 목표를 명확히 하고, 그러한 목표 달성에 필요한 행동들을 계획하는 여러 프로세스들로 구성된다. 프로젝트 기획 프로세스 그룹은 <표 2-10>에 정리한 것처럼 통합관리, 범위관리, 자원관리, 시간관리, 원가관리 등 거의 대부분의 주제그룹에 해당하는 프로세스들로 구성되어 있다. 프로젝트 기획 프로세스 그룹을 통해 프로젝트관리 계획서(project management plan)와 프로젝트 수행에 필요한 프로젝트 문서들이 생성된다. 프로젝트관리 계획서와 프로젝트 문서에는 범위, 자원, 시간, 원가, 리스크, 품질, 조달, 의사소통 등 여러 측면이 두루 다뤄진다.

프로젝트 기획 프로세스 그룹에서는 먼저 프로젝트 범위를 정의하고, WBS 작성을 통해 이를 구체화하며, 일정에 따라 달성해야 할 활동들을 정의한다. 개별 활동들이 식별되었으면 개별 활동에 필요한 자원(인력, 설비, 장비, 재료, 인프라, 도구 등)을 산정하고 프로젝트 조직을 정의한다. 시간관리에서는 활동들의 선후관계를 파악하여 활동순서를 배열하고, 개별 활동을 완료하는 데 필요한 기간을 산정하며, 프로젝트 일정을 개발한다. 원가관리에서는 프로젝트 활동을 완료하는 데 필요한 원가를 산정하여 예산을 편성한다. 또한 프로젝트에 영향을 미칠 수 있는 리스크를 식별하여 식별된 리스크의 발생확률과 영향을 평가하며, 품질계획과 조달계획, 의사소통계획을 수립한다.

〈표 2-10〉 프로젝트 기획 프로세스 그룹

프로세스	설 명	해당 주제영역
프로젝트 계획 수립	프로젝트가 어떻게 수행, 관찰, 통제되는지를 정의한 프로젝트관리 계획서를 개발하는 프로세스	통합관리

범위 정의	프로젝트 범위에 포함할 사항과 제외할 사항을 정의함으로써 제품, 서비스, 결과물의 경계를 정의하는 프로세스	범위관리
WBS 작성	프로젝트 산출물과 프로젝트 작업을 더 작고 관리 가능한 요소들로 세분화 하는 프로세스	범위관리
활동 정의	프로젝트 목적 달성을 위하여 일정에 따라 달성해야 할 모든 활동을 식별하고 정의하고 문서화하는 프로세스	범위관리
자원 산정	개별 활동에 필요한 자원(인력, 설비, 장비, 재료, 인프라, 도구 등)을 결정하는 프로세스	자원관리
프로젝트 조직 정의	프로젝트 조직형태, 프로젝트 팀원들의 역할과 책임 등을 정의하고 문서화하는 프로세스	자원관리
활동 순서 배열	프로젝트 활동 간의 논리적 선후관계를 파악하는 프로세스	시간관리
활동 기간 산정	개별 활동을 완료하는 데 필요한 총 작업기간 단위 수를 산정하는 프로세스	시간관리
일정 개발	활동 순서, 활동 기간, 자원 요구사항, 일정 제약 등을 분석하여 프로젝트 일정을 생성하는 프로세스	시간관리
원가 산정	프로젝트 활동을 완료하는 데 필요한 금전적 자원의 근사치를 산정하는 프로세스	원가관리
예산 편성	개별 활동 또는 작업패키지별로 산정된 원가를 합산하여 승인된 원가기준선을 설정하는 프로세스	원가관리
리스크 식별	프로젝트에 영향을 미칠 수 있는 리스크를 도출하고 리스크별 특성을 문서화하는 프로세스	리스크관리
리스크 평가	리스크의 발생확률과 영향을 평가하고 종합하여 심층 분석 및 조치를 위한 리스크의 우선순위를 지정하는 프로세스	리스크관리
품질 계획	프로젝트 및 인도물에 대한 품질 요구사항과 표준을 식별하고 프로젝트가 품질 요구사항을 준수함을 입증할 방법을 문서화하는 프로세스	품질관리
조달 계획	프로젝트 조달 결정사항을 문서화하고, 조달방식을 구체화하며, 참여자격을 갖춘 판매자를 식별하는 프로세스	조달관리
의사소통 계획	프로젝트 작업패키지의 정보 요구사항을 식별하고 의사소통 방식을 정의하는 프로세스	의사소통관리

프로젝트관리 계획서는 프로젝트의 목표를 달성하기 위하여 프로젝트의 범위나 전제사항 및 제약을 명확하게 하고 범위, 품질, 일정, 원가의 관점에서 프로젝트의 최적화를 도모한다. 또한 프로젝트 수행을 위한 기준선을 작성하고, 프로젝트의 상황파악과 계획대로 프로젝트를 추진하기 위한 기본 틀을 설정하고, 프로젝트 범위와 성과물, 대상 업무의 범위, 기능, 성능 등을 명확히 한다. 프로젝트관리 계획서은 한번 수립하면 고정되는 것이 아니라 점진적으로 구체화될 뿐만 아니라 프로젝트 추진과정 중 승인된 변경사항을 반영하기 위하여 수정, 보완되어야 한다. 프로젝트관리 계획서는 프로젝트 전반에 대해 하나의

계획문서를 만들 수도 있고 여러 개의 하위계획문서와 이를 통합한 상위계획문서로 구성할 수도 있다.

2.2.4 프로젝트 이행 프로세스 그룹

프로젝트 이행 프로세스 그룹은 프로젝트관리 계획서에 정의된 작업을 완료하기 위해 수행해야 하는 프로세스들로 구성된다. 즉 프로젝트관리 계획에 의거하여 프로젝트의 모든 활동을 통합 및 수행하고 인력과 자원을 조정하는 일이 이행 프로세스 그룹에 포함된다. 이행 프로세스 그룹을 통하여 프로젝트 성과물이 생산되기 때문에 프로젝트 예산의 대부분이 이들 프로세스를 실행하는 데 사용된다. 프로젝트 이행과 관련된 프로세스는 <표 2-11>과 같이 프로젝트 작업지시, 이해관계자관리, 프로젝트 팀 개발, 리스크 대처, 품질보증 수행, 공급자 선정, 정보배포 등으로 구성되어 있다.

〈표 2-11〉 프로젝트 이행 프로세스 그룹

프로세스	설 명	해당 주제영역
프로젝트 작업지시	승인된 프로젝트 인도물을 산출하기 위하여 프로젝트관리 계획서에 따라 작업실적을 관리하는 프로세스	통합관리
이해관계자관리	이해관계자들이 프로젝트의 성과나 혜택, 리스크를 이해하고, 그들이 프로젝트의 적극적인 지원자가 되도록 관리하는 프로세스	이해관계자관리
프로젝트 팀 개발	목표로 했던 프로젝트 성과를 달성하기 위해 팀 구성원들의 역량을 향상시키고 팀원 간의 상호 교류와 협력을 증진시키는 프로세스	자원관리
리스크 대처	프로젝트 목표에 위협적인 요인은 경감시키고 목표 달성 기회는 증대시킬 수 있는 대안과 조치를 계획하고 실행하는 프로세스	리스크관리
품질보증 수행	적절한 품질 표준 및 운영적 정의가 사용되고 있음을 보장하기 위해 품질통제의 측정결과 및 품질 요구사항을 심사하는 프로세스	품질관리
공급자 선정	대상 판매자를 모집하여 판매자를 선정하고 계약을 체결하는 프로세스	조달관리
정보배포	프로젝트 이해관계자에게 적시에 그들이 필요로 하는 정보를 적절한 수단을 활용하여 제공하는 프로세스	의사소통관리

2.2.5 프로젝트 통제 프로세스 그룹

프로젝트 통제 프로세스 그룹은 프로젝트 진행 상황과 성과를 주기적으로 측정, 감시하며 목표 달성을 위해 필요한 경우 시정조치를 취하는 프로세스들로 구성된다. 프로젝트 통제 프로세스 그룹은 <표 2-12>에 있는 것처럼 10개 주제영역 중 9개 주제영역에 걸쳐 프로세스가 존재하여 프로젝트 전반을 감시하고 통제하는 기능을 수행한다.

프로젝트 통제 프로세스 그룹은 프로젝트 성과를 주기적으로 관찰하고 측정하여 프로젝트관리 계획에서 벗어난 차이를 식별하며, 만약 계획에서 벗어난 차이로 인해 프로젝트 목표가 달성될 수 없을 경우에는 프로젝트관리 계획을 수정, 보완한다. 예를 들면, 어떤 특정 일정활동의 계획된 종료일을 지키지 못할 때는 현재의 인력 투입계획을 조정하거나 시간 외 근무를 하도록 한다.

〈표 2-12〉 프로젝트 통제 프로세스 그룹

프로세스	설 명	해당 주제영역
프로젝트 작업통제	프로젝트관리 계획서에 정의된 성과 목표를 달성하기 위해 프로젝트 진행을 추적, 검토, 조정하는 프로세스	통합관리
변경통제	모든 변경요청을 검토, 승인하고 인도물, 조직 프로세스 자산, 프로젝트 문서, 프로젝트관리 계획서에 대한 변경을 관리하는 프로세스	통합관리
범위통제	산출물 및 프로젝트 범위의 상태를 모니터링하고 범위기준선의 변경을 관리하는 프로세스	범위관리
자원통제	프로젝트 작업 수행에 필요한 자원의 가용성을 확인하고 필요한 방식으로 배정이 가능한지 여부를 점검하여 프로젝트 요구조건을 만족시키는 프로세스	자원관리
프로젝트 팀 관리	프로젝트 팀의 행동을 관찰하고, 갈등을 관리하고, 문제를 해결하며, 팀원의 성과를 평가하는 프로세스	자원관리
일정통제	일정 차이를 모니터링하고 당초 목표 및 계획과의 차이를 극복하기 위해 필요한 조치를 취하는 프로세스	일정관리
원가통제	예산과 실적의 비용 차이를 모니터링하고 적절한 조치를 취하는 프로세스	원가관리
리스크통제	프로젝트 전반에서 리스크 대응계획을 구현하고, 식별된 리스크를 추적하며, 잔존 리스크를 모니터링하고, 리스크 처리를 평가하는 프로세스	리스크관리
품질통제	품질관리 활동의 실행 결과를 모니터링하고 기록하면서 성과를 평가하고 필요한 변경을 권고하는 프로세스	품질관리

프로세스	설 명	해당 주제영역
조달관리	판매자와 구매자의 조달관계를 관리하고, 계약의 이행을 모니터링하며, 계약과 관련한 사항을 변경 및 수정하는 프로세스	조달관리
의사소통관리	프로젝트 이해관계자의 정보 요구사항을 충족시키기 위해 전체 프로젝트 수명주기에서 의사소통을 감시 및 통제하는 프로세스	의사소통관리

2.2.6 프로젝트 종료 프로세스 그룹

프로젝트 종료 프로세스 그룹은 프로젝트관리 프로세스 그룹들의 모든 활동들을 종료하고 프로젝트, 단계 또는 계약 의무를 공식적으로 마무리하는 프로세스들로 구성되어 있다. 프로젝트 종료 프로세스 그룹은 <표 2-13>과 같이 프로젝트 단계 또는 프로젝트 종료, 교훈 수집 등 두 개의 프로세스가 있다. 프로젝트를 종료할 때, 프로젝트관리자는 이전 단계가 종료되었는지, 인도된 모든 정보를 검토하여 모든 프로젝트 작업이 완료되었는지, 그리고 프로젝트 목표가 달성되었는지 등을 확인한다. 프로젝트 범위는 프로젝트관리 계획서를 기준으로 한다. 따라서 프로젝트관리자는 프로젝트의 종료를 고려하기 전에 계획서를 검토하여 프로젝트의 완료를 확인해야 한다. 프로젝트 조직이 해산된 이후에 미종료 상황이 발견되는 경우에는, 그것을 위한 문제해결이나 잔여 작업의 수행은 극단적으로 비효율적이 되고 사용자로부터의 평가도 나빠질 수 있다. <표 2-14>는 프로젝트를 종료하는 데 필요한 주요 업무의 예를 순서대로 표시한 것이다.

〈표 2-13〉 프로젝트 종료 프로세스 그룹

프로세스	설 명	해당 주제영역
프로젝트 단계 또는 프로젝트 종료	프로젝트 단계나 프로젝트를 공식적으로 완료하기 위해 전체 프로젝트 관리 프로세스 그룹에 속한 모든 활동을 종결하는 프로세스	통합관리
교훈 수집	프로젝트 베스트 프랙티스와 교훈 정보를 수집하여 향후 프로젝트 또는 단계에서 활용할 수 있도록 하는 프로세스	통합관리

〈표 2-14〉 프로젝트 종료 단계(예시)

단 계	설 명
프로젝트 종료의 확인	• 종료 기준 달성의 확인 • 당초 계획과 최종 계획과의 차이 정리 • 조달 품목 종료 확인
프로젝트 종료보고서 작성	• 목표 달성의 확인 및 검증 • 프로젝트 종료보고서 작성
사용자에 의한 인도물 검수	• 검수 결과의 확인 • 검수 종료 통지의 획득 • 인도물을 사용자에게 인도
프로젝트 종료 보고와 종료	• 프로젝트 내부 보고 • 프로젝트 이해관계자에게 종료 보고 • 프로젝트 이해관계자로부터 종료 승인 획득 • 전 이해관계자에게 프로젝트 종료 통지 • 프로젝트 추진 조직의 해산
프로젝트 종료	• 프로젝트 종료

2.3 프로젝트 평가 단계

2.3.1 프로젝트 평가 단계의 개요

프로젝트 평가 단계는 완료된 프로젝트가 성공적이었는지, 어느 부분을 개선해야 하는지를 중심으로 평가하고 평가결과를 조직의 지식으로 축적하는 단계이다. 프로젝트 평가를 통해 얻을 수 있는 편익(benefit)을 정리하면 다음과 같다.

- 프로젝트에서 설정한 계획, 실행한 결과, 발생한 문제와 그 대응 결과, 프로젝트 성과의 평가 등 다양한 시점에서의 기록을 정리, 분석하고 문서로 보존함으로써, 프로젝트 성과물의 운용이나 보수 같은 기업의 일상 운영업무에 참조할 수 있다.
- 종료한 프로젝트에서 실현하는 것이 가능하지 않았던 사항이나 향후의 문제를 정리함으로써, 일상 운영이나 후속 프로젝트 개발 계획으로 인계할 사항을 명확하게 한다.
- 프로젝트를 추진하는 가운데 축적된 각종 데이터를 정리, 분석, 평가함으로써, 사내 표준을 수정하고 추가할 때 기초데이터로 사용할 수 있을 뿐만 아니라 표준화의 촉진을 도모하고 모범사례(best practice)의 경험 축적이 가능하다. 프로젝트 수행에서

얻은 지적 자산을 지식 데이터베이스나 사내 표준 데이터베이스로 축적함으로써, 향후 추진할 프로젝트의 계획 수립이나 원가 추정, 프로젝트 실행 등에 활용이 가능하며 궁극적으로 프로젝트관리 수준의 향상을 도모할 수 있다.

- 축적된 노하우, 경험, 성공 체험 등을 활용하여 새로운 기술이나 관리 기법을 개발할 수 있다. 실패 체험 또한 교훈으로 삼아 프로젝트의 실패 재발을 방지하는 데 도움을 준다.

2.3.2 프로젝트 평가 절차

프로젝트 평가는 일반적으로 [그림 2-11]과 같은 절차로 진행한다. 각 단계에 대한 설명은 소프트웨어 개발 프로젝트의 예를 기준으로 작성되었지만 다른 프로젝트에도 준용이 가능하다.

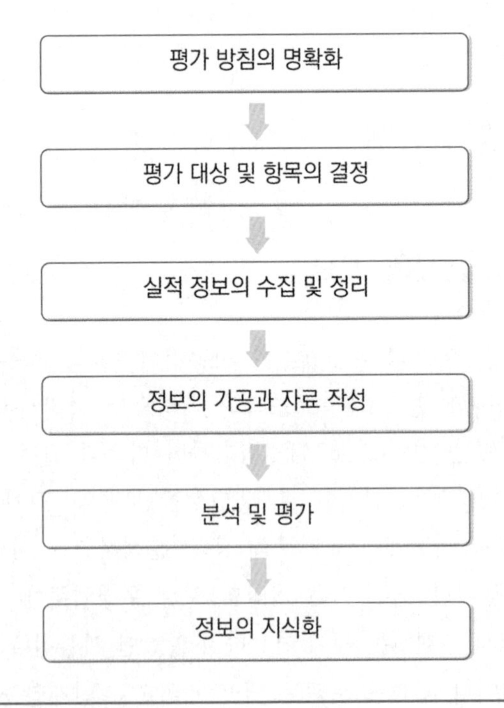

[그림 2-11] 프로세스 평가 절차

1) 평가 방침의 명확화

평가 방침이 불분명하면 좋은 평가를 기대할 수 없다. 어떠한 정보를 어떻게 수집, 정리할까, 어떠한 방침을 기준으로 분석할까 등 평가에 관한 기본적인 방침을 프로젝트 계획 단계에서 미리 설정해 둘 필요가 있다. 평가의 방침을 명확하게 하기 위해 검토해야 하는 항목은 다음과 같다.

- 평가의 중점사항은 무엇인가
- 평가 정보를 어떻게 수집하는가
- 평가 정보를 어떻게 정리하는가
- 현재의 평가 지표는 적절한가
- 생산성 지표나 기준치는 적절한가
- 문제의 발생과 해결, 변경요구의 실행결과를 어떻게 평가하는가
- 성공요인 또는 실패요인이 되는 분야를 어떻게 식별하고, 그 원인을 어떻게 파악하는가
- 개선이 필요한 분야를 어떻게 식별하고, 그 원인을 어떻게 파악하는가

2) 평가 대상 및 항목의 결정

평가 방침이 수립되었으면 평가할 대상 및 항목을 명확히 하는 것이 필요하다. 다음은 평가항목의 예이다.

- 프로젝트 목표의 달성도
- 고객이나 사용자의 만족도
- 실적원가 대비 예산
- 프로젝트의 실제 성과와 과거 유사 프로젝트의 실적과 비교
- 환경변화에의 대응 수준
- 리스크의 발생요인과 대응 방법
- 프로젝트 계획 당시 제기된 과제의 해결과 향후 과제
- 기술적인 도전
- 프로젝트 추진 중 발생한 문제와 그 대응 상황

3) 실적정보의 수집 및 정리

프로젝트의 평가 시점이 되어 실적 자료를 수집하려 해도 이미 종료된 프로젝트의 실적 정보를 수집할 수 없는 경우가 많다. 어떤 종류의 실적 정보를, 어떤 시점에서, 어느 정도의 수준으로 수집할 것인지는 당초의 프로젝트 계획 단계에서 명확하게 할 필요가 있다. 프로젝트 계획 단계에서 설정한 관리체계(항목, 질, 양) 이상의 실적정보를 수집하는 것은 어렵다. 프로젝트의 평가를 위하여 사용하는 실적정보의 예는 <표 2-15>와 같으며 이들은 소프트웨어 개발 작업이 진행되는 동안 축적된 각종 관리기록이 중심이 된다. 그 밖에 고객, 사용자, 프로젝트 팀원, 상위관리자, 외부협력회사, 공급자 등으로부터 입수하는 정보도 수집 대상이 된다.

〈표 2-15〉 주요 프로젝트관리 기록 문서

문서의 종류	문서의 구체적인 예
계획과 실적	진척, 공수, 자원, 품질, 원가, 리스크, 조달 등 각 관리요소에서의 관리장표를 기준으로 한 계획값 및 목표치와 그것에 대응하는 실적치 및 차이분석
프로젝트 상황보고	일정시점에서 작성하고, 보고한 프로젝트의 상황보고서
이슈관리기록	이슈관리대장에 기록한 이슈와 그 대응결과 및 미해결사항
변경관리기록	변경관리대장에 의한 변경의뢰건수, 승인건수, 대응결과관련 기록
평가관계자의 코멘트	프로젝트 평가위원회 등에서 제출된 코멘트나 회의록 등
기타	기타 관리대장 및 관리자료

프로젝트 평가를 위해서 어떻게 실적정보를 정리할 것인가에 대해서도 프로젝트 계획 단계에서 미리 명확하게 해 두어야 한다. <표 2-16>과 같이 관리대상과 관리요소(목적)의 두 가지 면에서 매트릭스 관계로 정리하는 것이 일반적이다. 표의 종축은 관리 대상이고, 속성으로서는 관리하는 계층(레벨, 상세도)이 있다. 표의 횡축은 관리요소로서, 속성으로서는 관리목적에서 정한 관리항목과 관리항목을 관리하기 위한 관리지표가 있다. 관리계층의 깊이를 어느 정도로 설정할 것인가 또는 관리요소의 관리항목과 관리지표에 무엇을 설정할 것인가는 프로젝트의 규모, 관리방침, 기업의 관리규정에 의해 요구되는 관리등급 등에 의해 결정된다.

〈표 2-16〉 데이터 관리체계

관리대상 \ 관리요소		통합 관리	진척 관리	품질 관리	원가 관리	기타
업무기능, 서브시스템	계층구조					
개발작업 프로세스, 태스크	계층구조					
성과물	계층구조					
개발조직, 팀	계층구조					
....	계층구조					

4) 정보의 가공과 자료작성

정보의 가공과 자료작성은 대상으로 하는 데이터의 특성에 따라 수치적인 분석, 도식, 표 형식, 텍스트에 의한 설명 등으로 구별하여 정리한다. <표 2-17>에 데이터를 가공하고 자료를 작성할 때 고려해야 하는 주안점을 정리하였다.

〈표 2-17〉 데이터가공 및 자료작성 시 주안점

주안점	설 명
사실 데이터 원칙	데이터를 호도하지 않고 있는 그대로의 데이터를 사용하여 데이터가 프로젝트의 진실을 말하는 것으로 한다. 데이터를 수정하면, 관련한 다른 데이터 간의 정합성을 가질 수 없게 되어 프로젝트의 진실을 반영할 수 없고, 분석 평가의 의미가 없게 된다. 또한 후속 프로젝트가 참조, 이용하는 데이터로서 사용할 수 없게 된다.
체계적, 구조적인 처리	데이터를 정리, 분석하는 방법을 명확하게 한 뒤에 체계적, 구조적으로 처리한다. 특히, 수치데이터의 경우에는 집계레벨을 상세레벨에서 요약레벨로 집약하는 구조를 명확하게 해 둔다. 그러기 위해서는 WBS를 이용하는 것이 좋다.
시계열 표시	프로젝트는 개발작업에 의해 운영되기 때문에 시계열적으로 상황을 정리한다. 예 EVM에 의한 진척의 추이
시각적 표시	수치 데이터는 계수처리를 행하기 위하여 그대로 보존하여 둘 필요가 있으나, 그것과는 별도로 종료보고를 시각적으로 표시하도록 노력한다.
인과관계의 도식적 표현	단순히 겉으로 보이는 결과나 현상뿐만 아니라 그것이 발생한 요인은 무엇인가, 인과관계를 추적할 수 있는 도식표현을 한다.
다양한 시점의 설정	같은 데이터에서도 다양한 시점에서 보는 것으로, 그 데이터의 양상이 달라 보일 수 있다. 한 면에서가 아니라 다양한 시점을 설정하여 데이터의 처리를 하는 것으로 한다.

5) 분석 및 평가

프로젝트의 방침에 따라 정리, 처리한 데이터를 프로젝트 고유의 사항을 중심으로 분석, 평가한다. 프로젝트 고유의 데이터나 정보를 평가하는 경우는 프로젝트관리자의 독선적인 평가가 되지 않도록, 팀 리더나 팀원, 고객, 사용자, 관련 공급자 등으로부터 넓게 청취하여 작업하고 객관적인 평가를 하도록 노력한다. 가능하면 청취는 체크리스트를 작성하여 평가하는 방식이 좋다. 또한 다음과 같은 항목에 대하여 일반적으로 프로젝트의 계획, 관리에 유용한 정보인가도 평가한다.

- 원가추정기법 적용의 실패
- 과거의 프로젝트에 없는 계획－실적 차이의 원인과 경위
- 적용한 개발기법의 평가
- 프로젝트 추진에 유효하게 기능한 새로운 기법, 조직구성, 대응책 등
- 이슈관리 또는 변경관리의 실시효과
- 리스크관리에 관한 비용효과

6) 정보의 지식화

지식 데이터베이스에 프로젝트 데이터를 축적하는 경우에는 프로젝트별 고유의 데이터를 보유하는 데이터베이스와 일반적인 데이터로서 정리, 분석, 표준화된 데이터베이스의 두 가지로 구분하여 축적하는 것으로 한다. 일반적으로 공유하는 데이터로서는 원가추정용 표준치(생산성, 공수배분비율, 기간배분비율 등), 벤치마킹, 성공패턴, 실패패턴, 실무관행의 추가, 개정 및 의사결정사례가 있다. 또한 어떤 프로젝트에서도 최소한의 공통적인 데이터를 수집할 수 있도록 미리 프로젝트 실적데이터 수집시트를 설정해 두고, 프로젝트의 종료와 함께 제출하는 것을 규정화하여 둔다.

프로젝트 종료보고서가 소관 부서에 제출 승인되면 지식관리 조직은 해당 프로젝트에 대하여 지식 데이터베이스에 축적할 프로젝트 데이터를 제출해 줄 것을 의뢰한다. 프로젝트 데이터가 지식 데이터베이스에 수납된 시점에서 게시판 등으로 그 취지를 홍보하고 많은 이용을 부탁한다. 한편, 정기적으로 프로젝트 성과보고회를 개최하여 지식, 노하우, 성공체험, 실패체험 등을 공개하고 정보교환을 장려함으로써 지식화가 더욱 촉진된다.

이 장의 요약

- 프로젝트 진행 단계는 프로젝트 선정 단계, 프로젝트 관리 단계, 프로젝트 평가 단계로 구분할 수 있다.
- 프로젝트 선정 단계는 여러 개의 후보 프로젝트들 중에서 어떤 프로젝트들을 선정하여 시행할 것인지에 대한 의사결정을 내리는 단계이다.
- 프로젝트 선정 단계에서 수행되는 프로젝트 타당성 분석은 프로젝트 착수 이전에 프로젝트를 정의하고 분석하여 타당성을 제시하는 단계로 일반적으로 잘 구조화된 문서 형태로 제시된다.
- 프로젝트 선정 방법은 크게 선별적 모형(screening models), 재무적 모형(financial models), 포트폴리오 모형(portfolio models)으로 구분할 수 있다.
- 선별적 모형은 평가자의 직관적, 경험적 판단을 기초로 각 프로젝트를 선정 기준에 따라 평가하는 방법으로 평점 모형, AHP 기법 등이 여기에 해당한다.
- 재무적 모형은 프로젝트의 비용 대비 이익을 평가하여 경제성 관점에서 선정하는 방법으로 자본회수기간법, 순현재가치법, 투자수익률법, 내부수익률법 등이 있다.
- 포트폴리오 모형은 다수의 프로젝트를 동시에 고려하여, 최적의 프로젝트 집합을 찾아내는 방법으로 BCG 매트릭스, 부즈 알렌 매트릭스, 맥킨지 매트릭스, ADL 기술 포트폴리오 매트릭스 등을 활용할 수 있다.
- 프로젝트 관리 단계는 '프로젝트 시작'이 결정된 이후에 그 프로젝트를 성공적으로 끝내기 위하여 수행해야 하는 일련의 프로세스들로 구성되어 있다.
- 프로젝트관리 프로세스는 프로세스 그룹과 관리 대상에 따라 구분할 수 있다.
- 프로세스 그룹은 프로젝트가 어떤 단계로 진행되느냐에 따라 정의되는데, 착수 프로세스 그룹, 기획 프로세스 그룹, 이행 프로세스 그룹, 감시 및 통제(또는 통제) 프로세스 그룹, 종료 프로세스 그룹으로 구분된다.
- 프로젝트 관리 대상은 통합관리, 이해관계자관리, 범위관리, 자원관리, 시간관리, 원가관리, 리스크관리, 품질관리, 조달관리, 의사소통관리 등 10개로 구성되어 있다.
- 프로젝트 평가 단계는 완료된 프로젝트가 성공적이었는지, 어느 부분을 개선해

야 하는지를 중심으로 평가하고 평가결과를 조직의 지식으로 축적하는 단계이다.

- 프로젝트 평가 단계는 평가 방침의 명확화, 평가 대상 및 항목의 결정, 실적 정보의 수집 및 정리, 정보의 가공과 자료작성, 분석 평가, 정보 지식화 등의 절차에 따라 진행된다.

2장 연습문제

1. 다음 용어를 설명하시오.

   1) 이해관계자 식별
   2) 자본회수기간법
   3) 프로세스
   4) 프로젝트 헌장

2. 다음 제시된 문제를 설명하시오.

   1) 글로벌 프로젝트관리 표준 체계에서 PMBOK 가이드 6판, ISO 21500, PRINCE2의 프로세스 그룹 체계를 비교 설명하시오.
   2) 프로젝트 평가 절차를 설명하시오.
   3) 프로젝트관리 프로세스 5단계는 무엇인지를 간단히 설명하시오.

3. 다음 객관식의 문제에 대해 올바른 답을 제시하시오.

   1) BCG 매트릭스에서 시장점유율은 낮지만 시장성장률이 높은 사업을 무엇으로 표시하는가?
      ① 별
      ② 물음표
      ③ 젖소
      ④ 개

   2) 투자기간의 연평균 이익을 투자비로 나눈 것으로 기업의 경영성과 측정 기준으로 널리 사용하는 방법은?
      ① 순현재가치법
      ② 내부수익률법
      ③ 투자수익률법
      ④ 자본회수기간법

3) 프로젝트의 범위와 목표를 명확히 하고, 그러한 목표 달성에 필요한 행동들을 계획하는 여러 프로세스들로 구성되는 프로세스 그룹은?
① 착수 프로세스 그룹
② 기획 프로세스 그룹
③ 이행 프로세스 그룹
④ 통제 프로세스 그룹

4) 프로젝트의 한 부분을 아웃소싱하기로 결정했다면, 어느 프로세스 그룹에 속하는 프로세스를 사용하여 조달 작업을 수행하겠는가?
① 이행
② 기획
③ 통제
④ 착수

5) 프로젝트의 인도물인 제품, 서비스 또는 결과를 달성하기 위해 수행하는 상호 연관된 일련의 조치 및 활동들을 의미하는 것은?
① 프로젝트 기획
② 프로젝트 헌장
③ 프로젝트 포트폴리오
④ 프로젝트 프로세스

CHAPTER

03

통합관리

프로젝트 통합관리에는 프로젝트의 다양한 요소가 적절히 균형을 이루며 진행되도록 하기 위하여 필요한 여러 가지 프로세스가 포함된다. 여기에는 이해관계자의 요구와 기대를 충족 또는 초과 달성시키기 위하여 여러 가지 상충되는 목표와 대안들을 절충하는 프로세스도 포함된다. 모든 프로젝트의 관리 프로세스는 어느 정도 통합적인 성격을 띠고 있으나 본 장에서 다루는 프로세스가 가장 통합적이라고 할 수 있다. 다음과 같은 프로젝트 통합관리 프로세스가 있다.

- **프로젝트 헌장 개발**: 프로젝트의 채택을 공식적으로 승인하고 프로젝트관리자에게 조직의 자원을 프로젝트 활동에 투입할 수 있는 권한을 부여하는 내용의 문서를 개발하는 프로세스

- **프로젝트 계획 수립**: 모든 보조 계획서를 정의, 작성 및 조율하여 하나의 종합적인 프로젝트관리 계획서에 통합하는 프로세스. 프로젝트의 통합기준선 및 보조계획서가 프로젝트관리 계획서 내에 포함될 수도 있다.

- **프로젝트 작업 지시**: 프로젝트 목표를 달성하기 위해 프로젝트관리 계획서에 정의된 작업을 지도 및 수행하고, 승인된 변경 사항을 이행하는 프로세스

- **프로젝트 작업 통제**: 프로젝트관리 계획서에 정의된 성과 목표를 달성하기 위해 프로젝트 진척을 추적 및 검토하고 보고하는 프로세스

- **변경 통제**: 모든 변경요청을 검토하고, 변경사항을 승인하고, 인도물, 조직 프로세스 자산, 프로젝트 문서, 프로젝트관리 계획서에 대한 변경사항을 관리하고, 변경사항 조치 결과를 전달하는 프로세스

- **프로젝트 단계 또는 프로젝트 종료**: 프로젝트나 단계를 공식적으로 완료하기 위해 프로젝트관리 프로세스 그룹에 속한 모든 활동을 종결하는 프로세스

- **교훈 수집**: 상황과 관련된 영향, 권고사항 및 제안하는 조치를 포함하여 과제, 문제점, 실현된 리스크와 기회 또는 기타 해당되는 내용을 수집하여 추후 프로젝트에 사용할 수 있도록 교훈관리대장에 저장하는 프로세스

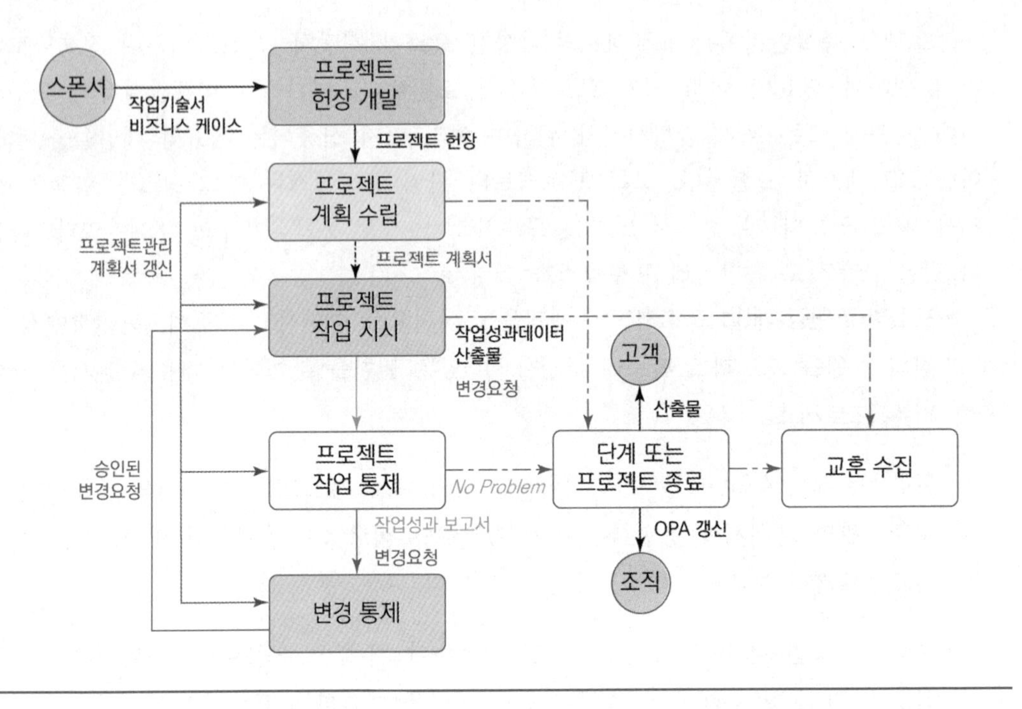

[그림 3-1] 통합관리 프로세스 요약

이러한 프로세스들은 각 프로세스뿐만 아니라 기타 지식영역의 프로세스와도 밀접한 상호작용을 하게 된다. 각 프로세스에는 프로젝트의 필요에 따라 한 명 또는 그 이상의 개인이나 그룹에 의한 노력이 포함될 수도 있다. 일반적으로 각 프로세스는 모든 프로젝트 단계에서 최소한 한 번 이상 발생한다.

여기서는 각 프로세스가 잘 정의된 인터페이스가 있는 분리된 요소로 제시되고 있지만 실질적으로 이들은 여기서 상세히 다루어지지 않은 여러 가지 방법으로 중첩 및 상호작용을 할 수도 있다.

본 장에서는 여러 가지 프로젝트관리 프로세스를 통합하기 위하여 사용되는 여러 프로세스, 도구 및 기법을 중심으로 다룬다. 예를 들면, 프로젝트의 통합관리는 우발사태 계획을 위하여 원가산정이 필요할 때나 인적 자원배정의 대안과 관련된 위험 사항을 식별해야 하는 경우에 필요하다. 그러나 프로젝트가 성공적으로 마무리되기 위해서는 이와 같은 통합관리가 기타 여러 분야에도 적용되어야 한다.

예를 들면, 다음과 같은 경우가 있다.

- 프로젝트의 작업은 반드시 수행 조직의 진행 중인 운영에 맞추어 통합되어야 한다.

• 제품 범위 및 프로젝트 범위는 반드시 서로 통합되어야 한다.

프로젝트관리 부문 경력자들은 한 가지로 통일된 프로젝트관리 방법이란 있을 수 없다는 것을 안다. 그러므로 다양한 프로젝트관리 지식, 기량 및 프로세스를 실행 순서와 정확성 수준을 달리 적용하면서 원하는 프로젝트 성과를 달성한다. 하지만 특정한 프로세스가 필요하지 않은 것으로 판단된다고 해서 처리 대상에서 제외해야 하는 것은 아니다.

프로젝트관리자와 프로젝트팀은 모든 프로세스를 해당 프로젝트에 대해 결정된 각각의 실행 수준으로 처리해야 한다.

프로젝트 통합관리 영역에서는 다음과 같은 프로세스가 수행된다.

- 제품, 서비스 또는 산출물의 인도 기한과 프로젝트 수명주기, 편익관리 계획서가 조율되었는지 확인
- 프로젝트 목표를 달성하기 위한 프로젝트관리 계획서 제공
- 필요에 따라 반드시 프로젝트에 맞는 적절한 지식을 창출 및 사용
- 프로젝트관리 계획서에 명시된 활동의 성과와 변경을 관리
- 프로젝트에 영향을 미치는 주요 변경에 관한 통합된 의사결정
- 프로젝트의 진행 상황을 측정 및 감시하고 프로젝트 목표 충족을 위해 적절한 조치 수행
- 달성한 결과에 대한 데이터를 수집하고, 데이터를 분석하여 정보를 취득한 후, 관련 이해관계자와 의사소통
- 프로젝트의 모든 작업을 완료하고, 전체적으로 각 단계, 계약, 프로젝트를 공식적으로 종료 필요할 때 단계 전환 관리(PMBOK 6th Edition, 2017)

프로젝트가 더 복잡해지고 이해관계자의 기대사항이 더 다양해질수록 더욱 정교한 방식의 통합이 요구된다.

〈표 3-1〉 프로세스별 단계 및 주요 인도물

프로세스	프로젝트 단계	주요 인도물
프로젝트 헌장 개발	착수	프로젝트 헌장
프로젝트 계획 수립	기획	프로젝트 계획서
프로젝트 작업 지시	실행	진척 정보
프로젝트 작업 통제	통제	변경요청 진척보고서
변경 통제	통제	승인된 변경
프로젝트 단계 또는 프로젝트 종료	종료	최종제품 종료보고서
교훈 수집	종료	교훈문서

통합관리는 다른 프로세스들과 연관되어 있으므로 필요한 경우 그 프로세스의 입력물과 산출물을 참조하여 이해하도록 표기하였다.

예를 들면 '3.3.3 산출물 참조'는 교재 3.3.3 산출물 내용을 참조하라는 의미이다.

3.1 프로젝트 헌장 개발

프로젝트 헌장 개발은 프로젝트 또는 단계를 공식적으로 승인하는 문서를 작성하고, 이해관계자의 요구와 기대사항을 충족하기 위한 초기 요구사항을 문서화하는 프로세스로, 수행 조직과 요청 조직(또는 고객, 외부 프로젝트인 경우) 사이의 협력관계를 수립한다. 승인된 프로젝트 헌장으로 인해 프로젝트를 공식적으로 착수하게 한다. 프로젝트 관리자는 최대한 조기에, 되도록이면 프로젝트 헌장을 개발하는 동안, 그리고 반드시 기획을 시작하기 전에 선임되어야 한다. 프로젝트 헌장은 프로젝트 활동에 자원을 적용할 권한을 프로젝트 관리자에게 제공하는 것이므로 프로젝트 헌장 개발 작업에 프로젝트 관리자가 참여할 것을 권장한다.

프로젝트 착수자나 스폰서는 프로젝트에 적절한 자금 제공을 담당할 수 있는 직급에 있어야 하며, 직접 프로젝트 헌장을 작성하거나 프로젝트관리자에게 위임하여 작성하도록 한다. 프로젝트 헌장에 착수자가 서명하면 프로젝트가 승인된다. 프로젝트는 내부 비즈니스 요구 또는 외부 영향으로 인해 승인되며, 일반적으로 프로젝트가 처리할 요구 분석, 비즈니스 케이스 또는 상황 설명을 작성하는 일이 뒤따른다.

3.1.1 입력물

1) 프로젝트 작업기술서

작업기술서(Statement Of Work)는 프로젝트의 작업 요구사항에 대하여 결과로 제공할 서비스나 제품을 상세히 기술한 문서이다. 서비스를 제공하는 공급업체의 프로젝트별 활동, 결과물 및 일정을 정의한다. SOW에는 일반적으로 표준 규제 및 거버넌스 이용 약관이 포함된 자세한 요구 사항 및 가격 책정도 포함된다. 입찰 문서(예 제안요청서, 정보요청서 또는 입찰요청서)의 일부로 또는 계약의 일부로 고객에게서 받을 수 있다.

2) 계약서

협약은 프로젝트의 초기 의도를 정의하는 데 사용된다. 일반적으로 계약은 외부 고객을 위해 프로젝트를 수행할 때 사용된다.

3) 비즈니스 케이스

2.1.2 프로젝트 타당성 분석 참조

〈표 3-2〉 작업기술서(예)

작업기술서(SOW)

프로젝트 이름/번호:	작성자:	일자:
고객/최종 사용자 그룹:	연락처 이름:	프로젝트 유형(S/M/L):
사업부:	프로젝트관리자:	프로젝트 스폰서:

작업기술서

소개	
목표	
결과물	
합격 기준	
서비스 수준 계약	
결과물 일정/이정표	

원가 기대치	
가정 및 제약 조건	
의사소통 요구사항	
표준 및 규정	
기타	

3.1.2 기법 및 활동

1) 기법

(1) 전문가 판단

전문가 판단은 프로젝트 팀에 존재하지 않는 전문지식(응용분야, 전문분야, 산업분야)이 필요하며, 따라서 특정 관련 기술세트 또는 지식기반을 가진 외부그룹이나 사람을 얘기하는 것이 일반적이다.

이러한 전문지식은 전문교육, 기술, 지식, 경험이나 교육을 받은 모든 그룹 또는 개인이 제공할 수 있으며 다음과 같은 많은 출처에서 사용할 수 있다.

- 조직 내 단위
- 컨설턴트
- 고객 또는 스폰서를 포함한 이해 관계자
- 전문 및 기술 협회
- 산업 그룹
- 주제 전문가(SME)
- 프로젝트 관리 사무소(PMO)
- 공급 업체

(2) 데이터 수집

3.4.2 기법 및 활동 참조

(3) 브레인스토밍

5.1.2 기법 및 활동 참조

(4) 핵심 전문가 그룹

5.1.2 기법 및 활동 참조

(5) 인터뷰

5.1.2 기법 및 활동 참조

(6) 대인관계 및 팀 기술(interpersonal and team skill)

6.4 팀개발 참조

(7) 갈등관리(conflict management)

- 갈등의 원인으로 희소 자원, 일정 우선순위, 개개인의 작업 방식을 포함할 수 있음.
- 견해차가 부정적 요인이 될 때 일차 책임은 프로젝트 팀원에게 있지만 갈등이 고조되면 프로젝트관리자가 만족스러운 해결책을 찾도록 지원해야 함.
- 갈등해결 방식에 영향을 미치는 요인
- 갈등의 상대적 중요성과 강도, 갈등해결에 대한 시간적 압박
- 갈등에 연루된 이해관계자의 직위, 장기적 또는 단기적으로 갈등해결에 대한 동기부여

5가지 갈등 해결 기법

- **철회/회피**(withdrawing/avoiding): 실제 또는 잠재적인 갈등 상황에서 후퇴하고, 철저히 준비하기 위해 또는 다른 사람이 해결하도록 이슈 해결을 미뤄둠.
- **원만한 해결/수용**(smoothing/accommodating): 차이를 보이는 영역보다 일치하는 영역을 강조하고, 조화와 관계 유지를 위해 다른 사람의 요구에 맞춰 양보
- **타협/화해**(compromising/reconciling): 일시적 또는 부분적으로 갈등을 해결하기 위해 모든 당사자들을 어느 정도 만족시킬 해결책을 모색
- **강행/지시**(forcing/directing): 상대에게 자신의 관점을 일방적으로 강요. 일반적으로 비상사태를 해결하기 위해 상급자가 강행하는 방식으로 승-패 해결책만을 제시
- **협업/문제해결**(confronting/problem solving): 여러 측면에서 다양한 관점과 통찰력을 통합. 합의와 소속감을 이끌어내기 위해 협력하는 태도와 개방적인 대화가 요구됨.

(8) 촉진(facilitation)

프로젝트 헌장을 수립할 때 팀과 개인의 역량을 끌어낼 수 있도록 고안된 기법으로 브레인스토밍, 갈등해결, 문제해결, 회의 관리 등이 있음.

(9) 회의관리(meeting management)

- 회의목표 명시 및 의제배포
- 회의시간 준수
- 관련자 필히 참석확인
- 주제집중
- 기대사항, 이슈 및 갈등 관리
- 조치와 조치별 담당책임자 기록

(10) 회의(meeting)

2) 활동(14.1 착수단계 활동 참조)

(1) 프로젝트 목표 설정
(2) 프로젝트 범위정의
(3) 범위관리 정의
(4) 프로젝트 인도물 정의
(5) 프로젝트 가정 및 제약 확인
(6) 프로젝트 접근 방법 선택
(7) 프로젝트 표준 결정

3.1.3 산출물

1) 프로젝트 헌장

프로젝트 헌장은 프로젝트의 채택을 공식적으로 승인하고 프로젝트 관리자의 프로젝트 활동에 필요한 조직 자원을 투입할 수 있는 권한을 부여하기 위해서 프로젝트 착수자나 스폰서가 발행하는 문서이다(PMBOK 6th Edition, 2017).

여기에는 비즈니스 요구, 가정, 제약, 고객의 요구와 상위 수준 요구사항에 대한 이해 그리고 다음 사항을 만족시키기 위한 용도의 새로운 제품, 서비스 또는 결과가 포함된다.

- 정량화 한 프로젝트 목적/목표 및 관련된 성공 기준
- 상위 수준의 요구사항, 프로젝트 범위에 포함/불포함 내용, 완료 기준.
- 주요 리스크 및 이슈, 이해관계자 목록 및 조직도
- 예산 요약 및 일정 마일스톤
- 프로젝트 승인 요구사항
- 선임된 프로젝트관리자 및 책임 사항 및 권한 수준
- 프로젝트 헌장을 승인하는 스폰서 또는 기타 주체의 이름과 권한 등

3.2 프로젝트 계획 수립

프로젝트 계획서는 모든 보조 계획서를 정의, 작성 및 조율하여 하나의 종합적인 프로젝트 계획서에 통합하는 프로세스이다. 이 프로세스의 주요 이점은 모든 프로젝트작업의 기준을 정의하는 기본문서가 준비된다.

프로젝트관리 계획서에서는 프로젝트를 실행, 감시, 통제 및 종료하는 방법을 정의한다. 프로젝트관리 계획서의 내용은 응용 분야와 프로젝트의 복잡성에 따라 달라진다. 이 계획서는 프로젝트 종료까지 이어지는 일련의 통합 프로세스를 통해 개발된다. 이 프로세스에서 프로젝트관리 계획서가 만들어지는데, 변경통제 수행 프로세스에 의해 통제되고 승인된 갱신에 의해 점진적으로 구체화된다. 프로그램 맥락에서 존재하는 프로젝트는 프로그램관리 계획서에 부합하는 프로젝트관리 계획서를 개발해야 한다(PMBOK 6th Edition, 2017).

예를 들어 프로그램관리 계획서에 지정된 원가를 초과하는 모든 변경을 변경통제위원회(CCB)에서 검토해야 한다고 명시된 경우 프로젝트관리 계획서에 이 프로세스와 원가 임계값을 정의해야 한다.

3.2.1 입력물

1) 프로젝트 헌장

3.1.3 산출물 참조

2) 부수적인 계획서

각 프로젝트는 고유하게 처리되어야 하며 원하는 목표를 달성하기 위해 다양한 프로세스 집합이 필요하므로 프로젝트 요구 사항을 충족하기 위해 여러 부수적인 계획과 함께 프로젝트관리 계획을 사용자 정의할 수 있다. 프로젝트관리 계획은 부수적인 계획서 외에도 계획 프로세스의 모든 기준을 통합한다. 부수적인 계획서는 프로젝트에 필요한 범위까지 자세히 설명해야 한다. 프로젝트관리 계획의 변경은 일단 수락되거나 기준이 되면 변경통제 프로세스를 통해 제출되고 승인된 변경 요청을 통해서만 이루어질 수 있다.

3) 과거 프로젝트 교훈

3.7.3 산출물 참조

4) 비즈니스 케이스

2.1.2 프로젝트 타당성 분석 참조

5) 승인된 변경

승인된 변경은 변경요청 수행 프로세스의 산출물로, 변경통제위원회(CCB)가 검토하여 승인한 요청을 포함한다. 승인된 변경은 시정조치, 예방조치 또는 결함수정일 수 있다. 승인된 변경은 프로젝트팀이 예약 및 구현하며 프로젝트 또는 프로젝트관리 계획서의 일부에 영향을 미칠 수 있다.

승인된 변경으로 정책, 프로젝트 계획서, 절차, 원가 또는 예산이 수정되거나 일정이 변경될 수 있다. 승인된 변경은 예방조치 또는 시정조치 구현을 요구할 수 있다.

3.2.2 프로세스 주요 기법 및 활동

1) 기법

(1) 전문가 판단

3.1.2 기법 및 활동 참조. 프로젝트관리 계획서를 개발할 때 다음과 같은 작업에 전문가 판단이 활용된다.

- 프로젝트 요구에 맞도록 프로세스 조정
- 프로젝트관리 계획서에 포함시킬 기술 및 관리 세부사항 개발
- 프로젝트 작업을 수행하는 데 필요한 자원 및 기량 수준 결정
- 프로젝트에 적용할 형상관리 수준 정의
- 공식적인 변경 통제 프로세스에 포함시킬 프로젝트 문서 결정

2) 활동(14.2 기획단계 활동 참조)

(1) 작업분류체계(WBS) 정의(5.1, 5.2 세부사항 참조)
(2) 활동 연결관계 설정
(3) 프로젝트 마일스톤 결정
(4) 프로젝트 조직 결정
(5) 투입노력(M/H) 산정
(6) 자원 및 자원 요구사항 식별
(7) 일정 개발
(8) 예산 책정
(9) 프로젝트 리스크 식별
(10) 프로젝트 리스크 분석
(11) 리스크 대응계획 개발
(12) 의사소통 접근 계획
(13) 품질관리 계획 접근 방식
(14) 조달 및 인수 계획
(15) 계약체결 접근 계획
(16) 프로젝트관리 계획서 작성
(17) 프로젝트 계획 보고

(18) 프로젝트 계획에 합의

3.2.3 산출물

1) 프로젝트 계획서

프로젝트 계획은 프로젝트 목적과 목표를 정의하고, 목표를 달성하는 방법을 지정하고, 작업의 지정과 함께 필요한 자원과 관련 예산 및 완료 일정을 식별하며, 프로젝트의 모든 작업을 정의하고 누가 할 것인지를 식별한다. 일반적으로 프로젝트 계획은 범위기술서, 자원 목록, 작업분류체계, 프로젝트 일정 및 리스크 계획 등으로 구성된다.

모든 사항이 감안된 프로젝트 계획을 보유하는 것은 프로젝트의 중요한 성공 요인 중 하나이다. 프로젝트 계획은 프로젝트 관리자의 의사소통 및 통제 도구로 프로젝트의 수명 주기 전반에 걸쳐 사용할 수 있다. 프로젝트 계획은 프로젝트 방향을 제공하는 살아있는 문서이고 모든 계획 문서가 포함되어 있다. 일반적으로 프로젝트 계획의 구성 요소에는 기준선, 리스크, 품질, 조달, 자원 조달 및 의사소통이 포함된다.

프로젝트 계획은 이해관계자의 역할과 책임을 식별한다. 프로젝트관리자는 각 이해관계자가 어떤 결정을 내릴지 뿐만 아니라 수행할 일에 대한 명확성과 합의를 가져온다. 범위기술서는 프로젝트 계획에서 가장 중요한 문서 중 하나이다. 범위기술서에는 비즈니스 요구 및 비즈니스 문제, 프로젝트 목표, 결과물 및 주요 이정표가 포함된다.

프로젝트 기준선은 프로젝트 계획에 수립된다. 이러한 기준선에는 범위, 일정 및 원가 기준이 포함된다. 범위기준선에는 프로젝트에서 생성된 모든 인도물이 포함된다. 이 인도물을 가지고 작업분류체계로 개발할 수 있다. 일정 및 원가 기준선에는 각 작업을 완료하기 위한 시간의 산정치와 각 작업을 수행하기 위한 원가가 포함되고, 주경로를 개발하기 위해 작업 연관관계를 식별한다.

프로젝트관리자는 프로젝트 계획을 개발하는 데 많은 시간을 할애해야 한다. 보다 합리적으로 준비된 프로젝트 계획은 원활한 실행과 성공적인 완료로 이어진다.

2) 프로젝트관리 계획서

프로젝트관리 계획서는 프로젝트를 실행, 감시, 통제하는 방법을 기술한 문서이다. 이 계획서는 계획 프로세스로부터 모든 보조 계획서와 기준선을 통합한다.

다음은 보조 계획서의 일부 예이다.

- 범위관리 계획서
- 요구사항관리 계획서
- 일정관리 계획서
- 원가관리 계획서
- 품질관리 계획서
- 프로세스개선 계획서
- 인적자원관리 계획서
- 의사소통관리 계획서
- 리스크관리 계획서
- 조달관리 계획서
- 이해관계자관리 계획서

프로젝트관리 계획서에는 다음 내용도 포함될 수 있다.

- 각 단계에 적용될 프로젝트 및 프로세스에 대해 선택된 생애주기
- 프로젝트관리팀이 지정한 조정 의사결정 세부정보
- 프로젝트를 관리하는 데 선택된 프로세스가 사용되는 방법 설명
- 프로젝트 목표를 달성하기 위해 작업 실행 방법 기술
- 변경을 감시 및 통제하는 방식을 문서화한 변경관리 계획서
- 구성관리 수행 방식을 문서화한 구성관리 계획서
- 프로젝트 기준선을 그대로 유지하는 방식 기술
- 이해관계자들 간 의사소통을 위한 요구사항 및 기법
- 처리할 내용과 범위 및 시기 그리고 아직 처리되지 않은 이슈, 보류 중인 의사결정 등에 대한 핵심경영진 검토

프로젝트관리 계획서는 요약 정보만 있거나 자세한 설명이 수록되기도 하며, 하나 이상의 보조 계획서로 구성될 수 있다. 각 보조 계획서는 특정 프로젝트에서 요구하는 정도까지 자세히 기술된다. 프로젝트관리 계획서는 기준선이 설정되고 난 후에는 통합변경통제 수행 프로세스를 통해 변경요청이 생성 및 승인된 경우에만 변경할 수 있다.

프로젝트관리 계획서는 프로젝트를 관리하는 데 사용되는 기본 문서 중 하나이지만 다른 프로젝트 문서 또한 사용된다. 이러한 다른 문서는 프로젝트관리 계획서의 일부가 아니다.

3.3 프로젝트 작업 지시

프로젝트 작업 지시는 프로젝트 목적과 목표를 달성하기 위해 프로젝트관리 계획서에 정의된 작업을 지도 및 수행하고, 승인된 변경사항을 구현하는 프로세스이다. 이 프로세스를 수행하는 주요 편익은 프로젝트 작업을 전반적으로 관리하여 계획대로 우선순위에 맞도록 작업 하는 것이다(PMBOK 6th Edition, 2017).

다음은 프로젝트작업 지시 및 관리 활동의 일부 예이다.

- 프로젝트 목표를 달성하기 위한 활동 수행
- 계획된 프로젝트작업을 충족시키기 위한 프로젝트 인도물 생성
- 프로젝트에 할당된 팀 구성원 제공, 교육 및 관리
- 자재, 도구, 장비 및 설비를 포함한 자원 획득, 관리 및 사용
- 계획된 방법과 표준 구현
- 프로젝트 의사소통 채널(프로젝트팀 내부와 외부 모두) 구축 및 관리
- 원활한 예측을 위해 원가, 일정, 기술 및 품질 진행 상황, 상태 등의 작업성과 데이터 생성
- 변경요청 제출, 그리고 승인된 변경사항을 프로젝트의 범위, 계획 및 환경에 구현
- 리스크 관리 및 리스크 대응 활동 구현
- 판매자와 공급자 관리
- 이해관계자와 이해관계자 참여 관리
- 획득한 교훈 수집과 문서화 및 승인된 프로세스 개선 활동 구현

또한 프로젝트작업 지시 및 관리에는 모든 프로젝트 변경사항과 승인된 변경사항의 구현에 미치는 영향을 검토하는 절차가 수반되어야 한다.

3.3.1 입력물

1) 프로젝트 계획서

3.2.3 산출물 참조

2) 승인된 변경

3.2.1 입력물 참조

3.3.2 기법 및 활동

1) 기법

(1) 프로젝트관리 정보시스템(PMIS)

기업환경 요인의 일부인 프로젝트관리정보시스템(PMIS)을 통해 일정관리 소프트웨어, 형상관리시스템, 정보 수집 및 배포 시스템과 같은 자동실행 도구 또는 프로젝트 실행 지시 및 관리 작업에 사용되는 기타 온라인시스템에 대한 웹 인터페이스에 액세스할 수 있다.

2) 활동(14.3 실행단계 활동 참조)

(1) 프로젝트 작업 지시 및 관리
(2) 이해관계자에게 통보
(3) 참가자에게 브리핑
(4) 이해관계자 기대치 설정

3.3.3 산출물

1) 진척 데이터

PMBOK 가이드에 따르면 작업 성과 데이터는 "프로젝트 작업을 수행하기 위해 수행되는 활동 중에 확인된 실제 관측 및 측정치이다. 예를 들어 실제 비용, 실제 기간 및 물리적으로 완료된 작업의 완성률 등을 말한다."

진척데이터는 직접 및 관리 프로젝트 작업의 출력으로 실행 단계 전반에 걸쳐 수집된 다음, 다양한 통제 프로세스로 전송되어 범위검증, 범위, 일정, 비용의 통제를 위해 세부적으로 분석될 수 있다.

진척 데이터의 예로는 완료된 작업, 핵심 성과지표, 기술성과 측정치, 일정 활동의 시작일 및 종료일, 변경요청 횟수, 발생한 결함 수, 실제 원가, 실제 기간 등이 있다.

2) 이슈기록부(issue log)

프로젝트관리자가 이슈를 확실히 조사하고 해결하기 위해 이슈를 효과적으로 추적, 관리하는 데 이슈기록부를 사용

3) 교훈

3.7 교훈 수집 프로세스 내용 참조

3.4 프로젝트 작업 통제

프로젝트 작업 통제는 프로젝트관리 계획서에 정의된 성과 목표를 달성하기 위해 프로젝트 진행 상황을 추적, 검토 및 보고하는 프로세스이다(PMBOK 6th Edition 2017). 이 프로세스의 주요 이점은 이해관계자에게 프로젝트의 현재 상황, 수행된 단계, 예산, 일정 및 범위 예측치를 납득할 수 있게 한다. 프로젝트 작업 통제는 프로젝트 계획서에 정의된 성과 목표를 달성하기 위해 프로젝트 진행을 추적하고, 검토하고, 조정하는 프로세스이다. 진도 측정 및 상태보고 등의 활동이 프로세스에 포함된다. 성과보고서는 범위, 일정, 원가, 자원, 품질, 리스크와 관련하여 프로젝트 성과에 대한 정보를 제공한다.

감시에는 성과 정보의 수집, 측정 및 배포와 함께 프로세스 개선에 영향을 미치는 측정 및 추세에 대한 평가가 포함된다. 지속적인 감시 활동을 통해 프로젝트관리팀에서 프로젝트의 상태를 파악하고 긴밀한 주의가 요구될 수 있는 영역을 식별할 수 있다.

통제에는 시정조치 또는 예방조치 결정, 이행한 조치로 성과 이슈가 해결되었는지 여부를 판별하기 위한 조치 계획에 대한 재계획 및 후속 조치가 포함된다.

3.4.1 입력물

1) 프로젝트 계획서

3.2.3 산출물 참조

2) 진척 데이터

3.3.3 산출물 참조

3) 품질 통제 측정값

품질통제 측정치는 품질통제 활동의 결과물로, 수행조직의 표준 또는 지정된 요구사항 대비 프로젝트 프로세스의 품질을 분석하고 평가하는 데 사용된다. 품질통제 측정치를 통해 측정치를 생성하는 데 사용된 프로세스들을 비교하여 실측치를 확인함으로써 정확도를 판별할 수도 있다.

4) 리스크 관리대장

리스크 관리대장의 주요 투입물에는 식별된 리스크 및 리스크 책임자, 합의된 리스크 대응책, 대응계획의 효과를 평가하기 위한 통제 조치, 특정 구현 조치, 리스크의 징후 및 경고 신호, 잔존 및 2차 리스크, 낮은 우선순위의 리스크 감시목록, 시간 및 원가 우발사태 예비비 등이 있다. 감시목록은 우선순위가 낮은 리스크 목록으로, 리스크 관리대장에 포함된다.

5) 이슈기록부

이슈관리대장은 이슈를 문서화하고 이슈 해결을 감시하는 데 사용된다.
의사소통을 촉진하고 이슈에 대한 공감대를 도출하는 데에도 유용할 수 있다.

3.4.2 기법 및 활동

1) 기법

(1) 전문가 판단

3.2.1 기법 및 활동 참조. 다음과 같은 분야에 전문지식을 가진 개인 또는 그룹의 전문가를 활용한다.

- 제공된 정보를 해석하기 위해 프로젝트관리 팀에서 사용
- 획득가치분석
- 데이터 해석
- 기간 및 원가 산정기법
- 추세분석
- 업계의 기술지식과 프로젝트 핵심영역
- 리스크관리
- 계약관리

2) 활동

(1) 프로젝트 상태보고서 작성
(2) 팀 성과 감시
(3) 자원 갈등 해결
(4) 프로젝트 상태 평가
(5) 상황 진단
(6) 필요한 조치 결정
(7) 스폰서에게 프로젝트 상태보고

3.4.3 산출물

1) 변경요청

변경요청은 문서, 인도물 또는 기준선의 변경을 공식적으로 요청하는 조치이다.

프로젝트작업을 수행하는 동안 이슈가 발견되면 변경요청이 제출되며, 그에 따라 프

로젝트 정책 또는 절차, 프로젝트 범위, 프로젝트 원가 또는 예산, 프로젝트 일정, 프로젝트 품질 등이 수정될 수 있다.

2) 진척보고서

진척 보고서는 프로젝트가 얼마나 계획대로 진척이 되는 지를 의미하며, 진행 중인 프로젝트를 완료하는 데 얼마나 소요되는 지를 자세히 설명하는 문서이다. 모든 유형의 프로젝트 관련 조직에서 사용되는 관리 도구로, 완료된 작업, 수행된 활동 및 프로젝트 계획을 달성할 대상을 간략하게 설명한다.

3) 프로젝트 완료보고서

프로젝트를 종결하기에 앞서 프로젝트를 진행하면서 무슨 일이 있었는지, 무엇을 배웠는지, 무엇이 잘 진행되고, 진행되지 않은 것은 무엇인지를 정리하는 것이다. 여기서 단계문서, 범위검증을 위한 고객 인수문서, 계약서를 검토하여 모든 요구사항이 완료되었는지를 확인한다. 프로젝트나 단계의 완료 또는 운영 그룹이나 다음 단계 등의 다른 곳으로 프로젝트 또는 단계의 인도물 인계를 명시하는 공식적인 문서들을 포함하는 프로젝트 또는 단계종료 문서이다.

3.5 변경 통제

변경 통제는 프로젝트관리 프로세스의 중요한 부분으로 모든 변경요청을 검토하고, 변경사항을 승인하고, 인도물, 조직프로세스 자산, 프로젝트 문서, 프로젝트 계획서에 대한 변경을 관리하는 프로세스이다. 오늘날 빠른 변화 속도로 인해 프로젝트는 삶의 변화에 대한 다양한 요구에 직면할 것이 거의 확실하다. 변경은 프로젝트의 비즈니스 요구 사항을 충족하는 데 도움이 될 수 있지만 각 변경 사항을 신중하게 고려하고 승인하는 것이 중요하다.

프로젝트관리의 변경 통제 프로세스는 프로젝트 중에 제안된 각 변경 사항을 구현하기 전에 적절하게 정의, 검토 및 승인되도록 해야 한다.

문서화된 모든 변경요청은 변경에 권한을 보유자가 승인 또는 거부를 해야 한다. 일반적으로 많은 프로젝트에서 프로젝트의 변경에 대한 역할 및 권한 보유가 프로젝트관리자에게 있지만 필요시 프로젝트의 다양성과 프로젝트의 난이도에 의해 변경통제위원회가 이러한 권한과 책임을 보유하고 있는 경우가 많다.

- 프로젝트 시작부터 완료시점까지 수행되는 통합 변경 통제 수행 프로세스의 최종 책임자는 프로젝트관리자이다.
- 변경요청은 프로젝트 범위와 제품범위뿐만 아니라 모든 프로젝트 계획서 구성요소나 프로젝트 문서에도 영향을 미친다.
- 변경요청은 모든 이해관계자에 의해 프로젝트 생애주기 전반에 걸쳐 언제든지 제기 가능하다.
- 기준선이 설정된 이후에 통합 변경 통제 수행 프로세스를 통해 변경요청을 처리한다.
- 형상 통제하에 있어야 할 프로젝트 작업물을 형상관리 계획에 정의해야 하고 모든 형상요소의 변경은 공식적으로 통제되어야 한다.
- 변경사항을 서면형식으로 기록하고 변경관리 및 형상관리 시스템에 입력하여야 한다.
- 변경요청이 프로젝트 기준선에 영향을 미칠 가능성이 있을 때마다 항상 공식적인 통합 변경 통제 프로세스가 필요하다.
- 프로젝트 계획서 또는 조직 절차서에 담당자를 명시하고 필요시, 변경을 검토, 평가, 승인, 연기 또는 거부의 결정사항을 기록하고 전달하는 일을 담당하는 변경통제위원회(CCB)가 통합 변경 통제 프로세스에 참여한다.
- 승인된 변경요청에 따라 개정된 원가 산정치, 활동순서, 일정 날짜, 자원요구사항 및 여러 가지 리스크 대응방식의 분석이 필요할 수 있고, 이로 인해 프로젝트 계획서 및 프로젝트 문서에 조정이 필요할 수 있다.
- 만일 고객 또는 스폰서가 변경통제위원회(CCB)에 포함되지 않는다면 위원회 승인 후에 특정 변경요청에는 고객 또는 스폰서의 승인이 요구된다(PMBOK 6th Edition, 2017).

2) 프로세스의 목적

변경 통제의 목적은 프로젝트 및 인도물에 대한 변경을 통제하고, 후속적인 작업 시행 전에 변경의 채택 또는 거부를 공식화하는 것이다.

프로젝트 기간 전체를 통하여 변경관리대장에 변경요청을 기록하고, 변경요청에 대한 편익, 범위, 자원, 시간, 원가, 품질, 리스크에 대해서 평가하고, 영향을 파악하고, 시행 전에 승인을 얻는 것이 필요하다. 변경요청은 영향 평가 관점에서 수정되거나 취소될 수도 있다. 단 변경이 승인되면 프로젝트 문서를 적절하게 갱신하는 것을 포함하여 그 결정은 이행을 위해서 관련 있는 모든 이해관계자와 의사소통되어야 한다. 인도물의 변경은 형상관리와 같은 절차에 의해 통제되어야 한다.

3.5.1 입력물

1) 프로젝트 계획서

3.2.3 산출물 참조

2) 진척 데이터

3.3.3 산출물 참조

3) 변경요청서

5.4.3 산출물 참조

3.5.2 기법 및 활동

1) 기법

(1) 전문가 판단

3.1.2 기법 및 활동 참조. 다음과 같은 분야에 전문지식을 보유한 개인 또는 그룹을 전문가로 활동한다.

- 동일분야의 기술적 지식과 해당 제품 및 프로젝트의 핵심영역
- 법률 및 규정
- 조달
- 변경관리

• 리스크관리

(2) 변경 통제 회의

프로젝트의 변경에 대한 의사결정을 주로 변경통제위원회(Change Control Board)에서 수행된다. 변경통제위원회는 변경에 대한 승인 또는 거부의 권한을 가진 위원회로서 사전에 주요 이해관계자의의 합의에 의해 변경통제위원회의 권한 및 수행역할을 정의하고 프로젝트를 진행하면서 생기는 여러 변경사항에 대한 승인을 담당한다.

2) 활동(14.5 변경 통제 활동 참조)

(1) 변경식별 및 영향분석
(2) 프로젝트 리스크 재평가
(3) 변경요청서 작성
(4) 변경요청서 제출
(5) 프로젝트 문서 업데이트
(6) 프로젝트 품질 검토
(7) 인도물 승인
(8) 리스크 감시 및 통제
(9) 범위 통제

3.5.3 프로세스 산출물

1) 승인된 변경

3.2.1 입력물 참조

2) 변경 등록대장

프로젝트 기간에 진행된 전체 변경사항 목록. 일반적으로 변경날짜와 함께 시간, 원가, 리스크에 미치는 영향에 대한 정보가 기록된다.

3.6 프로젝트 단계 또는 프로젝트 종료

프로젝트 종료 프로세스는 프로젝트, 단계 또는 계약을 공식적으로 완료하기 위한 모든 활동을 마무리하기 위하여 수행되는 프로세스로 구성된다. 이 프로세스는 새로운 사업을 기획하기 위하여 프로젝트작업을 공식적으로 종료하고, 조직의 자원을 복귀시키며, 교훈을 제공한다는 것이다.

프로젝트의 종료 시 프로젝트 관리자는 과거 단계 종료 시점 이후의 모든 이전 정보를 검토하여 모든 프로젝트 작업이 완료되었고 프로젝트가 목표를 충족했는지 확인한다. 프로젝트관리 계획서와 비교해서 프로젝트 범위를 측정하므로 프로젝트 관리자는 프로젝트 종료를 고려하기 전에 범위 기준선을 검토하여 프로젝트가 확실히 완료되었는지 확인한다.

프로젝트 또는 단계 종료 프로세스에서는 프로젝트가 완료 전에 종료된 경우에 취할 조치에 대한 이유를 조사 및 문서화하는 절차도 확립한다. 이를 위해 프로젝트 관리자는 관련 이해관계자 전부를 프로세스에 참여시켜야 한다.

여기에는 다음 사항을 처리하는 단계별 방법론을 포함하여 프로젝트 또는 단계의 행정적 종료에 필요한 모든 계획된 활동이 포함된다.

- 단계 또는 프로젝트에 대한 완료 또는 종료 기준을 만족시키는 데 필요한 조치와 활동
- 프로젝트의 제품, 서비스 또는 결과를 다음 단계 또는 생산 및 운영 단계로 전달하는 데 필요한 조치와 활동
- 프로젝트 또는 단계 기록 수집, 프로젝트 성공 또는 실패 감사, 교훈 수집, 향후 조직에서 사용할 수 있도록 프로젝트 정보 보관 등에 필요한 활동

3.6.1 입력물

1) 진척보고서

3.3.3 산출물 참조

2) 계약서류

3.1.1 입력물 참조

3) 프로젝트 완료보고서

3.4.3 산출물 참조

3.6.2 기법 및 활동

1) 기법

(1) 전문가 판단

전문가 판단은 행정적 종료 활동을 수행할 때 적용된다. 전문가들이 프로젝트 또는 단계 종료가 해당 표준에 따라 수행되도록 통제한다.

2) 활동(14.6 프로젝트 단계 또는 프로젝트 종료 활동 참조)

(1) 계약종료
(2) 최종 회계작업 수행
(3) 전체 프로젝트 수락
(4) 인력 재배치 감시

3.6.3 산출물

1) 완료된 조달

프로젝트의 조달을 완료하는 것으로서 권한이 있는 조달 담당자를 통해 조달이 완료되었다는 공식적인 문서를 계약자에게 통보한다. 일반적으로 공식적인 조달 완료 요구사항 및 절차는 계약서의 약관 및 조항에 정의되며, 이것은 조달관리계획서에도 포함된다.

2) 프로젝트 종료보고 또는 단계 종료보고

프로젝트 또는 단계의 완료와 다른 사람이나 다음 단계로의 완료된 프로젝트 또는 단계 인도물 인계를 나타내는 공식적인 문서로 구성되는 프로젝트 또는 단계 종료 문서이다.

3) 자원복귀

프로젝트 자원의 성능을 검토하고 다른 작업 작업에 재배치될 수 있도록 프로젝트 자원의 통제를 이전한다.

3.7 교훈 수집

교훈은 프로젝트를 수행하는 과정에서 얻은 지식으로 여기에는 긍정적 및 부정적인 내용 모두가 포함됩니다. 중요한 점은 긍정적인 측면을 반복하고 실수를 반복하지 않는 것이다. PMBOK 가이드 6판은 이 프로세스를 '지정된 제품, 결과 또는 서비스 세트를 달성하기 위해 수행된 상호 관련된 작업 및 활동의 집합'으로 정의한다. 교훈을 포착하고 사용하는 활동과 함께 5단계를 포함한다. 단계는 다음과 같다.

- 식별: 학습할 수 있는 의견과 권장 사항을 식별합니다. 이는 향후 프로젝트에 귀중한 지식 자산이 될 수 있다.
- 문서: 모든 참가자가 응답할 수 있는 보고서에서 토론 중에 얻은 자세한 교훈을 기록한다. 이 보고서를 전체 프로젝트 팀에 배포하고 향후 참조를 위해 보고서를 유지한다.
- 분석: 분석 및 그들이 적용하고 다른 팀과 공유 할 수 있도록 언은 교훈을 구성. 프로젝트 관리를 개선하거나 교육 세션에 사용할 수 있다.
- 저장: 공유 드라이브 또는 클라우드 솔루션에서 학습된 보고서를 학습한 교훈을 유지한다. 이를 통해 모든 프로젝트 팀에서 사용할 수 있다.
- 검색: 학습된 보고서를 저장할 때 키워드 검색 기능을 설정하여 프로젝트 도중과 이후에 언제든지 쉽게 검색할 수 있도록 한다.

3.7.1 프로세스 주요 투입물

1) 프로젝트 계획서

3.3.3 산출물 참조

2) 진척보고서

3.3.3 산출물 참조

3) 승인된 변경

3.5.3 산출물 참조

4) 교훈

3.5.3 산출물 참조

5) 이슈기록부

3.3.3 산출물 참조

6) 리스크 등록대장

3.2.1 입력물 참조

3.7.2 기법 및 활동

1) 기법

- 브레인스토밍을 통하여 각자 경험을 바탕으로 자료를 수집한다.
- 설문조사를 통하여 각 분야별로 교훈을 수집한다.
- 워크숍, 프로젝트 팀원이 모여 각자 의견을 발표하여 수집한다.

2) 활동(14.7 교훈 수집 활동 참조)

(1) 프로젝트 측정데이터 수집
(2) 프로젝트 결과 요약
(3) 자원 성과 검토
(4) 교훈 식별

3.7.3 산출물

1) 교훈 문서

교훈은 프로젝트의 긍정적 경험과 부정적인 경험을 모두 반영하는 문서화된 정보이다. 프로젝트 관리 우수성에 대한 조직의 헌신과 프로젝트 관리자가 다른 사람의 실제 경험에서 배울 수 있는 기회를 나타낸다. 일반적으로 포함되는 내용은 다음과 같다.

습득한 교훈은 문서화하여 배포함으로써 프로젝트와 수행 조직의 선례정보 데이터베이스의 일부로 활용한다. 일반적으로 사용하는 내용은 다음과 같다.

- 범주: 이 주제가 다루는 상위단계의 내용
- 문제점: 구체적으로 발생한 내용
- 긍정/부정: 이것이 프로젝트에 미친 이익/손실 내용
- 영향: 이것이 프로젝트에 미친 영향
- 권고사항: 이것에 긍정적 영향을 미치기 위한 변경내용

이 장의 요약

- 프로젝트 통합관리는 프로젝트관리자의 고유한 영역이다.
- 프로젝트 통합관리 책임은 위임하거나 양도할 수 없고, 프로젝트관리자는 다른 모든 지식영역의 결과를 통합하고 전체적 관점을 가지고, 프로젝트 전반에 대한 최종적인 책임은 프로젝트관리자에게 있다.
- 프로젝트 통합관리 영역에서는 다음과 같은 프로세스가 수행된다.
  - 제품, 서비스 또는 결과물의 인도 기한과 프로젝트 생애주기, 편익관리 계획서가 조율되었는지 확인
  - 프로젝트 목표를 달성하기 위한 프로젝트관리 계획서 제공
  - 필요에 따라 반드시 프로젝트에 맞는 적절한 지식을 창출 및 사용
  - 프로젝트관리 계획서에 명시된 활동의 성과와 변경을 관리
  - 프로젝트에 영향을 미치는 주요 변경에 관한 통합된 의사결정
  - 프로젝트의 진행 상황을 측정 및 감시하고 프로젝트 목표 충족을 위해 적절한 조치 수행
  - 달성한 결과에 대한 데이터를 수집하고, 데이터를 분석하여 정보를 취득한 후, 관련 이해관계자와 의사소통
  - 프로젝트의 모든 작업을 완료하고, 전체적으로 각 단계, 계약, 프로젝트를 공식적으로 종료 필요할 때 단계 전환 관리
  - 프로젝트가 더 복잡해지고 이해관계자의 기대사항이 더 다양해질수록 더욱 정교한 방식의 통합이 요구

3장 연습문제

1. 다음 용어를 설명하시오.

   1) 전문가 판단
   2) 비즈니스 케이스
   3) 기준선 정의
   4) 기업환경 요인
   5) 조직 프로세스 자산

2. 다음 제시된 문제를 설명하시오.

   1) 프로세스별 단계와 주요 인도물에 대해 설명하시오.
   2) 프로젝트 통합관리 영역에서 수행되는 프로세스에 대해 설명하시오.
   3) 프로젝트 접근방식을 설정할 때 고려해야 할 사항은 어떤 것이 있는가에 대해 설명하시오.

3. 다음 객관식의 문제에 대해 올바른 답을 제시하시오.

   1) 향후 수행된 작업이 프로젝트관리 계획과 일치하도록 하기 위한 조치는 무엇인가?
      ① 위험대응
      ② 시정조치
      ③ 예방조치
      ④ 결함보수

   2) 다음 중 프로젝트 관리계획에 포함되지 않는 것은?
      ① 일정기준선
      ② 프로젝트 헌장
      ③ 마일스톤 목록
      ④ 프로젝트 범위관리 계획

3) 조직의 프로세스 자산으로 볼 수 없는 것은?

① 과거 기로
② 조직의 임금체계
③ 조직의 표준 프로세스
④ 템플릿

4) 프로젝트 종료 프로세스에서 입력물이 아닌 것은?

① 인도물
② 계약문서
③ 요청된 변경
④ 작업성과정보

5) 프로젝트 수행단계에서 행하는 주요 활동이 아닌 것은?

① 비용-편익분석
② 성과보고
③ 차이분석
④ 기성고분석(EVM)

CHAPTER

04

이해관계자관리

프로젝트 이해관계자란 프로젝트에 영향을 주거나 프로젝트로부터 영향을 받을 수 있는 모든 사람, 집단 또는 조직을 말한다. 프로젝트에서 이해관계자들은 프로젝트에 긍정적 혹은 부정적으로 영향을 미치거나 영향을 받을 수 있다. 일부 이해관계자들은 프로젝트의 작업과 결과물에 제한적으로 영향을 미치지만, 어떤 이해관계자들은 프로젝트 및 기대하는 결과물에 지대한 영향을 미칠 수 있다. 따라서 프로젝트 성공을 위해 모든 이해관계자를 식별하고 우선순위를 매겨 참여하도록 하는 구조화된 접근이 매우 중요하다. 프로젝트관리자나 팀원들이 이해관계자를 식별하고 적시에 올바른 방법으로 참여하도록 하는 능력은 프로젝트 성공과 실패에 지대한 영향을 미친다. 프로젝트 성공 확률을 높이기 위해, 프로젝트 이해관계자의 식별 및 참여 프로세스는 가능한 한 프로젝트 헌장이 승인된 후에 즉시 시작되어야 하며, 프로젝트관리자는 담당자를 지정하여 바로 활동을 시작하도록 해야 한다.

프로젝트는 스폰서로부터 프로젝트 추진 여부, 예산 및 납기 등이 승인되어야 착수되고, 관련된 이해관계자들의 노력과 협조를 통해 프로젝트를 수행하며, 프로젝트의 결과물 혹은 산출물들이 스폰서의 요구사항 및 기대사항을 충족시킬 때 프로젝트가 종료될 수 있다. 따라서 프로젝트 시작부터 종료까지 프로젝트 이해관계자들은 프로젝트의 성공에 매우 깊은 관련이 있다. 프로젝트는 결국 프로젝트에 참여하는 이해관계자들의 참여와 노력 그리고 협조를 통해 이루어지기 때문이다. 그리고 프로젝트에 의해 비즈니스 프로세스가 변경되어 어떤 직업이 쓸모가 없어지는 경우 혹은 내부에서 생산하는 작업을 외부로 아웃소싱으로 변경될 때 본 프로젝트로 인해 직업을 잃어버리는 이해관계자들은 프로젝트 및 프로젝트관리자를 적대적으로 대하고 부정적인 영향을 미칠 수도 있다. 이와 반대로 프로젝트 성공으로 인해 본인의 성과를 더 효율적으로 창출할 수 있거나 승진을 하는 이해관계자들은 프로젝트 및 프로젝트관리자에게 협조적이고 혹시 이슈 발생 시에도 적극적으로 해결하는 데 도움을 줄 수 있다. 참고문헌의 보고에 의하면 프로젝트의 성공과 실패 요인 중에서 사용자의 참여 및 경영진이나 관리자의 지원, 그리고 이해관계자의 현실적인 기대 및 참여 인력의 역량 등이 차지하는 비중이 약 50% 이상 차지한다고 한다. 따라서 프로젝트 초기에 주요 이해관계자의 요구사항이나 기대사항 등을 명확히 파악하여 프로젝트 수행과정에서 만들어진 산출물이나 시스템의 기능 및 성능 등의 품질 수준이나 프로젝트 납기 등을 준수하여 주요 이해관계자가 만족할 수 있도록 프로젝트를 추진할 필요가 있다. 또한 프로젝트 추진과정에서 환경 및 이해관계자의 변동으로 인해 프로젝트에 영향이 미칠 수 있다. 이런 경우 환경 및 이해관계자의 변동으로 인한 프로젝트의 영향을 파악하여 대처할 필요가 있다.

프로젝트 이해관계자관리는 이해관계자 식별 프로세스와 이해관계자관리 프로세스로 구성된다. 이해관계자 식별 프로세스에서는 프로젝트에 영향을 미치거나 프로젝트에 의해 영향을 받는 개인, 그룹 및 조직들을 식별하는 프로세스를 의미한다.

이해관계자관리 프로세스에서는 식별된 이해관계자들의 기대사항과 프로젝트에 미치는 영향력을 분석하고 프로젝트 의사결정과 실행에 관련된 이해관계자들을 적시에 효과적으로 참여하도록 하는 적절한 관리 전략을 개발하는 것을 의미한다. 이러한 이해관계자관리 프로세스들은 프로젝트 팀원들이 이해관계자의 요구사항과 기대사항을 파악하고 이해관계자와의 지속적인 의사소통을 통해 우호적인 관계를 형성 및 유지하여, 이해관계자들이 프로젝트 의사결정을 지원하고, 프로젝트 계획과 실행에 적극적으로 참여하여 이슈 발생 시 이슈를 조기에 해결하며, 프로젝트의 성공에 이바지하도록 이해관계자들을 지속해서 관리해야 한다.

4.1 이해관계자 식별

이해관계자 식별 프로세스는 프로젝트의 성공에 미치는 이해관계자들의 이해관계, 참여도, 상호의존관계, 영향 및 잠재적인 영향 등에 대한 관련 정보를 주기적으로 분석하고 문서로 만드는 프로세스를 의미한다.

이해관계자 식별 프로세스의 목적은 프로젝트 팀이 개별 이해관계자 혹은 이해관계자 그룹의 참여를 위해 이해관계자 중 누구에게 중점을 두고 관리를 해야 할지 파악할 수 있도록 하는 것이다. 이러한 이해관계자 식별은 프로젝트 동안 주기적으로 실행된다.

4.1.1 입력물

1) 프로젝트 헌장

프로젝트 헌장에서 핵심 이해관계자들을 식별한다. 또한 프로젝트 헌장은 핵심 이해관계자들의 책임에 대한 정보를 제공한다.

2) 비즈니스 관련 문서

비즈니스 케이스와 편익관리 계획은 프로젝트의 이해관계자에 관한 정보의 원천이다.

(1) 비즈니스 케이스

비즈니스 케이스는 프로젝트의 목표 및 프로젝트에 의해 영향을 받는 초기 이해관계자의 목록을 제공한다.

(2) 편익관리 계획

편익관리 계획은 비즈니스 케이스에서 제기된 편익을 실현하는 예상 계획을 기술한다. 또한 편익 계획은 프로젝트의 산출물과 결과물 인도로 인해 편익을 얻게 되는 이해관계자들인 개인과 그룹을 식별한다.

3) 의사소통관리 계획

의사소통관리 계획은 초기 이해관계자 식별 프로세스에서는 아직 작성되지 않아 활용될 수 없지만, 이후 이해관계자 식별 갱신 때에는 활용될 수 있다. 의사소통과 이해관계자 참여는 매우 밀접하게 연계되어 있다. 의사소통관리 계획에 포함된 정보는 프로젝트 이해관계자에 대한 지식의 원천이 된다.

4) 요구사항 문서

요구사항들은 잠재적인 이해관계자에 대한 정보를 제공한다.

5) 기업환경 요소

이해관계자들을 식별하는 데 영향을 미치는 기업환경 요소들은 다음과 같다.

(1) 조직문화, 거버넌스 프레임워크

프로젝트 관련 모기업의 조직문화 및 프로젝트 거버넌스 프레임워크에 따라 모기업의 이해관계자 목록 및 이해관계자의 참여 방안이 달라진다.

(2) 규제, 제품 표준

프로젝트 관련 각종 규제 및 제품 표준에 따라 관련 이해관계자들이 달라지고 참여 방안도 차이가 발생한다.

6) 조직 프로세스 자산

이해관계자 식별에 영향을 미치는 조직 프로세스 자산은 다음과 같다.

(1) 이해관계자 등록 양식

조직에서 활용하는 이해관계자 등록 양식을 활용할 수 있다.

(2) 기존 프로젝트에서의 이해관계자 학습사항

기존 프로젝트에서 참여한 이해관계자들에 대한 학습사항들을 활용한다.

4.1.2 기법 및 활동

1) 이해관계자 식별 시 고려사항

이해관계자 식별을 위해 개인 및 그룹에 대한 다음과 같은 전문적인 지식을 고려해야 한다.

(1) 조직에서의 정치와 권력 구조에 대한 이해
(2) 조직의 환경과 문화에 대한 지식
(3) 프로젝트 인도물의 형태 혹은 산업에 대한 지식
(4) 개별적인 팀원의 기여도와 전문성에 대한 지식

2) 이해관계자의 이해

(1) MBTI 유형

MBTI는 사람의 선호하는 성격을 파악하는 데 사용되는 대중적인 도구이다. MBTI 유형은 사람의 에너지의 원천에 따라 외향적/내향적, 정보의 습득 원천에 따라 감각적/직관적, 의사결정 기준에 따라 생각형/감정형, 일 추진 형태에 따라 판단형/인식형으로 구분 가능하다.

① 외향적/내향적

외향적 혹은 내향적 스타일로, 외향적 스타일은 에너지를 다른 사람으로부터 얻는 스타일이고, 내향적 스타일은 에너지를 자신의 내부로부터 얻는 스타일이다. 외향적인 스타일은 주로 혼자 있기보다는 다른 사람들과 어울리고 함께 이야기도 하고 일하는 것을 선호하고, 내향적 스타일은 주로 혼자서 사색이나 독서, 음악 감상 등을 선호하는 스타일이다.

② 감각적/직관적

정보를 얻는 방법에 따른 구분으로, 감각적 스타일은 사실, 상세, 그리고 실제적인 것에 기반을 두어 정보를 얻는 스타일이고, 직관적 스타일은 자신의 육감 및 직관에 의한 상상, 창의력 등에 의해 정보를 얻는 스타일이다.

③ 생각형/감정형

의사결정 스타일에 대한 것으로, 생각 스타일은 사실에 기반을 두어 객관적이고 논리적인 생각에 의거하여 의사결정하는 스타일이고, 반면 감정 스타일은 개인의 감정에 의거하여 주관적이고 개인적인 것들에 의존하여 의사결정하는 스타일이다.

④ 판단형/인식형

사람들의 일 추진에 대한 스타일로, 판단 스타일은 계획에 의한 실행에 초점을 두는 스타일이어서 목표 달성을 위한 마감 시간을 정하고 주어진 업무를 마감 시간 내에 차질 없이 수행하려는 스타일이다. 인식 스타일은 좀 더 개방적이고 유연성 있게, 업무를 추진하면서 주변 상황을 인식하여 목표 및 일정 등에 대한 계획을 유연성 있게 변경하여 추진하는 스타일이다.

2) 이해관계자의 사회적 스타일

심리학자인 데이비드 메릴은 사람들의 사회적 스타일을 <표 4-1>과 같이 표현형, 추진형, 분석형 및 관계형 등 네 가지 형태로 구분하였다. 사람들과의 관계에서 주도적 혹은 반응적, 일 추진 시 무엇에 더 중점을 두는지에 따라 업무 중심 혹은 사람중심으로 구분한다. 표현형은 관계주도적/사람중심적, 추진형은 관계주도적/업무중심적, 분석형은 관계반응적/업무중심적, 관계형은 관계반응적/사람중심적 스타일이다.

〈표 4-1〉 이해관계자의 사회적 스타일

사회적 스타일	설명	특징
표현형	관계주도적/사람중심적	미래 위주, 말 표현을 잘하는, 조정하는, 흥미로운, 반응적인, 자기중심적인, 야망적인, 자극적인, 별난
추진형	관계주도적/업무중심적	현재 및 행동 위주, 압력, 엄격, 거친, 강함, 독립적, 실제적, 단호한, 효율적

사회적 스타일	설명	특징
분석형	관계반응적/ 업무중심적	과거 중심, 생각에 장점, 비판적인, 신중한, 까다로운, 교훈적인, 근면한, 끈기 있는
관계형	관계반응적/ 사람중심적	상황에 따라 현재, 과거, 미래 고려, 관계, 순응하는, 비위를 맞추는, 우유부단한

3) 이해관계자 파악

프로젝트와 관련된 이해관계자를 파악하기 위해 팀원들 간 브레인스토밍 등의 기법을 활용하여 이해관계자를 유형별로 식별한다.

프로젝트 이해관계자는 크게 <표 4-2>와 같이 내부 및 외부 이해관계자로 구분할 수 있다. 내부 이해관계자는 프로젝트에 직접적인 관계를 갖는 이해관계자들이며, 외부 이해관계자는 프로젝트와 간접적인 관계를 갖는 이해관계자들이다. 협력사는 환경과 프로젝트 조직에 따라 내부 혹은 외부 이해관계자로 분류될 수 있다. 프로젝트 내부 이해관계자 그룹으로는 클라이언트 혹은 스폰서, 프로젝트 팀원, 협력사, 최고경영자, 라인 및 기능 관리자 등이 있으며, 그들은 프로젝트에서 핵심적인 역할을 하는 매우 중요한 이해관계자들로서 프로젝트의 결과물 및 산출물에 매우 관심이 많다.

프로젝트 외부 이해관계자는 프로젝트에 간접적으로 관계를 맺지만, 프로젝트 산출물에 대해서는 지대한 영향을 미칠 수 있다. 외부 이해관계자들은 규제, 환경 및 법적, 사회 문화적 및 경제적 이슈에 지대한 관심이 있다. 공공 및 언론의 역할은 프로젝트 관리 프로세스상에서 무시되어서는 안 된다. 프로젝트관리자는 프로젝트의 외부환경을 주기적으로 분석해야 한다.

〈표 4-2〉 이해관계자 유형 예

구분		유형	설명	비고
내부	프로젝트 수행 팀	프로젝트관리자, 프로젝트관리 오피스	프로젝트관리 조직도	범위, 일정, 비용, 자원, 위험 등 관리
		프로젝트 팀원	프로젝트 결과물 작업	분석, 설계, 개발
		협력사	프로젝트 산출물 작업	구매 계약에 의거
		품질보증, 시험자	프로젝트 품질관리	품질관리
		지원조직	프로젝트 조언 및 컨설팅	프로젝트의 계획 검토, 이슈 해결 조언

구분		유형	설명	비고
	발주사 내부	고객 혹은 스폰서	프로젝트 산출물/결과물의 최종 사용자, 프로젝트 비용 승인자	고객, 스폰서, 프로젝트 오너
	수행사 내부	최고경영자	우선순위 결정, 심각한 문제해결 지원	대표이사
		기능관리자	담당 기능 수행, 프로젝트	팀장, 본부장
		라인관리자	프로젝트 이슈 해결, 프로젝트관리자 요청사항 지원	영업, 마케팅, 생산, 운영 및 유지보수
		타 프로젝트관리자	경험과 지식공유	유사 프로젝트관리자
		지원/서비스 부서	프로젝트 지원 및 서비스	구매, 법무, 규제, 홍보, 자금
외부	정부, 규제기관		관련 법령 개정 및 프로젝트 수행 시 준수해야 할 정책 결정	정부 기관, 국회
	환경보호 단체		물/대기 등 오염 물질 배출 감시	환경보호
	언론		프로젝트 이슈 사항 보도	신문, 방송
	공공, 국민		프로젝트 수행 결과에 반응	일반 국민
	단체, 협회		프로젝트 관련 산업 및 기술 검증, 공인 시험 등	관련 산업, 기술 단체
	감독기관		규정에 따라 프로젝트가 수행되는지 감시, 보고 요청	공정거래위원회, 금융감독원
	감리기관		프로젝트의 산출물의 기술적 및 품질 등에 대해 점검 및 해결방안 제시	외부 감리기관

4) 이해관계자 분석

이해관계자 분석은 이해관계자의 목록을 작성하고 관련된 정보를 나타낸다. 이해관계자의 관련된 정보에는 조직에서의 위치, 프로젝트에서의 역할, 이해관계, 기대사항, 프로젝트에 대한 태도 및 지원 수준, 프로젝트 정보에 관한 관심 등이 포함된다.

이해관계자의 이해관계에는 다음과 같은 항목들의 조합으로 이루어진다.

(1) 관심

개인이나 그룹은 프로젝트 및 프로젝트 결과물에 대한 의사결정에 의해 영향을 받을 수 있어 프로젝트 결과물에 관심을 둔다.

(2) 권리

이해관계자는 직업적 건강이나 안전에 대한 법적 권리를 갖는다. 또한 역사적 유물은 환경적 지속성 관점에서 보호를 받는다.

(3) 오너십

개인이나 그룹은 자산이나 재산에 대한 법적 권한을 갖는다.

(4) 지식

개인이나 그룹은 프로젝트 목표 및 결과에 대한 효과적인 달성을 통한 편익을 얻을 수 있는 전문화된 지식과 조직의 권력 구조에 대한 지식을 보유하고자 한다.

(5) 기여도

개인이나 그룹은 프로젝트 목표 달성에 대한 가시적 및 비가시적인 이바지를 하고자 한다.

5) 이해관계자 표현

(1) 권력과 관심

이해관계자가 프로젝트에 미치는 권력과 관심에 따라 이해관계자를 [그림 4-1]과 같이 네 가지 형태로 구분할 수 있다.

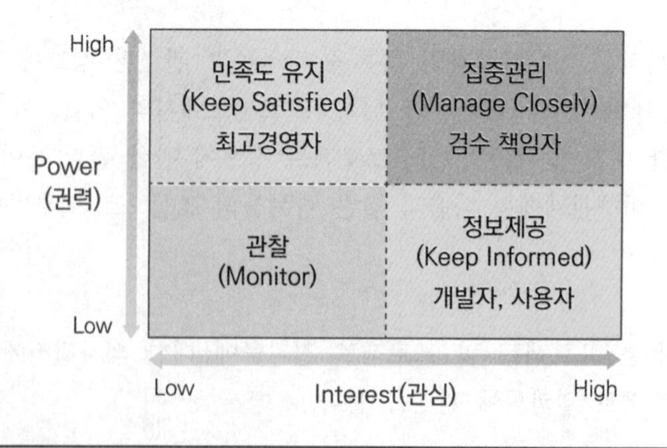

[그림 4-1] 권력과 관심에 의한 이해관계자 구분

<표 4-3>과 같이 검수 책임자는 권력도 크고 프로젝트에 관한 관심은 매우 큰 경우로서 평소 집중관리를 할 필요가 있으며, 지속해서 요구사항 및 기대사항을 파악하여 변경관리를 할 필요가 있다. 최고경영자와 같이 권력은 크나 프로젝트에 관한 관심은 상대적으로 적은 이해관계자로서 평소 만족도 유지 활동을 위해 지속해서 요약정보 혹은 중요사항 위주로 보고를 하는 것이 필요하다. 사용자 혹은 현업 등과 같이 권력은 상대적으로 적으나 프로젝트에 관심이 많은 이해관계자에게는 필요한 상세정보를 제공할 필요가 있다. 권력도 적고 관심도 적은 이해관계자는 관찰을 통해 권력이나 관심사항이 변동하는지를 파악할 필요가 있다.

〈표 4-3〉 이해관계자의 권력과 관심에 의한 관리 방안

권력	관심	관리 방안	이해관계자 예
높음	적음	집중관리	검수 책임자
높음	낮은	만족도 유지	최고경영자
낮음	높음	정보제공	개발자, 사용자
낮음	낮음	관찰	잠재

(2) 영향력과 영향

이해관계자는 영향력과 관심에 따라 다음 [그림 4-2]와 같이 네 가지 형태로 구분할 수 있다.

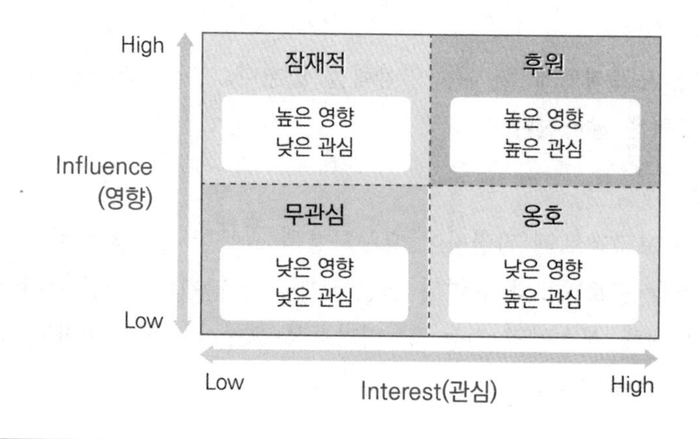

[그림 4-2] 영향력과 관심에 의한 이해관계자의 구분

이해관계자를 영향력과 관심 수준에 따라 그 유형을 구분하면 <표 4-4>와 같이 잠재적, 무관심, 후원적, 옹호적 이해관계자로 구분할 수 있다. 상기 권력/관심에 따른 이해관계자 구분과 비슷한 특성이 있다고 할 수 있다.

〈표 4-4〉 영향력과 관심에 의한 이해관계자 유형

영향력	관심 수준	유형	설명
높음	낮음	잠재적 이해관계자	프로젝트에 영향력은 크지만, 특별히 프로젝트의 결과물에 관심도 없고 참여하는 부분도 거의 없음
낮음	낮음	무관심 이해관계자	관심도 적고 영향력도 적음. 심지어는 프로젝트의 존재에 대해서도 알지 못할 수도 있음
높음	높음	후원적 이해관계자	결과에 대한 큰 관심과 프로젝트가 성공하는 데 도움이 되는 영향력을 보유한 매우 중요한 이해관계자
낮음	높음	옹호적 이해관계자	결과물에 미치는 실제적인 영향력은 적지만, 프로젝트 결과물에 큰 관심은 있어 도움이 되도록 지지

(3) 현저성 모델

현저성은 이해관계자의 어떤 독특한 개성이나 특성으로 인해 상대적으로 다른 사람보다 특출하게 나타나는 특성을 말한다. 이런 사람들은 다른 사람들보다 영향력이 크거나 지배적인 역할을 할 가능성이 크다고 인식되어 이해관계자관리에서 우선순위가 높을 수 있다. 이해관계자의 현저성은 그 사람이 가진 영향력 혹은 권력, 어떤 것을 정당하게 요구할 수 있는 합법성 그리고 요구사항에 대한 긴급성에 따라 달라진다.

① 권력

이해관계자가 프로젝트에 미치는 영향력을 말한다. 통상 회사에서의 직위 및 직책 등에 따라 영향력은 달라진다.

② 합법성

이해관계자가 프로젝트와 관련하여 요구사항을 요구할 수 있는 합법적인 위치에 있는 경우로서 통상 프로젝트와 관련된 역할에 따라 달라진다. 가령, 사용자 및 현업 등은 프로젝트에 대해 시스템의 기능 및 비기능적 요구사항을 제시하고, 최종 산출물에 대한 검수 역할 등을 한다.

③ 긴급성

프로젝트에 요구하는 사항의 긴급성을 말한다. 긴급성은 상황에 따라 중요할 수도 있고 중요하지 않을 수도 있다.

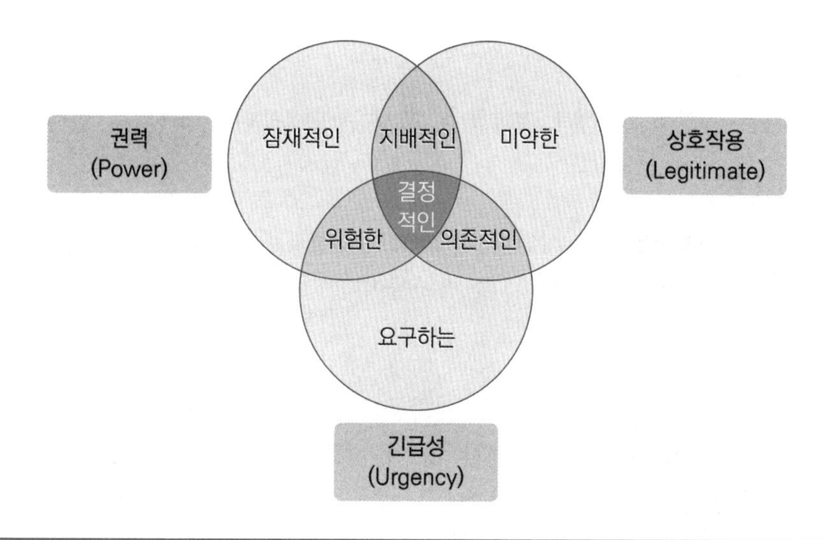

[그림 4-3] 현저성 모델

이해관계자를 [그림 4-3]과 같이 현저성 모델을 활용하여 권력, 합법성 및 긴급성의 상호관계를 토대로 잠재적, 미약한, 요구하는, 지배적인, 위험한, 의존적인, 결정적인 이해관계자로 구분할 수 있다.

현저성 모델에 따라 이해관계자를 구분하면, <표 4-5>와 같이 이해관계자가 나에게 현저하게 인지되는 현저성 수준은 요구하는 이해관계자가 가장 높고 궁극적인 이해관계자가 가장 낮다고 할 수가 있으며, 반면 요구되는 주의 수준은 그 반대이다.

〈표 4-5〉 현저성 모델에 의한 이해관계자 구분

현저성 수준	요구된 주의 수준	구분	권력	합법성/상호작용	긴급성	예
낮음	높음	궁극적인	O	O	O	검수 책임자, 가장 높은 우선순위
↓	↑	지배적인	O	O	X	최고정보책임자
		위험한	O	X	O	마케팅 책임자
		의존적인	X	O	O	검수 실무자, 사용자
		잠재적	O	X	X	최고경영자
		임의적	X	O	X	규제 담당자
높음	낮음	요구하는	X	X	O	사용자

(4) 이해관계자 특성 분석

이해관계자는 개인적, 직업적, 프로젝트 특성을 고려하여 분석할 수 있다.

① 개인적 특성

파악해야 할 이해관계자의 개인적 특성으로는 성격, 스타일, 나이, 취미 등에 대한 사항들로서 대인관계에서 고려해야 할 사항들이다.

② 직업적 특성

회사의 직책, 역할, 직급 등에 대한 사항들로서 현재 소속되어 있는 회사에서의 특성을 파악해서 프로젝트에 미치는 역할 및 책임 등을 파악하는 데 활용된다.

③ 프로젝트 특성

프로젝트 관련 역할, 요구사항, 영향도, 관심도, 참여 정도로 프로젝트와 관련되어 요구사항 및 프로젝트에 미치는 영향도의 크기 및 프로젝트 결과물에 관한 관심도 그리고 프로젝트 수행과정에서의 참여 정도 등을 파악하여 프로젝트 수행과정에서의 이해관계자와의 관계 설정 및 유지에 도움이 되는 사항들이다.

6) 회의

회의를 통해 주요한 프로젝트 이해관계자들을 이해할 수 있다. 회의는 다양한 형태, 즉 워크숍, 소그룹 논의, 가상 그룹 간 소셜미디어 활용 등을 통해 자료 및 데이터를 공유하여 효율적이고 효과적으로 진행한다.

4.1.3 산출물

1) 이해관계자 관리대장

이해관계자 식별 프로세스의 주요 결과물은 이해관계자 관리대장이다. 식별된 이해관계자에 대한 정보는 다음과 같다.

프로젝트에 관련된 이해관계자는 <표 4-6>과 같이 인적 사항으로는 성명, 직책, 역할 및 연락처 등의 사항들을 파악하고, 현재 시점의 요구사항, 그리고 이해관계자가 프로젝트와 관련 영향력, 관심의 수준, 참여 수준 등을 파악하여 이해관계자 관리대장에 기록한다.

〈표 4-6〉 이해관계자 관리대장 예

성명	직책	역할	연락처	요구사항	영향력	관심	참여 수준	기타
예) 홍길동	팀장	검수	전화번호	성능만족	큼	큼	중립	

(1) 이해관계자 식별 정보

이해관계자 식별 정보에는 이해관계자의 이름, 조직에서의 위치, 근무 장소, 연락처 주소 및 전화번호, 프로젝트에서의 역할 등의 정보가 포함된다.

(2) 이해관계자 평가 정보

이해관계자 평가 정보에는 이해관계자의 주요 요구사항, 기대사항, 프로젝트 결과물에 대한 잠재적인 영향도, 이해관계자가 영향을 미칠 수 있는 프로젝트 생명주기의 단계 등이 포함된다.

(3) 이해관계자 분류

이해관계자 분류는 내/외부, 여파/영향/권력/관심도, 기타 프로젝트관리자에 의해 선택된 분류 모델 등에 의해 실행될 수 있다.

4.2 이해관계자관리

이해관계자관리 프로세스는 프로젝트 동안 이해관계자의 요구사항 및 기대사항을 충족시키기 위해 이해관계자와의 의사소통을 통해 협력관계를 유지하고, 발생하는 이슈를 조정 및 해결하고 프로젝트 수행과정의 활동에 관련 이해관계자의 참여를 유도하는 과정을 말한다.

또한 프로젝트 관련 모든 이해관계자의 관계를 관찰하고 기간이 지남에 따라 변동이 생긴 이해관계자의 관계, 참여 전략, 및 계획을 조정하는 과정을 말한다.

이런 이해관계자관리 프로세스를 통해 이해관계자의 특성, 요구사항과 기대사항을 파악하고 이해관계자와의 지속적인 의사소통을 통해 우호적인 관계를 형성하고 유지한다. 혹시 발생할 수 있는 이슈를 조기에 파악하여 충돌되는 이해관계를 조정·해결하고 프로젝트 의사결정과 활동에 적절한 이해관계자 참여를 촉진한다. 변동이 되는 이해관계자와의 관계 및 참여하도록 조정하여 이해관계자와 긍정적이고 우호적인 관계를 형성 및 유지하여 프로젝트에 긍정적인 영향을 미치도록 하고 또한 이해관계자 만족도를 충족시키는 일도 중요하다.

4.2.1 입력물

1) 프로젝트 헌장

프로젝트 헌장은 프로젝트의 목적, 목표 및 성공 기준 등에 대한 정보를 기술하며, 이해관계자 참여 및 관리 방안 수립 때 고려되어야 한다.

2) 프로젝트관리 계획

이해관계자관리 계획 수립 때 다음과 같은 프로젝트관리 부속 계획들을 참고한다.

(1) 자원관리 계획

자원관리 계획은 이해관계자 관리대장에 등재된 팀원 및 기타 이해관계자들의 역할과 책임 등에 대한 정보를 포함한다.

(2) 의사소통관리 계획

이해관계자관리 및 실행 방안을 위한 의사소통 전략은 프로젝트 이해관계자관리 프로세스들과 상호 밀접한 관계가 있다.

(3) 리스크관리 계획

리스크관리 계획은 리스크 허용치와 리스크 상황 등을 포함하고 있으며, 최적의 이해관계자 참여 전략 방안 수립 때 고려될 수 있다.

(4) 변화관리 계획

변화관리 계획은 프로젝트로 인해 이해관계자들에게 발생하는 변화를 평가하고 실행 방안을 포함한다.

3) 작업성과 데이터

작업성과 데이터는 어떤 이해관계자가 프로젝트에 대해 지원을 하는지, 그들의 참여 형태와 수준과 같은 데이터를 제공한다.

4) 기업환경 요소

이해관계자관리 계획에 영향을 미치는 기업환경 요소들은 다음과 같다.

(1) 조직문화, 거버넌스 프레임워크
(2) 직원 행정 정책
(3) 이해관계자 리스크 대처
(4) 설정된 의사소통 채널

5) 조직 프로세스 자산

이해관계자관리 계획에 영향을 미치는 조직 프로세스 자산들은 다음과 같다.

(1) 소셜미디어, 윤리, 보안 등에 대한 기업 정책 및 절차
(2) 이슈, 리스크, 변화, 및 데이터 관리에 대한 기업 정책 및 절차
(3) 조직 의사소통 요구사항
(4) 정보의 생성, 교환, 저장 및 조회에 대한 표준화된 기준
(5) 기존 프로젝트에서 참여한 이해관계자에 대한 학습사항
(6) 효과적인 이해관계자 참여를 지원하는 소프트웨어 도구

4.2.2 기법 및 활동

1) 이해관계자관리 고려사항

이해관계자관리를 위해 다음과 같은 지식 등을 고려한다.

(1) 조직 내, 외의 정치 및 권력 구조에 대한 지식
(2) 조직 내, 외의 환경 및 문화에 대한 지식
(3) 이해관계자관리 프로세스에 사용되는 분석 및 평가에 대한 지식
(4) 의사소통 수단 및 전략에 대한 지식

(5) 기존 프로젝트에 참여하고 현재 프로젝트에 참여 중인 이해관계자의 특성에 대한 지식

2) 이해관계자의 주요 관심사항

프로젝트에 참여하는 이해관계자들은 경제적, 사회적, 업무적, 시간, 환경, 신체적 건강, 안전 및 보안, 및 정신적 건강 등과 같은 사항들에 관심이 많다. 따라서 프로젝트 관리자는 프로젝트 참여자들의 다양한 요구사항과 주요 관심사항에 유념하여 안전하고 불만족이 발생하지 않도록 프로젝트 수행환경을 조성할 필요가 있다.

이해관계자의 주요 관심사항은 다음과 같다.

(1) 경제적 이득 및 손해

프로젝트 결과에 따라 관련 산업 및 회사, 조직에 대해 경제적 차원에서의 이득 및 손해가 발생한다. 프로젝트에 투입되는 비용 대비 투자 효과가 기대 수준보다 높아야 프로젝트를 착수할 수 있으며 프로젝트가 완료 때 실제 투입 비용 대비 돌아오는 효과가 높아야 프로젝트로서 성공적이라고 평가할 수 있다.

(2) 사회적 변화

지역 주민은 프로젝트로 인해 사회 분위기 변화 혹은 문화 차원의 발전에 이바지하는지 관심이 있다.

(3) 의사결정 방식

프로젝트에 참여하는 팀원들은 업무 수행 때 의사결정 방식에 관심이 있다. 가령, 의사결정에 참여 시 업무에 대한 만족도가 향상될 수 있다.

(4) 근태관리

프로젝트 참여자들은 업무 수행 때 근태관리에 관심이 많다. 가령 휴가, 초과근무, 유연근무제, 대체 휴가 등 제도는 생산성을 증가시킬 수 있다.

(5) 환경변화

프로젝트로 인해 주변 환경의 변화에는 환경보호 단체나 지역공동체에서 관심이 많다. 가령, 자원보호, 기후변화 대처 등 변화는 비즈니스에 영향이 크다.

(6) 신체적 건강

프로젝트에 직접 참여하는 팀원들은 신체적 건강을 유지할 수 있는 체력 단련 시설 등에 관심이 많다.

(7) 안전 및 보안

프로젝트 수행환경은 안전하고 보안이 보장되어야 한다.

(8) 정신적 건강

프로젝트에 참여하는 인력들의 정신적 건강을 유지할 수 있는 제도 및 시설 등이 중요하다.

3) 전문가의 도움

이해관계자관리 계획을 작성하기 위해서는 관련 분야의 전문지식을 갖고 있거나 조직 내 이해관계자관리에 대한 통찰력을 가진 집단 혹은 개인으로부터 전문적인 지식과 판단에 대해 도움과 조언을 받는 것이 바람직하다. 프로젝트관리자가 이해관계자관리 계획 작성 시 <표 4-7>과 같이 전문가의 도움을 받을 필요가 있다.

〈표 4-7〉 이해관계자 전문가 집단 및 조언

전문가 집단	주요 역할	조언 내용
최고경영자	프로젝트 목표설정, 우선순위 결정, 심각한 갈등해결 방안	심각한 문제해결 절차 및 조직, 인력
프로젝트 팀원	산출물 작업	사용자, 개발자, 현업 대응 방안
소속 회사의 타 팀 혹은 팀원	영업, 구매, 법률, 안전 분야	외부 이해관계자 대응 방안
식별된 주요 이해관계자	해당 분야 이해관계자	해당 분야 이해관계자의 이슈 파악 및 대응 방안
타 프로젝트관리자	경험 공유 및 조언, 협력	해당 분야 이슈 및 해결 방안 공유
비즈니스 및 분야별 전문가	분야별 전문 지식 및 경험 공유	외부 이해관계자의 이슈 및 대응 방안
산업단체 및 컨설턴트, 전문가 협회, 기술협회	산업 동향 조언, 관련 이슈 해결 지원, 해당 분야 감리, 인증, 시험 등	해당 산업 분야 외부 이해관계자의 이슈 및 대응 방안
규제기관, 비정부기구(NGO)	환경, 안전, 법령, 보안, 교통 등 분야별 정책 개정 및 규제	규제 및 환경 등 외부 이해관계자 파악 및 이슈 대응 방안

4) 이해관계자 참여 평가 매트릭스

프로젝트를 성공적으로 완료하기 위해 이해관계자의 참여는 매우 중요하다. 이해관계자의 참여 수준은 무인지, 저항형, 중립형, 지원형 및 리딩형으로 구분할 수 있다.

(1) 무인지

프로젝트와 전혀 상관이 없는 사람과 같이 프로젝트에 대해 무관심하고 프로젝트에 대한 잠재적 영향력을 인지하지 못하는 수준이다.

(2) 저항형

프로젝트로 인해 손해를 보는 사람과 같이 프로젝트 및 잠재적인 영향력을 인지하고 변화에 저항하는 형태이다.

(3) 중립형

프로젝트로 인해 손해도 이익도 없는 사람과 같이 프로젝트를 인지하지만, 프로젝트에 대한 지원이나 저항도 하지 않는 형태이다.

(4) 지원형

프로젝트로 인해 이득을 보는 사람과 같이 프로젝트 및 잠재적 영향력을 인지하며 변화를 지원하는 형태이다.

(5) 리딩형

프로젝트 성공이 본인의 성공과 직접 연관이 있는 사람과 같이 프로젝트 및 잠재적 영향력을 인지하며 프로젝트의 성공을 위해 적극적으로 참여하는 형태이다.

이해관계자의 참여 수준에 대해 현재의 참여 수준과 바람직한 참여 수준을 결정하여 <표 4-8>과 같이 기록할 필요가 있다. 가령, 이해관계자 1의 경우 현재 참여 수준은 무인지이나 바람직한 수준은 지원이 필요할 수도 있다. 이해관계자 3인 경우 현재의 참여 수준은 저항형이나 바람직한 수준은 중립형으로 바꿀 필요가 있다. 이처럼 현재의 참여 수준과 바람직한 수준과의 차이가 있는 경우 이해관계자 참여관리를 통해 그 차이를 해결할 수 있다.

〈표 4-8〉 프로젝트 이해관계자의 참여 수준 파악

이해관계자	무인지	저항형	중립형	지원형	리딩형
1	C			D	
2		C		D	
3		C	D		
4		C	D		

* C: 현재 참여 수준, D: 바람직한 참여 수준

참고로 정보기술 서비스 프로젝트 관련 이해관계자를 구분하면 <표 4-9>와 같이 고객사, 프로젝트 팀, 내부 이해관계자 그리고 외부 이해관계자 그룹으로 구분할 수 있다.

고객사의 이해관계자로는 대표이사, 최고정보책임자, 프로젝트관리자, 프로젝트파트장, 현업 및 정보 시스템의 최종 사용자로 구분할 수 있다. 프로젝트 팀으로는 프로젝트관리자, 프로젝트파트장, 품질보증자, 아키텍처, 분석/설계자, 개발자, 테스트 관리자 등으로 구분할 수 있다. 내부 이해관계자로는 프로젝트 팀의 소속 회사에 상주하는 조직으로서 프로젝트 수행에 직접적으로 관련되는 대표이사, 사업본부장이나 팀장, 구매부서, 계약부서, 프로젝트관리사무소, 사업지원 부서 등으로 구분할 수 있다. 외부 이해관계자로는 프로젝트에 간접적으로 관련되는 이해관계자로서 언론기관, 감독기관, 정부, 금융 감독기관 및 공정거래위원회 등으로 구분될 수 있다. 또한 각 이해관계자의 현재 참여 수준과 바람직한 참여 수준을 파악하여 관리할 필요가 있다.

〈표 4-9〉 정보기술 서비스 프로젝트 이해관계자 구분 사례

유형	세부 이해관계자	역할	현재 수준	바라는 수준
고객사	대표이사	고객사의 스폰서, 프로젝트 발주 승인, 예산승인	N	S
	최고정보책임자	프로젝트 총괄 책임자	S	S
	프로젝트관리자	프로젝트관리자	S	L
	프로젝트파트장	프로젝트 업무별 프로젝트 리더	L	L
	현업 담당자	프로젝트 요구사항 제시, 검수 담당	N	S
	최종 고객	프로젝트 산출물 최종 사용자	N	S
프로젝트 팀	프로젝트관리자	프로젝트관리자, 현장 대리인	S	L
	프로젝트지원	프로젝트관리 행정 담당자	S	L
	품질보증담당	프로젝트 품질보증 담당	N	S

유형	세부 이해관계자	역할	현재 수준	바라는 수준
	아키텍처	구축시스템의 아키텍처 담당	S	S
	업무 분야별 파트장	시스템의 분야별 업무 담당	S	L
	분석/설계자	업무별 요건분석 및 설계 담당	N	S
	개발자	업무 개발 담당자	N	S
	시험 관리자	개발시스템의 시험 책임자	N	S
내부 이해관계자	대표이사	수행사의 프로젝트 수주 승인, 프로젝트 예산승인	N	S
	본부장	프로젝트 수주 및 수행 총괄 책임자	S	S
	팀장(영업, 사업)	프로젝트 영업 및 수행 지원 및 이슈 해결	N	S
	구매부서	프로젝트 외부 및 상품 구매 담당	N	S
	프로젝트관리사무소	프로젝트 리스크 및 진척관리	R	N
	계약부서	프로젝트 계약체결 및 이행관리	N	S
	사업지원 부서	프로젝트의 규제 이슈 검토 및 지원	R	N
외부 이해관계자	언론(신문, 방송)	프로젝트 관련 이슈 보도	R	N
	감독기관	프로젝트 정보보안 및 규제 감독	R	N
	정부	산업 및 정책 발표, 규제 정책 수립	N	N
	공정거래위원회	하도급 등 공정거래 정책 수립 및 감시	N	S
	감리기관	프로젝트 품질 및 기술적 문제점 파악 및 제언	R	N

* U(무인지), R(저항형), U(중립형), S(지원형), L(리딩형)

5) 의사소통 기법

이해관계자와의 소통에 있어서 비언어적 행동이 중요한 기능을 하지만, 경청, 질문, 공감, 설명, 강화, 자기 공개, 의견 주장, 및 유머 등의 언어적 의사소통도 매우 중요하다. 언어는 인간의 내면적인 상태와 의도를 명확하고 효과적으로 전달하는 강력한 의사소통 수단이다. 이해관계자와의 관계는 언어적 의사소통의 내용과 질에 좌우된다.

의사소통 기법에는 다음과 같은 기법들이 있다.

(1) 경청하기

경청은 의사소통의 기본적인 과정이며 상대방이 보내는 소통 내용에 주의를 기울이며 이해를 위해 의식적으로 노력하는 행동을 의미한다.

(2) 질문하기

질문하기는 상대방이 말하는 내용에 대해 궁금한 사항이나 이해가 안 된 내용 등에 대해 추가적인 정보를 요청하고 상대방의 태도, 감정, 의견을 확인하는 행동이다.

(3) 공감하기

우리는 우리가 말한 내용에 대해 상대방에게 이해받고 공감을 받고자 하는 내면적 욕구가 있다. 우리는 자신을 잘 이해해 주고 공감을 하는 사람들을 좋아하고 깊은 인간관계를 맺고자 한다. 공감하기는 상대방의 표현내용에 대한 사실적 또는 정서적 이해를 보여주는 기술

(4) 설명하기

자신의 입장, 생각, 지식을 상대방에게 전달하고자 자신이 보유하고 있는 정보를 상대방에게 제공하고 공유하기 위한 중요한 의사소통 기법이다.

(5) 강화하기

강화하기는 타인에 대한 인정, 긍정, 칭찬, 격려, 지지를 전달하는 언어적 표현을 의미한다. 강화하기는 상대방이 자신이 이해받고 수용되고 있다고 느끼게 함으로써 현재의 대인관계에 관한 관심과 참여를 향상시킨다.

(6) 자기 개방하기

자기 개방하기는 상대방에게 자신의 정보를 의도적으로 드러내는 행동이다. 자기 개방하기는 상대방이 경계심과 두려움을 완화하고 신뢰감을 증진시키는 효과가 있다.

(7) 자기 주장하기

자기 주장하기는 자신의 개인적인 권리를 옹호하고 향상하기 위하여 타인이 권리를 존중하면서 동시에 자신의 생각, 감정, 신념을 직접적이고 솔직하게 표현하는 행동을 의미한다.

(8) 유머

유쾌한 익살, 해학, 농담으로서 인간관계를 맛나게 하는 양념과 같은 것으로 유머는 인간관계의 긴장을 해소하여 타인을 편안하게 만드는 기능을 한다.

6) 갈등관리

프로젝트에 관련되는 이해관계자들과의 갈등관리 기술에는 <표 4-10>과 같이 크게 협상, 조정, 중재 방식이 있다. 협상은 당사자 간의 합의를 통해 갈등을 해결하는 방식이고, 조정은 제3자가 개입하여 당사자 간의 합의를 촉진하는 형태이며, 중재는 제3자가 당사자들의 입장을 들어보고 의사결정을 하는 방식이다. 중재는 계약서상의 명시나 당사자 간의 합의가 있는 경우 법적 구속력이 있다. 우리나라에는 대한상사 중재원이 법정을 대신하여 중재 역할을 하고 있다.

〈표 4-10〉 협상, 조정, 중재의 비교

항목		협상	조정	중재
절차 시작의 당사자의 합의		필수 요건	필수 요건/예외	필수 요건/예외
제3자	개입	불개입	개입	개입
	범위	-	민간, 공공기관	민간, 공공기관
	선정	-	쌍방합의	쌍방합의
	역할	-	합의도출	일방적 결정
절차의 진행내용		이해/입장 조정	이해/입장 조정	확인/이해 조정
결정의 정형성		없음	거의 없음	조금 있음
결정의 근거		쌍방합의	제3자의 조건을 바탕으로 쌍방합의	양쪽의 증거자료와 중재인의 결정
결정의 구속력		쌍방의 동의 필요	쌍방의 동의 필요	구속적/예외

7) 데이터 분석

달성하고자 하는 이해관계자 참여 계획과 실제 이해관계자 참여 간 차이가 발생하면 다음과 같은 데이터 분석기법을 활용하여 분석한다.

(1) 대안 분석

대안 분석은 특정 이해관계자가 목표로 하는 참여 수준에 도달하지 못한 경우, 그 차이를 극복하고자 마련한 대안을 평가하는 데 사용한다.

(2) 근본 원인 분석

근본 원인 분석은 특정 이해관계자의 참여 수준이 계획된 목표 수준에 도달하지 못한 경우, 기본적인 근본 원인을 파악하는 데 사용된다.

(3) 이해관계자 분석

이해관계자 분석은 프로젝트의 특정기간 동안 개별 혹은 그룹 이해관계자의 입장을 파악하는 데 사용한다.

8) 의사결정

(1) 다기준 의사결정 분석

다기준 의사결정 분석기법은 성공적인 이해관계자 참여를 위한 다양한 기준에 대해 우선순위와 비중을 조합하여 가장 적절한 선택을 하는 데 활용된다.

(2) 투표

투표 방식은 목표 대비 차이가 있는 이해관계자 참여 수준에 대해 참석자 간 과반수 혹은 만장일치 등 투표를 통해 가장 최선의 방안을 선택하는 데 활용한다.

4.2.3 산출물

1) 이해관계자 참여계획

이해관계자 참여계획은 프로젝트 추진을 위해 의사결정과 실행과정에 이해관계자의 생산적인 참여를 촉진하는 데 요구되는 활동과 전략을 수립하는 것이다. 이해관계자 참여계획은 프로젝트의 요구와 이해관계자의 기대사항을 기반으로 공식적 혹은 비공식적, 그리고 간략하게 혹은 상세하게 작성할 수 있다. 이해관계자 참여계획은 이해관계자의 개인 혹은 그룹별 참여 방안에 대한 특정 전략 및 접근 방안을 포함할 수 있다.

2) 이해관계자관리 계획

이해관리자관리 계획에 포함될 내용은 이해관계자의 신원정보, 이해관계자의 평가정보, 이해관계자의 구분, 현재 및 미래의 바람직한 참여 수준, 이해관계자 변경 예상수준, 역할 및 영향력, 이해관계자 간 상하관계 및 잠재적 중복성에 관한 정보, 프로젝트 현 단계에서의 이해관계자의 주요 의사소통 요구, 이해관계자에게 배포되는 정보의 구체적인 내용 및 수준, 정보의 배포사유 및 이해관계자에게 미치는 영향, 이해관계자에게 배포되는 정보의 시기와 주기, 이해관계자관리 계획의 갱신 주기, 기타 등의 항목을 포함한다.

(1) 이해관계자의 신원정보

이해관계자의 이름, 연락처, 조직 내 직책 및 직위와 프로젝트와 관련 역할 등을 기술한다.

(2) 이해관계자의 평가 정보

이해관계자가 프로젝트에 요구하는 주요 요구사항, 기대사항, 잠재적 영향력 등을 파악하여 기술한다. 상기 사항들은 프로젝트 주요 단계별로 변경될 수 있어 주기적으로 변동사항들을 파악하여 관리한다.

(3) 이해관계자의 구분

이해관계자를 대외 혹은 대외로 구분한다.

(4) 현재 및 미래의 바람직한 참여 수준

참여 수준을 무인지, 저항형, 중립형, 지원형, 리딩형 등으로 구분하고, 참여 수준을 현재 및 미래의 바람직한 수준으로 구분한다.

(5) 이해관계자 변경 수준, 역할 및 영향력

이해관계자의 변경 수준을 예상하고, 역할 및 미치는 영향력을 기술한다.

(6) 이해관계자 간 상하관계 및 잠재적 중복성에 관한 정보

이해관계자 간 수직적 관계 및 이해관계자 간 업무 및 역할의 중복성을 파악하여 기술한다. 업무 및 역할의 중복성이 있는 경우 정/부를 파악한다.

(7) 의사소통 요구사항

이해관계자의 의사소통 주요 요구사항을 파악한다. 가령, 프로젝트관리 산출물 혹은 개발 산출물, 이슈 보고, 요약보고 등 정보의 공유 혹은 보고에 대한 사항을 기술한다.

(8) 배포정보의 내용 및 수준

이해관계자에게 배포되는 정보에 대해 요약 혹은 상세 수준을 파악하여 기술한다.

(9) 정보배포 사유 및 이해관계자에게 미치는 영향

이해관계자에게 배포되는 정보의 종류 및 취지를 기술하고, 배포되는 정보가 이해관계자에게 미치는 영향을 기술한다.

(10) 배포정보의 시기와 주기

이해관계자에게 배포되는 정보의 시기와 주기는 의사소통관리 계획서를 참고하여 정할 수 있다.

(11) 이해관계자관리 계획서의 갱신

이해관계자관리 계획서의 갱신 주기(매월 혹은 주요 마일스톤별) 혹은 갱신 방안을 기술한다.

3) 변경요청

이해관계자 참여 관리 결과 프로젝트 범위 혹은 제품 범위의 변경이 수반될 수 있다. 프로젝트 범위 혹은 제품 범위의 변경이 필요한 경우 변경요청을 한다.

4) 학습사항

학습사항은 이해관계자 참여 관리에 대한 효과적 혹은 비효과적인 접근 방안에 대해 정리하여 프로젝트 및 향후 타 프로젝트에서 활용할 수 있도록 관련 조직에 전달한다.

이 장의 요약

- 프로젝트 이해관계자란 프로젝트에 영향을 주거나 프로젝트로부터 영향을 받을 수 있는 모든 사람, 집단, 또는 조직을 말한다.
- 프로젝트 이해관계자는 프로젝트 팀원, 협력사, 모회사의 프로젝트관리오피스 및 지원부서, 고객 및 사용자, 고객의 프로젝트관리자 및 임원, 외부 감독기관 및 규제기관, 언론 및 국민 등으로 구분될 수 있다.
- 프로젝트 이해관계자관리는 이해관계자 식별 프로세스와 이해관계자관리 프로세스로 이루어진다.
- 이해관계자 식별 프로세스는 프로젝트에 영향을 미치거나 프로젝트에 의해 영향을 받는 개인, 그룹 및 조직들을 식별하는 프로세스를 의미한다.
- 이해관계자관리 프로세스는 식별된 이해관계자들의 기대사항과 프로젝트에 미치는 영향력을 분석하고 프로젝트 의사결정과 실행에 관련된 이해관계자들을 적시에 효과적으로 참여하도록 하는 적절한 관리 전략을 개발하는 것을 의미한다.
- 프로젝트관리자 및 이해관계자관리 담당자는 프로젝트 이해관계자의 요구사항과 기대사항을 파악하고 이해관계자와의 지속적인 의사소통을 통해 우호적인 관계를 형성 및 유지하고, 이해관계자들이 프로젝트 계획과 실행에 적극적으로 참여하여 이슈 발생 시 이슈를 조기에 해결하고, 프로젝트의 성공에 이바지하도록 이해관계자들을 지속해서 관리해야 한다.

4장 연습문제

1. **다음 용어를 설명하시오.**

1) 이해관계자
2) MBTI
3) 현저성모델
4) 이해관계자 참여 매트릭스
5) 갈등관리

2. **다음 제시된 문제를 설명하시오.**

1) 이해관계자의 참여관리와 의사소통 감시와의 차이점에 대해서 설명하시오.
2) 이해관계자 참여수준을 평가하는 방법에는 어떠한 것이 있는가?
3) 이해관계자가 프로젝트에 미치는 긍정적인 부분과 부정적인 부분을 설명하시오.

3. **다음 객관식의 문제에 대해 올바른 답을 제시하시오.**

1) 이해관계자 참여관리 프로세스의 산출물 항목은 다음 중 무엇인가?
① 커뮤니케이션
② 변경요청
③ 협상
④ 작업실적정보

2) 당신이 새로운 프로젝트를 시작하는 프로젝트 매니저고, 현장에서 확인된 많은 이해관계자들은 고객과 마찬가지로 현 조직의 고위 임원들이다. 불가피하게 이러한 이해관계자들이 모든 것에 동의하지는 않는다면 어떻게 해야 할 것인가?
① 이해당사자의 우선순위 결정
② 이해관계자를 함께 인터뷰하여 기대치에 대한 의견 수렴
③ 이해관계자 등록부 작성
④ 확률 및 영향 분석 수행

3) 이해관계자 참여관리 프로세스의 결과로서 어떤 사항을 제외하고 모두 업데이트할 수 있다. 여기서 업데이트 할 수 없는 것은?

① 로그 발행

② 이해관계자 등록부

③ 의사소통관리 계획

④ 기업환경 요인

4) 프로젝트관리자가 프로젝트 초기에 이해당사자를 식별하고 분류하는 데 시간을 투자해야 하는 이유는 무엇인가?

① 규제 기관의 승인 용이성 보장

② 프로젝트에 영향을 미치는 이해관계자의 영향력이나 권력을 이해하는 것

③ 이해당사자 계약을 효율적으로 감시

④ 프로젝트에 대한 저항을 최소화하기 위해

5) 매우 복잡한 비즈니스 프로세스 변경 프로젝트의 프로젝트 매니저로서, 프로젝트 전달에 부정적인 영향을 받을 여러 이해관계자 그룹이 있다. 이러한 그룹들을 참여시키고 성공적인 구현을 보장하는 것은 프로젝트매니저의 책임이다. 변화에 대한 예상되는 저항을 극복하기 위해 다양한 방법을 사용하여, 영향을 받는 그룹의 신뢰와 신뢰를 얻을 수 있도록 하는 것은 ________________ 기술을 사용한 예다.

① 의사소통

② MBTI

③ 경영

④ 갈등관리

CHAPTER

05

범위관리

프로젝트는 예산이나 인력 등 제한된 자원을 사용하여 정해진 시간 내에 끝마쳐야 하기 때문에 내·외부 고객에게 전달될 프로젝트의 인도물(deliverable)[1]과 그 인도물을 만들기 위해 필요한 작업을 분명하게 정의하여 관리하지 않으면 소기의 목표를 달성하기 어렵다. 따라서 프로젝트를 성공적으로 완성하는 데 꼭 필요한 모든 작업을 프로젝트가 확실히 포함하도록 하고 불필요한 작업은 포함하지 않도록 관리하는 것이 중요하다.

프로젝트 범위관리(scope management)는 작업(work) 내용뿐만 아니라 예상되는 결과를 포함하는 것으로, 고객의 요구사항을 프로세스에 따라 분석하고 문서화하며 이의 변경을 관리하는 프로세스를 의미한다. PMBOK 가이드 6판은 프로젝트 범위관리를 "프로젝트를 성공적으로 완료하기 위해 요구되는 모든 작업을 포함하고, 동시에 요구되는 작업만 포함하도록 보장하기 위해 필요한 프로세스"로 정의하고 있다. 이 정의는 프로젝트의 성공을 위해 필요한 작업은 빠짐없이 모두 포함해야 하지만 불필요한 작업은 수행하지 않도록 관리해야 하는 것을 의미한다. [그림 5-1]에 설명된 것처럼, '한 일'이 '할 일'보다 적거나 많아도 안 되고, 둘이 서로 어긋나서도 안 된다. 정확하게 '한 일'과 '할 일'이 일치하도록 관리하는 것이 범위관리이다.

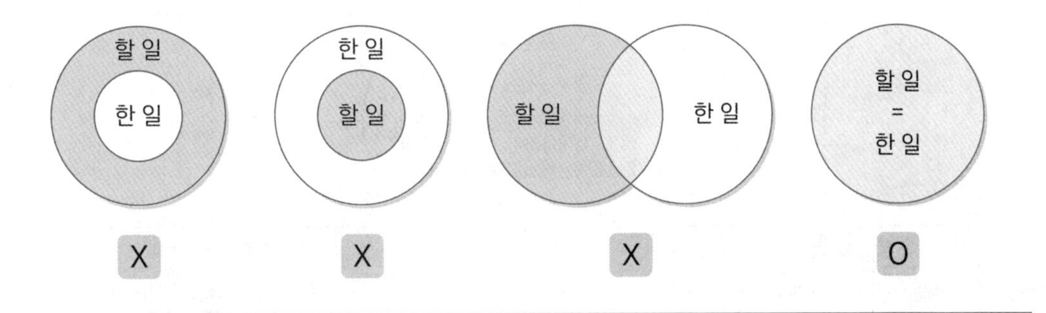

[그림 5-1] 프로젝트 범위관리의 의미

프로젝트 범위관리의 정의에서와 같이, 성공적으로 프로젝트를 완료하기 위해서 범위관리는 초기에 기준이 되는 범위를 정확히 정의하고 실행과정에서 범위 변경을 최소화해야 한다. 프로젝트 성공에 필요한 작업만을 포함하도록 범위를 설정하고 관리함으로써 범위를 잘못 설정하여 발생할 수 있는 작업 중단, 계획 재수립, 인력이나 자재의 낭비 등을 최소화할 수 있도록 하여야 한다.

범위관리를 보다 명확하게 이해하기 위해서 [그림 5-2]와 같이 제품 범위(product

1) 고객에게 인도되는 제품이나 용역으로 가시적이며 확인이 가능해야 한다.

scope)와 프로젝트 범위(project scope)를 구분하여 살펴보는 것이 필요하다. 제품 범위는 프로젝트를 통해 산출되는 제품, 서비스, 결과에 포함되어야 하는 속성과 기능을 의미한다. 예를 들어, 신제품 개발 프로젝트를 통해 새로운 제품이 만들어진다고 하면, 제품 범위는 그 제품이 가져야 하는 속성이나 기능들을 나타낸다. 제품 범위는 적용영역에 따라 다양하고 산출물 특성에 따라 달라지는 특징을 가지며 일반적으로 프로젝트 수명주기의 일부로 정의될 수 있다. 한편, 프로젝트 범위는 설정된 속성과 기능을 갖는 제품, 서비스, 결과를 산출하기 위해 필요한 작업을 정의한 것이다. 즉, 프로젝트 범위는 시방서에서 요구하는 속성과 기능을 가진 산출물을 획득하기 위하여 수행하는 작업을 의미한다. 제품 범위는 설정된 속성이나 기능들이 사용자의 요구사항을 충족하는지 여부로 제품 범위의 완료 여부를 판단하게 되며, 프로젝트 범위는 필요한 작업들이 프로젝트 계획에 따라 이루어졌는지 여부로 프로젝트 범위의 완료 여부를 판단하게 된다. 때때로 '프로젝트 범위'라는 용어는 '제품 범위'를 포함하는 개념으로 사용된다.

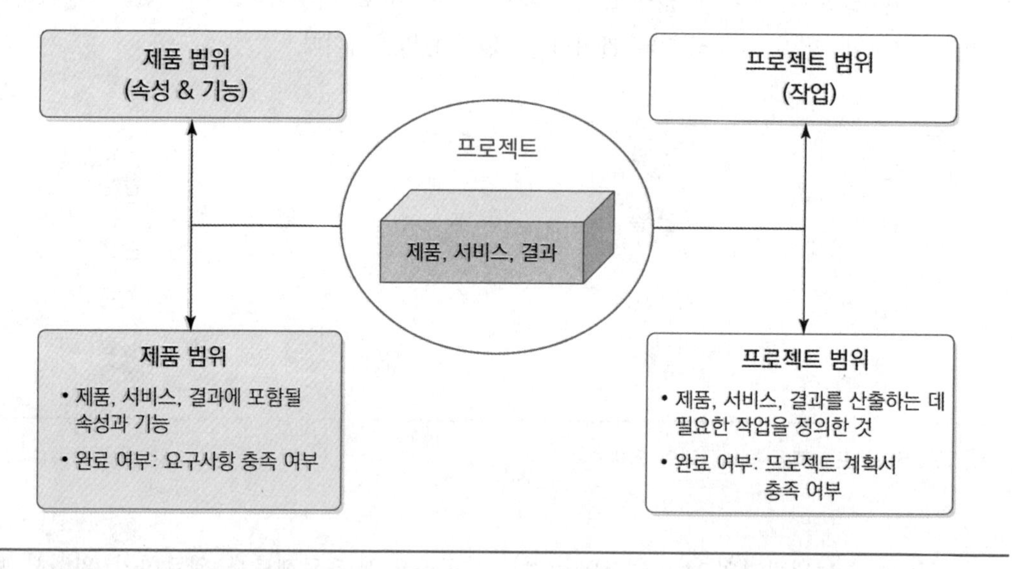

[그림 5-2] 제품 범위와 프로젝트 범위

범위관리 프로세스는 [그림 5-3]과 같이 범위 정의, 작업분류체계 작성, 활동 정의, 범위 통제 등 네 개의 하위 프로세스로 구성되어 있다. 이 중 앞의 세 개 프로세스는 기획 프로세스 그룹에 해당하며, 마지막에 있는 범위 통제는 통제 프로세스 그룹에 해당한다. 먼저, 범위 정의는 이해관계자의 요구사항을 수집하여 프로젝트 범위를 구체적으로 정의하고 확정하는 프로세스로, 주요 산출물은 범위기술서와 요구사항 문서이다. 다음으로, 범위기술서에 기술된 주요 인도물과 프로젝트 작업은 작업분류체계 작성 프로세스를 거치면서 관리 가능한 작은 단위로 분할된다. 이 프로세스의 산출물은 작업분류체계와 작업분류체계 사전이다. 활동 정의에서는 작업분류체계의 가장 하위 요소인 작업패키지(work package)를 활동이라고 하는 더 작은 요소로 분할하여 활동 목록을 만든다. 활동은 프로젝트 일정관리, 원가관리의 기본 단위가 된다. 마지막 프로세스는 범위 통제이다. 프로젝트를 진행하다 보면 내·외부 여건에 의해 범위의 변경이 불가피한 경우가 발생한다. 범위 통제는 프로젝트가 성공적으로 진행될 수 있도록 범위 변경을 체계적으로 관리하는 프로세스로, 산출물은 변경요청서이다. 그럼 이하에서 각 프로세스에 대해 자세히 알아본다.

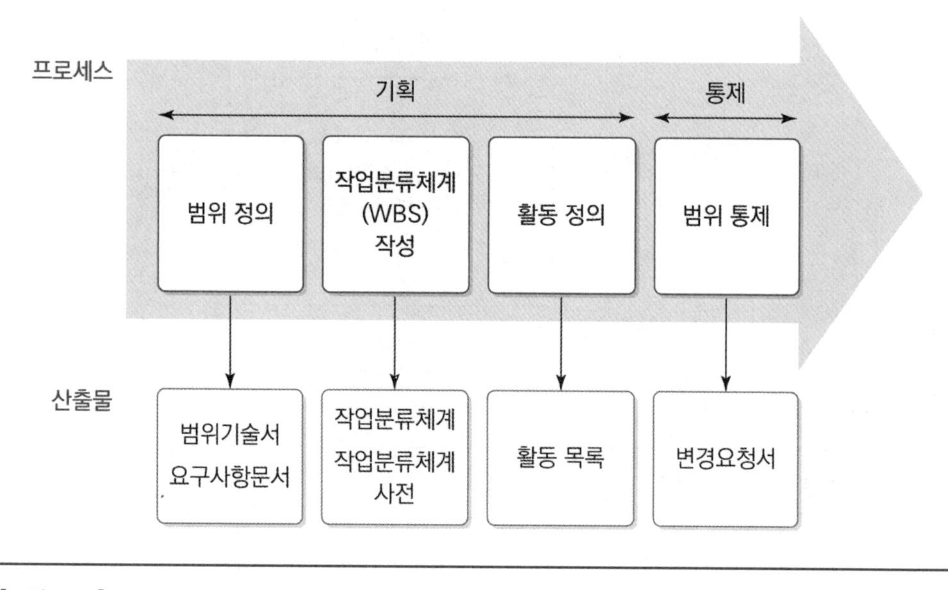

[그림 5-3] 범위관리 프로세스

5.1 범위 정의

범위 정의는 프로젝트 범위에 포함할 사항과 제외할 사항을 정의함으로써 제품, 서비스, 결과물의 경계를 정의하는 프로세스이다. 프로젝트의 범위를 정의하기 위해서는 먼저 이해관계자들의 요구사항을 파악하여 문서화해야 하며, 이를 기반으로 프로젝트 범위를 구체적으로 정의하고 확정하게 된다. 범위 정의 프로세스의 입력물은 프로젝트 헌장과 승인된 변경이며, 사용되는 기법 및 활동은 요구사항 수집 기법과 범위 정의 기법이다. 범위 정의 프로세스의 산출물은 범위기술서와 요구사항 문서이다.

프로젝트 범위를 정의한다는 것은 이해관계자들의 요구사항을 구현하기 위해 주요 인도물, 제약 조건, 가정 및 검수 조건 등 과업 범위에 들어갈 사항들을 확정하는 것이다. 수집된 요구사항들을 프로젝트 헌장에 기록된 프로젝트 범위 및 한계와 비교해 가면서 최종적인 요구사항을 선별하고, 프로젝트 범위(제품 범위 포함)를 구체적으로 정의하고 확정한 범위기술서를 작성하게 된다.

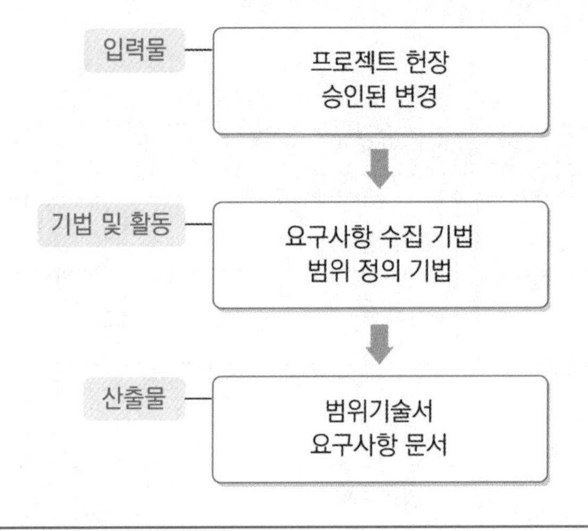

[그림 5-4] 범위 정의 프로세스

5.1.1 입력물

1) 프로젝트 헌장

프로젝트 헌장은 프로젝트를 공식적으로 시작하기 위해 프로젝트에 관한 개략적인 내용과 프로젝트 승인 요구사항을 기술한 문서이다. 프로젝트 헌장이 승인되는 시점이 공식적으로 프로젝트를 시작하는 시점이 된다. 프로젝트 헌장은 이해관계자의 요구사항, 프로젝트의 필요성, 목적 및 당위성, 마일스톤, 가정 및 제약조건, 수익성 및 예산 등에 대해 상위 수준에서 작성한 문서로 프로젝트 범위 정의를 위한 중요한 입력물의 하나이다. 프로젝트 헌장에 대해서는 3.1절에 자세히 설명하였다.

2) 승인된 변경

고객의 요구사항 변경, 외부 환경변화, 범위 누락 또는 범위 재정의, 기술 발전 등으로 인해 프로젝트의 모든 과정에서 나타나는 불가피한 범위 변경의 경우 그 영향력을 평가하여 범위 변경 여부를 결정해야 한다. 프로젝트 범위 변경이 승인된 경우에는 범위 변경에 대해 이해관계자와 의사소통을 하는 등 철저한 사후관리가 필요하다. 범위 변경은 품질관리, 일정관리, 원가관리는 물론 기타 다른 기능들과 연계되고, 범위기술서, 작업분류체계, 범위기준선 등의 변경도 수반한다는 점을 유념해야 한다.

5.1.2 기법 및 활동

1) 요구사항 수집 방법

프로젝트 목적을 달성하기 위해 이해관계자의 요구사항을 정의하고 문서화하고 관리하는 것은 매우 중요하다. 많은 연구와 조사에서 프로젝트 성공요인으로 빠지지 않고 등장하는 항목 중 하나가 요구사항의 정의, 문서화 및 추적관리일 정도로 그 중요성은 더 이상 강조할 필요가 없을 정도이다. 요구사항은 산출물의 범위를 포함한 프로젝트 범위를 정의, 관리하기 위한 근거를 제공하기 때문에, 요구사항을 어떻게 수집하고 관리하느냐 하는 것은 프로젝트 성패에 직접적으로 영향을 미친다. 요구사항은 <표 5-1>에 정리한 것처럼 비즈니스 요구사항, 이해관계자 요구사항, 해결책 요구사항(기능적, 비기능적), 전환 요구사항, 프로젝트관리 요구사항, 품질 요구사항 등으로 구분할 수 있다. 모든 요구사항에 대해서는 고객과 프로젝트 팀이 명확히 인식하고 그 결과를 확인할 수 있도록 명문화하여 관리해야 한다.

프로젝트가 시작되면 프로젝트관리자와 팀원이 제일 먼저 해야 하는 일 중의 하나는 이해관계자로부터 요구사항을 수집하는 것이다. 그런데 요구사항을 수집하는 것은 쉬운 일은 아니다. 왜냐하면 이해관계자가 자신이 무엇을 원하는지 명확히 알지 못하거나, 프로젝트 초기에 프로젝트 범위가 대략적으로 설명되며 어느 정도 시간이 지나야 요구사항이 명확해지는 경우가 있기 때문이다. 따라서 체계적인 방법을 통해 이해관계자들의 요구사항을 조기에 파악하여 구체화하는 것은 프로젝트 전반에 있어 매우 중요하다. 여기서는 몇 가지 중요한 요구사항 수집 기법들에 대해 설명한다.

〈표 5-1〉 요구사항의 종류

요구사항 종류	설 명
비즈니스 요구사항 (Business requirement)	비즈니스 이슈 혹은 기회, 프로젝트를 시작하게 된 이유와 같이 전략적인 측면에서의 요구사항
이해관계자 요구사항 (Stakeholder requirement)	이해관계자 개인 혹은 집단의 요구사항
해결책 요구사항 (Solution requirement)	비즈니스 요구사항이나 이해관계자 요구사항을 충족하는 제품, 서비스 또는 결과가 갖춰야 할 속성과 기능에 관한 요구사항. 해결책 요구사항은 기능적 요구사항과 비기능적 요구사항으로 구분됨
기능적 요구사항 (Functional requirement)	제품, 서비스, 결과의 기능적 측면의 요구사항(예 반드시 구현되어야 할 프로세스, 데이터, 상호작용, 기능 등)
비기능적 요구사항 (Non-functional requirement)	특정 기능보다 전체 시스템의 동작에 대한 요구사항으로 기능적 요구사항을 보완함(예 신뢰성, 보안성, 성능, 안전, 서비스 수준 등)
전환 요구사항 (Transition requirement)	현재 상태(AS IS)에서 미래의 희망하는 상태(TO BE)로 전환하는 것과 관련한 요구사항(예 데이터 이전 및 교육훈련 요구사항)
프로젝트관리 요구사항 (Project requirement)	프로젝트관리에 대한 요구사항(예 만족시켜줘야 할 활동, 프로세스 혹은 조건들)
품질 요구사항 (Quality requirement)	프로젝트의 인도물 또는 프로젝트 요구사항에 대한 성공적인 완수를 검증하기 위해 필요한 기준이나 상태

(1) 인터뷰

인터뷰는 이해관계자와 직접 이야기함으로써 정보를 발견할 수 있는 공식적 또는 비공식적인 접근 방식이다. 대개 준비된 질문을 하고 응답을 기록하여 수행된다. 인터뷰는 정확한 요구사항을 수집할 수 있다는 장점이 있는 반면, 시간과 노력이 많이 소요된다는 단점이 있다. 일대일이나 다자간 인터뷰가 가능하며, 인터뷰를 할 때 사전에 관련 질문을 준비하면 효율적으로 인터뷰를 진행할 수 있다.

(2) 포커스 그룹 인터뷰

포커스 그룹(focused group) 인터뷰는 특정 주제에 대해 소수(6~12명)의 전문가 그룹을 대상으로 하는 인터뷰로, 진행자(moderator)의 주재로 참여자들이 모여 1~2시간 집중적인 대화를 통해 필요한 정보를 찾아내는 대표적인 정성적 조사기법이다. 미리 검증된 이해관계자 및 관련 전문가들이 함께 모여 제품, 서비스 등에 대한 그들의 기대사항이나 태도에 대해서 토론을 통해 학습하는 방법이다. 예를 들어, 새로운 정보시스템을 개발하는 프로젝트의 경우, 그 정보시스템을 사용할 부서의 핵심 사용자들이 모여 포커스 그룹 인터뷰를 통해 정보시스템의 요구사항을 도출할 수 있다.

(3) 브레인스토밍

브레인스토밍(brainstorming)은 프로젝트 요구사항과 관련된 다양한 아이디어를 창출하여 취합하는 기법으로 비판 없이 자유롭게 의견을 이야기하고 발표하는 기법이다. 브레인스토밍을 성공적으로 운영하기 위해서는 [그림 5-5]와 같이 판단의 지연, 다양한 아이디어 산출, 자유로운 사고, 결합과 개선 등 몇 가지 규칙을 준수할 필요성이 있다. 브레인스토밍의 장점은 비판 없이 자유롭게 이야기할 수 있는 반면 단점은 조직의 한계상 직위가 높은 사람의 의견이 채택될 가능성이 높다는 것이다.

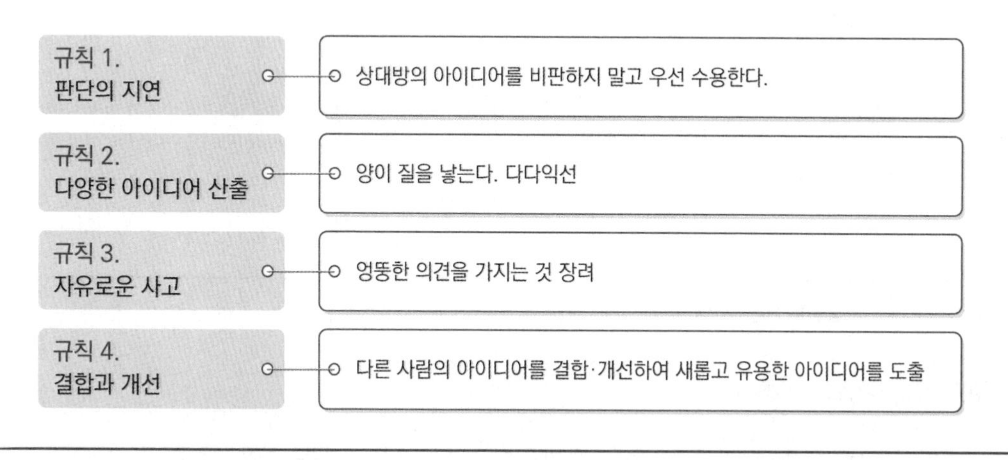

[그림 5-5] 브레인스토밍의 규칙

(4) 명목집단기법

명목집단기법(nominal group technique)은 집단으로부터 아이디어를 얻고 그 아이디어가 집단 내에서 어느 정도의 지지를 받는가를 확인하기 위한 방법이다. 명목집단기법은 브레인스토밍 시 아이디어를 취합할 때, 그리고 집단이 어떤 토의에서 결론에 도달하려 할 때 적용한다. 명목집단기법의 장점은 개인이나 집단의 장점을 살리면서 한 사람이 의견을 주도하는 상황을 방지할 수 있다는 것이다. 명목집단기법의 적용 절차는 다음과 같다.

① 진행자는 회의의 목적과 절차를 설명한다.

② 참가자들은 나눠준 종이에 문제에 대한 본인의 아이디어를 적는다. 이때 진행자

는 참가자들이 자신의 아이디어를 다른 사람과 상담하거나 토론하지 않도록 요청한다.

③ 한 사람씩 자신의 아이디어를 발표하고, 진행자는 모든 참가자가 볼 수 있도록 아이디어를 플립차트에 기록한다. 각 아이디어에 대한 상호 토론은 하지 않는다.

④ 구성원들은 기록된 아이디어에 대해 투표를 하며, 높은 득표를 한 아이디어가 채택된다.

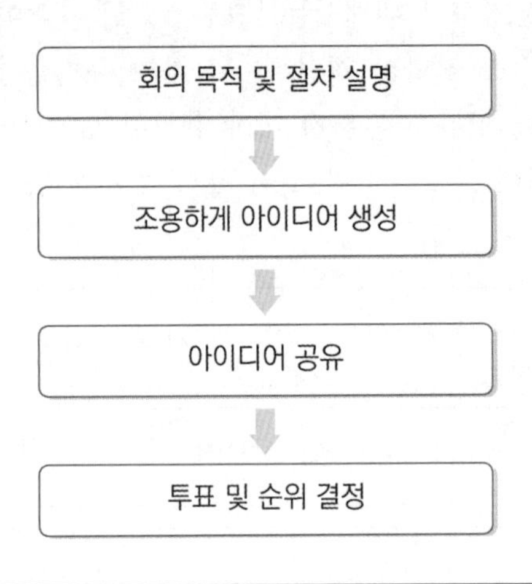

[그림 5-6] 명목집단기법 적용 절차

(5) 델파이기법

델파이기법(delphi technique)은 전문가들이 집단토의를 하는 경우 발생하는 약점을 극복하기 위해서 개발된 전문가들의 의견을 종합하는 기법이다. 델파이기법은 참가자들이 서로 대면하지 않는다는 사실만 제외하고는 어느 정도 명목집단기법과 유사하다. 델파이는 그리스 신화의 태양신인 아폴론이 미래를 통찰하고 신탁했다는 델파이 신전에서 유래한다. 델파이기법은 미래를 예측하거나 기존 자료가 부족한 특정한 문제에 관해 전문가들의 견해를 이끌어내고 종합하여 집단적으로 정리하는 일련의 절차를 말한다. 이 기법은 1950대 미국 랜드연구소가 '구소련 입장에서 유사시 원자 폭탄 사용량 예측'이라는 과제를 해결하기 위해 개발되었다. 총 5라운드의 설문을 통해 전문가 의견을 수렴하였으며, 1라운드에서는 전문가 의견에 불일치가 심했으나 5라운드에서 합의가 도출되었다. [그림 5-7]은 델파이기법 적용 절차를 도식적으로 표현한 것이다.

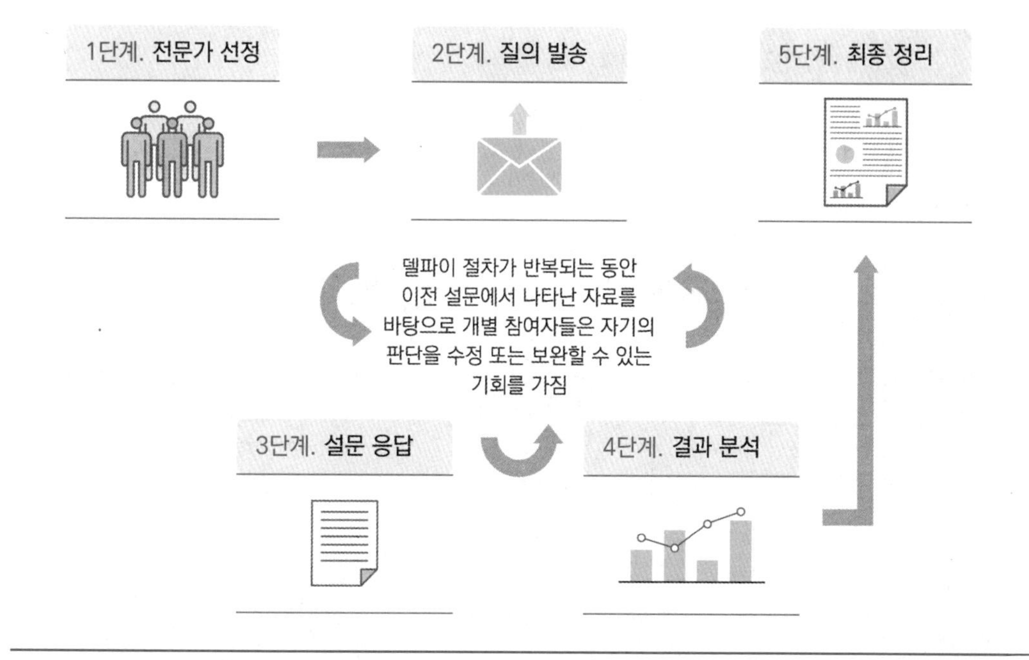

[그림 5-7] 델파이기법 적용 절차

(6) 아이디어 매핑

아이디어 매핑(idea mapping)은 아이디어들과 그 상호 연결 상태를 시각적으로 보여주는 인기 있는 브레인스토밍 도구이며 학습기법이다. 중심 개념에서부터 관련된 아이디어를 시각적으로 표시해 나간다. 거미줄과 같은 형태일 수도 있고, 나무 모양이나 기차 모양과 같은 형태를 취할 수도 있다. 아이디어 매핑은 요구사항 수집을 위한 브레인스토밍 시 도출된 요구사항들을 시각적으로 표현하여 같이 공유함으로써 참가자들의 의견을 모아나가는 데 유용한 도구이다. [그림 5-8]은 신제품 개발 아이디어를 아이디어 매핑 기법으로 정리한 것이다.

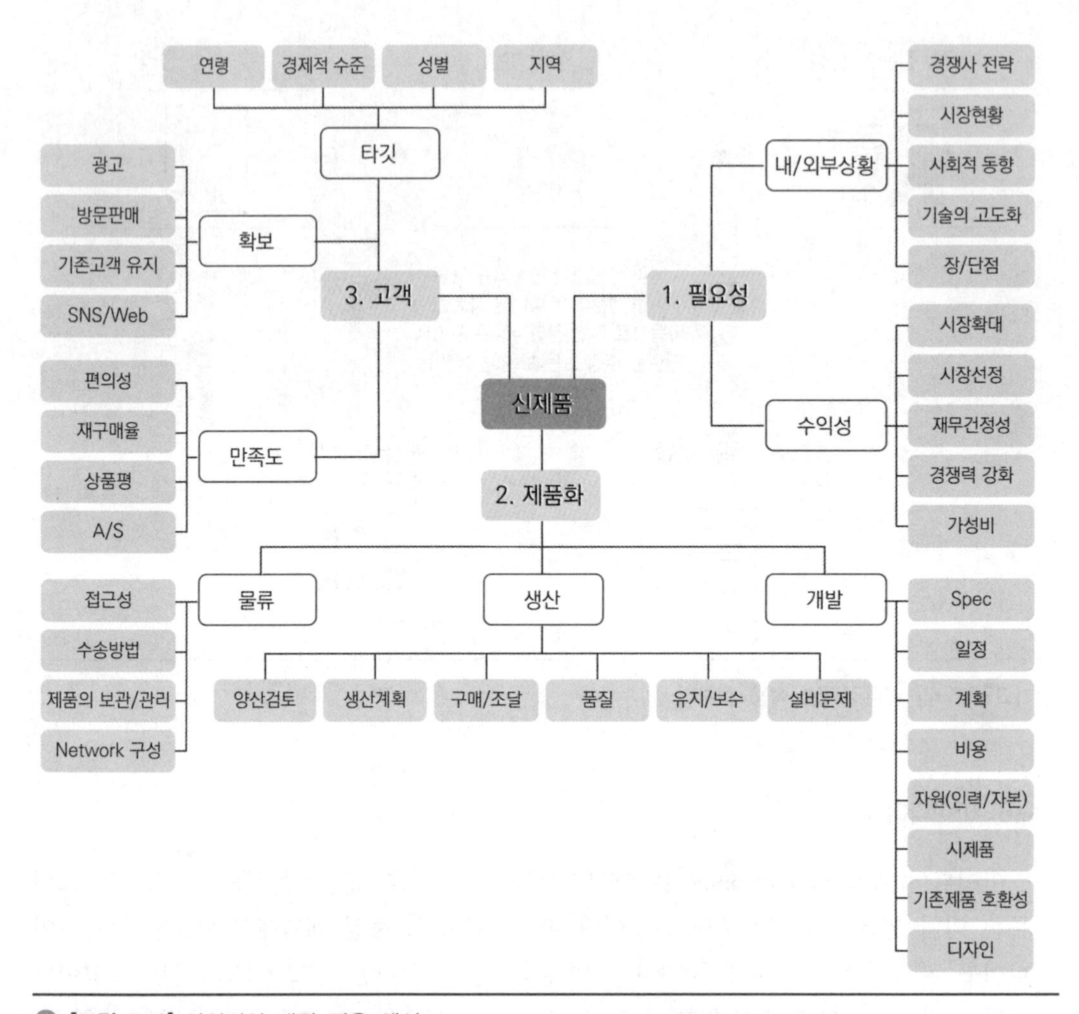

[그림 5-8] 아이디어 매핑 적용 예시

(7) 집단의사결정 기법

집단의사결정(group decision making)은 예상되는 결과를 가진 복수의 대안들을 평가하여 최적안을 선택할 때 사용된다. 이러한 기법을 사용하여 제품 요구사항을 생성, 분류 및 우선순위 지정 등을 할 수 있다. 집단의사결정 기법은 만장일치, 과반수, 다수결, 단독결정 등이 있다. 각각에 대한 설명은 다음과 같다.

- 만장일치: 모든 사람이 동의한 대안을 선택한다.
- 과반수: 과반수 이상의 동의를 받은 대안을 선택한다.
- 다수결: 비록 과반수를 차지하지 못하더라도 가장 많은 동의를 받은 대안을 선택한다.
- 단독결정: 한 집단의 의사결정을 한 사람이 내린다.

(8) 프로토타이핑

프로토타이핑(prototyping)은 실제로 제품을 제작하기 전에 예상 제품의 작업 모델을 제공하여 요구사항에 대한 초기 피드백을 얻는 방법이다. 프로토타입은 유형적이기 때문에, 이해관계자는 자신의 요구사항의 추상적인 표현만을 논하기보다는 자신의 최종 제품 모델로 실험할 수 있다. 프로토타입은 실물 크기 모형 제작, 사용자 실험, 피드백 생성, 프로토타입 수정의 반복 사이클에 사용되기 때문에 점진적인 정교화 개념을 지원한다. 충분한 피드백 주기가 수행된 경우, 프로토타입에서 얻은 요건은 설계 또는 개발 단계로 이동하기에 충분할 정도로 완전하다.

2) 범위 정의 방법

범의 정의는 프로젝트 최종 상태를 정의함으로써 목적, 인도물, 요구사항 및 영역 등 프로젝트 범위를 명확하게 규정하고 투명성을 확보하는 것이다. 프로젝트 범위를 정의하기 위해 사용할 수 있는 방법은 전문가 판단, 제품 분석, 대안 식별, 심층 워크숍 등이 있다.

(1) 전문가 판단

프로젝트 범위를 명확하게 규정하기 위해서는 해당 분야에 대한 전문 지식이나 경험이 풍부한 전문가를 섭외하여 그들의 판단력과 전문성을 활용해야 한다. 예를 들어, 최고경영자, 조직 내부의 다른 부서장, 주요 이해관계자, 동일한 분야에서 프로젝트 수행 경력이 있는 프로젝트관리자, 해당 분야나 단체의 전문가나 컨설턴트 등의 전문적 판단을 활용할 수 있다. 또한 전문가를 대상으로 일대일 미팅, 면담 등을 실시하거나 핵심 그룹에 대한 설문조사 등을 통해서도 전문가 판단을 구할 수 있다.

(2) 제품 분석

프로젝트의 산출물이 서비스가 아닌 제품인 경우 제품 분석이 프로젝트 범위를 정의하는 유용한 도구가 될 수 있다. 제품 분석에 사용되는 대표적인 기법들로는 제품 분해, 시스템 분석, 요구사항 분석, 시스템 공학, 가치 공학, 가치 분석 등이 있다.

(3) 대안 식별

대안 식별은 프로젝트 작업을 실행하는 방법으로 다른 대안 또는 접근 방식을 개발하는 기법이다. 다양한 일반 경영기법이 사용되며, 가장 일반적인 것으로는 브레인스토밍, 수평적 사고 등이 있다.

(4) 심층 워크숍

워크숍을 통해 프로젝트 이해관계자가 프로젝트 요구사항을 집중적으로 논의할 수 있다. 워크숍은 다기능(cross-functional) 요구사항을 신속하게 정의하고, 이해관계자들 간에 존재하는 상이한 견해를 조정하는 데 유용하다. 대화식으로 운영되는 심층 토론 세션은 참여자 간에 신뢰를 증진하고, 협력관계를 조성하며, 활발한 커뮤니케이션을 촉진하기 때문에 이해관계자들 간의 합의를 신속하게 유도할 수 있다.

5.1.3 산출물

1) 범위기술서

범위기술서는 프로젝트 인도물과 인도물을 창출하는 데 필요한 작업을 기술한 문서이다. 범위기술서는 고객의 비즈니스 요구사항에서 출발하여 프로젝트 수행에 필요한 자원(시간, 예산, 인적 자원 등)과 환경적 요인들을 고려하여 작성하게 된다. 범위기술서는 변경요청 사항이 범위 안인지 혹은 범위 밖인지를 판단하는 기준을 제공하며, 프로젝트 팀, 후원자, 주요 이해관계자 간에 프로젝트 최종 성과물에 대한 합의를 명확하게 한다. 따라서 범위기술서는 한번 승인이 나면 프로젝트의 미래 계획이나 실행의 기본이 된다.

범위기술서는 고객이 원하는 프로젝트 결과물의 이미지와 상위 수준 디자인까지 포함하며, 프로젝트 계획 수립 시 고려했던 구체적인 가정이나 예상되는 제약사항 등을 포함하기 때문에 착수 단계에서 만들어진 프로젝트 헌장에 작성된 프로젝트 목적, 잠재고객, 요구사항, 최종 성과물에 대해 명확히 이해해야 한다. 범위기술서는 일반적으로 간결한 문서(이상적인 것은 한 페이지)로 작성하는 것을 원칙으로 하며, 간결하게 프로젝트에서 무엇이 수행해야 하는지, 왜 그것이 수행되어야 하는지 그리고 완성되면 기업에게 어떠한 이익이 제공되는지를 기술한 것이라고 이해하면 된다.

프로젝트 범위기술서에 포함되는 내용은 다음과 같다. 각 항목에 대한 구체적인 설명은 <표 5-2>를 참조하기 바란다.

(1) 프로젝트 목표

(2) 산출물 범위정의

(3) 프로젝트 요구사항

(4) 프로젝트 경계

(5) 프로젝트 인도물

(6) 제품 인수 기준
(7) 프로젝트 제약 조건
(8) 프로젝트 가정
(9) 초기 프로젝트 조직
(10) 일정 마일스톤
(11) 자금 한도
(12) 승인 요건

〈표 5-2〉 범위기술서 템플릿 예시

프로젝트 ID	NNNNNN-NN	일시	
프로젝트명			
프로젝트 목표	프로젝트 목표는 프로젝트의 측정 가능한 성공 기준을 포함한다. 프로젝트는 비즈니스, 비용, 일정, 기술, 품질 등 다양한 목표를 가질 수 있다.		
산출물 범위 정의	프로젝트를 통해 산출되는 제품, 서비스 또는 결과의 특성을 설명한다. 이는 프로젝트 헌장과 요구사항 문서에 설명된 제품, 서비스 또는 결과의 특성을 점진적으로 구체화한 것이다.		
프로젝트 요구사항	계약, 표준, 사양 또는 기타 공식적으로 부과된 문서를 충족하기 위해 프로젝트의 인도물에 의해 충족되거나 보유되어야 하는 조건 또는 능력을 기술한다. 모든 이해관계자의 필요, 요구 및 기대치에 대한 분석을 우선순위 요건으로 변환한다.		
프로젝트 경계	일반적으로 프로젝트에 포함되는 내용을 파악한다. 또한 프로젝트에서 제외되는 내용도 명확하게 기술한다.		
프로젝트 인도물	인도물에는 프로젝트의 제품 또는 서비스를 구성하는 산출물과 프로젝트관리 보고서 및 문서와 같은 부수적인 결과가 모두 포함된다. 프로젝트 범위기술서에 따라 인도물은 요약 수준이거나 매우 상세한 수준으로 설명될 수 있다.		
제품 인수 기준	완료된 제품을 인수하기 위한 프로세스 및 기준을 규정한다.		
프로젝트 제약조건	프로젝트 범위와 관련된 프로젝트 제약사항을 나열하고 설명한다. 예를 들어, 고객이 요구하는 예산 범위 또는 일정		
프로젝트 가정	프로젝트 범위와 관련된 프로젝트 가정사항과 이러한 가정이 틀릴 경우 발생할 수 있는 잠재적 영향을 나열하고 설명한다.		
초기 프로젝트 조직	프로젝트 팀원과 이해관계자를 기술한다.		
일정 마일스톤	고객이 요청하는 주요 마일스톤을 기술한다.		
자금 한도	프로젝트 자금조달에 대한 제약사항을 설명한다.		
승인 요건	프로젝트 목표, 결과물, 문서, 작업과 같이 적용 가능한 승인 요건을 파악한다.		

2) 요구사항 문서

요구사항 문서는 프로젝트의 목적을 달성하기 위해 이해관계자들의 요구사항을 정의하고 기록한 것이며, 개별 요구사항이 어떻게 프로젝트의 비즈니스 요구와 연결되는지를 설명한다. 프로젝트의 성공은 요구사항을 얼마나 정확히 파악하고 관리하느냐에 달려 있다. 요구사항은 상위 수준에서 시작하여 추가정보가 수집되면서 점점 구체화될 수 있다. 요구사항은 고객이나 스폰서, 기타 이해관계자들의 니즈와 기대를 포함하며 프로젝트가 시작된 이후에는 진척상황을 측정할 수 있어야 한다. 이와 같은 기준선으로 확정되려면 요구사항이 시험, 측정 및 추적 가능하고 수용 가능해야 한다.

요구사항 문서에 포함되는 내용은 다음과 같이 비즈니스 요구사항, 이해관계자 요구사항, 해결책 요구사항, 프로젝트 요구사항, 전환 요구사항 등을 포함한다. [그림 5-9]는 요구사항 문서의 예시이다.

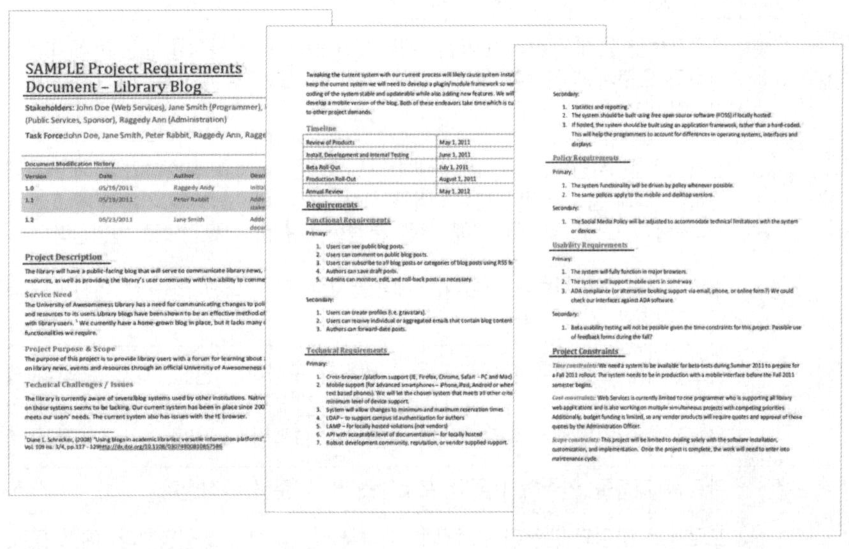

SAMPLE Project Requirements Document – Library Blog

Stakeholders: John Doe (Web Services), Jane Smith (Programmer), (Public Services, Sponsor), Raggedy Ann (Administration)

Task Force: John Doe, Jane Smith, Peter Rabbit, Raggedy Ann, Ragge

Document Modification History

Version	Date	Author	Desc
1.0	05/16/2011	Raggedy Andy	Initia
1.1	05/19/2011	Peter Rabbit	Adde stake
1.2	05/23/2011	Jane Smith	Adde docu

Project Description

The library will have a public-facing blog that will serve to communicate library news, resources, as well as providing the library's user community with the ability to comme

Service Need

The University of Awesomeness Library has a need for communicating changes to poli and resources to its users. Library blogs have been shown to be an effective method of with library users.[1] We currently have a home-grown blog in place, but it lacks many functionalities we require.

Project Purpose & Scope

The purpose of this project is to provide library users with a forum for learning about on library news, events and resources through an official University of Awesomeness

Technical Challenges / Issues

The library is currently aware of several blog systems used by other institutions. Native on those systems seems to be lacking. Our current system has been in place since 200 meets our users' needs. The current system also has issues with the IE browser.

[1] Diane L. Schrecker, (2008) "Using blogs in academic libraries: versatile information platforms", Vol. 109 Iss: 3/4, pp.117 - 129 http://dx.doi.org/10.1108/03074800810857586

Tweaking the current system with our current process will likely cause system instab keep the current system we will need to develop a plugin/module framework so we coding of the system stable and updateable while also adding new features. We will develop a mobile version of the blog. Both of these endeavors take time which is cu to other project demands.

Timeline

Review of Products	May 1, 2011
Install, Development and Internal Testing	June 1, 2011
Beta Roll-Out	July 1, 2011
Production Roll-Out	August 1, 2011
Annual Review	May 1, 2012

Requirements

Functional Requirements

Primary:

1. Users can see public blog posts.
2. Users can comment on public blog posts.
3. Users can subscribe to all blog posts or categories of blog posts using RSS fe
4. Authors can save draft posts.
5. Admins can monitor, edit, and roll-back posts as necessary.

Secondary:

1. Users can create profiles (i.e. gravatars).
2. Users can receive individual or aggregated emails that contain blog content
3. Authors can forward-date posts.

Technical Requirements

Primary:

1. Cross-browser/platform support (IE, Firefox, Chrome, Safari - PC and Mac)
2. Mobile support (for advanced smartphones – iPhone, iPad, Android or when text based phones). We will let the chosen system that meets all other crite minimum level of device support.
3. System will allow changes to minimum and maximum reservation times.
4. LDAP – to support campus id authentication for authors
5. LAMP – for locally hosted solutions (not vendors)
6. API with acceptable level of documentation – for locally hosted
7. Robust development community, reputation, or vendor supplied support.

Secondary:

1. Statistics and reporting.
2. The system should be built using free open source software (FOSS) if locally hosted.
3. If hosted, the system should be built using an application framework, rather than a hard-coded. This will help the programmers to account for differences in operating systems, interfaces and displays.

Policy Requirements

Primary:

1. The system functionality will be driven by policy whenever possible.
2. The same polices apply to the mobile and desktop versions.

Secondary:

1. The Social Media Policy will be adjusted to accommodate technical limitations with the system or devices.

Usability Requirements

Primary:

1. The system will fully function in major browsers.
2. The system will support mobile users in some way.
3. ADA compliance (or alternative booking support via email, phone, or online form?) We could check our interfaces against ADA software.

Secondary:

1. Beta usability testing will not be possible given the time constraints for this project. Possible use of feedback forms during the fall?

Project Constraints

Time constraints: We need a system to be available for beta-tests during Summer 2011 to prepare for a Fall 2011 rollout. The system needs to be in production with a mobile interface before the Fall 2011 semester begins.

Cost constraints: Web Services is currently limited to one programmer who is supporting all library web applications and is also working on multiple simultaneous projects with competing priorities. Additionally, budget funding is limited, so any vendor products will require quotes and approval of those quotes by the Administration Officer.

Scope constraints: This project will be limited to dealing solely with the software installation, customization, and implementation. Once the project is complete, the work will need to enter into maintenance cycle.

출처: Scribd

[그림 5-9] 요구사항 문서 예시

- 비즈니스 요구사항
  - 추적 지표로 활용한 비즈니스 및 프로젝트 목표
  - 수행 조직이 따라야 할 비즈니스 규칙
  - 조직의 운영 원칙

- 이해관계자 요구사항

  – 이해관계자 의사소통 및 보고 요구사항

- 해결책 요구사항

  – 기능적 요구사항
  – 비기능적 요구사항
  – 기술 및 표준 준수 요구사항
  – 지원 및 교육 요구사항
  – 품질 요구사항
  – 보고 요구사항 및 기타

- 프로젝트 요구사항

  – 서비스, 성과, 안전성, 준수성 등의 수준
  – 인수 기준

- 전환 요구사항

  – 요구사항 가정, 종속성 및 제약사항

프로젝트에 따라서는 요구사항 문서 대신 요구사항 목록을 이용해 요구사항을 관리하기도 한다. <표 5-3>은 IT 프로젝트에서 요구사항을 요구사항 목록 형태로 정리한 예이다.

〈표 5-3〉 요구사항 목록 예시

범위코드	요구조건코드	상세 요구조건
HD-010	HD-010-01	최대 사용자 세션 1천 명, 동시 DB사용자 10명 이상으로 함
	HD-010-02	모든 화면은 3초 이내로 하되 통계성 화면은 5초 이내로 함
	HD-010-03	응답속도 기준은 평균 사용자 500명, 업무시간대를 기준으로 함
HD-020	HD-020-01	포털 메뉴는 사용자 및 업무별 권한체계에 따라 접근 설정
	HD-020-02	인사정보 메뉴는 인사팀 및 CEO의 모든 임직원 접근불가
	HD-020-03	포털 접근 권한체계는 조직 개편 시 24시간 반영되어야 함
	HD-020-04	메뉴 상단 외부시스템과의 연계접근은 모든 사용자 가능
	HD-020-05	권한이 없는 사용자가 권한이 필요한 메뉴접근 시 접근불가메시지

범위코드	요구조건코드	상세 요구조건
HA-010	HA-020-01	포털 접속 시 메인화면은 사용자가 정의한 메뉴로 표기
	HA-020-02	사용자가 정의한 포털메뉴가 없을 경우 기본 메인화면은 공지사항, 이메일, 주간일정, 전자결재 4개로 구성
	HA-020-02	타 시스템에서 SSO를 통해 포털 접근 시 기본메인화면으로 연결
	HA-020-03	사용자가 정의할 수 있는 포털 메뉴 최대 12개로 한정
HC-010	HC-010-01	업무문서는 이력관리 및 보안이 보장되어야 함
	HC-010-02	업무문서의 출력 및 저장이력이 보관되어야 하며 관리자화면에서 조회기능을 제공하여야 함
	HC-010-03	문서분류를 가진 업무문서는 읽기전용 저장소에 암호화되어 저장되어야 함
	HC-010-04	문서별로 폐기연한 도래 시 3개월 이전 관리자에게 메일전송
	HC-010-05	대고객 서비스문서는 암호화전송 및 출력 시 진본임을 보장해야 함
HD-010	HD-010-01	타 시스템 간의 연계를 위한 표준파일포맷은 XML로 함
	HD-010-02	외부연계 시 128bit 이상 암호화되어 전송되어야 함
	HD-010-03	연계파일목록을 작성하고 파일별 적합성 검증여부를 확인함
	HD-010-04	XML포맷의 문서정의를 위한 파일포맷은 XML-Schema로 함

출처: 정철웅, 성공하는 실전 IT 프로젝트관리전략, 2017

5.2 작업분류체계 작성

작업분류체계(WBS: Work Breakdown Structure) 작성은 프로젝트 인도물과 인도물을 창출하는 데 필요한 프로젝트 작업을 더 작고 관리 가능한 요소들로 세분화하는 프로세스이다. 이 프로세스는 프로젝트 범위기술서를 더욱 구체화하는 과정이다. 작업분류체계를 작성하는 목적은 프로젝트의 목표를 달성하고 필요한 인도물을 얻기 위해 실행할 작업을 명확히 하는 것이다. 이 프로세스의 입력물은 범위기술서와 요구사항 문서이며, 산출물은 작업분류체계와 작업분류체계 사전이다. 산출물인 작업분류체계와 작업분류체계 사전은 범위기술서와 함께 이후 프로젝트관리를 위한 범위기준선(scope baseline)이 된다. 범위기준선은 공식적인 변경 통제 절차를 통해서만 변경될 수 있으며 비교를 위한 기준으로 사용된다.

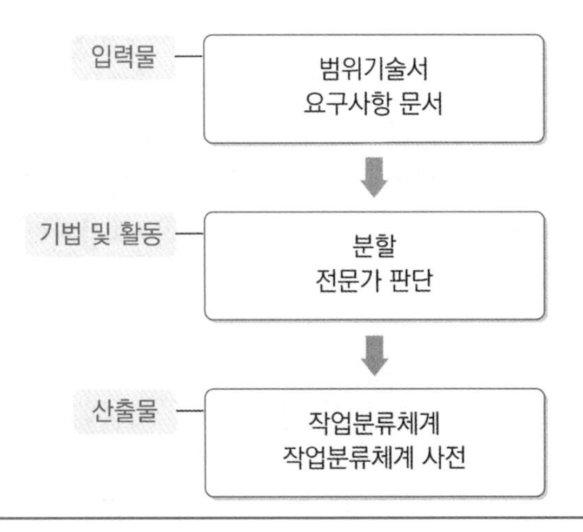

[그림 5-11] 작업분류체계 작성 프로세스

5.2.1 입력물

1) 범위기술서

범위기술서는 프로젝트 인도물과 인도물을 창출하는 데 필요한 작업을 기술한 문서이다. 범위기술서는 고객의 비즈니스 요구사항에서 출발하여 프로젝트 수행에 필요한 자원(시간, 예산, 인적 자원 등)과 환경적 요인들을 고려하여 작성하게 된다. 프로젝트 범위기술서에 대한 자세한 사항은 5.1.3을 참고하기 바란다.

2) 요구사항 문서

요구사항 문서는 프로젝트의 목적을 달성하기 위해 이해관계자들의 요구사항을 정의하고 기록한 것이며, 개별 요구사항이 어떻게 프로젝트의 비즈니스 요구와 연결되는지를 설명한다. 요구사항 문서에 대한 자세한 사항은 5.1.3을 참고하기 바란다.

5.2.2 기법 및 활동

1) 작업분류체계의 개념

작업분류체계(WBS)란 프로젝트 팀에서 프로젝트 목표를 달성하고 필요한 인도물을 산출하기 위해 인도물과 실행할 작업들을 계층적으로 체계화한 것으로, WBS의 세분 단계가 내려갈수록 점차 상세하게 정의된다. WBS는 프로젝트 계획의 시발점이며 이후에 작성되는 모든 상세 계획과 계획 조정의 기본이 된다. 또한 전체 프로젝트 범위의 이해와 확인을 위해 자주 사용되며, WBS에 포함되지 않은 작업은 프로젝트의 범위에 해당되지 않는 것이다. WBS는 보통 계층적인 구조로 표시되는데, [그림 5-12]는 소프트웨어 제품 출시 프로젝트의 WBS이다.

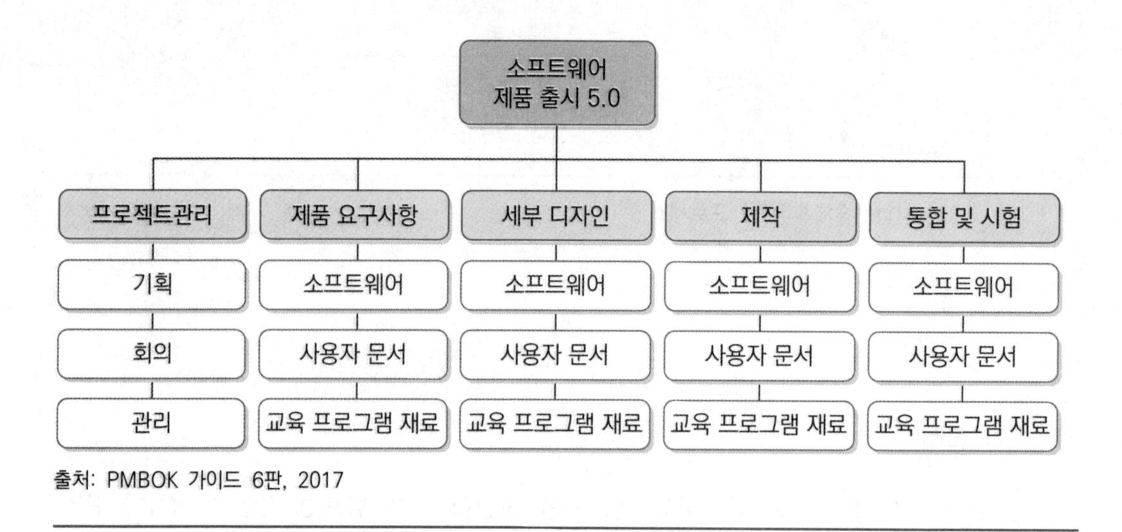

[그림 5-12] 소프트웨어 제품 출시 프로젝트의 WBS 예시

WBS를 작성하면 관련 당사자 간에 프로젝트 범위에 관한 원활한 의사소통이 가능해지며, 프로젝트 수행을 일관성 있게 추진할 수 있게 된다. 또한 프로젝트 팀의 이해 내용을 문서화하며, 산출물에 대한 책임을 명확하게 정의할 뿐만 아니라 일정 수립의 중요한 근간을 제공하는 장점을 가지고 있다. WBS를 사용한다는 것은 프로젝트 전체 범위를 더 명확하고, 더 관리하기 쉬운 조각으로 나누어 분할하고, 규칙적이며 체계적으로 그룹화하는 것으로 볼 수 있다. 이때 관련된 질문은 다음과 같다.

- WBS를 통해 무슨 작업을 수행할 것인가?
- 누가 작업을 할 것인가?
- 각각의 작업은 얼마나 걸리는가?
- 프로젝트를 수행하기 위해 필요한 자원은 얼마나 필요한가?
- 각각의 작업에 대한 내용은 무엇인가?

WBS에서 중요한 문제는 '어느 수준까지 분할할 것인가'에 대한 것이다. 상세한 분할의 경우 원가나 일정을 더 정확히 추정할 수 있는 반면 시간과 비용의 상승을 초래하고, 대략적인 경우 시간과 비용이 적게 드는 반면 원가나 일정의 정확한 추정이 어렵다. 따라서 정확성과 비용의 상충관계를 고려해서 적절한 수준까지 분할하도록 하며, 원가와 일정을 추정할 수 있는 수준까지 분할하는 것이 일반적이다.

2) 작업분류체계의 구성요소

작업분류체계(WBS)는 [그림 5-13]과 같이 프로젝트 구성요소들을 계층 구조로 분류하여 프로젝트의 전체 범위를 정의하고, 프로젝트 작업을 관리하기 쉽도록 작게 세분화한다. 이때 계층 구조에서 최하위에 있는 항목을 작업패키지(work package)라고 하는데, 작업패키지는 해당 업무의 담당자를 할당할 수 있을 정도로 작게 나눈다. WBS의 각 항목은 1.1, 1.2와 같이 WBS 식별자(ID)를 부여하여 구별하며, WBS 최하위 항목인 작업패키지의 작업 내역은 WBS 사전(dictionary)에 정리된다. 그럼 이하에서 작업패키지, WBS 식별자, WBS 사전에 대해 살펴보도록 한다.

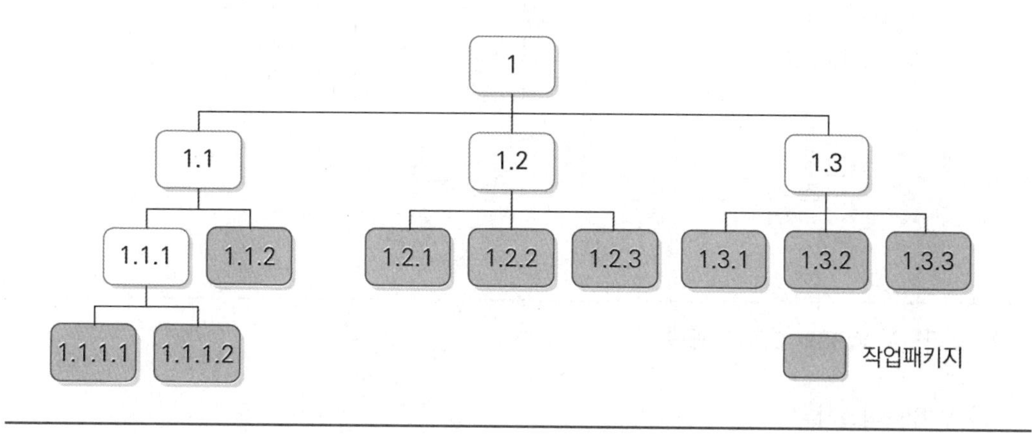

[그림 5-13] 작업분류체계(WBS)의 구성

(1) 작업패키지

앞서 설명한 것처럼 WBS의 최하위에 있는 항목을 작업패키지(work package)라고 한다. 작업패키지는 일정계획과 원가추정의 기본 단위이자, 감시 및 통제의 기본 단위이다. 통상 작업패키지는 2주 내외의 기간을 가지도록 분할하는 것이 바람직하다. 왜냐하면 작업 기간을 너무 길게 할당하면 작업 진척을 평가하기 힘들고, 너무 짧게 할당하면 관리가 어렵기 때문이다. 계획 수립 시점에 완료 시점이 많이 남아 있는 먼 미래의 하부 프로젝트나 인도물은 분할하는 것이 어려울 수 있다. 이럴 경우는 보다 명확해질 때까지 기다렸다가 추후에 분할할 수 있는데, 이를 'planning package'라고 한다.

때때로 WBS의 작업패키지를 조직분류체계(OBS: Organizational Breakdown Structure)와 매핑시켜 특정 작업패키지를 조직의 어느 부서에서 담당할 것이지 명확하게 설정하기도 한다. [그림 5-14]는 그 예를 보여주고 있는데, WBS의 작업패키지를 그림 좌측의 OBS에서 어느 부서가 담당할 것이지 매핑한 것을 보여주고 있다.

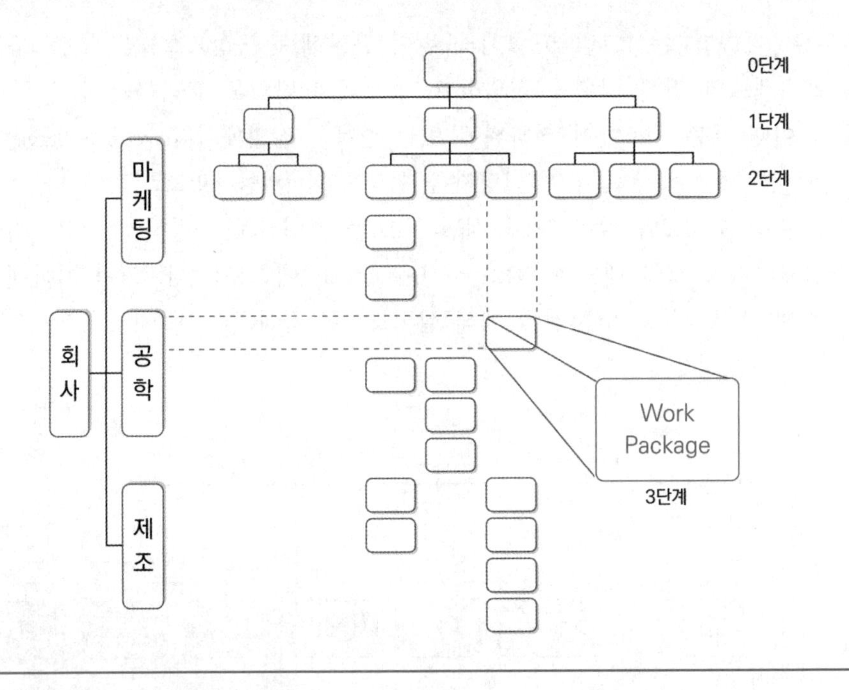

[그림 5-14] WBS와 OBS의 매핑

(2) WBS 식별자

프로젝트 산출물을 구분한 결과가 작업패키지라면, 식별자(계정코드)는 작업패키지를 체계적으로 그룹화하여 WBS 체계를 형성하는 기능을 담당한다. WBS 식별자(WBS identifier)는 우편번호와 같이 작업패키지의 단계와 그룹을 알 수 있도록 정해진 분류체계로 WBS를 규칙적이고 체계적으로 만들어주는 역할을 한다. 예를 들면 1.2.1로 식별자를 부여받았다면, 이 작업은 1의 하위 작업인 동시에 1.2.2, 1.2.3 등과 같은 다른 작업요소들과 동등한 수준에 있다는 것을 설명한다. [그림 5-15]는 하드웨어 개발 프로젝트에 WBS 식별자를 적용한 예시이다. 하드웨어 개발 프로젝트는 PO 단계(1000),

디자인 단계(2000), 제조 단계(3000)로 구성되어 있으며, 디자인 단계(2000)는 디자인 검토(2100), 프로토타입 허가(2200), DOC 배포(2300) 등으로 구성되어 있다. WBS식별자는 작업요소들 간의 상하좌우 관계를 이해하기 쉽도록 부여하는 것이 중요하다.

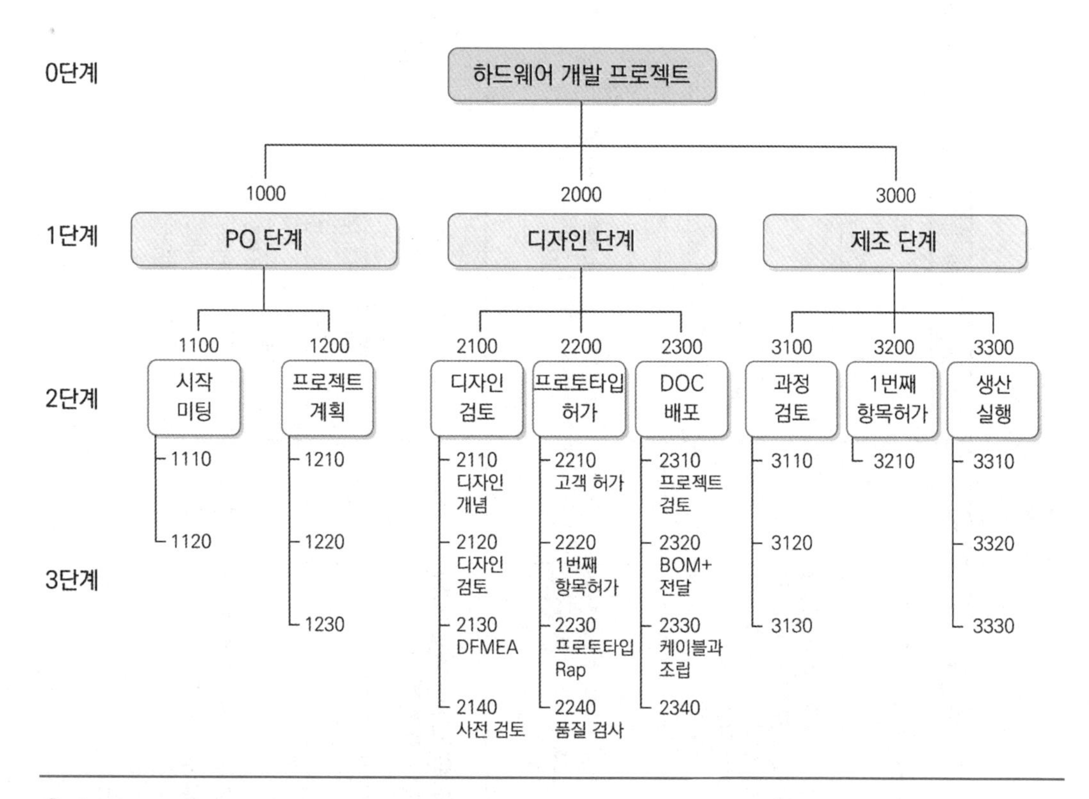

[그림 5-15] WBS 식별자 적용 예시

(3) 작업분류체계 사전

작업패키지의 이름과 번호체계만으로 구체적인 내용을 알 수 없다. 따라서 작업패키지를 구체적으로 설명하기 위한 문서가 필요한데 이것이 작업분류체계 사전(WBS dictionary)의 역할이다. 작업분류체계 사전은 작업분류체계의 최하위 항목인 작업패키지별로 작업패키지의 번호와 이름, 작업패키지에 대한 설명, 산출물/목적, 책임자/참여자, 인수 기준 등의 정보를 관리한다. 작업분류체계 사전은 적용 분야에 따라 다양한 형태를 가지는데, <표 5-4>와 <표 5-5>는 작업분류체계 사전의 예를 보여주고 있다.

[표 5-4] 작업분류체계(WBS) 사전 예시 1

ID	이름	기간	시작날짜	완료날짜	작업설명	완료기준	자원이름	검토자	승인자	보고대상	산출물
					프로젝트 종료 시까지 지속적으로 개선 및 관리되어야 함						
1.2.5	위험 및 이슈관리 대장 Update	1	06-1-18	06-1-18	프로젝트 수행 계획에 영향을 주는 긍정/부정적인 요소들을 파악하여 위험과 이슈로 분류/해결하는 데 활용되는 관리 문서 유지 작업	-	프로젝트 관리자	-	-	-	위험관리 대장 이슈관리 대장
1.2.6	중간 보고서 작성	2	06-1-31	06-2-1	프로젝트 현황을 최고경영자에게 보고하기 위해 준비하는 작업	-	프로젝트 관리자	프로젝트 관리자	프로젝트 관리자	프로젝트 관리자	중간 보고서, 진척관리, 투입 인력 현황
1.2.7	중간 보고	0	06-2-1	06-2-1	프로젝트 현황을 최고 경영자에게 보고하는 작업	보고 완료	프로젝트 관리자	프로젝트 관리자	CEO	CEO, 프로젝트 관리자	-
1.3	구축	43	06-2-2	06-4-3							
1.3.1	표준 프로세스 구축(1차)	14	06-2-2	06-2-21	프로젝트 핵심인 표준 프로세스를 구축하는 작업	프로세스 구축 완료	프로젝트관리자, 프로세스 구축 담당자 1, 프로세스 구축 담당자 2	프로젝트 관리자, 외부 컨설턴트	프로젝트 관리자	프로젝트 관리자	구축된 프로세스

ID	이름	기간	시작날짜	완료날짜	작업설명	완료기준	자원이름	검토자	승인자	보고대상	산출물
1.3.2	품질 검토 및 시정조치 요청	5	06-2-22	06-2-28	체크항목을 기준으로 프로젝트 진행현황 점검하고 문제 발생 시 시정조치를 요청하는 작업	품질검토 결과서 작성 및 시정조치 요청서 작성완료	품질관리 담당자	프로젝트 관리자	프로젝트 관리자	프로젝트 관리자	품질관리 체크 리스트, 품질검토 결과서, 시정조치 요청서
1.3.3	지적사항 보완	5	06-3-1	06-3-7	요청된 시정조치 항목들을 보완하는 작업		프로세스구축 담당자1, 프로젝트 관리자, 프로젝트 구축담당자2	프로젝트 관리자	프로젝트 관리자	프로젝트 관리자	-
1.3.4	프로세스 교육	5	06-2-6	06-2-10	구축작업에 필요한 관련 프로세스 교육	교육완료	외부 컨설턴트	-	-	-	교육자료
1.3.5	시정조치 확인	3	06-3-8	06-3-10	시정조치가 요청되었을 경우 시정조치 요청결과에 대해 확인하는 작업	시정조치 결과보고서 작성	품질관리 담당자	프로젝트 관리자	프로젝트 관리자	프로젝트 관리자	시정조치 결과 보고서
1.3.6	위험 및 이슈 관리대장	1	06-2-8	06-2-8	프로젝트 수행 계획에 영향을 주는 긍정/부정적인	-	프로젝트 관리자	-	-	-	위험관리 대장 이슈관리 대장

 〈표 5-5〉 작업분류체계(WBS) 사전 예시 2

WBS Dicitionary

<table>
<tr><td>WBS # XXXXX
List the WBS number for the work package
E.g. 2.1.1.1</td><td>Work package:
Identify the work package by name
E.g NT Domain Structure</td><td>Parent:
Identify the immediate parent of the work package(will be either the deliverable or a subcomponent).
E.g. NT Enterprise Architecture</td></tr>
<tr><td colspan="2" rowspan="3">Activities
List all of the activities that must be accomplished to bring the work package into being. List the time estimated to complete each activity(for planning purposes, assume the staffing level identified in the "Staff" field).

Example
2.1.1.1.1 Review current enterprise design (3 days)
2.1.1.1.2 Design draft NT domain structure (1 day)
2.1.1.1.3 Document draft NT domain structure (0.5 day)
2.1.1.1.4 Review draft NT domain structure (2 days)
2.1.1.1.5 Update NT domain structure (1 day)
2.1.1.1.6 Publish final NT domain structure (0.5 days)</td><td>Materials
List all special materials that will be consumed producing the work package
E.g. 24" × 17" plotter paper</td></tr>
<tr><td>Tools
List all special tools are required to produce the work package
E.g. Network diagramming software
Plotter</td></tr>
<tr><td>Staff
List all skill sets required to produce the work package. Also list the minimum number of each required.
E.g. NT consultant(1)
Novel consultant(1)</td></tr>
</table>

출처: PMI PMP Workshop

3) 작업분류체계 작성 방법

프로젝트의 주요 프로젝트 작업과 인도물들을 단계적으로 점점 더 작고 관리하기 쉬운 작업패키지 수준으로 나누어 가는 과정을 분할이라고 한다. 분할을 하는 이유는 프로젝트 산출물이 작을수록 프로젝트를 쉽게 다룰 수 있고, 범위와 책임관계가 명확해지며, 추정과 성과측정이 더 정확해지므로 명확한 업무분장이 가능하기 때문이다. 작업패키지의 상세 수준은 프로젝트의 크기와 복잡성에 따라 달라진다.

작업분류체계는 다음과 같이 몇 가지 방식으로 작성할 수 있다. 프로젝트의 성격에 따라 적절한 방식을 선택하여 작업분류체계를 작성하는 것이 필요하다.

- 분할의 두 번째 수준으로 프로젝트 수명주기(project life cycle)의 단계를 사용하고, 세 번째 수준에 인도물을 사용하는 방식(그림 5-16 참조)

• 분할의 두 번째 수준으로 주요 인도물을 사용하는 방식(그림 5-17 참조)
• 분할의 두 번째 수준으로 단계, 주요 인도물, 하위 프로젝트들을 혼용하여 사용하는 방식

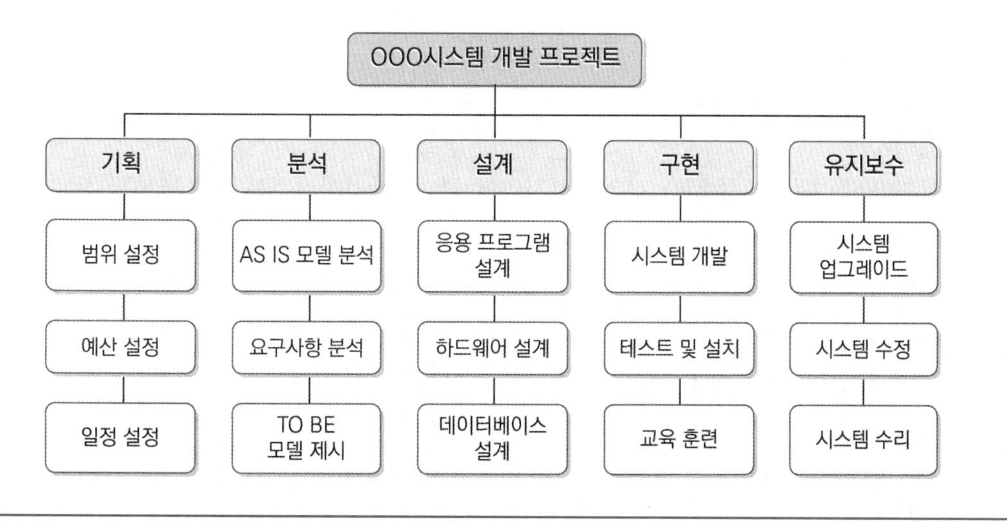

[그림 5-16] 프로젝트 수명주기로 구성된 작업분류체계 예시

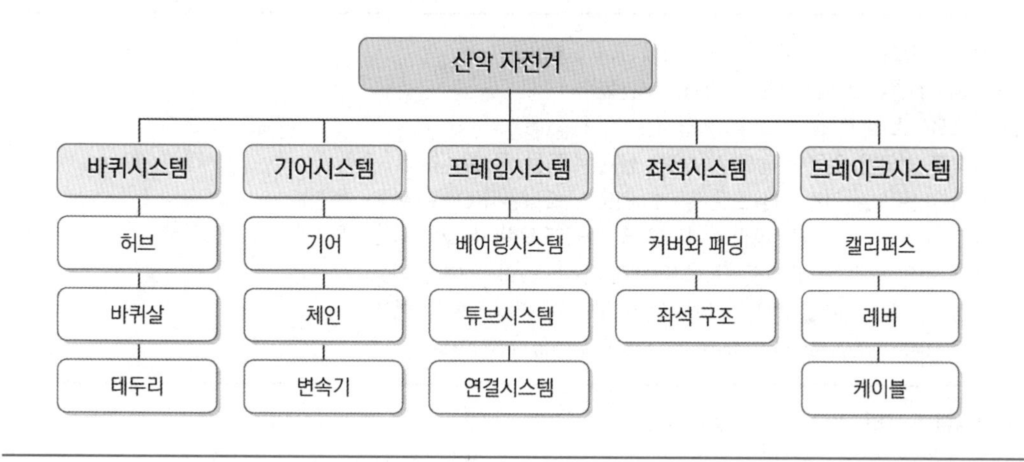

[그림 5-17] 주요 인도물로 구성된 작업분류체계 예시

WBS를 만들기 위해서는 모든 프로젝트 구성요소와 인도물들이 명시되어야 하며, 같은 작업이 겹쳐진다거나 포함된 작업이 빠지는 일이 발생하지 않도록 주의해야 한다. WBS를 만드는 방법은 다음과 같다.

• 프로젝트에서 해야 할 범위를 체계적으로 분류해 나간다.
• 일반적으로 나무구조의 차트 형태로 표현한다.
• 나무구조의 가로에 포함되는 것은 범위로 표현되며, 세로는 상세한 정도의 수준을 표현한다.
• WBS는 보통 4~5수준 정도까지 세분화한다.
• 동일 수준의 경우 다른 항목들과 중첩되는 범위가 있거나 빠진 범위가 있어서는 안 된다.
• 가장 낮은 단계의 수준을 작업패키지라고 하며, 작업패키지는 산출물 중심으로 생성되어야 한다.
• 일반적으로 프로젝트에서 작업패키지는 2주(또는 80시간) 법칙을 적용하여 그 소요기간이 2주 정도가 되도록 하거나, 프로젝트 규모가 특별히 크거나 작은 경우에는 프로젝트 진척 정보 갱신 주기의 2~3배 기간으로 만든다.

[그림 5-18]은 WBS를 전개하는 데 있어서 기억해야 할 몇 가지 가이드라인을 정리한 것이다.

• Top 수준에서 출발한다(프로젝트명이 1st Level).
• WBS 산출물에 대해서는 명사형을 사용한다.
• 독립적으로 존재하는 Box를 만들지 않는다.
• 고객과 합의된 것을 바탕으로 WBS 상위 수준을 구성한다.
• 1 Task는 5일 기간 이상으로 될 수 있도록 조정한다(One-week 원칙).
• 1 Task는 최대 10일 이내의 기간을 갖도록 조정한다(Two-week 원칙).
• 대상 범위 밖은 요약 수준으로 나타낸다(Six-month 원칙).
• 프로젝트 모니터링을 위한 베이스라인으로 사용 가능하여야 한다.
출처: project management, start-up and planning, LG-EDS

[그림 5-18] WBS 작성 가이드라인

4) 기타 분류체계

다른 영역에서 사용되는 분류체계로 조직분류체계(OBS), 자재명세서(BOM), 리스크 분류체계(RBS), 자원분류체계(RBS), 계약적 WBS(CWBS) 등이 있는데, WBS와 혼동하지 않도록 주의해야 한다.

(1) 조직분류체계(OBS: Organizational Breakdown Structure)

어떤 작업들이 어느 조직 단위에 포함되는지를 나타내는 데 사용된다.

(2) 자재명세서(BOM: Bill of Material)

어떤 제품을 생산하는 데 필요한 모든 부품, 상위품목－부품관계의 흐름을 나타내는 사용하며, 제품구조나무 혹은 체계도라고도 한다.

(3) 리스크 분류체계(RBS: Risk Breakdown Structure)

식별된 프로젝트 리스크를 범주별로 체계화한 계층 구조를 나타내는 데 사용한다.

(4) 자원분류체계(RBS: Resource Breakdown Structure)

OBS의 다른 형태로 일반적으로 작업요소들이 개인에게 할당될 때 사용된다.

(5) 계약적 분류체계(CWBS: Contractual WBS)

이 분류체계는 공급자가 구입자에게 제공하게 될 적절한 정보와 리포팅 정보를 정의하는 데 사용한다. 그러나 WBS만큼 자세하지는 않다.

5.2.3 산출물

1) 작업분류체계

작업분류체계(WBS)는 프로젝트 범위를 작업패키지로 정의하고 고유한 식별코드를 지정하여 완성한다. 이러한 식별코드가 원가, 일정, 자원 정보의 요약 및 교류 구조를 제공한다. 또한 성과측정을 목적으로 범위, 원가, 일정의 통합 성과측정이 가능한 통제 단위를 설정한다. 각 통제 단위에 작업패키지가 하나 이상 포함될 수 있지만 각 작업패키지는 하나의 통제 단위에만 연결해야 한다.

2) 작업분류체계 사전

작업분류체계(WBS) 사전은 작업분류체계를 뒷받침하는 WBS 작성 프로세스에서 생성되는 문서를 의미하며, WBS의 최하위 항목인 작업패키지를 상세히 설명한다. 작업분류체계(WBS) 사전에는 다음의 정보가 포함될 수 있다.

• 관리 단위 식별코드, 작업 설명, 담당 조직, 일정 마일스톤 목록
• 연관된 일정 활동, 필요한 자원, 원가 산정치, 품질 요구사항
• 인수 기준, 기술 참고 문헌, 계약 정보 등

5.3 활동 정의

활동 정의는 프로젝트 목적 달성을 위하여 일정에 따라 달성해야 할 모든 활동(activity)을 식별, 정의, 문서화하는 프로세스로, 이 프로세스를 거치면서 활동 목록이 생성된다. 작업분류체계의 최하위에 있는 항목인 작업패키지는 활동 정의 프로세스를 거치면서 활동이라고 하는 더 작은 요소로 분할된다. 여기서 활동은 작업패키지를 완료하는데 필요한 작업으로, 프로젝트 작업의 산정, 일정계획, 실행, 감시 및 통제 프로세스를 위한 기초가 된다. 활동 정의 프로세스는 프로젝트관리 표준에 따라 다른 주제영역에 포함되어 있는데, ISO 21500에서는 활동 정의가 범위관리에 포함되어 있는 반면 PMBOK 가이드 6판에서는 일정관리에 포함되어 있다.

활동은 프로젝트 중 실제 수행되는 세분화된 작업 단위이다. WBS의 작업패키지가

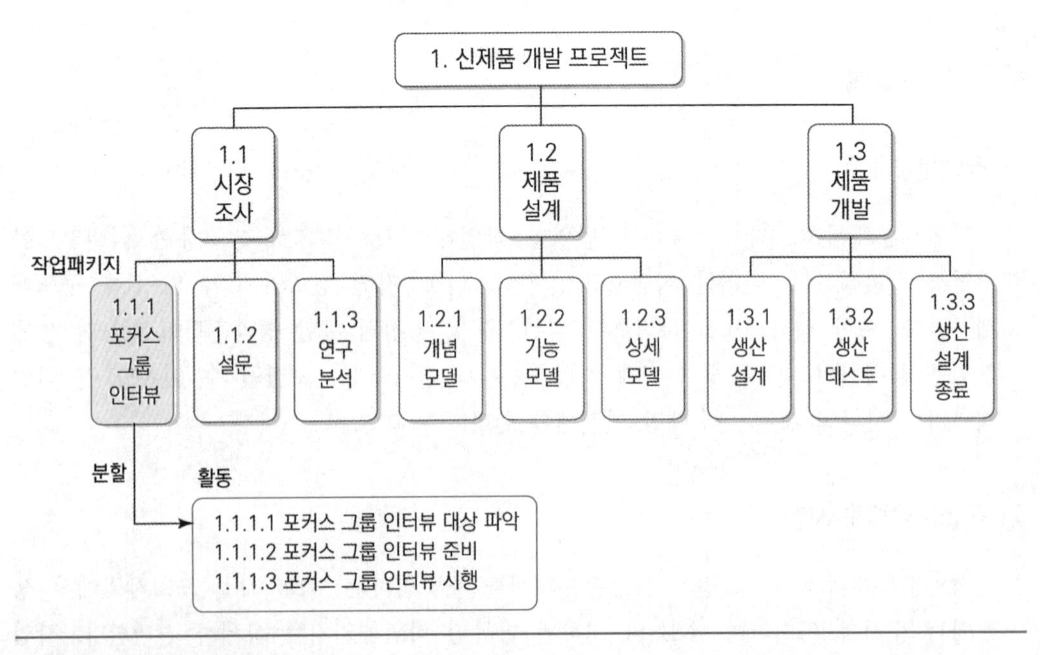

[그림 5-19] 작업패키지와 활동

'무엇을 할 것인지'를 정의한 것이라면 활동은 '어떻게 할 것인지'를 정의한 것이다. 예를 들어 [그림 5-19]에 있는 신제품 개발 프로젝트의 WBS를 보면, 최하위에 있는 작업패키지 중 하나인 '포커스 그룹 인터뷰'가 어떻게 활동으로 분할되는지 보여주고 있다. 시장조사를 위한 포커스 그룹 인터뷰는 그림 하단에 있는 것처럼 3개의 활동으로 분할되며, 이 3개의 활동을 완료함으로써 포커스 그룹 인터뷰가 종료된다. 정리하면, 활동을 정의한다는 것은 작업패키지를 활동이라 불리는 요소로 분할하는 것이다. 이를 작업패키지의 분할이라고 한다. 이때 중요한 점은 프로젝트의 규모나 자원의 수준을 고려하여 관리 가능한 수준에서 활동을 정의하여야 한다는 것이다. 너무 지나치게 자세히 정의하면 관리할 수 없으며, 너무 크게 정의하면 활동이 지연되는 경향이 있다.

활동 정의 프로세스는 [그림 5-20]과 같이 작업분류체계와 작업분류체계 사전을 입력물로 고려하여 분할, 연동기획, 템플릿, 전문가 판단 등을 기법 및 활동으로 하며, 활동 목록을 최종 산출물로 얻는다.

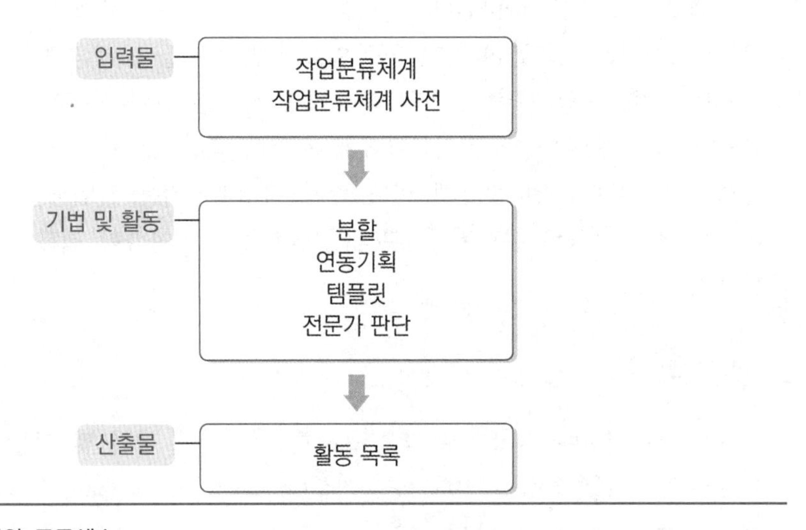

[그림 5-20] 활동 정의 프로세스

5.3.1 입력물

1) 작업분류체계

작업분류체계(WBS)란 프로젝트 팀에서 프로젝트 목표를 달성하고 필요한 인도물을 산출하기 위해 인도물과 실행할 작업들을 계층적으로 체계화한 것이다. 작업분류체계에 대한 자세한 사항은 5.2.2를 참조하기 바란다.

2) 작업분류체계 사전

작업분류체계(WBS) 사전은 작업분류체계를 뒷받침하는 WBS 작성 프로세스에서 생성되는 문서를 의미하며, WBS의 최하위 항목인 작업패키지를 상세히 설명한다. 작업분류체계에 대한 자세한 사항은 5.2.2를 참조하기 바란다.

5.3.2 기법 및 활동

1) 분할

활동 정의에 적용되는 분할 기법에는 프로젝트 작업패키지를 활동이라고 하는 관리하기 간편한 작은 요소로 세분하는 작업이 포함된다. 활동이란 작업패키지를 완료하는 데 필요한 노력을 나타낸다. 작업분류체계 작성 프로세스(5.2)와는 달리, 활동 정의 프로세스에서는 인도물이 아닌 활동으로 최종 산출물을 정의한다.

활동 목록, 작업분류체계, 작업분류체계 사전은 순차적으로 또는 동시에 개발할 수 있으며, 작업분류체계와 작업분류체계 사전은 최종 활동 목록을 개발하는 데 있어 기준으로 사용된다. 작업분류체계 내의 각 작업패키지는 작업패키지 인도물을 산출하는 데 필요한 활동들로 분할된다. 분할에 팀원들이 참여하면 결과의 품질과 정확도가 향상될 수 있다.

2) 연동기획

프로젝트 전반에 걸쳐 반복적으로 수행하는 활동 정의 및 활동 목록은 시간이 지날수록 구체화되는 특성이 있다. 연동기획(rolling wave planning)은 단기적으로 완료할 작업은 상세히 계획하고 많은 시간이 소요되는 작업은 작업분류체계(WBS)의 상위 수준에서 계획하는 방식을 의미한다. 따라서 프로젝트 수명주기에서의 위치에 따라 작업계획의 상세한 정도가 달라진다. 프로젝트의 초기 단계에서는 활동 속성이 활동 ID, WBS ID, 활동 이름 등으로 간단하지만, 시간이 경과함에 따라 활동코드, 후행활동, 선도 및 지연, 논리관계, 자원요구사항 등이 추가되어서 프로젝트 활동 속성이 보다 더 구체화된다.

3) 템플릿

과거에 작성한 표준 활동목록이나 유사 프로젝트에서 사용했던 활동 목록의 일부를 새로운 프로젝트의 템플릿으로 활용함으로써 시간과 비용을 절약할 수 있다.

4) 전문가 판단

프로젝트 범위기술서, 작업분류체계(WBS), 프로젝트 일정을 개발할 때 프로젝트 경험과 지식이 풍부한 프로젝트 팀원이나 내·외부 전문가들의 도움을 받아서 활동들을 정의할 수 있다.

5.3.3 산출물

1) 활동 목록

활동 목록(activity list)은 프로젝트에 필요한 모든 활동들을 기록한 목록이다. 활동 목록은 프로젝트 팀원이 완료해야 할 작업을 명확하고 구체적으로 파악할 수 있도록 문서화한 것으로, 활동 목록에는 상세히 설명한 작업범위와 활동 식별코드가 포함된다.

다음 표는 [그림 5－19]에 있는 신제품 개발 프로젝트에 대한 활동 목록의 일부를 보여주고 있다. 활동 목록에는 활동 식별코드, 활동명, 작업 내용, 선행 활동, 소요 기간, 소요 자원 등을 정리하도록 되어 있다. 여기에서는 활동 식별코드, 활동명, 작업 내용만 정의하면 되고, 선행 활동 및 소요 기간은 일정관리에서, 소요 자원은 자원관리에서 정의한다.

〈표 5-6〉 활동 목록 예시

활동 식별코드	활동명	작업 내용	선행 활동	소요 기간	소요 자원
1.1.1.1	포커스 그룹 인터뷰 대상 파악				
1.1.1.2	포커스 그룹 인터뷰 준비				
1.1.1.3	포커스 그룹 인터뷰 시행				
1.1.2.1	설문조사 시행				
1.1.3.1	연구분석 결과 확인				
1.2.1.1	설계 대안 개발				
1.2.1.2	설계 대안 검토				
1.2.1.3	최종 설계안 문서화				
1.2.1.4	개념 모델 개발				

5.4 범위 통제

범위 통제는 산출물 및 프로젝트 범위의 상태를 모니터링하고 범위기준선의 변경을 관리하는 프로세스로서 변경요청서를 산출물로 얻는다. 범위기준선은 범위기술서, 작업분류체계, 작업분류체계 사전으로 구성되는데, 범위기준선은 공식 변경 통제 절차를 통해서만 변경될 수 있으며 비교를 위한 기준으로 사용된다.

범위 통제는 범위 변경으로 프로젝트에 발생하는 긍정적 영향은 극대화하고 부정적 영향은 최소화하는 것을 목적으로 한다. 프로젝트 범위 통제 프로세스는 요청된 변경과 권고된 시정 또는 예방조치가 통합관리의 변경 통제 프로세스를 통해 모두 처리되도록 통제한다. 또한 변경관리에도 사용되어 다른 통제 프로세스와 통합된다. 종종 일정, 원가, 자원 등의 조정 없이 프로젝트 또는 제품의 범위가 통제되지 않고 확장되는 범위 추가(scope creep) 현상이 초래되어, 불필요하고 예기치 못한 일정지연과 예산초과가 발생하므로 경계해야 한다.

범위 통제 프로세스는 [그림 5-21]과 같이 진척 정보, 범위기술서, 작업분류체계, 활동목록 등을 고려하여, 차이분석 등을 도구로 삼고, 변경요청서를 산출물로 얻는다.

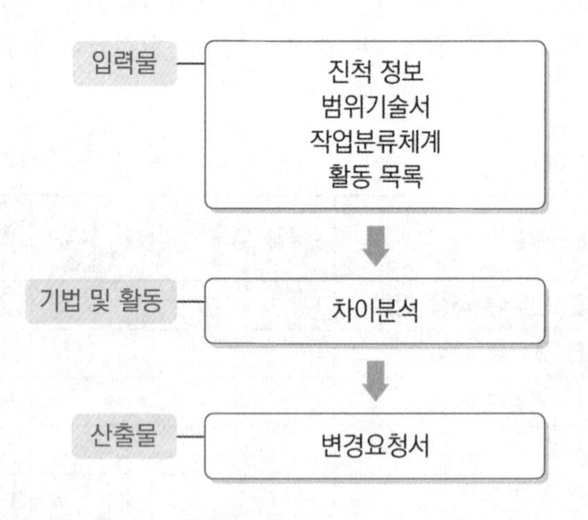

[그림 5-21] 범위 통제 프로세스

5.4.1 입력물

1) 진척 정보

진척 정보는 상태 보고, 진행 측정, 예측치 등의 성과 정보를 수집하고 배포하는 프로세스이다. 진척 정보에는 프로젝트 활동으로부터 인도물 상태, 일정 진행률, 발생 비용 등과 같은 성과 정보가 포함된다. 진척 정보는 주기적으로 발행되며, 보고서 양식은 간단한 현황보고서에서 상세보고서에 이르기까지 다양하다. 간단한 현황보고서는 범위, 일정, 원가 및 품질 영역별로 완료율 또는 현황판과 같은 성과 정보만을 포함할 수 있다.

2) 범위기술서

범위기술서는 프로젝트 인도물과 인도물을 창출하는 데 필요한 작업을 기술한 문서이다. 범위기술서에 대한 자세한 사항은 5.1.3의 설명을 참조한다.

3) 작업분류체계

작업분류체계(WBS)란 프로젝트 팀에서 프로젝트 목표를 달성하고 필요한 인도물을 산출하기 위해 인도물과 실행할 작업들을 계층적으로 체계화한 것이다. 작업분류체계에 대한 자세한 사항은 5.2.2를 참조하기 바란다.

4) 작업분류체계 사전

작업분류체계(WBS) 사전은 작업분류체계를 뒷받침하는 WBS 작성 프로세스에서 생성되는 문서를 의미하며, WBS의 최하위 항목인 작업패키지를 상세히 설명한다. 작업분류체계에 대한 자세한 사항은 5.2.2를 참조하기 바란다.

5.4.2 기법 및 활동

1) 차이분석

일반적으로 차이는 원가, 일정, 작업성과가 원래 계획과 다르게 나타나는 것을 의미한다. 프로젝트의 현재 성과수준을 측정하여 그 결과가 초기에 계획한 범위기준선과 차이가 나는지를 평가할 수 있다. 범위기준선과 차이가 발생할 경우 그 사유와 영향도를 파악하고 시정조치나 예방조치가 필요한지 여부를 결정해야 한다.

2) 범위 변경과 범위 통제

확정된 범위에 따라 프로젝트를 수행하는 동안 대부분 프로젝트의 경우 고객의 요구사항 변경이나 제약사항이나 외부환경의 변화 등 여러 가지 원인에 의해 프로젝트 범위의 변경을 경험하게 된다. 범위 변경의 원인을 살펴보면 다음과 같다.

(1) 요구사항 변화

고객의 요구사항이 범위 확정 이후 변화

예 시스템 사용자 수 증가

(2) 외부환경 변화

프로젝트 팀의 통제가 불가능한 외부환경 요인의 변화

예 개인정보보호법 개정 및 시행으로 강력한 보안시스템 설치의 의무화

(3) 범위 누락

예상 산출물 내역이나 작업 범위 정의 및 계획 수립 시 누락된 부분의 발견

(4) 기능 추가

시스템의 향상을 위한 기능 추가

예 사용자에 따라 다른 초기 화면을 볼 수 있도록 시스템관리자가 커스터마이징 가능하도록 기능 추가

(5) 기술 발전

예 EIP나 n-계층 아키텍처 등의 새로운 기술의 등장으로 프로젝트 범위의 확대나 축소가 불가피

프로젝트 범위에 변경에 발생하게 되면 프로젝트 지연, 예산 초과, 생산성 저하 등 다양한 문제가 발생할 수 있다. 따라서 가능한 한 범위에 대한 변화가 발생하지 않도록 노력해야 한다. 그러기 위해서는 제품 및 프로젝트에 대한 고객의 요구사항을 정확

히 이해하고, 프로젝트의 품질 요구사항을 이해할 뿐 아니라 프로젝트 범위 확정 시 고객과의 충분한 검증을 통해 향후 발생할 수 있는 분쟁의 소지를 없애도록 해야 한다. 그리고 범위에 대해 고객과 공유할 수 있는 기대 수준을 설정하고 프로젝트 초기부터 관리할 수 있도록 하며, 적절한 범위 정의가 다른 기능들에 미치는 영향을 이해하고 범위 변경 시 다른 관리 계획에 미칠 효과에 대해 충분히 고려해야 한다. 만약 범위의 변경이 발생한다면 모든 이해관계자들의 사전 동의를 원칙으로 하되, 여의치 않을 경우라도 반드시 사후 통보를 한다.

불필요한 범위 변경을 줄이기 위해서는 먼저 초기에 정확한 요구사항 파악으로 변경의 여지를 줄일 필요가 있다. 이를 위해서는 요구사항 관리 프로세스를 개발하여 요구사항을 기록하고 항상 최신으로 업데이트할 필요성이 있다. 다음으로, 고객의 변경요청에 즉답을 피하는 것이 좋다. 가랑비에 옷 젖는다. 쉽고 작다고 변경을 그냥 받아주다 보면 문제가 발생한다. 고객이 변경요청을 하며 즉답을 피하고 돌아와서 차분히 팀원들과 협의하여 대책을 찾는 것이 필요하다. 그 다음으로, 고객이 참여하는 변경관리위원회를 설치하여 객관적인 시각에서 변경요청을 평가한다. 마지막으로, 고객 및 스폰서와 정기적인 회의를 갖고 중요 산출물 변경사항들에 대해 고객의 서명을 받는다.

범위 변경의 요청 시 다음과 같은 사항을 고려하여 변경 여부를 결정하는 것이 좋다.

- 이 변경이 꼭 필요한 것인가?
- 이 변경으로 인해 추가되는 비용은 얼마인가?
- 이 변경을 유상 또는 무상으로 할 것인가?
- 이 변경으로 인해 제품의 질이 높아지는가?
- 추가되는 비용이 변경으로 인한 제품의 질 향상과 비교하여 정당화될 수 있는가?
- 이번 변경의 결과가 프로젝트 완료일에 어떤 영향을 주는가?

범위 변경에 대한 요청이 접수되었을 때 불필요한 범위 변경을 줄이면서도 고객이 꼭 필요로 하는 변경은 수용하기 위해서는 체계화된 범위 변경 통제 프로세스를 구축하는 것이 필요하다. [그림 5-22]는 범위 변경 통제 프로세스의 한 가지 예를 보여주고 있다. 먼저, 변경 요청자가 변경 요구사항을 식별하여 변경 관리자에게 변경 요청 양식을 제출한다. 변경 관리자는 그 변경 요청이 타당성 조사가 필요하지 여부를 판단하여, 필요하면 변경 타당성 그룹에 타당서 조사를 요청하고 그렇지 않으면 바로 변경 승인 그룹에 변경 문서를 제출한다. 변경 승인 그룹은 변경 문서를 검토하여 변경 승인 여부를 결정한다. 마지막으로, 변경 실행 그룹은 변경 일정계획 및 실행, 그리고 변경 검토 및 종료를 한다.

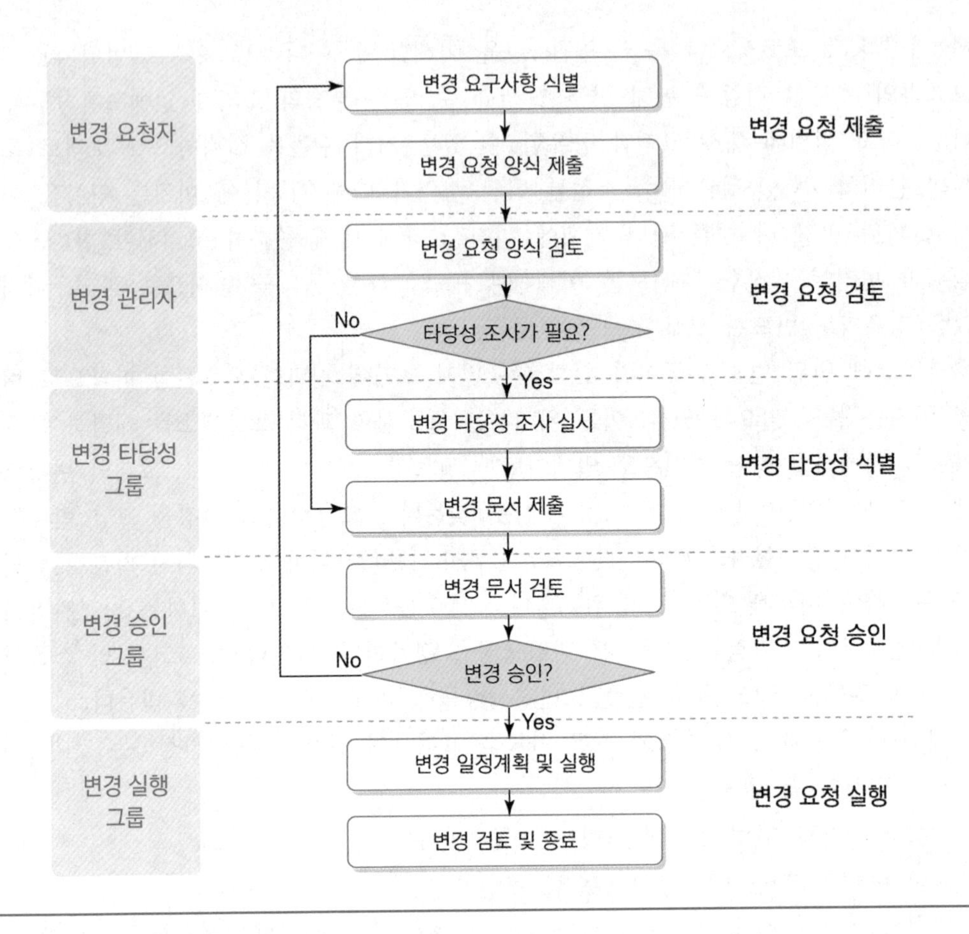

[그림 5-22] 범위 변경 통제 프로세스

5.4.3 산출물

1) 변경요청서

이해관계자 기대사항 관리 결과로 제품 또는 프로젝트에 대한 변경요청이 발생할 수 있다. 또한 예방 조치, 시정조치 또는 결함 수정이 변경요청에 포함될 수 있다. 변경요청은 통합관리의 변경 통제 프로세스에 따라 검토되고 처리된다. [그림 5-23]은 변경요청서의 예시로, 프로젝트 개요, 변경 요청사항, 영향력, 승인 등의 사항을 기록하도록 되어 있다. 작성된 변경요청서는 변경관리자에게 제출되어 범위 변경 통제 프로세스에 따라 변경 통제가 이루어진다.

프로젝트 개요			
프로젝트명 : 프로젝트 관리자 :			
변경 요청 사항			
변경 No : 변경 요청자 : 변경 요청 일자 : 변경의 긴급성 :			
변경 내용 :		변경 이유 :	
변경의 이점 :		변경 비용 :	
영향력			
프로젝트에 미치는 영향 :			
승인			
지원 문서:			
제출자 이름 : 서명 :		승인자 이름 : 서명 :	
날짜 :	/ /	날짜 :	/ /
이 양식을 변경관리자에게 제출 바랍니다			

[그림 5-23] 변경요청서 예시

이 장의 요약

- 프로젝트를 성공적으로 완성하는 데 꼭 필요한 모든 작업을 프로젝트가 확실히 포함하도록 하고 불필요한 작업은 포함하지 않도록 관리하는 것이 중요하다.
- 프로젝트 범위관리(scope management)는 작업(work) 내용뿐만 아니라 예상되는 결과를 포함하는 것으로, 고객의 요구사항을 프로세스에 따라 분석하고 문서화하며 이의 변경을 관리하는 프로세스를 의미한다.
- 범위관리 프로세스는 범위 정의, 작업분류체계(WBS: Work Breakdown Structure) 작성, 활동 정의, 범위 통제 등 4개의 하위 프로세스로 구성되어 있다.
- 범위 정의는 프로젝트 범위에 포함할 사항과 제외할 사항을 정의함으로써 제품, 서비스, 결과물의 경계를 정의하는 프로세스이다. 이 프로세스의 입력물은 프로젝트 헌장과 승인된 변경이며, 산출물은 범위기술서와 요구사항 문서이다.
- 범위 정의를 위해서는 이해관계자들의 요구사항을 수집하는 것이 중요한데 이를 위해 인터뷰, 포커스 그룹 인터뷰, 브레인스토밍, 명목집단기법, 델파이기법, 아이디어 매핑, 집단의사결정 기법, 프로토타이핑 등의 기법을 활용할 수 있다.
- 작업분류체계 작성은 프로젝트 인도물과 인도물을 창출하는 데 필요한 프로젝트 작업을 더 작고 관리 가능한 요소들로 세분화하는 프로세스이다. 이 프로세스의 입력물은 범위기술서와 요구사항 문서이며, 산출물은 작업분류체계와 작업분류체계 사전이다.
- 활동 정의는 프로젝트 목적 달성을 위하여 일정에 따라 달성해야 할 모든 활동(activity)을 식별, 정의, 문서화하는 프로세스이다. 이 프로세스의 입력물은 작업분류체계와 작업분류체계 사전이며, 산출물은 활동 목록이다.
- 범위 통제는 산출물 및 프로젝트 범위의 상태를 모니터링하고 범위기준선의 변경을 관리하는 프로세스이다. 이 프로세스의 입력물은 진척 정보, 범위기술서, 작업분류체계, 활동목록이며, 산출물은 변경요청서이다.

5장 연습문제

1. 다음 용어를 설명하시오.

   1) WBS
   2) 작업패키지
   3) 연동기획
   4) 100% 규칙
   5) WBS 사전

2. 다음 제시된 문제를 설명하시오.

   1) 프로젝트 범위기술서에 포함되는 내용을 기술하시오.
   2) 프로젝트 헌장과 프로젝트 범위기술서의 차이에 대해 설명하시오.
   3) 범위 변경이 원가, 일정, 자원 변경에 미치는 영향에 대해 설명하시오.

3. 다음 객관식의 문제에 대해 올바른 답을 제시하시오.

   1) WBS의 최하위 수준에서 정의된 작업단위로, 책임 있는 한 사람이 적절히 수행하고 관리할 수 있는 것을 무엇이라 하는가?
   ① WBS 사전
   ② 예산 항목
   ③ 통제계정
   ④ 작업패키지

   2) 전체 프로젝트는 WBS에서 수준(   )로 간주된다. (   )안에 들어갈 말은?
   ① 0
   ② 1
   ③ 2
   ④ 3

3) 다음 중 가장 먼저 해야 하는 것은?

① 범위문 작성

② WBS 생성

③ 요구사항 문서 작성

④ 프로젝트 헌장 작성

4) 프로젝트 범위기술서는 다음 중 어느 프로세스의 산출물인가?

① WBS 생성 프로세스

② 범위 정의 프로세스

③ 활동 정의 프로세스

④ 프로젝트 시작 프로세스

5) 다음 중 WBS에 대한 잘못 설명한 것은?

① WBS를 구성하는 단위는 활동이 아니라 활동결과인 인도물이다.

② WBS 구성요소를 분해할 때 필요한 만큼 충분히 분해할 때까지 계속 낮은 수준으로 분해해야 한다.

③ 각 작업 구성요소는 WBS에 한 번만 나타난다.

④ 작업패키지는 작업이 수행되는 순서대로 왼쪽에서 오른쪽으로 나타나야 한다.

CHAPTER

06

자원관리

프로젝트관리학

자원관리(resource management)는 프로젝트에서 요구하는 인적 자원과 물적 자원을 적기에 공급하여 프로젝트 목표를 달성하고자 하는 것이며, 핵심 업무는 조직의 정의, 팀 편성 및 관리, 그리고 물적 자원의 확보 및 관리라고 할 수 있다.

프로젝트에 참여하는 인적 자원은 역량, 경험, 가용성, 행위 및 문화에 관한 인적 자원 관리의 중요한 측면을 이해해야 한다. 또한 적기에 필요한 물적 자원을 확보하여 프로젝트 업무 수행이 원활하게 수행될 수 있도록 체계적인 물적 자원 계획 수립 및 시행이 필요하다.

자원에 대한 요구사항과 속성은 출처, 요구되는 시점을 포함하여 정의하고, 기록하고 또한 필요에 따라 업데이트되어야 한다. 프로젝트 자원관리 업무를 좀 더 세분하면 다음과 같다.

- 조직 정의: 프로젝트 조직표, 역할 분담
- 자원 산정: 활동별 자원 소요량 산정
- 팀 편성: 프로젝트 팀원 확보 및 배치
- 팀 개발: 프로젝트 팀의 역량 확보
- 팀 관리: 프로젝트 팀원의 동기부여, 업무 의욕 고취
- 물적 자원관리: 자재, 장비, 설비 등 물적 자원의 계획 수립 및 시행
- 자원 통제: 자원 계획 대 실적에 대한 성과분석 및 변경요청

자원은 필요할 때 이용할 수 있도록 계획되어야 하며, 프로젝트의 특성이 한시성과 유일성이기 때문에 인적 자원의 중요성은 더욱 커진다고 할 수 있다. 프로젝트 환경에서 인적 자원이란 프로젝트 팀이라고 이해할 수 있다. 프로젝트 팀은 평상시에 존재하는 영구조직이 아니며, 프로젝트의 착수를 기점으로 하여 프로젝트 목표 달성에 꼭 필요하며 적합한 인적 자원으로 편성되는 임시적인 조직인 것이다.

프로젝트 팀은 크게 네 가지 종류의 인적 자원으로 편성된다. 프로젝트 스폰서(project sponsor), 프로젝트관리자, 프로젝트관리 팀, 그리고 프로젝트 팀 멤버이다.

프로젝트 스폰서는 조직을 대표하여 해당 프로젝트를 착수시키고, 프로젝트 헌장에 서명하며, 프로젝트관리 팀으로부터 프로젝트의 현황을 보고받으면서, 여러 가지 문제점을 점검, 해결을 지원하는 경영진의 일원이다. 오늘날에는 프로젝트 스폰서의 역할과 책임이 갈수록 중요해지고 있는 추세이다.

프로젝트관리 팀은 프로젝트관리자와 같은 사무실에 근무하면서 프로젝트관리에 전일제로 일하는 인력으로서 많은 경우에 프로젝트관리자로부터 프로젝트 통제에 관한 상당한 업무를 위임받아 처리하는 것이 일반적이다. 프로젝트관리 팀은 프로젝트관리

자가 임명되면 가장 먼저 선발하는 인력으로서 프로젝트관리에 대한 경험을 가지고 있는 인력이 선호되며, 원가담당(cost engineer), 일정담당(schedule engineer) 등의 역할을 맡으면서 때로는 프로젝트관리자의 역할을 대행하는 업무를 겸하는 경우도 있다.

프로젝트관리자는 이들과 함께 프로젝트관리 계획을 수립하고, 다른 팀원들은 이행단계에서 충원하게 된다. 규모가 작은 프로젝트는 예외이겠지만 대규모 장기 프로젝트인 경우에는 보고서 작성, 예산 통제 등 행정적인 업무가 상당히 많기 때문에 이 모든 작업을 프로젝트관리자가 혼자서 감당할 수가 없다. 그래서 프로젝트관리 전담 요원을 프로젝트 팀 멤버로 임명하여 프로젝트관리자 사무실에 근무하면서 기능적인 업무가 아니고 순수한 프로젝트관리 업무만 담당시킨다.

마지막으로 프로젝트 팀 멤버는 기능부서에 소속된 팀원을 말한다.

프로젝트관리가 뿌리내린 조직에서는 이들 네 가지 유형의 사람들에 대한 역할, 권한, 책임 등이 사규의 형태나 프로젝트관리 지침서의 형태로 존재하는 것이 일반적이지만, 그렇지 못한 경우에는 개별 프로젝트별로 프로젝트관리 계획 수립 시 구체적으로 작성하여야 한다.

인적 자원 기획은 여러 자원 중에서 사람과 관련된 분야를 다루는 데 역할, 책임, 요구되는 기량, 보고관계 등을 정의하고 종합적으로 충원관리 계획(staffing management plan)을 수립한다.

다음으로 물적 자원을 적기에 공급할 수 있도록 물적 자원관리 계획을 수립하고 계획대로 시행되도록 관련 업무를 수행해야 한다. 특히 외부로부터 조달되는 물적 자원은 조달 요청부터 입수, 저장, 보존관리까지의 제반관리 업무와 조달 현황 정보를 정확히 파악할 수 있는 정보관리시스템을 구축하여 활용할 수 있다.

마지막으로 인적 및 물적 조달 계획 대비 실적을 모니터링하여 조달 성과를 확인하고, 계획 대비 차이가 있을 시 적절히 조치하는 자원 통제 업무가 필요하다.

6.1 조직 정의

프로젝트 조직 정의는 조직 형태를 정의하고, 역할 분담 및 책임 할당 등을 정의하는 것이다. 이러한 프로젝트 조직 정의는 프로젝트의 유형과 복잡성에 따라 프로젝트 인적 자원을 관리하는 데 필요한 관리 방식과 수준을 정립할 수 있다.

프로젝트 조직 정의는 성공적인 프로젝트 완료를 위해서 충분한 인적 자원을 확보하기 위한 접근 방식을 결정하고 식별하는 데 사용된다. 효과적인 프로젝트 조직을 정의하려면 부족한 자원의 가용성 또는 경합을 고려하여 합당한 계획을 수립해야 한다.

6.1.1 입력물

1) 프로젝트 헌장

프로젝트 헌장에 기술되어 있는 프로젝트 목표, 범위, 일정 등을 고려하여 조직을 정의할 수 있다.

2) 작업분류체계(WBS)

작업분류체계는 프로젝트 계획 수립의 가장 중요한 정보의 원천이다. 수행해야 할 작업이 구체화되어 있기 때문에 그 작업을 수행할 인력과 요구되는 기량을 파악할 수 있는 것이다.

3) 프로젝트 주변 환경

조직은 지배구조의 차이에 따라 프로젝트관리 시스템을 다르게 운용하고 있기 때문에 프로젝트 인력 운용 또한 조직마다 상당한 차이가 날 수밖에 없다. 따라서 현재의 보유 인력, 조직 문화, 인사관리 제도, 시장 여건 등이 고려되어야 한다.

4) 회사의 보유 정보 및 자료

프로젝트 조직 편성과 인력 운영에 관한 조직의 규정, 지침, 절차와 선행 프로젝트 실적자료 등을 활용할 수 있다.

6.1.2 기법 및 활동

프로젝트에 필요한 동일한 자원을 두고 같은 위치에서 동시에 다른 프로젝트가 경쟁할 수도 있다. 이런 경우 프로젝트 원가, 일정, 리스크, 품질 및 기타 프로젝트관리 영역에 큰 영향을 줄 수 있다.

프로젝트 조직은 프로젝트를 효율적으로 추진하기 위해 필요한 조직 형태를 결정하고, 팀 구성원 각자가 맡게 되는 역할과 책임 관계를 분석 및 문서화하여 프로젝트관리자와 프로젝트 팀, 그리고 관련 이해관계자들에게 각각의 역할과 책임을 할당하는 것을 말한다.

프로젝트 조직 정의 시 고려할 사항은 적절한 프로젝트관리자의 임명, 조직 형태의 결정 그리고 팀의 역할 및 책임을 결정하는 것이다.

1) 프로젝트관리자 임명

프로젝트관리자는 프로젝트의 책임자로서 프로젝트 목표 실현을 위해 필요한 역량을 가지고 있어야 한다. 따라서 프로젝트관리자는 다음 사항을 기준으로 임명한다.

- 과거의 프로젝트 경험, 리더십, 의사소통 능력
- 협상력, 영향력(고객을 포함), 기획력
- 문제해결 및 갈등해결 능력
- 스트레스에 대한 내성, 결단력
- 자원의 적정 배분 능력
- 행정관리 능력, 조직관리 능력, 기술적 능력 등

2) 조직 형태의 결정과 팀 분할

팀 조직 결정과 팀 분할은 프로젝트의 업무, 프로젝트의 규모와 개발 기간 등을 고려하여 결정된다. 프로젝트 수행을 위한 독립적인 팀이 필요한 경우 기능 조직, 매트릭스 조직, 프로젝트 전담 조직 중에서 가장 적합한 팀 구조를 선택하여 결정하면 된다.

3) 역할 분담 및 책임 할당

프로젝트 수행을 위한 각 담당자별 역할과 책임, 그리고 권한을 명확하게 구분한다. 이를 통해 프로젝트가 하나의 공동체로서 기능할 수 있도록 추진한다.

팀 멤버의 역할과 책임을 <표 6-1>과 같이 문서화하기 위하여 다양한 양식이 사용되는데, 크게 보면 위계식(hierarchical), 매트릭스(matrix), 교과서형(text-oriented)의 세 가지이다. 어느 방식을 사용하든 상관은 없으나 모든 팀 멤버가 자신의 역할과 책임을 분명하게 이해하는 것이 중요하다.

〈표 6-1〉 역할 분담 및 책임 할당 사례

구분	권한	책임
프로젝트 관리자	• 프로젝트 책임자이고, 요원의 배치, 이동에 대해 최종 결정 • 프로젝트 내에서 행하는 각종 계획, 평가의 최종 승인 • 프로젝트의 예산 확보와 비용 발생에 대해 최종 승인	• 프로젝트 납기일까지 기대되는 일을 전부 완료하는 것에 책임
리더, 서브리더	• 팀 운영 및 팀 요원에게 작업 지시 • 팀원의 평가	• 팀에게 납기일까지 기대된 것을 전부 완료하는 것에 대해 책임 • 팀원 작업관리, 동기부여관리
프로젝트 관리 팀원	• 프로젝트관리자를 보좌하고 프로젝트 계획과 실행관리 지원 • 프로젝트 사무국 담당	• 프로젝트의 작업 생산성 향상 추진 • 프로젝트의 작업 품질 확보 추진

출처: KPMA, GPMS, 2020

4) 네트워킹

우수한 인재를 찾기 위하여 조직 내외를 불문하고 공식, 비공식의 다양한 네트워크를 통하여 정보를 수집하고 교류한다.

5) 조직 이론

프로젝트관리를 위한 조직은 여러 가지 형태로 기술되어 있으나, 선택되는 조직 형태에 따라서 조직의 작동 원리와 장점과 단점이 확연하게 다르기 때문에 조직 이론에 관한 이해를 바탕으로 인적 자원 계획이 수립되어야 한다. 오늘날 가장 대표적인 프로젝트 조직 형태는 강한 매트릭스(strong matrix)라고 할 수 있는데, 이는 조직과 편성원 양자에게 수용될 수 있는 장점이 워낙 크기 때문에 이중 보고(dual reporting)라는 단점에도 불구하고 크게 선호되고 있다.

(1) 기능 조직

전통적인 조직 형태로 [그림 6-1]과 같이 기능 단위(토목, 건축, 기계, 전기 등)로 구성한다.

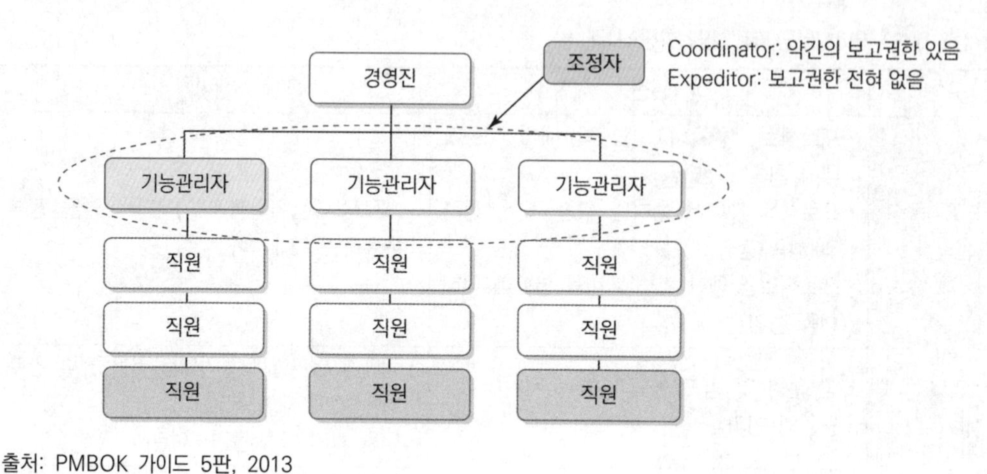

출처: PMBOK 가이드 5판, 2013

[그림 6-1] 기능 조직 형태

(2) 매트릭스 조직

[그림 6-2]와 같이 기능 조직과 프로젝트 전담 조직의 혼합 형태로 프로젝트관리자와 기능관리자의 보고 권한 및 관리주체에 따라 약한(weak), 균형(balanced), 강한(strong) 매트릭스로 구분한다.

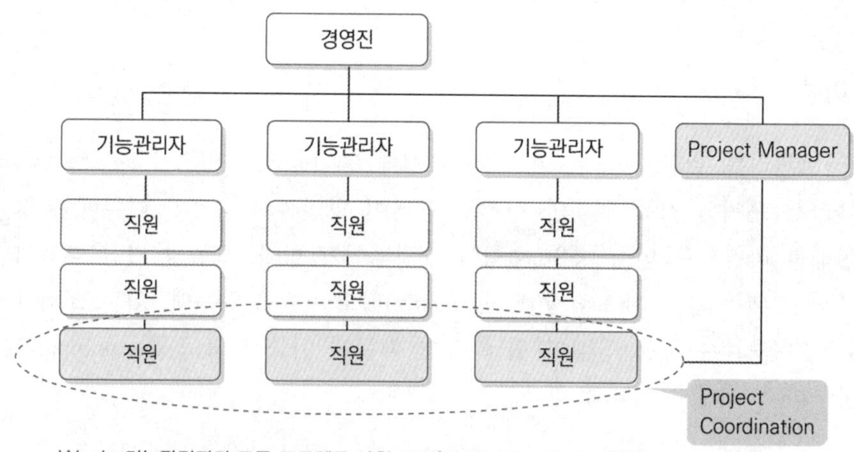

출처: PMBOK 가이드 5판, 2013

[그림 6-2] 매트릭스 조직 형태

(3) 프로젝트 전담 조직

프로젝트 전담 조직은 [그림 6-3]과 같이 프로젝트관리자가 전권을 가지고 프로젝트를 관리하는 형태이다.

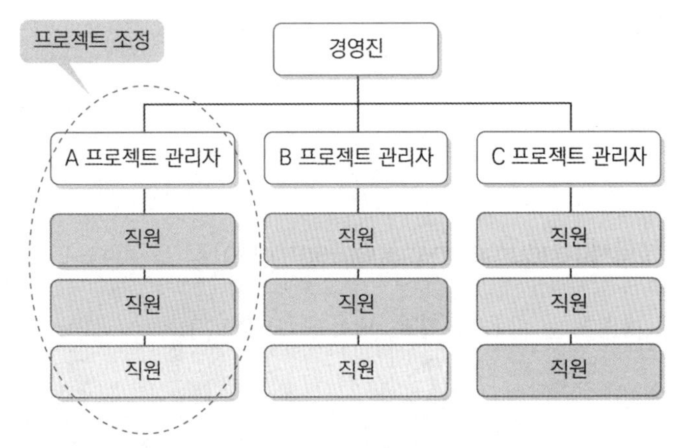

출처: PMBOK 가이드 5판, 2013

[그림 6-3] 프로젝트 전담 조직 형태

(4) 조직 형태별 장, 단점

조직 형태	장점	단점
기능 조직	• 가장 보편적인 조직 • 보고 계통 간편 • 전문가 집단의 관리 용이	• 기술 위주의 관리 • 업무 우선순위 결정의 타당성 부족 • 자원 부족 시 혼란 • 프로젝트관리 미흡
매트릭스 조직	• 기능 조직의 지원 • 자원의 활용 극대화 가능 • 원활한 협조 체계 • 정보의 원활한 흐름	• 이중 보고 체계 • 복잡성: 통제, 긴급조치의 어려움 • 자원 배분 시 문제점 잠재 • 철저한 운영 절차 필요 • 일의 우선순위 對 한정된 자원
프로젝트 전담 조직	• 프로젝트관리의 효율성 • 프로젝트의 집착 • 높은 커뮤니케이션 효율	• 프로젝트 종료 후의 인적 자원 문제 • 기능의 전문성 결여 • 비효율적인 자원과 중복 설비

6) 프로젝트 팀원 선정

프로젝트관리자는 프로젝트에서 요구한 스킬의 정의에 맞게 업무 지식, 경험과 실적, 비즈니스 스킬, 인간적 측면, 범위 정의, 일정 계획서 및 상세 WBS의 자원 계획서 등을 고려하여 팀원을 선정한다.

6.1.3 산출물

1) 인적 자원관리 계획서(resource management plan)

인적 자원관리 계획서는 다음과 같은 내용을 포함한다.

(1) 프로젝트 조직도

프로젝트 조직도를 통하여 보고관계를 명확히 알 수 있고, 의사소통의 중요한 자료가 될 수 있다.

(2) 역할과 책임

① 역할

프로젝트에 예상 또는 배정된 팀원의 직위(예 토목기사, 사업분석가, 테스트 관리자 등)

② 권한

프로젝트 자원 사용, 의사결정, 승인서 서명, 인도물 인수 및 타인에게 영향력을 행사할 권한

③ 책임

프로젝트 활동을 완료하기 위해 팀원을 배정하여 수행하도록 기대하는 의무와 작업

④ 역량

프로젝트 제약 내에서 배정된 활동을 완료하기 위해 필요한 기량과 능력

(3) 충원관리 계획서

충원관리 계획은 인적 자원관리 계획의 일부로서 프로젝트관리 계획에 포함되며, 인적 자원의 공급시기와 방법 등을 기술하여 인적 자원 요구사항이 달성되도록 하는 계

획서다. 중요한 것은 프로젝트관리 계획이 변경되면 지체 없이 본 계획도 변경되어야 한다. 그렇지 않으면 큰 재무적 손실의 발생과 함께 근로자의 사기 문제 등 여러 가지 부정적인 영향을 초래할 수 있다. 특히 해외 프로젝트의 경우 외국인 근로자는 현장에 도착했으나 조립할 기자재가 도착하지 않는 경우 작업 중단의 발생이 불가피하고 이에 따라 근로자들은 저임금의 고통을 호소하는 사태가 발생하기도 한다. 충원 계획은 프로젝트 규모나 여건에 따라 다소 차이가 있을 수 있으나, 다음과 같은 사항을 포함하고 있다.

① 인력 획득

프로젝트 팀 멤버의 충원에 관한 전체적인 계획이다. 예를 들어, 사내 전보 또는 외부 모집, 직급, 시기, 급여, 근로조건, 근무기간 등이 이에 해당한다. 국제 프로젝트인 경우에는 더 많은 정보와 검토가 필요하다.

② 자원 달력

프로젝트 전체 과정에 대한 개인, 부서 또는 전체 팀의 주간 및 월간 근무가능시간을 나타낸 것이다. 히스토그램으로 작성제작하면 최대 가용레벨을 초과하는 특정 자원 소요량을 확인할 수 있어 이에 대한 자원 평준화 전략(resource leveling strategy)의 수립을 요구할 수 있다.

③ 인력 방출 계획

프로젝트 팀 멤버로 인사 발령을 받은 사람들이 언제, 어느 부서로 방출될 것인지를 사전에 계획하는 것은 아주 중요하다. 안정적인 프로젝트 활동을 위한 중요한 조건이기 때문이다.

④ 훈련 수요

프로젝트 팀 멤버는 선발되기 전에 요구되는 기량을 구비하고 있는 것이 바람직하지만 조직이 처음으로 시도하는 프로젝트이거나 가용한 유자격자의 숫자가 부족할 경우에는 프로젝트 수행 중에 팀 멤버를 훈련시킬 수도 있다. 이 훈련에 소요되는 경비는 훈련의 성격에 따라 조직 전체의 간접비가 될 수도 있고 프로젝트 예산으로 처리해야 할 경우도 있다.

⑤ 인정과 보상

현대 경영에서 빼놓을 수 없는 것이 성과에 대한 공정한 평가와 이에 대한 적절한 보상이다. 보상과 평가에 관한 기본적인 사항은 프로젝트관리 계획에 포함되고 이는 반드시 그대로 실행되어야 한다.

⑥ 규정 준수

정부 규정, 노동조합 단체협정 등을 준수하기 위한 전략

⑦ 안전

안전 재해(safety hazards)로부터 팀 멤버를 보호할 수 있는 정책과 절차

2) 책임 배정 매트릭스

작업과 관련된 인적 자원은 작업 수행에 필요한 역할과 책임에 따라 계획되고 배정되어야 한다. 이러한 책임은 특정 프로젝트 조직에 따라 정의되어야 하며, 이는 작업분류체계의 적절한 수준과 연계할 수 있다. 책임 배정 매트릭스(RAM: Responsibility Assignment Matrix)는 자원의 책임을 WBS와 연계하여 <표 6−2>와 같이 표시하는 대표적 기법이며 RACI(Responsibility, Accountable, Consult, and Informed)는 그중 가장 널리 사용되고 있다.

〈표 6-2〉 사례: 프로젝트 팀의 역할과 책임

WBS 작업패키지	최 XX	이 XX	박 XX	김 XX	박 XX	김 XX	김 X
	프로젝트 관리자	스폰서	기술 리더	재무	IT-분석	비즈니스 리더	테스팅
착수(개념 단계)							
프로젝트 요구사항	A	I	I	R	R	I	R
인도물 정의	A	I	I	R	R	I	R
프로젝트 조직	A	I	R		-	R	C
프로젝트 헌장 개발	A	I	R	C	C	R	-

• R=Responsible(수행 담당)
• A=Accountable(총괄책임, 프로젝트관리자)
• C=Consult(자문 담당)
• I=Inform(의사결정 및 결과에 대한 정보 수신자)
출처: KPMA, GPMS, 2020

6.2 자원 산정

프로젝트 활동을 수행하기 위해서는 자원이 필요하다. 각각의 활동에 소요되는 자원이 언제 어떤 자원이 얼마만큼 소요되는지를 추정하고, 활동 수행 시점에서 관련 자원을 확보하여 투입해야 한다. 자원에는 기본적으로 인력, 자재, 장비가 있다. 활동별 자원의 산정은 실제적으로 이미 유사한 활동을 수행해 본 경험이 많은 전문가에 의해 산정하는 것이 가장 바람직하다. 그러나 대체로 그런 전문가가 많지 않으므로 과거 유사 프로젝트 실적이나 국내외 유사 프로젝트 정보를 입수하여 활용하기도 한다. 프로젝트에서 요구되는 자원이 회사 내에 없을 때는 국내 시장에서 확보해야 하며, 국내 시장에서 확보가 어려울 시에는 국제 시장에서 확보해야 한다. 자원은 가능한 한 정확하게 반드시 필요한 만큼 확보해야 한다. 활동에 소요되는 자원은 너무 많아도 또는 너무 적어도 문제가 될 수 있다. 적정 자원을 확보하기 위해서는 개발방법론이나, 시공공법 등을 잘 알고 있는 것도 아주 중요하다. 투입되는 장비와 인력은 아주 밀접한 상관관계를 가지고 있기 때문이다. 자원 소요량 산정에 필요한 입력물과 산정 방법 및 자원 산정 시 고려사항은 다음과 같다.

6.2.1 입력물

1) 프로젝트 작업 활동 목록 및 속성 정보

프로젝트 일정관리의 활동 정의 프로세스의 산출물인 활동 목록과 활동별 속성 정보를 활용한다.

2) 프로젝트 마일스톤 일정 또는 계약 주요 일정

프로젝트 일정관리의 일정개발 프로세스의 산출물인 마일스톤 일정과 계약서에 정의된 주요 일정 정보를 활용한다.

3) 과거 유사 프로젝트 실적 정보 및 자료

회사 또는 국외에서 보유하고 있는 유사 프로젝트의 자원 투입 실적 정보와 자료를 활용한다.

4) 회사의 가용자원 보유현황 및 국내외 자원 관련 시장여건

회사에서 보유하고 있는 자원 중 가용할 수 있는 자원 정보와 국내외 자원 시장 정보와 자료를 활용한다.

5) 자원 확보에 대한 회사의 기본 방침 및 전략

자원 확보에 대한 회사의 기본 방침과 전략에 관련한 정보와 자료를 활용한다.

6.2.2 기법 및 활동

활동별 자원 산정 방법에는 일반적으로 두 가지 방법이 있다. 하나는 각각의 활동을 수행하는 데 소요되는 인력, 자재, 장비의 소요량을 산정하여 프로젝트 전체 자원을 산정하는 방법으로, 상향식 산정(bottom up estimating) 방법이라고도 한다. 다른 하나는 과거 유사 프로젝트의 자원정보를 참고로 당해 프로젝트 여건을 반영하여 프로젝트 전체 자원을 산정하고, 이를 기준으로 각각의 작업 활동별 자원을 산정하는 방법으로 유사 산정(analogous estimating) 또는 하향식 산정(top down estimating) 방법이라고 한다.

1) 유사 산정 방법

유사 산정 방법은 과거 유사 프로젝트 실적 정보를 활용하여 요구되는 자원을 산정하는 방법으로 프로젝트에서 수행할 작업 활동과 속성이 정의되어 있을 때 가능하며, 과거 실적 프로젝트의 유사성에 대한 전문가의 판단이 필요하다. 또한 선행 프로젝트의 유사성과 실적 정보의 정확도가 높을 때는 적용이 가능하나, 선행 프로젝트의 유사성 및 실적 정보의 정확도가 낮을 때는 적용에 어려움이 있다.

2) 상향식 산정 방법

상향식 산정 방법은 작업 활동별로 경험이 많은 전문가에 의해 소요되는 자원을 산정하는 방식이다. 즉 업무 단위를 가능한 한 세분화하여 작업의 최소 단위부터 산정하여 상위개념으로 합산하는 방법이다. 과거 유사 프로젝트 실적 정보의 정확도가 높을 때 역시 적용이 가능하다. 작업 활동기간은 자원 투입량에 따라 민감하게 변화하기 때문에 가능한 한 상향식 산정 방법에 따라 자원 소요량을 정확하게 산정하는 것이 매우 중요하다.

6.2.3 산출물

1) 활동 자원 요구사항(activity resource requirements)

작업패키지(work package) 또는 활동(activity)별 자원 요구량을 산정하여 합산하면 전체 프로젝트에 투입되는 자원의 요구량을 확보할 수 있다. 자원이 요구되는 시기와 요구량은 각 산업 분야마다 상이하게 도출되며, 일반적인 자원 요구량 산정 양식은 <표 6-3>과 같다.

〈표 6-3〉 자원 소요량 산정 양식

단계	구분	활동	자원명	규격	단위	수량

출처: KPMA, GPMS, 2020

6.3 팀 편성

프로젝트 팀을 편성하는 것은 자원 계획에 따라 필요한 인적 자원을 획득하고 그들의 일을 수행하기 위한 방향을 제공하는 것을 포함한다. 프로젝트관리자는 프로젝트 팀 편성원을 어떻게, 언제 확보하여 프로젝트에 배정해야 하는지, 그리고 프로젝트에서 어떻게, 언제 방출해야 하는지를 결정해야 한다. 프로젝트관리자는 프로젝트 팀 편성원의 선정에 대한 완전한 통제권을 갖지 못할 수 있으며, 연관성이 있을 경우 작업패키지 리더가 선정에 참여해야 한다.

소요 인력 규모와 투입 시기가 이미 계획된 상태이므로 수립된 계획대로 인력이 획득 가능한 경우에는 팀 획득에는 큰 문제가 없겠으나 조직 내에 적합한 인력이 없거나 외부 채용이 차질을 빚을 경우에는 프로젝트계획의 실행에 지장이 우려된다. 우수한 인력을 확보해야 할 프로젝트가 기업마다 상당한 수에 이르지만 충원할 적임자를 찾기 어려운 것이 현실이다.

인력 공급 시장이 수요의 절대 수준에 못 미치기 때문에 발생하는 현상이다. 근본적인 대책은 기업별로 장기 인력 양성 계획에 따라 해결이 가능하겠지만, 당분간은 다른 해결 방안을 찾을 수밖에 없을 것으로 보인다. 단기적인 대안으로 고려할 수 있는 것은 제3국의 전문 인력을 고용하는 방법이다. 예를 들면 석유화학 플랜트 현장에서 일할 일정관리 전문가를 구하지 못하는 경우에는 선진국 출신으로 실제로 소프트웨어를 활용하여 석유화학 플랜트 일정관리를 경험한 엔지니어를 채용하는 것이다. 국내 엔지니어보다 다소 노무비가 추가로 소요될지도 모르나 생산성까지 고려하면 오히려 보다 경제적일 수도 있다. 외국인을 팀원으로 고용하여 프로젝트관리를 효율화하는 것은 경쟁력의 한 요소가 되기에 충분하다고 보여진다.

또한 이와 관련하여 한 가지를 언급한다면 이제 국제 시장에서 승자가 되기 위해서는 회사의 프로젝트관리 프로세스와 역량이 글로벌 수준에 접근해야 한다는 것이다. 기업의 프로젝트관리 프로세스가 국제적 수준이라면 선진국의 전문가를 팀원에 투입하는데 아무 문제가 없을 뿐만 아니라, 경우에 따라서는 프로젝트관리자나 현장 소장도 다른 국적을 소지한 전문 인력을 수시로 채용할 수도 있는 것이다.

프로젝트가 소요 인력을 충원하지 못하는 것은 리스크 요인이 될 수 있다. 따라서 리스크관리 계획에서는 이 분야가 반드시 포함되어야 하는 것이다. 과거에 수행한 유사 프로젝트의 여러 가지 선례 정보를 충분히 이용할 수 있는 경우에는 요구되는 기량보다 다소 떨어지는 기량의 소유자가 몇 명 있더라도 큰 문제가 될 수는 없겠지만 새롭게 투입되는 인력이 어느 수준(예 전체 팀의 40%)을 초과하게 되면 프로젝트의 실패요인이 될 수 있다. 프로젝트 팀 편성을 위한 입력물과 방법, 그리고 주요 산출물에 대해 기술하면 다음과 같다.

6.3.1 입력물

1) 프로젝트관리 계획서

프로젝트관리 계획서에 포함되어 있는 프로젝트 팀 획득 기준 및 프로세스 등을 적용한다.

2) 인적 자원관리 계획서

프로젝트 조직 정의 프로세스의 산출물인 자원관리 계획서의 관련 정보와 자료를 적용한다.

3) 회사의 보유 자료 및 정보

회사의 보유 정보 및 자료 중 팀 편성 정책, 팀 획득 프로세스, 절차서 등을 활용한다.

4) 프로젝트 주변 여건

(1) 인적 자원의 가용성, 역량수준, 경험, 관심사, 임률 등에 대한 정보
(2) 인사 정책
(3) 조직 구조 등

6.3.2 기법 및 활동

1) 사전 배정

경쟁적인 입찰(또는 제안) 시 특정인을 투입하기로 약속을 한 경우 사전에 관련 인력을 배정한다.

2) 협상

프로젝트 팀에 적정 역량을 보유한 인력을 획득하기 위해 기능부서 책임자와 협상을 한다.

3) 채용

프로젝트 수행에 필요한 인력이 부족할 때 외부로부터 채용한다.

4) 가상 팀(virtual team)

프로젝트에 필요한 팀원이나 전문 인력이 지리적으로 먼 곳에 있어 동일한 장소에서 팀과 같이 일하기가 어려운 경우 전자 매체나, 화상회의 등을 통해 관련 업무를 수행할 수 있도록 팀을 편성 및 운영한다.

6.3.3 산출물

1) 프로젝트 인력 배정표

프로젝트 조직에서 요구되는 적정 인력을 배정한 명세서이다.

2) 프로젝트관리 계획서 및 인적 자원관리 계획서 갱신

프로젝트 팀 편성 업무 수행과 관련하여 프로젝트관리 계획서와 인적 자원관리 계획서의 팀 편성 관련 사항을 갱신한다.

6.4 팀 개발

프로젝트 팀 개발(project team development)은 프로젝트 목표를 달성하기 위해 팀 구성원들의 역량을 향상시키고, 팀원 간의 상호 교류와 협력을 통하여 팀의 분위기를 개선하는 것을 말한다. 팀 개발을 통하여 팀원과 팀 전체의 역량을 배가시킬 수 있으며, 팀원 개개인이 기여할 수 있는 능력과 팀의 역량을 향상시키는 것이다.

팀 개발은 프로젝트 팀 구성원 배정, 자원관리 계획서, 자원 가용성 등을 고려하여 일반적인 관리 스킬(리더십), 교육 훈련, 팀 구축 활동, 기본 행동수칙, 동일 장소 배치, 인지 및 보상 등을 도구로 삼고 팀 성과 결과물을 얻는 것이다.

프로젝트 팀이 충원되는 것과 동시에 프로젝트관리자가 수행해야 할 중요한 활동이 프로젝트 팀워크를 구축하는 일이다. 프로젝트 팀의 규모는 작게는 몇 명에서 크게는 수천 명으로 구성될 수 있다. 인원수의 대소에 관계없이 가장 중요한 문제는 정해진 프로젝트 목표를 달성하기 위하여 팀 전체가 한사람이 일하는 것처럼 실제로 프로젝트 활동을 수행하도록 하는 것이다. 이것은 쉽지 않은 과제이다. 조직과 사람은 상사의 지시대로 움직이지도 않으며 규정이나 매뉴얼에 따라 움직이지도 않는다는 것을 경영이나 관리 분야에 참여해 본 사람이라면 전부 인지하는 사실이다. 그러면 프로젝트관리자는 이 문제를 어떻게 해결할 수 있을까?

프로젝트관리에서 팀워크가 차지하는 비중은 대단히 크다. 왜 팀워크가 그렇게도 중요한가? 프로젝트는 지금 존재하고 있지 않는 새로운 것을 창조해야 하는 것이 기본 사명이다. 따라서 한 사람의 경험과 지식에서 인도물이 창조되는 것이 아니라 팀 전체의 역량이 한 방향으로 화학작용을 할 때 그것이 가능하기 때문이다. 예를 들어 유인 우주선을 개발하는 프로젝트를 생각해 보자. 아무리 뛰어난 사람도 우주선의 설계, 제작, 통제, 비행사의 훈련 등을 혼자서 할 수는 없다. 전공 분야와 기술이 다른 수천, 수만의 전문가가 힘을 합칠 때 비로소 안전하고 성공적인 프로젝트를 수행할 수 있을 것이다. 이것을 쉽게 표현하면 우리는 전부 다른 사람이지만 같은 마음을 가진 한사람처럼 생각하고 움직여야 한다는 것을 의미한다고 할 수 있다. 그것을 위하여 여러 가지 관리 방안이 학문적으로 연구되어 발표되고 있는데, 그중에서 대표적인 것이 대인관계 기량(interpersonal skills), 프로젝트관리자의 역량, 갈등관리(conflict management), 인정 및 보상(recognition and reward) 등이라고 할 수 있다.

1) 대인관계 기량

대인관계 기량은 흔히 '소프트 스킬'이라고 불리기도 하는데 기술적 스킬(technical skill), 행정적 스킬(administrative skill)과 대조되는 개념이다. 대인관계 기량은 순수하게 문자적으로 풀이하면 사람과 사람 사이의 관계를 어떻게 발전시키고 유지하는 것이 가장 바람직한 것인지를 이해하고 이를 달성하기 위한 여러 가지 조직적이고 체계적인 노력을 의미한다고 할 수 있다. 여기서 특히 한 가지 강조할 사항이 있다. 대인관계는 일상 업무에서도 대단히 중요하다. 그러나 프로젝트관리에서는 대전제가 되는 조직운영이 일상 업무와 다르기 때문에 그 질적인 내용에서는 차이가 있음을 인정하여야 한다.

대인관계 기량을 주목하게 된 배경은 여러 가지 경로가 있겠으나 학문적으로 그 중요성이 인정되기 시작한 것은 다수의 현역 프로젝트관리자들을 대상으로 실제 프로젝트에서 성공요인과 실패요인이 무엇인지를 설문으로 조사한 리서치에서 비롯되었다. 일반적으로는 기술적 역량이 프로젝트의 성패를 좌우할 것이라는 상식과 달리 실제 조사에서는 대인관계 기량이 가장 큰 영향요인으로 결과가 도출되었기 때문이다(Barry Z. Posner, 1987). PMBOK 가이드 6판에서는 대인관계 기량에 포함되는 분야를 리더십,

팀 빌딩(team building), 동기부여, 의사소통, 영향력 발휘, 의사결정, 정치 및 문화적 이해, 그리고 협상을 들고 있다.

2) 프로젝트관리자의 역량

프로젝트관리자와 기능 부서장과의 근본적 차이 중의 하나는 프로젝트관리자는 책임에 비하여 권한(authority)이나 파워(power)가 아주 약하다는 것이다. 임시조직을 관리하는 특성 때문인데, 이러한 부족한 권한과 파워를 극복하면서 프로젝트 목표를 완수하기 위해서는 이해관계자들과 원만한 협조를 이루어내는 리더십과 문제해결 능력이 가장 절실하다고 할 수 있다. 리더십은 전략과 비전을 수립하고 이를 이해관계자들에게 효과적으로 전달하면서 동기부여를 통하여 목표를 달성하는 것이라고 요약할 수 있다. 따라서 리더십이 발휘된다면 위에서 언급한 대부분의 대인관계 기량은 제대로 역할이 수행되고 있는 것으로 볼 수 있다. 따라서 리더인 프로젝트관리자는 전략과 비전을 수립할 때 반드시 이해관계자를 참여시켜 이들과 충분히 공감하면서 결정하는 것이 무엇보다 중요하다는 것을 알 수 있는데 여기서 중요한 역할을 하는 것이 의사소통 기량이라고 할 수 있다. 또한 전략과 비전이 결정되면 팀원이나 이해관계자들에게 충분히 전달되는 것이 필수적이라는 것이다. 현재 국내의 많은 사례에서 나타나고 있는 국책 프로젝트의 지연이나 중단은 이러한 이해관계자의 이해를 위한 노력이 사전적으로 충분히 이루어지지 못하는 것이 큰 비중을 차지하고 있는데 프로젝트의 성공에는 기술과 예산만이 능사가 아님을 분명히 주지해야 할 것이다. 일단 이해관계자들이 수행해야 할 과제를 충분히 이해했다면 이제 동기부여가 필요한 것이다. 사람들이 프로젝트를 위해 뛰는 것은 자신이 기대하는 이익, 혜택 또는 보람이 있기 때문이다. 승진이나 표창 등 여러 가지가 동기가 될 수 있는데 이는 사람마다 다르기 때문에 프로젝트관리자는 이를 통찰할 수 있는 안목이 있어야 한다.

3) 갈등관리

앞에서 언급한 다양한 대인관계 기량을 구사하면서 프로젝트관리자는 팀 구축 활동을 전개하면서 동시에 프로젝트 팀에서 발생하는 갈등을 해결하여야 한다. 프로젝트 팀은 다양한 조직에서 빌린 자원이기 때문에 원천적으로 갈등이 있을 수밖에 없는 구조적 특징을 가지고 있다. 프로젝트관리자가 갈등관리를 효과적으로 하기 위해서는 갈등에 대한 관점을 전통적인 관점에서 현대적 관점으로 옮겨갈 필요가 있다는 것이다.

과거에는 갈등은 나쁜 것으로서 최대한 억제되어야 할 것으로 보았으나, 현대적 관점에서는 사회가 끊임없이 변화하기 때문에 이에 대한 적응 과정에서 갈등은 불가피하게 발생한다는 견해이다. 따라서 오늘날 사회에서는 변화가 불가피한 만큼, 갈등 또한 불가피하기 때문에 이를 시의적절하게 원만하게 해결하는 것을 프로젝트관리자의 중요한 활동으로 간주하여야 한다는 견해이다.

갈등관리에는 다섯 가지의 해결 방법이 있는데 대결/문제해결(confrontation/problem solving), 타협(compromising), 양보/수용(smoothing/accommodating), 강요(forcing), 철회(withdrawing)가 있다. 이 중에서 가장 효과가 오랫동안 지속되고 바람직한 것은 문제해결로서 갈등의 두 당사자가 각자의 안을 제안하고 장단점을 비교하는 가운데서 자연스럽게 합의에 도달하는 방식이다. 타협과도 유사한 측면이 있으나 타협은 힘의 균형을 바탕으로 한 결과이지만 문제해결은 장단점 분석의 결과에 따른 합의이기 때문이다. 갈등관리에 관하여 언제 어느 방식을 사용할 것인지를 판단하는 것도 갈등관리의 성공에 아주 중요하다.

4) 인정 및 보상

또한 현대 경영에서는 성과측정과 이에 따른 보상이 반드시 연계되는 것을 관리의 기본으로 하고 있다. 이것은 프로젝트관리에도 그대로 적용된다. 여기에는 몇 가지 근본적인 경영상의 이유가 있다. 전략 수립, 전략 실행, 그리고 전략 평가의 큰 틀이 기업경영의 기본 구조로 자리 잡고 있는 상태에서 전략 실행은 프로젝트관리가 포트폴리오관리에서 출발하여 프로젝트관리로 연결되도록 시스템이 맞춰져 있고, 전략 평가는 상당 부분이 프로젝트의 성패와 직결되기 때문이다. 따라서 프로젝트관리자는 프로젝트 팀원들에 대한 평가를 객관적으로 성실하게 할 의무가 있으며 이 자료는 보상과 인정으로 연결된다. 프로젝트 팀 관리를 위한 입력물과 관리 방법, 그리고 주요 산출물에 대해 기술하면 다음과 같다.

6.4.1 입력물

1) 프로젝트 인력 배정표

프로젝트에 배정된 직원의 인적 사항, 역량, 담당 업무 등 명세서를 활용한다.

2) 프로젝트관리 인적 자원관리 계획서

프로젝트관리 및 인적 자원관리 계획서에 포함되어 있는 프로젝트 팀 개발에 대한 프로세스 방법 등을 활용한다.

3) 회사 보유 정보 및 자료

회사에서 보유하고 있는 과거 유사 프로젝트의 팀 개발 관련 정보와 자료를 활용한다.

4) 프로젝트 주변 환경

팀 개발 프로세스에 영향을 미칠 수 있는 프로젝트 주변 환경요인도 고려할 수 있다.

(1) 채용 및 해고, 직원 성과 검토, 직원 개발 및 교육 기록, 인정과 보상에 대한 인적 자원관리 정책
(2) 팀원 기량, 역량 및 전문 지식
(3) 팀원의 지리적 분포

6.4.2 기법 및 활동

1) 대인관계 기량

프로젝트에 배정된 팀원들의 개성, 감수성, 관심사 등을 이해함으로써 문제점을 줄이고 협력관계를 증진시킨다.

(1) 갈등관리

프로젝트관리자는 뛰어난 팀 성과 달성을 위해 적시에 건설적인 방법으로 갈등을 해결해야 한다.

(2) 영향력 행사

영향력 행사 기술은 상호 신뢰를 유지하면서 중요한 이슈를 해결하고 합의에 도달하기 위해 관련성이 있는 중요한 정보를 수집하는 것이다.

(3) 동기부여

동기부여는 행동해야 할 이유를 제공한다. 의사결정 과정에 팀을 참여시키고 독립적인 업무 처리를 장려함으로써 팀에 동기를 부여할 수 있다.

(4) 협상

팀원 간 협상은 프로젝트 요구에 대한 합의를 도출하는 데 사용된다. 협상을 통해 팀원 간에 신뢰와 화합을 도모할 수 있다.

(5) 팀 구성

팀 구성은 팀의 사교관계를 개선하고 협업적이고 협력적인 작업 환경을 구성하는 활동이다. 팀 구성 활동은 현황검토 회의에서 다룰 5분짜리 의제부터 대인관계 기술 향상을 위해 현장 밖에서 전문적으로 진행되는 이벤트에 이르기까지 다양하다. 팀 구성 활동의 목표는 팀원 개개인이 효과적으로 협력하도록 지원하는 것이다. 팀원이 서로 대면하지 않고 원격지에서 작업할 때 팀 구성 전략이 특히 가치를 발휘한다. 비공식적인 의사소통 및 활동이 신뢰를 구축하고 바람직한 작업관계를 확립하는 데 도움이 될 수 있다. 팀 구성은 프로젝트 초기 단계에 필수적이면서 지속적인 프로세스여야 한다. 프로젝트 환경의 변화는 불가피하며, 그 변화에 효과적으로 대처하기 위해서는 팀 구성을 지속하거나 새로운 팀 구성 노력을 기울일 수 있다. 프로젝트관리자는 팀의 다양한 문제를 예방 또는 시정하기 위한 조치가 필요한지 판단하기 위해 팀 기능과 성과를 지속적으로 감시해야 한다.

2) 훈련

프로젝트에 배정된 팀원들의 역량 개발을 위한 다양한 훈련을 시킨다.

3) 팀 개발 단계

팀의 공동 목표 달성을 위해 팀원들이 함께 효과적으로 업무를 수행할 수 있도록 워크숍, 단합대회, 특정 이벤트 등의 활동을 한다.

팀 개발을 설명하기 위해 사용되는 모델 중 하나가 터크맨 사다리로, 팀이 거쳐 갈 수 있는 다섯 가지 개발 단계를 포함한다. 이러한 단계는 일반적으로 순서대로 진행되지만 팀이 특정 단계에 머무르거나 더 이전 단계로 돌아가는 상황이 발생하기도 한다.

과거에 함께 일한 팀원들로 구성된 프로젝트는 한 단계를 건너뛸 수 있다.

(1) 형성 단계

팀원들이 만나 프로젝트 자체, 팀원별 공식적 역할과 담당업무를 파악하는 단계이다. 이 단계에서는 팀원들이 마음을 열지 않고 개인적인 경향을 띤다.

(2) 스토밍 단계

이 단계에서는 팀이 프로젝트작업, 기술사항 결정, 프로젝트관리 방식을 다루기 시작한다. 팀원들이 자신과 다른 사고와 관점에 협력적 또는 개방적이지 않으면 파괴적인 환경이 조성될 수 있다.

(3) 표준화 단계

이 단계에서는 팀원들이 협력하고, 팀을 지원하기 위해 업무 습관과 행동을 조율하기 시작한다. 팀원 간 신뢰를 쌓기 시작한다.

(4) 수행 단계

수행 단계에 도달하는 팀은 잘 조직된 단위로 운영된다. 팀원들이 상호 의존적이며, 원활하고 효과적으로 이슈를 해결한다.

(5) 해산 단계

이 단계에서는 팀이 작업을 완료하고 프로젝트에서 벗어난다. 일반적으로 인도물이 완료되면서 또는 프로젝트 또는 단계 종료 프로세스의 일부로 팀원이 프로젝트에서 해산하는 단계이다.

4) 의사소통 기술

의사소통 기술은 동일 장소 배치 및 가상 팀의 팀 개발 이슈를 해결하는 데 중요한 역할을 한다. 의사소통 기술은 동일 장소 배치 팀을 위한 조화로운 환경을 조성하며 특히 다른 시간대에서 업무를 수행하는 가상 팀에 대한 이해를 깊게 만든다. 다음은 사용 가능한 의사소통 기술의 일부 예이다.

(1) 공유 포털

정보 공유를 위한 저장소(예 웹사이트, 협업 소프트웨어 또는 인트라넷)는 가상 프로젝트 팀에 효과적이다.

(2) 화상회의

화상회의는 가상 팀과의 효과적인 의사소통을 위한 중요한 기법이다.

(3) 오디오 회의

오디오 회의를 사용한 팀 내 의사소통은 가상 팀 내에서 교류와 신뢰를 구축할 수 있는 또 다른 기법이다.

(4) 이메일/채팅

이메일, 채팅을 통한 일반적인 의사소통 또한 효과적인 기법이다.

5) 동일 장소

프로젝트 팀이 동일한 장소에서 업무를 수행하도록 하여 팀원들의 업무수행 능력을 배가시킨다.

6) 인지 및 보상

프로젝트 업무수행 성과를 기준으로 팀원 개개인의 역량을 인정하고, 업무성과가 우수한 팀원을 보상하는 시스템을 구축 및 운영한다.

7) 가상 팀

가상 팀 활용을 통해 기량이 더 뛰어난 자원 활용, 원가 절감, 출장 및 재배치 비용 감축, 공급처와 고객과 기타 주요 이해관계자와 팀원 간의 근접성 확보 등의 혜택을 누릴 수 있다. 가상 팀은 기술을 활용하여 팀이 파일을 저장하거나, 대화 기록을 사용하여 이슈를 논의하거나, 팀 달력을 유지할 온라인 팀 환경을 조성할 수 있다.

8) 팀 개발 주요 활동

(1) 팀의 정체성을 확립한다.

프로젝트 성공을 위해 팀원들은 프로젝트에 대한 소속감과 하나의 팀이라는 정체성이 확립되어 있어야 한다. 이를 위한 방법은 다음과 같다.

① 수시로 업무 회의를 진행한다.
② 팀 업무 공간을 확보한다.

(2) 팀원들에 대한 교육 및 훈련을 진행한다.

① 팀원의 기량을 개선한다.
② 팀원의 인간관계 기량을 개선한다.
③ 팀원에 대한 교육 훈련을 실시한다.
④ 프로젝트관리자에 의한 교육을 진행한다.

(3) 팀워크를 개발한다.

팀워크(team work) 개발은 프로젝트관리자에게 필요한 핵심 기술이다. 팀워크 개발은 효율적으로 일하는 팀이 되도록 팀원 간의 신뢰와 응집력을 개선하는 것이다. 프로젝트관리자는 다음과 같이 팀원의 신뢰 확보, 팀 커뮤니케이션, 인간에 대한 심리학적 통찰 등에 대한 깊은 이해가 필요하다.

① 프로젝트관리자는 팀원의 신뢰를 확보한다.
② 팀 커뮤니케이션을 진행한다.
③ 인간 심리에 대해 이해한다.
④ 기본 행동 규칙(ground rule)을 개발한다.

(4) 효과적인 프로젝트 팀 만들기

① 프로젝트 팀 및 개인의 균형 조정

서로 다른 성격의 유형과 그들이 서로 어떻게 영향을 미치는가에 대한 지식은 프로젝트관리자가 프로젝트 동안 효과적으로 협력할 수 있는 균형 잡힌 팀을 편성하는 데 도움을 줄 수 있다.

② 기능관리

강하게 기능하는 환경에서는, 다양한 그룹 내에서 전체적인 리더십을 합의할 수 없기 때문에, 프로젝트관리자는 다기능 프로젝트를 관리할 때 어려움을 발견할 수 있다. 결과적으로, 프로젝트 위원회는 작업을 주도하고, 지시하고, 우선순위를 정하고, 문제를 해결하기 위해 더 밀접하게 관여해야 할 수 있다.

③ 프로젝트 팀의 교육 요구사항

프로젝트 팀 편성원은 할당된 작업을 완료할 수 있는 교육이 필요할 수 있다. 여기에는 프로젝트관리에 대한 교육, 해당 역할과 관련된 전문가 교육 또는 프로젝트에 사용된 특정 프로세스와 표준에 대한 교육이 포함될 수 있다.

또한 프로젝트 이사회 편성원은 자신에게 기대되는 사항과 책임을 수행하는 데 필요한 절차를 포함하여 자신의 역할에 대한 교육이 필요할 수 있다. 프로젝트관리자는 교육 요구사항이 평가되고 적절한 계획에 포함되었는지 확인해야 한다.

④ 프로젝트관리 팀에 변화를 다루는 것

이상적으로, 프로젝트관리자와 프로젝트 위원회 편성원들은 프로젝트 생애주기 동안 프로젝트에 머물러야 한다. 그러나 실제로는 항상 가능한 것은 아닐 수 있으며 프로젝트관리 팀과 공급업체는 프로젝트 중에 변경될 수 있다. 명확하게 정의된 팀 구조는 각 역할에 대한 책임을 설명하는 포괄적인 역할 설명과 함께 프로젝트관리 팀의 변경으로 인한 업무 중단을 완화하는 데 도움이 될 것이다.

6.4.3 산출물

1) 팀 성과 평가보고서

프로젝트 팀 개발을 실행함으로써 팀의 업무 수행성과가 어느 정도 향상되었는지를 공식 또는 비공시적으로 평가하여 작성된 보고서

(1) 팀원 개개인의 기량 향상 정도

(2) 팀의 협력관계에 대한 역량

(3) 팀원의 교체율 저하

(4) 프로젝트 목표 달성을 위한 팀의 응집력 등

2) 프로젝트관리 및 자원관리 계획서 갱신

프로젝트 팀 관리 결과를 참조하여 필요시 프로젝트관리 및 자원관리 계획서 중 팀 개발 관련 사항을 갱신한다.

6.5 팀 관리

프로젝트 팀 관리는 프로젝트 목표 달성을 위하여 팀원의 업무 수행성과를 확인하고, 피드백을 제공하며, 이슈를 해결하고, 팀 변경사항을 관리하는 프로세스이다. 팀 관리를 통해 프로젝트 팀의 역할에 대한 문제점을 해소하고, 팀원 간의 갈등을 관리하며, 팀의 역량을 개선하는 것이다.

프로젝트 팀 관리에는 팀워크를 촉진하고 팀원의 업무를 통합하여 팀 성과를 향상시킬 수 있는 다양한 관리 및 리더십 기량이 필요하다. 의사소통, 갈등관리, 협상, 리더십에 중점을 두고 다양한 기량을 통합하는 일이 팀 관리에 포함된다. 프로젝트관리자는 팀원에게 도전적 과제를 부여하고 우수한 성과는 인정해 주어야 한다. 프로젝트관리자는 팀원이 업무를 수행하려는 자발적인 자세와 능력에 모두 민감해야 하며 그에 따라 자신의 관리 및 리더십 스타일을 수정해야 한다. 능력과 경험이 입증된 팀원보다 기량이 부족한 팀원을 보다 집중적으로 감독해야 한다.

6.5.1 입력물

1) 프로젝트관리 및 자원관리 계획서

프로젝트관리 및 자원관리 계획서는 프로젝트 팀 자원을 관리하고 최종 복귀시키는 방법에 관한 지침을 제공한다.

2) 타 프로세스 산출물

(1) 이슈기록부

프로젝트 팀을 관리하는 과정에서 작성된 이슈관리대장은 팀 관리에 유용하게 사용된다.

(2) 교훈 관리대장

과거 유사 프로젝트에서 얻은 교훈을 팀 관리의 효율성과 효과를 향상시킬 수 있다.

(3) 프로젝트 팀 배정표

프로젝트 팀 배정표에 기술되어 있는 팀원의 역할과 담당 업무를 고려한다.

3) 작업성과 보고서

작업성과 보고서는 의사결정, 조치사항, 현황파악 목적을 가진 유형의 또는 전자형식의 작업성과 정보이다. 프로젝트 팀 관리에 도움이 될 수 있는 성과보고서에는 일정통제, 원가 통제, 품질 통제, 범위 확인의 결과가 포함된다. 성과보고서 및 관련 예측데이터의 정보는 향후 팀 자원 요구사항, 인정과 보상을 결정하는 데 도움이 되며, 팀원관리 계획서를 업데이트하는 데 이용된다.

4) 팀 성과 평가서

프로젝트관리 팀은 프로젝트 팀 성과에 대한 평가를 지속적으로 수행하여 문제점을 해결하고, 의사소통 문제를 보완하고, 갈등을 해결하고, 팀의 역량을 향상시키기 위한 조치를 수행할 수 있다.

5) 회사 보유 정보 및 자료

프로젝트 팀 관리 프로세스에 영향을 미칠 수 있는 과거 유사 프로젝트 실적 정보 및 자료

6.5.2 기법 및 활동

1) 대인관계 및 팀 기술

(1) 갈등관리

프로젝트 추진과정에서 발생되는 갈등에 적극적으로 대처한다. 갈등의 원인으로 자원 부족, 일정 우선순위, 작업 수행에 대한 개인차 등이 있다. 팀의 기본규칙, 업무 표준, 프로젝트관리 실무사례(예 의사소통 계획 수립, 역할 정의) 등을 통해 갈등을 해결할 수 있다. 성공적인 갈등관리는 생산성을 높이고, 긍정적인 업무관계를 구축한다. 개인차를 적절히 관리한다면 창의력과 의사결정 효율을 높일 수 있다. 일반적으로 갈등은 적극적이며 협조적인 접근 방식을 통해 조기에 해결해야 한다. 다음과 같은 다섯 가지 기법으로 갈등을 해결할 수 있다.

① 철회/회피: 실제 또는 잠재적인 갈등 상황에서 후퇴하고, 철저히 준비하기 위해

또는 다른 사람이 해결하도록 이슈 해결을 미뤄둔다.
② 해결/수용: 차이를 보이는 영역보다 일치하는 영역을 강조하고, 조화와 관계 유지를 위해 다른 사람의 요구에 맞춰 양보한다.
③ 타협/화해: 일시적 또는 부분적으로 갈등을 해결하기 위해 모든 당사자들을 어느 정도 만족시킬 해결책을 모색한다. 이 방식은 경우에 따라 양방에게 모두 부정적인 상황을 초래한다.
④ 강압/지시: 상대에게 자신의 관점을 일방적으로 강요한다. 일반적으로 비상사태를 해결하기 위해 상급자가 강행하는 방식으로 한쪽에게만 득이 되는 해결책을 제시한다. 이 방식은 종종 상대방이 손해를 보는 상황을 초래한다.
⑤ 협업/문제 해결: 여러 측면에서 다양한 관점과 통찰력을 통합한다. 합의와 소속감을 이끌어내기 위해 협력하는 태도와 개방적인 대화가 요구된다. 이 방식은 양방에게 모두 긍정적인 상황을 초래할 수 있다.

(2) 의사결정

이 맥락에서의 의사결정은 의사결정 도구 집합에 기술된 도구가 아닌 조직 및 프로젝트관리 팀과 타협하고 영향을 미칠 수 있는 능력과 관련이 있다. 다음은 의사결정에 유용한 몇 가지 지침이다.
① 도달할 목표에 초점을 맞춘다.
② 의사결정 프로세스를 따른다.
③ 환경요인을 연구한다.
④ 가용정보를 분석한다.
⑤ 팀의 창의력을 촉진한다.
⑥ 리스크를 고려한다.
⑦ 감성지능: 감성지능은 본인 및 타인의 개인감성, 그리고 집단의 군중감성을 식별하고 평가 및 관리하는 능력이다. 팀에서 감성지능을 이용하여 프로젝트 팀원의 정서를 파악, 평가 및 통제하고, 행동을 예견하고, 문제를 살피고 이슈에 대한 후속처리를 지원함으로써 긴장을 해소하고 협력을 증대할 수 있다.

(3) 영향력 행사

매트릭스 환경에서는 종종 프로젝트관리자에게 팀원에 대한 직접적인 권한이 거의 없거나 전혀 없기 때문에 이해관계자에게 적절한 시점에 영향력을 미치는 능력이 프로젝트 성공에 결정적으로 작용한다. 주요한 영향력 행사 기량에는 다음이 포함된다.

① 설득력
② 핵심과 입장을 명확히 밝히는 능력
③ 최고 수준의 능동적이며 효과적인 경청 태도
④ 모든 상황에서 다양한 관점 인식 및 고려
⑤ 상호 신뢰를 유지하면서 이슈를 처리하고 합의에 도달하기 위해 관련 정보 수집

(4) 리더십

프로젝트가 성공하려면 강력한 리더십 역량을 갖춘 리더가 필요하다. 리더십은 팀을 이끌고 팀원들이 자신의 역할을 잘 수행하도록 장려하는 능력으로, 광범위한 기술, 능력 및 행위를 포함한다. 리더십은 프로젝트 수명주기의 모든 단계에 걸쳐 중요하다. 상황별 또는 팀별로 필요에 따라 사용해야 할 리더십 스타일을 정의하는 몇 가지 리더십 이론이 있다. 높은 성과를 달성하기 위해 비전을 공유하고 프로젝트 팀을 격려할 때 리더십이 특히 중요하다.

2) 프로젝트관리 정보시스템(PMIS)

프로젝트관리 정보시스템에는 프로젝트 활동에 있어 팀원을 관리 및 조정하는 데 사용할 수 있는 자원관리 또는 일정 계획 소프트웨어가 포함될 수 있다.

3) 팀 관리 주요 활동

또한 팀 관리는 팀워크를 촉진하고 팀원의 업무를 통합하여 팀 성과를 향상시킬 수 있는 다양한 관리 및 리더십 기량이 필요하다. 의사소통, 갈등관리, 협상, 리더십에 중점을 두고 다양한 기량을 통합하는 일이 팀 관리에 포함된다.

(1) 팀 개발 효과를 평가한다.

① 팀 효율에 대한 평가를 수행한다.
② 기술적 성공에 대한 평가를 수행한다.
③ 팀 효율 평가척도를 분석한다.

(2) 인정과 보상을 추진한다.

① 팀 편성원에 대한 인정과 보상은 사전에 수립된 인력 계획서에 따라 시행한다.

② 다양한 문화권에서 온 사람들이 함께 일하는 경우, 인정과 보상의 문화적 차이도 고려해야 한다.

(3) 팀 관리 시 프로젝트관리자의 역할

① 팀원에게 도전적 과제를 부여하고 우수한 성과는 인정한다.
② 팀원이 업무를 수행하려는 자발적인 자세와 능력에 모두 민감해야 하며 그에 따라 자신의 관리 및 리더십 스타일을 수정한다.
③ 능력과 경험이 입증된 팀원보다 기량이 부족한 팀원을 보다 집중적으로 감독한다.

6.5.3 산출물

1) 팀 성과 평가보고서

프로젝트 팀 관리를 통해 팀의 업무 수행 역량이 어느 정도 향상되었는지 그 성과를 평가하여 작성된 보고서

(1) 팀원 개개인의 업무수행 기량 향상
(2) 팀워크 결성 정도

2) 변경요청

팀 관리 프로세스를 수행한 결과로 변경요청이 발생하는 경우, 시정조치 또는 예방조치가 프로젝트관리 계획서나 프로젝트 문서의 구성요소에 영향을 미치는 경우, 프로젝트관리자는 변경요청을 제출해야 한다. 예를 들어 팀원 변동은 선택에 의해서든 통제 불가능한 사건 때문이든 관계없이 프로젝트 팀에 영향을 줄 수 있다. 이로 인해 일정이 어긋나거나 예산이 초과될 수 있다. 팀원 변동에는 다른 직무로의 전배, 일부 작업의 외주처리 또는 빈자리 충원 등이 포함된다.

6.6 물적 자원관리

물적 자원관리(physical and material resources management)는 프로젝트를 효율적이고 효과적인 방식으로 완료하는 데 필요한 물적 자원(자재, 장비, 보급품 등)을 제공하여 활용하는 것이다. 자원을 효율적으로 관리 및 통제하지 못하면 성공적인 프로젝트 완료에 리스크를 초래할 수 있다. 예를 들면 다음과 같은 경우이다.

- 중요 자재, 장비 또는 기반시설을 적시에 확보하지 못하면 최종 제품 생산이 지연될 수 있다.
- 저품질의 자재를 주문하면 제품의 품질이 저하되어 리콜 또는 재작업 비율이 높아질 수 있다.
- 재고를 너무 많이 보유하면 운영비용이 증가하여 조직의 수익이 감소할 수 있다. 반대로 재고 수준이 너무 낮아도 프로젝트 요구를 충족시키지 못해 문제가 될 수 있다.

프로젝트에 필요한 물적 자원은 프로젝트 수행조직의 내부 또는 외부 자원일 수 있다. 내부 자원은 내부로부터 획득이 가능하나 외부 자원은 조달 프로세스를 통해 획득한다. 프로젝트 자원을 확보하는 프로세스에서 다음과 같은 요인을 고려해야 한다.

- 프로젝트관리자 또는 프로젝트 팀은 프로젝트에 필요한 물적 자원 공급 업무 담당자와 효과적으로 협상하고 영향력을 행사해야 한다.
- 프로젝트에 필요한 자원을 확보하지 못하면 프로젝트 일정, 예산, 품질 및 리스크에 영향을 미칠 수 있다. 물적 자원이 부족하면 성공 확률이 감소하며, 최악의 경우 프로젝트가 취소될 수 있다.
- 경제적 요인이나 다른 프로젝트에 배정되는 등의 제약사항으로 인해 물적 자원을 사용할 수 없는 경우 프로젝트관리자 또는 프로젝트관리 팀은 필요한 조치를 취해야 한다. 다음에 물적 자원관리의 투입물, 방법 및 활동, 그리고 산출물에 대해 기술한다.

6.6.1 입력물

1) 프로젝트관리 계획서

프로젝트관리 계획서에서 물적 자원관리 관련 계획을 적용한다.

2) 조달 계획서

물적 자원을 외부에서 조달 받는 경우에는 물적 자원에 관련된 조달 계획서를 적용한다.

3) 계약서

물적 자원을 외부로부터 조달받아야 할 경우에 체결된 조달 계약서의 물적 자원 관련 정보와 자료를 활용한다.

4) 회사 보유 정보 및 자료

회사에서 보유하고 있는 과거 유사 프로젝트 실적 정보 및 자료를 활용한다.

5) 프로젝트 주변 여건

외부로부터 조달을 받는 경우 시장여건, 공급사의 능력 등에 대한 정보와 자료를 활용한다.

6.6.2 기법 및 활동

1) 물적 자원관리 방안

물적 자원관리는 프로젝트에 소요되는 물적 자원에 대하여 설계 단계부터 구매, 인수, 저장, 불출 및 환입에 이르기까지 업무를 체계적으로 관리함으로써 문제점을 사전에 해결하여 물적 자원의 지연으로 인해 프로젝트에 미치는 영향을 최소화하기 위한 것이다.

(1) 설계 단계

설계 착수부터 기술규격서 최종분 제출 이전 단계까지의 물적 자원 관련 업무를 말하며, 주요 수행업무 및 정보관리 범위는 다음과 같다.

① 물적 자원 조달계획(조달 패키지 구분 및 공급 범위) 수립
② 소요 물량 산정 및 기술규격서 작성
③ 조달 자원 구매 추진일정 수립 및 관련정보 관리

(2) 조달 단계

기술규격서 최종분 접수 단계부터 현장 납품 단계까지 조달계약 및 계약 사후관리 관련 수행업무와 그에 따른 정보관리 업무를 말한다.

① 물적 자원 기술규격서 검토 및 구매 의뢰
② 물적 자원 구매 입찰안내서 발급, 입찰서(BID) 평가 및 적격 계약사 선정
③ 조달 계약 체결, 제작공정 검사 및 시험, 운송 및 통관
④ 조달 계약 및 계약자 정보관리
⑤ 조달 항목별 납품계획정보 수집 및 관리

(3) 현장 물적 자원관리 단계

물적 자원 인수 단계부터 시공을 위해 불출될 때까지 물적 자원 관련 저장 및 보존관리 업무를 말하며 주요업무는 다음과 같다.

① 물적 자원 인수/인수검사
② 저장, 보존 및 재고관리
③ 불출 및 환입관리
④ 부적합 물적 자원에 대한 부적합(NCR)관리
⑤ 물적 자원 공급현황 정보관리

2) 물적 자원(자재 및 장비 등) 저장소

물적 자원(자재 및 장비 등)은 조달 후 사용 시까지 저장 및 보존관리가 요구된다. 물적 자원의 저장 및 보존에는 옥내 저장소(창고)와 옥외 저장소(야적장)으로 구분하여 보존 및 관리해야 한다. 조달된 물적 자원을 옥내, 옥외 저장 및 보존 자원으로 식별하여 관리 및 보존 후 활용해야 한다.

3) 물적 자원 정보관리 전산시스템

설계에서부터 조달, 인수, 저장, 불출 및 환입에 이르기까지 물적 자원 업무수행 과정에서 발생되는 각종 현황 정보를 전산으로 관리함으로써 모든 이해관계자로 하여금 물적 자원 관련 정보를 공유하도록 하고, 문제점을 사전에 해결하여 물적 자원 지연으로 인해 프로젝트에 미치는 영향을 최소화하기 위한 전산시스템이다.

물적 자원관리 전산시스템은 물적 자원에 대한 현황 정보를 관리하며, 프로젝트관리 정보시스템의 일부로 수립될 수 있다.

6.6.3 산출물

1) 물적 자원관리 계획서

(1) 관리 대상 물적 자원

① 자재

- 벌크(bulk) 자재: 철골, 시멘트, 철근, 콘크리트, 배관, 케이블, 전선관 등
- 태그(tag) 자재: 기계 및 전기기기, 밸브, 배관스풀, 배관지지물, 계측제어기기, 예비품 등

② 장비

- 설계 장비: 캐드캠(CAD/CAM), 플로터 등
- 건설 장비: 그레이딩 장비, 굴착 장비, 리프팅 장비 등
- 시험 장비: 계측 장비, 비파괴 시험 장비 등
- 개발 장비: 프로그램 개발 도구

(2) 저장 및 보존 관리

① 옥내 저장 및 보존

일반적으로 창고라고 하며, 옥내 저장이 요구되는 물적 자원 보존 및 관리를 위한 장소를 의미한다. 물적 자원 보존 요건에 적합한 온도, 습도 등의 조절이 가능한 장소가 되어야 한다.

② 옥외 저장 및 보존

일반적으로 야적장이라고 하며, 규모가 크고 옥외 저장 및 보존 관리에 문제가 없는 물적 자원관리를 위한 장소이다.

(3) 물적 자원관리 조직 및 역할

물적 자원관리 조직은 크게 사업주 측면의 본사, 현장이 있고 이외 물적 자원 공급사 그리고 시공사로 분류할 수 있다. 조직별 역할을 구체적으로 정의하여 관련 업무를 수행하도록 한다.

① 사업주

사업주는 본사의 프로젝트관리 팀, 기술 팀, 구매 팀의 역할과 현장의 프로젝트관리 팀, 감독 팀, 물적 자원관리 팀, 품질관리 팀의 역할을 분명하게 정의한다.

② 물적 자원 공급사

물적 자원 공급 계약에 따라 물적 자원을 제작, 납품, 설치(설치조건부 계약일 경우)하는 공급사를 말하며, 관련정보를 제공하며, 기자재 제작 및 설치도면 작성, 비용지불항목(pay item)별 구매 계약정보 제공, 비용지불항목별 납품계획 제공, 기타 사업주가 요청하는 관련 정보 제공 및 지원 등의 업무를 수행한다.

③ 시공사

자재 설치 업무를 수행하며 자재 설치 및 지입자재 구매조달관련 사항을 사업주 관련부서에 보고하며, 지입자재 구매계획서 작성, 제출, 지입자재 구매, 조달 및 설치, 자재 청구, 수령, 설치 및 환입 의뢰, 지입자재 관리시스템 구축 및 운영, 기타 사업주가 요청하는 자재 관련 정보 제공 및 지원 등의 업무를 수행한다.

2) 물적 자원 공급현황 보고서

물적 자원의 조달 요청에서부터 재고관리까지의 <표 6−4>와 같이 조달 정보를 체계적으로 관리하여 물적 자원의 조달 현황을 관리할 수 있는 전산시스템이다.

〈표 6-4〉 물적 자원 공급현황 보고서 사례

식별번호	조달패키지명		구매요청	입찰공고	입찰	계약	제작	선적	입고
aaaaaaa	주기기	계획	20/1/1	20/2/28					
		실적							
xxxxxx	보조기기	계획							
		실적							
yyyyyy	변압기	계획							
		실적							
ggggggg	케이블	계획							
		실적							

출처: KPMA, GPMS, 2020

6.7 자원 통제

자원 통제(resources control)는 프로젝트에 할당되고 배정된 실제 자원을 예정대로 사용할 수 있는지 확인하고, 계획 대비 실제 자원 활용률을 비교하며, 필요에 따라 시정 조치를 수행하는 프로세스이다. 자원 통제는 배정된 인적 자원과 물적 자원이 적시에 프로젝트에 투입되고 더 이상 필요 없는 자원을 처리하는 것이다.

자원 통제 프로세스는 모든 프로젝트 단계를 포함하여 프로젝트 수명주기 전반에 걸쳐 지속적으로 수행해야 한다. 프로젝트를 지연 없이 지속적으로 수행하려면 프로젝트에 필요한 자원을 적시에 올바른 위치에서 올바른 양으로 배정해야 한다.

자원 계획을 갱신하려면 현재까지 사용된 실제 자원과 더 필요한 자원을 알아야 한다. 이를 위해 주로 현재까지 사용한 자원의 실적을 검토해야 하며, 자원 통제는 다음 활동과 관련이 있다.

- 자원 투입 실적 확인
- 부족/여유 자원을 적시에 식별 및 처리
- 계획 및 프로젝트 요구에 따른 자원 사용과 해산
- 자원 활용 변경을 야기할 수 있는 요인에 대한 영향력 행사
- 실제로 발생하는 변경관리

6.7.1 입력물

1) 인적 자원 배정표

프로젝트 팀 편성의 인적 자원 배정표와 팀 성과평가서 및 물적 자원관리 현황 정보 및 자료를 활용한다.

2) 자원 투입 실적 및 현황보고서

자원 계획 대비 실제 투입 실적과 자원 조달 현황보고서를 확인한다.

3) 프로젝트관리 계획서

프로젝트관리 계획서의 자원관리 관련 계획을 활용한다.

4) 프로젝트 주변 환경

인적 및 물적 자원관리 계획에 따른 자원의 확보 및 공급과정에서 조직 내의 여건 변화와 시장여건 변화에 따라 계획에 여러 가지 문제가 야기될 수 있다. 따라서 현재의 보유 인력, 조직 문화, 시장 여건 등이 고려되어야 한다.

5) 회사의 보유 정보 및 자료

프로젝트 자원 통제와 관련된 과거 유사 프로젝트 실적 정보와 자료를 활용할 수 있다.

6.7.2 기법 및 활동

1) 인적 자원 통제 방법

(1) 일정 조정

프로젝트에 주변 환경 변화에 따른 가용자원과 공급력 등을 고려하여 일정을 조정 또는 변경할 수 있다. 일반적으로 공정압축법, 공정중첩 방법 또는 일정 여유를 활용하여 자원 통제에 대처할 수 있다.

(2) 자원 평준화

자원 평준화는 프로젝트에 배정된 가용자원으로 프로젝트를 수행할 수 있도록 활동 여유의 조정과 활동 순서를 조정하여 일정표를 변경하는 방식이다.

2) 물적 자원 통제 활동

물적 자원 통제에는 자재와 장비 등의 인수, 저장, 보존, 청구 및 불출 등에 대한 통제 활동만 기술한다.

(1) 물적 자원 조달 현황 분석

① 물적 자원 조달 현황을 주기적으로 파악하여 계획 대비 지연 자원을 식별하고, 지연 원인 및 프로젝트 일정에 미치는 영향 등을 분석한다.

② 관계 부서와 협의하여 지연 자원에 대한 대응책을 수립 및 조치한다.
③ 자원의 인수 시 품질관리 부서로부터 부적합 판정을 받은 자원에 대해서는 처리 방안, 조치완료일, 등을 관계 부서 및 계약사에 통보한다.
④ 부적합 판정을 받은 자원 중 현장 수리가 불가능한 경우는 공급사로 반송 조치한다.

(2) 자원 저장 및 보존 상태 파악

① 옥내 및 옥외 저장 자원의 보존 상태를 주기적으로 확인하여 보관 자원의 손상으로 인한 문제점이 발생되지 않도록 해야 한다.
② 옥내 및 옥외 저장된 자원의 손상 등 문제 발생 시는 즉시 대응책을 수립 및 조치한다.

6.7.3 산출물

1) 자원관리 성과보고서

인적 자원 및 물적 자원관리 계획 대비 실적에 대한 성과분석 보고서를 작성하여 이해관계자가 공유하도록 한다.

2) 지연 자원 및 대책보고서

자원 조달현황 분석 결과 지연 자원에 대한 대책을 수립하여 관계 부서 및 공급사에 조치 의뢰한다.

3) 변경요청서

자원 공급과 관련하여 변경 조치가 요구되는 사항에 대해서는 변경요청서를 작성하여 관계 부서 또는 공급사에 조치 의뢰한다.

(1) 시정조치요청서
(2) 반송 및 수리 요청서
(3) 재공급요청서

이 장의 요약

- 프로젝트 자원관리는 프로젝트에서 요구하는 인적 자원(인력)과 물적 자원(자재, 장비 등)을 적기에 공급하여 프로젝트 목표를 달성하고자 하는 것이다.
- 자원관리는 7개의 프로세스로 수행된다.
  - 조직 정의: 프로젝트에 적합한 조직 형태와 역할 분담 및 책임 할당을 명확히 정의하는 프로세스이다.
  - 자원 산정: 활동별 자원 소요량을 산정하여 프로젝트관리 계획 수립의 기준 정보로 활용하는 프로세스이다.
  - 팀 편성: 프로젝트 팀 편성은 자원 계획에 따라 필요한 인적 자원을 획득하고 그들의 일을 수행하기 위한 방향을 제공하는 프로세스이다.
  - 팀 개발: 팀 개발은 프로젝트 목표를 달성하기 위해 팀 구성원들의 역량을 향상시키고, 팀원 간의 상호 교류와 협력을 통하여 팀의 분위기를 개선하는 프로세스이다.
  - 팀 관리: 팀 관리는 팀원의 업무 수행성과를 확인하고, 피드백을 제공하며, 이슈를 해결하고, 팀 변경사항을 관리하는 프로세스이다.
  - 물적 자원관리: 물적 자원관리는 프로젝트를 완료하는 데 필요한 물적 자원(자재, 장비, 보급품 등)을 제공하여 활용하도록 하는 프로세스이다.
  - 자원 통제: 자원 통제는 프로젝트에 할당되고 배정된 실제 자원을 예정대로 사용할 수 있는지 확인하고, 계획 대비 실제 자원 활용률을 비교하며, 필요에 따라 시정조치를 수행하는 프로세스이다.
- 자원은 필요할 때 이용할 수 있도록 계획되어야 하며, 프로젝트의 특성이 한시성과 유일성이기 때문에 인적 자원의 중요성은 더욱 커진다고 할 수 있다.
- 인적 및 물적 조달 계획 대비 실적을 모니터링하여 조달 성과를 확인하고, 계획 대비 차이가 있을 시 적절히 조치하는 자원 통제 업무가 있다.

6장 연습문제

1. **다음 용어를 설명하시오.**

   1) 프로젝트 스폰서
   2) 가상 팀
   3) RACI(Responsibility, Accountable, Consult, and Informed)
   4) 매트릭스 조직
   5) 자원평준화

2. **다음 제시된 문제를 설명하시오.**

   1) 프로젝트의 조직 유형의 장단점에 대해 설명하시오.
   2) 인적 자원관리 프로세스와 물적 자원관리 프로세스를 설명하시오.
   3) 프로젝트관리자, 리더, 프로젝트관리 팀원에 대한 권한과 책임에 대해 설명하시오.

3. **다음 객관식의 문제에 대해 올바른 답을 제시하시오.**

   1) 일시적 또는 부분적으로 갈등을 해결하기 위해 모든 당사자들을 어느 정도 만족시킬 해결책을 모색하는 기술을 무엇이라 하는가?
      ① 협업/문제 해결
      ② 철회/회피
      ③ 해결/수용
      ④ 타협/화해

   2) 다음 중 책임 배정 매트릭스(RAM: Responsibility Assignment Matrix)를 적용하는 목적이 아닌 것은 무엇인가?
      ① 프로젝트 팀원들이 수행할 업무를 표현하기 위해
      ② 각 단계나 업무를 완료할 때 승인 권한이 누구에게 있는지 확인하기 위해
      ③ WBS 항목에 대해 프로젝트 팀원들의 책임을 배정하기 위해
      ④ 프로젝트에 대한 이해당사자들의 보상 수준을 결정하기 위해

3) 프로젝트가 착수한 지 2일이 지났다고 가정할 때, 이 단계에서 프로젝트 리더가 발휘해야 할 리더십으로 적절한 것은?

① 코칭

② 지시

③ 위임

④ 지원

4) 팀 개발을 설명하기 위해 사용되는 모델 중 하나가 터크맨 사다리인데 터크맨 사다리 다섯 가지 개발 단계에 포함되지 않는 것은?

① 형성 단계

② 스토밍 단계

③ 표준화 단계

④ 공식화 단계

5) 프로젝트 규모나 여건에 따라 다소 차이가 있을 수 있으나, 충원관리 계획서 사항에 포함되지 않는 것은?

① 인력고용

② 자원달력

③ 생산수준

④ 인력방출계획

CHAPTER

07

일정관리

일정관리는 프로젝트 일정목표 달성을 위해 주어진 제반여건을 고려하여 합리적인 일정계획을 수립하고 실행 및 통제하는 활동이다.

본 장에서 다루는 일정관리는 활동 정의, 활동 순서 및 활동 기간 산정, 일정 개발 및 통제 등 일정관리 프로세스와 관련된 모든 프로세스를 이해함으로써 일정을 결정하고 차질 없이 프로젝트가 완성할 수 있도록 한다는 것을 의미한다. 또한 앞 장에서 다루었던 범위기준선은 프로젝트 일정계획의 주요 입력사항임을 이해하여야 한다.

이 장의 주요 관심사는 일정관리이다. 일정관리에 대한 개념을 분명히 이해하기 위해, 프로젝트 일정관리 개요 및 필요성, 일정 수립 이유, 일정 실패 이유, 일정관리 프로세스에 대해 좀 더 상세히 기술해 본다.

■ 프로젝트 일정관리 개요

프로젝트는 수행되어야 할 프로젝트 작업과 그 작업을 수행하기 위한 일정의 두 가지 주요 요소로 구성된다. 전체적인 프로젝트 작업, 즉 프로젝트 범위는 더 작은 관리가 가능한 요소로 세분된다. WBS의 이러한 구성요소를 작업패키지라고 한다. 그러나 작업패키지는 개인이 수행할 수 있는 적절한 항목이 아닐 수 있다. 그래서 작업패키지는 활동이라고 불리는 작은 구성요소로 재배열되거나 분해될 수 있다. 프로젝트 일정에는 수행할 활동뿐만 아니라 활동을 수행할 순서도 시작 날짜와 종료 날짜와 함께 포함되어 있다. 활동의 순서는 활동들 사이의 의존성에 의해 제한된다. 기초부터 실질적인 사업일정을 만들 수 있는 것은 그 활동을 파악해 자원을 산정하는 것이다.

활동, 그리고 주어진 자원을 이용할 수 있는 상태에서 각 활동을 수행하는 데 필요한 시간을 결정하고, 승인된 일정은 정상 궤도에 오르기 위해 통제될 필요가 있다. 이 모든 업무는 이른바 프로젝트 일정관리에 속한다.

프로젝트의 성공과 실패는 일정, 예산, 요구명세서에 의해 좌우된다. 일정관리란 프로젝트를 기한 내에 완료하도록 관리함을 의미한다. 범위관리(scope management)가 프로젝트에 대해 '무엇(what)'을 정의하는 것이라면, 일정관리는 프로젝트를 '언제(when)'와 '어떻게(how)'를 정의하는 것이다. 목표한 납기에 프로젝트를 완수하기 위해서는 정확한 일정을 세우고, 그 일정에 따라 프로젝트가 진행되도록 통제하는 것이 중요하다.

■ 프로젝트 일정관리 필요성

프로젝트가 성공적인가 아닌가를 판단하는 기준으로 흔히 세 가지를 언급한다. 첫째, '프로젝트가 예산범위 내에서 수행되었는가?', 둘째, '프로젝트가 정해진 기한 내에

끝났는가?', 셋째, '고객이 프로젝트 결과물에 만족하는가?'이다. 이 중에서 가장 통제하기 어려운 사항으로 대부분의 프로젝트관리자들이 일정을 꼽는다. 대부분의 프로젝트가 여러 작업으로 이루어져 있기 때문에 그 많은 작업들을 완벽하게 계획된 시간 내에 완료하기란 결코 쉬운 일이 아니다.

또한 프로젝트가 기업의 외부 환경에 많은 영향을 받기 때문에 일정관리가 무엇보다 중요하다. 속도와 효율성을 강조하고 경쟁이 치열한 최근의 상황으로 봐서 프로젝트 일정을 줄이는 것은 시장 경쟁력의 필수조건이 되었다. 그만큼 다른 성공기준보다 일정관리가 중요해지고 있다.

■ 일정을 수립하는 이유

주말 계획을 짜는 일상적인 일에서부터 인천공항 프로젝트처럼 크고 중요한 일까지 처음 일을 시작하는 기획 단계에서 일정을 수립하는 이유는 무엇 때문일까? 휴가를 계획하든, 신제품을 개발하든 모든 일정에는 세 가지 기본 목적이 있다(스콧버쿤, 2006).

첫째, 언제까지 일을 끝내겠다는 약속이다. 일반적으로 사람들이 프로젝트 일정을 논할 때는 이와 같은 목적을 염두에 둔다. 일정은 고객뿐 아니라 프로젝트와 관련된 모든 사람들이 공식적으로 행하는 약속이다. 따라서 계약 이후에 일정이 변경될 경우에는 서로 간의 동의가 이루어져야 한다.

둘째, 프로젝트 참여자에게 자신의 업무가 전체에서 얼마나 기여하는지를 보여줌으로써 모든 사람들을 격려하기 위함이다. 정확하지 않더라도 일정이 없다면 팀원들은 상호협력이나 의존관계를 따져보지 않을 것이다. 대신에 모두가 자신의 일만으로 바빠서 내가 맡은 부분이 다른 팀원들에게 어떤 영향을 미치는지를 생각하지 않는다. 프로젝트에서 일정은 커다란 강제 작용을 발휘한다. 일정에 포함된 사람은 자기가 맡은 업무를 더욱 신중히 처리하고 다른 사람이 수행 중인 업무와 연관성에도 주의를 기울인다.

프로젝트 일정이 늦어지거나, 두 배로 늘거나, 절반으로 줄거나 등 기타 온갖 나쁜 조합이 만들어지더라도 팀원 간 또는 고객과 맺은 약속은 변하지 않는다. 따라서 일정을 수립하는 행위 자체만으로도 충분한 가치가 있다. 예를 들어, 프로젝트가 크게 지연되는 상황에서도 일정이 존재한다는 사실만으로도 프로젝트 완수에 큰 도움이 된다.

셋째, 팀에게 진행 상황을 추적하고 작업을 관리 가능한 단위로 쪼개는 도구를 제공하기 위함이다. 작업을 하루나 이틀 단위로 나누면 해야 할 일을 이해하기가 쉬워진다. 집을 짓는데 건축업자가 '집: 120일'이라고 달랑 한 줄로 표시한다면 무엇을 먼저 해야 할지 감을 잡을 수 없다. 그러나 작업을 관리 가능한 단위로, 즉 주 단위로 나눈다면 모두가 할 일과 시기를 이해하게 되며, 팀원 각자가 상호관계도 파악할 수 있다. 프로젝트관리자에게 우수한 일정은 프로젝트에 대한 전반적인 흐름뿐만 아니라 세부적인 작업에 대한 시각도 제공한다.

프로젝트가 크고 복잡할수록 일정은 더욱 중요하다. 일정이 완벽하다고 해서 프로젝트에 발생하는 문제를 모두 해결할 수는 없다. 일정 자체가 얼마나 유용한지는 프로젝트를 이끌고 관리하는 사람에게 달려 있다.

■ 일정이 실패하는 이유

프로젝트 초기에 프로젝트의 규모와 비용, 기간, 자원 등이 얼마나 필요할지를 예측하는 작업은 나비효과와 유사하다. 나비효과란 지구의 어느 한 귀퉁이에서 날아다니는 나비 한 마리의 날갯짓이 다른 지역에 태풍을 일으킬 수도 있다는 것이다. 즉, 작은 사건 하나가 확장하면서 복잡하고도 거대한 결과를 낳을 수 있음을 뜻한다. 프로젝트 초기에 정확한 범위를 산정하는 것은 이론적으로 불가능하다. 또 프로젝트 수행 도중에 할 일이 변경되는 상황에서 일정과 예산이 변경되는 것은 어쩔 수 없는 현상이다. 프로젝트는 본질적인 특성상 모호했던 것들이 점진적으로 구체화된다(progressive elaboration).

일정은 일종의 예측이다. 초기 일정이 얼마나 정확하든 혹은 그렇지 않든 간에 작은 예측들이 모여 전체의 일정을 이룬 결과물이며 작은 예측마다 예상치 못한 문제들이 곳곳에 도사리고 있다. 아무리 정확하게 예측을 하더라도 이것은 단지 예측에 불과하므로 결과적으로는 달라질 수밖에 없다. 따라서 일정 자체가 얼마나 정확하냐가 중요하기보다는 일정을 어떻게 사용하느냐가 기한 내에 끝날 확률을 높이는 방법이라고 하겠다. 기본적으로 프로젝트관리자와 팀원들이 서로 신뢰하고, 프로젝트 진행 상황을 추적하고 관리하며, 고객이나 프로젝트 스폰서가 만족할 만한 성공확률만 있으면 된다. 정확한 초기 일정도 중요하겠지만 프로젝트 진행 중에 발생하는 변경 상황을 신속하고 정확하게 처리하고 관리하는 과정이 더 중요하다.

수많은 프로젝트가 일정을 맞추지 못하는 사실은 그다지 놀랍지 않다. 프로젝트관리자에게 프로젝트를 예정된 기한 내에 끝내지 못한 원인을 추궁하면 대부분 기업 외부의 환경 탓으로 돌린다. 공급업체가 중간에 파산하였다든가, 고객의 요구사항이 자주 바뀐다든가, 자연재해로 인해 불가피했다든가 등 불확실하고 불가피한 외부요인들에 의한 것으로 치부한다. 그러나 실제 프로젝트 관리자나 팀원들이 말하는 원인은 외부요인보다는 내부요인들에 의한 것이 많다고 한다.

에드워드 요든은 『죽음의 행진(death march)』이라는 책에서 프로젝트 일정을 맞추지 못하는 이유는 처음부터 문제 프로젝트로 시작하기 때문이라고 지적한다. 문제 프로젝트란 프로젝트에 주어진 일정, 자원, 예산, 범위가 합리적인 기준보다 못한 프로젝트를 말한다.

■ 일정관리 프로세스

정해진 시간에 프로젝트 작업을 완료하기 위해 프로젝트 일정을 개발하고 관리하는 것이 일정관리의 전부다. 프로젝트를 완료하려면 프로젝트 결과물을 생산하기 위한 몇 가지 활동을 수행해야 한다. 그렇게 하려면, 그 활동에 대한 자원을 산정하고 일정을 결정해야 한다.

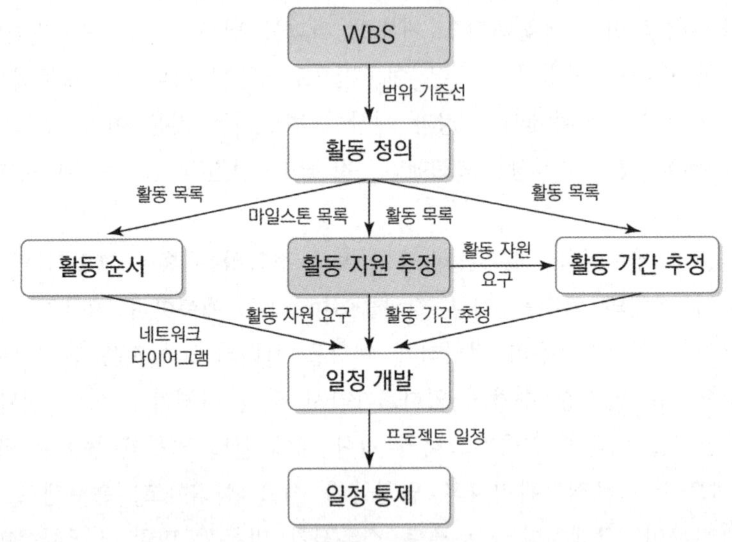

[그림 7-1] 일정개발로 이어지는 일정관리 프로세스

하지만 이러한 일이 일어나기 전에, 활동들을 확인하고 모든 것이 계획대로 이루질 수 있도록 해야 한다. 이러한 과정의 완성도를 높이기 위해 먼저 다음과 같은 용어를 정의해 보도록 하자.

- **활동**: 프로젝트 작업의 구성요소
- **활동 기간**: 일정 활동의 시작과 종료 사이의 일정관리 단위로 측정된 시간

- **일정 활동:** 프로젝트 수명주기 동안 수행되는 일정으로 정리된(작업 구성요소)

- **논리적 관계:** 두 프로젝트 일정 활동 또는 일정 활동과 일정 마일스톤 사이의 종속성

- **마일스톤 일정 지정:** 마일스톤은 프로젝트의 수명에서 중요한 포인트(또는 이벤트)이며, 일정 마일스톤은 프로젝트 일정의 마일스톤이다. 마일스톤은 일련의 활동의 완료를 표시하므로 지속 시간이 0이다. 주요 결과물의 완성은 마일스톤의 한 예다.

프로젝트 일정관리에는 프로젝트를 적시에 완료하는 데 필요한 프로세스가 포함된다. [그림 7-1]은 일정 개발을 유도하는 일정관리 프로세스의 흐름도를 나타낸다.

이러한 프로세스의 내용은 다음과 같다.

- **일정관리 계획:** 프로젝트 일정 개발, 실행 및 제어 방법 계획

- **활동 정의:** 프로젝트 결과물을 생산하기 위해 수행해야 하는 특정 일정 활동(즉, 작업물)을 식별한다.

- **활동 순서:** 활동 간의 종속성을 파악하여 관계를 파악한 후 활동을 순차적으로 배치한다.

- **활동 기간 산정:** 활동 완료에 필요한 각 일정 활동에 대해 개별적으로 작업 기간 단위로 시간을 산정한다. 작업 기간은 작업이 진행 중일 때의 시간을 측정하는 것으로, 활동의 크기에 따라 시간, 일 또는 월 단위로 측정한다. 이 산정치는 주어진 자원에 대해 수행된다.

- **일정 개발:** 일정 활동 순서, 일정 활동 기간, 리소스 요구사항 및 일정 제약 조건을 분석하여 프로젝트 일정을 개발한다.

- **일정 통제:** 프로젝트 진행 상황을 모니터링하여 프로젝트 일정 및 그에 따른 일정기준선의 변경사항을 관리한다.

<표 7-1>과 같이, 일정 통제 프로세스를 제외한 모든 일정관리 프로세스는 계획 프로세스이며, 이 장에서 다룬다. 통제일정 프로세스는 모니터링 및 통제 부분에서 다루어질 것이다.

이러한 프로세스는 프로세스 그룹 및 각 프로세스의 주요 산출물과 함께 <표 7-1>에 나타나 있다.

〈표 7-1〉 프로세스 그룹과 연관된 일정관리 프로세스

시간관리 프로세스	프로세스 그룹	주요 산출물	수행
계획일정관리	계획	일정관리 계획	계획일정관리
활동 정의	계획	활동 목록, 마일스톤 목록	활동 정의
활동 순서	계획	활동 순서	활동 순서
활동 기간 산정	계획	활동 기간 산정	활동 기간 산정
일정 개발	계획	일정 개발	일정 개발
일정 통제	모니터링 및 제어	일정 통제	일정 통제

일정 개발을 위한 프로젝트관리의 기본 철학은 우선 프로젝트 과제를 완료하는 데 필요한 작업을 바탕으로 일정을 수립한 다음, 다른 제약조건, 달력요건, 조직의 전략적 목표에 어떻게 부합하도록 할 수 있는지 살펴보는 것이다.

철저한 수학적 분석을 통해 일정을 수립하고, 고객이나 프로젝트 스폰서 등 다른 곳에서부터 어떤 일정 변경 요청이 오든지 그냥 받아들이지는 않는다.

간단히 말해서, 개발 일정을 설정하는 경로는 활동을 정의하고, 올바른 논리적 순서로 활동을 배열하고 활동에 대한 자원 산정치를 얻는 것이 포함된다. 즉, 프로젝트를 완료하는 데 필요한 업무는 활동과 그 활동을 완료하는 데 필요한 자원의 측면에서 표현된다. 그러나 프로젝트관리에서 하는 일처럼 일정관리를 계획해서 수행해야 한다.

7.1 일정관리 계획 수립

앞서 언급했듯이 일정관리 계획 프로세스는 프로젝트 일정을 개발, 실행 및 관리 방법을 계획하는 것이다. 이 프로세스는 [그림 7-2]에 제시된 투입물 및 도구, 기법을 사용하여 일정관리 계획을 만들 수 있다.

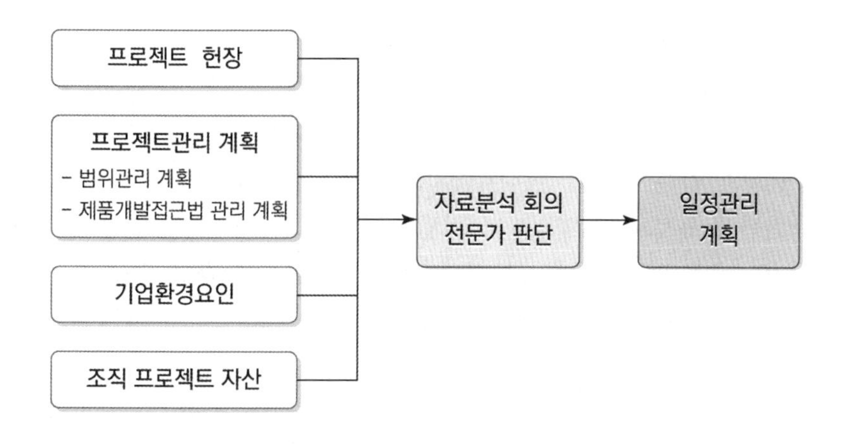

그림 7-2 일정관리 계획 수립 프로세스: 입력, 기법 및 기술, 산출물

7.1.1 입력물

입력 및 도구 및 기법에서 일정관리 계획을 전개하기 위해 할 수 있는 프로세스 진행 방법에 대해 알아보자.

① 일정 개발 방법에 대한 정보를 제공하는 범위관리 계획부터 시작한다.

② 제품 개발 접근법에 관한 문서를 조사한다. 개발하고자 하는 일정이 제품 생산에 관한 것이라면, 이 접근 방식은 산정 기법, 일정관리 도구, 일정을 통제하는 기법을 포함한 일정관리의 거의 모든 측면에 도움이 될 것이다. 즉, 문헌조사는 일반적인 일정 문제를 해결하는 접근법을 결정하는 데 도움이 될 것이다.

③ 프로젝트 헌장에 기재된 마일스톤 정보를 반드시 계획에 포함시켜야 한다.

④ 1단계와 2단계에서 나타난 여러 가지 방법이나 접근법에 관한 목록을 만들고, 3단계도 고려한다. 여기서 일정을 관리한다는 것은 활동을 정의하는 것에서부터 일정 개발 및 통제에 이르기까지의 프로젝트의 전 과정에 관한 일정관리를 의미한다.

7.1.2 기법 및 활동

주어진 일정을 계획하려면 데이터 분석 기법(예 대체 분석)을 사용하여 앞에서 언급한 4단계의 목록에서 하나 또는 조합된 방법을 선택한다. 또한 이러한 데이터 분석 방법을 사용하면 일정 세부사항과 일정을 업데이트하는 데 걸리는 시간 사이의 적절한 균형을 맞출 수 있다.

앞의 4단계를 실행하는 동안 프로젝트 스폰서, 일정에 대한 책임이 있거나 그 영향을 받을 담당자와 같은 적절한 이해관계자와 미팅도 할 수 있다. 물론 일정 개발 및 통제, 일정 관련 소프트웨어, 일정관리 방법 등 관련 주제에 대한 전문가의 판단을 구할 수 있다. 이 프로세스에 대해 이 정도 알고 있으면 기업환경 요인(EEF)과 조직 프로젝트 자산(OPA)을 파악할 수 있을 것이다.

7.1.3 산출물

일정관리 계획서에는 프로젝트 일정의 개발, 실행 및 관리 방법이 기록되어 있다. <표 7-2>는 일정관리 계획에 관한 몇 가지 질문에 대하여 설명을 제시한다.

〈표 7-2〉 일정관리 계획서

질문	일정관리 계획
선택한 일정 개발 모델은 무엇인가?	일정 개발을 위해 선택한 방법 및 도구 설명
조직 절차 연계란 무엇인가?	이 프로젝트에서 일정 개발을 위한 프레임워크로서 WBS가 사용되고 있는 것을 말한다. 목적: 작업 범위 및 작업 일정의 일관성 제공
선택한 일정 모델을 어떻게 유지하는가?	일정 진행 상황을 기록하고 일정 모델을 업데이트하는 데 사용되는 프로세스 설명
시간상자 기간은 얼마인가?	지연, 반복 및 변동에 대한 시간상자 기간을 설정. 시간상자 기간은 팀이 일정량의 작업을 안정적으로 마무리하기 위해 필요로 하는 기간
측정 단위는?	시간, 일 또는 월, 길이에 대한 미터/야드, 무게에 대한 킬로그램/파운드 등 수량 단위를 규정
정확도는 어느 정도인가?	계산 가능하고 측정 가능한 변수를 산정할 때의 정확도 또는 불확실성을 명시. 즉, 이 활동을 완료하는 데 25±5일이 소요된다. 여기서 5일은 정확도
성능 측정의 규칙은 무엇인가?	다양한 수량의 성능 측정에 대한 규칙을 기술한다. 예를 들어, 일정의 성능은 원래 일정기준선과 다른 규모의 측면에서 측정

질문	일정관리 계획
통제 한계선이란?	일정한 조치를 수행해야 할 시기에 도달하기까지 허용하기로 합의된 변이를 나타내기 위해서 일정성과 감시에 필요한 한계선 지정
빈도와 보고 형식은 무엇인가?	다양한 보고서의 빈도 및 보고 형식 명시

7.2 활동 정의

일정(schedule)을 수립하기 위해서 가장 먼저 해야 할 것은 활동(activity)을 찾아내는 것이다. 프로젝트의 작업을 완료하기 위해 수행해야 할 세부활동들을 식별하고 이를 바탕으로 필요한 자원과 시간 그리고 활동 간의 연관성을 파악하는 것이 이어진다. 이때 세부활동을 식별하는 기준이 프로젝트 범위관리에서 정의한 WBS(Work Breakdown Structure)가 된다. WBS는 '무엇을 할 것인지'를 정의한 것이라면 활동은 '어떻게 할 것인지'를 정의한 것이다. 따라서 활동정의 프로세스란 WBS의 최하 단위인 작업패키지를 활동이라 불리는 요소로 분할하는 것이라 하겠다. 간결하게 정의하면 활동은 프로젝트 결과물을 생산하기 위해 수행해야 하는 작업이다. 단, 먼저 활동들을 식별해야 하며, [그림 7-3]에 표시된 투입물, 도구 및 기법, 산출물과 함께 활동 정의 프로세스를 수행한다.

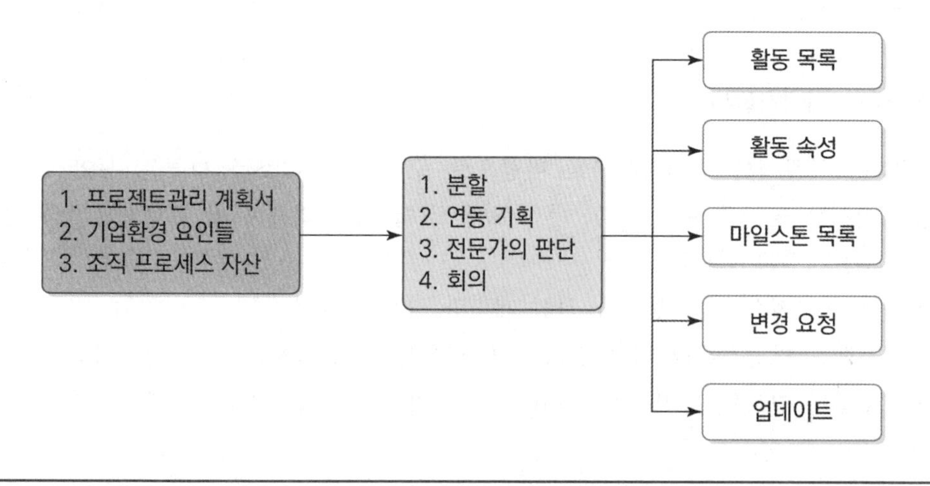

[그림 7-3] 활동 정의 프로세스: 입력물, 기법, 산출물

[그림 7-3]의 정보를 사용하여 이 프로세스를 수행하는 데 필요한 주요 단계는 다음과 같이 설명할 수 있다.

7.2.1 입력물

이 프로세스는 프로젝트 결과를 전달하기 위해 완료해야 할 활동(즉, 작업물)을 식별한다. 앞 장에서는 WBS에 대해 작업패키지까지 다루었다. 여기부터는 프로젝트 활동을 식별하기 시작한다. 따라서 활동을 정의하는 출발점은 작업패키지를 포함하는 WBS의 최저 수준이다. 기본적으로 각 작업패키지는 하나 이상의 활동으로 구분된다.

WBS가 프로젝트 범위기술서를 바탕으로 만들어진 것임을 생각하면서, 다음에 기술된 항목들은 활동을 식별하기 위해 필요한 데이터나 정보를 가지고 있다.

1) 프로젝트 범위기준선

활동을 정의하기 위해서는 다음 세 가지 프로젝트 범위기준선이 필요하다.

2) WBS 및 WBS 사전

WBS의 작업패키지는 프로젝트 활동으로 분해된다. 적절한 리소스를 할당할 수 있도록 활동을 상세하게 정의하려면 WBS 사전에서 제공하는 작업패키지에 대한 상세정보가 필요하다.

3) 프로젝트 범위기술서

WBS는 프로젝트 범위기술서를 바탕으로 구축된다. WBS를 다루는 동안 프로젝트 범위기술서로 돌아갈 수도 있다. 특히 활동 식별 시 고려해야 할 프로젝트 범위기술서의 요소는 다음과 같다.

- 주당 근무시간 등 활동이나 일정 계획과 관련된 가정
- 프로젝트 마일스톤의 미리 정해진 마감일 등 일정 옵션을 제한하는 제약 조건
- 프로젝트 인도물, 모든 것이 WBS 작업패키지에 포함되도록 보장

이 프로세스를 효과적으로 수행하기 위해서는 공정에 영향을 줄 수 있는 다음과 같은 EEF와 OPA를 알아야 한다.

4) 기업환경 요인

일정 활동의 파악과 관련된 기업환경 요소로는 프로젝트관리 정보시스템과 프로젝트 일정 소프트웨어 도구, 데이터베이스에서 게시된 상용 정보, 조직 구조 및 문화 등이 있다.

5) 조직 프로세스 자산

다음은 프로세스에 영향을 미치거나 활동을 식별하는 과정에서 유용할 수 있는 조직 프로세스 자산의 예다.

- 활동 계획과 관련된 조직 정책
- 활동을 정의하는 데 사용되는 조직 절차 및 지침
- 활동을 정의하는 데 사용된 이전 프로젝트의 템플릿 및 기타 정보
- 활동 목록과 관련하여 이전 프로젝트에서 얻은 교훈의 지식 기반

따라서 본 단원에서 설명하는 데이터 또는 정보를 사용하여 활동을 정의하는 프로세스의 산출물이 만들어진다.

7.2.2 기법 및 활동

활동 정의 프로세스의 핵심 산출물 항목은 프로젝트 결과물을 생산하기 위해 수행해야 하는 모든 활동의 포괄적인 목록이다. 작업패키지를 분해하기 위해서 분할 및 연동기획 기법을 활용할 수 있다. 분할은 인도물을 포함한 프로젝트 범위를 작업패키지라고 하는 더 작은 관리 가능한 작업으로 세분화하는 데 사용되는 기법으로 작업이 보다 세부적인 수준으로 분해됨에 따라 작업 구성요소는 보다 구체적이고 관리가 용이해진다. 그러나 과도한 분해는 작업패키지가 많아져 모두 효과적으로 관리할 수 없기 때문에 피해야 한다. 과도한 분해는 관리 및 기타 자원의 비효율적인 사용으로 이어진다는 것이다. 필요하고도 충분한 분해가 관건이다.

연동기획은 점진적 구체화의 일환인데 가까운 미래의 활동을 중점으로 상위 수준의 계획을 반복적 작업을 통해 세분하는 활동이다. 즉 가까운 시기에 완료할 작업은 상세히 계획하고 장기적인 작업은 개략적인 계획을 수립하는 것이다. 대부분의 프로젝트의 초기에는 정보가 부족해 먼 미래 계획까지 상세 수준으로 작업패키지를 분할하는 것이 어렵지만, 프로젝트가 진행됨에 따라 정보가 추가로 확인되면서 작업패키지를 여러 활

동으로 분할할 수 있기 때문이다.

예를 들어 축구 경기에서 '파도타기'를 해 본 적이 있는가? 경기장 건너편에서 파도가 우리를 향해 움직이는 것을 볼 수 있다. 그리고 우리는 그 안에 있다. 그리고 그것은 지나간다. 프로젝트관리 계획에서 추진되는 물결은 계획 수립과 프로젝트 작업의 반복을 포함한다. WBS와 WBS 사전을 만들 때 사용하는 정교함이 연동기획의 한 예다.

연동기획은 프로젝트 범위가 무엇을 만들어낼지에 대한 큰 그림을 고려하지만 프로젝트를 진행하기 위한 단기 활동에 초점을 맞추고 있다. [그림 7-4]는 소프트웨어를 만드는 프로젝트가 전송 가능에 대한 모든 프로젝트 요구사항을 어떻게 고려하는지를 보여주지만, 전송 가능성의 일부를 완료하는 데 필요한 즉각적인 활동에 초점을 맞춘다. 그 작업이 완료되면, 프로젝트관리 팀은 프로젝트의 다음 부분을 어떻게 만들 것인가를 고민하고 계획한다. 그 팀은 계획을 세우고, 일을 한 다음, 더 많은 계획을 위해 재구성한다.

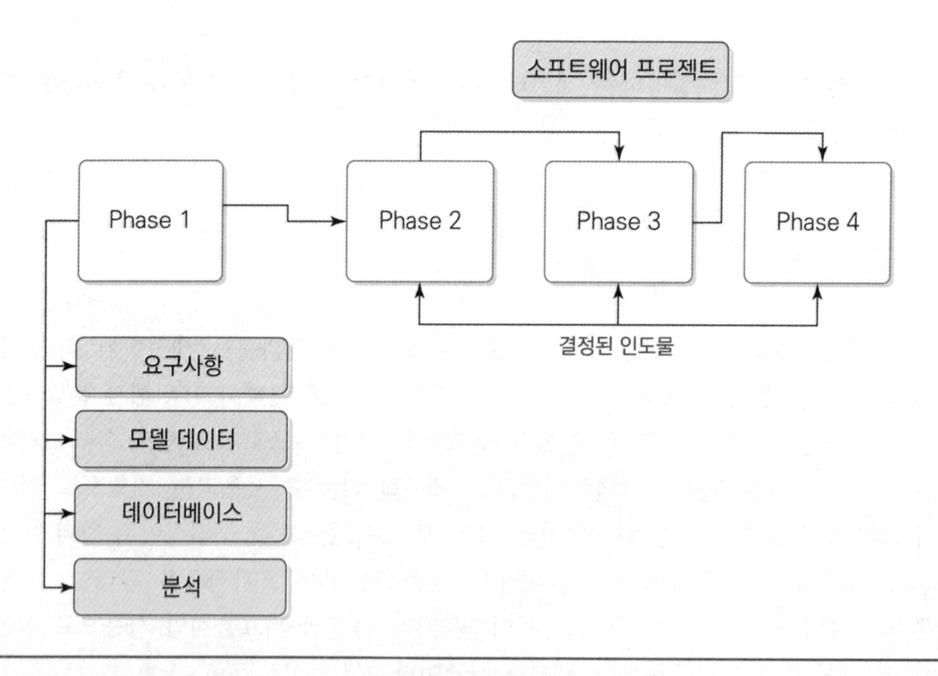

[그림 7-4] 임박한 작업을 상세하게 기록하고 향후 작업을 높은 수준으로 유지하기 위한 연동기획의 예

활동은 프로젝트의 핵심이다. 따라서 프로젝트 일정을 효율적이고 효과적으로 만들기 위해서는 이들을 정확하게 식별하고 정의하는 것이 매우 중요하다. 따라서 전문가의 판단은 이 과정에서 활용할 수 있는 매우 중요한 도구다. 예를 들어 작업패키지를

일정 활동으로 분해하는 과정에서 WBS 및 프로젝트 일정 개발에 경험이 있는 팀원 및 기타 전문가의 도움을 받을 수 있다. 이와 함께 관련하여 이해관계자와 간담회를 가질 수 있다.

7.2.3 산출물

이 항목과 기타 산출물 항목은 아래에서 논의한다.

1) 활동 목록

이것은 프로젝트 결과물을 생산하는 데 필요하고 충분한 모든 활동의 목록이다. 각 활동에는 WBS 내에서 고유한 식별자가 할당된다. 즉, 이러한 활동은 WBS에서 파생되어 프로젝트의 범위에 포함된다. 또한 각 일정 활동의 범위를 구체적으로 충분히 상세히 기술하여 이를 담당하는 팀원이 어떤 작업을 수행해야 하는지 파악하도록 해야 한다. 일정 활동의 예로는 책의 한 장, 잘 정의된 임무를 완수할 컴퓨터 프로그램의 기능, 컴퓨터에 설치할 응용 프로그램이 있다.

2) 활동 속성

각 활동에는 범위 설명 외에도 다음과 같은 몇 가지 속성이 할당된다.

- 고유 활동 식별자(ID) 및 WBS ID
- 활동 설명
- 부과된 날짜와 같이 활동과 관련된 가정과 제약사항
- 전임자 및 후임자 활동
- 리소스 요구사항
- 작업 수행 및 작업에 대한 정보(예 작업 수행 위치)를 담당하는 팀원

일부 속성은 한번에 할당되는 것이 아니라 시간이 지남에 따라 할당된다. 속성은 활동을 올바른 순서로 배열하고 일정을 잡기 위해 사용된다.

3) 마일스톤 목록

이 목록은 WBS 사전에서 나타나 있다. 일정 마일스톤은 일정량의 프로젝트 작업이 완료될 시점이라는 점을 기억하고 있어야 한다. 여기에는 주요 결과물의 완성이 포함될 수 있다. 그것들은 의무적이거나 선택적일 수 있으며, 일정에 포함되어 있다.

4) 변경요청 및 업데이트

산출물은 작업패키지로 분해되고, 그 후에는 활동으로 분류되어 연동기획이나 점진적으로 상세화하는 방식으로 진행된다. 이로 인해 기준선을 수정해야 할 필요성이 생겨 원가기준선에 영향을 미칠 수 있다. 그러나 기준선을 변경하려면 변경요청을 생성해야 하며, 변경요청은 통합 변경 통제 수행 프로세스를 통해 처리된다. 변경사항이 승인되고 이행되는 경우, 범위기준선과 원가기준선을 적절히 업데이트해야 할 수 있다.

일정을 잡기 전에 식별된 활동을 올바른 순서로 배열해야 하는데, 이를 활동 순서 배열이라고 한다.

7.3 활동 순서 배열

활동 순서 배열은 일정 활동을 적절한 순서로 배열하기 위해 사용되며, 일정 활동은 이들 사이의 종속성을 고려한다. 예를 들어, 활동 B가 활동 A의 산출물에 의존하는 경우, 활동 A는 활동 B 전에 수행되어야 한다. 따라서 [그림 7-5]처럼 활동 순서에는 활동 간의 종속성을 식별하고 그에 따라 활동을 주문하는 목적이 있다. [그림 7-5]는 입력, 도구 및 기법, 출력 측면에서 연속 활동 프로세스를 보여준다.

7.3.1 입력물

이 프로세스의 주요 목표는 일정 네트워크 다이어그램을 생성하는 것이다.

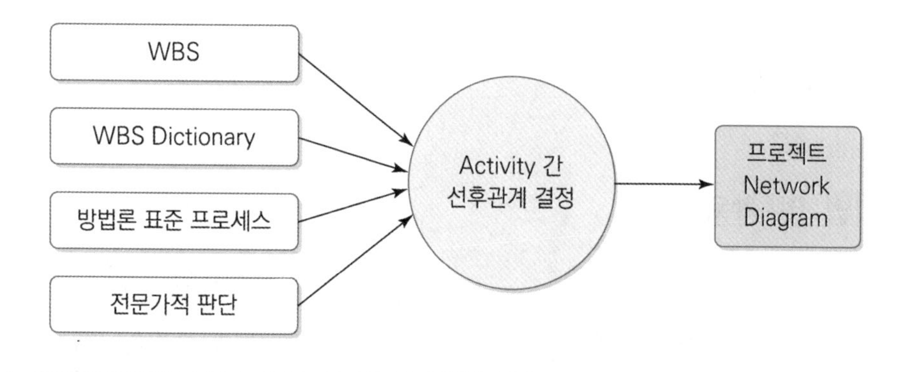

[그림 7-5] 활동 순서 프로세스

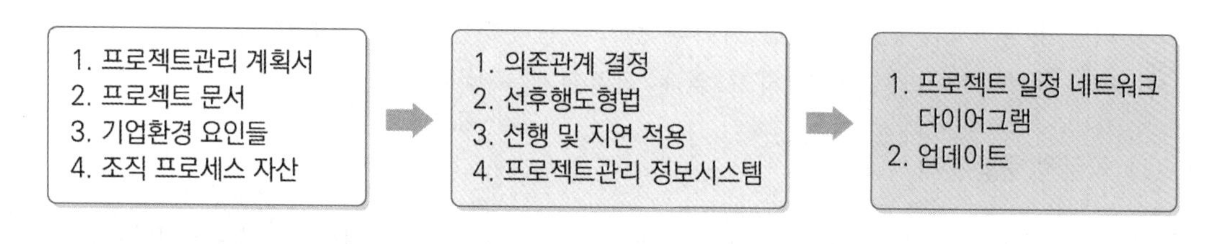

[그림 7-6] 입력물, 기법, 산출물에 대한 활동 순서 프로세스

활동에서 프로젝트 일정 네트워크 다이어그램으로 [그림 7-6]의 정보를 사용하여 이 프로세스를 수행하는 주요 단계는 다음과 같다.

① 관련 프로그램 및 포트폴리오 계획을 확인한다. 프로그램 및 포트폴리오 계획은 활동 간의 의존성을 어느 정도 나타낼 수 있다.

② 프로세스관리 계획에서 사용 방법, 정확도, 기타 기준 등 순서 활동에 대한 정보를 확인한다.

③ WBS 및 WBS 사전, 결과물, 가정 및 제약사항을 포함하여 활동이 도출된 범위기준선을 검토하여 활동 간의 관계를 추출하는 데 도움이 될 수 있는 정보를 수집한다.

④ 가정사항 기록부를 사용하여 가정이 활동 사이의 관계에 어떤 영향을 미칠 수 있는지 알아본다.

⑤ 마일스톤 목록에서 다른 활동과의 관계에 영향을 미칠 수 있기 때문에 예정된 날짜에 대한 마일스톤을 수집한다.

⑥ 1단계부터 5단계까지의 정보와 활동 속성 문서의 정보를 사용한다.

a. 활동 목록에 나열된 활동 간의 종속관계를 결정한다.

b. 다음 섹션에서 논의될 도구와 기법을 사용하여 프로젝트 일정 네트워크 다이어그램을 생성한다.

7.3.2 기법 및 활동

의존관계를 결정하는 것이 순서 결정의 전제 조건이다. 따라서 활동순서에 사용되는 도구와 기법의 대부분은 활동 간에 의존관계를 결정하고 표시하는 데 초점을 맞추고 있다.

1) 의존관계 결정 및 통합

이러한 유형의 의존관계는 활동 사이의 논리적 관계를 설명한다. 이러한 관계들은 어디에서 오는 것일까? 이 질문에 답하기 위해 의존관계를 네 가지 범주로 분류할 수 있다.

(1) 의무적 종속관계

이것들은 활동에 내재되어 있거나 법과 계약에 의해 요구되는 의존관계이다. 예를 들어 소프트웨어 프로그램을 테스트하기 전에 개발해야 하는 것은 이러한 활동에 내재되어 있다. 의무 의존관계는 하드 논리 또는 하드 의존관계라고도 한다.

(2) 임의적 의존관계

이것들은 프로젝트 팀의 재량에 따른 의존관계이다. 예를 들어 활동 A와 B를 동시에 수행하거나 B가 끝난 후 A를 수행하는 것이 가능했지만, 팀은 어떤 이유로든 A가 끝난 후 B를 수행하기로 결정했다. 임의적 의존관계를 확립하기 위한 지침 중 일부는 주어진 적용영역 내의 모범 사례에 대한 지식과 유사한 프로젝트를 수행한 이전의 경험에서 나올 수 있다. 임의적 의존관계를 소프트 로직, 우선 논리 또는 선호 논리라고도 한다.

(3) 외부 의존관계

외부 의존관계는 프로젝트 활동과 비프로젝트 활동, 즉 프로젝트 외부의 활동 사이의 관계를 포함한다. 예를 들어, 영화 제작 프로젝트에서, 프로젝트 활동은 많은 관광객들이 스키를 타는 장면을 촬영하는 것을 포함할 수 있다. 이 장면은 스키 시즌에 스키장에서 촬영될 예정이다. 이것은 외부 의존관계를 설명하는 한 예다.

(4) 내부 의존관계

내부 의존성은 프로젝트의 통제하에 있는 두 프로젝트 활동 사이의 관계를 포함한다. 예를 들어 A 다음으로 B를 수행하는 것이 팀이 편리하다.

이 모든 범주가 배타적이지 않다. 내부와 외부의 의무 의존관계, 내부와 외부의 임의적인 관계가 있을 수도 있다. 이것이 통합이다.

두 일정 활동 사이의 종속관계는 이 장의 앞부분에 정의된 논리적 관계의 예다. 논리적 관계는 프로젝트 일정 네트워크 다이어그램이라고 하는 도식도나 간결성을 위한 네트워크 다이어그램으로 표시될 수 있다. 네트워크 다이어그램 개발에 사용되는 일반적인 방법을 PDM(선후행도형 작성법)이라고 한다.

2) 선후행도형 기법(PDM)

일정 활동의 순서를 올바르게 정하려면 이들 간의 종속관계를 결정해야 한다. [그림 7-7]에서 설명한 것처럼, 두 활동 사이의 종속관계는 전행과 후행의 두 용어로 정의된다. 즉, 두 활동이 서로 종속관계에 있을 때, 그중 하나는 다른 하나의 활동으로, 다른 하나는 후계자가 된다. [그림 7-7(1)]에서 활동 S는 활동 T의 선행이며, 활동 U는 활동 T의 후행이다. 그것은 S가 T보다, T가 U보다 먼저 시작해야 한다는 것을 의미한다. [그림 7-7(2)]에서는 S와 T는 작업이 선행이고 U작업이 후행 작업이다. [그림 7-7(3)]에서는 S작업이 선행이므로 S작업이 마친 후 후행 작업인 T와 U작업을 수행

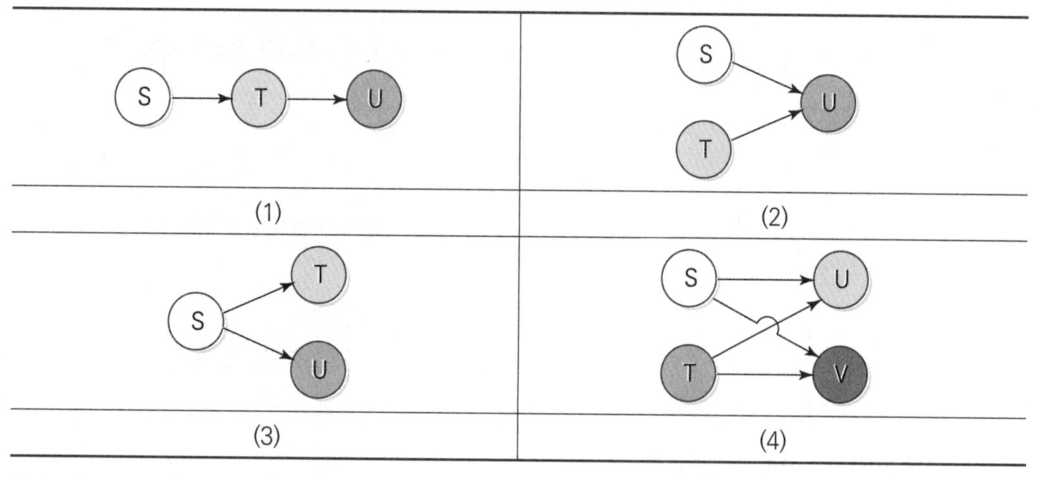

[그림 7-7] 활동 간의 선행/후행과의 관계

할 수 있다. [그림 7-7(4)]에서는 선행 작업 S와 T작업 후 후행 작업 U와 V작업을 수행할 수 있다.

정의상 후행 활동은 선행 활동이 시작된 후에 시작해야 한다. 그러나 선행 활동이 이미 시작된 후 정확히 언제 후행 활동이 시작될 수 있을까? 선행과 후행 모두 출발점과 종료점이 있고, 선행의 출발점과 종료점과 후행의 활동 사이에는 최대 네 가지 가능한 조합이 있다. 따라서 여기에는 우선 관계 또는 논리적 관계라고도 하는 네 가지 종류의 종속성이 있다.

- 종료-시작(FS): 후행 활동의 시작은 선행 활동의 완료에 달려 있다. 즉, 선행 활동이 이미 완료되기 전에는 후행 활동을 시작할 수 없다.
- 종료-종료(FF): 후행 활동의 완성은 선행 활동의 완성에 달려 있다. 즉, 선행 활동이 이미 완료되기 전에는 후행 활동을 완료할 수 없다.
- 시작-시작(SS): 후행 활동의 시작은 선행 활동의 시작에 따라 달라진다. 즉, 선행 활동이 시작되기 전에는 후행 활동을 시작할 수 없다.
- 시작-종료(SF): 후행 활동의 완성은 선행 활동의 시작에 따라 달라진다. 즉, 선행 활동이 시작되기 전에는 후행 활동을 완료할 수 없다.

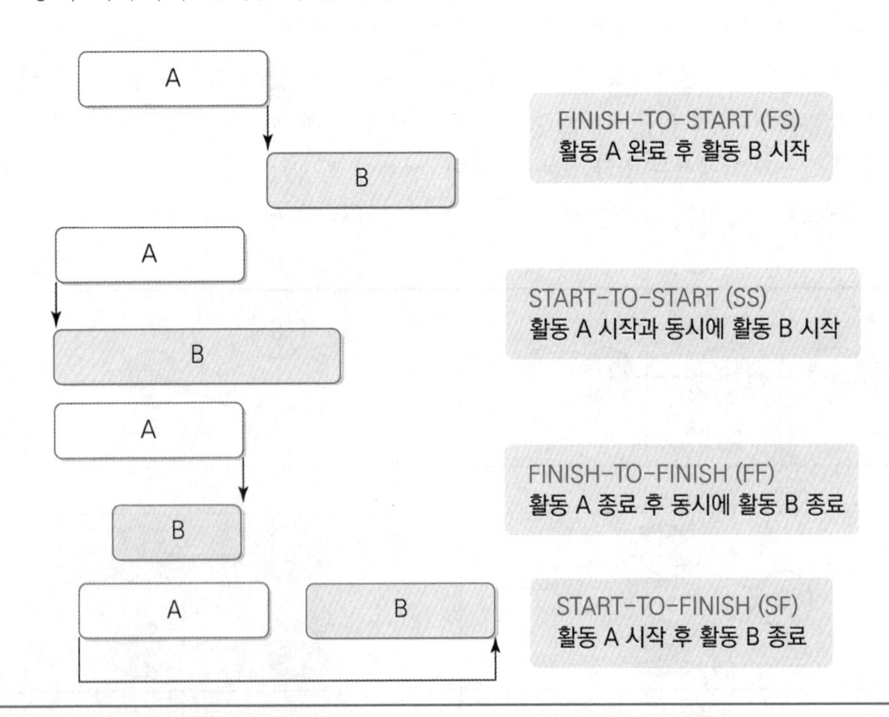

[그림 7-8] 선행과 후행의 의존관계

PDM(Precedence Diagram Method)은 일정의 활동을 서로 논리적 관계로 연결하여 프로젝트 일정 네트워크 다이어그램을 작성하는 데 사용하는 방법이다. 다이어그램에서 상자(예 직사각형)는 활동을 나타내기 위해 사용되고 화살표는 두 활동 사이의 종속성을 나타내기 위해 사용된다. 활동을 나타내는 상자를 노드라고 한다. [그림 7-8]은 활동 A가 활동 B의 선행, 활동 C가 활동 D와 G의 선행, D가 C의 후행 등 PDM을 사용하여 구성한 네트워크 다이어그램의 예를 나타낸다.

[그림 7-9]에서 단지 C와 I만이 하나 이상의 후행을 갖고 있다. 일반적으로 PDM은 4종류의 우선관계를 모두 지원하지만, PDM에서 가장 많이 사용되는 종속관계는 FS(Finish-to-Start)이다. SF(Start-to-Finish)의 관계는 거의 사용되지 않는다.

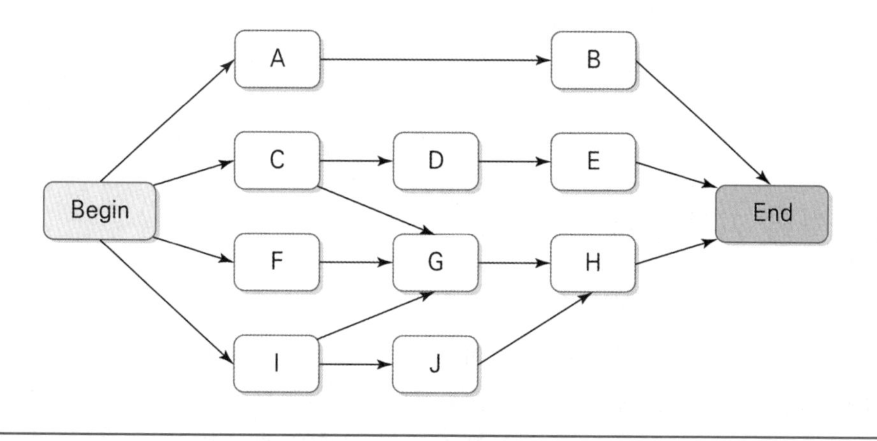

[그림 7-9] PDM을 사용하여 만든 프로젝트 일정 네트워크의 예

3) 선도(lead) 및 지연(lag) 적용

현실 세계에서, 어떤 활동은 논리적 관계를 정확하고 효과적으로 정의하기 위해 선도와 지연을 활용하여 착수를 당길 수도 혹은 착수를 지연시킬 수도 있다. 예를 들어, FS 종속성은 선행 활동이 종료될 때 후속 활동이 시작됨을 의미한다.

선도를 적용한다는 것은 전임자 활동이 끝나기 전에 후임자 활동을 시작할 수 있도록 허용한다는 뜻을 의미하며 예를 들면 교재 출판을 위해 1차 교정 완료 1주일 전에 2차 교정을 시작할 수 있다. 지연을 적용한다는 것은 선행 활동이 끝난 후 며칠 후에 후행 활동을 시작한다는 뜻으로 시멘트나 도배 후 바로 작업에 착수하는 것이 아니라 마르기를 기다린 후 다음 작업에 착수하는 것을 의미한다. 때로는 효율성과 효과성을 위해 일정을 조정해야 할 수도 있다. 물론 선도 및 시차는 시간 단위로 측정된다(예 일).

7.3.3 산출물

우리는 이미 이 프로세스의 주요 결과물인 프로젝트 일정 네트워크 도표를 설명하였다. 활동 간 관계를 알아봄으로써 [그림 7-6]의 산출물에 기재된 문서를 갱신할 필요가 있을 수 있다. 활동을 진행하는 동안, 새로운 필요한 활동을 식별하거나, 활동을 둘로 분할하거나, 활동 속성을 수정하거나, 새로운 속성을 추가하거나, 활동과 관련된 리스크를 식별할 수 있다. 따라서 활동 목록, 활동 속성, 위험 기록부와 같은 프로젝트 문서를 수정해야 한다.

다음 장에서 논의한 바와 같이 활동을 식별하고 이를 수행하기 위해 획득한 자원을 확보하면 각 활동을 완료하는 데 필요한 시간(활동 지속시간)을 산정하기 시작할 수 있는 충분한 정보를 얻을 수 있다.

7.4 활동 기간 산정

활동 기간은 활동의 시작과 종료 사이의 시간이다. 활동에 할당된 주어진 자원에 대해 활동 기간 산정 프로세스를 사용하여 작업 기간을 산정한다. 작업 기간은 작업을 수행하기 위해 필요한 시간을 측정하는 것으로, 활동의 크기에 따라 시간, 일 또는 월 단위로 측정한다. 이 산정치는 휴일과 같은 자원의 수동적 요소를 감안하여 시간을 달력(calendar) 단위로 변환할 수 있다.

예를 들어, 한 프로그래머가 프로그램을 작성하는 데 4일(하루에 8시간 근무)이 소요될 것으로 산정한다고 가정해 보자. 금요일부터 일이 시작되고 토요일과 일요일에는 일이 없다는 것도 알고 있을 것이다. 따라서 활동 기간 산정치는 작업 기간으로 측정한 4일(32시간)과 달력 단위로 측정한 6일이다.

[그림 7-10]은 활동 기간 산정에 대한 투입물, 도구 및 기법 및 산출물을 나타낸다. 활동 기간 산정 프로세스를 수행하는 것은 다음을 의미한다.

① 활동 및 자원에 대한 정보와 기타 산정 관련 정보를 [그림 7-9]의 입력물에서 추출하고

② [그림 7-10]에 제시된 도구를 적용하여 이 정보로부터 각 활동 기간을 산정한다. 일정관리 계획에 따라 수행하며, 또한 이러한 산정치와 기타 기준에 사용할 정확도 수준에 대해 알려준다. 또한 활동 기간에 잠재적으로 영향을 미칠 수 있는 가정과

위험에 대한 가정사항 기록부 및 위험 관리대장을 검토할 수 있다.

예를 들어, 프로젝트를 시작하기 전에 특정 활동을 더 빨리 완료할 수 있는 기술이 적용될 것이라고 가정할 수 있다.

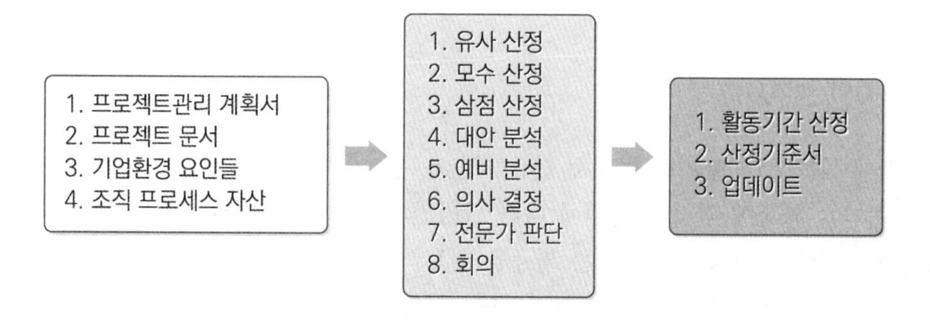

[그림 7-10] 활동 기간 산정에 대한 입력물, 기법, 산출물

7.4.1 입력물

앞에서 언급한 바와 같이, 활동 기간을 산정하기 위해서는 활동에 대한 정보, 활동에 대한 자원 요구사항 및 활동에 사용할 수 있는 자원에 대한 정보가 필요하다. [그림 7-9]에 열거된 정보에 대해 몇 가지 자원의 출처를 소개한다.

1) 활동 목록 및 활동 속성

이 문서들은 기간을 산정해야 하는 활동 목록과 활동 속성이 제공되어 기간을 산정하는 데 도움이 된다. 예를 들어, 활동 속성이 활동 A가 활동 B보다 먼저 수행되어야 한다고 알려주고 A 동안 수행된 작업의 일부를 B에서 사용할 수 있다면 B의 기간을 단축시킬 수 있다.

2) 프로젝트 범위 기준선

범위기준선에 있는 WBS 및 WBS 사전의 기술적 세부사항은 일부 활동 기간에 영향을 미칠 수 있다. 적용범위 기준선의 또 다른 구성요소인 프로젝트 범위기술서의 일부 가정과 제약사항은 활동 기간 산정에도 영향을 미칠 수 있다.

예를 들어, 활동과 관련된 작업의 일부가 이미 이전 프로젝트에서 수행되었고 이 프로젝트에서도 사용될 수 있다는 가정이 있을 수 있다. 만약 가정이 사실이라면, 활동 기간은 다른 것보다 짧을 것이다. 제약조건의 예로는 특정 작업패키지를 미리 정해진 일정 전에 끝내야 한다는 것일 수 있다.

3) 활동 자원 요구사항

정의에 따라 주어진 자원에 대해 활동 기간을 산정한다. 즉, 활동을 완료하는 데 필요한 작업 기간은 활동에 할당된 자원에 따라 달라진다. 예를 들어, 두 명의 프로그래머가 두 개의 프로그램을 작성하도록 하는 활동을 완료하는 데 3일의 근무일이 걸린다고 가정하자. 만약 프로그래머가 한 명만 가능하다면, 이 활동을 끝내는 데는 대략 6일 정도가 걸릴 것이다.

프로그래머들은 똑같이 숙련되어 있다 하더라도 활동에 추가 자원을 할당하는 경우 항상 다음 사항을 고려해야 한다.

- 때때로 추가 자원을 할당하면 전체적인 효율성과 생산성이 저하될 수도 있다. 예를 들어, 활동이 상호 관련된 구성요소에 대해 작업하도록 할당된 서로 다른 기술 수준을 가진 두 엔지니어를 생각해 보자.
- 대부분의 활동은 추가 자원을 할당하는 데 도움이 되지 않는 임계값을 가지고 있다. 예를 들어, 시스템에 운영 체제를 설치하는 경우, 주어진 각 시스템은 이 활동에 할당된 시스템관리자 수에 관계없이 동일한 시간이 소요된다.

4) 자원 분류체계, 자원 달력 및 팀 할당

RBS(Resource Breakdown Structure)는 식별된 자원을 범주 및 유형별로 분류한 계층 구조다. 활동 자원 산정 중 최종(또는 수정)된 자원 달력에는 활동 기간 산정 중에 반드시 고려해야 하는 인적 자원의 기술을 포함하여 각 자원의 유형, 수량, 가용성 및 능력이 포함되어 있다. 예를 들어, 경험이 풍부한 프로그래머는 초보자보다 짧은 시간에 같은 프로그램을 끝낼 수 있다. 이것이 팀 과제가 작용하는 부분이다.

또한 인적 및 물질적 가용자원의 능력과 양은 활동 기간 산정치에 영향을 미칠 수 있다. 예를 들어, 어떤 활동이 엔지니어가 완료하는 데 3일 정도 걸리고 엔지니어가 이 활동에 대해 하루에 3시간만 작업할 수 있다면, 완료하는 데 6일 정도 걸릴 것이다.

활동 기간의 산정은 쉬운 작업이 아니기 때문에, 이 작업을 효과적이고 안정적으로 수행할 수 있도록 다양한 도구와 기법이 개발되어 있다.

이 절에서는 수집한 정보를 바탕으로 기간을 산정하기 위해 도구의 사용법에 대해 알아보자.

7.4.2 기법 및 활동

프로젝트 일정은 활동 기간 산정치에 따라 달라진다. 주 경로에 대한 활동 기간을 산정하는 것은 주어진 시작 날짜에 대한 프로젝트의 종료 날짜를 결정하는 것이다. 그러나 산정에는 많은 불확실성이 수반될 수 있다. 예를 들어, 두 프로그래머는 경험의 차이로 인해 동일한 프로그램을 작성하는 데 다른 시간이 걸릴 것이다.

이러한 문제를 해결하기 위해 사용할 수 있는 많은 도구와 기법이 있다.

1) 유사 산정

유사한 산정 기법은 이전 프로젝트에서 유사한 활동 기간을 기준으로 활동 기간을 산정한다. 산정의 정확도는 활동이 얼마나 유사한지, 활동을 수행할 팀 구성원이 이전 프로젝트의 팀 구성원과 동일한 수준의 전문성과 경험을 가지고 있는지에 따라 달라진다.

이 기법은 예를 들어 프로젝트의 초기 단계에서 사용할 수 있는 프로젝트 또는 프로젝트 활동에 대한 자세한 정보가 충분하지 않을 때 유용하다. 이 기법은 프로젝트 전체에 적용하거나 일부분에만 적용할 수 있다.

2) 모수 산정

이것은 활동을 수행하는 자원의 생산성 비율을 사용할 수 있을 때 활동 기간을 계산하는 데 사용되는 정량적 기법이다. 기간을 계산하기 위해서 다음과 같은 공식을 사용한다.

- 활동 기간=활동의 작업 단위/자원의 생산성 비율

예를 들어, 당신의 팀이 40마일의 도로를 수리하는 활동에 배정되었다고 가정하자. 당신은 데이터를 통해 유사한 팀의 평균 도로 보수율이 하루에 0.5마일이었다는 것을 알았다면, 기간 계산은 다음과 같이 할 수 있다.

- 활동 기간=40마일/(0.5마일/일)=80일

3) 삼점 산정

이 방법은 활동 지속시간 산정의 불확실성 문제를 다룬다. 지속시간 산정치의 불확실성은 각 점이 다음 산정 유형 중 하나에 해당하는 삼점 산정치를 만들어 계산할 수 있다.

- 최빈치(t_M): 활동 기간은 할당될 가능성이 있는 자원과 자원, 의존성 및 중단에 대한 현실적인 기대치를 고려하여 가장 가능성이 많은 소요시간이다.
- 낙관치(t_O): 모든 상황이 예외적으로 잘 진행되었을 때 활동에 소요되는 최소시간이다.
- 비관치(t_P): 모든 상황이 예외적으로 최악으로 진행되었을 때 활동에 소요되는 최장 소요시간이다.

세 산정치의 평균은 3개의 데이터가 나오는 경우 삼각분포(triangular distribution)로 보고 모델링할 수 있으나, 비대칭 베타분포(asymmetric beta distribution)에 더 잘 적합되는 것으로 알려져 있기 때문에 삼점 산정, 즉 일정관리에서는 베타분포를 사용한다.

- 평균 $= \dfrac{(4t_M + t_O + t_P)}{6}$
- 표준편차 $= \dfrac{(t_P - t_O)}{6}$

즉, 삼점 산정에서는 비관치와 낙관치 각각에 대한 가중치 1과 비교하여 최빈치에 가중치 4가 부여된다. 어떤 활동에 대한 비관치는 20일, 낙관치는 10일, 그리고 최빈치가 15일이라면 평균값은 $(15 \times 4 + 20 + 10)/6 = 15$일이 된다.

4) 상향식 기법

이 기법은 활동 기간을 산정하기 어려울 때 사용된다(예 크기가 크거나 복잡한 경우). 이 기법은 활동을 더 작은 요소들로 분해하고, 그 요소들의 기간을 산정하며, 모든 기간값을 하나의 최종값으로 집계한다.

5) 대안 분석 및 의사결정 기법

활동 기간을 산정하기 위해 다른 수준의 자원 기능, 기술, 도구 등에서 기간을 산정하기 위해 대체 분석을 사용한 후 다른 수준의 결과를 비교할 수 있다. 이 비교를 바탕으로 의사결정 기법을 이용해 다양한 도구(수동 및 자동) 활용, 자원의 임대 또는 구매 결정을 할 수 있다.

6) 예비기간 분석

예비기간 분석은 활동을 수행할 때 발생할지도 모를 리스크에 대비하기 위한 기간도 필요시에 예비로 책정한다. 전체 아이디어는 일정 리스크의 가능성을 수용하는 것이다. 예비기간을 계산하는 한 가지 방법은 원래 활동 기간 산정치의 일정 비율을 예비기간으로 하는 것이다. 정량적 분석을 통해서도 산정할 수 있다. 후에 프로젝트에 대한 더 많은 정보를 이용할 수 있게 되면, 예비기간을 줄이거나 없앨 수 있다.

7) 전문가 판단 및 회의

충분한 정보가 없을 때 전문가 판단을 사용하여 활동의 전체 기간을 산정할 수 있다. 또한 다른 방법(예 원래 활동 기간 산정치의 몇 퍼센트가 우발적 예비기간으로 사용되어야 하는지)에 사용할 일부 매개변수를 산정하는 데 사용할 수 있으며, 유사한 산정 동안에 이전 프로젝트의 유사한 활동과 현재 활동을 비교하는 데도 사용할 수 있다. 물론 관련된 이해관계자와의 만남 또한 유용할 것이다.

일반적으로, 활동 기간을 산정하기 위해 다양한 기법의 조합이 사용된다. 예를 들어, 유사한 기법과 전문가 판단을 사용하여 자원의 생산성 비율을 산정한 다음 모수 분석에서 그 생산성 비율을 사용하여 활동 기간을 계산할 수 있다.

7.4.3 산출물

활동 기간 산정 프로세스의 주요 출력은 활동 기간 산정치이다. 어떤 기법을 사용하든, 이러한 산정치는 활동을 완료하는 데 필요한 시간 단위의 정량적 평가(예 5일 또는 10주)이다. 앞에서 설명한 것처럼 최소 18일, 최대 22일이 소요된다고 말하는 20±2일 등 산정치에 불확실성을 부여할 수도 있다. 이 외에도, 이러한 산정의 기초에 대한 더 많은 정보를 문서화해야 한다. 예를 들어, 산정의 작성 방법, 가정과 제약조건이 무엇이었는지, 신뢰수준의 불확실성 등이 그것이다.

활동 기간은 활동의 속성이다. 따라서 원래 활동 정의 프로세스에서 개발한 활동 속성을 업데이트하여 활동 기간을 포함시켜야 한다. 또한 기간을 산정할 때 가정은 가정

로그 문서의 갱신이 필요할 것이다. 마지막으로 학습한 레지스터를 다음으로 업데이트 할 수 있다.

이 장에서 논의된 다양한 프로세스를 사용하여 활동을 식별하고 적절한 순서로 배열하며, 활동을 위한 리소스 요구사항을 결정하고(다음 장에서 논의한 바와 같이), 그 기간을 산정했다. 이러한 모든 업무와 성과는 프로젝트 일정 개발이라는 목적을 위한 수단이다.

7.5 일정 개발

프로젝트 일정표는 개별 활동으로 구성된다. 이 장에서는 이전 절에서 논의된 프로세스 활동 정의, 순서 배열 및 활동 기간 산정 등이 포함되며, 다음 장에서 상세하게 언급될 활동에 대한 자원 요구사항 산정 프로세스도 함께 포함된다. [그림 7-11]은 입력물, 기법, 산출물 측면에서 프로세스 작성 과정을 보여준다.

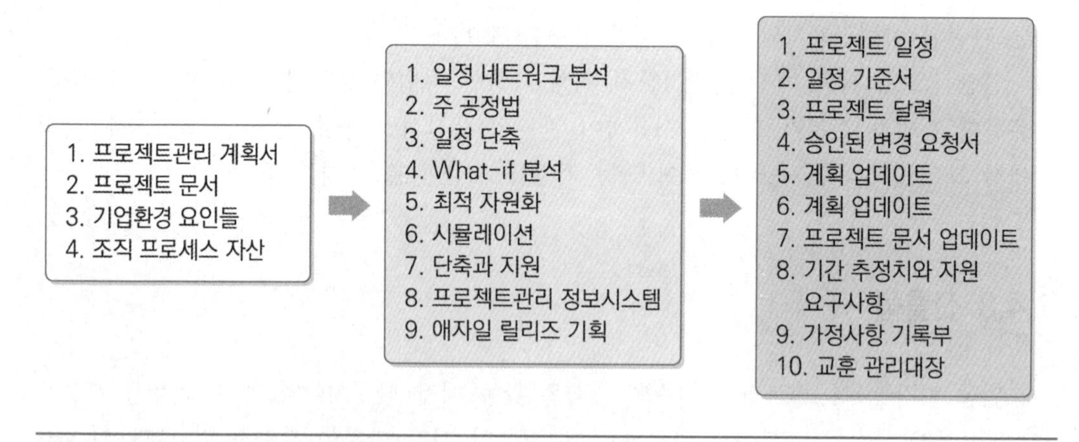

[그림 7-11] 일정 프로세스 개발: 입력물, 기법, 산출물

지금까지 이 장에서 이전에 논의된 모든 과정은 일정 개발이라는 공통적인 목표를 가지고 있었다. [그림 7-11]에서 제시한 투입물 항목은 직간접적으로 일정 개발을 위해 필요한 자료이며, 프로젝트 일정 개발에 필수적인 정보를 추출하는 데 사용한다.

7.5.1 입력물

본 장에서 이전에 논의한 일정 기간 프로세스의 다음 산출물 항목은 일정 개발 프로세스의 입력물로 포함된다.

- 활동 목록 및 활동 속성
- 활동 간 종속관계를 보여주는 프로젝트 일정 네트워크 다이어그램
- 활동 자원 요구사항 및 자원 달력
- 활동 기간 산정치
- 글로벌 정보
- WBS와 WBS 사전은 프로젝트 결과물에 대한 세부사항을 제공하게 된다.

일정 개발 계획에는 방법과 일정 작성에 사용해야 하는 정보 유형(예 어떤 방법과 도구)이 표시된다. 일정 세부사항을 파악하는 동안 이 큰 그림을 놓치지 말아야 한다.

일정상의 세부사항들을 정리하면 다음과 같다.

- 기본 활동 관련 정보

활동 목록은 일정이 수립되어야 하는 모든 활동을 보여주며, 활동 속성은 일정 세부사항 작성에 도움이 된다. 지속시간 산정 문서는 작업 기간의 활동 기간 산정치를 제공하며, 산정의 기초는 이러한 산정치를 얻는 방법을 알려준다. 자원 요구사항 문서는 이러한 산정치가 의존하는 각 활동에 할당된 자원에 대한 세부사항을 보여준다.

- 활동 관계 관련 정보

활동 간의 종속관계 및 수행 순서에 대한 정보는

① 일정 네트워크 다이어그램

② 하드 코딩된 마일스톤 목록, 즉 고정된 날짜

③ 시간에 따라 자원의 가용성을 보여주는 달력 목록에서 얻을 수 있다.

- 리스크 관련 정보

이는 리스크로 이어질 수 있는 가정사항 기록부와 리스크 관리대장의 일정 관련 리스크에서 얻을 수 있다. 이 정보는 앞 장에서 설명한 우발적 예비기간을 프로젝트 일정에 적용함으로써 리스크 완화에 도움이 될 것이다. 또한 프로젝트 관련 계약 및 계약에는 일정 수립 시 반드시 고려해야 하는 일정의 인도 가능 날짜와 같은 일부 정보가 있을 수 있다.

입력에서 이 정보를 얻은 후에는 [그림 7-11]에 열거된 기법을 사용하여 프로젝트 일정으로 변환할 수 있다.

7.5.2 기법 및 활용

활동 기간 산정뿐만 아니라 네트워크 다이어그램의 이전 섹션에서 설명한 정보를 가지고 있다면 프로젝트 일정을 계획할 수 있는 충분한 준비가 되어 있다. 네트워크 다이어그램과 활동 기간부터 다음과 같은 문제를 다루는 동안 일정 개발을 생각해보자.

- 실제 시작 날짜
- 자원 가용성에 대한 불확실성
- 핵심 경로에 대한 활동 식별 및 준비
- 관련된 리스크 또는 'what－if' 시나리오
- 활동 또는 매우 중요한 이해관계자로부터 파생된 프로젝트의 시작/마감 날짜

다음 7.7절에서는 프로젝트 일정을 수립하면서 이러한 문제 및 기타 문제 또는 우려 사항을 해결하기 위해 다양한 도구와 기법을 사용하는 방법을 보여줄 것이다.

일정 네트워크 분석은 주 경로 방법, 자원 최적화, 시뮬레이션 모델 등 여러 기법을 사용하여 프로젝트 일정 모델을 생성하는 데 사용되는 기법이다. 이 모든 기법들을 상세하게 논의한다.

1) 주 일정 방법

이것은 일정 유연성과 사업 일정 네트워크 다이어그램의 중요 경로를 파악하기 위해 사용되는 일정 네트워크 분석 기법이다. 주 일정은 프로젝트 일정 네트워크 다이어그램에서 가장 긴 경로(활동 순서)이다. 가장 긴 경로인 만큼 사업 기간을 결정하고, 이에 따라 사업 시작일이 정해진다.

예를 들어 설명해 보면 [그림 7－12]와 같은 네트워크 다이어그램이 있다고 가정하자. 그림의 상자는 활동 A 혹은 활동 B와 같은 활동을 나타내며, 상자 위쪽의 숫자는 활동 기간을 일 등 시간 단위로 표시한 것이다.

[그림 7－12]는 경로상 개별 활동의 기간을 추가하여 네트워크 다이어그램의 각 경로에 대한 값을 나타낸다. <표 7－3>에서 Start－F－G－H－Finish 경로가 중요한 경로임을 알 수 있는데, 이는 도표에서 21일 동안 가장 긴 경로이기 때문이다. 즉, 프로젝트 시작일이 1월 2일이라면 프로젝트 종료일은 1월 23일, 즉 기간이 달력 시간 단위로 나타낸다는 점을 고려할 때 2＋21이 된다.

주 일정 방식의 두 번째 중요한 특징은 각 경로에 대한 각 활동의 시작일자와 종료

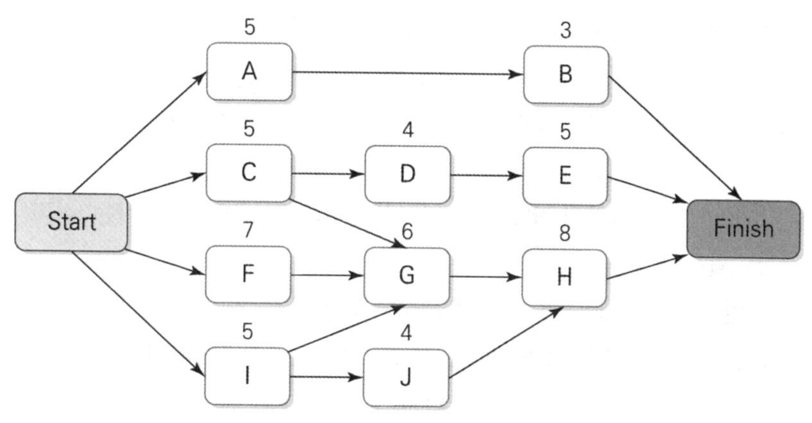

[그림 7-12] 프로젝트 일정 네트워크 다이어그램의 예

일자를 계산하여 프로젝트 일정의 유연성을 파악할 수 있다는 점이다. 활동의 일정 유연성은 활동의 늦은 시작일과 이른 시작일 사이의 양의 차이로 측정되며, 여유시간 또는 총 여유시간이라고 불린다.

〈표 7-3〉 [그림 7-12]에 표시된 네트워크 다이어그램에서 계산된 경로 기간

Path	Durations of Activities	Path Duration
Start-A-B-Finish	5+3	8
Start-C-D-E-Finish	5+4+5	14
Start-C-G-H-Finish	5+6+8	19
Start-F-G-H-Finish	7+6+8	21
Start-I-G-H-Finish	5+6+8	19
Start-I-J-H-Finish	5+4+8	17

<표 7-4>에는 분석 중인 네트워크 다이어그램의 각 활동에 대한 초기 및 늦은 시작 및 종료 날짜와 여유시간이 표시된다. 경로상 활동의 초기 시작일과 종료일은 전진 경로 방법을 사용하여 계산되는데, 이는 출발점(가장 왼쪽)에서 계산을 시작하여 전진하는 것을 의미한다. 예를 들어 [그림 7-12]에 표시된 네트워크 다이어그램의 Start-A-B-Finish 경로를 생각해 보자. A는 경로상 첫 번째 활동이기 때문에 초기 시작은 0일이다. B는 A의 완성에 의존하고, A가 완료하는 데 5일이 걸리기 때문에, B

의 조기 시작일은 A의 조기 시작 날짜에 A의 기간(즉, 0+5=5)을 더한 것이다. 늦은 출발일과 최종일은 후진경로 방법을 사용하여 계산되는데, 이는 최종점에서 계산을 시작한다는 것을 의미한다. 프로젝트 시작일이 0일임을 감안할 때, 주 일정에 의해 결정된 프로젝트 종료일은 21일이다.

활동 B는 3일의 지속시간이 있으므로 늦어도 18일(21−3=18)까지는 시작해야 한다. 따라서 18일은 활동 B의 늦은 시작일이다.

활동 A는 5일의 지속시간을 가지므로, B가 18일까지 시작해야 한다는 점을 감안할 때, A는 13일 이후에 시작해서는 안 된다(즉, 18−5=13). 따라서 A의 늦은 시작일은 13일이다. 여유시간은 다음과 같이 계산한다.

- A=지연 출발−조기 출발=13−0=13
- B=지연 출발−조기 출발=18−5=13

〈표 7-4〉 [그림 7-12]에 표시된 네트워크 다이어그램에서 활동의 조기 및 후기 시작 및 종료 날짜

Activity	Early Start	Early Finish	Late Start	Late Finish	Float Time
A	0	5	13	18	13
B	5	8	18	21	13
C	0	.5	2 (not 7)	12	2
D	5	9	12	16	7
E	9	14	16	21	7
F	0	7	0	7	0
G	7	13	7	13	0
H	13	21	13	21	0
I	0	5	2 (not 4)	9	2
J	5	9	9	13	4

주 일정(F, G, H)의 각 활동은 여유시간이 0이라는 점에 유의하여야 한다. 이것은 분명히 일정 위험의 중요한 요인이다.

중요 경로의 각 활동은 여유시간이 0이므로 일정 리스크를 내포한다. 따라서 프로젝트를 실행하는 동안 모든 중요한 경로에 대한 활동을 매우 세밀하게 모니터링해야 한다.

2) 자원 최적화

자원 최적화는 계획한 시작일과 종료일 내에 프로젝트를 완료하기 위해 사용 가능한 자원의 사용을 최적화하는 것을 말한다. 이는 다음의 두 가지 예시 기법에 나타난 바와 같이 활동 날짜를 조정함으로써 이루어질 수 있다.

3) 자원 평준화

모든 프로젝트에서 각 활동을 수행하는 데는 자원, 즉 사람, 자금, 설비, 자재 등이 필요하다. 이들 자원들은 한정되어 있기 때문에 특정 자원을 특정 기간에는 사용할 수 없다거나 한 자원을 여러 활동에서 동시에 요구하는 등 현실적인 제약이 따르게 되므로 실행 가능한 일정으로 조정할 필요가 있다. 또한 주어진 일정 내에 최소의 자원으로 최대의 성과를 올리도록 자원의 효율성도 고려되어야 한다. 따라서 한정된 자원을 필요로 하는 각 활동의 작업량이 자원마다 평준화될 수 있도록 작업의 일정을 조정해 주어야 한다. 이를 자원 평준화(resource leveling)라 한다.

즉, 자원 평준화는 자원이 과도하게 할당되었을 때 일정을 평탄하게 하는 방법이다.

자원 평준화는 다른 목표를 달성하기 위해 다른 방법을 사용하여 적용할 수 있다. 가장 일반적인 방법 중 하나는 노동자들이 활동에 과도하게 의존하지 않도록 하는 것이다.

자원 평준화는 보통 특정 기간에 자원이 기여할 수 있는 노동력의 총량을 제한한다. 예를 들어, 프로젝트 팀 구성원들이 프로젝트에서 일주일에 25시간만 일할 수 있다는 제약이 있을 수 있다. 프로젝트 팀 구성원이 프로젝트를 일주일에 40시간씩 작업해야 하는 일정을 만들었다면, 이제 각 팀 구성원은 15시간씩 프로젝트에 할당된다. 따라서 자원당 주당 15시간을 단축해야 하며, 이는 프로젝트의 총 기간을 늘린다. 노동 시간은 더 늘어나지 않지만, 같은 양의 일을 하는 데는 달력상 시간은 더 걸릴 것이다.

자원 평준화는 주 일정법 등 다른 방법으로 이미 분석된 일정에 적용돼 프로젝트의 시작일과 종료일은 물론, 시작일과 종료일, 활동에 대한 변동성을 알고 있다. 아래 자원 평준화가 도움이 될 수 있는 상황 몇 가지를 예를 들어보자.

- 자원은 특정 시간에만 이용할 수 있다.
- 제한된 양의 자원을 이용할 수 있다.
- 자원을 동시에 수행할 여러 활동에 할당한다.
- 자원을 일정한 속도로 사용해야 한다.

이러한 상황에 대처하기 위해, 이 기법은 여유 활동을 사용하여 활동의 시작 날짜와 종료 날짜를 조정한다. 활동과 자원 사이의 이러한 상호작용에서, 한 활동에서 나오는 자원의 일부는 다른 활동(즉, 자원 평준화)에 할당될 수 있다.

예제 프로젝트를 수행하는 데 <표 7-5>와 같이 자원이 필요하다고 가정해 보자. 가용 인원은 5명/일이라고 할 때 프로젝트 일정은 어떻게 변경되어야 할까?

〈표 7-5〉 자원 평준화 예제

활동	기간	소요 인원/일
A	3일	2명
B	4일	2명
C	5일	3명
D	6일	3명
E	2일	3명
F	5일	2명

먼저, 각 활동의 일정에 자원을 할당하고 어떤 기간에 얼마큼 자원이 배정되는지를 알아보자.

〈표 7-6〉 PERT/CPM에 의한 프로젝트 일정

날짜 활동	1일	2일	3일	4일	5일	6일	7일	8일	9일	10일	11일	12일	13일	14일	15일	16일	17일	18일	19일
A	2	2	2																
B				2	2	2	2												
C				3	3	3	3	3											
D									3	3	3	3	3	3					
E									3	3									
F															2	2	2	2	2
합계	2	2	2	5	5	5	5	3	6	6	3	3	3	3	2	2	2	2	2

PERT/CPM에 의해 프로젝트 일정을 계산한 결과는 <표 7-6>과 같다. 그런데 자원은 하루당 5명으로 제한되어 있기 때문에 9일과 10일에는 자원이 초과 배정되어 있

다. 주 일정이 아닌 활동 E의 여유시간을 고려하더라도 5명이라는 자원 제약을 만족하지 못한다. 이를 평준화하기 위해서는 주 일정인 활동 D에 자원을 우선 배정하고, 뒤이어 활동 E에 배정하는 수밖에 없다. 또한 활동 F도 선후관계로 인하여 활동 E 이후에 수행해야 하므로 17일부터 시작해야 한다. 따라서 프로젝트 완료일정이 초기에 계획한 19일에서 21일로 연기될 수밖에 없다.

4) 자원 평활화

이 기법에서는, 자원 평준화와 마찬가지로, 여유 활동을 사용하여 주어진 자원의 시작일과 종료일 내에 프로젝트를 완료하도록 활동을 조정한다. 자원 평준화와 달리 프로젝트의 중요 경로를 변경할 수 없다. 어떤 수법이 그것을 가능하게 하는가?

답은 총 여유시간이다. 경로의 시작 날짜와 종료 날짜를 변경할 수는 없지만, 경로의 자유 여유시간 및 총 여유시간 내에서 활동을 지연시킬 수 있다.

주의할 사항은 활동 기간의 변경으로 인해 자원 평준화는 중요한 경로의 변경을 초래할 수 있다. 자원 평활화가 항상 자원 사용을 최적화하지는 않는다.

마지막으로, 일부 자원이 그 프로젝트에 부족할 수도 있다. 특정 날짜에만 프로젝트에 기여할 수 있는 고도로 숙련된 기술자나 컨설턴트를 생각한다면, 이러한 자원은 시작일이 아닌 프로젝트 종료일로부터 예정되어야 한다. 이를 역방향 자원 할당 스케줄링이라고 한다.

5) 시뮬레이션 및 'What if' 시나리오 분석

이미 논의한 프로젝트 일정 수립에 사용된 주요 기술 이외에도, 여기에서 논의하고자 하는 프로젝트 일정 수립을 위한 몇 가지 도구와 기법이 있다.

(1) 'What if' 시나리오 분석

'What if' 시나리오 분석의 목적은 특정 시나리오가 일정에 미치는 영향(예 공급자가 약속한 날짜에 주요 구성요소를 납품하지 않을 경우 일정이 어떻게 영향을 받는지)을 계산하는 것이다. 정의에 의한 'what if' 시나리오는 불확실성을 나타내기 때문에, 이 분석은 종종 리스크 계획으로 이어지며, 가능한 경우 일정 변경이나 네트워크 도표를 변경하여 리스크에서 벗어나는 몇 가지 활동을 얻을 수 있다.

앞서 살펴본 바와 같이, 주 일정 방법은 주어진 자원에 대한 일정을 개발하는 데 사용되는 반면, 'what if' 시나리오 분석은 자원의 가용성의 불확실성에 있다. 자원 평준화 기법은 특정 날짜까지 달성해야 하는 활동의 자원 요구를 충족시키기 위해 자원을 이동하기 위해 사용된다. 즉, 필요한(또는 계획된) 자원이 보장되는 이상적인 세계에서는 중요한 경로 방식이나 자원 평준화는 필요하지 않고 주 일정 방법만 사용하면 된다.

(2) 시뮬레이션

프로젝트 시뮬레이션을 통해 프로젝트관리자가 다른 조건, 변수 및 이벤트에서 프로젝트 일정의 타당성을 검토할 수 있다. 프로젝트로 'what-if' 시나리오를 재생할 수 있다. 예를 들어, 프로젝트관리자는 작업이 지연되었거나, 생산자가 출하시기를 놓쳤거나, 외부 사건이 프로젝트에 영향을 미쳤는지 여부를 질문할 수 있다.

시뮬레이션은 종종 몬테카를로 분석을 사용한다. 세계적으로 유명한 모나코 도박지구의 이름을 딴 몬테카를로 분석은 변수가 있을 경우 시나리오가 어떻게 풀릴지를 시뮬레이션을 통해 예측한다. 그 과정은 실제로 구체적인 답을 내놓는 것이 아니라 가능한 다양한 답을 내놓는다. 몬테카를로가 일정에 적용되면 예를 들어 낙관적인 완료일, 비관적인 완료일, 프로젝트 내 활동별 가장 가능성이 높은 완료일 등을 검토할 수 있다.

전형적인 네트워크 다이어그램에서 상상할 수 있듯이, 빠른 시간, 늦은 시간 또는 예상한 대로 완료되는 시간에 대한 작업의 조합은 수백만이 아니더라도 수천 개가 될 가능성이 높다. 몬테카를로 분석은 대개 컴퓨터 소프트웨어를 통해 이러한 조합을 섞어 분석하여, 가능한 종료 날짜의 범위와 각 종료 날짜를 달성할 수 있는 예상 확률을 함께 제공한다.

몬테카를로 분석은 일정을 예측하는 데 많은 장점이 있다는 얘기다. 프로젝트 책임자는 예상 시간까지 완료해야 하는 요구와 비교하여 완료 확률이 가장 높은 종료 날짜를 선택하거나 최소한 영향을 줄 수 있는 날짜를 제공할 수 있다. 그러면 프로젝트 책임자는 특정 날짜까지 프로젝트가 85%의 완료 가능성이 어느 정도 있는지 예측할 수 있다.

이러한 목적을 위해 몬테카를로 모델을 사용할 때, 서로 다른 가정, 제약조건 및 리스크 집합과 함께 여러 활동 기간을 사용하여 각 집합의 결합된 효과를 시뮬레이션할 수 있으며, 결합 프로젝트 효과가 서로 다른 값 집합에 따라 어떻게 변화하는지 연구할 수 있다.

시뮬레이션은 또한 'what-if' 질문, 최악의 시나리오 및 잠재적 재난을 고려하는 시간을 제공한다. 시뮬레이션의 최종 결과는 실현 가능한 상황에 대한 반응을 만드는 것이다. 그런 다음, 만약 상황이 시작되면, 프로젝트 팀은 계획된 대응으로 준비한다.

6) 선도 및 지연 적용

7.4절에 언급한 활동 연속 프로세스에서와 마찬가지로 프로젝트 일정 개발에서 선도 및 지연을 적용할 수 있다. 활동 순서 지정 과정에서 일부 선도 및 지연을 적용했다면, 이를 조정할 필요가 있는지 검토해야 한다. 이러한 조정은 현실적인 일정을 만들기 위해 필요할 수도 있다.

선도 및 지연이란 둘 이상의 활동 사이의 관계를 약간 변경하기 위해 활동에 추가된 값이다. 예를 들어 도포를 바르는 것과 창고에 페인트를 칠하는 것 사이에는 시작부터 완료까지의 관계가 존재할 수 있다. 이 시나리오의 프로젝트 매니저는 창고에 페인트칠을 하는 활동에 선도 시간을 하루 추가하기로 결정했다. 즉, 이 의미는 도포가 끝나기 하루 전에 시작할 수 있다는 것이다. 선도 시간이 음수값으로 간주되는데, 이는 프로젝트 시작에 가까워지기 위해 다운스트림 활동에서 시간을 빼기 때문이다.

지연 시간은 기다리는 시간이다. 사무실 건물에 나무 바닥을 설치하는 프로젝트를 상상해 보라. 현재, 바닥 사이에 이물질이 들어가는 것을 밀봉하기 위해 셀락 층을 추가하는 것 사이에는 마무리부터 시작까지의 관계가 있다. 프로젝트관리자는 건물의 습도 때문에 바닥을 밀봉하는 다운스트림 활동에 2일의 지연 시간을 추가하기로 결정했다. 이제 셀락은 작업 직후에 바르지 않고 2일을 더 기다려야 한다. 프로젝트 일정에 시간이 추가되므로 지연 시간은 양수값으로 간주된다.

이 [그림 7-13]은 선도와 지연 시간의 차이를 보여준다. 많은 지연 시간이 프로젝트의 기간을 증가시킬 수 있기 때문에 프로젝트 일정에서 선도와 지연을 고려해야 한다. 지연 시간은 줄이되 선도 시간이 많으면 리스크가 커질 수 있다.

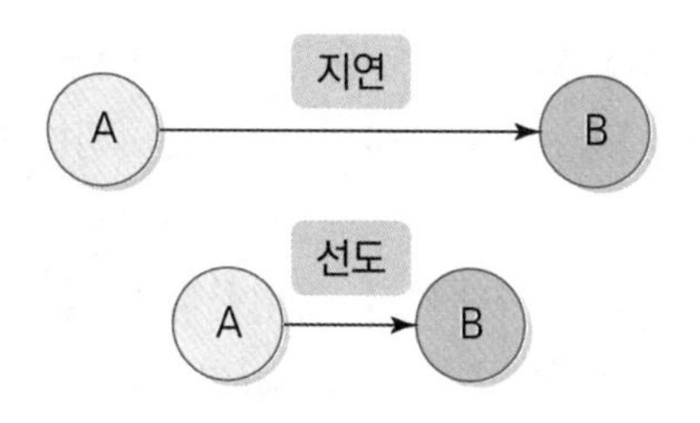

[그림 7-13] 지연과 선도

7) 일정 단축

일정 압축은 프로젝트 범위를 변경하지 않고 프로젝트 일정을 단축하려는 것이다. 일정과 관련된 제약조건과 목표를 달성하기 위해 필요할 수 있다. 프로젝트 일정을 수립할 때 프로젝트 매니저는 철저하고 정확한 수학적 분석을 통해 일정을 설정하지만, 자원의 제한에 의하거나 고객의 요구에 의해서 초기일정보다 단축을 해야 되는 경우가 발생한다. 즉, 분석을 통해 일정을 수립한 후에는 미리 정해진 프로젝트 완료 날짜와 같은 일부 중요한 사안에 대해 이해관계자의 기대치 또는 조기 마감시한을 수용하려고 할 수도 있다. 이미 활동 마감시한을 준수하는 자원 평준화라는 한 가지 방법에 대해 설명했다. 여기에서는 두 가지 일정 압축 방법인 일정압축법(crashing)과 일정중첩단축법(fast tracking)에 대해 설명하도록 한다.

프로젝트 일정을 단축하기 위해 몇 개의 활동을 단축함으로써 프로젝트의 소요 시간을 정상 시간 이하로 줄이는 일정 단축하는 방법으로는 크게 자원을 더 투자하여 활동시간 자체를 줄이는 방법과 선후관계로 인해 순차적으로 진행해야 되는 활동을 의도적으로 병행하는 방법이 있다. 전자를 '일정압축법'이라 하고, 후자를 '일정중첩단축법'이라 한다. 일정압축법과 일정중첩단축법은 최소한의 추가 비용으로 사업 기간을 단축하기 위해 원가 및 일정의 절충(trade－off)하여 분석하는 프로젝트 일정 단축 기법이다. 이러한 방법은 독립적으로 또는 함께 사용할 수 있으며 필요성, 위험성 및 비용에 따라 활동 또는 전체 프로젝트에 적용된다.

(1) 일정압축법(crashing)

공정압축법이란 비용이 수반되는 특별한 조치를 하여 활동의 소요시간을 정상적인 시간 이하로 줄이는 것을 말한다. 여기서 특별한 조치란 초과근무, 임시직의 채용, 시간을 줄일 수 있는 자재의 사용, 특수장비 투입 등을 의미한다. 이 기법은 CPM에서도 적용할 수 있다.

어떤 활동의 작업을 정상적인 상태에서 진행하다가 추가 비용을 들여 긴급으로 진행하는 경우 비용과 일정 사이에 상충관계(trade－off)가 존재한다. 즉 비용을 더 들여 자원을 많이 투여한 경우에 그만큼 활동에 소요되는 시간은 줄어들게 된다. 따라서 어느 활동을 먼저 고려하느냐 그리고 얼마만큼을 줄이느냐에 따라 같은 시간을 단축하더라도 투자되는 비용이 달라진다. 가장 먼저 고려해야 할 것은 프로젝트 전체 일정에 직접적인 영향을 미치는 주 일정상에 있는 활동들이다. 그중에서도 비용 대비 효과가 큰 활동부터 우선 고려해야 한다. 이때 자원을 투입할 때마다 활동의 시간이 줄어들고, 그 영향으로 프로젝트의 주 일정과 일정이 달라지므로 한 단위씩 신중하게 고려해야 한다. 예를 들어, 건설 회사는 다음과 같은 보너스를 약속받았을 수 있다. 사전 설정된 날짜까지 작업을 완료하지만 목표 날짜에 도달하기 위해 발생하는 비용은 보너스보다 클 수 있다.

(2) 일정중첩단축법(fast tracking)

일반적으로 순차적으로 수행되는 프로젝트 단계 또는 일부 공정 활동을 병렬로 수행함으로써 프로젝트 기간을 단축하기 위해 사용되는 기법이다. 예를 들어, 제품의 테스트는 전체 제품이 완료되기를 기다리는 것이 아니라 일부 부품이 완성되었을 때 시작할 수 있다. 또 다른 예로 두 가지 활동이 FS관계였는데 이 관계를 조정하여 동시에 수행할 수 있게 된다면 전체 일정은 병행하는 시간만큼 줄어들게 된다. 그런데 일정중첩단축법은 병행해야 하는 부담 때문에 재작업할 위험소지가 있으며 이로 인해 오히려 일정이 늘어날 위험이 잠재하며, 추가 자원이 있으면 성능이 선형적으로 향상된다는 오해도 버려야 한다. 예를 들어, 건설회사는 카펫 설치 작업에 리드 타임을 추가함으로써 실내 도장과 카펫 설치의 관계를 변경할 수 있다. 변경 전, 모든 방은 카펫 설치가 시작되기 전에 페인트칠을 했다. 리드 타임이 추가되어, 카펫은 방을 칠한 후 몇 시간 후에 설치할 수 있다. 그러나 빠른 추적은 리스크를 증가시킬 수 있고 프로젝트에서 재작업을 유발할 수 있다. 그 일꾼들이 새 카펫에 새 페인트를 칠하는 것을 상상할 수 없을까? 따라서 프로젝트 예산에 여유가 있다면 공정압축법을 먼저 시도하는 것이 바람직하다.

8) 애자일 릴리스 계획

애자일 프로젝트관리는 요구사항의 변화에 빠르게 적응하면서 짧은 시간에 반복적인 개발을 통해 고객과 소규모 자체 조직 팀 간의 지속적인 상호작용을 통해 리스크를 최소화하면서 제품 개발 시간을 단축하는 접근 방식이다. 요구사항이 초기에 정의하기 어렵거나 프로젝트 기간 중에 신속하고 자주 변경될 수 있는 프로젝트에 적용할 수 있다. 단기적인 계획 수립과 짧은 고정 시간 주기의 강도 높은 업무 노력을 강조한다.

애자일 프로젝트관리는 소프트웨어 제품 개발 프로젝트에 때때로 사용되는데, 이 프로젝트에서는 특정 제품 요구사항과 기능의 세트나 모듈을 단기간에 개발하여 점차적으로 최종시스템 제품이 완성된다.

애자일 프로젝트관리를 구현하기 위한 다양한 방법론이 있다.

[그림 7-14] 럭비에서의 스크럼

가장 인기 있는 방법론 중 하나는 럭비 게임에서 파생된 용어인 스크럼이다. 이 접근법에 관련된 참여자의 역할은 다음과 같다.

- 고객 담당자라고도 하는 제품 소유자는 고객 요구사항과 제품 기능을 정의하고 개발 팀이 필요한 기능을 갖춘 최종 제품을 제공하도록 보장할 책임이 있다. 때로는 제품 기능을 기존 제품에 변경 또는 추가하거나 새 제품에 포함시킬 기능의 최종 사용자가 설명하는 '스토리'로 정의할 수 있다. 또한 제품 소유자는 자신의 가치와 종속관계 또는 필요한 순서에 따라 요구사항을 우선시한다. 그런 다음, 주문된 요구사항 또는 특징의 목록인 제품 백로그를 생성하여 개발 팀에 공개하여 정해진 기간이 끝날 때 시연하고 생산한다. 제품 백로그에서 팀으로 릴리스되어 개발 중인 전체 최종 제품의 일부인 작업 제품 증분을 생성하기 때문에 이러한 기능 집합을 릴리스(워크 패키지와 유사)라고 한다.

  제품 소유자는 고객 요구사항의 정기적인 논의와 명확화가 가능하도록 개발 팀과 협력하고, 개발 팀의 업무에 대한 의견과 피드백을 검토 및 제공하고, 리메이크 기간 동안 개발 팀이 작업 노력을 조정할 수 있도록 수정해야 할 사항을 명시할 것을 권장한다. 모든 변경사항을 수용하기 위해 고정된 기간을 적용해야 한다. 그렇지 않으면, 변경사항은 향후 릴리스에 통합될 필요가 있다.
- 개발 팀은 스프린트(sprint)라고도 하는 일정 기간 동안 특정 제품 기능 또는 요구사

항에 대한 작업 제품 증분(개발 중인 전체 최종 제품의 포트 또는 모듈)을 개발, 제공 및 시연한다. 스프린트는 보통 1주에서 4주간이다. 개발 팀은 교차 기능을 하며 특정 스프린트가 끝날 때까지 결과 가능한 제품을 확대 생산하기 위한 모든 전문 지식과 기술을 포함한다. 각 스프린트의 목표는 최종 제품의 완성을 위하여 작업 제품을 만들고 시연하는 것이다. 또한 팀들은 대개 8명 내외로 소규모로 높은 수준의 소통과 협업을 보장한다.
대면 소통과 사람이 쉽게 교류할 수 있는 열린 사무실 환경의 조성이 필요하다. 팀들은 스스로 조직하고 리더가 없다. 오히려 스프린트 기간 동안 각 개인의 기술과 가용성에 따라 특정 업무 과제를 선택하고 수행한다.

- 스크럼 마스터는 스프린트 동안 스크럼 개발 프로세스의 촉진자로, 개발 팀의 작업 수행에 방해가 되고 성공적인 생산 및 시연에 부정적인 영향을 미칠 수 있는 장애물, 장벽 또는 제약을 제거하거나 줄이는 작업을 주로 수행한다. 스프린트 시간 종료 시까지 작업 가능 제품을 위한 스프린트 사이클 시간은 고정되어 있다. 모든 작업이 스프린트의 정해진 시간 내에 완료되지 않으면 완료되지 않은 항목은 향후 스프린트 동안 수행될 제품 백로그에 다시 추가된다. 스크럼 마스터는 개발 팀의 사람들에 대한 직접적인 책임이 없다는 점에서 프로젝트매니저와 다르다. 팀원들은 스크럼 마스터를 위해 일하는 것이 아니라 자기 조직적이고 자기 주도적인 측면에서 일을 한다.

애자일 변화를 위한 프로젝트관리 프로세스에는 다음이 포함된다.

① 최종제품(납품가능)의 근거, 설명, 자금조달액, 목표완료일 등을 정하여 사업승인을 받도록 하는 것. 이것은 프로젝트 헌장과 비슷하다.
② 제품 요구사항 정의 및 우선순위가 정해진 특정 요구사항 및 제품 특징의 순서에 따른 제품 백로그 생성. 이것은 프로젝트 범위 문서와 유사하다.
③ 각 스프린트가 시작될 때 제품 소유자와 개발팀은 스프린트 계획 회의를 열어 팀에게 공개될 제품 백로그 상단에서 스프린트 사이클에 대해 정해진 시간 동안 팀이 생산하고 시연할 수 있는 요건 또는 특징 세트를 선정한다. 그런 다음, 개발 팀은 특성을 입증하는 제품 증분을 생산하기 위해 수행해야 하는 특정 작업을 식별하고 그 기간을 산정한다. 업무는 보통 4시간에서 12시간 사이로 설정한다. 이 스프린트 계획 회의는 보통 하루 또는 그 이하가 걸린다. 일단 팀이 스프린트 동안 수행할 특정 작업을 식별하면, 작업 목록을 스프린트 백로그라고 하며, 이는 작업 진행 상황을 모니터링하는 데 사용된다. 스크럼 마스터는 완료된

작업, 진행 중인 작업 또는 아직 시작하지 않은 작업을 표시하는 데 사용되는 작업 보드 및/또는 스프린트 백로그에 대한 지금까지의 노력과 작업 및 남은 노력을 보여주는 번다운 차트(burn down chart) 프로젝트 모니터링 및 제어 도구를 생성할 수 있다. 종종 이러한 도구는 개방형 사무실 공간에 대형 디스플레이에 표시되며, 스프린트 완료를 향한 진행 상황을 보기 위해 팀 전체가 볼 수 있다.

대규모 프로젝트의 경우, 제품 백로그에서 다양한 릴리스에 대해 여러 개발 팀이 동시에 다른 스프린트에서 작업하여 특정 제품 증분을 생성할 수 있다. 이 경우 제품 증분 사이에 적절한 통합이 이루어지고 중복이나 중복이 없도록 개발 팀이 정기적으로 소통하는 것이 중요하다. 스프린트 스크럼 마스터는 그러한 노력을 촉진해야 한다.

④ 하루가 시작되면 개발팀은 매일 스크럼 미팅을 하는데, 이러한 미팅은 보통 15분으로 제한되기 때문에 일일 스탠드업이라고도 한다. 이 회의 동안, 각 팀 구성원은 진술하기 위해 준비될 것으로 예상된다.

• 전날 그들이 한 일
• 현재 계획 중인 작업
• 작업에 방해가 되는 장애물

장애물이 확인되면 이러한 스크럼 미팅에서는 해결되지 않으며, 오히려 스크럼 마스터와 해당 팀 구성원이 업무일 중에 해당 항목을 해결한다. 스크럼 회의는 문제해결 회의로 의도된 것이 아니다.

매일 스크럼 미팅에서 팀 구성원이 과제를 완료했다고 진술한 경우, 스킬에 따라 작업할 작업의 스프린트 백로그에서 다른 작업을 선택한다.

이러한 일일 회의는 개발 팀 구성원들에게 책임감과 동기부여를 위한 메커니즘을 제공한다. 스크럼 마스터는 어떤 작업이 완료되었는지에 따라 매일 태스크 보드를 업데이트하거나 차트를 굽는다.

⑤ 스프린트 종료 시에는 개발 팀이 완료한 작업과 완료되지 않은 항목을 검토하는 단거리 검토 회의가 있다. 그들은 또한 완성된 작업 산출물의 증분을 제품 소유자와 기타 적절한 이해관계자들에게 증명한다.

제품 소유자가 제품 증분의 일부 기능에 변경이 필요하다고 판단하는 경우, 그러한 변경사항은 문서화하여 완료되지 않은 모든 항목과 함께 제품 백로그에 추가되며, 향후 출시 및 스프린트에 포함될 것이다. 이 회의는 보통 4시간 정도밖에 안 된다.

⑥ 스프린트가 끝나면 제품 소유자를 포함한 스크럼 팀이 스프린트 기간 동안 성과

를 평가하여 무엇이 잘 되었는지, 향후 스프린트에서 개선될 수 있는지 평가하는 스프린트 소급회의도 열린다. 이 회의는 스크럼 마스터에 의해 진행되며 약 2~3 시간이 걸릴 것이다.

9) 프로젝트관리 정보시스템(PMIS)

거의 모든 프로젝트관리 정보시스템에서는 이 장에서 식별된 스케줄링 기능을 수행할 수 있다. 구체적으로, 활동 산정 기간은 시간, 일, 주, 월 또는 년 단위로 할 수 있으며, 마우스를 한 번 클릭하면 시간 척도를 일에서 주, 주에서 일 등으로 쉽게 변환할 수 있다. 예상 기간은 쉽게 업데이트되고 수정될 수 있다. 또한 달력(캘린더링)시스템은 프로젝트 매니저에게 주말, 회사 휴일, 휴가 일수를 처리할 수 있는 능력을 제공한다.

프로젝트 시작 및 종료 시간은 특정 달력 날짜(예 2020년 10월 1일 또는 2020년 12월 31일)로 입력하거나, 특정 달력의 날짜가 지정되지 않은 전체 일수(또는 주 또는 월)를 입력할 수 있다(예 프로젝트는 50주까지 완료해야 함). 프로젝트에 필요한 완료 날짜와 예상 지속 기간이 포함된 활동 목록을 고려할 때, 소프트웨어는 프로젝트를 시작해야 하는 날짜를 계산한다. 이와 유사하게, 그것은 실제 시작일과 예상 기간을 가진 활동 목록을 바탕으로 가장 이른 프로젝트 완료 날짜를 계산할 것이다.

이 소프트웨어는 또한 마우스를 클릭해서 ES, EF, LS, LF 시간, TS, FS, 주 일정을 계산한다. 그러나 프로젝트관리자가 이러한 용어가 무엇이며 계산이 무엇을 의미하는지 이해하는 것은 중요하다.

대부분의 프로젝트관리 정보시스템은 작업과 그 전임자를 선과 화살로 연결함으로써 업무 간의 종속성을 표시하는 간트나 막대 차트를 제공할 수 있는 기능을 갖추고 있다. 사용자는 간트 또는 막대 차트 및 네트워크 도표 사이를 앞뒤로 클릭할 수 있다. 그리고 일반적으로 PMIS의 기본 보고 요소에는 아래와 같은 항목들이 포함될 수 있다.

① 재무보고
② 프로젝트 결과물
③ 현행사업계획
④ 프로젝트 진행 상황 보고서
⑤ 자재공급 일정
⑥ 고객배달 일정
⑦ 하도급 업무 및 일정

⑧ 프로젝트 회의 일정 및 기록
⑨ 그래픽 프로젝트 일정(Gantt 차트)
⑩ 성능 요구사항 평가도
⑪ 시간 성능 그림(계획 대 실제)
⑫ 비용 성과 그림(예상 대 실제)

사실상 모든 프로젝트관리 정보시스템은 7.7절의 통제 기능을 수행할 수 있도록 한다. 구체적으로, 활동이 진행 중이거나 활동이 완료되면, 현재 정보를 시스템에 입력할 수 있으며 소프트웨어가 자동으로 프로젝트 일정을 수정한다. 마찬가지로, 향후 활동에 대한 예상 기간이 변경되면, 이러한 변경사항을 시스템에 입력할 수 있으며 정보시스템은 자동으로 일정을 갱신할 것이다. 소프트웨어에 의해 생산된 모든 네트워크 다이어그램, 테이블 및 보고서는 최신 정보를 반영하도록 업데이트될 것이다.

투입물에서 추출된 정보에 이러한 기술을 적용하면 다음 섹션에서 설명하는 프로젝트 일정 및 관련 항목을 산출할 수 있다.

7.5.3. 산출물

계획된 프로젝트 일정은 공정 개발 과정의 명백한 결과물이다. 이 항목과 기타 출력 항목은 이 목록에서 논의한다.

1) 프로젝트 일정

프로젝트 일정에는 각 일정 활동에 대해 계획된 시작 날짜와 계획된 종료 날짜가 포함된다. 일정에 따라 활동을 수행하기 위한 자원이 배정될 때까지 일정은 예비로 간주된다.

(1) 리스크 관련 정보

이는 리스크로 이어질 수 있는 일정 가정 로그와 리스크 관리대장에서 일정 관련 리스크에서 추출할 수 있다.

이 정보는 이 장의 앞부분에서 설명한 프로젝트 일정표에서 표 형식으로 표시된 우발적 예비비를 적용함으로써 리스크 완화에 도움이 될 것이다.

일반적으로 프로젝트 일정은 다음과 같은 그래픽 형식 중 하나로 제시된다.

• 프로젝트 일정 네트워크 다이어그램

이 도표는 일정 활동을 각 활동의 시작일과 종료일과 함께 시간 단위로 나타내며, 따라서 서로에 대한 활동의 의존성을 보여준다. 그것들은 의존성, 즉 논리를 보여주기 때문에 논리도표라고도 불린다.

• 막대 차트

이 차트에서 활동은 막대로 표시되며 각 막대는 시작 날짜, 종료 날짜 및 활동 기간을 보여준다. 그것들은 읽기 쉽고 프레젠테이션에 자주 사용된다.

• 마일스톤 차트

이것들은 일반적으로 모든 일정 활동이 아니라 마일스톤만을 나타내는 막대 차트들이다.

2) 일정기준선

이것은 프로젝트 스폰서 등 적절한 이해관계자가 수락하고 승인하는 구체적인 프로젝트 일정이다. 이 일정기준선은 프로젝트 계획의 일부가 된다. 실제 프로젝트 작업 결과를 이 기준선과 비교하여 프로젝트 진행률을 측정한다. 이 기준선에 대해 제안된 변경사항은 표준 변경 절차(예 통합 변경 제어 프로세스)를 거쳐야 한다.

3) 프로젝트 달력

이 달력에는 근무일, 교대, 하루 중 시간 및 프로젝트에 사용할 수 있는 활동에 대한 정보가 포함되어 있다.

4) 일정 데이터

사업 일정의 지원 자료로서, 다음과 같이 구성된다.

- 활동 일정 수립, 마일스톤, 활동 속성 및 확인된 모든 가정과 제약사항 문서화
- 기간별 리소스 요구사항
- 대안적 일정(예 최상의 시나리오 및 최악의 시나리오에 기반한 일정)
- 일정 우발적 예비비

이 데이터는 일정의 기준 버전을 생성하는 데 사용된다.

요청 및 문서 업데이트를 변경하고 프로젝트 범위 또는 일정에 대한 수정요청은 변경요청을 생성하며, 변경요청은 통합 변경관리 프로세스를 통해 처리되어야 한다. 일정 개발은 반복적인 과정이기 때문에 시간이 지남에 따라 일정 개발 방식이 바뀔 수 있으며, 그 다음 일정 개발 계획을 갱신할 필요가 있을 것이다. 또한 새로운 활동과 같은 일정 변경은 비용에 영향을 미칠 수 있으므로 비용 기준을 갱신해야 할 수 있다. 마찬가지로 [그림 7-10]의 산출물에 나열된 프로젝트 문서도 명백한 변경사항을 파악하기 위해 업데이트해야 할 수 있다. 예를 들면 다음과 같다.

• 자원 요구사항

일정 개발 프로세스(예 자원 레벨링)는 필요한 자원의 종류와 수량에 대한 초기 산정치를 변경할 수 있다.

• 활동 속성

리소스 요구사항 또는 변경된 기타 활동 속성은 이 프로세스 중에 업데이트되어야 한다.

• 가정 로그 및 위험 기록부

일정 개발 중에 활동 기간, 필요한 자원 등에 관한 가정 변경사항이 드러날 수 있다. 이것은 위험 평가에 변화를 일으킬 것이다. 따라서 가정 로그와 리스크 관리대장을 업데이트해야 한다.

프로젝트 일정 개발은 반복적인 과정이다. 예를 들어 승인될 프로젝트 일정을 작성하기 위해 일부 활동에 대한 기간 및 자원 산정치를 검토하고 수정할 필요가 있을 수 있다. 승인된 프로젝트 일정은 프로젝트 진행 상황을 추적하는 기준선으로 작용할 것이다.

앞서 언급한 바와 같이 승인된 사업 일정을 사업 진행 상황을 추적하기 위한 기준선으로 활용한다. 일정 개발(또는 수정)은 승인된 변경사항과 위험 발생으로 인해 프로젝트 수행 전반에 걸쳐 계속된다.

7.6 일정 통제

일정 통제란 앞에서 논의한 바와 같이 통합 변경관리의 일환이다. 일반적인 프로젝트 전체에서 어떠한 사건이 발생하면 프로젝트 일정에 대한 업데이트가 필요할 수 있다. 일정 통제는 세 가지 주요 조치와 관련이 있다.

- 프로젝트매니저는 일정에 변경이 발생할 수 있는 요인을 고려하여 변경사항이 합의되었는지 확인한다. 요인에는 프로젝트 팀 구성원, 이해관계자, 경영진, 고객 및 프로젝트 조건이 포함될 수 있다.
- 사업 책임자는 작업 결과 및 조건을 검토하여 일정 변경 여부를 결정한다.
- 프로젝트관리자가 일정의 실제 변경사항을 관리한다.

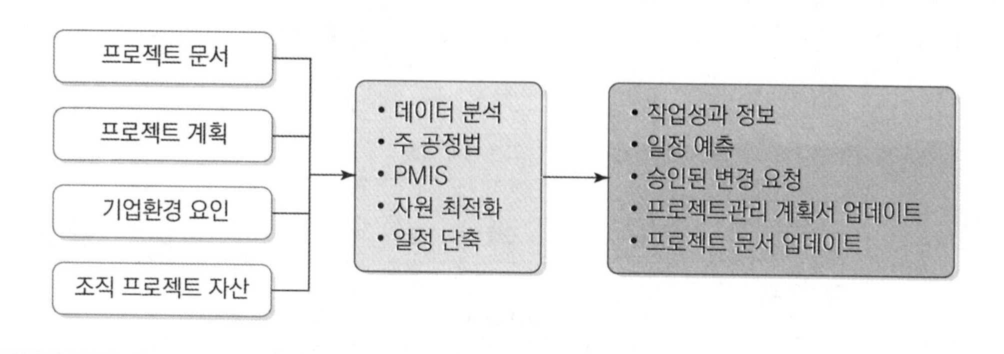

[그림 7-15] 일정 통제 프로세스 개발: 입력물, 기법, 산출물

7.6.1 입력물

일정 통제, 즉 일정 통제관리 프로세스는 다음과 같은 몇 가지 입력을 기반으로 한다.

- 사업관리 계획, 특히 일정관리 계획, 일정기준선, 범위기준선, 성과측정 기준선
- 프로젝트 문서, 특히 교훈관리 대장, 프로젝트 달력, 프로젝트 일정, 자원 달력 및 일정 데이터
- 작업 성과 데이터
- 조직 프로세스 자산

[그림 7-16]은 프로젝트관리 프로세스의 단계를 보여준다. 프로젝트범위가 예정대로, 예산 내에서 어떻게 달성될지를 보여주는 기본계획 수립부터 시작한다. 이 기본계획이 고객과 계약자 또는 프로젝트 팀으로부터 합의되면, 프로젝트 작업을 수행할 수 있다.

그렇다면 모든 것이 계획대로 진행되고 있는지 그 진행 상황을 지켜볼 필요가 있다. 프로젝트관리 프로세스에는 정기적으로 프로젝트성과에 대한 데이터를 수집하고, 실제 성과와 계획된 성과를 비교하며, 실제 성과가 계획된 성과보다 뒤처지면 즉시 시정조치를 취

하는 것이 포함된다. 이 과정은 프로젝트 전체에 걸쳐 정기적으로 이루어져야 한다.

실제 진행 상황과 계획된 진행 상황을 비교하기 위한 정기적인 보고기간(시간 간격)을 수립해야 한다. 보고사항은 프로젝트의 복잡성 또는 전체 기간에 따라 매일, 매주, 격주로 또는 매월로 이루어질 수 있다. 프로젝트의 전체 기간이 한 달로 예상될 경우 보고 기간은 하루 정도로 짧을 수 있다. 반면 사업이 5년 동안 진행될 것으로 예상되면 신고기간은 한 달일 수도 있다.

각 보고기간 동안 두 가지 종류의 데이터나 정보가 필요하다.

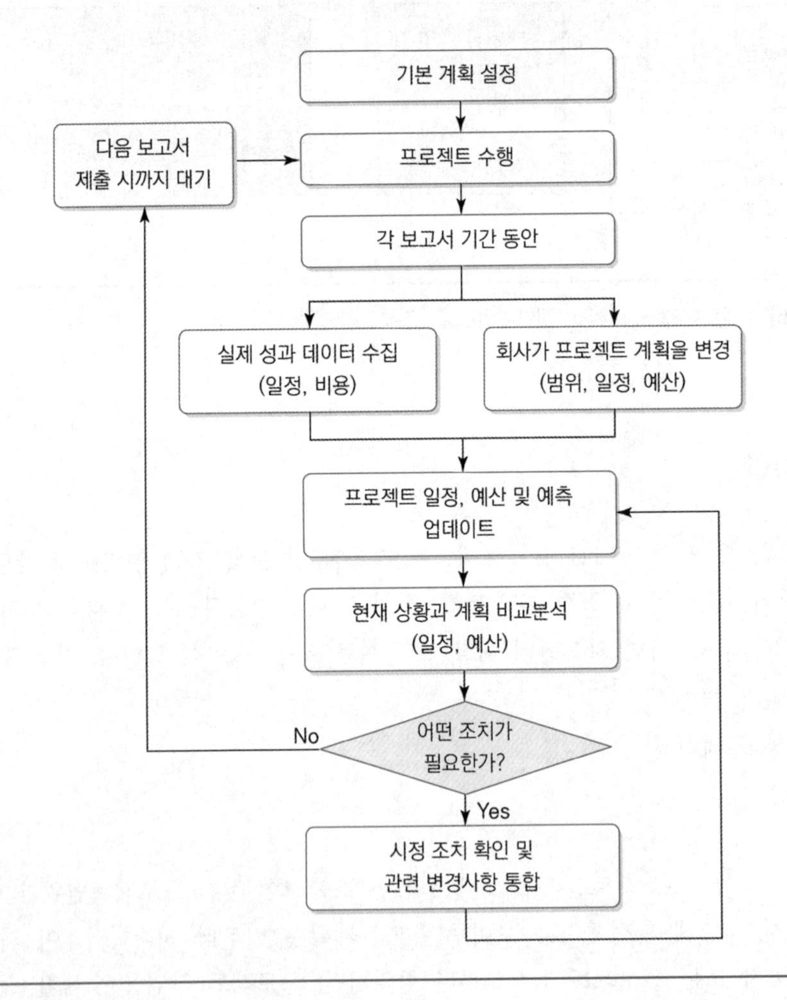

[그림 7-16] 프로젝트 통제 프로세스

1) 보고기간에 필요한 두 가지 데이터 또는 정보

(1) 실제 성과에 관한 자료

여기에는 다음이 포함된다.

- 활동이 시작되거나 종료된 실제 시간
- 실제 비용 지출 및 위탁금
- 완료된 작업의 획득 가치

(2) 프로젝트 범위, 일정 및 예산 변경에 대한 정보

이러한 변경은 고객 또는 프로젝트 팀에 의해 시작되거나 예상치 못한 발생의 결과일 수 있다. 변경사항이 계획에 통합되고 스폰서나 고객이 합의하면 새로운 기본계획을 수립해야 한다는 점에 유의해야 한다.

새 기본계획의 범위, 일정, 예산은 당초 기본계획과 다를 수 있다. 위에서 논의한 데이터와 정보를 적시에 수집하여 업데이트된 프로젝트 일정과 예산을 계산하는 데 사용하는 것이 중요하다.

예를 들어, 프로젝트 보고가 월별로 이루어지는 경우, 해당 월 기간 내에 최대한 늦게 데이터와 정보를 입수하여 업데이트된 일정과 예산을 계산할 때 가능한 한 최신 정보에 기초하도록 해야 한다. 즉, 프로젝트매니저는 월초에 데이터를 수집한 후 월말까지 기다려서 이용해서는 안 된다. 데이터가 오래되어 프로젝트 상태와 시정조치에 대해 잘못된 결정을 내릴 수 있으므로 업데이트된 일정과 예산을 계산하여야 한다.

7.6.2. 기법 및 활동

1) 일정 통제 활동

일정 통제란 일정의 변경사항을 관리하기 위한 공식적인 접근방식이다. 변경의 조건, 이유, 요청, 비용, 리스크 등을 고려한다. 여기에는 변경사항 추적 방법, 임계값에 기초한 승인 수준 및 승인 또는 거부된 변경사항의 문서화가 포함된다. 일정 변경관리 활동은 통합 변경관리의 일환이다.

2) 프로젝트 성과측정

실적이 좋지 않으면 일정이 변경될 수 있다. 제시간에 작업을 완료하고 있는 프로젝트 팀을 생각해 보자. 프로젝트 팀은 마감일을 맞추기 위해 서둘러 과제를 완수하고 있는지도 모른다. 이를 보완하기 위해, 추가 품질 검사와 활동 완료에 더 많은 시간을 할애할 수 있도록 프로젝트를 변경할 수 있다. 프로젝트 성과는 종종 획득 가치관리에 기초한다. 획득 가치관리는 제8장 원가관리에서 설명하게 될 것이다.

3) 번다운 차트 생성

일반적으로 신속한 변화를 위한 프로젝트에서 번다운 차트가 사용되지만 프로젝트에서 남아 있는 작업의 양을 설명하는 데 사용할 수 있다. [그림 7-17]에 나타낸 것과 같은 번다운 차트는 왼쪽 상단 모서리에서 시작하여 타임라인에 분산된 나머지 작업의 양을 예측한다. 작업이 완료되면 실제 작업을 나타내는 두 번째 줄이 차트에 추가되어 현재 일어나는 일과 예측되는 일의 차이를 보여준다. 현재의 업무 완료를 바탕으로 추세를 나타내기 위해 제3선을 추가하고 프로젝트 완료일에 대한 새로운 예측을 제공할 수 있다.

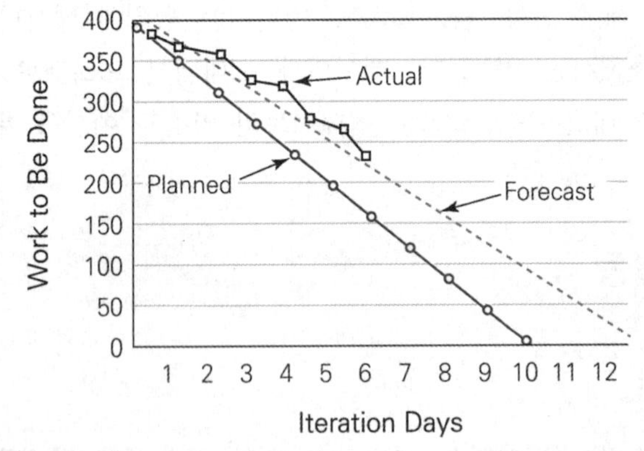

※ 번다운 차트는 활동의 균형, 예상되는 활동의 완료, 그리고 활동이 언제 끝날 것 같은지에 대한 예측을 보여줌.

[그림 7-17] 번다운 차트

4) 일정 차이 분석

프로젝트관리자는 활동이 종료될 때와 실제로 종료될 때까지의 차이를 적극적으로 모니터링해야 한다. 예정일과 실제 날짜의 차이가 누적되면 일정 차이가 발생할 수 있다.

또한 프로젝트관리자는 중요한 경로만이 아니라 유동 경로에 대한 활동 완료에도 주의를 기울여야 한다. 완성을 위한 여덟 가지 다른 경로가 있는 프로젝트를 예로 들어보자. 프로젝트관리자는 우선 중요한 경로를 알아야 하지만 각 경로의 여유시간도 확인해야 한다. 경로의 부하가 가장 작은 경로에서 부하가 가장 큰 경로까지 계층 구조로 배열하고 모니터링해야 한다. 활동이 완료되면 예정된 종료일로부터 늦어질 수 있는 경로를 식별하기 위해 각 경로를 지속적으로 모니터링해야 한다.

이 외에도 일정 통제를 위한 방법론은 앞에서 설명한 주 일정 기법, 프로젝트관리정보시스템, 자원 최적화, 선도 및 지연, 일정 단축 방법의 검토가 있다.

7.6.3 산출물

1) 일정에 변경사항 통합

프로젝트 전체에 걸쳐 일정에 영향을 미치는 변경이 발생할 수 있다.

앞에서 언급했듯이, 이러한 변경은 고객이나 프로젝트 팀에 의해 시작되거나 예상치 못한 발생의 결과일 수 있다.

(1) 고객이 시작한 몇 가지 변경사례

- 주택 구입자는 건축업자에게 패밀리룸은 더 커야 되고 침실 창문 햇빛이 드는 곳으로 옮겨야 한다고 말한다.
- 고객은 정보시스템을 개발하는 프로젝트 팀에게 시스템이 이전에 언급되지 않은 일련의 보고서와 그래픽을 제작할 수 있는 능력을 갖추고 있어야 하며, 이를 위해서는 데이터베이스에 새로운 요소가 추가되어야 한다고 말한다.

이러한 유형의 변경은 원래 프로젝트 범위에 대한 수정사항을 나타낸다.

일정과 예산에 영향을 미칠 것이다. 그러나 영향의 정도는 변경이 요청되는 시기에 따라 달라질 수 있다. 프로젝트 초기에 요청할 경우 프로젝트 후반부에 요청할 때보다 일정과 예산에 미치는 영향이 적을 수 있다. 예를 들어 패밀리룸의 크기를 변경하고 침실 창문을 재배치하는 것은 집이 여전히 설계되고 도면이 준비되고 있다면 비교적 쉬울 것이다. 다만 프레임을 올리고 창구를 설치한 뒤 변경을 요청할 경우 일정과 예산에 미치는 영향은 훨씬 클 것으로 보인다.

고객이 변경을 요청할 경우 계약자 또는 프로젝트 팀은 프로젝트 일정과 예산에 미치는 영향을 추산한 후 진행하기 전에 고객의 승인을 받아야 한다. 고객이 제안된 사업 일정 및 예산 수정안을 승인할 경우, 추가 활동, 수정 예상 기간, 수정된 산정 자원 및 관련 비용을 사업 일정 및 예산에 통합해야 한다.

프로젝트 팀이 시작한 변경의 한 예는 공간 제한과 보험료 때문에 놀이기구를 모두 없애고 지역 축제를 기획하고 있는 팀의 결정이다. 이 변경은 놀이기구와 관련된 모든 활동을 삭제하거나 수정하도록 사업 계획을 수정해야 할 것이다. 프로젝트관리자가 시작한 변경의 예로는 시스템의 자동 송장 처리 구성요소에 대한 사용자 정의 소프트웨어를 개발하기보다는 표준 사용 가능한 소프트웨어를 사용하여 비용을 절감하고 일정을 단축하는 것이다.

일부 변경은 원래 계획이 개발되었을 때 간과되었을 수 있는 활동의 추가를 포함한다. 예를 들어, 프로젝트 팀은 새로운 정보시스템에 대한 훈련 자료 개발 및 훈련 실시와 관련된 활동을 포함시키는 것을 잊어버렸을 수 있다. 또는 고객 또는 계약자가 식당 건설을 위한 작업 범위에 놀이의 설치를 포함하지 않았을 수 있다.

건물 건설 속도를 늦추는 눈보라, 신제품의 품질 시험 통과 실패, 프로젝트 팀의 핵심 요원이 때아닌 사임 등 예상치 못한 일이 발생하여 다른 변화가 필요하게 되었다.

이러한 이벤트는 일정 및/또는 예산에 영향을 미치고 프로젝트 계획을 수정해야 한다.

그러나 다른 변화들은 프로젝트가 진전됨에 따라 더 많은 세부사항을 추가하는 점진적인 정교함에서 비롯될 수 있다. 초기 네트워크 다이어그램에서 어떤 수준의 세부사항을 사용하든 프로젝트가 진행됨에 따라 보다 세부적으로 세분화할 수 있는 활동이 있을 것이다.

고객, 계약자, 프로젝트관리자, 팀 구성원 또는 예상치 못한 사건에 의해 시작된 모든 유형의 변경은 범위, 일정 및/또는 예산 측면에서 계획을 수정해야 한다. 이러한 변경사항이 합의되면 새로운 기본계획을 수립하여 실제 사업성과를 비교할 벤치마크로 사용한다.

프로젝트 일정과 관련하여, 변경사항으로 인해 활동의 추가 또는 삭제, 활동의 재시도, 특정 활동에 대한 예상 기간의 변경 또는 프로젝트에 필요한 새로운 완료 시간이 발생할 수 있다.

2) 프로젝트관리 계획서 업데이트

실제 진행 상황과 발생할 수 있는 기타 변경사항을 고려하여, 프로젝트가 필요한 완료 시간보다 앞서서 또는 그 이후에 완료될지를 예측하는 업데이트된 프로젝트 일정을 정기적으로 개정할 수 있다. 완료된 활동 시간 및 프로젝트 변경의 영향에 대한 데이터가 수집되면 업데이트된 프로젝트 일정을 계산할 수 있다.

일정 변경이 일어나면 어떤 일이 일어날까? 프로젝트관리자는 변경사항을 반영하여 프로젝트 일정을 갱신하고 변경사항을 문서화하며, 일정관리 계획 및 통합 변경관리 내의 지침을 따라야 한다. 이해관계자나 경영진에게 통지하는 것과 같은 모든 공식 프로세스를 따라야 한다.

개정은 프로젝트 시작일 및 더 가능성이 높은 프로젝트 종료일을 변경하는 특별한 유형의 프로젝트 일정 변경이다. 그것들은 일반적으로 프로젝트 범위 변경에서 기인한다. 새로운 범위에 필요한 추가 작업 때문에 프로젝트를 완료하는 데 추가 시간이 필요하다.

어떤 이유에서든 일정 지연은 너무 극단적이어서 프로젝트 일정 전체를 다시 고려해야 할 수도 있다. 즉, 재조정 시점까지의 모든 과거의 정보는 제거된다. 기준선을 다시 작성한다는 것은 최악의 시나리오로, 과감하고 긴 지연에 대해 조정할 때만 사용해야 한다. 프로젝트 종료일을 변경하기 위해서는 스케줄 개정 방식이 선호되고 가장 일반적인 방법이다.

3) 시정조치

업데이트된 일정과 예산을 계산한 후에는 기본 일정 및 예산과 비교하고 차이 분석을 통해 프로젝트가 일정보다 앞서거나 늦거나 예산보다 부족하거나 초과하는지 여부를 판단할 필요가 있다. 사업현황에 이상이 없으면 시정조치가 필요 없으며, 다음 보고기간 동안 그 상태를 다시 분석한다.

효과적인 사업관리의 핵심은 실제 진행 상황을 측정해 계획진행과 시기적절하고 정기적으로 비교하고 필요한 시정조치를 즉각 취하는 것이다. 단, 시정조치가 필요하다고 판단되는 경우, 그 결정은 다음과 같다.

범위, 일정 또는 예산을 반드시 수정하여야 한다. 이러한 결정은 종종 범위, 시간 및 비용의 절충을 수반한다. 예를 들어, 활동의 산정 기간을 단축하려면 더 많은 자원에 대해 지불하는 데 드는 비용이 증가하거나 작업의 범위를 축소해야 할 수 있다(그리고 이는 고객의 기술 요구사항을 충족하지 못할 수도 있다). 마찬가지로, 프로젝트 비용을 절감하려면 원래 계획보다 낮은 품질의 재료를 사용해야 할 수 있다. 어떤 시정조치를 취해야 할지에 대한 결정이 내려지면 일정과 예산에 반영되어야 한다. 이후 계획된 시정조치가 수용 가능한 결과를 도출하는지를 판단하기 위해 개정된 일정과 예산을 계산할 필요가 있다. 일정과 예산이 수용되지 못하면 추가 개정이 필요할 것이다.

프로젝트관리 프로세스는 프로젝트 전반에 걸쳐 계속된다. 일반적으로 보고기간이 짧을수록 문제를 조기에 파악하고 효과적인 시정조치를 취할 가능성이 높아진다. 프로젝트가 지나치게 통제력을 벗어나게 되면 범위, 품질, 일정 또는 예산을 희생하지 않고는 프로젝트 목표를 달성하기가 어려울 수 있다. 사업이 정상 궤도에 오를 때까지 보고에 대한 빈도를 늘리는 것이 현명한 상황이 올 수도 있다. 예를 들어, 월별 보고가 있는 5개년 프로젝트가 일정의 하락이나 증가된 예산 초과로 위험에 처할 경우, 보고 기간을 1주로 단축하여 사업과 시정조치의 영향을 보다 면밀하게 감시하는 것이 신중할 수 있다. 프로젝트관리 프로세스는 프로젝트의 중요하고 필요한 부분이다.

4) 수정 작업 적용

시정조치는 프로젝트 일정을 당초 프로젝트 종료일의 일정과 목표와 다시 일치시키기 위해 적용하는 모든 방법이다. 시정조치는 향후 성과가 기대되는 성과 수준을 충족하도록 하기 위한 노력이다. 여기에는 다음이 포함된다.

- 작업패키지가 예정대로 완료되는지 확인: 작업패키지를 일찍 완료하는 것이 항상 좋은 것만은 아니다.
- 작업패키지가 가능한 한 지연 없이 완료되도록 하기 위한 특별 조치
- 일정표 분산에 대한 근본 원인 분석
- 일정 지연으로부터 복구하기 위한 조치

이 장의 요약

- 모든 프로젝트에는 프로젝트 계획, 작업 수행, 작업 통제, 계획에 따라 작업이 완료되었는지 확인하는 데 시간이 걸린다. 물론 프로젝트 일정 변경 요청 검토, 시정 및 예방 조치, 결함 수정, 결함 수정 검토, 범위 확인 등 다른 모든 사항이 프로젝트 일정에 반영된다. 프로젝트관리자가 먼저 프로젝트 기획을 살펴볼 때 프로젝트 팀은 프로젝트 WBS를 기반으로 완성해야 할 모든 활동을 고려하게 된다.
- 모든 프로젝트 작업이 파악되고 활동 목록이 생성되면, 프로젝트 완료에 도달하기 위해 필요한 순서대로 활동을 정리해야 한다. 이는 활동 속성이 고려된다는 것을 의미한다. 특정한 순서로 일어나야 하는 그러한 활동들은 원칙에 입각한 논리를 사용하고 있는 반면, 순차적으로 일어날 필요가 없는 활동들은 융통성 있는 논리를 사용할 수 있다. 프로젝트 활동의 순서는 프로젝트관리 팀과 함께 이루어진다.
- 활동을 순서대로 배열하면 프로젝트 네트워크 다이어그램이 생성된다. 프로젝트 네트워크 다이어그램은 우선순위 도표 작성 방법을 사용할 가능성이 가장 높으며, 프로젝트 내에서 선행과 후행을 명확하게 구별하게 해 준다. 활동 사이의 관계는 작업이 진행하기 위한 명확한 조건을 제시한다.
- 일단 작업이 정리되고 시각화되면, 프로젝트 자원을 산정하고, 프로젝트 비용을 고려해야 한다. 자원 활용은 프로젝트에 필요한 사람들뿐만 아니라 재료와 장비도 포함한다. 이 활동은 프로젝트가 요구하는 자원의 양과 자원이 언제 이용 가능한지를 고려한다. 이것은 대형 프로젝트같이 까다로운 사업에서는 연동기획이 프로젝트에 포함될 수도 있다.
- 네트워크 다이어그램이 생성되고 자원이 파악되면 프로젝트관리 팀은 보다 정확하게 프로젝트 기간을 산정할 수 있다. 프로젝트관리자는 일반적으로 수행되는 식별된 노동력을 사용할 수도 있고, 프로젝트관리자는 상향식 산정만큼 정확하지 않은 유사한 산정치에 의존할 수도 있다. 경우에 따라서는 프로젝트 관리자가 모수 산정을 사용하여 프로젝트 기간을 예측할 수도 있다. 프로젝트 관리자가 네트워크 다이어그램을 검토할 때 자원을 이동할 기회를 찾고 지연

이 프로젝트 종료 날짜에 영향을 미칠 위치를 결정하기를 원할 것이다. 물론, 여기서 주 경로에 대해 말하고 있는 것이다. 주 경로는 완료까지 가장 긴 시간을 가진 경로이며, 주 경로에 있지 않은 활동은 프로젝트 종료일을 지연시키지 않고 어느 정도 지연할 수 있는 유동성(일부 여유시간이라고도 함)이 있다. 여유 시간이 없기 때문에 주 경로의 일정이 늦어진다면 프로젝트 종료 날짜가 예정되어 있던 것을 초과할 것이다.

- 프로젝트관리자는 프로젝트 일정을 통제해야 한다. 때때로 이것은 프로젝트 일정을 단축하는 것을 의미한다. 일정압축은 프로젝트 작업에 자원을 추가하지만 일정압축은 비용을 증가시킨다는 사실을 기억해야 한다. 프로젝트매니저는 활동들이 노력과 리더십이 함께 수반되어야만 프로젝트 작업을 단축시킬 수 있다. 특정 인쇄기에 100만 권의 책자를 인쇄하는 것과 같이 일정 기간이 걸리는 활동은 프로젝트관리자가 활동에 노동력을 더한다고 해서 더 빨리 끝나지는 않을 것이다. 인쇄기는 한 시간에 아주 많은 책자만을 인쇄할 수 있다.

7장 연습문제

1. **다음 용어를 설명하시오.**

   1) 연동기획(rolling wave planning)
   2) 자원 평준화
   3) 주 경로
   4) 삼점 산정
   5) PMIS

2. **다음 물음에 답하시오.**

   1) 귀하는 귀사를 위한 대규모 프로젝트의 프로젝트관리자이다. 프로젝트의 대부분은 단계별로 4,500대의 노트북에 설치할 새로운 소프트웨어에 초점을 맞출 것이다. 변화의 가능성 때문에, 당신은 롤링 웨이브 계획 접근법을 추천했다. 다음 중 롤링 웨이브 계획의 가장 좋은 예는?

      ① 현재 프로젝트에 대해 전문가의 판단 활용
      ② 이전 프로젝트의 활동 목록의 일부 사용
      ③ 프로젝트 범위 세분화
      ④ 프로젝트의 즉각적인 부분 및 향후 프로젝트 부분을 보다 높은 수준에서 계획

   2) 프로젝트 팀과 협력하여 프로젝트 작업을 활동으로 분류하는 경우, 일정 활동을 수행하기 위해 WBS의 어떤 구성요소를 분해해야 하는가?

      ① 프로젝트 범위
      ② 작업패키지
      ③ 패키지 계획
      ④ 제품 범위

3) 귀하와 프로젝트 팀은 프로젝트 범위와 요구사항에 따라 업무 분석 구조를 생성하였다. 다음 단계는 프로젝트의 활동 목록을 만드는 것이다. 다음 중 프로젝트관리 팀과 함께 작성된 활동 목록에 포함되지 않는 것은?
① 프로젝트 범위에 포함되지 않는 활동
② 품질관리 활동
③ 작업패키지 생성 활동
④ 설치할 파이프의 선형 피트와 같은 물리적 용어

4) 프로젝트 팀과 협력하여 건설 프로젝트에 대한 활동을 예약하는 경우, 카펫 설치 작업이 시작되기 전에 도장 작업을 완료하도록 예약하였다. 도장 활동과 카펫 설치 활동의 관계는 다음 중 어느 것으로 가장 잘 설명할 수 있는가?
① lag
② lead
③ 시작부터 시작
④ 처음부터 끝까지

5) 김양은 회사의 프로젝트관리자인데 그녀는 당신에게 프로젝트 스케줄 네트워크 분석을 도와달라고 부탁했다. 다음 그림에서 활동 B가 이틀 지연되면 프로젝트가 얼마나 늦어질까?
① 활동 B는 플로트를 사용할 수 있기 때문에 프로젝트는 늦지 않을 것이다.
② 프로젝트는 하루 늦어질 것이다.
③ 프로젝트는 이틀 늦을 것이다.
④ 프로젝트는 4일 정도 늦을 것이다.

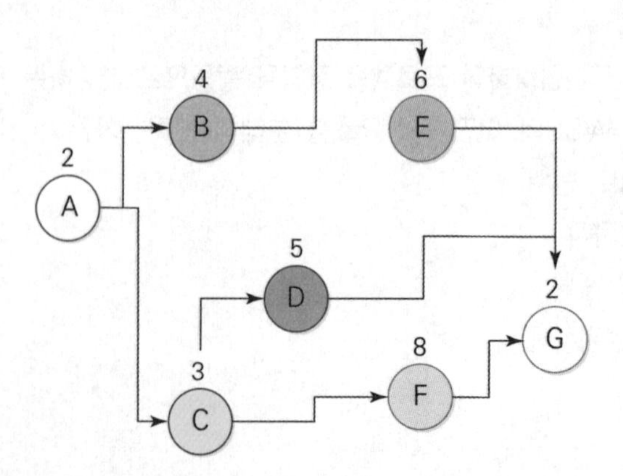

3. 다음 물음에 답하시오.

1) 왜 계약자는 특정일보다 프로젝트 시작 후 일수의 관점에서 프로젝트 완료 시간을 명시하는 것을 선호할 수 있는가? 이것이 적절할 때 몇 가지 예를 들어보시오.
2) 다양한 프로젝트 느슨한 유형과 각 프로젝트의 계산 방법을 설명하시오. 프로젝트의 중요한 경로를 결정하는 것이 왜 중요한가? 이 경로의 활동이 지연되면 어떻게 되는가? 이 경로의 활동이 가속화되면 어떻게 되는가?
3) 각 보고기간 동안 수집해야 할 데이터의 유형은 무엇인가?

CHAPTER

08

원가관리

프로젝트 원가관리(cost management)는 최소의 원가를 투입하여 주어진 프로젝트 목표를 달성하고자 하는 제반 활동을 의미한다. 예를 들어 미식가의 욕구를 만족시키기 위해서 어떤 음식을 만든다고 가정해 보자. 아마도 대부분의 미식가는 맛있는 음식을 싼 값으로 그 음식을 먹고 싶을 때 먹기를 원할 것이다. 이와 같이 미식가의 욕구에 합당한 음식을 만드는 것을 우리는 하나의 프로젝트라고 할 수 있다. 그리고 이 프로젝트의 목표를 세 가지로 정의할 수 있다. 첫째가 맛, 즉 품질이 좋아야 하고, 둘째, 가격이 적정해야 하며, 셋째, 먹고 싶을 때(시간에 맞추어)에 음식을 만들어내야 하는 것이다. 이 세 가지 목표가 모두 달성되어야 이 음식 만드는 프로젝트가 성공했다고 할 수 있을 것이다. 여기서는 이 세 가지 목표 중 원가 측면에 대해서만 얘기해 보도록 한다.

이제 이 프로젝트 책임자인 주방장은 최소의 원가로 이 음식을 만들어야 미식가의 마음에 드는 가격으로 음식을 판매할 수 있을 것이며, 또한 적정 수익도 창출할 수 있을 것이다. 이 음식의 적정 가격을 결정하기 위해서는 먼저 원가가 얼마나 들어가는지를 계산해 봐야 할 것이며, 이렇게 계산된 원가로 음식을 만들기로 결정했으면 그 원가 내에서 음식을 만들어야 할 것이다. 하지만 음식을 만드는 과정에서 결정된 원가에 여러 가지 초과요인이 발생할 것이다. 주방장은 이 음식을 만드는 데 소요되는 적정원가 결정(원가 산정 및 예산 책정)과 결정된 원가대로 음식을 만들기 위해서는 재료비, 인건비 등 여러 가지 원가 초과요인에 대한 통제(예산 변경 통제)가 필요할 것이다. 즉 원가관리를 보다 체계적이고 효과적으로 하기 위해서는 원가관리에 대한 개념과 원가관리 역량을 갖추어야 할 것이다. 물론 주방장이 이러한 원가관리 프로세스에 대한 역량을 충분히 갖추어야 한다고는 보지 않는다. 단지 원가관리에 대한 이해를 돕기 위해 예를 든 것뿐이다.

하지만 기업이나 프로젝트를 수행하는 프로젝트관리자는 적어도 원가관리에 대한 개념을 가지고 관련 업무를 수행해야 할 것이다.

■ 원가의 정의

기업에서 원가(cost)란 제품과 같은 어떤 재화나 서비스를 얻기 위하여 발생하는 경제적 희생(sacrifice)을 말한다. 즉 특정 목적을 달성하기 위하여 사용된 자원을 화폐단위로 측정한 것이 원가라고 정의할 수 있다. 예를 들면 컴퓨터(재화)를 갖기 위하여 값(원가)이라는 경제적인 자원을 지불(희생)해야 한다. 프로젝트도 제품이나 서비스를 창출하는 노력이므로 같은 맥락에서 프로젝트 원가는 프로젝트를 수행하기 위해 투입되는 경제적 자원이라고 정의할 수 있다.

원가와 비슷한 개념으로 비용(expense)이 있다. 일반적으로 원가와 비용은 동의어로 사용되기도 하지만 경우에 따라 구별하기도 한다. 비용은 경제활동을 위해 소비된 경제 가치를 의미하는데 이런 점에서는 원가의 개념과 같다고 할 수 있다. 그러나 원가가 생산 활동을 위한 것임에 반해 비용은 기부금같이 생산을 위한 것에 한정되지 않다는 점에서 다르다고 할 수 있다. 회계에서는 원가를 제품원가(product cost)로, 비용을 기간비용(period cost)으로 표시하여 구별하기도 하지만 구체적인 설명은 생략한다. 또한 원가와 비용은 나라에 따라 혼동되어 사용하기도 한다. 우리나라나 일본의 경우 원가보다는 비용을 선호하지만 영국이나 미국에서는 원가를 선호하여 사용하고 있다. 그러나 프로젝트에서 발생되는 경제가치의 소비는 대부분 원가와 비용이 일치한다. 즉 프로젝트 수행을 위해 투입되는 자재나 노동력 등은 원가일 뿐만 아니라 비용이 된다. 따라서 본 장에서는 원가로 통일하여 기술한다.

■ 원가관리의 개념

원가관리(cost management)란 일반적으로 설계 및 생산기술 개선 등을 통하여 현재의 원가수준 자체를 끌어내리고, 또한 최소의 원가수준을 실제 생산 활동의 달성 목표로 하는 일체의 관리활동을 말한다. 원가관리라는 용어는 주로 경영적 측면에서 사용하며, 기술적 측면에서는 원가공학(cost engineering) 또는 경제성공학(engineering economy)에서 이와 같은 원가의 흐름을 다룬다. 원가공학의 발전을 위한 학술모임도 있는데 예를 들면 AACE(Association for the Advancement of Cost Engineering) 같은 것이다.

원가관리의 최종목표는 원가절감이다. 원가절감이란 제품 등의 품질을 유지하면서 생산이나 판매 및 관리에 소요되는 단위당 원가를 기업의 노력에 의해 지속적으로 인하하는 것을 말한다. 원가절감은 1차적으로 재료비나 노무비 등의 절감에서 시작하며 최적 조업도의 유지, 시스템 혁신 등도 주요한 절감 방안이다.

원가관리는 기본적으로 원가 산정 및 예산 편성 등 원가관리 계획의 수립과 원가통제(cost control)로 구성된다. 원가관리 계획 수립은 원가인하의 목표, 즉 원가절감 목표를 분명히 함과 동시에 이를 달성하기 위한 구체적인 계획을 수립하는 것을 말한다. 원가 통제에서는 원가관리 계획에 따라 실현될 수 있도록 여러 가지 업무 활동을 통제하고 원가효율을 높이는 조치를 강구한다.

■ 원가관리와 회계학

원가관리는 회계학을 바탕으로 한다. 따라서 원가관리를 제대로 이해하기 위해서는 회계(accounting)와 회계학에 대한 어느 정도의 이해가 필요하다. 우선 기업에서 사용하는 회계의 정의를 살펴보자. "회계란 정보 이용자들이 자원의 효율적인 사용에 관한 의사결정을 합리적으로 수행하는 데 필요한 정보를 제공하기 위하여 기업의 경제적 활동을 화폐로 측정하여 평가하고 이를 요약된 보고서의 형태로 전달하는 활동을 말한다. 회계는 다양한 형태로 구성되는데 대표적으로 재무회계, 원가회계, 관리회계, 세무회계, 회계감사 등으로 나누어진다"(이창우 외, 2006). 참고로 <표 8-1>은 재무회계, 원가회계, 관리회계에 대한 목적과 활용 등을 비교한 것이다. 여기서 관리회계(management accounting)는 원가자료를 주로 이용하므로 원가회계(cost accounting)와 비슷하다. 그러나 관리회계는 회계정보의 관리적 이용, 경영 의사결정을 위한 회계, 관리적 기법을 강조한다는 점에서 원가회계와 차이가 있다(남상오, 1993). 프로젝트 원가관리는 기업의 원가회계에 필요한 프로젝트 원가정보와 자료를 제공하기 위한 제반 행위라고 할 수 있다.

회계는 고대문명시대의 고대회계로부터 시작하는 상당히 오래된 역사를 갖고 있다. 근대 회계의 원천이 되는 복식부기는 15세기에 이탈리아에서 유래하여 18세기에는 영국에서 크게 발전하였다. 특히 산업혁명으로 원가회계가 발달하였으며, 주식회사 제도의 도입으로 기업회계도 크게 발전하였다. 19세기 말 영국에서 미국으로 회계발전의 주도국이 바뀌게 되었으며 회계기준의 정립, 회계연구의 촉진, 관리회계의 발전이 이루어졌다(남상오, 1993).

〈표 8-1〉 회계의 구분

구 분	재무회계	원가회계	관리회계
목적	• 외부 정보 이용자의 경제적 의사결정에 유용한 정보 제공 • 효과적 투자	• 제품원가의 계산, 원가의 관리와 통제, 성과의 측정과 평가를 위한 정보의 제공 • 원가 극소화	• 내부 정보 이용자의 경제적 의사결정에 유용한 정보 제공 • 이익 극대화
보고 대상	외부 이용자(주주, 채권자, 소비자, 정부 등 불특정 다수인)	외부, 내부 이용자	내부 이용자 (내부 경영자)
준거 기준	기업 회계기준이나 해석과 같은 일반적으로 인정된 회계원칙(규범)	원가계산 준칙과 같은 일반적으로 인정된 회계원칙(규범)	일정한 기준이 없으며 의사결정에 적합하고 합리적이면 됨
영역	기업의 재무실태 파악	원가 계산, 집계, 배분, 요약, 분석 등 원가 정보 산출	• 효율적인 자원 배분 • 투자 결정
보고 수단	재무제표	재무제표 또는 원가정보	임의 양식
특징	과거와 관련된 정보 위주	과거와 관련된 정보 위주	미래와 관련된 정보 위주

회계학은 기술과 과학의 두 가지 측면을 갖고 있으며 경제학 및 경영학과 밀접한 관계에 있다. 이는 회계정보가 기업의 언어로서 기업경영의 모든 부문과 관련을 갖고 있기 때문이다. 특히 원가관리는 기업의 생산관리에 주요한 역할을 하고 있다. 최근의 회계연구는 수학과 통계학을 주로 활용하는 사회과학적 연구 방법에 의해 수행되고 있다. 특히 관리회계는 단순한 원가계산보다는 회계정보의 관리적 이용을 강조하고 있으며 정보기술을 활용한 회계정보시스템(AIS: Accounting Information System)이 활성화되고 있다(남상오, 1993).

■ 프로젝트 원가관리

지금까지 주로 기업차원에서 일반적인 원가관리의 개념을 살펴보았다. 프로젝트 원가관리도 기본적으로 기업차원의 원가관리와 마찬가지로 품질수준을 유지하면서 주어진 기간 내에 승인된 예산범위 내에서 프로젝트를 완료할 수 있도록 원가를 최소화하는 제반 활동이다. 기업과 마찬가지로 프로젝트 원가관리의 최종목표는 원가절감(cost reduction)이다. 프로젝트에서 원가절감의 기회는 [그림 8−1]과 같이 프로젝트 수명주기(project life cycle) 초창기가 후반기에 비해 훨씬 높은 편이다. 따라서 원가관리, 특히 원가 통제는 프로젝트 착수시점부터 철저히 실행되어야 한다.

다시 강조하지만 프로젝트 원가관리는 범위관리, 일정관리 및 품질관리와 함께 프로젝트관리 프로세스의 핵심 부분이다. 다른 부문별 관리와 마찬가지로 프로젝트 원가관리도 원가를 산정하여 예산을 편성, 즉 원가기준선을 설정하고 원가 통제를 하는 것이다.

적정 예산 편성을 위해 먼저 프로젝트에 소요되는 원가를 산정하게 된다. 즉 과거 유사 프로젝트 실적이나 WBS의 작업패키지별 또는 활동(activity)별 자원 소요량을 근

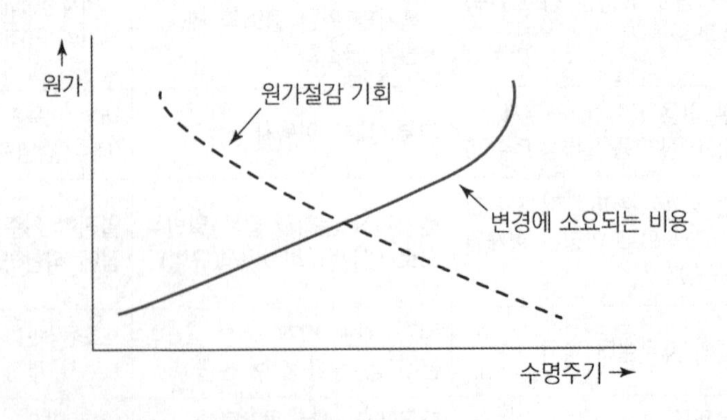

[그림 8-1] 프로젝트 수명주기와 원가절감 기회

간으로 소요되는 원가를 추정하여 1차적으로 프로젝트 전체 원가를 편성한다. 편성된 예산의 적정성을 종합 검토하고 예비비를 포함하여 전체 프로젝트의 예산을 승인하게 된다. 일부 산업계에서는 원가 산정을 원가 추정이라고도 한다.

이와 같이 승인된 예산을 각 활동(activity)이나 작업패키지별로 다시 공식적으로 배정하여 원가기준선을 수립한다. 프로젝트 진행에 따라 편성된 예산을 집행하고, 원가기준선 대비 집행실적을 비교하여 원가 차이(cost variance)를 분석하고, 차이가 있을 경우 그 차이에 대한 적절한 시정조치를 취하고, 필요한 경우 프로젝트 예산을 변경하기도 한다. 원가관리 프로세스를 개략적으로 도시하면 [그림 8-2]와 같다.

원가관리의 목표는 최적의 예산을 수립하여 그 예산 내에서 프로젝트를 완료하는 것이다. 위 그림에서 원가 산정 프로세스는 최적의 예산을 편성하기 위해 프로젝트에 소요되는 비용을 추정하는 것이다. 원가 산정 데이터가 정확하면 할수록 보다 정확한 예산을 수립할 수 있다. 정확한 예산이 편성되어 예산대로 집행된다면 사실 원가 통제 프로세스 업무는 아주 단순해질 수도 있다. 그러나 예산이 부정확하여 예산과 집행실적의 차이가 많으면 많을수록 원가 통제 업무는 복잡하고 업무량 또한 많아질 것이다.

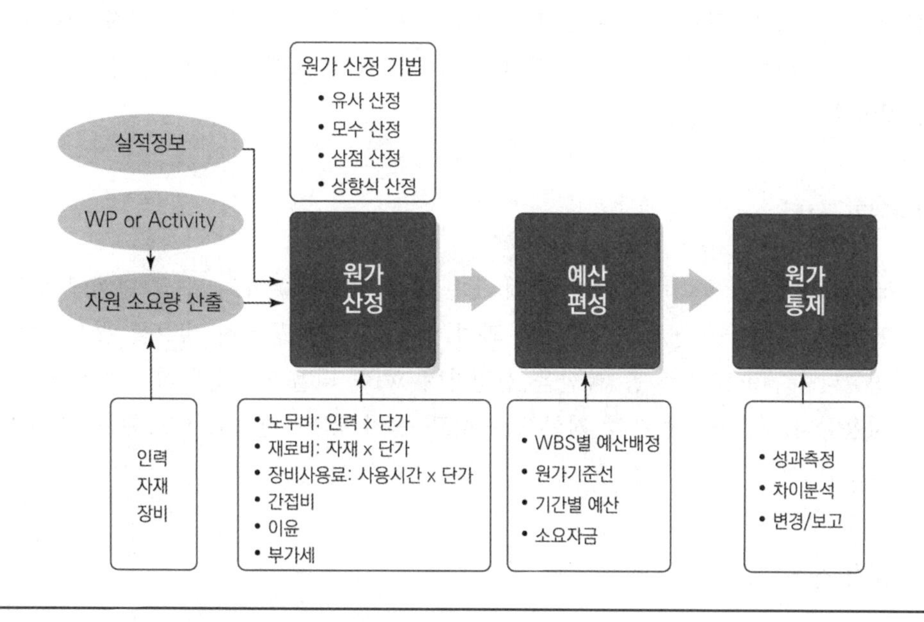

[그림 8-2] 프로젝트 원가관리 프로세스

원가관리는 범위관리나 일정관리, 그리고 품질관리와 더불어 프로젝트관리의 가장 기본적인 관리 프로세스의 하나이다. 본 장에서는 원가관리 프로세스에 대해 다음과 같이 기술하고자 한다.

- **원가 산정**(cost estimating): 적정 예산 편성을 위해 원가를 산정하는 프로세스
- **예산 편성**(budgeting): 산정된 원가를 기준으로 예산을 결정하는 프로세스
- **원가 통제**(cost control): 예산과 집행실적의 차이를 분석하여 성과관리 및 예산변경을 하는 프로세스

특히 프로젝트 성과의 측정 및 분석을 위한 주요 기법의 하나인 획득가치관리(earned value management)도 소개하고자 한다.

8.1 원가 산정

프로젝트 원가 산정(cost estimating)은 프로젝트 예산 편성의 기준 정보를 제공하기 위한 프로세스로서 프로젝트 제안 또는 기본계획 수립에서부터 예산 결정 시까지 원가 산정 정보의 확보 시점과 산정 목적에 따라 몇 가지 형태의 원가 산정을 하는 것이 일반적이다.

1) 개략원가 산정

개략원가 산정은 프로젝트 제안 단계 또는 프로젝트 기본계획 수립 단계에서 프로젝트에 관련된 구체적인 정보가 없을 시 과거 실적 자료나 통계적 정보를 활용하여 원가를 산정한다. 즉 프로젝트 총 예산을 산정하여 WBS 레벨별로 분할하는 하향식 산정기법을 사용한다. 산정한 원가의 정확도는 별로 높지 않은 편으로서 보통 −25 ~ +75% 정도이다.

2) 통제원가 산정

프로젝트가 진행되면서 각 활동별로 소요되는 인력, 자재, 장비와 같은 자원에 관한 정보 등 보다 구체적인 원가 산정 관련 정보의 입수가 가능할 때 이를 기준으로 보다 정확도가 높은 원가를 산정한다.

규모가 작고 기간이 짧은 프로젝트는 단 한 번의 원가 산정으로 예산을 확정할 수

도 있지만, 규모가 크고 기간이 긴 프로젝트는 제안 단계부터 예산을 확정할 때까지 3단계에서 5단계까지 원가 산정을 할 수도 있다. 다음에 원가 산정 입력물과 산정 형태별 기법 및 주요 산출물에 대해 구체적으로 기술한다.

8.1.1 입력물

1) 원가 산정 기준

(1) 개략원가 산정 기준

① 과거 유사 프로젝트 실적원가를 참조 시 원가 산정 항목별로 물가상승률을 고려해서 산정해야 한다.

② 과거 프로젝트와 당해 프로젝트의 유사성에 대해서는 전문가에 의해 판단되어야 한다.

③ 물가정보는 자재비와 인건비를 구분하여 반영하되, 국가에서 신용하는 기관의 통계자료를 이용한다.

④ 경비는 선행 프로젝트 실적을 기준으로 한다.

⑤ 일반관리, 이윤 등은 예산회계법 등 관련법이나 제도를 기준으로 한다.

(2) 통제원가 산정 기준

① 프로젝트 일정표의 활동별 자원 소요량 산정 정보를 참조하여 원가 산정 항목별 자재 소요물량과 인적 자원 소요량(노무량), 그리고 장비 사용시간을 산정하고, 해당 자원의 기준단가를 조사하여 재료비, 노무비 및 장비 사용료를 산정하고, 간접비는 별도로 산정한다.

② 산정된 원가를 예산으로 편성하기 위해 원가 산정 항목과 통제 항목이 상호 연계된 관리체계를 유지해야 한다.

③ 예비비는 원가 산정 항목별로 산정하되, 프로젝트 전체 예비비 항목으로 집계 및 관리한다.

④ 프로젝트 일정표 또는 원가 배분 기준에 따라 기간별 예산 계획을 수립하고, 물가지수를 적용하여 물가상승비를 산정한다.

⑤ 프로젝트 예산 중 차입금이 있을 경우 차입금에 대한 이자율을 적용하여 프로젝트 기간 중 이자를 산정한다.

⑥ 재료비, 노무비, 간접비, 예비비, 물가상승비, 이자 등을 합하여 프로젝트 총원가를 산정한다.

2) 프로젝트관리의 다른 영역에서 작성된 인도물

(1) 프로젝트 범위정의 인도물인 범위기술서, 프로젝트 WBS 및 작업패키지 정의서
(2) 프로젝트 일정표, 활동 목록, 활동 속성
(3) 프로젝트 활동별 자원 소요량 산정 정보 및 자원별 단가 정보

3) 프로젝트 주변 여건

프로젝트 추진 환경과 관련된 프로젝트 주변의 제반 정보, 자료, 시스템 등으로 프로젝트 원가 산정에 미치는 영향을 고려한다.

(1) 시장여건, 물가상승률, 이자율, 환율, 차입률(투자비에 대해 차입금의 비율) 등 제반 경제지표
(2) 국가계약법, 예산회계법 등의 원가 산정 관련 규정이 포함되어 있는 법 및 제도
(3) 과거 유사 프로젝트 실적 정보, 자료, 지침/절차서
① 국내외에서 수행된 과거 유사 프로젝트 원가 산정 데이터베이스, 예산 대비 집행실적 정보 및 원가 산정 근거자료
② 회사에서 보유하고 있는 원가 산정 프로세스, 프로젝트 단계별 원가 산정 형태, 원가 산정 방법 등을 기술한 절차서 또는 지침서

8.1.2 기법 및 활동

1) 개략원가 산정 기법

개략원가 산정을 위해서는 일반적으로 유사 산정, 모수 산정 및 삼점 산정 기법을 사용한다.

(1) 유사 산정 기법(analogous estimating)

원가 산정을 위한 관련 정보가 부족하므로 과거 유사 프로젝트 실적자료를 기준으

로, 물가상승률과 기타 주변 여건을 고려하여 개략적으로 원가를 산정하는 기법이다. 유사 산정 기법은 단시간에 원가 산정이 가능하고 비용도 적게 들지만 정확도가 떨어지는 문제점을 가지고 있다. 비슷한 의미로 거래실례가 방식 또는 지수조정률 방식이라고도 한다.

(2) 모수 산정 기법(parametric estimating)

과거 프로젝트 실적 데이터와 단위 면적 등 여러 가지 변수 간 통계적 관계를 사용하여 기준단가 또는 단위작업 시간을 산정하고, 이를 바탕으로 원가를 산정하는 기법이다. 즉 어떤 수학적 모델(mathematical model)에 프로젝트와 관련된 특정 모수(parameter)를 사용하여 원가를 산정한다. 예를 들면, 아파트 건축공사에서 아파트 건설 평당 단가(모수)가 평균 1,000만 원이라는 통계자료가 있을 때 30평 아파트 한 세대 건설원가는 '30평×1,000만 원/평=3억 원'으로 산정할 수 있다. 모수 산정 기법은 모델개발에 사용한 실적 통계자료의 정확도에 따라 산정된 원가의 정확도에 차이가 있을 수 있으며, 비교적 단시간에 원가 산정이 가능하다.

(3) 삼점 산정 기법(three-point estimating)

선행 프로젝트 실적 원가 자료가 일관성이 없어 모수를 찾기 어려울 때 프로젝트의 불확실성과 리스크를 고려해서 원가를 산정하는 기법이다. 가중평균 원가 산정 기법이라고 할 수 있다.

- Ce=(Co+4Cm+Cp)/6
- Co: 낙관치(optimistic), Cm: 최빈치(most likely), 비관치(pessimistic)

(4) 프로젝트 개략원가 산정 사례

과거 수행한 프로젝트 정보의 거래실례가를 기준으로 물가상승분을 반영하여 원가를 산정하는 지수조정률 방식을 사용하여 개략원가를 산정한 경우를 예를 들어 설명한다.

① 개략원가 산정 전제

2015년 12월에 수행한 선행 프로젝트의 실적자료를 사용하여 2020년 12월에 수행할 신규 프로젝트의 총원가를 추정하되 그간의 물가상승만 반영한다.

선행 프로젝트의 실적원가는 재료비(700,000,000원), 노무비(300,000,000원), 경비(재료비와 노무비를 합한 금액의 10%), 일반관리비(재료비, 노무비, 경비를 합한 금액의 5%), 그리고 이윤(노무비, 경비, 일반관리비를 합한 금액의 15%)로 구성되어 있다.

물가지수의 변동 및 지수별 가중치는 <표 8-2>와 같다.

〈표 8-2〉 물가지수 및 지수별 가중치

물가지수	2015.12.	2020.12.	가중치	적용 물가지수
제조업 월평균 급여(P)	288.4	395.7	50%	• 한국: 한국은행 통계월보, 노동부, 통계월보 • 미국: BLS의 생산자 물가지수, 노임지수
금속 1차제품 도매물가(S)	102.1	113.1	50%	

② **프로젝트 개략원가 산정**

• 가중평균 물가상승률 계산: 물가지수별 물가상승률과 가중치(적용률)를 기준으로 다음과 같이 계산한다.
  – 가중평균 물가상승률 = (50×395.7/288.4) + (50×113.1/102.1)]/(50+50) = 1.239

• 총원가 산정: 가중평균 물가상승률을 사용하여 다음과 같이 순차적으로 계산한다.
  – 재료비/노무비 원가 = 1,000,000,000×1.239 = 1,239,000,000원
  – 경비 = 1,239,000,000×10% = 123,900,000원
  – 반관리비 = (1,239,000,000 + 123,900,000)×5% = 68,145,000원
  – 이윤 = (300,000,000 + 123,900,000 + 68,145,000)×15% = 73,806,000원
  – 총원가 = 1,239,000,000 + 123,900,000 + 68,145,000 + 73,806,000 = 1,504,851,000원 (부가세 제외)

2) 통제원가(control estimate) 산정 기법

일반적으로 WBS의 최하위 단위인 작업패키지 또는 작업패키지를 더욱 세분화한 일정활동별로 통제기준 원가를 산정하여 원가 산정 항목별로 정리하고, 이를 다시 WBS 상위 레벨로 합산하여 최종적으로 프로젝트 전체의 원가를 산정한다. 즉 원가 산정 상세정보를 합산하여 프로젝트 총원가를 산정하는 상향식 산정 기법이다.

원가 산정에 관련된 정보가 어느 정도 확보되어 있을 때 적용이 가능한 방법이다. 즉 활동별 또는 원가 산정 항목별 자원(인력, 자재, 장비) 소요량을 산출하고, 산출된 자원을 기준으로 재료비, 노무비, 경비, 일반관리비, 이윤, 부가세 등 원가요소별로 원가

를 산정하고, 이들을 집계하여 프로젝트 총원가를 산정하는 방법이다.

개략원가에서 사용한 유사 산정 기법이나 모수 산정 기법을 활동별 원가 산정에 사용할 수도 있지만 기본적으로 상향식 산정 기법에서는 원가계산 방식을 사용한다. 원가계산 방식에서는 해당 활동에 투입되는 모든 자원을 기준으로 다음과 같은 원가요소를 고려하여 [그림 8-3]과 같이 원가를 산정한다.

(1) 재료비

프로젝트에 소요되는 각종 물적 자원, 즉 자재와 장비, 인도물, 프로그램 본 수 등 물적 자원에 대한 물량을 산출하고 이를 기준으로 산정된 원가

(2) 노무비

프로젝트에 소요되는 자재 설치 및 공사, 시스템 개발 등에 투입되는 인력(노무량: man hour)을 기준으로 산정된 원가

(3) 경비 및 일반관리비

프로젝트 추진에 관련된 일반관리비, 보험료, 제세공과금, 품질 및 안전관리비, 용역비 등 관련법이나 규정의 경비 산정 기준에 따라 산정한 원가

(4) 예비비

프로젝트 추진에 있어서 미래의 불확실성에 대비하기 위해 산정된 원가. 원가 산정 시 산정에 필요한 제반 정보가 부족하기 때문에 예산의 초과 집행이 불가피한 경우에 대비하기 위해 예비비를 산정

(5) 물가상승비

물가상승비는 프로젝트 기간별 예산 또는 예산집행 계획을 기준으로 산정된 원가. 일반적으로 예산을 프로젝트 일정 계획에 따라 기간별로 배분하여 기간별 집행 계획을 수립하고, 기간별 집행 계획을 기준으로 물가상승비와 이자를 산정

(6) 이자

프로젝트 총원가 중 외부 차입자금(타인자본) 활용 시 발생되는 이자에 대해 산정된 원가

(7) 이윤

계약에 의해 수행되는 경우에 계약사의 수익을 위해 산정된 원가이다. 원가계산 방식은 기간과 비용이 많이 소요되나 정확도는 대체적으로 높은 편이다.

모든 원가요소별로 원가를 계산하기 위해서는 다양한 자료를 폭넓게 사용해야 한다. 우선 프로젝트와 직접 관련은 없어도 프로젝트 추진에 영향을 주는 요소인 법 또는 제도나 이해관계자의 리스크 수용범위에 대한 이해는 물론 시장의 상황이나 상업적 데이터베이스 등으로부터 많은 원가분석 자료를 구할 수 있다.

물량/공량산출 ➡	불변(기준)가 산정(원가 산정 계정)				
	직접비 산정 ➡			간접비 산정	
WBS/Acti.별 자원 소요량 산출	재료비	노무비	경비	일반관리비	예비비
▫ 자재 소요량 -개별 자재 -다량 자재 ▫ 인력(노무공량) ▫ 장비	▫ 직접재료비 -주요재료비 -부분품비 ▫ 간접재료비 (비감가상각) -소모성 재료비 -소모성 공구, 비품 -가설재료비 ▫ 기타비용 -운임, 보험 -보관비 (단 재료구입 이후 경비로 계산)	▫ 직접 노무비 -근로기준법 기준 ▫ 간접 노무비 -종업원, 감독 등 간접노무 비율 적용 (착공시점의 기준율)	▫ 기술용역, 사업주비 ▫ 운반,기계경비 ▫ 가설비 ▫ 보험료(산재/고용) ▫ 특허권 사용료 ▫ 안전관리비 ▫ 전력, 수도광열비 ▫ 복리후생비 ▫ 외주가공비 ▫ 소모품비 ▫ 도서인쇄비 ▫ 제세 공과금 등	▫ 기업의 유지를 위한 관리활동비 (판매비 제외) -본부비 -현장사무소비 -시험/시운전비	▫ 자제비 -내자 -외자 ▫ 노무비

경상가 산정(원가 통제 계정)			
간접비 상정		➡	총원가 산정
기간별 지불계획 수립	물가상승비	이자	총원가 집계
▫ 내/외자별 지불계획 -기간별 지불계획 -기간별 원가배분 (배분곡선/진도율)적용	▫ 내자 물가상승비 ▫ 외자 물가상승비	▫ 불변가이자 -내자 -외자 ▫ 경상가이자	▫ 물가상승비 이전 불변가 ▫ 물가상승비 ▫ 이자(경상가이자)

▶ [그림 8-3] 통제원가 산정 업무 흐름

8.1.3 산출물

1) 개략원가 산정치

프로젝트 기본계획 또는 프로젝트 헌장 작성 시 적용할 수 있는 개략적 원가 산정 데이터로 비교적 정확도가 낮은 원가 산정 산출물이다.

2) 통제원가 산정치

프로젝트 예산 편성 시 적용할 수 있는 정확도가 높은 원가 산정 데이터로, 원가항목별로 재료비, 노무비, 경비, 물가상승비, 예비비 등 원가요소별 상세한 원가정보가 포함되어 있는 정량적인 산출물이다. <표 8-3>은 통제원가 산정보고서 사례이다.

〈표 8-3〉 통제원가 산정보고서 사례

<table>
<tr><th colspan="3" rowspan="2">구분</th><th colspan="3">원가</th></tr>
<tr><th>내자(천 원)</th><th>외자(US$)</th><th>계(천 원)</th></tr>
<tr><td rowspan="8">직접비</td><td rowspan="4">기자재비</td><td>주설비 A</td><td></td><td></td><td></td></tr>
<tr><td>주설비 B</td><td></td><td></td><td></td></tr>
<tr><td>보조기기</td><td></td><td></td><td></td></tr>
<tr><td>소계</td><td></td><td></td><td></td></tr>
<tr><td rowspan="3">시공비</td><td>토건공사</td><td></td><td></td><td></td></tr>
<tr><td>기전공사</td><td></td><td></td><td></td></tr>
<tr><td>부대공사</td><td></td><td></td><td></td></tr>
<tr><td>직접비 계</td><td></td><td></td><td></td><td></td></tr>
<tr><td rowspan="8">간접비</td><td>설계기술용역비</td><td></td><td></td><td></td><td></td></tr>
<tr><td>일반관리비</td><td></td><td></td><td></td><td></td></tr>
<tr><td>용지비</td><td></td><td></td><td></td><td></td></tr>
<tr><td>시운전비</td><td></td><td></td><td></td><td></td></tr>
<tr><td>기타간접비</td><td></td><td></td><td></td><td></td></tr>
<tr><td>예비비</td><td></td><td></td><td></td><td></td></tr>
<tr><td>이자</td><td></td><td></td><td></td><td></td></tr>
<tr><td>간접비 계</td><td></td><td></td><td></td><td></td></tr>
<tr><td>총원가</td><td></td><td></td><td></td><td></td><td></td></tr>
</table>

3) 원가 산정 근거서류

프로젝트 원가 산정 시 적용 및 가정한 제반 기준정보와 자료, 즉 활동 목록과 속성, 원가 산정 기준정보, 각종 경제지수, 활동별 자원 산정 정보, 원가 산정 일자, 결과물에 대한 정확도, 가정 및 제약사항, 등 원가 산정에 근거가 되는 모든 정보와 자료로 반드시 문서화하여 관리하여야 한다.

8.2 예산 편성

원가 산정 결과를 예산 편성 항목별로 배정하고, 프로젝트에서 집행 가능한 예산으로 조정 및 승인을 득하여 확정하고, 확정된 예산은 프로젝트 일정표를 기준하여 기간별로 배정하고, 기간별로 누적된 원가관리 기준선을 수립하는 프로세스이다.

총 예산 편성의 최소단위는 예산 편성 항목 단위로 하되 기간별(연도별, 월별)로 관리 가능하게 편성한다. 프로젝트 원가 산정 결과를 이용하여 예산을 편성하고, 편성된 예산은 최종 결재권자의 승인을 거쳐 확정된다. 예산 편성 결과를 회사 자금관리 계획에 반영하여 예산 집행시점에서 자금이 확보될 수 있도록 한다.

8.2.1 입력물

1) 프로젝트관리의 다른 영역에서 작성된 인도물

프로젝트 범위관리 인도물인 WBS, 작업분류체계정의서, 범위기술서, 프로젝트의 목표, 프로젝트 단계별 인도물, 최종 결과물 등 프로젝트 예산 결정의 기준이 되는 정보 및 자료이다.

2) 원가 산정 데이터 및 근거서류

프로젝트 예산 편성의 기준이 될 수 있는 원가 산정의 결과물인 원가 산정 데이터와 원가 산정 시 적용한 물가정보 및 제반 경제지표 등 근거서류이다.

3) 프로젝트 일정표

프로젝트 기간별 예산 배정을 위한 프로젝트 일정표와 수명주기 동안의 계획 진도율 및 자원배정 정보 등이다.

4) 회사의 가용자원 현황 및 자원 달력

회사에서 프로젝트에 활용할 수 있는 가용자원 목록 및 관련 정보와 자원 활용시점이 지정되어 있는 달력이다.

5) 계약서

프로젝트 예산 결정 시점에서 설계, 구매 등 이미 계약이 체결된 경우의 계약금액 정보이다.

6) 프로젝트관리 계획서

프로젝트관리 계획서에 포함되어 있는 예산 관련 정보이다.

8.2.2 기법 및 활동

프로젝트 헌장(기본계획) 수립 단계에서 산정한 개략원가를 기준으로 잠정적 총 예산으로 관리하고, 주요 업무 계약체결(설계용역, 주요 자재구매, 시스템 개발 등) 시점에서 산정된 프로젝트 예산원가 산정 결과를 기준으로 총 예산을 결정한다. 프로젝트 확정원가 산정 결과를 반영하여 총 예산을 변경 및 결정한다. 총 예산 결정 후 원가 성과를 기준으로 주기적으로 완료시점의 원가 산정치를 예측하고, 그 결과를 기준으로 총 원가를 재평가하고, 필요시 예산을 변경 및 재결정한다.

1) 프로젝트 예산 편성 항목별 예산 배정

프로젝트 원가 산정 데이터를 [그림 8-4]와 같이 예산 편성 항목별(필요시 작업분류체계별)로 재분류 및 합산하고, 예산의 적정성을 분석하여 최적의 예산을 결정한다.

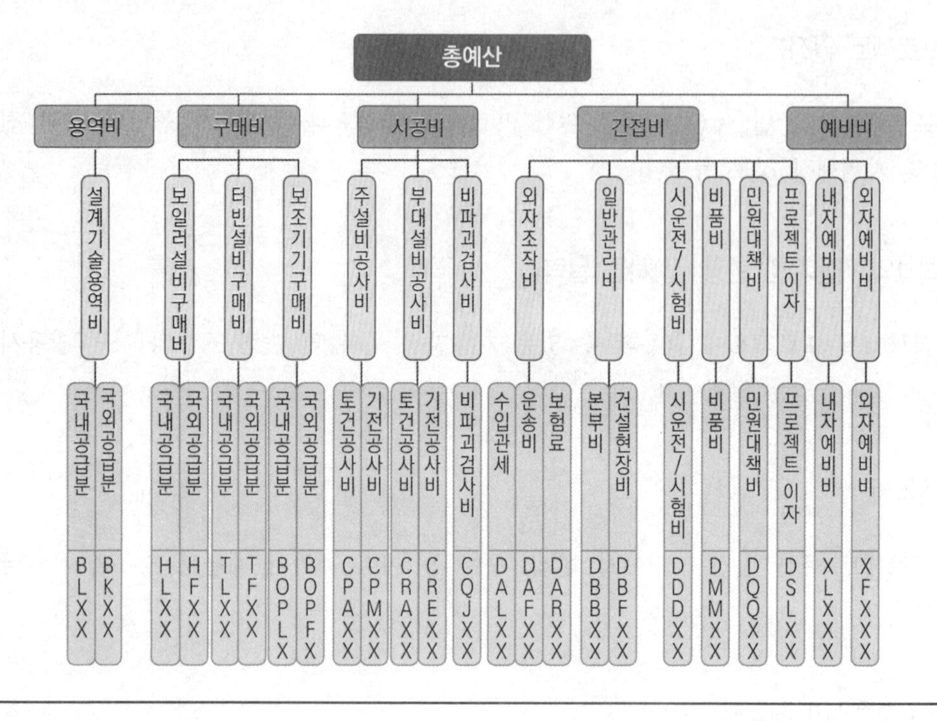

[그림 8-4] 프로젝트 예산 항목 분류체계 사례

2) 원가관리 기준선 설정

프로젝트 일정표의 계획 진도율 또는 자원배정 계획을 기준으로 프로젝트 수명주기 동안 기간별 예산 집행 계획을 수립하고, 기간별로 누적하여 프로젝트 원가기준선을 설정한다.

3) 당해 연도 예산확보

프로젝트 예산을 기준으로 해당 연도의 회사 예산 수립 시 반영한다.

4) 회사 자금확보 계획에 따른 조정

프로젝트 원가기준선, 즉 기간별 예산집행 계획과 회사 자금확보 계획을 비교하여 회사 자금확보 계획에 따라 예산을 조정한다.

5) 예비비 확보

프로젝트 예산은 미래를 예측하고 가정하여 수립된 계획이므로 항상 예산 변경의 리스크를 가지고 있다. 따라서 예산이 초과되는 리스크에 대비하기 위해 적절한 예비비를 보유할 필요가 있다. 예비비는 경영층에서 잠재적 예산 초과에 대비해서 유보해 두는 경영층 예비비와 프로젝트관리자가 유보해 두는 프로젝트 예비비로 구분하여 관리하는 것이 일반적이다. 예비비는 원가 산정 계정별로 산정한 후 프로젝트 전체 예비비 항목으로 별도 관리한다.

8.2.3 산출물

1) 원가기준선

원가기준선(cost baseline)은 프로젝트 기간별로 누적된 예산 집행 계획으로, 원가 통제 및 성과 측정의 기준이 되는 것이다. 원가기준선은 'S커브' 형태로 나타나며, 프로젝트 계획의 기본이 된다. 원가기준선을 기준으로 예상 현금흐름도 예측할 수 있으며, 예상 현금흐름과 회사 자금확보 계획을 비교 및 조정하여 최적화하여 확정한 것이다. 원가기준선과 예산을 그래프로 나타내면 [그림 8-5]와 같다.

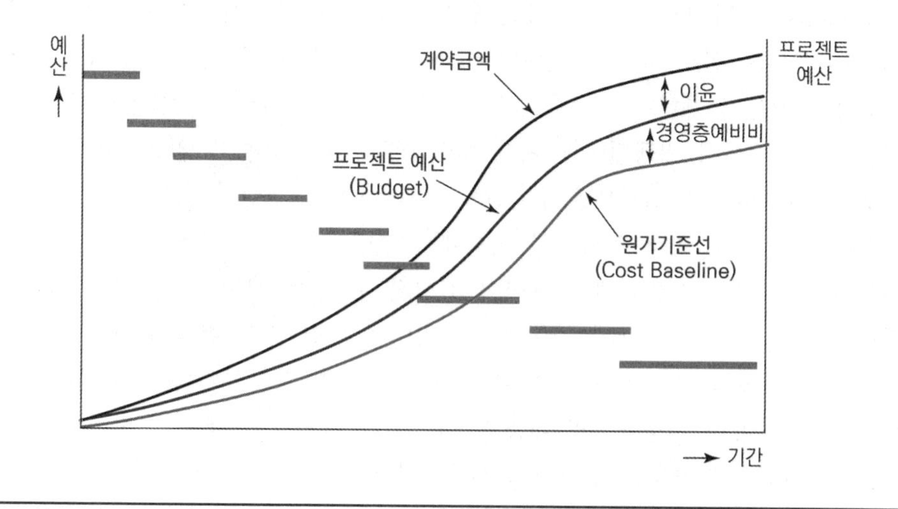

[그림 8-5] 원가기준선, 예산 그래프

2) 프로젝트 소요 자금

프로젝트 원가기준선은 기간별 예산 집행계획으로 기간별로 요구되는 자금확보의 기준이 되는 것이다. 회사의 자금이 원가기준선에 맞추어 확보될 수 없을 수 있기 때문에 회사의 자금확보 계획에 따라 원가기준선을 조정해야 하며, 원가기준선 조정은 프로젝트 일정에도 영향을 줄 수 있다. 기간별 프로젝트 소요자금은 원가기준선의 예산과 예비비를 포함한 금액이 되어야 한다.

3) 관련 문서 갱신

예산 편성 결과를 기준으로 프로젝트 리스크 관리대장, 원가 산정 데이터, 일정표 등 관련 문서를 갱신한다.

8.3 원가 통제

프로젝트는 일정 계획에 따라 활동이 수행되고, 수행된 활동에 대해서는 원가기준선을 근간으로 예산이 집행된다. 원가 통제는 원가기준선의 예산과 집행실적을 확인하는 원가 성과측정을 통해 예산 대비 집행실적을 비교하고, 그 차이를 찾아내어 분석하고 조치 및 변경하는 제반 활동이다. 사실 원가 통제는 원가의 변경을 통제한다는 의미를 가지고 있다. 다시 말해 원가기준선이 확정되면 원가기준선에 일치하게 예산이 집행되도록 원가 변경을 통제하는 활동이라고 할 수 있다. 만약 적정 예산이 수립되어 원가기준선에 따라 예산이 집행된다면 예산 대비 집행실적의 차이가 없을 것이며, 원가 통제 업무는 단순 현황보고로 끝날 수 있을 것이다.

그러나 프로젝트는 항상 불확실한 상황에서 수행되고 예산 자체가 가정과 예측하에 결정된 것이므로 원가기준선대로 예산이 집행될 수 없는 것이 현실이다. 따라서 예산과 집행 실적의 차이가 발생될 것이며, 그 차이에 대한 원인 분석과 대응책이 요구될 것이다. 원가 통제의 핵심은 원가 차이에 대한 철저한 원인 분석을 통해 원가 차이가 아주 적을 때는 바로 시정조치의 대응책으로, 원가 차이가 커서 시정조치가 어려울 경우에는 원가변경의 대응책을 강구하고 실행해야 한다.

또한 불가피하게 변경된 경우는 변경 내역을 체계적으로 추적하고, 일정이나 품질 등 프로젝트관리의 다른 영역에 대한 영향 및 전체 통합 변경관리와 연계되어 관리되어야 한다. 특히 원가 성과측정은 동일한 작업수행 시 일정과 통합되어 성과측정이 되어야 진정한 성과분석이 될 수 있다. 이와 같은 원가 통제를 위한 입력물, 원가 통제 방법, 그리고 원가 통제의 주요 산출물 등에 대해 보다 구체적으로 기술해 본다.

8.3.1 입력물

1) 원가기준선

프로젝트 원가 통제의 기준은 원가기준선이다. 원가기준선의 예산과 집행실적을 비교하여 원가 성과측정을 하기 위한 기준 정보가 포함되어 있다.

2) 프로젝트 성과보고서

프로젝트 계획 대비 실적 현황을 파악하기 위한 성과보고서로서 일정 실적진도, 예산 집행실적, 완료된 산출물 등 프로젝트 성과에 대한 정보를 포함하고 있는 보고서이다.

3) 승인된 변경요청서

프로젝트 통합 변경 통제 프로세스에서 승인된 변경요청서로서 원가 통제에 영향을 주는 범위, 일정, 원가 기준선 등이다.

8.3.2 기법 및 활동

1) 원가 변경 통제시스템

전술한 바와 같이 프로젝트를 실행하는 데 있어서 계획의 변경은 가능한 한 피해야 한다. 다시 말해 정확하고 실행 가능한 계획을 수립하여 계획대로 실행되도록 관리하는 것이 프로젝트관리의 핵심이라고 할 수 있다. 프로젝트의 원가 변경은 가능한 한 하지 않아야 한다. 그러나 불가피하게 변경을 해야 하는 경우에는 반드시 변경 통제시스템에 따라서 실행해야 한다. 원가 변경 통제시스템은 기본적으로 변경에 대한 절차와 승인레벨, 변경사항의 추적관리, 그리고 변경사항의 통합관리에 대한 기준과 프로세스를 정의한 것이다. 변경을 통제하기 위한 시스템으로 절차를 까다롭게 하고, 변경 승인을 득하기 위해서는 반드시 경영층의 승인을 받아야 한다든가, 필요시 변경통제위원회의 심의를 받아야 한다는 통제목적의 시스템이다. 그리고 변경사항에 대한 원인과 변경내역을 추적하고 관리하여 전체 프로젝트관리 영역과의 간섭, 영향 등을 통합관리하는 시스템적 접근 방법이다.

2) 총 예산관리

프로젝트 예산이 결정되면 결정된 예산 범위 내에서 집행되도록 총 예산 및 연간 예산관리지침에 따라 연도별로 예산을 관리해야 한다. 매년 프로젝트 조직은 회사와 협의 결정된 연간예산을 기준으로 예산을 집행해야 하며, 연간예산은 총예산 범위 내에서 집행되도록 통제되어야 한다. 프로젝트 실행부서는 배정된 예산 범위 내에서 집행해야 하며, 설계변경, 계약변경 등 원가 증가가 예상되는 경우는 반드시 총 예산관리부서의 사전 검토 및 동의를 득해야 한다. 연간예산의 변경이 필요할 경우는 회사 연간예산 관리부서와 협의 및 승인 후 시행해야 한다.

3) 원가 집행실적관리

프로젝트 실행에 따라 집행된 실적원가를 집계, 분류하고 결정된 예산과 비교하여 원가 성과측정 및 향후 원가 예측을 합리적으로 하기 위한 것이다. 원가 집행실적이란 일정기간에 발생 또는 지급되어 장부에 기록된 금액, 즉 회계결의서(전표)의 확정시점의 금액을 의미한다. 원가 집행실적 계상기준은 현금 지급여부에 관계없이 발생기준의 회계결의서 확정시점과 그 금액으로 하며, 공통비용 등 해당계정 또는 해당금액이 미확정된 대체기준의 집행실적은 대체회계결의서 확정시점으로 한다. 기타 선급금, 구상금(back charge), 직원인건비 등 공통비용은 집행실적 관리기준에 따라 집계 및 배분한다.

4) 획득가치 분석(EVA: Earned Value Analysis)의 성과측정 및 분석

성과측정을 위한 방법에는 여러 가지가 있을 수 있다. 일반적으로 일정과 원가를 개별적으로 계획과 실적을 비교하여 그 차이를 분석하고 조치하는 방법과 작업량(작업수행 실적)을 기준으로 일정 및 원가를 통합하여 성과측정을 하는 획득가치 분석 기법이 있다. 과거 프로젝트 원가 성과측정 및 분석은 단순히 예산 대비 집행실적을 비교하여 원가 차이에 대한 원인 분석 및 대응책 수립 위주로 시행되었다. 그러나 이와 같은 방법은 다음과 같은 문제를 가지고 있다. 원가성과 분석 결과 원가 차이가 없는 경우에도 작업량은 미달되고, 일정이 지연되는 경우가 있을 수 있다. 따라서 최근의 성과측정 방법은 작업량과 일정 및 원가를 통합하여 성과분석이 가능한 획득가치 분석의 성과측정 방법을 적용하는 방향으로 치우치고 있다. 그러면 획득가치 분석의 성과측정을 위한 기준정보, 성과측정 및 분석 방법 등에 대해 보다 구체적으로 기술해 본다.

(1) 성과측정 기본 정보

EVA 방식의 성과측정 방법은 기본적으로 원가기준선이 기준이 된다. 왜냐하면 원가기준선은 기간별 작업량, 즉 일정 진도계획과 일치하기 때문이다. 단 성과측정 단위는 화폐가치로 표현하고 있다. EVA 성과측정을 위해서는 필수적으로 다음과 같은 네 가지 현황정보가 파악되어야 한다.

① 원가기준선을 바탕으로 성과측정 기준일 현재까지의 계획 작업량에 대한 예산원가로 계획가치(PV: Planned Value)라 한다.

② 원가기준선을 바탕으로 성과측정 기준일 현재까지의 실제 수행된 작업량에 대한 예산 원가로 획득가치(EV: Earned Value)라 한다. 일부 프로젝트에서는 기성(이미 완료된 일)이라고도 한다.

③ 원가기준선을 바탕으로 성과측정 기준일 현재까지의 실제 수행된 작업량에 투입된 실적 원가(AC: Actual Cost)이다.

④ 프로젝트 총 예산(BAC: Budget At Completion)

〈표 8-4〉 사례 프로젝트 성과측정 기준 정보

구분	예산	M1	M2	M3	M4	M5	M6	M7
A. 타당성 분석	200	200						
B. 시스템 분석	400		200	200				
C. 시스템 설계	800			400	400			
D. 코딩	1,200				400	400	400	
E. 시험/평가	400						200	200
배정예산 합계(총 예산)	3,000(BAC)	200	200	600	800	400	600	200
누적 계획가치(PV)	1,000	200	200	600				
누적 획득가치(EV)	800	200	200	400				
누적 실적원가(AC)	1,200	200	300	700				

<표 8-4>의 시스템 개발 프로젝트 사례를 보면 3개월이 지난 시점에서 성과측정

기준 정보는 다음과 같다.

- 총 예산(BAC) = 3,000원
- 계획가치(PV) = 1,000원
- 획득가치(EV) = 800원
- 실적원가(AC) = 1,200원

(2) 성과측정

위와 같이 네 가지 현황정보가 파악되면 이들을 활용하여 성과차이와 성과지수를 산출할 수 있다. 즉 획득가치(EV)를 기준으로 일정 성과차이(schedule variance)와 원가 성과차이(cost variance)를 확인할 수 있다. 획득가치 방식의 성과측정 방법이란 획득가치(EV)를 기준으로 일정과 원가에 대한 성과측정을 분석한다는 것이다.

① 일정 성과차이(SV) = EV − PV = 800 − 1,000 = −200(200만 원 가치의 일정 지연)

② 원가 성과차이(CV) = EV − AC = 800 − 1,200 = −400(400만 원의 원가 초과)

또한 위의 정보를 가지고 업무 수행 성과도를 나타내는 성과지수를 측정할 수 있으며, 일정 성과지수(SPI: Schedule Performance Index)와 원가 성과지수(CPI: Cost Performance Index)는 다음과 같다.

③ 일정 성과지수(SPI) = EV/PV = 800/1,000 = 0.8(일정 성과도 80%)

④ 원가 성과지수(CPI) = EV/AC = 800/1,200 = 0.67(원가 성과도 67%)

상기 성과측정에서 성과차이는 '0' 이상일 때, 성과지수는 '1' 이상인 경우가 정상 이라고 할 수 있다.

(3) 프로젝트 완료시점의 원가(EAC: Estimate At Completion) 예측

프로젝트 완료시점의 원가 예측은 성과측정 결과 원가 차이가 '0' 이하인 경우와 원가 성과지수가 '1' 이하인 경우에 향후 원가 변경이 어떻게 될 것인지에 대한 예측 또는 원가 재추정을 의미하는 것이다. 프로젝트는 성과측정 시점에서 또는 주기적으로 프로젝트 완료 시점의 원가가 얼마나 될 것인지를 예측하여 경영층에 보고 및 총 예산을 재평가해 볼 필요가 있다. 현 상황에서 완료시점의 원가 예측을 위해서는 현재 집행된 실적원가(actual cost)에 프로젝트 완료 시까지의 잔여업무 수행을 위한 원가 산정치(ETC: Estimate To Completion)를 더하면 될 것이다. 따라서 상기 성과측정 결과를 이용할 경우 프로젝트 완료시점의 원가를 세 가지 방법으로 예측해 볼 수 있다.

① 현재 초과된 원가 외에 더 이상의 원가 초과는 없을 것이라고 예측하는 경우는 실적원가 'AC'에 잔여업무 수행을 위한 원가 산정치(ETC=BAC−EV)를 더하면 될 것이다. 즉 EAC=AC+BAC−EV=1,200+3,000−800=3,400만 원으로 이미 초과된 400만 원만 증가하면 될 것이라고 예측할 수 있다.

② 향후 수행될 잔여업무가 현재의 성과도 정도밖에 유지되지 못할 것이라고 예측하는 경우는 실적원가 'AC'에 원가 성과지수 'CPI'가 고려된 잔여업무 수행을 위한 원가 산정치(ETC=BAC−EV)를 더하면 될 것이다. 즉 EAC=AC+(BAC−EV)/CPI=1,200+(3,000−800)/0.67=4,480만 원으로 이미 초과된 400만 원을 포함하여 1,480만 원이 더욱 증가될 것이라고 예측할 수 있다.

③ 현재 초과된 원가만 초과될지, 현재의 성과도 정도로 계속 유지될지 도저히 예측할 수 없는 경우는 실적원가 'AC'에 잔여업무에 대한 원가 산정치(ETC)를 적합한 원가 산정 방법에 따라 실제로 산정해서 더해야 될 것이다. 즉 EAC=AC+ETC

④ 또한 완료 시점의 원가 차이(VAC: Variance At Completion)는 다음과 같이 계산될 것이다. VAC=BAC−EAC와 같은 원가 예측 결과를 그래프로 그리면 [그림 8−6]과 같이 나타나게 된다.

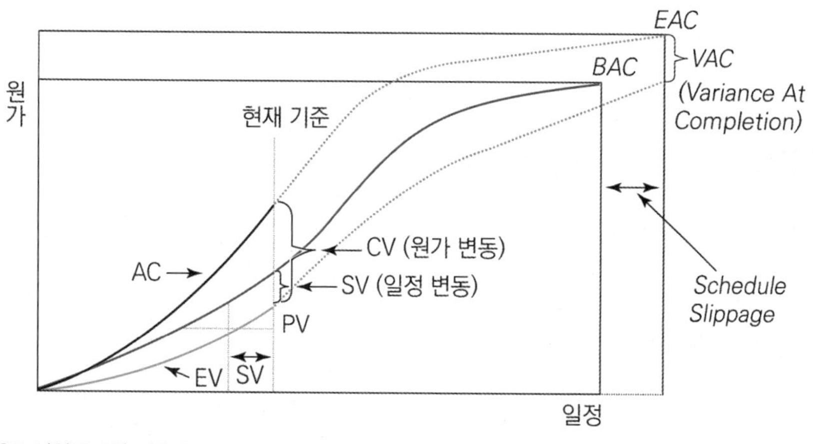

출처: PMBOK 가이드 6판, 2017

[그림 8-6] EVA 성과측정 그래프

⑤ 완료예정 성과지수(TCPI: To Complete Performance Index)

완료예정 성과지수는 성과측정 시점에서 프로젝트 당초 예산(BAC) 또는 완료시점의 원가 산정치(EAC)를 기준으로, 잔여업무를 완료하기 위해 예측되는 예산을 지수로 나타낸 것이다. 완료예정 성과지수는 다음과 같이 두 가지 방식으로 산출할 수 있다.

- TCPI(BAC 기준) = (BAC-EV)/(BAC-AC) = (3,000 − 800)/(3,000 − 1,200) = 1.4
- TCPI(EAC 기준) = (BAC-EV)/(EAC-AC) = (3,000 − 800)/(3,400 − 1,200) = 1.0

위 성과지수 계산 예에서 당초예산(BAC) 기준 시 약 40%, 완료시점 원가 산정치(EAC) 기준 시 약 X% 정도의 추가예산이 필요할 것이라 예측할 수 있다.

5) 성과분석

성과분석은 원가 성과측정 결과를 기준으로 원가 차이, 작업수행 실적 및 일정진도와의 차이, 자금 소요계획과의 차이 등을 분석하여 프로젝트의 잔여업무 수행을 위한 대응책 수립에 필요한 정보를 제공하는 것이다.

(1) 차이분석

차이분석은 범위와 일정 및 원가에 대한 계획 대비 실적의 성과차이를 분석하는 것이다.

(2) 경향분석

경향분석은 현재까지의 성과실적과 경향을 분석하여 향후 프로젝트 성과를 예측할 수 있는 정보를 제공하는 것이다.

(3) 획득가치 성과분석

획득가치 성과분석은 획득가치를 기준으로 일정과 원가에 대한 계획 대비 실적 성과를 비교하여 분석하는 것이다.

8.3.3 산출물

원가 통제는 당초 결정된 예산의 변경을 통제하는 것이므로 주요 결과물은 단순히 현황보고서만 생산하는 것이 가장 바람직할 것이나, 불가피하게 예산 대비 집행실적의 차이가 있을 수 있음으로 그 차이에 대한 조치 및 변경 등을 위해 몇 가지 결과물을 작성하게 된다. 원가 통제의 주요 결과물인 원가기준선 갱신, 성과측정 결과, 완료 예측, 변경요청서 등에 대해 보다 구체적으로 기술해 본다.

1) 원가기준선 및 원가 산정 데이터 갱신

성과측정 또는 원가 재추정에 따른 원가 차이는 예산 변경을 필요로 하며, 예산 변경은 확정된 원가기준선의 변경을 필요로 한다. 결과적으로 변경된 원가기준선을 기준으로 원가 산정 데이터를 갱신하여 갱신된 원가 산정 결과보고서를 생산한다.

2) 성과측정 결과보고서

프로젝트 활동 수행실적과 예산 및 집행실적을 기준으로 원가 차이(CV), 일정 차이(SV), 원가 성과지수(CPI), 일정 성과지수(SPI) 등 EVM 방식에 의해 측정된 성과보고서를 <표 8-5>와 같이 생산하여 프로젝트 이해관계자에게 배포한다. 필요시 예산 대비 집행실적 위주의 원가관리 현황보고서를 생산하여 배포할 수 있다.

〈표 8-5〉 EVM 성과측정 보고서

원가 항목	당 월					누 적					예 측		
	PV	EV	AC	SV	CV	PV	EV	AC	SV	CV	BAC	EAC	VAC
AAAA													
BBBB													
CCCC													
DDDD													
EEEE													
FFFF													

3) 프로젝트 예산 예측

프로젝트 성과측정 및 분석결과를 기준으로 잔여업무에 대한 원가 산정치(ETC)와 완료 시점의 원가 산정치(EAC)를 기준으로 프로젝트 예산을 예측하여 이해관계자에게 배포한다.

4) 시정조치 및 변경요청

성과측정 및 분석결과를 기준하여 원가 차이가 작을 시는 시정조치에 의해 해결하고, 원가 차이가 클 경우는 변경통제시스템에 따라 변경요청서를 발급하고, 변경 프로세스에 따라 실행해야 한다.

5) 프로젝트 원가관리 실적자료 갱신

프로젝트 원가관리 결과를 후속 프로젝트에서 활용할 수 있도록 정리 및 갱신하여 회사 실적 프로젝트 원가자료로 보존되어야 한다. 특히 프로젝트 원가관리상 여러 가지 문제가 되었던 사항들을 잘 정리하여 동일한 문제가 후속 프로젝트에서 발생되지 않도록 교훈을 줄 수 있는 자료로 보존 및 관리되어야 한다.

이 장의 요약

- 프로젝트 원가관리는 품질수준을 유지하면서 주어진 기간 내에 승인된 예산 범위 내에서 프로젝트를 완료할 수 있도록 원가를 최소화하는 제반 활동이다.
- 원가관리는 3개의 프로세스로 수행된다.
  - 원가 산정(cost estimating): 프로젝트의 적정 예산 편성을 위해 과거 실적 정보나 자원을 기준으로 원가를 추정하는 프로세스이다.
  - 예산 편성(budgeting): 원가 산정 결과를 예산 편성 항목별로 배정하고, 프로젝트에서 집행 가능한 예산으로 조정 및 승인을 득하여 확정하고, 확정된 예산은 프로젝트 일정표를 기준하여 기간별로 배정하고, 기간별로 누적된 원가관리 기준선을 수립하는 프로세스이다.
  - 원가 통제(cost control): 원가 통제는 원가 기준선의 예산과 집행실적을 확인하는 원가 성과측정을 통해 예산 대비 집행실적을 비교하고, 그 차이를 찾아내어 분석하고 조치 및 변경하는 제반 활동이다.
- 프로젝트 성과의 측정 및 분석을 위한 주요 기법의 하나인 획득가치 분석(earned value analysis) 기법으로, 완료된 작업량, 즉 획득가치(EV)를 기준으로 일정 차이(SV), 원가 차이(CV) 및 원가 예측(EAC)을 할 수 있다.

8장 연습문제

1. 다음 용어를 설명하시오.

1) 획득가치
2) 완료성과지수
3) 유사 산정
4) 삼점 산정
5) 내부수익률

2. 다음 제시된 문제를 설명하시오.

1) 유사 산정, 모수 산정, 삼점 산정, 상향식 산정의 정의와 장단점에 대해 설명하시오.
2) 우발사태 예비비와 관리예비비의 차이를 설명하시오.
3) 그래프를 활용하여 획득가치 지표들의 개념을 표시하고 각 지표들의 의미를 설명하시오.(ETC, AC, EV, PV, SV, CV, BAC, VA)

3. 다음 객관식의 문제에 대해 올바른 답을 제시하시오.

1) 프로젝트관리자가 프로젝트의 성과를 통제하던 중 현재의 진척상황의 결과, SPI가 0.85라고 한다면 이것은 무엇을 의미하는가?
   ① 예산이 초과한 상태이다.
   ② 일정이 빨리 진행되고 있다.
   ③ 계획된 일정보다 늦어지고 있다.
   ④ 예산이 부족한 상태이다.

2) 프로젝트 원가를 파악한 결과 EV=500이고 AC=400인 것을 확인하였다면 CV는 얼마인가?

① 100

② 1.25

③ 0.8

④ -100

3) 당신은 50% 완료된 건설 프로젝트의 프로젝트관리자라고 하자. 이 시점에서 CPI는 1.12이다. 현재까지 총 근로소득은 630만 원, 당초 예산은 1,260만 원이였다. 실제 비용은 얼마인가?

① 6,300,000원

② 12,600,000원

③ 7,056,000원

④ 5,625,000원

4) 완료시점 예산(BAC)와 실제 원가(AC)를 알면 구할 수 있는 것은?

① 남은 비용

② 잔여분 산정치

③ 완료시점 산정치

④ 획득가치

5) 통제원가 산정과 관련이 없는 것은?

① 재료비

② 노무비

③ 원가 기준선

④ 간접비

CHAPTER

09

리스크관리

프로젝트 리스크관리는 프로젝트에 관련된 리스크의 식별과 평가, 대처계획 수립, 통제를 수행하는 프로세스를 말한다. 프로젝트 리스크관리의 목표는 프로젝트에서 긍정적인 사건의 발생가능성과 영향은 증대시키는 반면, 부정적 사건의 발생가능성과 영향을 줄이는 것이다.

■ 리스크관리 계획 수립

프로젝트에 대한 리스크관리 활동의 수행 방법을 정의하는 프로세스

■ 리스크 식별

프로젝트에 영향을 미칠 리스크를 찾아내고 그 특성을 상세히 기술하는 프로세스

■ 리스크 평가

- 정성적인 평가: 리스크의 발생가능성과 영향을 평가하여 프로젝트에 영향을 미치는 우선순위를 찾아내는 프로세스
- 정량적 리스크 분석: 리스크가 프로젝트 전체 목표에 미치는 영향을 수치적으로 분석하는 프로세스

■ 리스크 대처

프로젝트 목표에 대한 긍정적 기회를 강화하고 부정적 위협을 줄이는 대처방안 및 활동을 개발하는 프로세스

■ 리스크 통제

리스크 대처 계획 수립, 리스크 식별, 리스크 관찰, 새로운 리스크 도출, 리스크 프로세스 효과성 평가 등을 수행하는 프로세스

리스크와 유사하게 사용되는 대표적인 개념에는 불확실성(uncertainty), 위험(hazard), 위난(peril), 손실(loss) 등이 있다. 먼저, 불확실성(uncertainty)이란, 리스크가 있음을 인식하고 있지만 어떤 결과가 발생할지 모르는 주관적인 심리상태를 의미하며, 이 불확실성

을 객관적으로 표현한 것이 바로 리스크이다. 또한 위험(hazard)의 의미는 예상되는 손실의 발생 빈도나 강도를 높이는 조건이나 상태를 말하며, 위난(peril)이란, 재산상의 손실을 유발시키는 직접적인 원인을 의미한다. 끝으로 손실(loss)이란, 바람직하지 않게 계획하지 않은 방향으로 경제적인 가치가 상실되거나 감소하는 것을 말한다. 일반적인 리스크와 관련된 이 용어들의 공통점들은 긍정적 결과 또는 기회의 획득과 관련된 의미를 포함하고 있지 않다는 것이다. 즉, 리스크관리에서 리스크(risk)의 의미는 일반적으로 손해의 가능성 또는 가치의 감소로 여기지만, 정확한 의미는 손실의 가능성과 이득의 가능성을 모두 포함하는 개념이다. 즉, 어떤 사업에 투자를 했을 때, 그 사업에는 리스크가 있다고 한다면, 그 결과는 손해를 볼 수 있는 경우와 이득을 얻을 수 있는 경우, 모두를 생각할 수 있는 것이다. 여기서 리스크를 생각한다면, 손실의 가능성과 이득의 가능성 모두를 판단하게 되는 것이다. 이와 같이 리스크는 기회와 위협이라는 두 가지 의미를 모두 내포하여 생각하는 것이 오늘날의 개념이다. Risk를 위험이라 번역할 수도 있지만, 여기서는 포괄적 의미로 Risk를 리스크로 표현하기로 한다. 따라서 프로젝트에서의 리스크는 아직 발생하지 않은 기회와 위협을 모두 포함하고 있다.

리스크관리의 정의는 학자마다 서로 다른 관점과 영역에 따라서 견해의 차이를 보이고 있다. 대표적인 리스크관리의 정의를 보면, "리스크의 확인, 측정, 통제를 통해서 최소의 비용으로 리스크의 불이익한 영향을 최소화하는 데 있다"(C. A. Williams, R. M. Heins). 그리고 "우연한 손해의 재무적 영향을 최소화함으로써 기업의 가동력 및 자산을 보호하는 과정이다"(Mark R. Green, Oscar N. Serbein)라고 하였다. 일반적으로 리스크관리란 리스크에 효율적으로 대처하는 방법을 의미한다. 전통적으로는 손실 가능성이 있는 리스크를 파악하고, 그 손실의 정도와 가능성을 평가한 후에 대응 방안을 사전에 마련하는 것이다. 그러나 오늘날의 리스크관리는 그러한 관리 활동들을 일정한 절차와 방법에 따라서 합리적으로 처리하는 방식으로, 손실이 일어날 사건들을 식별하고, 그런 사건이 발생하면 어떻게 할 것인가 하는 결정 외에 내가 그 절차와 방법을 제대로 수행했는가 또는 그것이 효과적이었는가를 검토하는 것도 포함된다. 또한 리스크관리는 단순히 리스크를 축소하고 통제할 뿐만 아니라 수익을 극대화하기 위한 능동적인 의사결정과 활동을 포함한다. 즉, 리스크의 완화뿐만 아니라, 처리가 어렵거나 불필요한 리스크는 제거하거나 수용 가능한 리스크에 대해서는 손실을 최소화하기 위한 조치를 통하여 수익을 극대화하려는 노력도 함께 수행하는 것이다. 이러한 리스크관리 활동은 일시적인 것이 아니라 동적인 과정이 되어야 한다. 즉, 기업이나 조직의 환경 변화에 따른 새로운 리스크의 발생으로 주기적인 점검과 함께 관리되어야 한다.

즉, 리스크관리를 행위적 관점에서 바라보면, 관리 성숙도가 낮은 기업이나 조직에서는, 어떤 문제가 자주 발생한다 할지라도, 그때마다 그 결과를 수습하는 활동에만 전념하는 방법을 적용할 것이다. 그러나 그들이 조직 활동의 효율성을 생각하는 수준으로 발전한다면, 그들은 자주 발생하는 큰 문제들에 대해서 사전에 그들 사건에 대비하려는 생각을 할 것이고, 과거의 경험에 비추어 자주 발생하는 문제들에 대해, 그 문제가 발생된 후에 취할 수 있는 수습 방안과 절차들을 미리 마련할 것이다. 이러한 개념이 바로 위기관리(crisis management) 또는 문제해결(problem solving)이라는 접근 방법이다. 그러나 오늘날 일반적인 리스크관리의 개념에는 이들 위기관리나 문제해결은 물론 예방과 사전 조치의 대응이 그 중심을 이루고 있으며, 특히 1980년대 중반에 PMI의 PMBOK을 통하여 개발된 프로젝트관리 지식 체계에서는 이를 적용하게 되었다. 이는 발생 가능한 많은 리스크를 사전에 인식하여 줄이거나 대비할 수 있는 사전 조치의 관점으로 접근한 오늘날의 리스크관리 개념으로서, 리스크가 발생된 이후에 대응하는 사후 조치의 방법보다는 가급적 리스크가 발생되기 이전에 리스크 자체를 완화하거나 제거하는 사전 조치의 노력이 더욱 효율적이라는 개념에 기인한다.

프로젝트관리의 핵심적 대상은 프로젝트의 범위, 일정, 원가, 품질이며, 이들에 대한 목표를 달성하려는 노력이 바로 프로젝트관리이다. 범위 변경, 일정 지연, 원가 초과, 그리고 품질 저하를 초래하는 문제를 찾아내어 사전에 조치하거나 예방하는 활동이 그 중심에 있음은 잘 알려진 사실이다. 프로젝트 리스크관리는 프로젝트 목표를 달성하는데 방해되는 요소들을 식별하여, 사전에 이를 완화시키거나 제거하는 노력과 함께 예방을 위한 여러 가지 전략으로 대응한다는 점에서 프로젝트관리와 동일한 시각으로 접근한다. 이 장에서는 일반적인 리스크관리 절차 및 도구에 대한 소개와 함께 프로젝트 리스크관리 프로세스와 이에 적용되는 여러 도구들에 대해 설명한다.

9.1 리스크 식별

단위 프로젝트에서 본격적인 리스크관리의 시작은 리스크의 식별과 정의로부터 출발한다. 리스크 식별 및 정의란, 해당 프로젝트에서 발생 가능한 잠재적 리스크가 어떤 것들이 있는지 찾아내는 것으로, 이것은 잠재적으로 프로젝트에 영향을 미칠 수 있는 요소들을 찾아내서 그 특성들을 결정하는 것이다. 즉 리스크 식별은 프로젝트에 영향을 미칠 수 있는 리스크를 도출하고 리스크별 특성을 문서화하는 것이다. 이 프로세스는 리스크의 사건을 예측할 수 있도록 돕는다.

리스크 식별은 리스크관리 방법을 적용할 때, 실제 가장 어려움을 많이 겪는 활동이다. 리스크를 분석하거나 대응 전략을 수립하는 프로세스는 적용 가능한 기법을 숙지하고 있으면 상대적으로 쉽게 적용이 가능하지만, 리스크를 식별하는 업무는 해당 프로젝트에서 발생 가능한 리스크 사건을 예견하는 일이므로 여러 가지 기법의 적용이 용이하지 않다. 이렇게 리스크 사건을 예견하는 방법은, 일반적으로 프로젝트에 경험이 많은 사람이 그들의 경험으로부터 알려진 리스크 사건을 식별하게 되지만, 결국 사람의 경험과 기억에 의한 식별 방법은 많은 리스크를 식별할 수 없는 한계를 가지며, 식별된 리스크도 그 신뢰성을 보장할 수 없다. 그러므로 가장 효과적인 식별은 과거 기록이나 체크리스트와 같이 문서화된 것을 이용하는 것이다.

또한 리스크 식별은 분석과 대응보다 앞서서 우선 수행되는 리스크관리의 실질적 시작으로, 해당 프로젝트의 리스크들이 식별되면 이어지는 분석과 대응 절차 없이, 즉석에서 간단하고 효과적인 대응 방법의 개발도 가능하고 또한 즉시 실행도 가능하므로 리스크 식별은 리스크관리에서 무엇보다도 중요한 활동이다.

[그림 9-1]은 리스크 식별에 대한 주요 흐름도를 나타낸다. 프로젝트가 진행되면서 생애주기 전반에서 리스크가 변화되거나 새로운 리스크가 추가될 수 있기 때문에 리스크 식별은 반복적으로 수행하여야 할 프로세스이다. 생애주기별로 발생 빈도와 프로젝트에의 영향은 상황에 따라 달라진다. 이 프로세스에는 프로젝트와 관련된 모든 이해관계자가 잠재적 리스크 식별에 참여하도록 권장해야 한다.

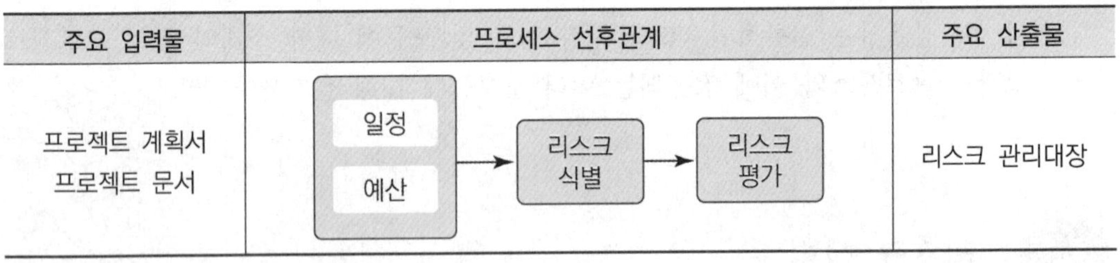

주요 입력물	프로세스 선후관계	주요 산출물
프로젝트 계획서 프로젝트 문서	일정 / 예산 → 리스크 식별 → 리스크 평가	리스크 관리대장

[그림 9-1] 리스크 식별 업무흐름

9.1.1 입력물

1) 프로젝트 문서

과거 수행된 유사한 프로젝트 및 현재 수행 중인 프로젝트 기록과 정보로, 프로젝트 헌장 및 성과물 기술서와 같은 문서가 모두 포함된다.

2) 프로젝트 계획서

프로젝트 계획서에는 작업분류체계, 일정 및 원가 계획, 자원 계획, 조달 계획, 가정 및 제약 등을 포함한다.

여기서 프로젝트 계획서에 포함된 가정사항들에 대해 리스크와의 관련성에 대해 생각해 보자. 프로젝트 계획을 수립할 때, 가정을 전제로 하는 이유는 프로젝트 기획의 점진적 구체화라는 특성 때문이다. 프로젝트는 초기부터 모든 내용들이 확정되는 것이 아니라 많은 결정들에 의해 점진적으로 그 내용들이 구체화되어 간다. 즉, 프로젝트 초기에는 구체화된 정보가 부족하므로 적절한 가정을 한 후에 계획을 수립하는 것이다. 예를 들면, 프로젝트에서 특정 부문에 대해 외주를 맡겨 개발하려는 계획을 갖는다면, 이는 그러한 부문에 대해 외주를 할 수 있는 업체가 있다는 가정 또는 그 부문에 대한 프로젝트 기술 인력을 더 이상 충원하지 않을 것이라는 가정 등이 전제되는 것이다. 그러므로 계획을 수립하는 모든 분야에서는 그 계획에 기반이 되는 가정사항을 명확히 정의하고 기록하여 계획서에 함께 첨부되어야 한다. 그래야 그 계획을 갖고 프로젝트를 수행하는 모든 구성원들이 사전에 가정한 사항들을 염두에 두거나 검토하며 수행할 수 있기 때문이다.

3) 리스크 체크리스트

과거 유사한 프로젝트 결과로서 만들어지고 보유하고 있는 것으로 기술, 조직 그리고 프로젝트에 관한 리스크를 포함할 수 있다. 따라서 체크리스트는 선행 프로젝트 리스크를 기초로 과거에 식별되거나 발생한 리스크들을 바탕으로 새로운 리스크 식별을 용이하게 하는 목록이다.

〈표 9-1〉 리스크 체크리스트 사례

분야	점검 항목	YES	NO
범위관리	고객 요구사항이 안정적인가?		
	요구사항의 변경은 적절히 통제되고 있는가?		
일정관리	활동은 계획된 일정대로 진행되는가?		
원가관리	작업의 수행에 소요된 원가가 계획된 예산의 범위 내인가?		
품질관리	고객이 원하는 품질 요구사항이 정확하게 설계되어 구현되는가?		
	품질보증 활동은 효과적으로 수행되는가?		
인력관리	업무는 공정하게 배분되고 개인이 수행 약속을 하는가?		
	팀원의 시기는 적절한가?		
	책임과 역할이 모호하거나 중복되는 부분은 없는가?		
	각 개인이 업무 수행이 필요한 기량이 있는가?		
의사소통	프로젝트 이해당사자들이 필요한 정보를 필요한 시점에 받아보고 있는가?		
	프로젝트 진행 실적이 정확하게 파악되는가?		
	이해관계자를 유형별로 구분하여 잘 대응하고 있는가?		
리스크관리	식별된 리스크에 대한 통제가 이루어지고 있는가?		
조달관리	아웃소싱으로 진행하는 부분에 대한 통제가 적절히 이루어지고 있는가?		

출처: GPMS, 한국프로젝트경영협회, 2020

4) 리스크 목록과 범주

일반적으로 점검 목록은 새로운 리스크를 프레임워크에 따라 식별하는 데 사용된다. 따라서 범주별로 리스크 식별을 용이하게 하거나 식별된 리스크들을 용이하게 관리하는 데도 이용된다.

9.1.2 기법 및 활동

1) 리스크 평가 팀 구성

리스크 식별의 어려움과 중요성이 높으므로, 가능하면 프로젝트와 연관된 이해관계자들을 리스크 식별 활동에 참여시켜야 하며, 이 평가 그룹을 통한 반복적인 식별 노력으로 가능한 한 많은 리스크를 식별하려고 시도하여야 한다. 예를 들면, 첫 번째 리스크 식별 활동에는 리스크관리 팀과 프로젝트관리자가, 두 번째 리스크 식별에는 프로젝트 팀과 주요 이해관계자가, 그리고 세 번째에는 프로젝트 외부 사람들을 초대하여 리스크를 식별할 수 있다. 이때, 외부 사람들에는 해당 프로젝트 전문가, 경험자, 그리고 그 프로젝트에 관심이 있는 사람들을 포함하며, 경우에 따라서는 조직 내에서 모든 일에 항상 부정적 관점을 갖는 사람을 초대할 수 있다. 모든 일에 부정적 견해를 갖는 사람은 프로젝트를 부정적인 시각에서 생각하므로, 프로젝트에서 잘못될 수 있는 잠재적인 문제를 쉽게 찾아낼 수 있으며, 동시에 그들을 해당 프로젝트를 지지하는 세력으로 만들 수 있다.

2) 문서검토

유사한 과거 프로젝트의 기록, 현재 수행 중인 프로젝트 계획서, 가정사항, 기술문서, 프로젝트 주변 환경 문서, 협약 및 기타 정보를 포함한 프로젝트 문서에 대해 체계적인 검토를 수행하면서 리스크를 식별할 수 있다. 즉 프로젝트 계획서와 프로젝트 문서를 검토하여 잠재적으로 존재하는 기술적인 문제나 관리적인 문제들을 식별할 수 있다. 예를 들어, 작업분류체계의 각 작업패키지별로 산출물을 만드는 데 발생 가능한 기술적인 문제가 있는지 식별하거나, 수립된 일정 및 예산상에 문제가 없는지 또는 외부로부터 조달하려는 자재나 외주를 통해 개발하려는 부분에 시장 문제나 업체 문제는 없는가를 상세히 검토하는 것이다. 이러한 각종 문서 검토는 프로젝트 식별에서 가장 선행되어야 할 활동이다.

3) 체크리스트 검토

과거의 비슷한 프로젝트 및 다른 여러 정보출처의 축적된 이력 정보와 지식을 바탕으로 리스크 식별 체크리스트를 작성하여 리스크 식별 시 활용할 수 있다. 이 또한 사전에 준비된 체크리스트를 이용하여 그 목록 중에서 해당 프로젝트에서 발생 가능한 리스크를 찾아내는 것으로, 단순히 경험을 기초로 하여 아이디어를 만들어내는 방법보다는 더욱 정확하고 신속하게 많은 리스크를 식별할 수 있는 유용한 방법이다. 그러나 리스크 식별에서 체크리스트에 포함된 리스크에 한정될 수 있으므로, 이 체크리스트는 새로이 진행된 프로젝트에서 새로운 리스크가 식별되거나 발생된다면 이를 반영하는 방법으로 지속적으로 업데이트되어야 한다. 즉 해당 프로젝트에 대해 얼마나 충실하게 발생 가능한 리스크 목록이 체크리스트에 기록되어 있는가 하는 것이 문제이다.

4) 가정 분석

프로젝트 문서 및 프로젝트 계획서의 가정사항이 프로젝트에 적용될 때 가정의 타당성을 조사하고, 가정의 부정확성, 불안정성, 불일치성 또는 불완전성으로 인해 초래될 프로젝트 리스크를 식별한다.

프로젝트 계획에서 가정한 사항들이 추후에 실행 동안에 어긋나거나, 그 가정이 실제와 달라진다면 그것이 바로 잠재적인 리스크로 식별될 수 있는 것이다. 예를 들어, 특정 기술 인력이 특정 시점 이전에 확보된다는 가정하에, 그 기술 인력이 수행할 활동들을 계획했는데, 그 시점에 가까워질 때 아직까지 기술 인력이 충원되지 않았다면, 이것은 리스크로 식별될 수 있는 상황이 된다. 그러므로 계획 동안 전제된 가정사항 목록은 주기적으로 검토되어, 아직도 그 가정이 유효한지 여부를 확인하여야 한다. 만일 가정한 사항 중에 더 이상 그 가정이 유효하지 않다면, 이를 리스크로 정의해야 할지를 결정하여야 한다. 그러므로 계획 동안에 전제하는 가정사항들은 신중한 검토를 통하여 이루어져야 하며, 특히 그러한 가정을 할 때는 사실적이고 명확하며 그렇게 될 수 있는 가능성이 아주 높은 사항을 가정하여야 한다. 가정한 사항대로 수행될 가능성이 크지 않은 사실을 가정한다면, 이는 처음부터 잘못될 수 있는 계획을 수립하는 것과 마찬가지일 것이다.

5) 유사 비교법(analogy comparison)

리스크 식별과 계량화에 이용되는 유사 비교법과 교훈 기법은 과거에 수행한 경험이 없는 첨단 프로젝트이거나 해당 분야와 관련된 프로젝트의 사례가 없는 경우에 효과적으로 사용될 수 있다. 대부분의 프로젝트는 기존 프로젝트들과 유사한 요소들로 구성되며, 프로젝트관리자는 과거에 수행한 유사한 프로젝트로부터 리스크와 관련된 성공, 실패, 문제, 해결책 등과 같은 정보들을 얻는다. 이렇게 획득한 경험, 지식, 교훈 등은 프로젝트의 잠재적 리스크를 식별하거나 그 리스크를 대응하기 위한 전략 개발에 이용된다. [그림 9-2]와 같이 유사 비교법의 주요 단계는 유사 프로젝트 정의, 데이터 수정, 수집된 데이터 분석을 포함하며, 그 수행 절차는 다음과 같다(Pritchard, 1997).

(1) 1단계: 리스크관리를 위해 요구되는 정보 결정

요구되는 정보의 범위는 예비 리스크 평가에서부터 프로젝트 수행과 관련된 전반적인 프로젝트의 주요 리스크 분석까지 해당된다.

(2) 2단계: 새로운 프로젝트의 기본적 특성 정의

분석자는 비교와 분석을 위해 유사한 속성으로 과거 프로젝트들을 정의한다.

(3) 3단계: 새로운 프로젝트를 비교하기 위해 논리적 성분으로 분할

비교를 위해서는 동일한 수준의 상세정보와 프로젝트의 논리적 구조에 기초하여, 유사 프로젝트들을 선택하고 데이터를 수집한다.

(4) 4단계: 비교를 위한 데이터 수집

이 데이터 수집에는 분석된 상세정보뿐만 아니라 과거 프로젝트들의 일반적인 특성과 설명이 포함된다.

과거의 데이터들은 신뢰성이 높지 않을 수 있으므로, 현재의 프로젝트에 이용되기 위해서는 어느 정도의 보정이 요구될 수 있다. 여기서 요구되는 결과물은 유사한 프로

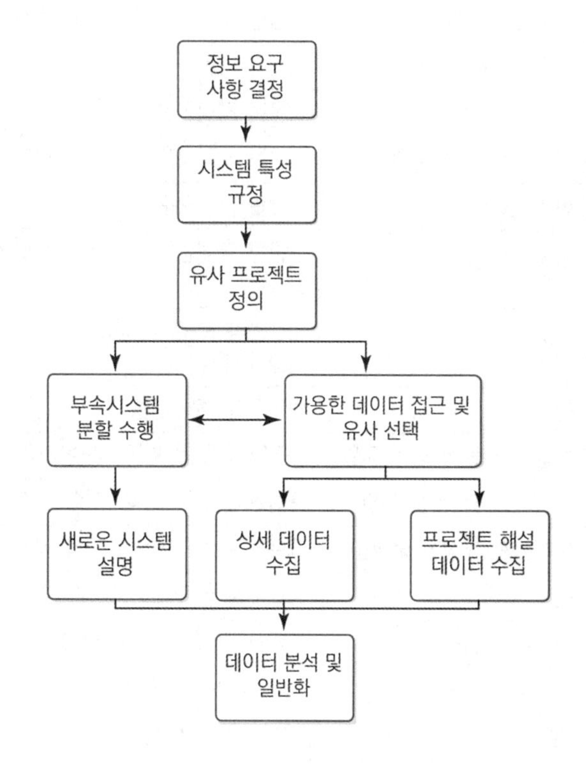

출처: Pritchard, 1997

[그림 9-2] 유사 비교 절차의 예

젝트의 정보를 기초한 프로젝트의 원가, 일정, 기술사항 등에 대한 관찰을 통해 얻어지며, 그 결과물은 또한 문제식별을 위한 체크리스트나 산정에 이용되는 원가요소들을 제공하여 분석 및 의사결정에 이용될 수 있다.

대부분의 프로젝트는 기존 프로젝트들과 유사한 요소들로 구성될 수 있기 때문에 유형별 식별 사례와 프로젝트 수행 단계별 리스크 사례를 활용하면 많은 도움이 된다.

〈표 9-2〉 프로젝트 리스크 유형별 식별 사례

리스크 분류		리스크 요소	리스크 원인
기술적 리스크	설계	설계기준의 부적합	설계기준서 부재 및 기준 수립 전문가 부재
		설계기술 부족	설계기술에 대한 경험인력 부족
	구매	규격서의 부적합	규격서 템플릿 부재
		품질확인 누락	제작 품질 확인 지침 부재
		제작 불량	제작 기술 부족, 또는 원자재 재질 불량
	시공	시공기술 부족	시공기술사 경험인력 부족
		시공공법 부적합	시공공법의 부적정
		시공장비 부족	시공장비 적기 투입 실패
	시운전	시운전 기술 부족	시운전 경험 부재
		시운전 인력 부족	시운전 경험인력 부족
		시험 시나리오 부재	시운전 시나리오 품질 부적합
관리적 리스크	범위	범위 변경	이해관계자 요구사항 증가
		산출물 변경	산출물 작성범위 불분명, 요구사항 증가에 따른 산출물 증가
	시간	일정 지연	일정관리 도구 부적합, 진도관리 기준 부재, 일정관리 기술 부족
	원가	원가 초과	범위증가, 물가상승
	품질	최종 결과물의 성능 미달	품질관리 활동 부족, 기술 부족
		중간 산출물 품질 미달	품질관리 활동 부족, 기술 부족
	의사소통	이해관계자 식별 불확실	프로젝트 초기 이해관계자 식별 미흡
		정보 부족	정보수집 및 배포체계 부적합
		간섭사항 발생	계약사 간 간섭 사항 발생
	인적 자원	기술수준 부족	계약사 인력의 기술수준 부족
	조달	계약방식 부적합	계약방식 선택 잘못
		계약사 선정 부적정	계약사 선정기준 부재

리스크 분류		리스크 요소	리스크 원인
		조달시장 변경	조달시장 여건 변동
사회적 리스크	물가	급격한 원가 변동	경제 여건에 따라 급격한 물가 변동
	환율	급격한 환율 변동	경제 여건에 따라 급격한 환율 변동
불가항력	파업	노조 파업	직원 임금 상승에 대한 불만
	기상	태풍	예기치 못한 태풍으로 인함

출처: GPMS, 한국프로젝트경영협회, 2020

〈표 9-3〉 프로젝트 수행 단계별 식별 사례

기획, 타당성 분석 단계	계획/설계 단계	계획/시공 단계	사용/유지관리 단계
• 사전조사/타당성 분석상 결함 • 자금조달 능력의 부족 • 기대수익(임대면적 임대수익, 예상점유율) 예측오류 • 지가상승 • 차입금리 인상 • 건물규모 결정오류 • 건물수명주기 • 자본투자기간 • 신기술 예측 • 할인율/세율	• 설계범위의 미확정 • 설계 누락/생략 • 신기술 도입 • 설계자/전문가/의뢰자/시공자/사용자 간 의사소통 마비 • 설계기간 부족 • 자재, 공법 선정상의 오류 및 이해 관계대립 • 시방서 누락 • 공사비 예측 오류	• 부적합한 시방 • 설계조건과 현장 여건 상이 • 공사비 부족 • 신기술 적용 • 낙찰률 저조 • 불합리한 공사하도급 관계 • 자재, 인력, 장비의 기용 여부 • 자재, 장비의 운반, 손실, 손상 • 기상 악화 • 노사분규/파업 • 설계 변경 • 안전사고 • 관리/감독 부실	• 안전성(사고, 붕괴 등) • 부적절한 유지관리 방식 • 에너지비 상승 • 냉난방 기기의 성능 미비 • 운영목적의 적합성 • 하자 발생 • 용도변경, 개수, 개조, 개축, 철거 • 운영과정의 신기술 출현/미래 환경 변화로 인한 장기 생존성 리스크

출처: GPMS, 한국프로젝트경영협회, 2020

6) 명목집단 기법(nominal group technique)

명목집단 기법은 다른 사람으로부터 영향을 받지 않고 자신의 아이디어를 도출해 낼 수 있으므로 사실의 발견, 아이디어 생성, 그리고 최종 의사결정에 사용된다. 이 방법의 주요 특징은 참석자들로 하여금 서로 대화하지 못하게 하여 각 구성원들이 진실로 생각하고 있는 것을 도출해 내는 것이다. 명목집단 기법의 적용 절차는 5.1.2절을 참고하기 바란다.

7) 델파이 분석(delphi method)

델파이 분석법은 참석자들 사이에 사전 토의 없이, 리스크를 분석하거나 주요 현안을 결정하는 그룹 정보수집 기법으로, 해결하고자 하는 문제 그 자체가 정확한 분석 기법을 필요로 하지 않거나, 일정과 원가 문제가 결론이나 실현성 없는 빈번한 회의만을 만들 때 이용한다. 이 분석법은 기본적으로 전문가들의 직관적 판단을 주로 이용하며, 개인 간의 협의를 금지하거나 각 개인들을 격리한 상태에서 해법에 대한 수렴으로 의견 일치를 이루는 방법이다. 이는 미래 사건에 대한 발생 확률 결정에 사용되기 위한 결론에 도달할 때까지 프로세스를 반복하며, 전자 메일이나 간단한 메시지를 이용하여 개인별로 의견이나 대답을 받는 것으로 상급자나 다른 사람들의 영향을 최소화할 수 있다. 델파이 기법을 적용하는 순서는 5.1.2절을 참고하기 바란다.

8) SWOT 분석

내부적으로 발생한 리스크를 포함시켜서 식별된 리스크의 범위를 확장하기 위해 강점, 약점, 기회 및 위협(SWOT)의 각 관점에서 프로젝트를 검토하는 기법이다.

〈표 9-4〉 SWOT 분석 예

구분	내용
가정	프로젝트 결과, 개선된 고객 서비스에 따라, 향후 12개월간 보증 수리가 증가하지 않을 것이다.
강점	• 조직의 지속적인 품질 개선 활동으로 생산 및 제조에서 불량을 줄일 수 있다. • 부품과 원자재의 품질 향상을 위한 공급 업체 보상 제도로 불합격품이 증가할 것이다.
약점	• 경쟁사들이 우리와 같은 프로그램을 적용하기 위해 많은 숙련자들을 필요로 하므로, 숙련자들의 수요 증가로 인력 보유의 어려움과 인건비 증가가 초래될 수 있다. • 우리의 제품라인에 대한 소형화로 품질 향상 검사가 어렵게 되어 비용이 소요될 수 있다.
기회	우리의 고객 서비스 효과와 적시성의 증가로 우리가 받는 문제해결의 수가 감소되며, 현재의 문제에서 더 나은 업무 수행을 통해 고객이 제출한 불만 처리 수의 실질적 감소 기회를 나타낸다.
위협	우리의 경쟁업체가 이 프로젝트 기간 동안 그들의 서비스를 향상시킬 수 있다. 비록 우리가 이 프로젝트로부터 특별한 결과물을 산출할지라도 경쟁적인 이점을 얻지 못할 수도 있다. 그 이유는 경쟁 업체의 서비스가 향상될 수 있기 때문이다.

출처: Billows, 2004

9) 원인-결과도

도식화 기법은 품질도구 및 관리도구로서 잘 알려진 도식화 방법들이 이용될 수 있는데 리스크 식별에서 흔하게 사용되지는 않지만 유용한 기법으로 이용될 수 있다. 인과관계도, 프로세스 흐름도 및 영향관계도 등이 포함된다. 대표적인 도식화 기법에는, [그림 9-3]과 같이 원인-결과도라고 부르기도 하는 특성요인도를 이용하는 방법으로, 프로젝트의 특정 결과를 초래하는 원인들을 나열하여 그 원인 중에서 리스크를 식별하거나, 식별된 리스크들에 대한 대응 방법 및 공통의 원인들을 식별하는 데 이용된다.

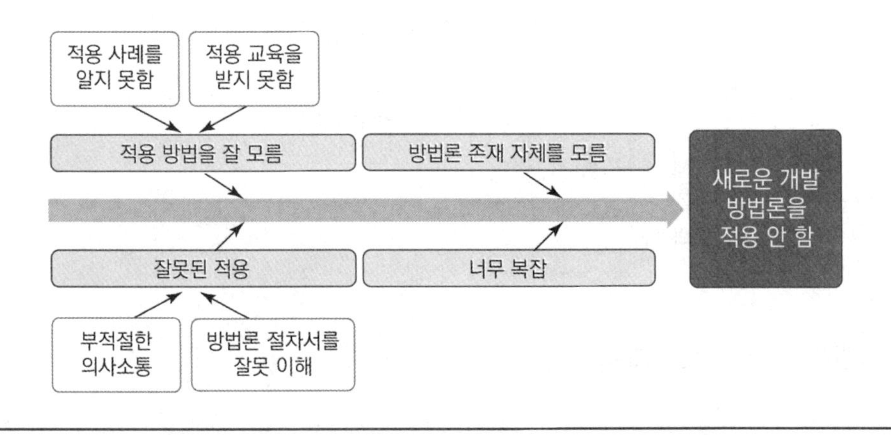

[그림 9-3] 원인-결과도의 예

10) 업무 흐름도(process flow chart)

[그림 9-4]와 같은 흐름도 또는 시스템도에 의한 리스크 식별 방법은 업무 프로세스를 순차적인 흐름으로 단계를 표현하고 각 흐름의 단계에서 발생 가능한 리스크를 식별하는 방법이다. 프로젝트 전체 업무를 대상으로 리스크를 식별하기에는 너무 광범위하여 실질적이고 구체적인 내용들을 도출하기 어려움이 있다. 이때, 프로젝트 주요 업무 프로세스를 순차적인 단계로 표시하고, 각 프로세스 단계별로 발생할 수 있는 잠재적 리스크를 식별한다면 구체적이고 많은 리스크를 용이하게 식별하게 된다. 그림과 같이 업무 흐름도에서 초기 계획 수립 단계를 생각한다면, 초기 계획을 수립하기 위해 검토해야 할 사항이나 자료 확보에 관한 리스크, 그리고 계획 수립 방법상의 리스크 등을 식별해 낼 수 있다.

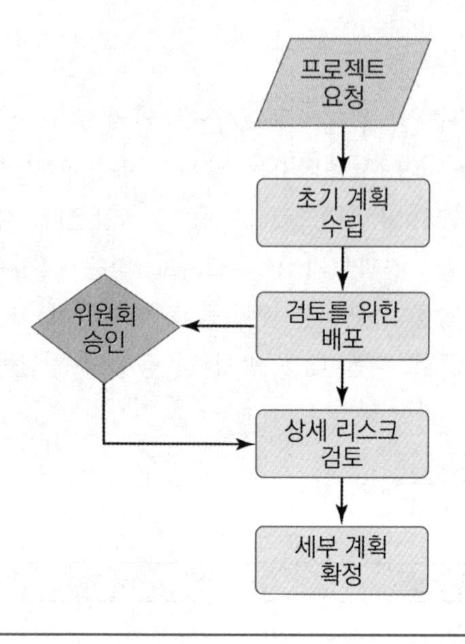

[그림 9-4] 업무 흐름도의 예

11) 영향관계도(influence diagram)

영향관계도는 각종 원인의 영향, 사건 발생순서, 변수와 산출물 사이의 관계 등을

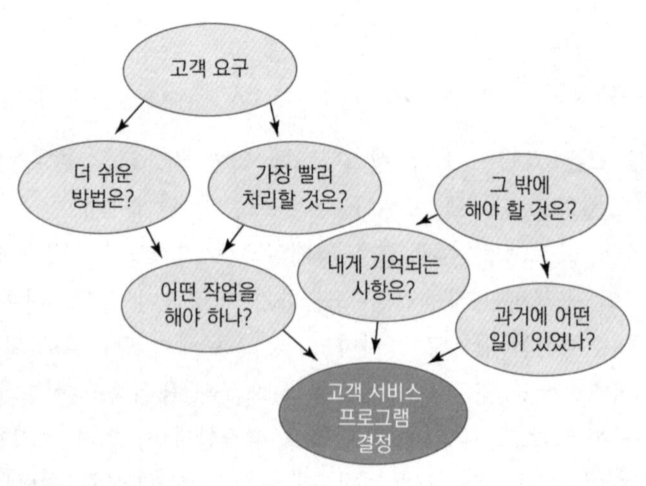

출처: Billows, 2004

[그림 9-5] 영향관계도

나타내는 도식화로 리스크를 식별하는 방법이다. [그림 9-5]와 같이 고객 서비스 프로그램을 결정하기 위한 원인은 '고객의 요구'에 의한 것이며, 이와 관련된 변수로는 '더 쉬운 방법', '가장 빨리 처리해야 할 것'을 고려할 수 있다.

12) 결함나무 분석(FTA: Fault Tree Analysis)

결함나무 분석은 시스템 안전 분석과 공정상의 위태 분석을 위한 기법으로부터 시작되었다. 이는 실패의 가능성이 있는 것부터 시작하여 모든 가능한 원인과 실패의 근원을 찾아내는 것으로, 사고의 발생으로 인한 손해와 관련하여 그 원인과 결과를 그림으로 나타내어 분석하는 방법이다. [그림 9-6]과 같이 우선, 사고에 관한 상세한 분석, 조직상의 과정, 관련된 위태 등에 대한 파악이 요구된다. 이 방법은 각각의 조건이 다른 요인과 관련이 없거나, 원인을 규명하여도 특별한 의미가 없을 때까지 위에서 아래로 분할하여 그림으로 나타내는 분석법이다.

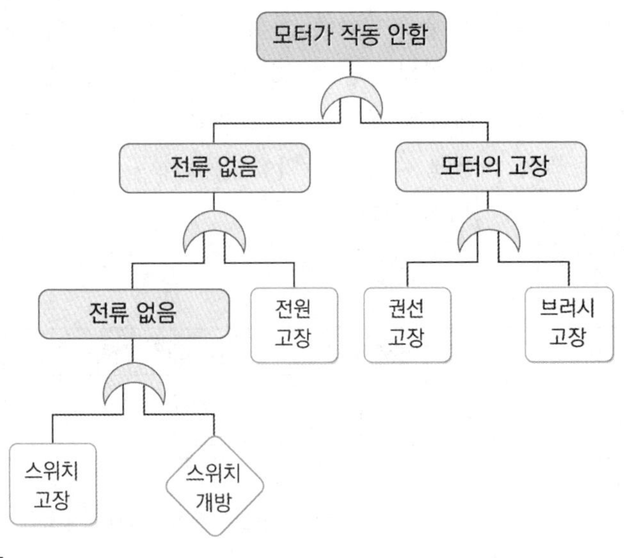

출처: 정해성 외, 2007

[그림 9-6] 결함나무 분석의 예

그 외에도 브레인스토밍, 인터뷰, 전문가판단 방법 등이 있다.

9.1.3 산출물

1) 리스크 관리대장(risk register)

(1) 리스크 관리대장

리스크가 식별되면 그 결과는 리스크 목록으로 만들어지며, 그 목록은 리스크 관리대장에 기록하게 된다. 이 리스크 관리대장에 기록되는 리스크 목록은 경우에 따라서 여러 가지 다른 정보들과 함께 기록될 수 있다. 리스크 관리대장을 구성하는 주요 내용에는 리스크 목록, 발생 확률, 영향, 리스크 등급, 대응 방안, 비상 계획, 담당자, 대응 시한 등의 내용을 담고 있으며, 프로젝트 특성과 조직의 선택에 의해 그 밖의 정보를 추가하거나 다른 형식으로 기록할 수 있다. 예를 들면, 리스크 목록을 기록할 때에, 각 리스크의 일련번호를 함께 기록하거나 일련번호 대신에 해당 리스크가 발생할 수 있는 작업분류체계의 계정코드를 기록할 수도 있다. 이렇게 작성된 리스크 관리대장은 <표 9-5>와 같다.

이와 같이 식별된 리스크에 대한 결과를 기록하는 방법은 다양하지만, 그중에 핵심은 리스크 목록이며, 리스크 관리대장에 기록할 때, 리스크 목록뿐만 아니라 즉석에서 수립된 임시 대응 전략이나 개략적 분석도 함께 기록될 수 있다. 리스크 식별 단계에서는 주로 리스크 목록을 대장에 수록하고 이어 계속되는 리스크 평가나 리스크 대처 단계에서 취득한 정보를 추가하여 수록한다.

〈표 9-5〉 리스크 관리대장의 예

번호	리스크	확률	영향	등급	대응 전략	담당	기한
1	팀 구성원들의 이탈	높음	높음	높음	주기적 면담 및 동기부여 프로그램 운영	김OO	1/5
2	새로운 시스템 개발 방법론에 대한 경험 부족으로 산출물 지연	보통	높음	보통	새로운 개발 방법론 교육	이OO	2/10
3	외주 업체의 납기 지연 가능성	낮음	보통	낮음	외주관리 팀의 조기 구성과 주기적 방문	박OO	2/20

(2) 리스크 범주

리스크가 식별되면 그 결과는 리스크 목록으로 만들어진다. 그 목록은 유사한 카테고리로 그룹화할 수 있는데 이를 리스크 범주라고 한다. 일종의 리스크 분류체계(RBS: Risk Breakdown Structure)와 같은 것이다. 리스크 범주는 이미 리스크관리 계획 수립 시 만들어질 수 있지만, 리스크가 식별된 후 갱신되어 최종적인 리스크 범주가 완성된다. 예를 들어 기술 리스크, 관리 리스크, 조직 리스크, 외부 리스크, 법률 리스크 등과 같이 프로젝트 성격에 적합한 분야들로 리스크 범주가 사전에 결정되어야 한다. 이는 식별된 리스크들을 범주별로 분류하고 특정 범주별로 관심과 초점을 갖고 리스크를 관리하기 위함이다. 예를 들면, 해당 프로젝트에서 기술적인 리스크를 중점적으로 다루겠다는 의지와 관심을 갖는다면, 리스크 목록에서 기술 리스크를 주목하면 된다. 또한 식별된 리스크 목록을 기록할 리스크 관리대장에 포함될 형식과 내용 또한 사전에 결정되어야 할 사항이다. [그림 9-7]은 이러한 리스크 범주의 예를 표현하고 있다.

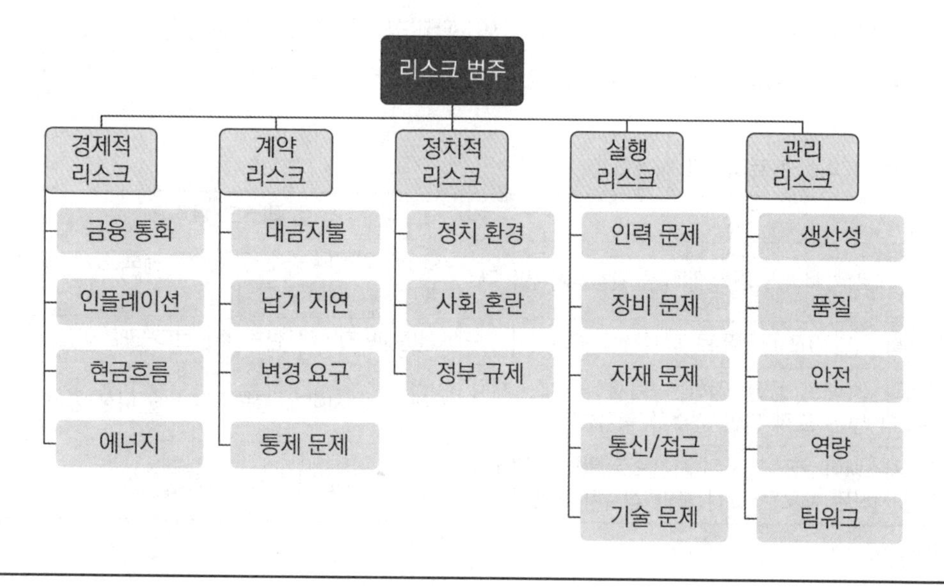

[그림 9-7] 리스크 범주의 예

(3) 리스크 트리거와 허용한계

리스크 목록을 리스크 종류별로 구분되는 범주에 따라 그룹화하여 기록하거나, 그 리스크의 트리거와 함께 기록하기도 한다. 이는 향후 리스크를 식별할 때는 단순히 리스크만 식별하는 것이 아니라 그 리스크의 원인이나 징후를 함께 식별한다면, 사전 대응과 리스크 발생 여부를 사전에 인지하기에 용이하다. 여기서 트리거란 리스크가 발생될 수 있는 징후 또는 경고 신호로서, 사전에 리스크가 발생할 수 있는 가능성이 높아지고 있는지 여부를 트리거의 상태로서 예견할 수 있다. 예를 들어, 어떤 중간 결과물들에 대한 불량률을 주기적으로 측정한다고 할 때, 그 불량률이 어느 시점에서 허용할 수 있는 한계를 넘어선다면, 이것은 프로젝트 주요 결과물에 대한 품질 위험이 발생할 수 있음을 경고하는 것으로 판단하여 리스크로 등록하는 방법이다. 또 다른 예를 들면, 만일 프로젝트 팀원 중에 다수가 프로젝트 팀을 이탈하여 팀워크가 깨지면 프로젝트에 치명적인 영향을 미치는 상황이 있다고 가정하자. 이러한 리스크를 확인하기 위해 매월 팀을 빠져나가 이직하는 직원의 비율을 주기적으로 파악하고, 만일 특정 비율 이상이 된다면, 이는 리스크로 등록하게 되는 것이다. 즉, 특정 비율 이상이 되어 리스크로 등록하고 더 이상 이 상황이 리스크로 전개되지 않도록 사전에 대응 전략을 적용하는 리스크관리를 실행하게 된다. 이때, 리스크 트리거를 정의한다면, 그 트리거를 허용할 수 있는 한계도 함께 설정해야 한다. 이는 해당 트리거가 허용할 수 있는 한계를 넘어서면, 즉시 리스크로 등록하여 관리할 수 있는 시발점을 만드는 것이다. <표 9-6>은 리스크 트리거와 허용한계에 대한 예를 나타내고 있다.

〈표 9-6〉 리스크 트리거와 허용한계

리스크	리스크 트리거
• 고객이 새로운 서비스 처리 절차를 활용하지 않는다.	• 15% 이하의 소수 고객만이 새로운 서비스에 관한 문의 전화를 했다.
• 서비스를 위한 3교대 근무로 퇴사자가 증가한다.	• 결근과 지연이 현재 수준보다 5% 이상 증가
• 신제품과 서비스 품질 저하는 현재 서비스 처리 10%보다 많은 고객 불만 접수가 증가한다.	• 제조 및 서비스 결함률이 5% 이상 증가
• 서비스시스템이 고장 정지된 시간으로 인해 고객들의 신뢰가 저하된 새로운 고객 불만 접수가 발생한다.	• 초기 가용성이 98% 이하

출처: Billows, 2004

9.2 리스크 평가

리스크를 식별하면 각각의 리스크에 대하여 발생확률과 전체 프로젝트 목표에 미치는 영향을 종합하여 심층적으로 분석할 필요가 있다. 리스크 평가는 정성적(qualitative) 평가와 정량적(quantitative) 평가로 나눌 수 있다. 정성적 평가는 식별된 리스크들의 발생 가능성이나 빈도, 그리고 발생했을 때 프로젝트에 미치는 영향, 이 두 가지를 평가하여 각각의 리스크 양을 측정하고, 이것을 토대로 우선순위화하여 리스크를 완화하기 위해 대응해야 할 리스크와 대응하지 않을 리스크로 구분할 수 있다. 정량적 평가는 각 리스크가 프로젝트에 미치는 정도를 수치로 측정하여 프로젝트 목표 달성 정도를 예측하는 것이다. 두 가지 모두 기본적으로 리스크의 확률과 그 영향을 평가한다. 여기서 영향이란 리스크 발생으로 인해 미치는 결과로, 금전적인 손실이나 리스크 결과를 복구하기 위해 추가로 요구되는 원가 영향, 리스크 결과로 인한 추가 작업 시간이나 작업 순서 변경과 같은 일정 영향, 리스크 결과로 부득이 범위를 축소하거나 변경하는 등의 범위 영향, 그리고 리스크 결과로 인해 품질 저하 등을 초래하는 품질 영향 등을 생각할 수 있다.

정성적 또는 정량적 리스크 평가의 결과는 각 리스크의 등급 또는 점수를 계산하여 그 크기에 따라 우선순위별로 기록하여, 최종적으로 리스크 관리대장에 기록될 리스크와 추후 관찰 항목으로 구분하는 것이다. 리스크 관리대장에 등재될 리스크는 추후 대응 전략이 수립되며, 단지 관찰 항목에 기록되는 리스크는 상대적으로 리스크 양이 적으므로 대응 방안 없이 주기적으로 그 리스크 크기의 변화만을 관찰하게 된다. 이렇게 관리대장에 등재될 리스크를 선별하는 방법은, 우선순위 중에서 사전에 정한 상위 5개, 또는 상위 10개에 해당되는 리스크들로 결정하거나, 리스크 등급이 보통 이상, 또는 높음 이상인 리스크들로 결정할 수 있다.

리스크 평가에서 우선순위를 정해 상위에 해당하는 리스크들에 대해서는 리스크 관리대장에 기록하고, 나머지 리스크들은 관찰 항목에 기록한다. 그중에서 리스크 관리대장에 기록된 리스크들은 앞으로 일어날 가능성이나 그 영향이 상대적으로 높은 것들로, 리스크 대응 전략은 이들 리스크들에 대해 그 가능성이나 영향을 완화시키거나 제거할 수 있는 방안을 사전에 조치하는 것이다.

주요 입력물	프로세스 선후관계	주요 산출물
리스크 관리대장 프로젝트 계획서	리스크 식별 → 리스트 평가 → 프로젝트 계획 수립	우선순위화된 리스크 리스크 관리대장 갱신

[그림 9-8] 리스크 평가 업무흐름

9.2.1 입력물

주요 입력물로는 다음과 같다.

1) 리스크 관리대장

9.1.3절 산출물 참조

2) 프로젝트 계획서

3.2절 산출물 참조

9.2.2 기법 및 활동

리스크 평가에는 정량적 방법과 정성적 방법을 적용할 수 있으며, 이 두 가지 방법은 모두 확률과 영향을 평가하지만 정량적 방법은 확률과 영향을 수치적으로, 그리고 정성적 방법은 확률과 영향을 정성적인 정도로 평가하여 분석하는 방법이다. 그 외 여러 가지 기법들에 대해서도 소개한다.

1) 정성적인 평가 방법

정성적 방법에 의한 리스크 계량화는 식별된 리스크에 어떻게 대응할 것인지(9.3절)와 관련하여 리스크의 중대성 우선순위(priority of importance)를 정하는 것이 주된 목적이다. 즉 우선순위가 높은 리스크를 선별하여 중점적으로 관리함으로써 프로젝트의 성과를 효율적으로 향상시킬 수가 있다. 우선순위를 정하기 위해서는 개별 리스크가 발생할 확률과 이에 해당하는 영향을 적절한 척도를 사용하여 우선 분석하고, 이를 바탕으로 확률 및 영향 리스크 등급 매트릭스를 사용하여 리스크 등급(risk rating)을 결정한다.

(1) 관련 자료의 신뢰도 평가

리스크 평가에 사용되는 각종 데이터의 품질이나 신뢰 정도를 평가하여 자료의 정확성, 품질, 신뢰도, 무결점 등을 추구해야 한다. 예를 들면, 확률과 영향을 평가할 때, 과거의 기록이나 경험도 전혀 없는 상황에서 직관만을 이용하여 개략적으로 평가한 데이터, 과거 경험만에 의한 평가 데이터, 또는 과거 프로젝트의 기록을 이용한 평가 데이터는 각각 서로 다른 신뢰도를 갖게 된다.

품질이 좋지 못한 자료나 신뢰도가 낮은 자료를 사용하게 되면 계량화 결과가 프로젝트에 도움이 되지 않을 수 있다. 적정수준의 자료의 수집은 결코 쉬운 일이 아니며 상당한 자원과 시간이 필요할 수 있다. 그러나 자료의 품질이나 신뢰도가 허용수준에 미치지 못할 경우 보다 나은 자료를 수집하기 위한 추가적인 노력이 필요하다.

(2) 리스크 확률과 영향에 대한 평가기준 정의 및 평가

리스크 평가에서는 식별된 개별 리스크에 대해 발생할 확률을 평가하고 영향도를 평가하게 된다. 확률과 영향 평가를 위해서는, 사전에 평가기준을 마련하기 위한 확률과 영향에 대한 척도와 정의가 필요하다. 먼저, 확률과 영향에 대한 척도는 각각 '높음', '보통', '낮음'의 세 단계 척도로 표시하거나, <표 9-7>과 같이 '매우 높음'과 '매우 낮음'을 추가하여 다섯 단계로 나타낼 수 있다. 이러한 척도를 '상대적 척도(relative scale)'라고 한다. 척도를 표현하는 또 다른 방법으로는 '확률의 일반적 척도(probability scale)'와 영향의 '수치적 척도(numeric scale)'를 들 수 있다. 확률의 일반적 척도란, 확률이 일반적으로 0에서 1사이의 수치를 사용하므로 '0.1, 0.3, 0.5, 0.7, 0.9'와 같이 표현하는 것을 말한다. 같은 방법으로 영향에 대한 척도를 '0.1, 0.3, 0.5, 0.7, 0.9'와 같이 선형적으로 표현하거나 '0.05, 0.1, 0.2, 0.4, 0.8'과 같이 비선형적으로 표현할 수 있는데, 이것을 수치적 척도라고 한다. 여기서는 일반적 척도와 수치적 척도를 구분하지 않고 그냥 수치적 척도라 하겠다.

영향평가에서는 위험과 기회를 모두 포함하여 일정, 원가, 범위, 품질 등 프로젝트 목표에 대한 잠재적인 효과를 평가한다. 영향척도는 앞서 말한 프로젝트 목표 외에도 프로젝트의 유형 및 크기, 프로젝트 수행조직의 전략이나 재무상태, 특정 영향에 대한 조직의 민감도 등을 고려하여 결정한다.

〈표 9-7〉 확률과 영향의 척도

확률	상대적 척도	매우 높음	높음	보통	낮음	매우 낮음
	일반적 척도	0.1	0.3	0.5	0.7	0.9
영향	상대적 척도	매우 높음	높음	보통	낮음	매우 낮음
	수치적 척도	0.1	0.3	0.5	0.7	0.9

확률과 영향에 대한 척도 결정과 함께, 각 등급별 기준을 정의해야 한다. 예를 들어, 확률이 '높음', 또는 영향이 '낮음'과 같은 평가를 내릴 때, 과연 높다는 정도가 어느 수준인지, 그리고 낮다는 정도가 어느 수준인지, 판단할 수 있는 기준이 사전에 정의되어야 한다는 것이다. 이것은 <표 9-8>과 <표 9-9>의 예와 같이 정의된 내용을 기준으로 지속적으로 리스크들을 평가할 때, 일관성 있는 평가를 내릴 수 있는 것이다.

〈표 9-8〉 확률에 대한 척도와 정의의 예

리스크 등급	실패 확률	정의
극히 높음	0.99~0.81	최신 기술과 동떨어짐: 확실한 기술적 문제
매우 높음	0.80~0.61	최신 기술과 동떨어짐: 거의 기술적 문제
높음	0.60~0.50	최종 개발되지 않은 최신 기술: 대체로 기술적 문제
중간	0.49~0.25	최상 기술: 최소한의 기술적 문제 예견
낮음	0.24~0.10	실무적(실질적) 기술: 기술적 문제 없음
매우 낮음	0.09~0.01	생산에 사용됨

〈표 9-9〉 일정 영향에 대한 척도와 정의의 예

리스크 등급	실패 확률	정의
매우 높음	0.9	리스크가 30% 이상의 일정 영향을 초래
높음	0.7	리스크가 20~30% 정도의 일정 영향을 초래
중간	0.5	리스크가 10~20% 정도의 일정 영향을 초래
낮음	0.3	리스크가 10% 미만의 일정 영향을 초래
매우 낮음	0.1	리스크가 일정에 미미한 정도의 영향

척도와 정의를 기준으로 하여 전문가와의 인터뷰나 프로젝트 내외부 관련자가 참석하는 회의에서 식별된 개별 리스크의 확률과 영향을 평가한다. 평가의 결과만이 아니라 구체적인 세부내역을 문서화해야 한다.

① 상대적 척도를 사용한 확률-영향 리스크 등급 매트릭스 평가

정성적 척도를 이용하여 확률과 영향을 이를 기준으로 각 리스크의 양을 평가하는데, 이 또한 일반적으로 높은(H) 리스크, 보통(M) 리스크, 낮은(L) 리스크 등의 등급으로 각 리스크의 양을 표시하여 비교한다. 예를 들어, A라는 리스크의 확률(P)이 높음(H)이고 영향(I)도 높음(H)이라고 하고, B라는 리스크의 확률(P)이 보통(M)이고 영향(I)도 보통(M)이라고 하자. 이 두 가지 리스트를 비교하면, 당연히 확률이 높음이고 영향도 높음인 A 리스크가 B 리스크에 비해 리스크 양이 크다는 것을 짐작할 수 있다. 이번에는 C라는 리스크가 있고 그 확률(P)이 높음(H)이고 영향(I)은 낮음(L)이라고 할 때, B 리스크와 C 리스크를 비교한다면, 어느 것이 더 큰 리스크인지를 직접 판단하기 어려울 것이다. 이를 위해 확률과 영향에 대한 매트릭스를 적용할 수 있다.

〈표 9-10〉 확률-영향 리스크 등급 매트릭스(상대척도)

		확률(P)		
		높음(H)	보통(M)	낮음(L)
영향(I)	높음(H)			
	보통(M)			
	낮음(L)			

<표 9−10>의 매트릭스를 보면, A 리스크는 확률도 높음이고 영향도 높음이므로 매트릭스 좌측 위쪽에 위치하게 되고, B 리스크는 확률도 보통이고 영향도 보통이므로 매트릭스 한가운데 위치하게 되며, C 리스크는 확률은 높음이지만 영향이 낮음이므로 매트릭스 우측 아래에 위치하게 된다. 이 매트릭스에서 좌측 상단 부분의 검은색 영역은 높은 등급의 리스크 영역, 우측 하단의 회색 영역은 낮은 등급의 리스크 영역, 그리고 중간의 흰색 영역은 보통 등급의 리스크 영역으로 구분하여 평가할 수 있다. 그러므로 A 리스크는 높은 등급 리스크, B와 C 리스크는 중간 등급의 리스크로 구분될 수 있다. <표 9−10>과 같이 리스크의 등급에 이용되는 매트릭스를 확률−영향 리스크 등급 매트릭스(P−I risk rating matrix)라고 한다.

② 수치적 척도를 사용한 확률-영향 리스크 등급 매트릭스 평가

정성적 평가에서 상대적 척도 대신에 수치적 척도를 이용할 경우에는, 각 리스크의 등급 대신에 리스크 점수의 등급을 수치화된 리스크 점수로 나타낼 수 있다.

- 리스크 점수(risk score) = 확률(P) × 영향(I)

예를 들면, A 리스크는 기술적인 리스크로 테스트에 의해 증명된 광범위한 분석을 한 신기술이며, 이 리스크가 발생할 경우에 프로젝트에 미치는 영향은 10~20% 일정 지연을 초래할 수 있는 리스크라고 가정하자. 이들 확률과 영향에 대한 정도를 사전에 정의된 기준에 의하면, 각각 보통의 확률과 영향인 '0.5'가 된다. 이에 대해 <표 9-11>과 같은 확률-영향 매트릭스에서 리스크 점수를 계산하면 '0.5(확률)×0.5(영향)'으로 그 결과는 '0.25'가 된다. 매트릭스의 좌측 세로축에 확률의 '0.5'와 가로축의 영향에 '0.5'의 두 연장선이 만나는 곳이 바로 리스크 점수인 '0.25'이다.

이러한 방법으로 각각의 리스크 점수를 계산하면, 그 점수에 의해 리스크들을 우선순위화할 수 있는 것이다. 이때, 리스크들을 점수로 계산하지 않고 단순히 등급으로 우선순위를 평가한다면, 매트릭스 좌측 상단에 검은색 영역에 해당되는 리스크들은 '높은 등급의 리스크', 우측 하단에 위치한 회색 영역에 해당되는 리스크는 '낮은 등급의 리스크', 나머지 중간의 흰색 영역에 해당되는 리스크들은 '보통 등급의 리스크'로 구분할 수 있다.

〈표 9-11〉 확률-영향 리스크 등급 매트릭스(수치척도)

확률-영향 리스크 등급 매트릭스			확률(P)				
			매우 높음	높음	보통	낮음	매우 낮음
			0.9	0.7	0.5	0.3	0.1
영향(I)	매우 높음	0.9	0.81	0.63	0.45	0.27	0.09
	높음	0.7	0.63	0.49	0.35	0.21	0.09
	보통	0.5	0.45	0.35	0.25	0.15	0.05
	낮음	0.3	0.27	0.21	0.15	0.09	0.03
	매우 낮음	0.1	0.09	0.07	0.05	0.03	0.01

리스크 점수에 의한 리스크 평가 방법은 개별 리스크에 대한 리스크 양을 평가하는데 이용되기도 하지만, 각 리스크 점수의 평균을 계산하여 프로젝트 전체에 대한 종합

리스크 점수나 등급을 평가할 수도 있다.

• 프로젝트 리스크 점수=각 리스크 점수의 합/리스크 개수

프로젝트 전체의 리스크 양은 개별 리스크들의 점수를 모두 합산하여 그 개수로 나누어 평균 점수를 구하는 방식이다. 만일 상위 10개에 해당되는 리스크만 관리하기로 되어 있다면, 10개의 리스크 점수를 모두 합산하여 10으로 나누는 것이다. 이러한 프로젝트 전체 리스크 점수는 주기적인 평가를 통하여, 프로젝트 리스크가 전반적으로 높아지고 있는지, 아니면 낮아지고 있는지 등의 추세를 파악할 수 있다. 또한 조직 내에서 진행되고 있는 다른 프로젝트들의 리스크 점수와 비교하여 프로젝트 포트폴리오 관리에 이용될 수 있다. 이는 결과적으로 리스크 정도에 따라 조직은 어떤 프로젝트에 자원과 예산을 우선 지원할 것인가를 결정하는 데 도움을 준다.

(3) 리스크-시급성 등급 매트릭스 평가

리스크 등급 또는 점수에 의한 우선순위 결정 방법 이외에, 빠른 시일 내에 긴급하게 대응이 필요한지 여부를 평가해야 할 경우가 있다. 즉, 즉각 대응이 필요한 리스크와 향후 조치해도 되는 여유가 있는 리스크를 구분하는 것이다. 이때 시급성의 정도를 평가하기 위하여 그 척도와 판단 기준이 되는 정의가 사전에 이루어져야 한다. 예를 들면, 1주일 이내에 조치해야 할 리스크는 '높은 시급성', 1개월 이내에 조치해야 할 리스크는 '보통 시급성', 그리고 그 이상의 기간 내에 조치해도 좋은 리스크는 '낮은 시급성'으로 정의할 수 있다. <표 9−12>는 리스크의 크기와 시급성을 반영한 새로운 리스크 우선순위를 정하는 매트릭스의 예이다(Hall, 1998).

〈표 9-12〉 리스크-시급성 등급 매트릭스

		시급성		
		높음(H)	보통(M)	낮음(L)
리스크	높음(H)			
	보통(M)			
	낮음(L)			

2) EMV에 의한 정량적 평가 방법

지금까지 정성적 방법에 의한 리스크 계량화를 통해 각 리스크에 대한 우선순위를 부여하였다. 정량적 방법은 기본적으로 리스크의 효과를 분석하고 수치등급(numerical rating)을 지정한다. 이해를 돕기 위하여 금전적 기대값(EMV: Expected Monetary Value) 개념을 적용하여 정량적 방법을 설명해 보자. 여기서 '금전적 기대값(EMV) = 발생 확률 × 발생 결과'로서 같은 개념을 적용하여 리스크를 계량화할 수 있다. 즉 정성적 방법에서 이미 설명한 바와 같이, '리스크 양 = 확률(probability) × 영향(impact)'이라는 개념에 따라 리스크를 계량화할 수 있게 된다.

예를 들어, A 리스크의 발생 가능성이 50%이며, 그 리스크가 발생하면 프로젝트에 미치는 손실이 1,000만 원이라고 가정하자. 또 다른 B 리스크는 발생 확률이 30%이며 영향 또한 1,000만 원의 손실이 예상된다고 할 때, 이 두 리스크에 대한 리스크 양을 평가해 보면 다음과 같다.

- A 리스크의 양 = 0.5(P) × 1,000만 원(I) = 500만 원 기대손실
- B 리스크의 양 = 0.3(P) × 1,000만 원(I) = 300만 원 기대손실

이렇게 두 리스크를 비교한 결과, A 리스크는 500만 원의 기대손실을 갖는 리스크이며, B 리스크는 300만 원의 기대 손실을 갖는 리스크이므로, 상대적으로 A 리스크가 B 리스크보다 더 큰 리스크라고 평가할 수 있다.

보다 구체적으로 말하면 정량적 방법에 의한 리스크 계량화에는 주로 다음과 같은 분석업무가 포함된다.

- 일정이나 원가 등 특정 프로젝트의 목표 달성 가능 확률을 평가
- 현실적이고 달성 가능한 일정, 원가 등의 목표의 설정
- 불확실한 상태에서 프로젝트의 의사결정을 지원

이와 같은 분석을 위하여 이어서 설명할 민감도 분석, 의사결정나무 분석, 시뮬레이션 등의 분석 및 모델링 기법(analysis and modeling technique)을 사용한다. 이들 기법의 운용과 관련하여 확률분포의 유형에 대한 이해가 필요하다. 확률분포는 크게 연속확률분포(continuous probability distribution)와 이산분포(discrete distribution)로 나눌 수 있으며 연속확률분포 중 널리 사용되는 분포로는 삼각분포(triangular distribution)와 베타분포(beta distribution)가 있다. 이 외에도 균일분포(uniform distribution), 정규분포

(normal distribution) 등이 있다. 주요 분포에 대한 보다 자세한 내용은 '확률분포'를 참조하기 바란다.

또한 정량적 방법을 수행하기 위해 필요한 정보는 확률분포의 유형에 따라 다르므로 사용하는 분포에 따라 필요한 정보를 미리 수집해야만 계량화가 가능하다. 예를 들면, 어떤 분포는 낙관적(optimistic), 비관적(pessimistic), 정상적(most likely)인 경우별로 정보가 필요하며 평균이나 표준편차 또는 분산을 필요로 하는 분포도 있다. 정성적 방법과 마찬가지로 정량적 방법에 의한 리스크 계량화 결과는 리스크 관리대장에 반영한다. 예를 들면, 이미 설정된 일정계획과 원가대로 프로젝트를 완료할 수 있는 확률, 리스크를 반영하였을 경우 추정되는 프로젝트 완료 예정일이나 전체 원가의 추정, 리스크의 우선순위 등이다.

(1) 민감도 분석

민감도 분석이란 프로젝트 내부의 단일 변수가 프로젝트 전체에 어떤 영향을 미치는지 분석하는 것으로, 하나의 변수가 프로젝트 계획에 미치는 영향을 분석하는 것은 물론, 그 변수의 변경이 어떤 요인에 어느 정도의 영향을 미치는지를 찾는 방법이다. 이 방법은 리스크 분석 중에 가장 간단한 형태로서, 리스크의 정도를 표준 데이터로부터 산정을 위한 각 요소들의 분산 범위를 규정하여 평가한다. 실제 그러한 분석은 프로젝트에서 가장 민감성이 높다고 판단되는 것과 같은 원가, 일정, 수익성 등에 큰 영향을 주는 변수들에 대해 수행한다.

최종 원가나 일정의 범주에 있는 각 변수들의 변경에 대한 영향은 프로젝트 범위 전체에 걸쳐 평가되어야 하며, 만일 어떤 변수들이 변경된다면 가장 민감하거나 중대한 변수들을 다이어그램으로 도식화하여 비교할 수 있다.

민감도 분석은 발생 가능한 결과의 범위, 현실적 의사결정이 가능한 관리, 그리고 시험하는 변수의 주요 관계가 쉽게 나타난다는 장점이 있다. 그러나 단점으로는, 변수들이 개별적으로 다루어지고, 변수들의 조합 범위가 제한될 수 있으며, 다이어그램이 예상되는 발생 확률 지표 없이 만들어진다는 점이다.

(2) 의사결정나무 분석(decision tree analysis)

의사결정나무 분석은 여러 가지 대안 중에서 의사결정을 내리는 데 도움을 주기 위하여 의사결정의 계량적이고 논리적인 모든 과정을 그래픽으로 표현하는 방법으로서, 기대값(expected value) 개념을 이용한다. 기대값은 리스크 양에 대한 통계적인 평가로서 발생할 리스크나 발생하지 않을 리스크에 대해 예측되는 최종 비용은 아니다. 조직의 필요에 따라 여러 가지 기대값을 사용할 수 있지만 앞서 간단히 소개한 금전적 기대값(EMV)이 널리 사용된다. 즉, '금전적 기대값=발생 확률×발생된 영향 또는 결과'로서 이 금전적 기대값을 이용한 의사결정나무 분석의 적용 방법은 다음과 같다.

먼저, 의사결정나무의 관련 기호를 살펴보자. [그림 9-9]와 같이 의사결정은 사각형으로 표시하며 이를 의사결정마디(decision node)라고 한다. 의사결정마디에 연결된 가지(branch)는 의사결정 대안을 나타내는데 의사결정자는 이 대안 중에서 하나를 선택함으로써 의사를 결정한다. 이를 위해서는 의사결정마디에서 나오는 가지들은 상호 배타적(mutually exclusive)이고 완전포괄적(collectively exhaustive)이어야 한다. 각 대안으로부터 발생될 수 있는 불확실한 상황은 원으로 표시하는 불확실 마디(uncertainty node 또는 chance node)이다. 불확실 마디에 연결된 가지는 발생 가능한 사건을 나타낸다. 의사결정마디에서 가장 유리하다고 판단되는 경로를 찾아야 하는데, 이를 위해서는 발생 가능한 모든 사건을 표시하는 경로를 그려야만 한다. 각 경로의 사건 가지마다 금전적 가치(결과치: net path value)와 발생할 확률을 표시한다. 결정해야 할 주요 의사결정 대안을 왼쪽에, 그 대안에 대해 발생 가능한 사건은 오른쪽에 위치한다.

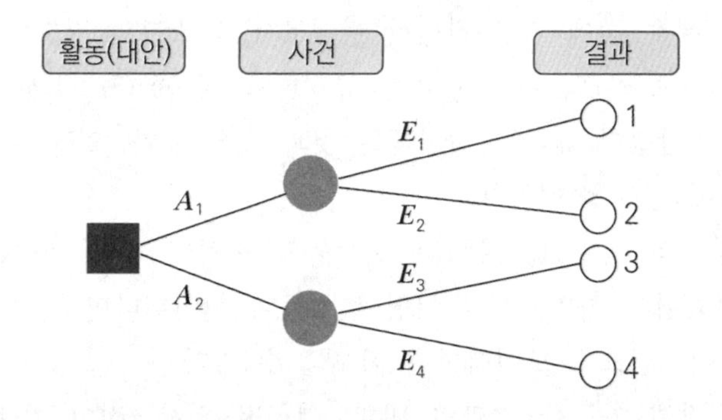

[그림 9-9] 의사결정수 기본 형식

의사결정나무의 계산 및 의사결정을 위한 분석 절차를 [그림 9-10]을 예로 들어 설명한다. 어떤 프로젝트를 추진하는 데 의욕적인 일정을 수립하여 완료예정일을 앞당기느냐 아니면 정상적인 일정에 따라 추진하여 완료예정일 지연에 따른 손실을 감내하느냐 하는 의사결정이 필요하다. 어느 쪽으로 결정하든 성공과 실패는 확률적이며 그림의 위 마디가 성공 가지이고 아래가 실패 가지다. 각 경로별로 결과치도 그림에 표시되어 있다. 의사결정을 위하여 각 사건 가지에 있는 확률과 그 가지의 금전적 결과치를 곱하여 각 경로의 금전적 기대값(EMV)을 계산하고, 각 의사결정 대안별로 경로별

EMV를 합하여 가장 유리한 대안을 선택한다. 본 예에서는 계산결과 EMV가 높은 '의욕적인 일정(+4,000)'을 선택하기로 결정한다.

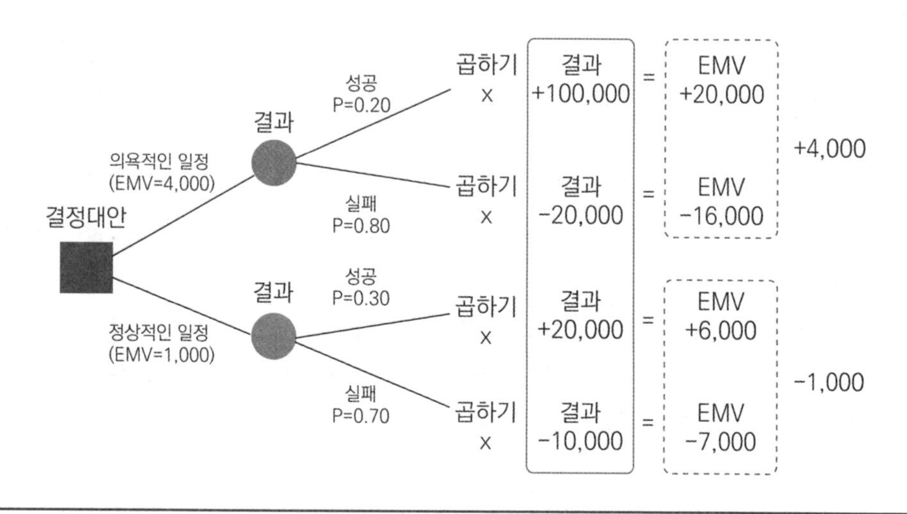

[그림 9-10] 의사결정수 적용의 예

(3) 시뮬레이션 기법

정량적 리스크 분석을 위한 시뮬레이션은 가장 널리 쓰이는 확률분석 기법으로 실제 시스템과 같은 방식으로 작동하는 모델을 고안해서 운용하는 기법이다. 이것은 리스크에 대한 무작위 변수값을 선정하여 많은 횟수에 걸쳐 반복적으로 분석을 수행하는 방법으로, 리스크 분석에 사용되는 대표적인 것이 바로 몬테카를로 시뮬레이션(Monte Carle simulation)이다.

몬테카를로 시뮬레이션은 뉴먼(Newman)과 울란(Ulan) 등에 의해 2차 세계대전 중에 처음 사용되었다. 기본개념은 특정 확률분포로부터 임의의 숫자를 추출하는 표본추출 과정을 이용하여 특정한 상황이 발생할 확률을 구하는 것이다. 즉 확률분포를 근거로 하여 확률변수(random variable)를 산출하는 기법으로 확률적 시뮬레이션(stochastic simulation)에 널리 사용된다. 기본적인 시뮬레이션 과정은 우선 난수(random number)를 산출하고 이어 산출된 난수를 특정 확률분포에 적합하도록 전환하는 것이다. 여기서 난수는 각 난수가 선택될 확률이 같은 균일분포가 된다.

리스크 계량화와 관련하여 몬테카를로 시뮬레이션 수행 절차를 살펴보자. 먼저 각 리스크값의 범위를 각 확률분포와 함께 평가하고, 특정 범위 내의 리스크 변수값들을 그 확률분포와 함께 무작위로 선정한다. 결정된 변수의 결과는 각 리스크로부터 선택된 값들의 논리적 조합을 통해 계산한다. 이때 결과에 대한 분포를 얻기 위해서 많은 횟수의 반복적 계산을 수행한 후, 범위 내에서 발생한 빈도를 누적한 결과에 대한 비율을 계산하여 확률을 평가한다. 이를 통해 프로젝트의 원가요소별 리스크에 대해 몬테카를로 시뮬레이션을 수행하여 프로젝트 총원가에 대한 확률분포를 계산하거나 일정활동(schedule activity)의 기간으로부터 프로젝트 완료일의 확률분포에 대한 시뮬레이션을 수행할 수 있다.

예를 들어 A, B, C, D의 네 가지 원가요소를 갖고 있는 프로젝트의 원가 리스크에 대해 몬테카를로 시뮬레이션을 수행하여 보자. 이를 수행하는 단계적 접근 방법으로 다음과 같다.

1단계는 확률분포의 선택 단계로, A, B, C, D의 네 가지 요소에 대해 각 요소별로 소요되는 원가를 나타내는 확률분포를 식별한다. 식별 방법은 이전 프로젝트로부터 각 원가요소에 가장 적합한 분포로 추정한다.

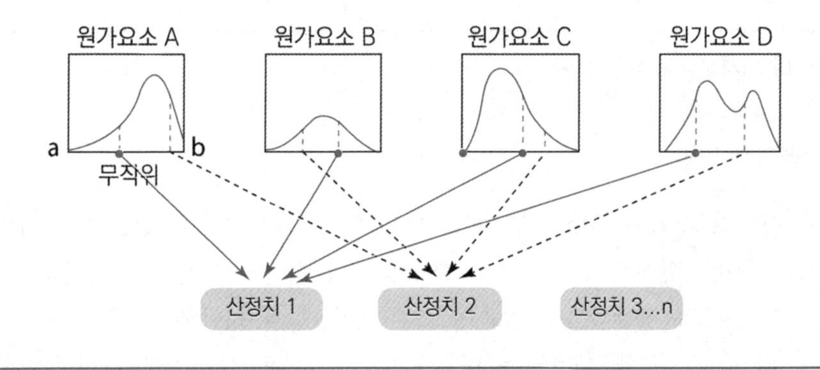

[그림 9-11] 몬테카를로 시뮬레이션 단계

2단계는 무작위 수치 생성 단계로, A부터 D에 이르는 각 원가요소에 대해 각각 해당 분포로부터 난수를 발생시켜, 그 난수에 해당되는 수치를 결정하는 것이다. 그림의 원가요소 A에 표현한 것과 같이, 각 분포는 a와 b로 표시된 최소값과 최대값 범위 내에서 무작위로 수치를 생성한다. 이 단계는 프로젝트를 구성하는 모든 원가요소들에 대해 각각 수행된다. 여기서 생성된 무작위 수치는 그 원가요소의 발생 가능한 원가 중 하나가 될 수 있거나, 원가요소의 단위 비용이 될 수도 있다.

3단계는 요소별로 비용을 산정하는 단계이다. 2단계에서 생성한 무작위 수치가 요소별 총원가이면 그 값을 4단계에서 사용한다. 만약 무작위 선정된 수치가 단위 비용이라면, 대상 요소별 단위 비용과 그 규모를 곱하여 각 요소의 총원가를 산정한다.

4단계는 시뮬레이션 실시 단계이며, 이 단계에서는 각 요소별로 산정된 3단계의 결과를 합하여 프로젝트 총예산 예측치를 산정한다. 이러한 결과가 바로 1회의 시뮬레이션 결과가 되며, 여기서 산정된 예측치를 저장하고 다시 2단계로 돌아가 전체 과정을 정해진 횟수만큼 n회 반복한다. 본 예에서는 3,000회 반복하였다.

5단계는 결과의 도식적 표현으로 [그림 9-12]와 같이 3,000회 반복적으로 산정된 값들에 대해 발생한 빈도를 막대그래프로 표현하고 그것을 기반으로 빈도에 대한 누적

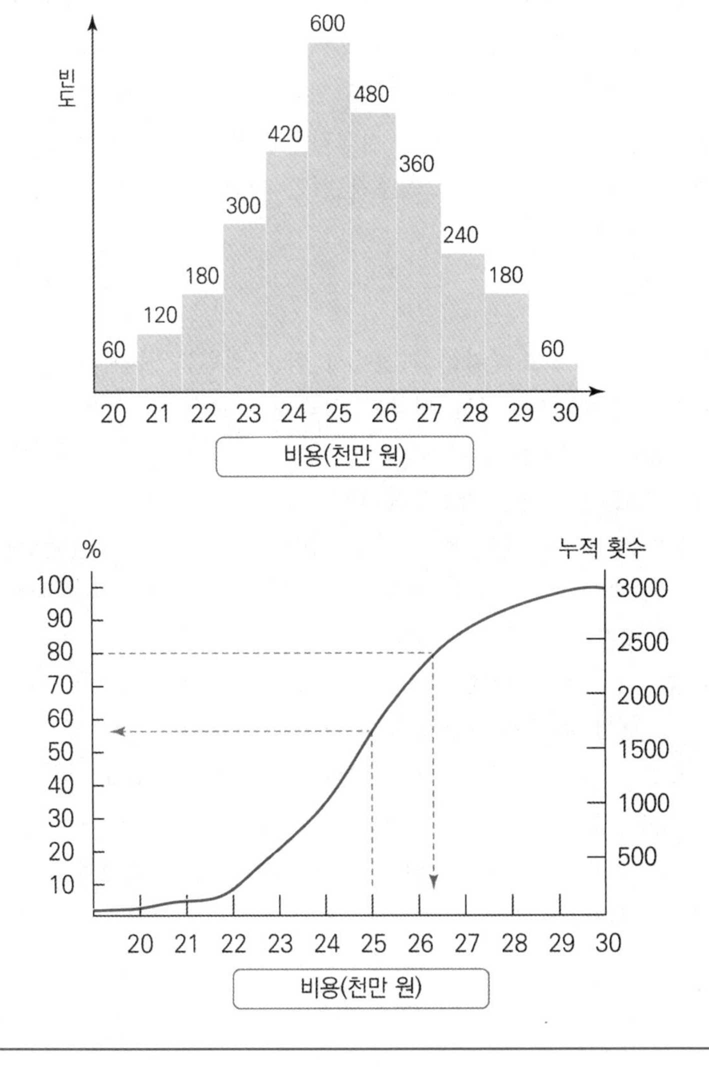

[그림 9-12] 시뮬레이션 결과의 예

곡선으로 표현한다.

마지막인 6단계는 결과 해석 및 민감도 검증이다. 이 단계는 시뮬레이션 결과에 대한 빈도를 나타내는 분포 형상과 누적 곡선을 이용하여, 현재 편성된 예산 범위 내에서 프로젝트를 완료할 수 있는 확률값을 확인하거나, 현실적으로 달성 가능한 예산, 즉, 가능성이 높은 값의 기회를 확인한다. 이와 함께, 이 단계에서는 주요 요소에 관한 감도 분석을 통하여 자료의 민감도도 검증할 수 있다.

[그림 9-12]의 예는 시뮬레이션 결과를 표현한 것으로, 총 3,000회의 시뮬레이션을 수행하는 중에 프로젝트 전체 비용의 발생 빈도를 계산한 결과, 2억 5천만 원이 소요된 경우가 600회로 가장 많았고, 2억 원과 3억 원이 가장 작은 60회씩으로 나타났다. 이 빈도를 나타내는 막대그래프를 누적 곡선으로 그린 결과, 현재 예상하고 있는 프로젝트 예산인 2억 5천만 원 이내의 범위 내에서 프로젝트를 완료할 수 있는 확률이 53% 정도임을 산정할 수 있다. 또한 현실적으로 달성 가능한 80% 정도의 확률로 프로젝트를 완료할 수 있는 예산은 2억 6천3백만 원임을 산정할 수 있다.

3) 주관적 평가 기법

지금까지 설명한 리스크 계량화 과정에서 팀 구성원은 물론, 전문가들조차도 그들의 주관적 판단에 의존한다면, 이는 편향된 결과를 가져올 수 있는 가능성이 있다. 또한 계량적 분석 모델을 이용하여 분석하는 경우에도 그 모델의 정확성에 대한 의문뿐만 아니라 동태적으로 변화하는 리스크에 대처하기에 어려움이 있다. 일반적으로 단순한 주관적 판단보다는 모델을 이용하는 경우 계량화 결과에 대한 신뢰도가 더 높다고 생각할 수 있으나, 계량화 과정에서 발생하는 근본적 문제들에 의해 실질적인 상황과 전혀 다른 결과를 도출하는 경우가 발생할 수 있다.

계량화 과정에서 흔히 발생할 수 있는 문제에는, 부정확하거나 부적합한 자료를 이용하거나, 분석 모델 자체가 적절하지 못할 경우를 생각할 수 있다. 그러므로 의사결정권자는 계량화된 결과에 전적으로 동의하거나 의존하지 않고 주관적 판단을 개입하여 약간의 수정을 통해 판단할 수 있다. 즉, 계량화 과정에서 모든 환경과 상황을 반영하는 요인들을 고려하지 못하고 일부 계량화될 수 없는 요인이 있으므로, 이들 요인에 대한 영향을 고려하여 자료를 현실적으로 보정하여 분석할 수 있다.

9.2.3 산출물

1) 우선순위화된 리스크

프로젝트에는 위협이 되거나 기회가 되는 리스크들이 모두 포함이 되어 있다. 또한 우발사태 비용에 가장 큰 영향을 미칠 수 있는 리스크들과 주 공정 경로에 영향을 미칠 가능성이 가장 큰 리스크들도 모두 포함된다.

9.2.2절에서의 우선순위의 평가는 주로 프로젝트에 부정적인 영향을 미치는 리스크(threat)에 대해 설명하였다. 그러나 긍정적인 영향을 미치는 리스크(opportunity)에 대해서도 같은 방법으로 평가해야 한다. 당연히 프로젝트에 많은 편익(benefit)을 어렵지 않게 가져올 수 있는 리스크는 '높은 등급'으로 평가되어야 한다.

〈표 9-13〉 우선순위화 리스크 사례

리스크 분류		리스크 번호	리스크 설명	관련 활동	발생 확률	영향				접수	우선 순위	대응 계획	담당자
						일정	원가	품질	종합				
1. 기술적 리스크	1.설계	1.1.1	설계기준의 부적합		0.5				0.4	0.20	8		
		1.1.2	설계기술 부족		0.6				0.6	0.36	4		
	2.구매	1.2.1	규격서의 부적합		0.4				0.5	0.20	8		
		1.2.2	품질확인 누락		0.5				0.5	0.25	7		
		1.2.3	제작 불량		0.6				0.5	0.30	5		
	3.시공	1.3.1	시공기술 부족		0.4				0.5	0.20	8		
		1.3.2	시공공법 부적합		0.5				1.0	0.50	2		
		1.3.3	시공장비 부족		0.6				0.7	0.42	3		
	4.시운전	1.4.1	시운전 기술 부족		0.4				0.5	0.20	8		
		1.4.2	시운전 인력 부족		0.5				0.5	0.25	7		
		1.4.3	시험 시나리오 부재		0.6				0.6	0.36	4		
2. 관리적 리스크	1.범위	2.1.1	범위 변경		0.5				0.5	0.25	7		
		2.1.2	산출물 변경		0.6				1.0	0.60	1		
	2.시간	2.2.1	일정 지연		0.4				0.7	0.28	6		
	3.원가	2.3.1	원가 초과		0.5				0.5	0.25	7		
	4.품질	2.4.1	최종 결과물의 성능 미달		0.6				0.5	0.30	5		
		2.4.2	중간 산출물 품질 미달		0.4				0.5	0.20	8		

리스크 분류		리스크 번호	리스크 설명	관련 활동	발생 확률	영향				점수	우선 순위	대응 계획	담당자
						일정	원가	품질	종합				
	5. 의사소통	2.5.1	이해관계자 식별 불확실		0.5				1.0	0.50	2		
		2.5.2	정보 부족		0.6				0.7	0.42	3		
		2.5.3	간섭사항 발생		0.4				0.5	0.20	8		
	6. 인적 자원	2.6.1	기술수준 부족		0.5				0.5	0.25	7		
	7.조달	2.7.1	계약방식 부적합		0.6				0.6	0.36	4		
		2.7.2	계약자 선정 부적정		0.5				1.0	0.50	2		
		2.7.3	조달시장 변경		0.6				0.7	0.42	3		
3. 사회적 리스크	1.물가	3.1.1	급격한 물가 변동		0.4				0.5	0.20	8		
	2.환율	3.2.1	급격한 환율 변동		0.5				0.5	0.25	7		
4. 불가 항력	1.파업	4.1.1	노조 파업		0.6				0.6	0.36	4		
	2.기상	4.2.1	태풍		0.5				0.5	0.25	7		

출처: GPMS, 한국프로젝트경영협회, 2020,

2) 리스크 관리대장 갱신

리스크 평가 결과는 리스크 식별 단계에서 작성한 관리대장에 반영해야 한다. 다만 '낮은 등급'으로 평가된 리스크는 관리대장에 수록하지 않고 별도의 관찰목록(watch list)에 수록하여 주기적으로 리스크 크기의 변화를 감시(monitoring)할 수도 있다. 이렇게 관리대장에 등재될 리스크를 선별하는 방법은, 예를 들면 우선순위 중에서 사전에 정한 상위 5개, 또는 상위 10개에 해당되는 리스크로 결정하거나, 리스크 등급이 '보통' 이상, 또는 '높음' 이상인 리스크로 결정할 수 있다. 때로는 9.2.2 확률과 영향의 평가과정에서 리스크가 매우 낮은 것으로 분명히 판명되면 등급평가에서 제외시킬 수도 있다. 물론 이 경우에도 제외된 리스크는 관찰목록에 포함시킨다.

리스크 관리대장에 추가로 보완되는 정보는 대략 다음과 같다.

- 리스크의 상대적 등급 또는 우선순위
- 빠른 시일 내에 대응을 필요로 하는 리스크
- 우선순위가 낮은 리스크의 관찰목록
- 추가적으로 계량화를 필요로 하는 리스크

• 정성적 방법에 의한 리스크 계량화 결과의 추세

9.3 리스크 대처

리스크를 식별하여 계량화한 후, 그 우선순위를 정해 상위에 해당하는 리스크들에 대해서는 리스크 관리대장에 기록하고, 나머지 리스크들은 관찰 항목에 기록하였다. 그중에서 리스크 관리대장에 기록된 리스크들은 앞으로 일어날 가능성이나 그 영향이 상대적으로 높은 것들로, 리스크 대처 전략은 이들 리스크들에 대해 그 가능성이나 영향을 완화시키거나 제거할 수 있는 방안을 사전에 조치하는 것이다. 리스크 대처 전략이란, 프로젝트에서 발생 가능한 위협요인은 감소시키고, 기회요인은 확대시키는 전략을 개발하여 조치하는 것이다. 이것은 리스크가 보유하고 있는 기회와 위협 모두에 대한 사전 대처를 통하여 결국 프로젝트의 리스크를 줄인다는 개념이다.

리스크 대처를 위한 전략 수립을 위해서는, 우선순위가 높은 리스크를 사전에 제거하거나 리스크 정도를 줄이는 방안을 모색하는 것은 물론, 사전에 인지할 수 있는 리스크 트리거에 대한 허용한계를 초과하는 리스크에 대한 식별과 이들에 대한 대응 방안도 함께 모색되어야 한다. 특정 리스크에 대한 대처 전략 수립을 위해서는 리스크 식별 활동과 유사한 방법들을 이용하여 잠재적으로 리스크에 대응할 수 있는 여러 가지 대안들을 가능한 한 많이 식별하는 것이 필요하다. 이것은 하나의 리스크에 대해 식별된 여러 대응 전략들을 평가하여, 그중에 가장 유력한 대처 전략과 대체 전략을 선정하기 위함이다. 이때 고려해야 할 사항은, 리스크를 줄이는 데 가장 효율적이고 효과가 큰 대안을 선정하되, 아울러 프로젝트의 일정, 원가, 품질, 범위와 같은 프로젝트에서 요구되는 주요 우선순위에 부합되도록 결정한다. 예를 들어, 프로젝트의 우선순위가 최소 원가로 프로젝트를 완료하도록 요구되어 원가 문제를 프로젝트의 가장 중요한 우선순위로 여긴다면, 대응 전략 중에서 원가가 가장 적게 소요되는 대안을 선정한다. 또한 대응 전략을 식별할 때, 적절한 대응 방안이 도출되기 어려운 리스크가 있으면, 그 리스크의 근본 원인을 먼저 파악한 후, 그 근본 원인에 대응할 수 있는 방법을 모색할 수도 있다.

일단 리스크 대처 계획이 수립되면 이 계획의 실행에 필요한 자원이나 활동을 프로젝트 예산과 일정계획 등 전체 프로젝트관리 계획에 반영하여야 한다. 즉 리스크 대처 계획은 별도의 업무로 이행되는 것이 아니라 전체 프로젝트 업무의 일환으로 집행된다. 리스크 대처는 프로젝트의 일상 업무와 통합되어 이루어져야 하며, 효율적인 프로젝트관리란 바로 효율적인 리스크관리라는 인식이 필요하다. 리스크 대처 계획 수립은 리스크 대응 전략 수립(risk response development), 또는 리스크 대처(risk handling)라고도 한다.

주요 입력물	프로세스 선후관계	주요 산출물
리스크 관리대장 프로젝트 계획서	프로젝트 작업지시 → 리스트 대처 → 공급자 선정	리스크 대처 계획 각종 문서변경 요청

[그림 9-13] 리스크 대처 업무흐름

9.3.1 입력물

주요 입력물은 다음과 같다.

1) 리스크 관리대장

9.1절 리스크 식별 과정에서 산출된 리스크 관리대장 또는 9.2절 리스크 평가 결과로 갱신된 리스크 관리대장 참조

2) 프로젝트 계획서

3.2절 산출물 참조

9.3.2 기법 및 활동

리스크 대처 전략에는, 크게 부정적 리스크 사건과 관련된 위협에 대한 대응 전략과 긍정적 리스크 사건과 관련된 기회에 대한 대응 전략, 그리고 위협과 기회에 공통으로 적용할 수 있는 전략으로 구분할 수 있다. 또한 특정사건이 발생하는 경우만 사용하는 우발사태대응 전략도 있다(PMBOK 가이드 6판, 2017). 이어 해당 전략을 시행하기 위한 구체적이고 적절한 조치를 강구한다. 때로는 주된 전략과 보조 전략을 선정할 수도 있다.

위협과 관련된 리스크 대응 전략에는 회피, 완화, 전가가 있으며, 기회에 대한 전략으로는 활용, 강화, 공유가 있다. 또한 수용 전략은 위협과 기회에 함께 사용할 수 있다.

1) 위협에 대한 전략(strategy for threat)

(1) 회피(avoid) 전략

회피 전략이란 계획을 변경하여 리스크를 제거하는 방법으로, 부정적인 결과를 만들 수 있는 옵션을 거부하는 경우가 된다. 대표적인 전략을 들면, 계획했던 프로젝트 범위를 좁혀서 일부를 포기하거나, 일정을 연장하고 혁신적인 방법 대신에 익숙한 방법을 채택하여 그 효율성을 포기하는 방법이다. 즉 프로젝트관리 계획을 변경하여 위협을 제거하거나 프로젝트 목표를 하향 조정한다. 주로 프로젝트 초기에 발생하는 리스크에 대한 전략으로 많이 활용한다.

이 대처 전략은 리스크가 제거되는 대신에, 그 리스크를 감수함으로써 획득할 수 있는 기회도 포기하게 된다. 예를 들면, 많은 사람들이 모이는 놀이마당 지역 행사에서 몇 가지 장사를 하려고 한다. 간단한 놀이 기구나 게임 기구를 설치하고, 향토 음식도 만들어서 판매하는 등의 여러 가지 계획을 하고 있는 중에, 날씨가 너무 더워서 음식을 만들어 판매할 경우 식중독을 일으킬 수 있는 리스크를 생각하고 음식 판매만을 제외하기로 하였다. 이것은 리스크를 회피하는 전략으로 실제 식중독 발생이라는 리스크는 제거되었지만, 음식 판매에 따른 수익을 올릴 수 있는 옵션은 포기하는 것이다.

(2) 완화(mitigate) 전략

완화 전략은 리스크에 대한 발생 가능성이나 그 발생이 프로젝트에 미치는 영향을 줄이는 방법이다. 예를 들면, 사전 교육을 통해 기술적인 문제를 줄이거나, 결함을 줄이기 위해 최초 계획했던 시험 횟수를 더 많이 늘려 시험하는 등의 방법 등이 이에 해당된다. 그 외에도 외주 업체를 선정할 때, 좀 더 검증된 신뢰도가 높은 업체를 선정하여 납기와 품질 리스크를 줄이거나, 외주 업체의 납기가 지연될 수 있는 가능성을 줄이기 위해 조기에 점검 팀을 구성하여 주기적인 방문을 실시하는 것 등이다. 리스크에 따라서 그 발생 가능성을 줄일 수 없는 경우에는 그 영향을 완화할 수 있다. 예를 들면, 폭우로 인해 공장이 상습적으로 침수되는 회사에서는, 폭우가 내리는 것에 대한 가능성을 줄일 수 없으므로 배수관을 직경이 큰 것으로 교체함으로써 그 영향을 줄일 수 있다.

(3) 전가(transfer) 전략

프로젝트가 보유한 리스크를 제3자에게 전가시키는 것으로, 리스크의 발생 결과 및 대처의 주체를 프로젝트 외부로 이동시키는 것이다. 예를 들면, 리스크에 대비하여 보험 또는 각종 보증에 가입하거나, 또는 리스크가 있는 프로젝트 범위 일부를 외부 계약자에게 발주하는 것 등이다. 리스크 전가는 단순히 리스크관리 책임을 넘기는 것이며 리스크 자체는 그대로 존재한다. 이들 대응 전략은 리스크 발생 확률과 영향의 정도를 고려하여 선택할 수 있는데, <표 9-14>는 리스크 대처 전략을 선택하는 방법을 나타낸 것이다. 예를 들어 발생 가능성이 높고 영향도 높아 큰 재앙을 불러일으킬 수 있는 리스크가 있다면 이는 당연히 리스크를 제거하여 회피해야 하며, 반대로 낮은 확률과 함께 낮은 영향의 정도를 갖는 미미한 수준의 리스크는 수용할 수 있다.

〈표 9-14〉 리스크 대처 전략의 선택

리스크 발생 기준		영향의 정도	
		높음	낮음
발생 빈도 및 확률	높음	회피	수용(보유), 전가
	낮음	전가(보험)	수용(보유)

2) 기회에 대한 전략(strategy for opportunity)

만일 프로젝트 리스크관리에서 긍정적 리스크인 기회에 대한 사항들을 식별하고 분석하였다면, 이 또한 그 기회를 높이기 위한 사전 대처가 필요하다.

(1) 활용(exploit) 전략

활용 전략은 잠재적으로 발생 가능한 기회가 확실하게 추구하도록 만드는 전략이다. 예를 들면, 각 부분품들의 품질 수준을 당초 계획에 명시된 수준보다 높여서 최종 완성품의 품질에 대한 고객 신뢰도를 획득할 수 있다. 또한 납기 단축 기간에 비례하여 고객으로부터 별도의 인센티브 상금을 받을 수 있는 상황이라면, 기존의 프로젝트 인력 이외에 조직에서 동원할 수 있는 최상의 기술 인력을 주 경로 작업에 추가로 배정하여 프로젝트 완료 기간을 단축할 수 있다.

(2) 강화(enhance) 전략

활용이 기회를 확실히 추구할 수 있는 전략이라면, 강화 전략은 기회의 원인을 촉진시키거나 강화시키는 방안을 모색하는 방법이다. 즉 기회를 유발시키는 요인을 찾아 그것을 강화하는 것이다. 예를 들면, 프로젝트 구성원들의 근무 환경을 개선하거나 동기부여가 될 수 있는 방안을 제공하여 프로젝트 생산성을 높일 수 있다.

(3) 공유(share) 전략

공유 전략은 기회를 가장 잘 잡을 수 있는 제3자에게 소유권을 할애하는 것으로, 합작회사(joint venture)나 특수목적 프로젝트회사를 설립하는 것과 같은 예를 생각할 수 있다.

3) 위협과 기회의 공통 전략

(1) 수용(acceptance) 전략

위협과 기회에 모두 대응할 수 있는 전략으로 수용이라는 전략을 선택할 수 있는데, 이 수용 전략이란 특정 리스크에 대해서 적절하게 사전에 대응할 수 있는 방법이 없을 경우에 예비비 또는 예비시간을 미리 편성해 두는 것이다. 리스크의 존재 자체를 알지 못하고 따라서 사전에 대응하지 못해 수용하는 경우도 있지만, 여기서는 그 리스크에 대한 존재는 알고 있지만 사전에 그 리스크를 제거하거나 줄일 수 있는 마땅한 대응 방안이 없을 경우로서, 추후에 그 리스크가 실제로 발생하면 이에 대응할 예비비나 예비시간을 마련해 두는 것이다.

4) 에스컬레이션(escalation) 전략

리스크가 프로젝트 수준을 벗어나거나 대응 전략이 프로젝트관리자의 권한을 넘어설 경우가 있다. 에스컬레이션은 리스크를 프로젝트 상위 수준인 프로그램이나 포트폴리오 수준의 리스크 전문 부서로 넘겨 처리할 수 있도록 하는 것이다. 에스컬레이션 이후 해당 리스크는 프로젝트 팀이 더는 모니터링을 하지 않지만, 관리 차원에서 리스크관리대장에 기록할 수는 있다. 해당 리스크 담당은 이관된 조직 내 담당자로 변경된다.

프로젝트관리자나 프로젝트 팀에서 관리할 수 있는 범위가 아닐 경우에 에스컬레이션 전략을 취할 수 있다. 리스크 에스컬레이션은 사전에 프로젝트관리자가 경영진과 함께 에스컬레이션이 필요한 영역, 시기, 절차에 대한 절차를 지정해야 한다.

5) 우발사태 대처 전략(contingency response strategy)

수용 전략의 예비비나 예비시간과 같은 우발사태 예비 편성과 함께 유용하게 대응할 수 있는 방법이 우발사태 대처 전략이다. 이는 어떤 리스크가 발생한다면 발생 후에 취할 수 있는 전략을 사전에 개발하는 것으로, 비록 사전에 상황을 정의하고 대응계획을 수립하지만 리스크 발생 이후에 조치를 취하는 사후 조치의 개념으로 접근하는 것이다. 비상대응을 필요로 하는 상황의 발생을 사전에 경고할 수 있는 시스템이 필요하다. 우발사태 대처 전략은 사전 대응이 어려운 리스크는 물론, 사전 대응 전략이 개발되어 적용된 리스크에 대해서도 그 중요도가 높은 경우에는 함께 적용될 수 있다.

9.3.3 산출물

1) 리스크 관리대장 갱신

모든 리스크 대처 결과는 리스크 관리대장에 기록함과 동시에 필요할 경우 9.3절의 리스크 평가를 다시 수행한다. 이는 대처 전략으로 인해, 그 리스크의 발생 가능성 또는 영향에 변화가 있으므로 대처 결과에 따른 리스크 확률 및 영향에 대한 재평가를 수행한 후 다시 리스크들의 우선순위를 재배열한다. 또한 모든 리스크 대처에는 그 대응에 대한 완료일을 지정하거나 담당자를 지정할 수 있다. 그 담당자는 대응에 대한 수행 여부, 지정된 완료일 내에 완료 여부, 대응에 대한 효과 등을 관찰하고 보고할 책임을 갖는다.

다시 강조하면 리스크 관리대장은 모든 리스크 관련 정보의 통합 저장소(repository)로서 프로젝트 팀이 언제나 참고할 수 있어야 하며 따라서 지속적으로 보완되어야 한다. 리스크 대처 계획 수립과정에서 발생한 모든 관련 정보도 당연히 관리대장에 수록되어야 한다. 예를 들면 다음과 같은 사항을 관리대장에 추가로 입력한다.

- 대응 전략 및 이를 시행하기 위한 조치(예산 및 일정활동 포함)
- 리스크 발생 징후나 경고신호
- 수용 전략에 의한 예비비 또는 예비시간(contingency reserve)
- 비상대응 전략과 이의 실행을 유발(trigger)하는 상황
- 대응 전략의 시행 이후 잔존 리스크(residual risk)와 추가로 발생하는 2차 리스크(secondary risk) 등

〈표 9-15〉 리스크 대처 전략 및 방안 갱신

리스크 분류		리스크 번호	리스크 설명	대응 전략	대응 방안
1. 기술적 리스크	1.설계	1.1.1	설계기준의 부적합	T	전문 설계사 선정 및 계약
		1.1.2	설계기술 부족	S	전문 설계사와 공동 계약 추진
	2.구매	1.2.1	규격서의 부적합	M	규격서의 품질관리 강화
		1.2.2	품질확인 누락	E	품질 전문 인력 보강
		1.2.3	제작 불량	S	제작 전문회사와 공동 계약
	3.시공	1.3.2	시공공법 부적합	S	시공 전문회사와 공동 계약
		1.3.3	시공장비 부족	T	시공 전문회사와 공동 계약
	4.시운전	1.4.2	시운전 인력 부족	E	시운전 전문 인력 확보
		1.4.3	시험 시나리오 부재	M	시험전문가 확보 및 시나리오 작성
2. 관리적 리스크	1.범위	2.1.1	범위 변경	M	전문가 확보 및 WBS 작성
		2.1.2	산출물 변경	M	산출물의 품질관리 강화
	2.시간	2.2.1	일정 지연	R	시간관리 전문가를 확보하여 일정표 작성
	3.원가	2.3.1	원가 초과	M	원가관리 전문가를 확보하여 예산 수립
	4.품질	2.4.1	최종결과물의 성능미달	T	품질보증 조직 강화
	5. 의사소통	2.5.1	이해관계자 식별 불확실	M	이해관계자관리 강화
		2.5.2	정보 부족	M	정보공유시스템 확보 및 운영
	6. 인적 자원	2.6.2	기술수준 부족	T or S	전문 인력 확보 또는 전문 인력 보유사와 공동 계약
	7.조달	2.7.1	계약방식 부적합	M	계약방식 설정 시 전문가 자문
		2.7.2	계약자 선정 부적정	M	계약자 선정을 위한 입찰서 평가 강화
		2.7.3	조달시장 변경	M	조달시장 업무 강화
3. 사회적 리스크	1.환율	3.2.1	급격한 환율 변동	A	급격한 환율 변동 예측 및 예비비 확보
4. 불가항력	1.파업	4.1.1	노조 파업	A	노사 협력관계 개선 및 예비비/예비기간 확보
	2.기상	4.2.1	태풍	A	일기예보에 따라 적극적 대처

* 대응 전략: 회피(D), 완화(M), 전가(T), 수용(A), 기회화(E), 공유(S), 개선(R)
출처: GPMS, 한국프로젝트경영협회, 2020

2) 리스크 대처 계획

리스크 대처 수행결과로 여러 가지 계획이 갱신된다. 그중 아래의 예는 프로젝트관리 계획서에 해당되는 내용이다.

- 일정관리 계획서: 일정뿐 아니라 자원부하 및 자원평준화, 활동 관련 허용한도 및 행위에 대한 변경사항이 포함될 수 있다.
- 원가관리 계획서: 예산, 우발사태 예비비에 대한 갱신 및 원가회계에 관련된 허용한도 또는 행위에 대한 변경사항이 포함될 수 있다.
- 품질관리 계획서: 요구사항, 품질보증, 품질통제에 관련된 허용한도 및 행위에 대한 변경사항이 포함될 수 있다.
- 조달관리 계획서: 제작-구매 결정 또는 계약형식 수정 등에 대한 변경사항이 포함될 수 있다.
- 인적 자원관리 계획서: 자원업무량에 대한 갱신뿐 아니라 팀원 배정 관련 허용한도 또는 행위에 대한 변경사항이 포함될 수 있다.
- 범위기준선: 새로운 작업, 수정 또는 생략된 작업 등의 변경사항을 반영한 범위기준선의 갱신이 포함될 수 있다.
- 일정기준선: 새로운 작업, 수정 또는 생략된 작업 등의 변경사항을 반영한 일정기준선의 갱신이 포함될 수 있다.
- 원가기준선: 새로운 작업, 수정 또는 생략된 작업 등의 변경사항을 반영한 원가기준선의 갱신이 포함될 수 있다.

3) 프로젝트 문서 갱신

리스크 대처 결과로 여러 프로젝트 문서가 갱신된다. 예를 들어, 적절한 리스크 대처 방안이 채택되어 합의되면 리스크 관리대장에 반영되어 갱신된다.

9.4 리스크 통제

리스크관리 계획은 전체 프로젝트 계획에 반영되어 프로젝트 생애주기 동안 실행된다. 이미 식별된 리스크는 물론 새로이 발생하거나 변경되는 리스크도 지속적으로 감시되고 통제되어야 한다. 또한 전체 프로젝트 종료업무의 일환으로 리스크 통제업무도 적절히 시점에서 종료되어야 한다.

리스크 통제는 프로젝트 감시와 통제의 일부분으로, 크게는 프로젝트 범위, 일정, 원가, 품질 등에 대한 감시와 통제에 기반을 두어 그 성과에 따라 연관된 리스크들을 다루는 통합적인 노력의 일환으로 작용하지만, 작게는 리스크 관리대장에 기록된 리스크에 대한 상황을 파악하고 조치하는 활동으로 시작된다. 즉, 리스크 관리대장의 리스크 외에 더 이상 존재하지 않는 리스크는 없는지, 확률이나 영향의 변화로 리스크의 양이 커지거나 작아지지 않았는지, 대응 방안이 실행되었는지 또는 대응한 방법이 리스크를 완화하는 데 효과가 있었는지를 감시한다.

그 외에도 프로젝트 환경의 변화 여부, 새로운 리스크 식별 여부, 기존의 관찰 항목(watch list)에 기록된 리스크의 변화 여부, 프로젝트 가정사항이 아직 타당한지 여부, 그리고 예비비 및 예비시간 규모의 적절성 검토 등이 리스크 감시의 대상이 된다. 특히 프로젝트 환경변화와 관련하여, 프로젝트 내부적인 사항들에 대한 변화뿐만 아니라 프로젝트 외부적인 환경요인들에 대한 변화도 지속적으로 검토되어야 한다. 고객의 담당자나 관리자 변경, 법규 변경이나 시장의 변화, 기술의 변화 등과 같이 프로젝트에 영향을 미치는 요인들은 항상 식별되고 평가되어야 한다. 만일 프로젝트에 대한 중대한 변화가 발생한다면, 프로젝트관리 팀이나 리스크관리 팀은 리스크관리를 위해 전반적인 리스크 식별, 분석, 대응을 다시 수행하여야 하며, 또한 그 변화가 프로젝트에 어떤 영향을 미치는지 분석하고 평가하여 대응하여야 한다.

이러한 리스크 통제를 위해서는 몇 가지 기법을 사용한다. 우선 프로젝트에 대한 상황 분석(project performance analysis)으로서 이는 프로젝트 계획 대비 성과차이를 분석하여 일련의 조치를 취하는 것이다. 다음은 리스크 재평가(risk reassessment)이다. 리스크 재평가는 새로운 리스크에 대한 식별뿐만 아니라 기존 리스크에 대한 리스크 양을 주기적으로 다시 평가하는 것으로 프로젝트 진도점검 회의의 안건으로 다루어져야 한다. 또한 리스크에 대한 직접적인 감시뿐만 아니라 리스크가 해당되는 절차와 표준에 따라 관리되고 있는지도 함께 감시하여야 한다. 이를 위해서는 리스크 감사(risk audit)를 수행해야 하는데 이 감사에 대한 책임과 절차를 마련해야 한다. 감사에서는 리스크 대응과 리스크 관리과정 전체의 효과성을 분석하고 이를 문서화한다.

리스크 통제의 결과도 리스크 관리대장에 기록해야 한다. 여기에는 위에서 설명한 리스크 상황분석, 재평가, 감사 등에 관한 정보가 포함된다. 또한 종료된 리스크에 관한 사항도 포함된다.

리스크의 종료는 선택된 대응 전략의 실행에 필요한 모든 조치를 완료하는 것을 의미한다. 모든 관련조치가 완료되면 리스크는 종료되며 이러한 과정을 통하여 리스크 관리대장의 최종 버전이 생성된다. 리스크 통제의 종료에 대한 추가적인 사항은 9.4.3절에서 상세히 설명한다.

주요 입력물	프로세스 선후관계	주요 산출물
리스크 관리대장 실적 데이터 프로젝트 계획서 리스크 대처계획	프로젝트 변경 통제 → 리스트 통제 → 프로젝트 작업 통제	변경요청서 시정조치 리스크관리 보고서

[그림 9-14] 리스크 통제 업무흐름

9.4.1 입력물

주요 입력물은 다음과 같다.

1) 리스크 관리대장

9.1절 리스크 식별과정에서 산출된 리스크 관리대장, 9.2절 리스크 평가 또는 9.3절 리스크 대처 계획으로 갱신된 리스크 관리대장

2) 실적 데이터

실적 데이터는 다음과 같은 것을 포함한다.

- 범위, 원가, 일정, 품질에 관한 진척률
- 범위, 원가, 일정, 품질에 관한 성과분석
- 완료시점의 원가 추정치(EAC), 일정 예측 데이터 등 프로젝트 수행에서의 예측 데이터
- 리스크 및 이슈의 현황

- 승인된 변경사항
- 검토, 논의해야 할 기타 관련 정보

3) 프로젝트 계획서

4.3.3절 산출물 및 9.3.3절의 리스크 대처 결과로 수정 변경된 프로젝트 계획서

4) 리스크 대처 계획

9.3절 산출물

9.4.2 기법 및 활동

1) 리스크 재평가

프로젝트가 수행됨에 따라 기존 리스크가 제거되거나 발생 확률과 영향의 정도에 있어서 변화가 발생할 수도 있으며, 종종 새로운 리스크가 식별될 수도 있다. 그러므로 프로젝트 전반에 걸쳐 주기적으로 리스크는 재평가되고, 새롭게 식별된 리스크는 앞의 절차에 따라 평가되고 대처 방안을 수립하여야 한다. 적절한 리스크 재평가 주기와 상세 방안은 리스크관리 계획서에 명시되어야 한다.

2) 리스크 감사

리스크 감사는 식별된 리스크, 리스크 대처 효과와 리스크관리 프로세스 효과를 판단하기 위하여 수행하는 것이다. 프로젝트의 리스크관리 계획서에 명시된 대로 적절한 주기로 리스크 감사가 수행되어야 한다. 리스크 감사는 정기적인 프로젝트 검토회의를 통해 실시될 수도 있으며, 별도 리스크 감사회의를 통해 이루어질 수도 있다. 감사를 수행하기 전에 감사의 형식, 방법과 목표를 명확히 정의해야 한다.

3) 차이 및 추세 분석

리스크 통제뿐만 아니라 다른 통제 프로세스에서도 예상결과를 실제 결과와 비교하여 차이분석을 실시하고 차이관리를 해야 한다. 리스크 통제의 목적으로도 성과정보에

근거하여 원가 성과지수(CPI), 일정 성과지수(SPI) 등의 실행의 추세분석 방법을 사용할 수도 있다. 프로젝트 계획 대비 성과를 분석하여 그 편차(variance)를 확인하며, 편차에 대한 원인은 무엇이고, 그 편차로 인해 연관될 수 있는 리스크는 어떤 것인지 확인하여야 한다. 여기서 확인된 리스크와 관련하여 프로젝트를 계획했던 기준선에 올려놓기 위한 일련의 조치를 취하거나, 경우에 따라서는 그러한 리스크에 대한 조치로 프로젝트 계획을 변경하는 절차를 수행할 수 있다. 또한 계획 수립 동안 식별되지 않은 리스크가 새롭게 발견되었거나, 그 영향이 평가했던 것보다 클 경우에는 리스크 통제를 위해 추가적인 리스크 대처 전략을 수립해야 한다.

차이분석 결과를 토대로 프로젝트 완료시 일정이나 원가목표로부터 차이를 예측할 수도 있다.

4) 기술적 성과측정

앞에서 언급한 차이 및 추세분석에서는 주로 획득가치를 중심으로 원가 성과지수(CPI), 일정성과지수(SPI)를 이용하여 차이분석을 실시하였다. 따라서 실제 발생한 기술적 성과를 정해진 목표와의 비교 분석도 필요하다. 이때 기술적 성과척도를 기준이나 수치로 객관적으로 정의하여야 한다. 마일스톤에 예정된 기술적 성과차이는 프로젝트의 범위달성 성공률을 예측하는 데 매우 중요한 요소이다.

5) 예비분석

프로젝트 수행 중에 예산 또는 일정 우발사태 예비비에 긍정적 또는 부정적 영향을 미치는 리스크가 발생할 수 있다. 특정시점에서의 예비분석은 남아 있는 리스크의 양과 남아 있는 우발사태 예비비의 양을 비교하여 프로젝트의 남은 예비비가 적합한지를 판별한다.

6) 회의

정기적으로 이루어지는 현황회의에 프로젝트 리스크관리 항목도 포함되어야 한다. 회의에 할당된 리스크관리 항목 시간은 식별된 리스크, 리스크 우선순위 및 대처 방안의 난이도에 따라 달라진다.

9.4.3 산출물

1) 변경요청서

리스크 관리대장 갱신을 포함한 권장하는 시정조치와 예방조치가 변경요청서에 포함된다. 리스크 통제의 결과로 재식별되고, 재평가되고, 대처 계획이 재수립되는 현황은 리스크관리 대장에 포함되어야 한다.

2) 시정조치

시정조치는 프로젝트 작업의 성과가 프로젝트관리 계획서와 일치하도록 재조정하는 활동이다. 우발사태 계획과 임기응변대응이 시정조치에 포함된다. 임기응변대응은 초기에 계획하지 않았지만 사전에 식별되지 않았거나 수동적으로 수용된 리스크를 처리하기 위해 필요한 대응조치이다.

3) 리스크관리 보고서

리스크관리의 종료는 전체 프로젝트관리의 종료에 포함되는 업무의 일부로서, 리스크관리 계획수립 및 이의 실행 과정에서 수행한 내용, 즉 계획했던 것과 실적의 차이를 평가하고 수행한 기록들을 정리하는 것이다. 이를 위해서는 프로젝트 수행 동안 관리해 온 리스크 관리대장 등의 리스크 관련 기록과 정보들을 검토하고 정리하는 업무가 필수적이다.

특히 리스크 종료를 위해 기록을 정리하는 방법의 하나로서, 리스크 종료 표를 정리하는 것이 바람직하다. 리스크 종료 표에는 등록되었던 리스크 목록, 각각의 확률 및 영향, 각 리스크의 발생 여부, 그리고 발생된 리스크에 대해서는 범위, 일정, 원가, 품질 중 어느 분야에 얼마만큼의 영향이 있었는가를 정리하여 문서화한다. 또한 특정 리스크에 대해 실행한 대응 전략은 물론 식별된 후보 전략들도 함께 정리하고, 대응에 대한 효과 여부와 개선 방안을 함께 기록한다.

리스크 종료과정은 리스크관리를 수행한 내용과 절차에 대한 검토와 교훈(lessons learned)을 정리하는 작업을 포함한다. 이를 위해서는 프로젝트 스폰서 및 고객과 리스크관리를 위해 수행한 활동을 검토하고, 이로부터 얻은 교훈을 프로젝트 팀원들과 평가하는 것이 바람직하다. 이러한 평가를 수행하는 동안에 검토해야 할 일반적인 사항들은 다음과 같다(Martin, 2001).

- 설정한 리스크 범주가 프로젝트에 적합했는가?
- 리스크 평가 회의에 참여해야 할 사람 중 빠진 사람은 없는가?
- 리스크 평가 프로세스에서 가장 좋았던 사항과 개선된 사항은?
- 리스크 식별, 계량화 및 대응 방안을 개선하기 위해 무엇을 했는가?
- 대응 방안의 실행을 개선하기 위하여 어떤 노력을 했는가?
- 제공된 리스크 문서가 프로젝트 팀의 요구를 만족시켰는가?
- 리스크관리에 대한 의사소통이 프로젝트 팀의 요구를 만족시켰는가?
- 리스크 문서관리 및 의사소통을 위해 프로젝트 팀은 어떤 작업을 하였고, 개선된 사항은 무엇인가?
- 실행 단계 동안, 새로운 리스크 식별을 위해 어떤 개선활동을 했는가?
- 실행 단계 동안, 발생한 리스크에 대응하기 위해 어떤 개선활동을 했는가?

이 장의 요약

- 리스크관리 절차는 리스크 식별, 분석, 대처, 통제, 그리고 종료의 순으로 프로세스를 구성한다.
- 리스크 식별은 해당 프로젝트에서 발생 가능한 잠재적 리스크가 어떤 것들이 있는지 찾아내는 것으로, 잠재적으로 프로젝트에 영향을 미칠 수 있는 요소들을 찾아내서 그 특징을 문서화한다.
- 리스크의 정성적 평가는 리스크 발생 확률과 영향을 평가하여 리스크를 우선순위화한다.
- 리스크의 정량적 평가는 각 리스크가 프로젝트에 미치는 정도를 수치로 측정하여 프로젝트 목표 달성 정도를 예측한다.
- 위협과 관련된 리스크 대처 전략에는 리스크 회피, 리스크 완화, 리스크 전가, 리스크 수용이 있다.
- 기회와 관련된 리스크 대처 전략에는 리스크 활용, 리스크 강화, 리스크 공유, 리스크 수용이 있다.
- 리스크 통제는 새로운 리스크의 발생여부, 리스크의 발생확률과 영향의 변화, 대처 방안의 실행여부 및 대처 방법이 리스크를 완화하는 데 효과가 있었는지를 감시한다.

사례 연구: 상암 월드컵 주 경기장 건설 프로젝트

1. 배경

서울시 마포구 상암지구에 건설된 경기장은 2002년 월드컵 축구대회 주 경기장으로 사용하기 위하여 1998년 10월부터 약 38개월에 거쳐 건설되었다. 시설은 지하 1층과 지상 6층으로 된 구조로 63,930석 규모의 국제축구연맹의 경기장 시설 기준을 충족하여야 하며, 세계 최고 수준의 품질 확보 및 사후 활용성을 극대화시켜야 하는 프로젝트였다. 특히 촉박한 공기 및 제한된 예산 범위 내에서 완공하기 위해 턴키 방식의 발주와 패스트 트랙 기법을 적용하였으며, 국내 경험 및 기술력이 부족한 연약지반, 지붕구조, 음향, 조명, 잔디, 전광판 등의 취약 공종 관리가 요구되는 상황이었다.

2. 리스크 식별

• 예측 불가능한 외부 리스크
- FIFA 요구사항
- 월드컵 행사 변경
- 주간 방송사 요구
- 기후 조건

• 예측 가능한 외부 리스크
- 인근의 집단 민원
- 자재, 장비, 인력 부족
- 주변 시설물 공사
- 외부 감사 및 점검

• 비기술적 내부 리스크
- 사업주체 간 책임 한계
- 조직의 기술력
- 안전 사고
- 프로젝트관리자의 관리 능력
- 파트너십
- 클레임

• 기술적 내부 리스크
– 설계 내용의 검증
– 구조적인 안전성
– 경기장 운영 안정성
– 공법 선정
– 사용 자재 검증
– 지붕 철골 공사
– 지붕막 공사

3. 리스크 영향 분석

〈표 9-12〉 리스크 결과 및 영향 분석 사례

리스크	예상 결과	영향			
		공기	품질	안전	원가
FIFA 요구사항	• 시설지침의 변경 • 시설지침의 위배	지연	저하	–	상승
집단민원발생	• 작업중단, 작업시간 단축 • 사회적 이슈화	지연	–	–	상승
지원수급불안	• 자재 및 장비의 반입지연 • 설계 및 공법의 변경	지연	–	–	상승
조직의 기술력	• 설계 및 공사품질의 저하 • 재설계, 재설계 발생	지연	저하	불리	상승
신기술 적용	• 검증되지 않은 기술의 적용 • 경험부족에 의한 생산성 저하	지연	–	불리	상승
시공법 선정	• 생산성 저하 • 부적절한 공법의 작업 안전성	지연	저하	불리	상승
설계 변경	• 재작업의 발생 • 계약금액 조정상의 분쟁발생	지연	–	–	상승
품질 관리	• 부적절한 품질관리체계 수립 • 시험실 운영의 부실	–	저하	–	상승
지붕 철골 공사	• 부적절한 공법선정 • 경험부족에 의한 시공 오류	지연	저하	불리	–

4. 리스크 계량화를 위한 확률-영향 매트릭스

〈표 9-13〉 확률-영향 매트릭스 사례

<table>
<tr><th rowspan="3">확률</th><th>H</th><td>• 집단민원 발생</td><td rowspan="3">• 설계내용의 검토
• 경기장 음향 성능
• 지반 구조의 확인
• 시공법의 선정
• 설계 외주 관리
• 지붕 구조의 안전성
• 자원수급 불만
• 주변공사와 공정 마찰
• 공사 관리 절차
• 파트너십
• 업무 범위 및 책임</td><td>• 공사 조직 구성
• 패스트 트랙 적용</td></tr>
<tr><th>M</th><td>• FIFA 요구사항
• 경기장 시설안전
• 외부 감사 및 점검</td><td>• 설계 일정 관리
• 설계 기간 부족
• 사업자의 손익</td></tr>
<tr><th>L</th><td>• 턴키 계약 제도</td><td></td></tr>
<tr><td></td><td></td><th>H</th><th>M</th><th>L</th></tr>
<tr><td></td><td></td><th colspan="3">영 향</th></tr>
</table>

5. 리스크 우선순위

〈표 9-14〉 리스크 우선순위 사례

순위	리스크	리스크 점수
1	Fast Track의 적용	0.95
2	공사 조직 구성	0.91
3	사업자의 손익	0.88
4	설계기간의 부족	0.86
5	집단민원 발생	0.85
6	설계일정관리	0.83
7	시공법의 선정	0.83
8	Partnership	0.82
9	지붕구조의 안전성	0.82

6. 리스크 대응 기획

〈표 9-15〉 리스크 대응 기획 사례

리스크 영향	리스크	대응 계획수립
• 설계기간의 지연 • 공사착수 지연 • 설계품질 저하	• 설계인력부족 • 설계일정계획 • 설계의주관리 • 설계기간부족	• 분야별 업무분장 확정 • 통합설계실 운영 • 투입인원에 대한 실사 • 설계의주내용 실사
• 설계변경, 보완에 의한 설계지연 • FIFA시설기준 미충족에 의한 문제 • 구조안전미흡 • 기능 및 시설안전미흡 • 수익시설의 타당성	• FIFA시설기준 • 구조안전 • 유지관리효율 • 수익시설 • 경기장효율운영 • 시설운영안전	• FIFA시설기준 시설기준 체크리스트 작성 및 활용 • 반영보고서 작성 • FIFA의 사전검증실시 • 지붕구조의 풍동 실험 • 잔디 채광 및 음향 시뮬레이션 실시 • 선진국 경기장 벤치마킹
• 공사기간의 지연	• 지원수급불안 • Shop-Drawing 지연 • 공사관리 조직 • 공사관리 절차 • 적용 시공법 • Long Lead Item	• 품귀예상 기자재의 사전확보 대책 수립 • 주요 공정의 사전 하도급 심사 실시 • 패스트 트랙의 시행 • 주 공정 항목의 조기착수 • 공사이행 보증증권 징수
• 품질의 저하	• 공기부족 • 미검증 자재 사용 • 부적절한 시공법 • 과도한 원가절감 • 부적절한 품질기준	• 설계 및 시공 품질보증 계획수립 • 주요자재의 사전검증 • 공사 검측 절차수립 • 시공계획서의 사전승인 • 공종별 착수회의 및 견본시공 실시
• 공사안전의 저해	• 선계내용의 공사안전성 미확보 • 공간부족에 따른 무리한 공사 추진 • 부적절한 시공법 • 안전의식의 부재	• 안전감시단의 운영 • 설계내용의 안전성 검토 • 건설공사 보험의 가입 • 안전 마일리지 제도 운영 • 정기적인 안전교육 실시
• 원가 상승	• 설계변경증가 • 재작업의 발생 • 부적절한 클레임 발생 • 유지관리비용 증가	• 가치 공학의 적용 • 유지관리 효율저하 요인제거 • 설계변경절차 및 계약금액조정기준 수립 • 설계변경에 따른 실정보고 체계 수립 • 예비비 확보

7. 교훈사항

리스크 사례에 대한 데이터베이스를 구축하고, 리스크 식별과 대응을 위한 전문가 집단을 활용하며, 분석 도구의 사용과 교육과 같은 리스크 관리시스템의 구축이 요구되었다. 또한 변화하는 프로젝트와 리스크 상황에 따라 지속적인 식별 노력과 함께 탄력적인 대응 방안을 마련하고, 발주자와 사업자 사이에 리스크 상황을 공유할 수 있는 등의 합리적이고 체계적인 관리 활동이 필요함을 발견하였다.

9장 연습문제

1. **다음 용어를 설명하시오.**

   1) 리스크 분류체계
   2) 리스크 범주
   3) 민감도 분석
   4) 과실수 분석(FTA: Fault Tree Analysis)
   5) 리스크 대처(Risk Handling)

2. **다음 제시된 문제를 설명하시오.**

   1) 리스크 대처 전략에서, 부정적 리스크 사건과 관련된 위협에 대한 대응 전략 그리고 긍정적 리스크 사건과 관련된 기회에 대한 대응 전략에 대해 간단하게 설명하시오.
   2) 프로젝트 리스크의 정성적 분석에 이용할 수 있는 확률과 영향의 척도에 대해 간단히 설명하시오.
   3) 리스크 식별을 위한 관리 기법들을 설명하시오.

3. **다음 객관식의 문제에 대해 올바른 답을 제시하시오.**

   1) 각종 원인의 영향, 사건 발생순서, 변수와 산출물 사이의 관계 등을 나타내는 도식화로 리스크를 식별하는 방법을 무엇이라 하는가?
      ① 과실수 분석
      ② 영향관계도
      ③ 업무 흐름도
      ④ 원인-결과도

2) 부정적인 결과를 만들 수 있는 옵션을 거부하는 경우처럼 계획을 변경하여 리스크를 제거하는 방법을 무엇이라 하는가?

① 완화 전략
② 회피 전략
③ 전가 전략
④ 에스컬레이션 전략

3) 사전에 식별하지 않거나 수동적으로 받아들인 허용된 리스크에 대한 계획하지 않은 대응을 무엇이라 하는가?

① 우회작업
② 위험대응계획
③ 시정조치
④ 우발사태계획

4) 다음 중 위험관리 계획서에 포함될 항목으로 적절하지 않은 것은?

① 위험 카테고리
② 이해당사자의 위험 허용 수준
③ 위험관리 방법론
④ 비상계획

5) 프로젝트에 많은 위험이 나타났지만, 어떤 누구도 결과가 어떻게 나올지에 대해 평가를 하지 않고 있다면, 프로젝트관리자는 무엇을 해야 하는가?

① 위험대응계획
② 위험 감시 및 통제
③ 정량적 위험분석
④ 위험식별

CHAPTER

10

품질관리

프로젝트 품질관리는 인적 자원관리나 조달관리 등과 마찬가지로 프로젝트를 수행하는 모기업과 밀접하게 관련되어 있다. 따라서 고객만족, 지속적/혁신적 개선, 전 구성원 참여, 검사보다 예방 등 기업차원의 품질관리 개념이 프로젝트 품질관리에도 적용된다. 좀 더 구체적으로 말하면 프로젝트 품질관리는 모기업의 품질기본방침(quality policy)을 준수하고 품질목표(quality objective)가 달성되도록 추진하는 것은 물론 품질과 관련된 모기업의 절차와 지침을 최대한 활용한다. 모기업이 구축한 품질관련 데이터베이스를 포함한 각종자료도 프로젝트 품질관리에 많은 도움을 줄 수 있다.

품질기본방침 또는 품질정책(quality policy)은 품질과 관련하여 무엇(what, not how)을 해야 하는지에 대한 원칙을 기술하는 최고경영자가 공식적으로 승인한 문서를 말한다. 품질기본방침은 품질목표는 물론 품질의 수준, 정책을 집행하고 품질을 확인하는 책임의 소재, 주요 품질사항에 대한 구체적인 지침 등이 포함된다. 이해관계자에게 모기업의 품질에 대한 관점을 이 기본방침을 통하여 제시한다. 이와 같은 모기업의 품질기본방침은 프로젝트에 그대로 적용된다. 다만 복수 기업이 공동으로 추진하는 프로젝트인 경우 프로젝트 팀에서 별도의 품질기본방침을 수립해야 한다.

품질목표(quality objective)는 품질정책의 일부로서 구체적인 목적과 그 목적을 달성하는 기간 등을 말한다. 품질목표는 달성 가능한 구체적인 목표를 설정하는 것이 바람직하다. 많은 기업들은 품질기본방침과 목표를 회사 규정의 하나인 품질관리 규정으로 제정하여 회사가 수행하는 모든 업무와 프로젝트에 적용하도록 함으로써 품질관리의 일관성을 유지하고 있다. 또한 품질관리 규정을 더욱 구체화한 품질관리 매뉴얼을 운영하기도 한다.

프로젝트에 있어서 품질경영은 프로젝트가 요구하는 사항을 만족시키기 위해 필요한 품질관리 프로세스이다. 여기서 언급된 요구사항은 기능적인 요구사항뿐만 아니라 납기나 원가 등 기술적인 성능을 포함한다. 그리고 이러한 요구사항을 충족시키기 위하여 이루어지는 모든 활동이 프로젝트 품질관리 프로세스이다. [그림 10-1]의 프로젝트 품질관리 프로세스 흐름도는 품질관리 프로세스, 투입물과 결과물 그리고 다른 지식영역과의 상호관계를 나타낸 것이다.

■ 프로젝트 품질관리 프로세스

프로젝트에 주어진 요구사항을 충족시키는 데 필요한 품질정책, 품질목표, 품질 관련 책임사항들을 결정하는 회사 차원의 모든 활동

Project Quality Management Process: Project Quality Management Processes include all the activities of the performing organization that determine quality policies, objectives and responsibilities so the project will satisfy the needs for which it was undertaken(PMBOK 가이드 6판, 2017).

프로젝트 품질관리는 회사차원의 품질관리 규정/매뉴얼을 기반으로 프로젝트가 요구하는 사항을 만족시키기 위하여 품질정책, 목표, 책임과 실행 등을 결정하는 관리기능의 모든 행위를 포함한다. [그림 10-2]와 같이 해당 프로젝트에 대한 품질관리 계획(quality management plan)을 수립하고 품질보증(quality assurance), 품질통제(quality control) 및 품질개선 등과 같은 수단에 의해 품질시스템 내에서 실행하는 전반적 관리기능에 관한 활동을 수행한다. 여기서 '통제'라고 번역한 'control'은 계획(plan)과 실적을 비교 분석하여 차이가 발생하면 시정조치를 취하는 활동을 의미한다. 따라서 'control'의 의미를 보다 정확히 표현하는 '품질통제'라는 용어로 사용하였다.

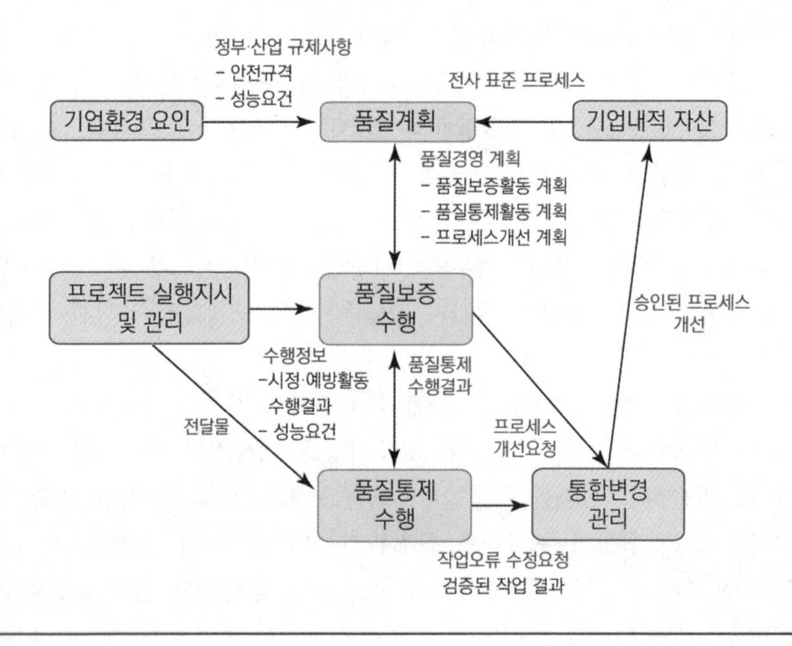

[그림 10-1] 프로젝트 품질관리 프로세스 흐름도

품질관리 프로세스에서 가장 애매한 부분이 품질보증(quality assurance)과 품질통제(quality control)를 구분하는 일인데, [그림 10-2]와 같이 프로젝트 요구사항을 정의하고 달성하는 일련의 프로세스에 따라 둘의 다른 점을 구분할 수 있다.

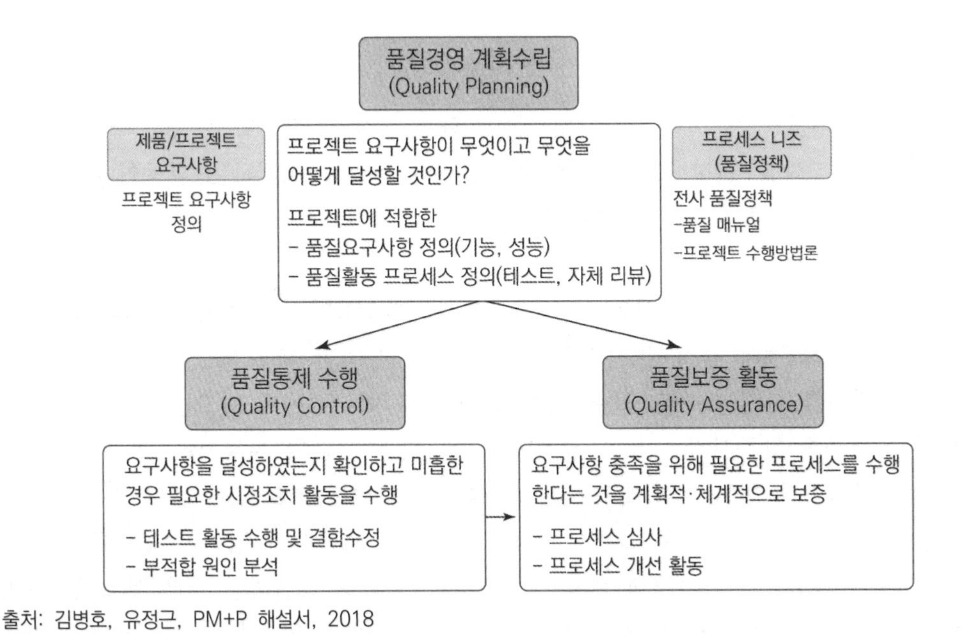

출처: 김병호, 유정근, PM+P 해설서, 2018

[그림 10-2] 프로젝트 요구사항을 달성하기 위한 품질활동 시스템

■ 프로젝트 품질관리 계획

프로젝트 품질관리 계획은 프로젝트에 적합한 품질은 무엇인지를 정의하고, 규칙적으로 적용하기 위하여 품질표준을 정하고, 그것을 어떻게 만족시킬 것인지 계획하는 것이다.

■ 프로젝트 품질보증 수행

프로젝트 품질보증 수행은 프로젝트가 적합한 품질표준을 만족할 것이라는 확신을 주는 행위로서 품질시스템에서 이루어지는 계획되고 체계화된 활동을 말한다. 프로젝트 품질보증 활동은 프로젝트가 고객의 요구사항을 충족시키기 위하여 행해지는 모든 프로세스 활동이다. 품질표준을 달성하기 위한 활동이라는 관점에서 프로젝트 품질통제와 구분된다.

■ **프로젝트 품질통제 수행**

프로젝트 품질통제는 프로젝트의 결과들이 관련 품질기준을 따르는지를 결정하기 위해 프로젝트 결과를 관찰하고 불만족스런 결과의 원인을 제거하는 활동이다. 이것은 프로젝트 수행과정 동안 항상 수행된다.

프로젝트 품질관리는 프로젝트관리자와 긴밀한 협조하게 이루어져야 한다. 만약 모든 프로젝트 범위에서 품질 요구사항을 만족시키지 못하면, 프로젝트 관련 당사자에게 부정적인 결과를 가져올 수도 있다. 예를 들면 프로젝트 팀에게 과도한 일을 부과하여 소비자의 요구를 만족시키는 것은 고용비용 증가라는 형태의 부정적인 결과를 초래할 수 있다. 철저하지 못한 계획으로 품질검사를 시행하면서 프로젝트 일정 목표만을 만족시킨다면, 발견되지 않았던 오류가 드러나는 경우 오히려 부정적인 결과를 초래할 수 있다. 품질과 등급에 요구되는 수준을 결정하고 이를 조달하는 것은 프로젝트관리자이나 프로젝트 팀의 책임이다. 프로젝트 팀은 기존의 품질관리 또는 품질경영 기법이 프로젝트관리와 상호보완적이라는 것을 알아야만 한다.

또한 수행조직에 의해서 이루어지는 품질개선의 착수는 프로젝트 인도물의 품질뿐만 아니라 프로젝트관리의 품질까지도 향상시킨다. 그러나 프로젝트 팀이 확실하게 알아야 할 중요한 차이점이 있다. 프로젝트가 일시적이라는 사실은 생산품의 품질 향상에 대한 투자가 수행조직에 의해서 이루어져야 한다는 것을 의미한다. 왜냐하면 프로젝트는 보상을 받을 정도로 충분히 오랫동안 남아 있지 않기 때문이다.

10.1 품질계획

프로젝트 품질관리 계획은 그 프로젝트를 수행하는 모기업의 품질정책을 프로젝트 팀이 어떻게 실행할 것인지에 대한 계획이다. 즉 프로젝트에 적합한 품질은 무엇인지를 정의하여 이를 반복적으로 적용하기 위한 품질표준(quality standard)을 설정하고, 이 품질표준을 어떻게 충족시킬 것인지 결정하는 것이다.

여기서 품질표준(quality standards)은 '제품 또는 프로젝트 성과물(product)'과 '프로젝트관리 프로세스' 모두와 관련되어 있다. 성과물과 관련된 품질표준이란, 프로젝트 팀이 고객에게 전달할 성과물이 달성해야 할 기능이나 성능상의 목표라고 할 수 있다.

전달하는 성과물에 따라 산업계의 표준 규격이나 규제가 있을 수 있으며, 프로젝트가 달성해야 하는 성능과 목표를 고객이 직접 요구하는 경우도 있다.

프로세스와 관련된 품질표준이란 '프로젝트를 어떻게 수행할 것인가?'와 같이 프로젝트 수행절차에 대한 표준이다. 따라서 프로젝트에 적합한 품질표준을 식별한다는 것은 프로젝트에 적합한 기술, 성능상의 목표, 프로젝트에 적합한 수행절차를 정의하는 것이다.

품질표준을 충족하는 방안도 성과물과 프로세스 두 측면에서 접근한다. 우선 기술이나 성능 등 프로젝트의 성과물이 품질목표를 달성하였는지 확인하고, 목표에 미달하거나 부적합하면 필요한 시정조치를 수행하여야 한다. 프로세스와 관련된 품질표준을 달성하기 위해서는 정해진 프로세스를 따르도록 관련 교육을 하고, 그 프로세스를 준수했는지 여부를 심사하여야 한다.

품질에 대한 과거의 접근 방식은 '사후 검사를 통한 불량의 제거(inspected in)'에 있었다. 이는 제품을 만드는 과정에서 품질을 계획하고 확보하는 것이 아니라, 만들어진 제품의 검사를 통하여 사후에 적정 수준의 품질을 확보하는 개념이다. 하지만 이러한 방식은 검사비용이 많이 들고 부적합한 결과가 나왔을 때 재작업이나 작업수정의 비용이 필요하기 때문에, 비용이나 시간적인 관점에서 효율적인 품질관리 방법이라 할 수 없다. 이를 개선하여 최근에는 제품을 만드는 과정에서 품질을 계획하고 확보하자는

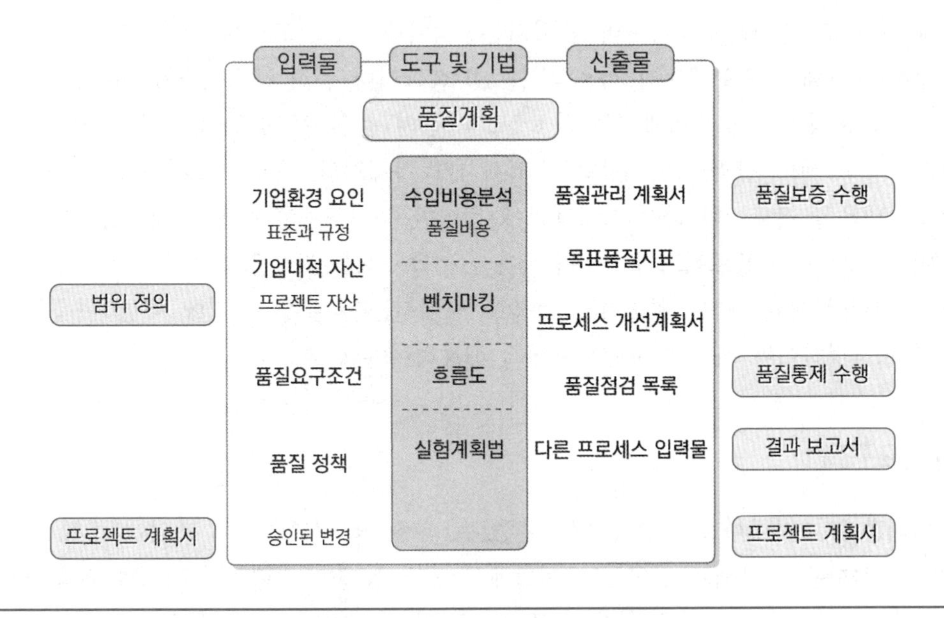

[그림 10-3] 프로젝트 품질관리 계획의 주요 활동과 다른 지식영역과의 관계

개념이 널리 보급되어 있는데 이것이 바로 'planned, designed, and built in'이다. 즉 품질은 사후에 검사되는 것이 아니라 미리 계획하여 제품에 내장하는 것에 초점을 맞추고 있다.

품질관리 계획은 인적 자원관리 계획이나 조달관리 계획과 마찬가지로 전체 프로젝트관리 계획(project management plan)의 보조 계획(subsidiary plan) 중 하나로서 프로젝트의 다른 보조 계획들과 밀접하게 관련되어 있다. 일부 기업에서는 품질관리 계획을 품질보증의 한 부분으로 다루고 있다.

10.1.1 입력물

1) 프로젝트 계획서

3.2.3절 참조

2) 품질기본방침/품질정책(quality policy)

품질경영의 성공은 모든 팀원들의 참여로 이루어지지만 특히 경영층의 역할이 성공의 열쇠이다. 품질에 대한 최고경영층의 방침을 품질기본방침 또는 품질정책(quality policy)이라고 한다. 수행기관의 품질기본방침이나 품질 프로세스가 해당 프로젝트에 적합하면 그대로 프로젝트에 적용할 수 있다. 그러나 품질 프로세스가 미흡한 경우 또는 여러 조직이 프로젝트에 참여하고 조직 간의 품질 프로세스가 서로 상이한 경우, 그리고 프로젝트 결과물을 이용하는 고객사가 자체적인 품질 프로세스가 있는 경우에는 그 내용을 서로 검토하여 프로젝트에 적합한 품질표준을 새롭게 개발하여야 한다.

어떤 경우이든 프로젝트의 이해당사자들은 프로젝트에서 정의한 품질기본방침을 잘 알고 있어야 한다. 이를 위하여 프로젝트 팀에서는 품질기본방침에 대한 내용을 표준문서로 작성하여야 하며 이해당사자에게 배포하여야 한다.

3) 품질요구조건

이해관계자 기대사항을 충족시킬 수 있는 품질 요구사항이 이 조건에 포함된다. 품질 요구사항은 프로젝트 팀이 프로젝트에서 품질 통제를 수행하는 방법을 계획하는 데 활용된다. 필요시 프로젝트 헌장과 프로젝트 작업기술서 등도 활용될 수 있다. 프로젝트 현장은 3.1.3절에 잘 나와 있다. 또 프로젝트 작업지시는 3.3절을 참고하기 바란다.

4) 프로젝트 자산

프로젝트에서 생산되는 생산품에 대한 설명을 구체적이며 명확하게 제시하여야 한다. 이것은 범위진술과 앞에서 거론된 작업서술서의 한 요소이기도 하다. 따라서 작업서술서로 대체될 수도 있지만 가능하면 품질계획에 영향을 줄 수 있는 사항이나 기술적인 문제 등의 상세를 설명하여야 한다. 필요하면 그림, 차트 또는 설계도면 등으로 나타낼 수도 있으며 문서화하여 공유하여야 한다.

5) 표준과 규정

기업외적 요인으로 영향을 주는 요소 중 하나가 표준이다. 표준은 규격만을 뜻하는 것은 아니다. 일반적으로 기술적인 표준을 규격이라 부르지만 규정, 매뉴얼, 세칙, 규칙 등으로 표현되는 내용들을 통틀어 표준이라고 한다. 생산현장의 경우 일상의 업무절차와 기준 등은 물론이고 기술표준이나 검사규격 또는 작업수칙 등도 모두 표준화의 대상이 된다.

표준과 규정이 획일화만을 의미하는 것은 아니다. 획일화는 표준화의 본래 의미와는 상반된 개념이라고 볼 수 있다. '가장 합리적인 기준'이 본래 표준의 개념이다. 따라서 단순화, 통일화의 수단도 가장 합리적인 기준에 따라서 이루어지기 때문에 획일화된 결과가 표준이 되는 것이라고 말하기 어렵다. 궁극적으로 프로젝트 품질경영에서의 표준과 규정은 다음과 같은 효과를 기대할 수 있다.

- 프로젝트 및 업무 행위의 단순화와 호환성 향상
- 작업과 업무수행 방법을 정형화함으로써 품질의 향상과 균질성 유지
- 프로젝트 참여자의 책임과 권한이 명확해져 업무수행의 책임감이 향상
- 관리를 위한 기준의 역할을 하며 통계적 기법을 활용할 수 있는 기틀을 마련
- 참여 조직과 관계자 간의 정보전달과 의사소통 개선

6) 기타 프로세스의 결과물

프로젝트 프로세스들은 프로세스들과 그들의 상호작용하는 네트워크를 작성하고 이해함으로써 하나의 시스템으로 관리된다. 품질경영은 프로세스 결과물이 지속적으로 개선될 수 있도록 필요에 따라 변화될 수 있어야 한다. 그리고 시스템이나 프로세스를

움직이는 기준문서로서 프로세스의 결과물을 정기적으로 측정하고 모니터링함으로써 프로세스의 문제점을 개선할 수 있다. 그러기 위해서 다른 프로세스의 결과물도 생산되는 생산품에 대한 설명을 구체적이며 명확하게 제시하여야 한다.

7) 승인된 변경

3.5절 참조

10.1.2 기법 및 활동

품질경영에서는 경제성의 원칙을 강조하고 있다. 품질은 고객 요구사항에 적합하게 하는 것이다. 고객 요구사항에 적합한 품질을 구현을 위하여 비용 대비 효율적인 품질관리 활동을 하여야 한다. 그렇지만 프로젝트의 일차적인 목적은 품질목표의 달성이 아니라 목표한 원가와 일정 안에서 결과물을 만들어내고, 그 결과물을 고객에게 서비스하는 것이다. 이와 같은 경제성의 관점을 반영한 품질계획 수립이 필요하며 가장 많이 사용되는 기법이 수익비용 분석(benefit－cost analysis)이나 실험계획법(design of experiments)이다.

1) 수익비용 분석

수익비용 분석(benefit－cost analysis)이란 품질활동에 소요되는 비용과 그에 따르는 효과를 분석하여 최적의 품질수준을 계획하는 작업이다. 품질요구를 만족시키는 것의 기본적인 이득은 재작업이나 작업수정이 적어지는 것이다. 이것은 높은 생산성, 낮은 비용, 관련당사자의 만족도 증가 등을 의미한다. 품질요구를 만족시키는 것의 기본적인 비용은 프로젝트 품질관리 활동과 관련된 지출이다. 비용보다 이득이 커야 하는 것은 자명한 것이다.

(1) 품질비용

품질활동에 소요되는 비용을 품질비용(cost of quality)이라 한다. 품질비용이란 적정수준의 품질을 확보하기 위해서 수행하는 활동에 들어가는 비용으로 품질계획 수립, 품질보증, 품질관리 활동을 할 때 발생한다. 품질비용에는 예방비용, 평가비용, 실패비용이 있으며, 예방비용과 평가비용은 일치(적합)비용(conformance cost), 실패비용은 비일치

(비적합)비용(nonconformance cost)이라고도 한다. 품질활동 계획수립의 기법으로 품질비용을 활용하는 것은 각 조직마다 정책적으로 품질활동의 비용(예방, 평가, 실패 비용의 비율)을 정의할 수 있고, 이에 따라 품질활동의 종류와 투입공수가 달라지기 때문이다.

〈표 10-1〉 품질비용의 종류와 발생 예

항목	설명	예
예방비용 (Prevention Cost)	결함을 예방하기 위하여 지출하는 비용	임직원 교육, 품질계획 비용
평가비용 (Appraisal Cost)	규격을 만족하는지 확인하기 위하여 제품 품질을 측정하고 평가하는 데 드는 비용	감리, 완제품 검사 비용
내부 실패비용 (Internal Failure Cost)	고객에게 배달되기 전에 품질규격에 맞지 않아 수정하거나 실패를 진단하는 데 드는 비용	폐기처분, 재작업, 재검사 비용
외부 실패비용 (External Failure Cost)	고객에게 배달이 된 후 제품이나 서비스를 수정하는 데 드는 비용	반품비용, 제품 책임 비용

2) 벤치마킹

주요한 경영기법의 하나로서 미국 생산성본부(APQC: 1992)는 "벤치마킹은 체계적이고 지속적인 측정 프로세스로서, 자기 회사의 성과개선에 유용한 정보를 얻기 위해 자사의 업무수행방식을 측정하고 이 방식을 전 세계 어느 곳, 어느 조직이든 선도자적 위치에 있는 조직의 프로세스와 비교하는 과정이다"라고 정의하였다. 이 기법을 회사 차원이 아닌 프로젝트 차원에서 접근하여 프로젝트관리에서도 많이 응용하고 있으며 품질관리 계획 수립에도 많은 도움을 얻을 수 있다.

벤치마킹(benchmarking)은 개선을 위한 아이디어를 창출하거나, 수행을 평가하기 위한 기준을 제공하기 위해 프로젝트의 실제상황이나 계획을 다른 프로젝트와 비교해 보는 것이다. 다른 프로젝트는 같은 수행조직에 의해서 진행된 것일 수도 있고 다른 기업일 수 있으며, 동일한 분야가 아닐 수도 있다.

3) 흐름도

흐름도(flowchart)는 시스템의 요소들이 어떻게 관련되어 있는가를 보여준다. 흐름도는 프로젝트 팀의 품질문제가 어디서, 어떻게 발생할 것인지를 예측하는 데 도움이 된다. 또 이들 품질문제를 해결하는 방법을 개발하는 데에도 도움이 된다.

(1) 특성요인도/인과관계도(Cause-and-effect diagrams)

Ishikawa diagrams 혹은 어골도(fishbone diagrams)라고 불리며, 잠재적인 문제점이나 어떤 결과에 대한 다양한 원인들을 보여준다.

(2) 시스템 또는 프로세스 흐름도(System or process flowcharts)

시스템의 요소들이 어떻게 관련되어 있는가를 보여준다.

4) 실험계획법

실험을 통해서 어떤 현상의 결과와 원인을 파악할 수 있다. 실험계획법(design of experiments)에서는 이 실험을 통계적인 원리에 입각하여 체계적으로 설계한다. 즉 결과에 영향을 미치는 여러 변수들을 조합하여 계획적으로 실험을 해 보고 그 결과를 통해 변수들의 영향력을 분석하는 것이다. 예를 들어 정보시스템의 응답속도가 저하되는 요인으로 하드웨어의 용량, 네트워크의 성능, 데이터베이스의 구조, 애플리케이션의 구조, 트랜잭션의 수 등이 있다. 응답속도에 각 변수가 어느 정도 영향을 미치는지 분석하기 위해서, 무계획적이고 시행착오적인 실험을 통해 결과를 얻으려 한다면 시간과 비용이 많이 든다. 실험계획법에서는 각 경우의 수를 잘 설계하여 실험을 수행함으로써, 원인이나 변수의 최적 조합을 최소의 시간과 비용으로 파악하는 것이다. 이와 같이 실험계획법은 다양한 변수 중에 어떤 변수가 전반적인 결과에 가장 영향을 미치는지 확인하는 것을 도와주는 통계적 분석기법이다. 실험계획법은 대개 신제품 개발이나 대량생산 초기에 가장 빈번하게 사용되는 기법이지만 비용과 일정의 상관분석(trade-offs) 같은 프로젝트관리 문제에 대해서도 적용할 수 있다. 적절히 설계된 실험은 품질을 가장 좋게 하는 설계변수의 값을 찾아내어 변동을 줄일 수 있다.

10.1.3 산출물

1) 품질관리 계획서

품질계획 수립의 주요 산출물은 품질관리 계획서(quality management plan)이다. 품질관리 계획서는 프로젝트 품질시스템과 프로젝트 팀이 품질방침을 어떻게 수행할 것인지를 포함한다. 품질관리 계획서는 전체 프로젝트 계획의 입력 자료를 제공하고, 품질

통제, 품질보증, 품질개선에 대해서도 언급하여야 한다. 품질관리 계획서는 공식적일 수도 있고 비공식적일 수도 있으며, 상세할 수도 있고 개략적일 수도 있다. 이는 프로젝트의 종류와 요구 수준에 따라 다르다. 최근에는 품질경영시스템 관점에서의 접근으로 확장되고 있다.

(1) 품질관리 계획서

- 품질표준 내용: 프로젝트 상황에 적합한 제품 및 프로세스의 품질표준을 정의한다.
- 품질활동의 유형: 프로젝트에서 수행할 품질활동과 간략한 내용을 설명한다.
- 품질활동별 수행 책임자
- 품질활동의 수행 시기
- 품질활동의 대상: 품질활동의 핵심은 무엇을 검토하는 활동이다. 따라서 검토의 대상을 정의한다.
- 품질활동의 수행 절차
- 품질활동의 체크리스트
- 지적 사상에 대한 시정조치 절차

(2) 품질경영 시스템

품질을 위하여 조직을 구성, 지휘하고 관리하는 경영시스템으로 이를 위해 필요한 조직 구조, 책임, 절차, 프로세스, 자원 등을 포함한다.

2) 목표 품질지표

프로젝트의 품질목표는 품질지표(quality metrics)를 이용하여 정량적으로 설정하며 이를 품질 베이스라인(quality baseline)이라 한다. 이 베이스라인은 결국 목표 품질지표를 의미하게 되며 예를 들면 결함률, 응답속도, 신뢰도 등에 대한 품질목표가 있다. 목표 품질지표는 프로젝트 성과를 보고할 때 여러 가지 프로젝트관리 성과(예를 들어 CPI, SPI 등)와 함께 프로젝트의 실적을 평가하는 기준이 된다.

여기서 품질지표는 품질 통제 프로세스에서 측정 대상과 측정 방법을 아주 구체적으로 설명하는 측정의 조작적 정의(operational definition)이다. 예를 들어 정보시스템 개발 프로젝트에서, 흔히 '사용하기 편리한 시스템'을 개발해 달라는 요구사항이 많은데, 이 '사용하기 편리한 시스템'에 대한 기준을 조작시간 또는 조작오류로 바꾸어 정의할 수 있다. 이와 같이 객관적으로 측정이 가능할 수 있도록 측정의 기준을 구체적으로 설정하는 것이 측정의 조작적 정의이다. 이 예에서 품질 요구사항을 객관적으로 표현하지 않으면 고객과 공급자의 생각이 서로 달라, 최종 결과물에 대한 완성 여부를 검증할 때 심각한 걸림돌이 된다.

품질지표를 정의할 때에는 프로젝트에서 관리할 지표의 정밀도와 정확도 수준을 결정해야 한다. 물론 대부분의 조직이나 프로젝트는 정확하면서도 정밀한 데이터를 요구할 것이다. 문제는 목표 수준의 정밀도와 정확도에 맞는 지표를 측정하기 위해서 누가 무엇을 해야 하는가이다. SI 조직에서 관리하는 대표적 지표인 납기지연율을 예로 들어 정확도와 정밀도의 개념을 실제에 적용해 보자. 여러 가지 의미로 납기지연율을 정의할 수 있겠지만 여기서는 해당 조직에서 수행하는 프로젝트의 납기지연 정도를 측정하는 개념으로 '납기지연일의 합/총 계획 개발일'이라고 정의하자. 이때 조직에서 관리할 납기지연율의 정확도와 정밀도의 이슈는 아래의 <표 10-2>와 같다.

〈표 10-2〉 정확도와 정밀도의 활용 예

항목	이슈	대책
정확도	• 프로젝트 완료의 기준은 무엇인가? - 인력철수, 대금청구, 대금회수, 검수 등	• 조직 내 여러 부서가 합의하는 기준을 정의
정밀도	• 경우에 따라 기간을 월, 주, 일 가운데 하나를 임의로 사용	• 지표를 명확하게 정의하고(휴일 포함 여부 등) • 지표의 측정 단위를 월이나 주 단위로 하지 않고 일 단위로 함.

출처: 김병호, 유정근, PM+P 해설서, 2018

품질지표 정의는 품질관리 프로세스에도 적용된다. 품질관리 프로세스를 통해서 무엇을 측정할 것이며, 또한 어떻게 측정할 것인가를 나타낸다. 예를 들어, 계획된 일정을 만족하는 것만으로는 관리품질을 측정할 수 없다. 어떤 경우에는 프로젝트 팀은 모든 활동(activity)들이 제시간에 시작했는지 표현하면 되지만, 다른 경우에는 종료만 제시간에 이루어졌는지를 표현해야 한다. 혹은 각각의 활동들을 측정할 것인지 아니면 특정한 성과물만 측정할 것인지 표현해야 한다. 어떤 곳에서는 운영상의 정의를 매트릭스(metrics)라고 부르기도 한다.

3) 프로세스 개선 계획서

품질보증, 품질통제, 품질개선 등 품질활동의 유형, 수행책임자, 수행시기 등을 간략하게 기술한다. 품질보증과 품질통제에 대해서는 10.2절과 10.3절에서 각각 설명한다.

품질보증활동의 일환으로 수행되는 품질개선은 주로 프로세스 개선과 관련되며 품질관리 계획과 별도로 프로세스 개선 계획(process improvement plan)을 수립하기도 한다.

PMBOK 가이드 6판(2017)에 의하면 고객가치를 증대하기 위하여 낭비나 가치를 부가하지 않은 활동(non-value adding activity)을 식별할 수 있도록 프로세스를 분석하는 과정을 상세히 설명하는 것이 품질개선 계획서라고 하였다. 이 프로세스 개선 계획에 포함되는 내용은 특정 프로세스의 내역(process boundary), 흐름도(flowchart), 품질지표(quality metric), 그리고 개선목표 등이다. 예를 들어 [그림 10-4]와 같이 결함률 3.5퍼센트가 회사의 현 수준이라고 했을 때, 프로세스 개선을 통하여 결함률을 3.0퍼센트로 개선하기 위해 계획서를 수립하였다.

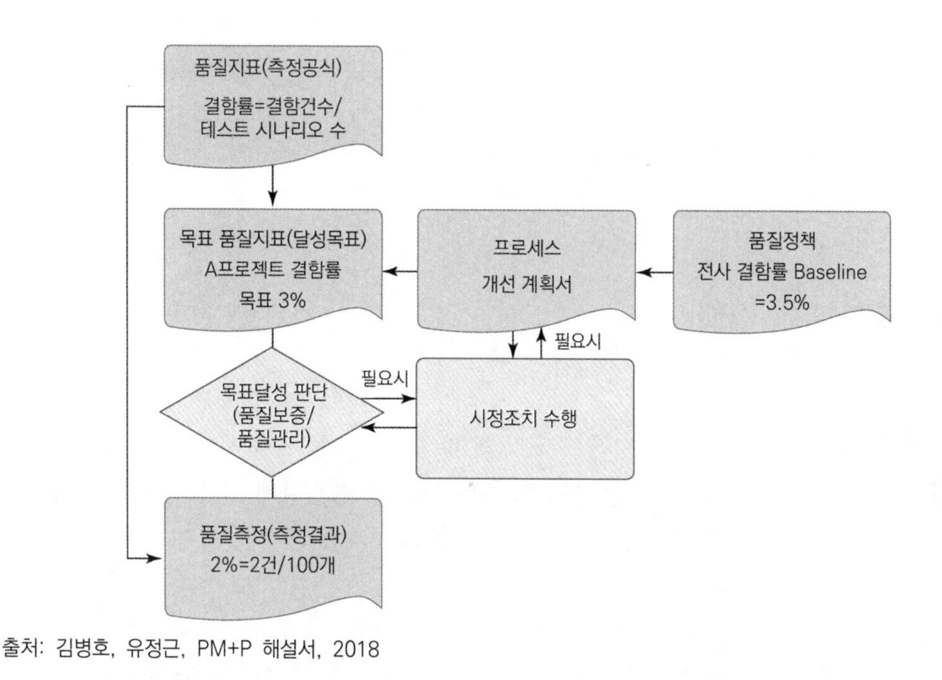

출처: 김병호, 유정근, PM+P 해설서, 2018

[그림 10-4] 예제를 통해서 살펴본 프로세스 개선 계획서와 목표 품질지표와의 상관성

4) 품질점검목록

주요한 통제항목에 대해서는 품질점검목록을 품질관리 계획에 포함한다. 점검목록은 주로 어떤 품목에 대해 필요한 품질관련 사항이 제대로 점검되었는지를 검증하는 데 사용한다. 점검목록에 일반적으로 사용되는 문구는 명령형(이것을 하라!), 의문형(이것을 했는가?) 또는 확인형(수행된 행동에 모순이 없는가?) 등이다. <표 10-3>은 품질 점검 목록의 예이다.

〈표 10-3〉 품질 점검목록의 예

점검항목	YES	NO	N/A
1) 도면이 기술사양에 부합하는가?	V		
2) 설계계산 결과가 제대로 설계입력(design input)으로 사용되었는가?		V	
3) 설계정보(design information)가 검증(verify)되었는가?			V

5) 다른 프로세스의 입력물

품질관리 프로세스는 각기 다른 프로세스들이 상호작용을 하고 있다. 따라서 다른 프로세스의 입력물로 사용될 경우에는 설명을 구체적이며 명확하게 표현되어야 한다.

10.2 품질보증 수행

프로젝트 품질보증 수행은 프로젝트가 고객의 요구사항을 충족시키기 위한 모든 활동이다. 품질표준을 달성하기 위한 활동이라는 관점이 품질통제 수행과 구분된다. 그리고 품질목표 달성을 결과로 입증하는 것이 아니라 과정을 통하여 보장하는 활동이 품질보증 수행의 핵심이다.

품질보증 활동은 프로젝트 제안서에서부터 제시되어야 한다. 제안서는 공급자가 수요자에게 프로젝트를 성공적으로 수행할 것이라는 확신을 제공하는 활동이다. 제안서에서 수요자에게 확신을 제공하는 핵심 요소는 무엇일까? 단순히 열심히 하겠다는 말로는 고객에게 확신이나 믿음을 주기는 힘들다. 이것은 프로젝트 참여조직과 인력, 설득력 있는 프로세스, 논리적인 접근과 좋은 방법을 제안할 때 가능하다. 그리고 과거의 실적과 프로젝트에 대한 높은 이해력 등에 초점을 두어 고객을 설득해야 할 것이다.

이와 같이 품질보증 수행은 프로젝트 제안서에서부터 최종 결과물까지 고객의 요구사항을 충족시키기 위한 일련의 프로세스이다. 이런 프로세스를 제대로 수행할 것을 보장하기 위해서는 다음 세 가지 사항을 실행해야 한다.

① 프로젝트 요구사항을 충족하는 데 필요한 프로세스를 정의한다.
② 그 프로세스를 수행하는 데 필요한 교육을 실시한다.
③ 프로세스 수행에 대한 평가를 실시한다.

특히 프로세스를 체계적으로 정의하는 일은 전문지식을 필요로 하기 때문에 모기업의 전사적 품질조직에서 수행하는 것이 일반적이다. 이렇게 전사적 품질조직에서 정의한 프로세스는 개별 프로젝트에서의 적용을 통하여 문제점을 보완하고 지속적으로 개선되어야 한다.

한편 품질통제 수행은 고객에게 만족스러운 제품을 제공하겠다는 확신을 주는 프로세스이다. 비록 품질보증 활동을 제대로 실행해도 해당 프로젝트 산출물의 품질이 적합함을 보장하지는 못한다. 따라서 품질통제 수행은 프로젝트 결과물이 목표를 달성했는지 평가하고 부적합 사항이 있을 경우 조치를 취하는 활동이다. 품질통제 수행 활동을 통하여 획득한 품질측정치들은 품질보증 활동에서 품질표준과 프로세스를 평가, 분석하는 데 활용된다. [그림 10-5]는 품질관리 계획과 품질보증 및 품질통제 수행 간의 관계를 도식적으로 보여주고 있다.

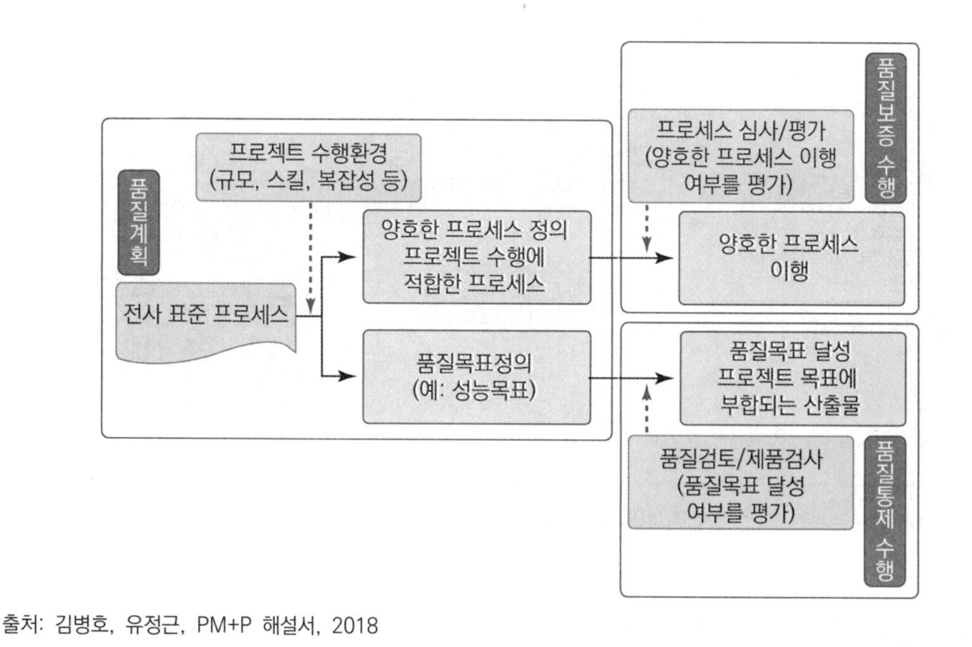

출처: 김병호, 유정근, PM+P 해설서, 2018

[그림 10-5] 품질보증 수행과 품질통제 수행의 관계

품질보증은 프로젝트에 적합한 프로세서를 제공하는 활동인 반면, 품질통제는 고객에게 만족스러운 제품을 제공하겠다는 확신을 주는 프로세스이다. 그러나 품질보증 활동을 제대로 실행하여도 해당 프로젝트의 산출물의 품질이 적합함을 보장하지는 못한다. 따라서 품질통제는 프로젝트 결과물이 목표를 달성하였는지 평가하고 부적합 사항이 있을 경우 조치를 취하는 활동이다.

이상의 내용을 종합하여 볼 때 품질보증 활동이란 검증된 프로세스 참조 모델(reference model)에 근거하여 수립한 각 조직의 전사 표준 프로세서를 해당 프로젝트 상황에 맞게 수정하여 체계적으로 적응하는 활동으로 정의할 수 있다. 따라서 품질보증활동은 프로세스 개선 체계와 유사하다.

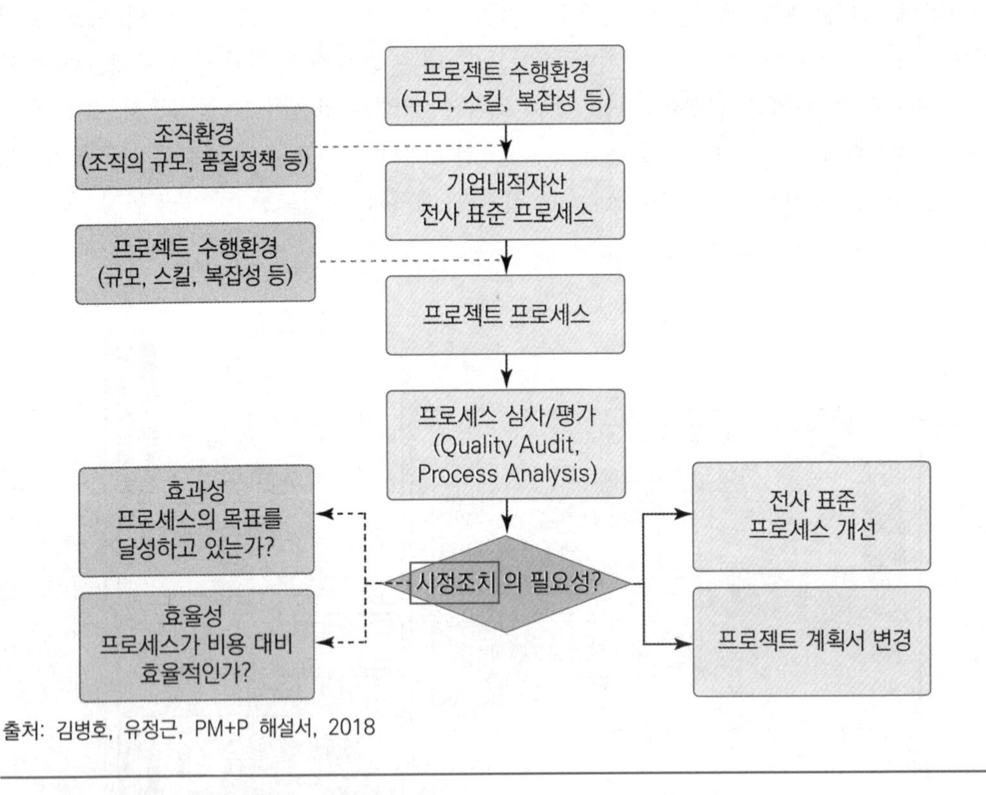

출처: 김병호, 유정근, PM+P 해설서, 2018

그림 10-6 프로세스 개선 관점에서의 품질보증 수행

품질보증 활동의 대표적인 수단은 프로세스 심사와 프로세스 분석이다. 프로젝트에 필요한 프로세스를 적용할 것임을 계획적, 체계적으로 보장하는 수단은 프로세스 심사와 프로세스 분석이다.

품질보증 활동은 전사 부서에서 모든 프로젝트에 걸쳐 적용하여야 한다. 품질보증활동은 지속적, 전문적으로 수행해야 하기 때문에 특정 프로젝트의 팀원만으로는 구현하기 힘들며, 전문부서의 지원이 필요하다. 또한 프로젝트가 전사표준 프로세스에 기초해서 프로세스를 정의하고, 이렇게 개별 프로젝트의 적용을 통해서 다시 전사 표준 프로세스를 개선해 나가는 사이클을 작동하기 위해서는, 품질보증 활동을 제대로 적용하는지 모니터링하는 전문 부서가 조직 내에 있어야 한다.

품질심사의 목적은 비효율적이고 비효과적인 정책, 프로세스, 절차를 식별하는 것이다. 품질심사는 전사나 프로젝트 차원에서 정의한 정책, 프로세스, 절차에 대한 준수여부를 확인하기 위한 체계적이고 독립적인 관찰(review) 활동이다. 이러한 관찰을 통해 효과가 없거나 비효율적인 요소를 찾고 이를 시정함으로써, 품질비용을 줄이고 고객만족도를 높인다. 품질심사는 내부 심사원이 할 수도 있고 외부 감리로 수행할 수도 있다.

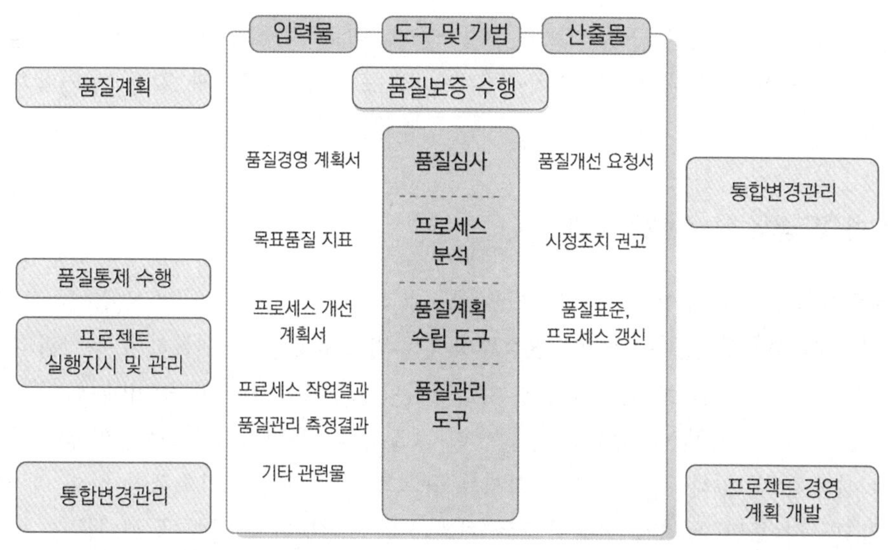

출처: 김병호, 유정근, PM+P 해설서, 2018

그림 [10-7] 프로젝트 품질보증 수행의 주요 활동과 다른 지식영역과의 관계

10.2.1 입력물

1) 품질관리 계획서

10.1절에서 설명한 품질관리 계획서를 말한다. 품질관리 계획서에는 프로젝트 내에서 이루어지는 품질보증 활동을 포함하고 있어야 한다.

2) 목표 품질지표와 프로세스 개선 계획서

10.1절에서 설명한 목표 품질지표와 프로세스 개선 계획서를 말한다.

3) 작업결과

기술적 성과, 측정결과, 프로젝트 인도물 상태, 필수 시정조치 및 성과보고서를 포함한다. 품질보증뿐만 아니라 감사, 품질 검토 및 프로세스 분석과 같은 영역에서도 사용된다.

4) 사양 변경요청서 및 수행된 결과

변경요청서에는 작업 방법, 제품 요구사항, 품질 요구사항, 범위 및 일정 등 프로젝트와 관련된 사양이 포함될 수 있다. 변경요청서는 반드시 승인되어야 하며 품질관리 계획, 목표품질 척도 또는 품질 점검목록에 미칠 모든 영향이 분석되어 있어야 한다. 승인된 변경들은 품질보증 활동에 중요한 항목이며 품질감사, 품질검토, 프로세스 분석과 같은 영역에 사용될 수 있다. 모든 변경요청서는 공식적으로 문서에 기록해야 한다. 문서화하지는 않고 구두로만 논의된 변경사항은 처리하거나 실행하지 않아야 한다.

5) 품질통제 측정결과

품질통제 측정결과는 수행 조직의 품질 표준 및 프로세스를 재평가하는 데 사용된다. 이에 대한 설명은 10.3.3절에 있다.

6) 수행된 시정조치

승인된 시정조치로서 이미 수행된 조치결과를 말한다.

7) 수행된 예방조치

승인된 예방조치로서 이미 수행된 조치결과를 말한다.

8) 수행된 결함조치

승인된 예방조치로서 이미 수행된 조치결과를 말한다.

10.2.2 기법 및 활동

1) 품질관리 계획의 도구와 기법

프로세스 품질관리 계획에 사용하였던 도구 및 기법인 수익비용 분석, 벤치마킹, 흐름도, 실험계획법 등이 품질보증 활동에도 사용될 수 있다.

2) 품질감사(quality audits)

품질감사는 체계적이고 독립적인 심사를 통하여 프로젝트 활동이 모기업과 프로젝트의 품질기본방침과 프로세스 및 절차(procedure)들을 준수하는지 여부를 검토하는 것이다. 품질감사의 주된 목표는 프로젝트에 적용 중인 방침과 활동, 프로세스, 절차들 중에서 비효율적이고 비효과적인 것을 식별해 내는 것이다. 품질감사는 계획된 일정에 따라 정기적으로 수행하거나 필요한 경우 수시로 수행하며, 적절한 교육을 받은 내부 감사원(auditor)이나 외부의 전문 감사기관을 통해 실시할 수 있다.

3) 프로세스 분석

조직적이고 기술적 관점에서 필요한 개선사항을 식별하기 위한 절차로 프로젝트 프로세스 단계에 따라 활동상황을 평가하고 분석한다. 프로세스 진행 과정에서 발생한 문제점, 제약사항, 비부가가치 활동들을 조사하는 것도 프로세스 분석에 속한다.
특수한 분석 기법인 '근본 원인분석(root cause analysis)'도 여기에 포함된다.

(1) 근본 원인분석

문제와 상황을 분석하고 그 결과를 초래하는 기본적인 원인을 판별하며 비슷한 문제에 대한 예방조치를 마련하는 기법

4) 품질통제 도구 및 기법

품질보증 활동 프로세스에서는 품질통제 수행에서 사용되는 도구와 기법도 사용된다. 10.3절에서 자세히 설명된다.

- 친화도: 문제에 대해 사고의 구조적 패턴을 형성하기 위해 연결할 수 있는 아이디어를 창출하는 데 사용된다는 점에서 친화도는 마인드매핑 기법과 유사하다.
- 프로세스결정 프로그램 차트(PDPC): 목표에 도달하기 위한 일련의 단계와 관계 속에서 목표를 이해하기 위해 사용된다. 프로젝트 팀이 목표 달성에서 벗어날 수 있는 중간 단계를 예측하는 데 도움이 된다는 점에서 PDPC는 우발사태 계획수립 방법으로 유용하다.
- 연관관계도: 관계도의 한 가지 형태이다. 연관관계도는 최대 50가지 관련 항목들에 대한 논리적 관계가 얽혀 적당히 복잡한 상황에서 창의적 문제해결 프로세스를 제공한다.
- 계통도: 작업분류체계(WBS), 리스크분류체계(RBS), 조직분류체계(OBS) 등의 계층구조 분류체계를 표시하는 데 계통도를 사용할 수 있다. 프로젝트관리에서 계통도는 일련의 체계적 규칙을 이용하여 중첩관계를 정의하는 계층구조에서 상하관계를 도식으로 제시하는 데 유용하다. 수평구조(예 리스크분류체계) 또는 수직구조(예 팀분류체계 또는 OBS)로 계통도를 작성할 수 있다.
- 우선순위 매트릭스: 실행을 위한 일련의 결정사항들로 우선순위를 지정할 주요 이슈와 적절한 대안을 식별한다. 대안의 순위를 매기는 수치를 산출하기 위해 가능한 모든 대안에 기준을 적용하기에 앞서 기준에 우선순위와 가중치를 적용한다.
- 활동네트워크도: 화살표기도에서 이름이 바뀐 활동네트워크도에는 화살표기활동(AOA: Activity-On-Arrow)과 네트워크도에 가장 흔히 사용되는 노드표기활동(AON: Activity-On-Node)이 모두 포함된다. 활동네트워크도는 프로그램평가 및 검토기법(PERT), 주 공정법(CPM), 선후행도형법(PDM) 등과 같은 프로젝트 일정수립 방법과 함께 사용된다.
- 매트릭스도: 매트릭스로 생성된 조직구조 내에서 데이터분석을 수행하는 데 사용되

는 품질관리 및 통제도구로 매트릭스를 형성하는 행과 열 사이에 존재하는 다양한 요인, 원인 및 목표들 간 관계의 강도를 보여주는 데 사용된다.

10.2.3 산출물

1) 품질개선요청서

품질개선요청서에는 수행 조직의 방침, 프로세스 및 절차의 효율과 효과를 올리기 위한 조치가 포함된다. 이 요청서는 모든 프로젝트의 이해관계자들에게 이익이 되도록 작성되어야 한다. 필요하면 프로젝트를 요청한 수요자의 동의를 구하여야 한다.

2) 시정조치 권고

수행 조직의 효율과 효과를 증대할 수 있는 시정조치를 권고하는 것을 말한다. 시정조치란 품질보증 활동의 결과로 즉각적으로 권고되는 조치이다. 시정조치 권고는 품질개선요청서에 포함될 수도 있다.

3) 갱신된 품질표준

당초 계획하였던 품질표준은 품질보증 활동을 통하여 갱신될 수 있다. 갱신된 품질표준은 수행 조직의 품질표준과 프로세스의 효율 및 효과가 요구사항을 충족하는 수준임을 확증하는 것이다. 갱신된 품질표준은 품질통제 수행 프로세스에도 사용된다.

4) 갱신된 프로세스관리 계획

프로세스관리 계획은 품질보증 활동을 통하여 갱신될 수 있다. 여기에는 이미 수행된 프로세스와 향후 수행될 프로세스 그리고 품질보증 활동을 통하여 개선할 프로세스를 모두 포함한다. 프로세스관리 계획에 대한 변경요청(추가, 변경, 삭제) 및 부차적인 계획도 검토되어 처리된다.

10.3 품질통제 수행

10.1절과 10.2절에서 품질보증과 관련하여 품질통제의 기본개념상 차이점은 이미 설명하였다. 다시 정리하면 프로젝트 품질통제는 프로젝트의 결과(result)를 지속적으로 감시(monitoring)하여 관련 품질기준에 부합하는지를 판단하고 불만족스런 사항이 있으면 이의 원인을 제거하기 위한 방법을 규명하는 것이다.

10.1절에서는 프로젝트 품질관리는 프로젝트의 관리자체에 대한 품질만이 아니라 그 프로젝트에서 생산하는 성과물(product)의 품질도 함께 고려해야 한다는 점을 강조하였다. 여기서 말하는 프로젝트 결과는 같은 맥락에서 프로젝트에서 만들어내는 제품이나 서비스와 같은 성과물에 대한 결과(product results)와 원가나 일정과 같이 프로젝트관리 자체와 관련된 관리결과(management results)를 포함한다.

품질보증 활동과 마찬가지로 품질통제 수행을 위해서는 앞서 설명한 품질관리 계획서, 품질지표, 점검목록, 기타 모기업의 품질통제 관련 자료 등을 활용한다. 또한 프로젝트에서 수행한 작업의 성과에 대한 정보도 품질통제를 위해 필수적이다. 작업성과정보(work performance information)에는 기술적 성과의 측정치, 작업진도, 시정조치현황 등이 포함된다. 품질통제는 일반적으로 품질통제 부서 또는 비슷한 이름의 조직에 의해 대부분 수행되지만 그렇지 않을 수도 있다.

대표적인 품질통제 활동은 검사(inspection)와 공정관리(process control)이며, 통계적 품질통제(SQC) 기법을 많이 활용한다. 따라서 품질관리를 담당하는 팀은 품질관리 결과물을 평가하는 데 도움을 주는 통계적 품질관리에 대한 업무지식을 갖고 있어야 하며, 특히 통계표본추출(statistical sampling), 통계적 공정관리(SPC), 그리고 확률분포 이론 등을 잘 알고 있어야 한다. 또한 품질관리 팀은 통제를 위한 도구의 원리, 사용법 등을 숙지해야 한다. <표 10-5>에 대한 자세한 설명은 10.3.2절에 있다.

〈표 10-4〉 품질보증과 품질통제의 차이

항목	품질보증	품질통제
키워드	To Ensure	Eliminate Nonconformance
입력물(차이점)	QC의 산출물, 프로세스 변경 결과물 (Implemented*)	체크리스트, 산출물
핵심 산출물	프로세스 개선	검증된 오류수정
핵심 도구	품질 심사	검사

출처: 김병호, 유정근, PM+P 해설서, 2018

〈표 10-5〉 품질관리의 주요 도구와 기법

구분	도구와 기법	설명
부적합 식별 및 수정	관리도	프로세스가 예측할 수 있고 안정적인지를 판단
	검사	산출물이 표준에 부합하는지 여부를 평가
	런 차트	시간의 흐름에 따른 프로세스 및 성과의 추이분석
	결함수정검토 (defect repair review)	프로젝트와 독립적인 제3의 부서에서 식별된 결함을 정확하게 수정하는지 평가
부적합 유형분류 및 우선순위 결정	히스토그램	특정 변수의 빈도수를 그래프로 표현
	파레토 차트	결함 원인을 빈도수 순서대로 히스토그램의 형태로 표현하여 효과가 큰 것부터 수정
	특성요인도/인과관계도	주요 원인에 대한 다양한 변수들의 관계를 생선뼈 모양으로 체계적으로 표현
원인분석	흐름도	문제의 발생경과를 프로세스의 흐름으로 표현
	산점도	두 변수의 상관관계를 X, Y축으로 표현하여 독립변수 및 종속변수를 추정
기타	통계적 표본추출	품질통제활동 비용을 최소화할 수 있는 모집단에서의 샘플 추출 방법

출처: 김병호, 유정근, PM+P 해설서, 2018

주요 입력물	프로세스 선후관계	주요 산출물
품질계획서 목표 품질지표 진척데이터 체크리스트 프로세스 수행결과물	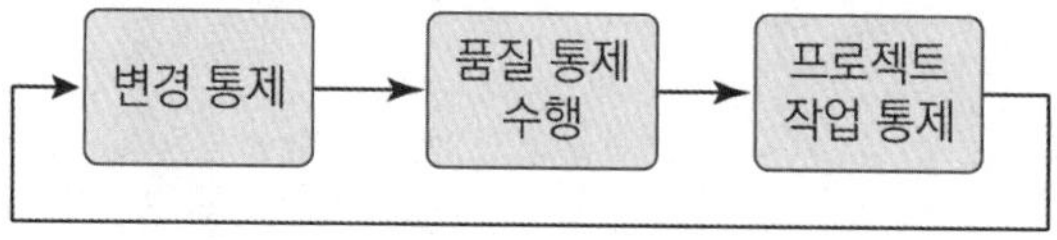 변경 통제 → 품질 통제 수행 → 프로젝트 작업 통제 → 변경 통제	품질 통제 측정결과 검증된 인도물 검수보고서 변경요청 시정조치

[그림 10-8] 프로젝트 품질 통제 수행의 업무흐름

10.3.1 입력물

1) 품질관리 계획서

10.1절에서 설명한 품질관리 계획서를 말한다. 품질관리 계획서에는 프로젝트 내에서 이루어지는 품질통제 내용을 포함하고 있어야 한다.

2) 목표 품질지표와 프로세스 개선 계획서

10.1절에서 설명한 목표 품질지표와 프로세스개선 계획서를 말한다.

3) 진척데이터

진척데이터는 프로세스 결과와 생산 결과 모두를 포함한다. 작업결과에 관한 정보뿐만 아니라 작업 계획 또는 예상 결과에 대한 정보도 함께 활용되어야 한다. 이 작업결과는 품질통제 수행뿐만 아니라 품질보증 활동, 품질검토 및 프로세스 분석과 같은 영역에서도 사용된다.

4) 체크리스트

10.1절의 체크리스트를 참조한다.

5) 프로세스 수행정보 및 결과물

프로젝트를 진행하는 과정에서 나타나는 유, 무형의 결과물을 말한다. 수행 프로세스 및 절차에서부터 프로세스 결과, 결과 정보저장과 검색 방법을 포함한 통합 지식기반을 포함한다.

10.3.2 기법 및 활동

1) 특성요인도/인과관계도

1943년 일본 동경대의 Ishikawa 교수가 고안한 인과관계도는 어떤 문제를 다양한 원인과 결과 사이의 관계로 파악해 분석하는 생선뼈 형태로 표현한 그래프이다. 인과관계도는 특성요인도, 어골도(fishbone diagram) 또는 Ishikawa 도표라고도 한다. 일반적으로 측정되는 결과는 길이, 무게, 불량률 등 품질의 특성이며 원인은 그러한 결과를 일으키는 작업자 등과 같은 근본적인 조건이나 자극 등이다. 어떤 결과(또는 문제)의 원인에 대한 체계적이고 시각적인 이해를 돕는다. [그림 10-9]는 인과관계도의 한 예이다.

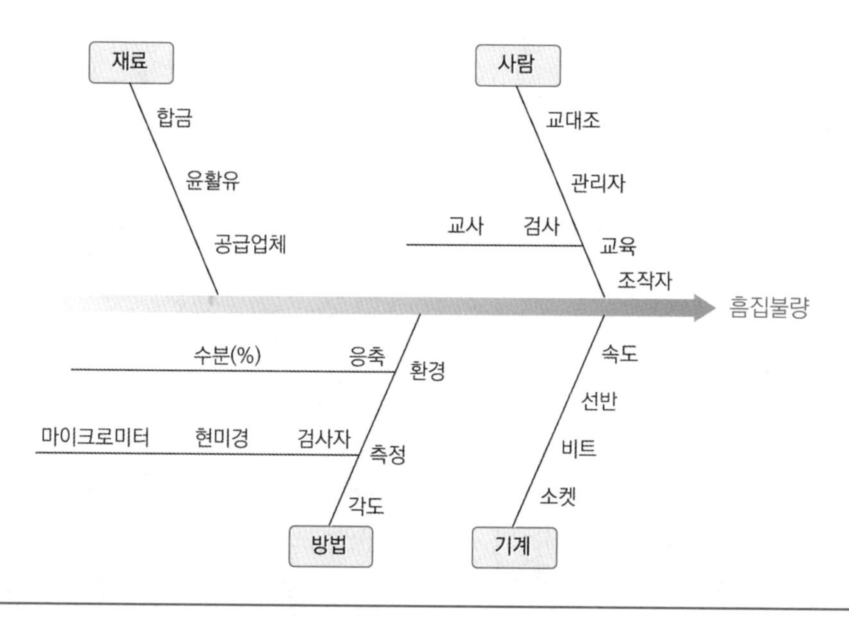

[그림 10-9] 흠집불량에 대한 특성요인도

2) 관리도

관리도는 프로세스가 안정적인지를 시간대별로 표현한 그래프이다. 관리도는 프로세스가 통제하에 있는가의 여부를 결정하기 위해 사용된다. 예를 들면, 확률변수에 의해 만들어진 결과에 차이점이 있는가와 함께 그 원인이 규정되고 수정되어야만 하는 특이한 결과가 발생하는가를 파악한다. 프로세스가 통제하에 있다면, 개선하기 위해서 프

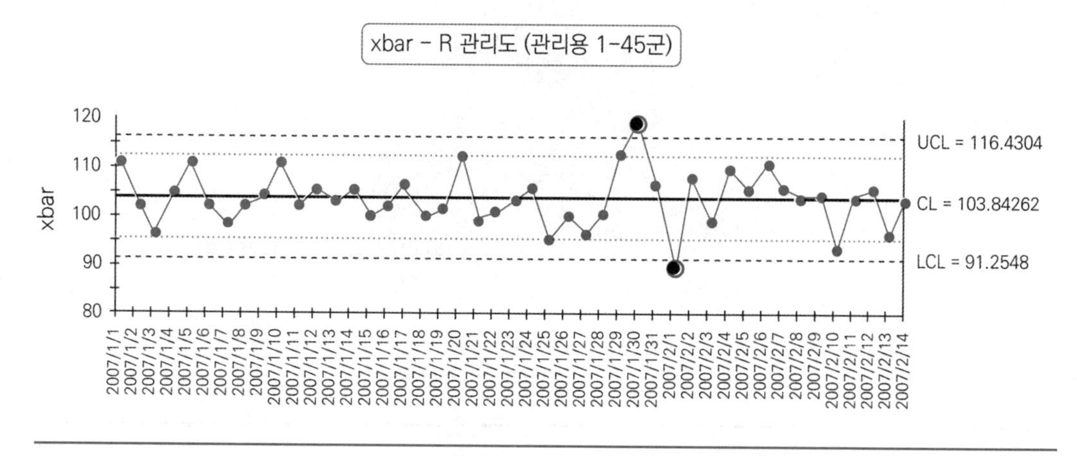

[그림 10-10] 프로젝트관리도의 예(eZ SPC 2.0)

로세스가 변경될 수도 있지만 그 프로세스는 조정되지 않아야 한다.

제조 로트와 같은 반복적인 생산물의 양호 상태를 추적하는 데 가장 많이 사용되기는 한다. 그렇지만 프로젝트 프로세스가 통제하에 있는지의 여부를 결정하는 데 도움을 주도록 비용과 일정의 변동, 범위변경의 규모와 빈도, 프로젝트 문서의 오류, 또는 다른 관리결과 등을 관찰하는 데도 사용될 수도 있다. [그림 10-10]은 프로젝트 일정 수행에 대한 관리도이다.

3) 흐름도

흐름도는 시스템의 요소들이 어떻게 관련되어 있는가를 보여준다. 즉 프로세스를 구성하는 요소를 파악하고 각 요소들 간에 존재하는 상호관계와 상호작용을 비교 분석하는 도표이다. 흐름도는 프로세스의 흐름을 시각적으로 보여줌으로써 품질 문제가 어디서, 어떻게 발생할 것인지를 예측하는 데 도움이 된다. 또 이들 품질 문제를 해결하는 방법의 개발에도 도움이 된다. 일반적으로 프로세스의 흐름을 표시하기 위하여 표준화된 기호를 사용한다. 예를 들면 원은 흐름도의 시작과 끝을, 다이아몬드는 의사결정의 분기점을 나타낸다.

4) 히스토그램

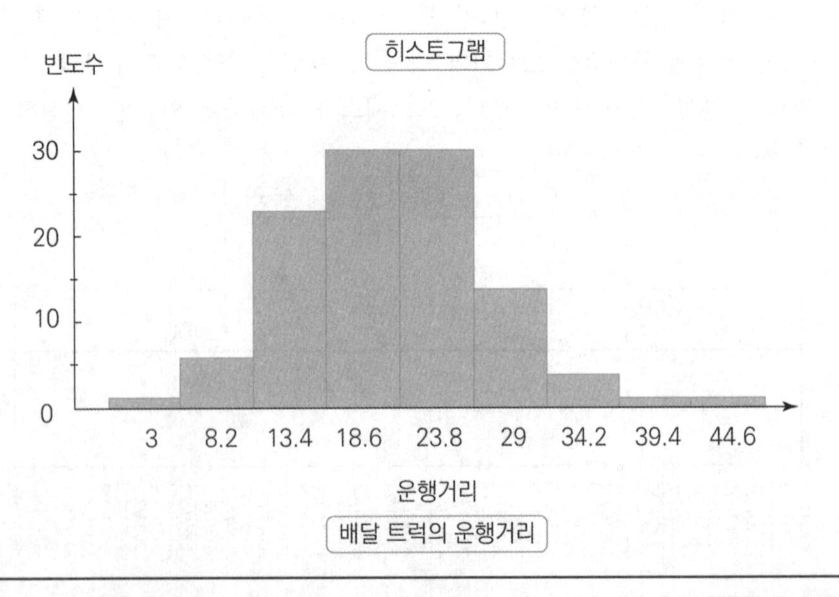

[그림 10-11] 히스토그램의 예(eZ SPC 2.0)

히스토그램은 연속척도로 측정된 품질속성 관련 자료를 미리 규정한 구간이나 항목에 의해 그래프 형태로 요약해 주며 데이터의 개략적인 분포의 모양을 나타낸다. 자료가 연속이므로 구간의 수를 지정함에 따라 히스토그램의 모양이 달라진다. 도수분포도(frequency distribution graph)라고도 한다. [그림 10-11]은 히스토그램의 한 예이다.

5) 파레토도

파레토도는 알려진 원인의 유형을 발생 빈도수에 따라 히스토그램의 형태로 정리한 그래프로써, 규명된 원인의 유형 또는 범주에 의해 얼마만한 결과가 발생되었는지를 보여준다. 정렬순서는 시정조치의 지침으로 사용된다. 즉 모든 품질문제를 한꺼번에 개선하기 어려우므로 프로젝트 팀은 우선 가장 큰 결점의 원인이 되는 문제들을 우선적으로 해결하기 위한 조치를 취해야 한다.

파레토도는 이탈리아의 경제학자이자 철학자인 Vilfredo Pareto의 이름을 따서 Juran이 부친 명칭으로서 개념적으로 파레토의 법칙과 관련된다. 파레토의 법칙은 상대적으로 적은 수의 원인이 일반적으로 대다수의 문제나 결점들을 만들어낸다는 것(vital few and trivial many)으로서 Pareto는 이를 80:20의 법칙이라 하였다. 제한된 자원으로 최대의 효과를 얻는 품질관리 활동(예 결함 제거 또는 프로세스 개선)을 위해서 파레토도를 활용한다. [그림 10-12]는 파레토도의 예이다.

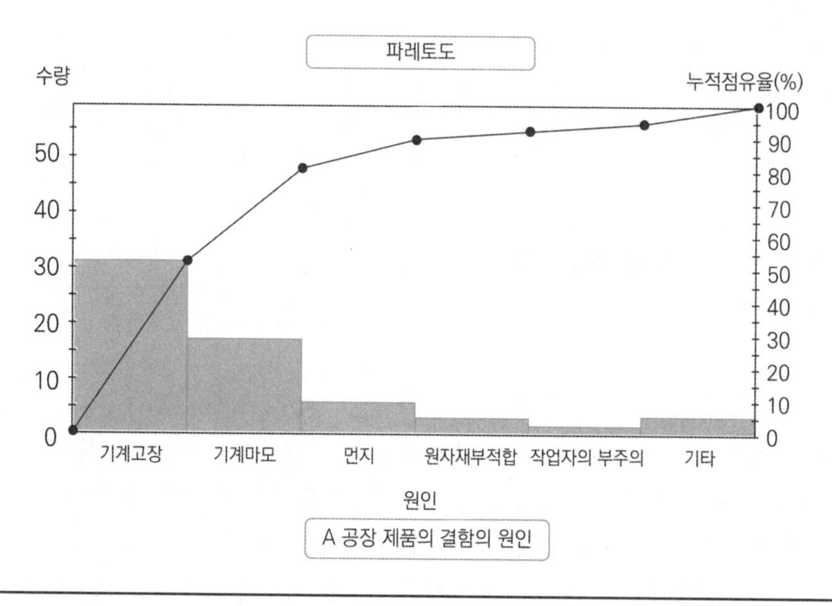

[그림 10-12] 제품의 원인에 대한 파레토 다이어그램의 예(eZ SPC 2.0)

6) 런차트

런차트는 시간의 경과에 따른 데이터 분포의 변화를 발생순서대로 시각적으로 나타내는 직선그래프이다. 의미 있는 경향, 주기, 변동의 정도, 평균치의 이동을 파악할 수 있으며 프로세스의 개선이 있는지 없는지, 또 결과에 긍정적으로 영향을 주는 경향이 있는지 없는지를 파악할 때 사용한다. 런차트는 추세분석(trend analysis)에도 사용할 수 있다. 런차트의 예는 [그림 10-13]과 같다.

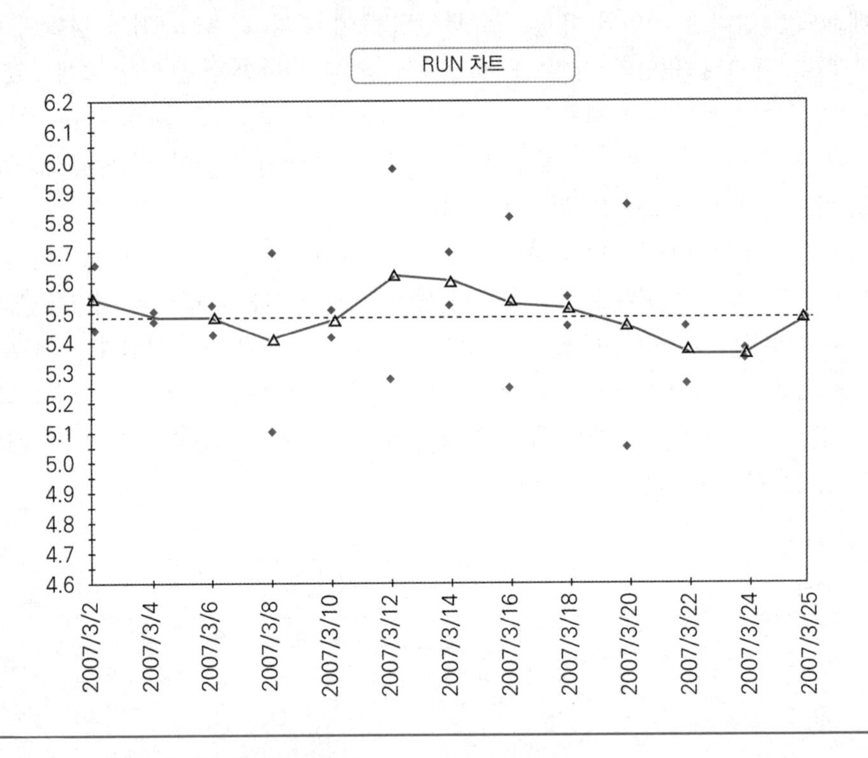

그림 10-13 런차트의 예(eZ SPC 2.0)

7) 산점도

산점도는 대응하는 두 종류의 데이터의 관계를 가로축과 세로축의 대응점에 타점하여 그림으로 나타낸 것으로서 XY도라고도 한다. 대응하는 두 종류의 데이터로서 '특성↔요인, 특성↔특성, 요인↔요인' 등의 관계가 있으나, 주로 '특성↔요인'의 관계가 활용되고 있다. 일반적으로 문제를 일으키는 요인을 X축에 표시하고, 품질 문제를 Y축에 표시한다. 두 데이터 간에는 양(+)의 상관관계, 음(-)의 상관관계, 또는 무관계가 존재한다. [그림 10-14]를 참조하기 바란다.

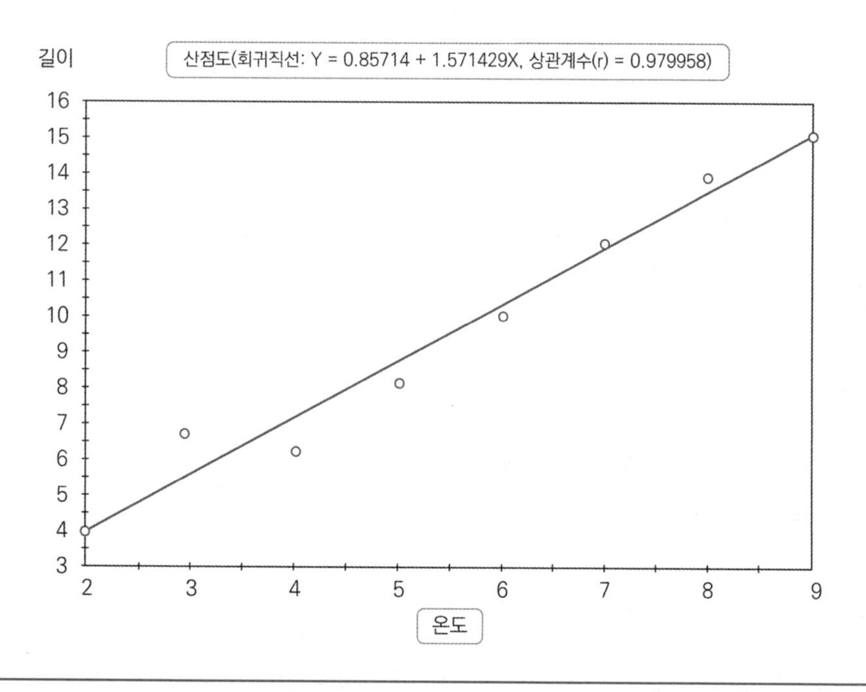

[그림 10-14] 산점도의 예(eZ SPC 2.0)

8) 통계적 표본추출

통계적 표본추출(statistical sampling)은 검사에 있어서 모집단의 일부를 선정하는 것을 포함한다(예 75개의 엔지니어링 도면으로부터 랜덤으로 10개를 추려내는 것). 적절한 샘플링은 종종 품질관리의 비용을 낮출 수 있다. 통계샘플링에는 상당한 지식체계가 필요하다. 어떤 응용 분야에서는 다양한 샘플링 기법에 대한 전문적인 지식이 요구된다. 제품의 합격·불합격 여부를 판정하는 데 사용하는 데이터의 유형에 따라 합격·불합격 판정 방법이 달라진다는 점에 유의한다.

9) 검사

검사는 결과가 요구조건들을 따르는지를 결정하기 위한 측정, 시험, 실험과 같은 활동을 포함한다. 검사는 어떤 프로세스 단계에서도 이루어질 수 있다. 예를 들면, 단일 프로세스의 결과가 검사될 수도 있고, 여러 프로세스가 결합된 프로젝트의 최종생산물이 검사될 수도 있다. 검사는 검토(reviews), 생산검토(product reviews), 감사(audits), walk-through 등과 같이 다양한 이름으로 불린다. 어떤 응용 분야에서는 이들 용어는 협의의 특별한 의미를 가진다.

(1) walk-through

사용자, 개발자, 그리고 인간공학 전문가가 모여서 사용 편의성에 관한 여러 가지 쟁점을 논의하여 평가하는 방법

10) 결함수정 검토

결함수정 검토(defect repair review)는 제품결함이 수정되어 요구사항 또는 명세서와 부합됨을 보장하기 위해 취해지는 행동이다.

11) 추세분석

추세분석(trend analysis)은 역사적 결과에 기반하여 미래 결과물을 예측하는 수학적 기법을 사용하는 것이다. 추세분석은 종종 다음을 관찰(monitor)하기 위해 사용된다.

(1) 기술적 수행(technical performance)

얼마나 많은 오류나 결점들이 규명되었고, 얼마나 많은 것들이 수정되지 않은 채로 남아 있는가를 관찰한다.

(2) 비용과 일정 수행(cost and schedule performance)

단위기간당 얼마나 많은 활동들이 주요한 변수를 지닌 채 완수되었는가를 관찰한다.

10.3.3 산출물

다양한 도구를 사용하여 품질특성을 측정하고 그 결과를 바탕으로 체계적인 조치를 취하게 된다. 이 모든 품질통제 수행은 품질관리 계획 내지 품질보증 요건 등에 명시된다. 다음은 관리활동에 따른 주요한 조치들이다.

1) 품질통제 측정결과 및 품질추세 분석

품질통제 측정치는 품질통제 활동의 결과물로서 수행조직의 표준 또는 지정된 요구사항 대비 프로젝트 프로세스의 품질을 분석하고 평가하는 데 사용된다.

추세분석은 과거의 실적자료를 바탕으로 기반하여 수학적 기법을 사용하여 미래의 결과를 예측하는 것이다. 이 추세분석은 품질통제에서 기술적 성과(technical performance)와 비용 및 일정성과(cost and schedule performance)를 감시하고 분석하기 위해 사용한다. 기술적 성과란 얼마나 많은 오류(error)나 결점(defect)들이 규명되었고, 그중에서 얼마나 많은 것들이 수정되지 않은 채로 남아 있는가를 관찰한다. 비용 및 일정성과는 단위기간당 얼마나 많은 활동들이 심각한 변동(variance)을 지닌 채 완료되었는가를 관찰한다. 추세분석 결과는 품질통제와 품질보증 활동에 주요한 정보를 제공한다.

2) 검증된 인도물

품질관리의 목표는 산출물의 품질상태를 결정하는 것이다. 즉, 검사된 항목들이 품질 만족을 달성하는지 달성하지 못하는지를 결정한다. 품질만족이 확인 결과물에 대해서는 인증을 하게 되며, 불합격한 항목들은 재작업이 필요하다.

좀 더 구체적으로 살펴보면, 품질통제 측정의 결과가 미리 수립된 기준 또는 변수를 초과하였으면 품질통제 부서에서는 이에 대한 시정조치(corrective action)를 프로젝트수행 팀에게 요구한다. 아직 초과하지는 않았지만 초과할 징후가 감지될 경우에는 예방조치(preventive action)를 취할 것을 권고하기도 한다.

품질통제 부서는 또한 결함(defect)을 식별하고 이 결함에 대한 적절한 조치를 취할 것을 프로젝트 수행 팀에게 권고한다. 결함은 구성요소가 요구사항 또는 사양 명세서를 충족하지 못하여 수리(repair)하거나 교체(replace)해야 하는 부분이다. 프로젝트 팀은 수리를 필요로 하는 결함의 원인인 오류를 최소화하기 위한 모든 합리적인 노력을 해야 한다. 수리된 항목은 재검사하여 합격 여부를 결정한다. 만약 재검사에도 불합격되면 재차 수리해야 한다.

품질관리의 목표는 산출물의 품질상태를 결정하는 것이다. 즉, 검사된 항목들이 품질 만족을 달성하는지 달성하지 못하는지를 결정한다. 품질만족이 확인 결과물에 대해서는 인증을 하게 되며, 거절된 항목들은 재작업을 필요로 한다.

3) 프로젝트관리 계획 변경

프로젝트관리 계획은 품질 통제 프로세스 수행 중에 발생한 품질관리 계획의 수정사항 반영을 위해 갱신된다. 프로젝트관리 계획 및 그 보조 계획들에 대한 요청된 변경(추가, 수정 또는 삭제)은 통합 변경 통제 프로세스에 따라 검토되고 조치된다.

4) 확증된 결함수정서

수정된 항목은 재검사되고 공지 여부의 결정 전에 수용되거나 반려될 것이다. 반려된 항목은 추후 결함 수정이 요구될 수 있다.

5) 품질기준선

품질관리 프로세스 활동으로 품질기준선이 수정 갱신된다.

6) 권고 시정조치요구서

시정조치요구서는 생산 또는 개발 프로세스가 수립된 매개 변수를 초과했음을 지시하는 품질관리 측정의 결과로써 취해지는 행위를 포함한다.

7) 권고 예방조치요구서

예방 활동요구서는 품질관리 측정을 통해 징후가 나타났을 수도 있는 생산 또는 개발 프로세스에서 수립된 변수를 초과하게 될 상태에 앞서 취해지는 행위를 포함한다.

8) 권고 변경요구서

권고된 시정조치 또는 예방 활동이 프로젝트에 대한 변경을 필요로 한다면 변경요청서는 통합 변경 통제 프로세스에 정의된 사항에 따라 초기화되어야 한다.

9) 권고 결함수정요구서

결함은 구성요소가 그 요구사항 또는 명세서에 충족되지 못하여 수정되거나 교체되어야 하는 부분이다. 결함은 품질관리 부서 또는 유사 조직에 의해 발견되고 수정이 권고된다. 프로젝트 팀은 결함 수정을 필요로 하는 원인인 오류를 최소화하기 위한 모든 합리적인 노력을 해야 한다. 결함 로그는 권고된 수정을 수집하는 데 사용될 수 있다. 이러한 수집은 종종 자동화된 문제 추적시스템에서 이행된다.

10) 조직 프로세스 자산의 갱신

(1) 완결된 일람표(completed checklists)

일람표가 사용된 경우 완결된 일람표는 프로젝트 기록의 일부가 되어야 한다.

(2) 교훈 문서화(lessons learned documentation)

편차의 원인, 시정조치 활동 선정의 뒷배경 및 품질통제로부터의 다른 유형의 교훈은 문서화되어 해당 프로젝트 및 수행 조직의 이력 데이터베이스의 일부가 되어야 한다. 교훈은 프로젝트 전체 동안 문서화되지만 최소한 프로젝트를 종료하는 동안 문서화되어야 한다.

이 장의 요약

- 프로젝트 품질관리는 프로젝트가 요구하는 사항을 만족시키기 위해 필요한 프로세스를 포함한다.
- 품질의 방침, 목표, 책임과 수행 등을 결정하는 관리기능의 모든 행위를 포함하며, 이는 품질계획, 품질관리, 품질보증, 품질개선 등의 품질시스템을 통해 이루어진다.
- 요구사항(needs)은 기능적인 요구사항뿐만 아니라 납기나 원가와 같은 목표, 기술적인 성능 등 모두를 포함한다.
- 프로젝트 품질관리 계획은 프로젝트에 적합한 품질은 무엇인지를 정의하고, 규칙적으로 작용하기 위하여 품질 표준을 정하고, 그것을 어떻게 만족시킬 것인지 결정하는 것이다.
- 프로젝트 품질보증이란 프로젝트가 적합한 품질표준을 만족할 것이라는 확신을 주는 행위로서 품질시스템에서 이루어지는 계획되고 체계화된 활동을 말한다.
- 프로젝트 품질 통제는 프로젝트의 결과들이 관련 품질기준을 따르는지를 결정하기 위해 프로젝트 결과를 관찰하고 불만족스런 결과의 원인을 제거하기 위한 방법을 규명하는 것이다. 프로젝트 품질 통제는 프로젝트 수행과정 동안 항상 수행되어야 한다.

10장 연습문제

1. 다음 용어를 설명하시오.

    1) 비용-편익 분석
    2) 파레토도
    3) 친화도
    4) 감사
    5) PDCA 사이클

2. 다음 제시된 문제를 설명하시오.

    1) 품질관리 계획 수립의 도구와 기법에는 어떤 것들이 있는가?
    2) 품질관리와 품질통제 프로세스의 차이점을 설명하시오.
    3) 품질계획에 관한 품질관리자(기능관리자)의 역할과 프로젝트 책임자의 역할의 차이는 무엇인가?

3. 다음 객관식의 문제에 대해 올바른 답을 제시하시오.

    1) 80:20 규칙을 근거로 품질을 향상시키기 위해 사용하는 품질관리 도구는?
        ① 특성요인도
        ② 산점도
        ③ 파레토도
        ④ 히스토그램

    2) 품질 문제의 잠재적 원인을 파악하기 위해 사용하는 품질관리 기법은?
        ① 관리도
        ② 히스토그램
        ③ 체크시트
        ④ 특성요인도

3) 프로세스가 제대로 실행되고 있는지 확인하기 위해 감사를 실시하고 있다면 어떤 프로세스에 있는가?

① 품질관리 계획수립

② 품질관리

③ 품질보증

④ 품질통제

4) 품질에 대한 정의로 적절한 것은?

① 고객이 옳다고 하는 것은 무엇이든지 품질이다.

② 품질은 제품이 의도된 목적에 사용될 수 있는 정도를 말한다.

③ 품질은 일련의 고유 특성이 요건을 충족하는 정도를 의미한다.

④ 품질은 제품의 특징 수이다.

5) 품질관리 지식영역의 세 가지 프로세스는 무엇인가?

① 품질관리, 품질보증, 품질관리 계획 수립

② 품질관리 계획 수립, 관리보증, 품질관리 수행

③ 품질관리, 품질결정, 품질관리 계획 수립

④ 품질관리 계획 수립, 품질관리, 품질통제

CHAPTER

11

조달관리

프로젝트관리학

조달관리란 프로젝트 팀 외부로부터 필요한 제품, 서비스 또는 결과를 구입하거나 획득하는 프로세스를 의미한다. 조달관리는 외부에서 구매하는 제품이나 작업의 서비스가 품질 기준을 준수하고, 경제적인 차원에서 원가를 절감하고 수용할 수 있는 리스크 수준 이내에서 조달될 수 있도록 조달 계획 프로세스, 외부 공급자를 평가 및 선정하여 계약하는 공급자 선정 프로세스, 그리고 선정된 공급자가 조달 계획에 따라 차질 없이 물품 및 서비스를 제공하고 조달 물품 및 서비스가 변경되는 경우 조달 계획을 변경하는 조달관리 프로세스로 구성된다. 또한 프로젝트 조달은 프로젝트의 접근 방안과 실행 구조 설계에 따라 조직의 조달 프로세스를 활용하고 필요시 본사의 구매 팀과 협력하고 프로젝트 조달 담당자 혹은 구매 담당자에 의해 실행한다. 프로젝트 조달관리는 계약, 구매 주문, 합의에 대한 메모, 혹은 서비스 수준 합의서와 같은 계약 체결 및 행정을 요구하는 관리 및 통제 프로세스들을 포함한다.

조달 계획 프로세스란 프로젝트의 자체 제작 혹은 구매 결정, 프로젝트 인도 방법, 계약 형태, 조달 프로세스 수립, 조달 조직 및 역할 정의, 조달 문서 작성, 조달 일정 등을 수립하는 것을 의미한다. 외부로부터 조달 비중이 큰 프로젝트인 경우 조달의 성공 여부가 프로젝트의 성공에 미치는 영향이 클 수 있으므로 조달 계획은 신중하게 프로젝트 추진 전략에 따라 수립한다. 조달의 성공 여부는 역량과 경험이 있는 외부 공급자의 선정에 달려 있다. 따라서 조달 계획에는 경쟁력이 있고 역량이 있는 외부 공급자를 평가하고 선정할 수 있는 객관적이고 공정한 평가 기준과 또한 역량이 있는 외부 공급자들이 관심을 갖고 입찰을 할 수 있도록 투명하고 구체적으로 조달 문서를 작성한다.

공급자 선정 프로세스란 조달 문서를 기반으로 외부 공급자들이 입찰 혹은 제안을 한 경우 경쟁력이 있고 역량이 있는 적절한 공급자를 선정하고 평가하여 계약을 체결하는 프로세스를 의미한다. 외부 공급자들을 공정하고 객관적으로 평가하고 선정하기 위해 투명하고 공정한 공급자 평가 및 선정 프로세스에 따라야 한다. 평가는 보통 기술과 가격 등 평가 기준에 따라 평가되어야 하며, 평가된 결과에 따라 우선 협상자를 선정하여 발표하고, 우선 협상자와 계약 조건, 가격 및 프로젝트 범위에 대해 구체적으로 협의하여 계약을 체결한다.

조달관리 프로세스란 선정된 외부 공급자와 체결된 계약에 따라 공급자는 계약 이행을 하고, 계약 이행에 대해 성과관리, 검수 및 대가 지급을 하고 필요한 클레임 처리 및 계약을 종료하는 절차를 의미한다. 이를 위해 조달 담당자 혹은 계약 행정 담당자는 계약 체결 후 계약 종료까지 계약 전 과정에 대해 계약 이행 상태를 모니터링하고 계약 인도물의 성과관리, 품질관리를 하며, 납품된 인도물에 대해 검수를 하고 필요한 대가를 지급한다. 혹시 발생하는 클레임 처리 및 계약 변경 등의 행정 조치를 하며, 최종 인도물이 인도되고 검수가 완료된 경우 계약을 종료한다.

11.1 조달관리 계획

조달관리 계획 프로세스는 잠재적인 공급자들을 식별 및 조달 방안을 구체화고, 프로젝트 조달 의사결정들을 문서화하는 프로세스이다.

조달관리 계획 프로세스의 목적은 프로젝트 외부에서 상품이나 서비스들의 획득 여부에 대한 의사결정을 하는 것이고, 만약 외부에서 획득을 하는 것으로 결정된 경우, 상품이나 서비스들에 대해 무엇을, 언제, 어떻게 획득할지에 대해 결정하는 것이다.

조달관리 계획 프로세스에서는 주로 조달범위, 조달물품 및 서비스 내역의 결정, 조달 전략 및 접근방안, 공급자 선정 절차 및 기준, 계약방식 및 계약조항 등에 대해 결정하여 문서화한다.

11.1.1 입력물

조달 계획 수립을 위해서 필요한 주요 정보 및 자료로는 프로젝트 헌장, 범위관리 계획, 품질관리 계획, 자원관리 계획 및 범위 기준선 등을 포함한 프로젝트관리 계획서, 요구사항 관련 문서, 자원 요구사항, 이해관계자 목록, 식별된 리스크, 조직 차원의 계약서 양식, 기존 프로젝트에서의 학습사항 등이 있다. 이런 입력물들을 활용하여 조달 계획 수립 프로세스에서는 주로 제작 혹은 조달 결정, 계약패키지의 결정, 계약 형태의 결정, 프로젝트 조달 전략 수립, 프로젝트 조달관리 계획 작성, 예상 공급자 목록 작성, 조달 작업명세서 작성, 공급자 선정 기준 작성 등의 활동을 한다.

1) 프로젝트 헌장

프로젝트 헌장에는 예산, 주요 마일스톤, 주요 이해관계자 목록 등 조달계획 수립에 필요한 중요 정보가 기술되어 있다.

2) 프로젝트관리 계획

조달계획을 수립하기 위해서는 범위관리 계획, 일정관리 계획, 원가관리 계획, 품질관리 계획, 자원관리 계획 및 범위 기준선 등을 포함한 프로젝트관리 계획 등의 프로젝트관리 계획 부속서가 필요하다.

3) 비즈니스 문서

(1) 비즈니스 케이스

조달전략과 비즈니스 케이스는 비즈니스 케이스에서 정의한 프로젝트 목적 및 목표 등을 달성하기 위해 밀접하게 연계되어야 한다.

(2) 편익관리 계획

편익관리 계획은 기대되는 프로젝트 편익과 프로젝트 편익이 언제 실현되는지를 나타내며, 이들 프로젝트 편익은 조달일정과 계약조항들로 달성될 수 있도록 추진된다.

4) 요구사항 문서

요구사항 관련 문서는 공급자로부터 원하는 물품내역 및 서비스를 획득하기 위해 필요하다.

5) 기업환경 요소

조달관리 계획에 영향을 미치는 기업환경 요인들은 다음과 같다.

(1) 시장 조건
(2) 시장에서 구입가능한 제품, 서비스 및 결과
(3) 공급자의 과거 성과 및 명성
(4) 특정 산업에서의 제품, 서비스, 결과를 위한 구입 조건
(5) 지역에서의 규제 및 시장 제약사항
(6) 조달관련 법 및 규제
(7) 계약관리시스템
(8) 회계 및 계약 대금 지불시스템

6) 조직 프로세스 자산

(1) 사전 승인된 공급자 명단
(2) 공식적인 조달 정책, 절차 및 가이드라인
(3) 계약 형태

11.1.2 기법 및 활동

1) 조달관리 계획 시 고려사항

조달관리 계획 시 필요한 전문지식은 다음과 같다.
(1) 조달 및 구매 지식
(2) 계약형태 및 계약문서 작성 지식
(3) 규제사항 이해 및 준수방안에 대한 지식

2) 자체 제작 혹은 조달 결정

프로젝트에서 자체 제작 혹은 외부 조달에 대한 결정은 프로젝트에서 필요한 물품 혹은 서비스를 어디에서 생산 혹은 수행할지를 결정하는 것이다. 즉, 물품이나 서비스를 프로젝트 내부에서 생산하거나 수행할 것인지 혹은 외부에서 구매할 것인지를 결정하는 것을 말한다. 가령, 프로젝트에서 직원 훈련, 인쇄 및 복사, 소프트웨어 개발 등 서비스를 외부에서 구매하는 것이 서비스 조달의 예이다. 프로젝트 수행업무를 자체 인력으로 수행하는 경우에는 프로젝트관리자가 팀원에게 업무 지시서 혹은 구두로 업무를 지시하면 팀원이 업무를 수행한다. 이러한 업무가 바로 자체 제작의 경우이다. 프로젝트 업무의 일부를 외부에서 조달하는 경우에는 통상 계약이나 구매주문서와 같은 법적 구속력이 있는 문서를 사용하여 외부 조직의 자원을 활용하여 프로젝트 업무를 수행하는 경우이다. 따라서 프로젝트의 업무수행은 자체 제작 부분과 외부 조달 부문으로 구성되어 있다고 할 수 있다. 외부 조달인 경우에도 해당 물품이나 서비스 등을 구입할 것인가 혹은 임대할 것인가에 대한 의사 결정이 필요할 수도 있다.

외부 조달 여부를 결정하는 경우에도 예산 혹은 인력 등의 제약 등 프로젝트 차원 및 모기업 차원에서의 장기 소요 전망이나 전략 등을 고려해야 한다.

프로젝트에서 외부 조달 시에는 <표 11-1>과 같이 물품과 서비스로 구분하여 고려한다.

〈표 11-1〉 외부 조달 시 주요 고려사항

구분	주요 고려사항
물품의 외부 조달 결정 시 고려사항	• 프로젝트 팀에서 해당 물품을 제조, 공급할 수 있는 능력 • 소요비용 및 소요시간 • 모기업의 생산목표, 시설 규모, 중장기 생산계획 등과의 관련성 • 기업 비밀
서비스의 외부 조달 결정 시 고려사항	• 신규 프로젝트가 필요로 하는 서비스를 프로젝트 팀에서 제공할 수 있는 능력 • 추가 인력 충원의 타당성 여부 • 자체 인력이 계약자보다 해당 업무를 더 잘 수행할 수 있는지 • 소요비용 및 소요시간 • 프로젝트 종료 후 투입된 자체 인력의 수요 및 활용방안 • 기업 비밀

출처: KPMA, 프로젝트관리지침서, 2020

3) 계약 패키지의 결정

프로젝트에서 계약 형태의 결정은 조달 대상에 따라 달라진다. 조달 대상은 용역 및 서비스인 개발, 인력 공급, 컨설팅 등과 물품인 하드웨어, 소프트웨어, 자재 등으로 구분된다. 물품을 조달하는 경우, 조달 물품을 프로젝트의 계약 일정에 따라 공급하고 품질 및 검수 기준에 따라 검수 후 해당되는 계약 대금을 지급하는 형태로 추진되나, 용역 및 서비스의 경우 일하는 기간 혹은 시간에 따라 해당하는 대금을 지급하는 형태로 추진된다. 혹은 건설 및 정보시스템 통합의 경우 도급 형태로 계약을 체결하고, 시스템 개발 절차에 따라 분석, 설계, 개발, 통합테스트, 오픈 및 안정화 등의 마일스톤에 따라 검수를 하고 중도금 혹은 잔금을 지급하는 형태로 진행되기도 한다.

4) 프로젝트 조달형태 결정

프로젝트에서 조달 형태는 [그림 11－1]과 같이 프로젝트의 수행 방식에 따라 구분할 수 있다. 발주자 혹은 구매자가 외부 조달을 수행하는 경우에는, 발주자 혹은 구매자가 프로젝트를 자체적으로 수행하고, 프로젝트에서 필요한 부분만 외부에서 조달하는 형태로 외부 공급자와 계약을 체결하여 물품이나 용역 혹은 서비스를 구매한다. 건설 혹은 정보시스템 통합 프로젝트와 같이 공공 혹은 은행 등과 같은 발주기관이 프로젝트 전체를 외부에서 조달하는 경우에는 건설사 혹은 정보기술 서비스 기업에서 발주기관과 주 계약자로 계약을 체결하고, 프로젝트의 범위 일부를 외부 분야별 전문 기업과 하도급 계약을 체결하여 외부 조달을 한다. 이 경우 프로젝트 주 계약자는 프로젝트관리 및 공통분야, 컨설팅, 분석 및 설계 등의 부분을 담당하고, 필요한 물품, 용역 및 서비스의 일부를 외부에서 구매 혹은 조달하는 형태로 프로젝트를 추진한다.

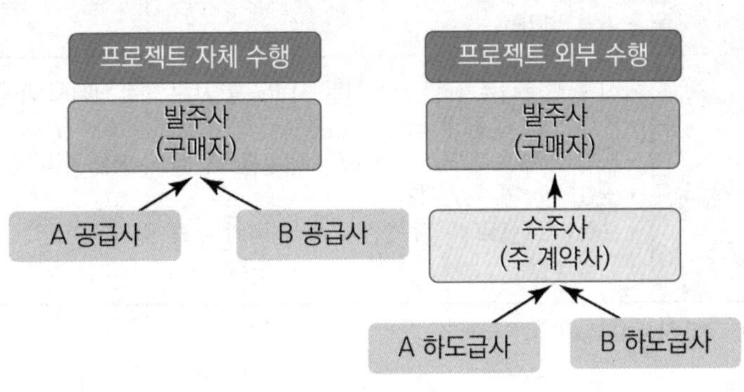

출처: KPMA, 프로젝트관리지침서, 2020

[그림 11-1] 조달형태

외부 구매를 위한 외부 공급자와의 계약을 체결하기 위해서는 외부에서 구매하려고 하는 물품이나 서비스의 종류, 수량, 범위, 사양 등을 확정해야 한다. 물품 혹은 서비스의 종류와 수량 및 범위 등이 많은 경우 이들을 구매하기 위한 노력 혹은 관련 관리 업무가 증가한다. 또한, 외부에서 물품이나 서비스를 구매하는 경우에는 프로젝트 범위 내에서 서로 중복되거나 누락이 발생하지 않도록 추진해야 한다. 통상, 외부애서 물품 혹은 서비스를 외부에서 조달하는 경우, 효율적으로 계약 및 관련 업무를 수행하기 위해서는 개별로 계약을 체결하기보다는 유사 항목들을 모아 계약 패키지를 구성하여 계약 패키지별로 계약을 추진한다.

계약 패키지 구성 시에는 국내외 시장의 상황을 고려하여 가장 효율적인 조달할 수 있도록 시장에서 계약 패키지별로 공급자 간에 경쟁이 가능한지를 파악해야 하며, 또한 제안요청서 작성에 필요한 정보를 확보 가능하도록 프로젝트 일정과 연계가 되어야 한다.

조달 대상이 물품일 경우 유사 품목이나 설비 프로젝트의 경우 계통별로 단일 패키지에 포함하는 것이 효율적이며, 설비 프로젝트인 경우, 필요시 물품 공급 계약에 상세설계, 현장 조립 및 설치, 현장 시험 등의 업무를 포함하는 경우도 있다. 설계용역 계약과 같이 서비스 계약의 경우, 여러 용역 외부 업체와 계약을 복수개로 체결하는 경우, 설계 계약자들 간의 간섭이나 인터페이스 관련 문제가 발생하지 않도록 주의를 기울려야 한다. 단일 계약을 추진하는 경우, 외부 공급자가 프로젝트 범위 전체에 대해 설계 역량 등이 갖춰진 충분한 자원을 보유하고 있는지를 확인할 필요가 있다.

5) 조달 명세서 작성

프로젝트에서 외부 조달을 위해서는 조달 명세서의 작성이 필요하다. 조달 명세서는 외부에서 물품, 서비스, 혹은 결과물을 구매하기 위한 품목별 세부 명세서로서, 프로젝트 범위 기준선 및 요구사항 명세서를 참고하여 작성하며, 공급사 선정을 위한 제안서 작성기준 및 계약체결 시 부속서류가 된다. 조달 명세서는 외부 공급자가 명확히 이해할 수 있도록 작성되어야 한다. 조달 명세서에는 물품, 서비스, 혹은 결과물에 대한 세부 규격, 수량, 품질 기준, 성과 데이터, 인도 일정, 인도 장소, 기타 필요한 사항들을 명시한다.

6) 계약 형태의 결정

계약 형태는 프로젝트 외부에서 필요한 물품, 용역 및 서비스를 구매하는 경우 외부 공급사와 계약을 체결하는 방식이라고 할 수 있다. 외부에서 조달하고자 공급자와 물품, 용역 및 서비스에 대한 공급 계약을 체결하는 경우, 시장 상황 및 때에 따라 다양한 형태의 계약 방식을 선할 수 있다. 계약 방식은 계약서의 문서 형태에 따라 각서, 의향서, 양해 각서, 합의서, 계약서 등의 방식이 있다. 국내 조달의 경우, 계약방식은 계약금액의 형태에 따라, 확정계약, 개산 계약, 총액 계약, 단가 계약, 공동 계약 등의 방식으로 구분할 수 있으며, 계약 입찰 방식에 따라 일반 경쟁 입찰, 지명 경쟁 계약, 수의 계약 방식 등으로 구분가능하다. 국외의 경우에는 프로젝트의 계약 방식을 고정 금액 계약, 원가보전 가능 계약, 시간 자재 계약, 단가 계약 방식 등으로 구분하고 있다. 계약방식은 공급자의 상황, 시장 상황, 가격, 품질 및 납기 등을 고려하여 결정하는 것이 바람직하다.

(1) 국내 조달 계약의 형태

국내에서의 정부와 공공기관에서의 조달 시 사용되는 계약의 형태는 <표 11-2>와 같이 계약 체결 시 계약의 범위 및 금액이 확정되는 확정 계약과 계약 체결 시 정확한 계약의 범위 및 금액을 확정하기가 어려운 경우 사용되는 개산 계약이 있다. 또한 계약 금액의 총액을 결정하는 총액 계약과 단위당 가격을 미리 정하는 단가 계약으로 구분하며, 기타 장기 계속 계약, 여러 컨소시엄사들이 연합하여 계약하는 공동 계약, 종합 계약, 사후 원가 검토 조건부 계약, 그리고 회계연도 개시 전의 계약 등으로 구분하고 있다. 이 중에서 확정액 기반, 총액 기반 계약이 주로 사용되고 있다.

〈표 11-2〉 국내 조달 계약의 형태

계약 형태	설명	사례
확정 계약	예정가격 결정기준에 따라 예정가격을 사전에 확정하고 이를 기초로 낙찰자를 결정하여 계약을 체결하는 것을 말하며, 확정 계약이 일반적인 계약 형태이다.	조달청, 공공기관의 경쟁 입찰
개산 계약	미리 가격을 정할 수 없는 경우, 입찰 전에 계약목적물의 특성, 수량 및 이행 기간 등을 고려하여 사후 원가검토에 필요한 기준 및 절차 등을 정하여, 개산(예측) 금액으로 계약을 체결하고, 사업 종료 후 예정가격 결정기준에 따라 원가계산을 하여 개산계약금액과 비교하여 그 차액을 증감 정산 시행	개발 시제품 제조 계약, 시험, 조사 연구 용역 계약
총액 계약	공사나 제조 등의 도급 계약을 체결함에 있어서 그 계약과 첨부 사항의 총 가격을 대상으로 하여 체결하는 계약을 말함. 계약의 총 가격은 단가와 수량을 기초로 단가에 수량을 곱하여 확정하며, 이 경우에는 수주사가 그 수량, 단가, 금액 등을 명시한 도급계약(산출) 내역서를 제출, 국내에서는 총액 계약, 확정 계약을 원칙으로 하고, 단가 계약은 예외적으로 인정	공사 혹은 건설, SI 등 도급 계약
단가 계약	일정한 기간 계속하여 동종의 제조, 수리, 가공, 매매, 공급, 사용 등의 계약을 체결하면서 그 단위당의 가격을 정하여 체결하는 계약	희망 수량 단가 계약
장기계속 계약	임차, 운송, 보관, 전기, 가스, 수도의 공급, 기타 그 성질상 수년간 계속하여 반복적으로 발생하는 계약 장기계속공사 계약: 총 공사 금액으로 입찰하고 회계연도마다 예산 범위 안에서 계약을 체결	유지보수 계약, 전기, 가스, 수도 등의 공급
공동 계약	2인 이상이 공동으로 입찰에 참여하여 공동으로 계약을 체결하는 제도로써, 계약서를 작성할 시 계약대상자 모두가 계약서에 기명날인 또는 서명을 함으로써 계약이 확정, 통상 컨소시엄 계약이라고 함	컨소시엄 계약, 철도와 도로
종합 계약	동일 장소에서 다른 관서, 지방자치단체 또는 정부 투자기관이 관련되는 공사 등에 대하여 관련 기관과 공동으로 계약을 체결하는 계약 형태를 말함. 본 사업에 관련된 기관의 장은 계약체결에 필요한 사항을 상호 협조	전기, 전기통신, 가스, 상하수도, 매설물

계약 형태	설명	사례
사후 원가검토 조건부 계약	입찰 전에 예정가격을 구성하는 일부 비목별 금액을 결정할 수 없는 경우에, 입찰 전에 계약목적물의 특성, 계약 수량 및 이행 기간 등을 고려하여 사후 원가검토에 필요한 기준 및 절차 등을 정하여 계약 금액을 정한 후 계약 이행이 완료된 후 예정가격 작성기준에 따라 원가를 검토한 후 정산하는 제도	자동차, 선박 등의 특수 부품 조달
회계연도 개시 전의 계약	임차, 운송, 보관 기타 그 성질상 중단할 수 없는 계약에 대해서 회계연도 독립의 원칙에 불구하고, 회계연도 개시 전에 해당연도의 확정된 예산의 범위 안에서 미리 계약을 체결할 수 있는 제도	임차, 운송, 보관,

출처: KPMA, 프로젝트관리지침서, 2020

(2) 국내 계약 체결 방법에 따른 분류

국내에서 국가기관 및 공공기관에서의 계약 체결 방법에 따른 분류는, <표 11-3>과 같이 일반 경쟁 입찰에 의한 계약, 지명 경쟁 계약, 제한경쟁 계약, 수의 계약 등으로 구분되며, 통상 적으로 일반 경쟁 입찰에 의한 계약방식이 보편적이고, 예외적인 경우 수의계약 방식이 사용되기도 한다.

〈표 11-3〉 계약 체결 방법에 따른 계약의 유형

계약 유형	설명	장점	단점
일반경쟁 입찰 계약	계약의 목적물을 공고하여 일정한 자격이 있는 불특정다수의 희망자가 경쟁 입찰시킨 후 계약 주체에 가장 유리한 조건을 제시한 자를 선택하여 계약을 체결하는 계약 방식	민주적, 균등한 기회보장, 공평한 선정, 경제적, 담합이 곤란	불성실한 업체가 경쟁에 참여 가능하여 품질 저하 우려, 계약행정 소요기간 장기, 긴급 사업 시 적용 어려움
지명경쟁 계약	자산, 신용, 기술력 기반 도급순위에 따라 수인을 지명 통지하여 승낙을 득한 후 경쟁방식에 따라 입찰 시행하여 계약상대자를 선정	계약목적물의 품질과 이행이 보장, 행정 소요기간 단기	특정인을 중심으로 지명 가능, 담합 입찰 우려
제한경쟁 계약	계약의 목적, 성질, 규모, 지역의 특수성을 고려하여 입찰 참가 자격을 제한(시공능력 공시액, 실적, 기술보유 상황, 재무상태, 지역)하여 경쟁 입찰 및 계약 상대를 선정	우수한 업체 참가로 계약이행이 보장	균등한 참여기회 침해 우려
수의 계약	계약이행에 가장 적당하다고 인정되는 특정인을 선택하여 체결하는 계약방식	자본, 신용, 기술, 경험 등이 풍부한 우수한 업체 선택 가능, 절차 간편, 행정 소요기간 단축	정실에 따른 특정인 선정 우려, 고가 구매 우려

출처: KPMA, 프로젝트관리지침서, 2020

(3) 국외 프로젝트 계약의 형태

국외 프로젝트 계약 형태는 외부 공급자에게 대가를 지급하는가에 따라 분류할 수 있다. 국외 프로젝트에서 계약 형태를 결정하는 주요한 기준으로는, 구매자와 공급자 간의 합리적인 리스크 식별 및 배분, 그리고 인센티브 제공 등이 있다. 계약형태에 따른 리스크는 조달품목의 특성과 관련된 기술적인 리스크와 계약 기간 중 가격상승 등과 관련된 일정 리스크 등의 함수라고 할 수 있다. 국외 프로젝트 계약 형태는 <표 11-4>와 같이 고정금액 계약, 원가보전 가능 계약, 시간 및 자재, 그리고 단가 계약 등이 활용되고 있다. 국내에서는 여전히 고정금액 계약방식이 주종을 이루지만 국외에서는 국방 및 에너지 산업계에서 원가 정산 계약을 포함한 여러 가지 계약 형태를 다각적으로 활용하고 있다.

〈표 11-4〉 국외 프로젝트 계약 형태

계약의 구분	계약의 형태	특성
고정금액 계약 (Fixed-Price or Lump-sum contract)	FFP (Firm Fixed Price)	확정 고정금액 계약 방식으로 통상 계약 체결 시 계약금액 및 계약목적물(프로젝트 범위)을 확정하고 고정금액으로 계약, 물론 범위 변경 시 계약금액 변경 가능
	FPIF (Fixed-Price Incentive Fee)	고정금액으로 계약을 체결하고 프로젝트 종료 시 성과에 따라 인센티브 제공
	FP-EPA (Fixed Price with Economic Price Adjustment)	고정금액으로 계약을 체결하되, 특정 상용품의 원가 변동이나 물가 변동 시 연동하여 정해진 범위 내에서 계약금액 변경
원가보전 가능 계약 (Cost-reimbursable contract)	CPIF (Cost Plus Incentive Fee)	구매자는 공급자에게 사전에 정해진 허용된 성과원가와 인센티브 보너스를 지급
	CPFF (Cost Plus Fixed Fee)	구매자는 공급자에게 허용된 성과원가에 추가하여 예측원가의 비율에 기반을 둔 고정된 금액의 인센티브 지급
	CPAF (Cost Fee Award Fee)	구매자는 공급자에게 허용된 성과원가에 추가하여 성과 만족도에 따라 보상비용 지급
	CPPC (Cost Plus Percentage of Cost)	구매자는 공급자에게 허용된 성과원가에 추가하여 사전에 확정된 총원가의 비율에 따라 인센티브 지급, 구매자는 원가를 축소하기보다는 원가를 증가시킬 수 있는 동기 보유, 모든 리스크는 구매자가 부담

계약의 구분	계약의 형태	특성
T&M contracts	Time and Material contract	고정금액과 원가보전 방식의 혼합형태 계약, 가령 컨설팅 계약의 경우 미리 정해진 서비스 단가와 물품의 단가를 정해 계약, 컨설턴트는 주간 혹은 월마다 용역서비스 금액 및 물품 비용 청구
Unit pricing contracts	Unit pricing contracts	구매자가 공급자에게 미리 정해진 제품 혹은 서비스 단가를 정하고, 공급된 물품 혹은 서비스를 납품 및 제공 시 해당 대금 지급

출처: KPMA, 프로젝트관리지침서, 2020

국외 프로젝트에서 계약 형태별로 리스크의 수준을 발주자와 공급사 측면에서 살펴보면, [그림 11-2]와 같이 공급자에게 가장 리스크가 큰 계약 방식은 고정금액 방식이고, 반대로 구매자에게 원가 정산 계약방식이 리스크가 가장 큰 계약 방식이라고 할 수 있다. 공급사에게 고정금액 방식이 위험이 큰 사유로는, 계약 금액은 고정이 되어 있는데 계약 범위의 변경 및 추가 등에 대해 공급자가 거부감을 가지는 경우가 많다. 또한 계약 범위의 변경 및 추가에 대한 보상이 합리적으로 결정되는 경우도 있지만, 통상, 계약 범위의 변경 및 추가에 대해 공급자가 거부하는 경우, 혹은 필요한 관련 증빙서류를 준비하여 구매자에게 신청하고 협의를 해야 하는데, 이 과정에서 업무의 변경 및 추가에 대한 보상을 전부 받기가 어려울 수 있다. 원가 정산 계약방식에서는 공급자가 투입한 원가 및 이윤 등을 구매자로부터 보상받을 수 있어 프로젝트 관란 리스크가 공급자에게 최소화될 수 있다.

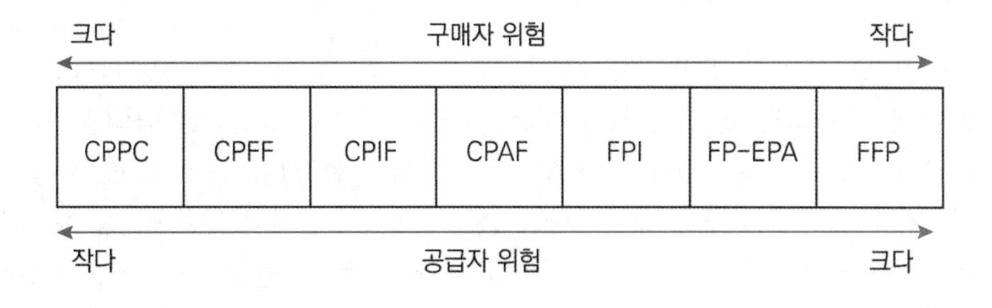

[그림 11-2] 프로젝트 계약 형태와 리스크

7) 프로젝트 조달 전략 수립

프로젝트 조달 전략이란 프로젝트에서 외부 조달 시 조달의 목적 달성을 위한 효과적이고 효율적인 접근 방식을 의미한다. 프로젝트에[서 필요한 물품, 서비스, 혹은 결과물을 외부에서 조달하는 것으로 의사결정을 한 경우, 경쟁력 있고 효과적이고 효율적인 조달을 위해 조달 책임자는 프로젝트 조직과 함께 조달 전략을 수립하여야 한다. 조달 전략은 다음과 같이 크게 세 가지 사항을 포함한다.

(1) 프로젝트 인도 방법 결정

인도 방법이란 프로젝트 조직에서 외부 공급자로부터 물품이나 서비스를 조달하는 경우, 외부 공급자가 프로젝트에 물품이나 서비스를 공급하는 각종 방식을 의미한다. 프로젝트 인도 방법은 프로젝트에서 요구하는 물품, 서비스, 혹은 결과물에 대한 납기 혹은 품질 기준에 따라 달라진다. 물품이나 서비스에 대한 인도 방법의 결정은 프로젝트에 영향을 미치는 핵심 의사결정 사항으로, 인도 방법은 납기, 대금, 대금 지급방법, 리스크, 산출물 등과 같은 핵심 요소들을 결정하는 데 영향을 미친다. 가령, 정보시스템 통합 혹은 소프트웨어 개발 프로젝트의 경우 요구사항이 명확한 경우는 폭포수 방법론을 사용하고, 요구사항의 변경이 빈번한 경우는 애자일과 같은 반복적 혹은 적응적 방법론을 사용하는 것이 바람직하다. 한편, 건설 프로젝트의 경우 설계－입찰－시공, 설계－시공, EPC 턴키 등과 같은 다양한 인도 방법에 따라 프로젝트관리 및 리스크 관리 방법에 영향을 미친다. 즉, 인도 방법은 프로젝트관리자가 물품, 서비스, 혹은 결과물을 획득하고 프로젝트 범위를 완수하는 데 중요한 통제수단으로 활용된다.

(2) 계약 조건 및 대금 지급 방식 선택

계약 조건 및 대금 지급 방식은 외부 공급사로부터 필요한 물품 및 서비스를 조달하기 위한 법적인 조건 및 물품 및 서비스 공급 시 대가로 지급하는 금액을 의미한다. 조달 계약의 기본적인 사항들은 계약 당사자 간 의무 및 권리 관계 기술, 수행 및 인도 기간, 기타 계약 조건들을 포함한다. 또한 계약은 공급사와 구매자 간 재무적, 법적, 운영적 리스크에 대한 합리적인 배분에 대한 기준 및 절차 등을 기술한다. 대금 지급방식은 물품이나 서비스 공급 시 제공하는 대금의 결정 방식에 따라 총액방식, 개산방식, 원가 보전방식, 시간 자재 방식 등에 따라 달라질 수 있으며, 대금 지급방식은 납기 및 품질 수준에 대한 지대한 영향을 미치므로 신중하게 결정해야 한다.

8) 조달 단계의 수립

조달 단계는 프로젝트에서 조달을 효과적으로 추진하기 위해 수행하는 단계를 의미한다. 프로젝트에서 필요한 물품 및 서비스를 차질 없이 조달하기 위해 조달 단계를 수립하고 각 단계별로 조달 활동 및 세부 일정을 수립해야 한다. 국내의 국가 및 공공기관에서는 기관 자체에서 물품이나 용역을 발주 혹은 구매하는 경우도 있지만, 공정하고 투명한 구매를 위해 조달청에 물품이나 용역에 대해 조달을 의뢰하는 경우가 많다. 국가 및 공공기관에서 조달청에 물품이나 용역 및 서비스에 대해 조달 요청을 의뢰한 경우, 조달청에서는 [그림 11-3]과 같은 조달 단계 및 절차를 통해 조달업무를 수행한다. 조달절차를 크게 조달 계획, 공급자 평가 및 선정, 조달통제 단계로 구분할 수 있다.

조달 계획 수립단계에서는 국가 및 공공기관에서 조달이 필요한 경우 조달청에 조달의뢰를 한다. 조달의뢰를 받은 조달청은 국가 및 공공기관으로부터 조달요청서를 받아, 추정가격 및 계약 방식을 검토하고, 계약 절차에 따라 낙찰자 및 계약자를 선정하고자 제안요청서를 준비하여 입찰공고를 한다.

공급자 평가 및 선정 단계에서는, 조달청에서 조달 홈페이지를 통해 공개적으로 입찰공고 혹은 제안요청에 따라, 공급사에서 입찰 혹은 제안을 하고, 조달청에서 공급사가 입찰 혹은 제안한 입찰서 혹은 제안서 내용에 대해 가격 및 기술 측면에서 평가를 한 후 우선 협상자 대상을 선정한다. 우선협상 대상자와 조달을 의뢰한 해당 국가 및 공공기관과 우선 협상을 실시하고 우선 협상이 완료되는 경우 최종 낙찰자로 선정되고 이후 계약을 체결하는 활동을 한다.

조달통제 단계에서는 공급사가 계약 이행을 하면 발주자가 검수를 하여 중도금 및 잔금을 지급하는 활동을 한다. 물품 및 업무가 추가되거나 변경되는 경우 계약변경을 하고, 계약된 업무가 완료되어 최종잔금이 지급되면 계약종료를 한다.

조달 단계가 설정되면, 단계별로 좀 더 구체적인 활동을 정의하고, 각 활동에는 구체적인 목표, 성과 지표, 혹은 마일스톤, 기준, 지식 전달 등의 항목들이 기술되어 조달담당자와 프로젝트관리자가 모니터링하고 진척상황을 추적해야 한다.

조달 계획 수립단계에서의 핵심 활동은 조달 계획서 및 조달문서의 작성이다. 조달계획서는 향후 조달 목적과 목표를 달성할 수 있도록 조달 절차, 조달 일정, 조달 인력 및 역할, 계약 방식 및 형태, 검수 및 대금 지급 방안 등을 포함한다. 조달문서는 입찰요청서 및 조달 작업명세서, 공급사 평가방안 등을 포함한다.

공급자 평가 및 선정 단계에서의 핵심 활동은 공급사로부터 제안서를 접수하여 기술 및 가격 등에 대해 공정하고 객관적으로 평가하고 공급사와 계약을 체결하는 것이다.

계약 통제 단계에서의 핵심 활동은 공급사가 조달명세서에 명시된 업무 및 물품을 정해진 납기 내에 완료하거나 구매자가 검수한 후 해당 대금을 지급하는 것이다.

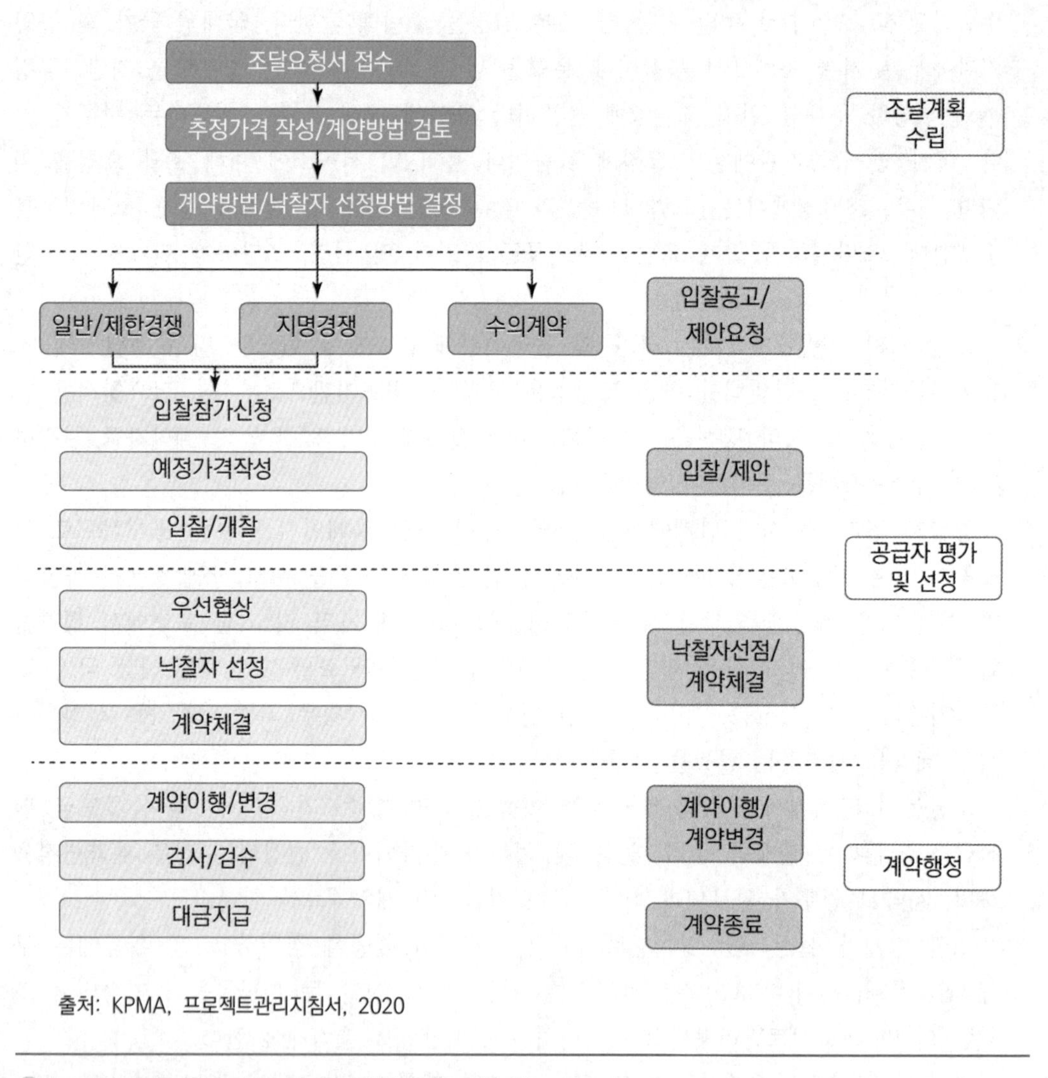

[그림 11-3] 국내 국가 및 공공기관 조달 절차 예

9) 예상 공급자 목록 작성

예상 공급자 목록은 프로젝트에서 필요한 물품, 서비스, 혹은 결과물을 공급할 수 있는 잠재적인 외부 계약자들을 의미한다. 경쟁력 있고 비용 효과적인 조달을 위해 물품 및 서비스에 대한 시장 조사 및 관련 단체 등을 통해 예상 공급자들을 파악하고 그 정보를 저장하여 예상 공급자 목록 작성을 위한 데이터베이스를 구축할 필요가 있다.

11.1.3 산출물

1) 프로젝트 조달관리 계획

프로젝트 조달관리 계획은 프로젝트관리 계획의 부속 계획으로 향후 진행되는 조달에 대한 의사결정을 포함하여 조달 프로세스의 일부분으로 수행하는 모든 활동을 기술한다. 또한, 조달을 경쟁력 있고 비용 효과적으로 수행하기 위해 조달관리 계획은 모든 프로젝트 팀원이 향후 조달을 어떻게 수행할지에 대해 상호 합의하고, 이해하고, 약속하도록 하는 기능을 한다. 따라서 경쟁력 있는 조달을 위해 종합적인 조달관리 계획서는 [표 11-5]와 같이 조달 자금의 원천, 대금 지급 수단, 통지 절차, 조달 인원 및 역할 분담, 성과 매트릭스, 조달 품목, 조달 일정, 제약사항 및 리스크관리 방안, 협상 방안, 제안서 평가 방안, 공급자 명단, 공급자 성과 모니터링, 계약 변경 등과 같은 사항들을 포함한다.

조달계획서에 포함되는 사항들은 다음과 같다.

(1) 조달하는 제품과 서비스, 혹은 결과물 인도 시 지급되는 대금
(2) 국제 조달의 경우 계약의 주관기관 및 대금 지급 수단
(3) 제안요청서 발송 및 공급자 선정 및 통지 절차
(4) 조달 관련 조직 및 이해관계자간 역할
(5) 조달 팀의 책임 및 활동성과 매트릭스
(6) 프로젝트 요구사항과 조달 명세서로부터 식별된 제품, 서비스, 결과물 목록
(7) 자체 제작 혹은 외부 조달에 대한 의사결정
(8) 프로젝트 일정과 조달 물품, 서비스 및 결과물의 인도일과의 연계방안
(9) 조달의 가정 및 제약 사항과 조달 관련 리스크 식별 및 관리 방안
(10) 물품, 서비스, 결과물에 대한 공급자와의 협상 전략 및 협상 방안
(11) 공급자가 제안한 가격에 대한 평가를 위한 독립적 원가 추정 및 벤치마킹 방안

(12) 사전에 파악한 공급자 및 예상 공급자 명단
(13) 공급자에 대한 계약체결 및 계약이행관리 절차
(14) 공급자 성과 모니터링 방안
(15) 공급자와의 계약해지 및 계약변경 관련 사항

조달 계획서는 <표 11-5>와 같이 조달 목적, 조달 계획의 주요 활동, 조달 계획의 기준 정보 및 자료, 제약 및 가정 사항, 조달 고려 사항, 조달 역할 및 책임, 조달 검토 및 승인 절차, 계약행정 등에 대한 내용을 위주로 작성한다.

〈표 11-5〉 조달관리 계획 작성 사례

항목	주요 내용	설명
1. 목적	본 문서의 작성 취지 및 목적	
2. 조달 계획의 주요 활동	조달품목, 계약 당사자 간 역할, 승인 절차, 변경절차, 성과보고, 품질 검사 및 기준, 검사 및 인수, 평가, 대금 지급	
3. 조달 계획의 인력물, 제약사항, 가정사항	3.1 프로젝트 결과물	프로젝트 최종 결과물
	3.2 WBS	프로젝트 범위
	3.3 제약사항	원가, 품질, 리스크 등
	3.4 가정사항	고려해야 할 요소
4. 조달 고려사항	4.1 시장 조건	물품, 서비스 시장 조사
	4.2 제작 혹은 조달 분석	제작 혹은 조달 의사결정
	4.3 계약형태 선택	물품, 서비스별 계약형태 선택
	4.4 표준 조달문서	표준 조달문서 내용
5. 조달 역할 및 책임	5.1 조달 인력별 역할 및 책임	기획, 입찰, 공급자 선정, 계약행정, 클레임 등 담당
6. 검토 및 승인	6.1 조달 관련 의사결정 및 승인 절차	
7. 계약행정	7.1 계약문서 기록	프로젝트별, 계약별
	7.2 계약변경 관리 프로세스	계약변경 절차 및 역할
	7.3 계약추적	성과, 진척, 대금 지급
	7.4 계약종료 및 저장	계약종료, 평가, 학습사항

출처: KPMA, 프로젝트관리지침서, 2020

2) 조달 문서 작성

조달 문서란 외부 공급사로부터 정보, 제안 혹은 견적 등을 받기 위해 외부 공급사들에 요청하는 문서를 말한다. 통상 조달 문서는 제안요청서, 입찰요청서, 견적요청서, 입찰유의서 등의 명칭으로 사용된다. 조달 문서는 예상 공급자들이 정확하고 명확하게 응답을 할 수 있도록 응답 절차 및 기간, 구체적인 조달 작업명세서, 계약 조건, 평가 항목 및 기준, 입찰자격 등을 명시한다.

조달 문서는 크게 제안요청서와 견적요청서로 구분할 수 있다. 제안요청서는 복잡하고 상대적으로 비용이 큰 품목의 조달을 위하여 조달되는 업무에 대해 누가, 어떻게 수행할 것인지 등 상세한 제안서가 필요할 때 사용하며 RFT(request for tenders) 또는 CFT(call for tenders)라고도 한다. 즉 제안요청서는 단순한 가격만이 아니라 기술 역량 등의 다양한 요소를 평가하여 계약 대상자를 선정한다.

견적요청서는 주로 가격 위주로 상용품이나 표준품을 조달할 때 사용한다. 그러나 산업계에서는 제안요청서나 견적요청서라는 명칭을 정확히 구분하여 사용하기보다는 혼용하여 사용하기도 한다. 중요한 것은 조달 문서의 명칭보다는 어떤 내용의 물품 및 서비스를 입찰 혹은 제안을 요구하는지가 중요하다.

(1) 제안요청서

제안 요청서는 외부 잠재적 공급자에게 제안서를 제출하도록 요청하는 문서를 의미한다. 제안 요청서에 포함되는 주요 내용으로는 입찰자 유의서, 기술적 및 관리적인 요구사항 혹은 과업 설명서, 기본 계약서 양식과 계약 일반 조건 및 특수 조건, 그리고 기술 규격서 등이 포함된다. 제안요청서는 공급 대상자가 충족해야 할 발주자의 요구사항을 체계적으로 정리한 문서라고도 할 수 있으며, 이들 요구사항은 기술적 요구사항, 관리적 요구사항 및 계약적 요구사항으로 구분할 수 있다.

제안요청서 작성은 조달 계획서 작성 수립단계에서의 핵심 활동이라고 할 수 있다. 제안 요청서는 <표 11-6>과 같이 주요 항목으로는 개요, 요구사항, 가격 정보, 응답 절차, 평가 기준, 제안서 형식 등의 항목을 포함한다.

개요에는 목적, 프로젝트 조직 개요, 입찰 관련 일정을 포함하고, 요구사항에는 배경, 기능 및 기술적 요구사항, 공급자 입찰 자격 등을 명시한다. 가격 정보에는 전체 가격 요약, 물품 및 서비스 가격 정보, 기타 교육 훈련 및 기타 정보를 포함하고, 응답 절차에는 개요, 책임, 정보의 사용 및 개방, 프로젝트 조직과 의사소통 방안 등이 포함되며, 평가 기준에는 평가 항목 및 평가 기준 등이 포함된다. 공급자가 제출하는 제안서에는 목차, 제안 요약, 입찰자 자격, 상세 제안 솔루션, 제안 가격, 계약 조건 및 부록 등을 포함한다.

〈표 11-6〉 제안요청서 목차 사례

항목	세부항목	비고
1. 개요	1.1 목적	RFP 취지, 목적
	1.2 프로젝트 조직 개요	담당자, 역할, 연락번호
	1.3 입찰 관련 일정	RFP, 입찰, 입찰자 회의, 평가 및 선정, 우선협상자 발표, 계약 등
2. 요구사항	2.1 배경	취지, 현황
	2.2 기능 및 기술적 요구사항	물품, 서비스, 결과물에 대한 요구사항
	2.3 공급자 입찰 자격	입찰자 정보, 실적, 계약성과(최근 5년간)
3. 가격 정보	3.1 전체 요약	전체 가격 요약, 부가가치세 포함 여부
	3.2 물품, 서비스	항목별 세부 가격 정보
	3.3 기타	교육 훈련, 기타 비용
4. 응답 절차	4.1 개요	
	4.2 책임	제안서에 대한 보상, 소유권 등
	4.3 정보의 사용 및 개방	입찰자 정보, 프로젝트 조직 정보
	4.4 프로젝트 조직과 의사소통	
	4.5 입찰 절차 및 프로토콜	질의 및 응답 절차, 입찰자 설명회, POC(Proof-Of Concept) 세션
5. 평가 기준	5.1 평가 항목	항목별 배점
	5.2 평가 기준	정량적, 정성적
6. 제안서 형식	6.1 목차	
	6.2 제안 요약	제안 목적, 전략, 핵심사항
	6.3 입찰자(공급자) 자격	실적, 재무상태
	6.4 상세 제안 솔루션	솔루션별 주요 기능
	6.5 제안 가격	별도 봉인하여 제출
	6.6 계약 조건	구매자 계약 조건에 대한 의견
	6.7 부록	재무상태, 솔루션, 실적 자료 등

출처: KPMA, 프로젝트관리지침서, 2020

(2) 공급자 선정 기준 설정

공급자 선정 기준은 제안요청서에 첨부되는 것으로, 다수의 외부 공급자가 제안한 경우, 적합한 공급사를 선정하기 위한 평가 기준을 말한다. 공급자 선정기준에는 평가 항목, 항목별 평가 기준, 평가 점수 등을 포함하며, 평가 항목으로는 기술적 부분과 관리적 부분, 재무적 부분, 기타 부분으로 구분될 수 있다.

11.2 공급자 선정

공급자 선정 프로세스는 입찰을 통해 공급자를 평가 및 선정하고 계약을 체결하는 프로세스를 말한다. 좀 더 구체적으로 조달계획 수립 프로세스에서 작성한 조달 범위 및 조달명세서를 기반으로 제안요청서 작성, 입찰, 제안서 접수, 제안서 평가 및 우선 협상자 선정, 우선 협상자와 계약 협상 및 계약 체결을 하는 과정을 말한다. 공급사 선정 프로세스의 목적은 자격과 역량이 있는 공급사를 선정하고 적기 인도를 위해 구속력 있는 법적 계약을 체결하는 것이다.

11.2.1 입력물

1) 프로젝트관리 계획

공급자 선정을 위해 범위관리 계획, 요구사항관리 계획, 일정관리 계획, 의사소통관리 계획, 리스크관리 계획, 형상관리 계획, 그리고 원가기준선 등이 필요하다.

2) 조달관리 계획

조달관리 계획은 공급자 선정을 위한 절차 및 평가 기준을 포함하고 있다.

3) 조달 작업명세서

조달명세서는 자격 있는 공급사로부터 물품 및 서비스를 공급받기 위한 조달의 목적, 요구사항, 기대하는 결과물 등에 대해 명확하게 기술되어 있다.

4) 공급자 선정 기준 및 자료

공급자 선정을 위한 주요 정보 및 자료로는 조달관리 계획서, 조달 작업명세서, 예상 공급자, 공급자 선정 기준, 공급자 평가 기록 등이 있다.

11.2.2 기법 및 활동

1) 공급자 선정 시 고려사항

공급자 선정을 위해 다음과 같은 사항에 대해 전문적인 지식이 필요하다.

(1) 제안서 평가
(2) 기술 및 해당 분야 동향 이해
(3) 재무, 엔지니어링, 설계, 개발, 공급망 체인 등에 대한 이해
(4) 산업 규제 환경 이해
(5) 법률, 규제 준수 요구사항 이해
(6) 협상에 대한 전략 및 방안

2) 입찰

(1) 입찰 공고

구매자가 공급 계약사에 입찰 유도 또는 안내를 하는 프로세스이다. 일반 공개 입찰인 경우는 신문이나 일반 정기간행물 등에 입찰 공고를 하여 일정한 자격요건을 갖춘 모든 공급자가 입찰에 참여할 수 있다. 그러나 여기서는 구매자가 입찰 대상자를 미리 선정하여 이들에게만 입찰 또는 제안요청서를 발부하여 입찰에 참여하도록 하는 과정을 설명한다. 입찰 대상자로 선정된 공급자가 입찰을 준비하고 구매자에게 제안서를 제출한다.

(2) 입찰 대상자 선정

입찰 대상자를 선정하기 위해서는 우선 다음과 같은 사항을 고려해야 한다.

① 경쟁 입찰 혹은 수의 계약 방식
② 지방, 국내, 혹은 국외 등 지역 범위
③ 모든 기업, 혹은 중소기업, 특수 단체나 특수 기업 대상 범위

(3) 잠정적인 입찰 대상자 탐색

탐색을 위해 일차적으로 활용할 수 있는 자료는 모회사가 보유하고 있는 입찰 대상자 명부이다. 그러나 프로젝트 조달패키지의 특성상 명부를 사용하기 곤란하거나 적절한 입찰 대상자가 명부에 없으면 프로젝트 팀이 잠정 입찰 대상자를 탐색해야 한다. 탐색을 위한 정보 소스는 다음과 같다.

① 공급자의 웹사이트를 포함한 인터넷
② 공급자의 카탈로그
③ 전문 잡지 등
④ 직업별 전화번호부
⑤ 유사 업무를 수행한 경험이 있는 제3의 구매자
⑦ 프로젝트에 이미 참여하고 있는 공급자 등

3) 제안서 제출 및 평가

(1) 제안서 작성

제안서란 제안요청을 받은 공급사 혹은 입찰 자격이 있는 공급사가 제안 요청을 받은 품목의 제공을 위해 자신의 능력과 조달 의사를 기술한 문서를 말한다. 발주자 혹은 구매자로부터 제안서 제출을 요청받은 입찰 대상자는 먼저 제안 여부에 대해 결정하고, 제안에 참여하기로 결정한 경우 제안 팀을 구성하고 제안서 작성 계획을 수립하여 제안서 작성을 위한 준비를 한다. 입찰 대상자 혹은 공급사가 제안서를 준비하는 과정에 발주자 혹은 구매자는 입찰 대상자 회의를 소집할 수도 있다. 이 회의의 주된 목적은 제안요청서에 대해 입찰 대상자가 제안요청 내역에 대해 명확히 이해하도록 설명 및 질의응답을 하여 제안서 작성을 도움을 주는 것이다. 입찰 대상자 회의에서 논의된 주요 사항은 제안요청서의 부록으로 첨부한다.

제안서는 제안요청서에 따라 작성해야 하며, 주요 고려사항은 다음과 같다.

① 기술 분야

제안요청서에서 요구하는 기술 요구사항 및 상세설계 요구사항 등을 고려한다.

② 품질 분야

입찰자의 기존 품질관리 프로그램과 구매자의 품질 요건을 비교, 평가한다. 구매자의 품질 요건이 입찰 금액 및 일정에 영향을 미칠 수 있다는 점을 고려한다.

③ 일정 분야

구매자가 요구한 일정을 충족하는 데 심각한 문제가 없는지를 검토해야 한다. 또한 입찰자가 사용하고자 하는 일정관리 프로그램의 형태가 구매자의 요건과 상충하지 않는지를 검토해야 하며, 일정 관련 보고서의 형식이나 제출 빈도를 고려한다.

④ 계약 분야

제안요청서에서 제시한 계약 일반 조건과 특수 조건 등을 검토하여 제안서에 검토 의견을 제시한다. 또한 제안요청서의 계약 조건은 입찰자의 추가 비용이 필요할 수 있으므로 이에 대한 영향을 고려한다.

⑤ 입찰 금액 분야

고정금액 계약의 경우 구매자는 총액에만 관심이 있으나 입찰자는 상세한 명세를 작성해야 한다. 원가 협상을 전제로 하여 입찰을 추진할 경우, 구매자는 비록 고정금액 입찰의 경우라도 적절한 원가 명세를 요구한다.

(2) 제안서 제출

제안서가 준비되면 입찰 대상자는 주어진 시간 내에 제안서를 구매자에게 제출한다. 국내의 공공 조달에서는 입찰 방법을 크게 경쟁 입찰과 수의 계약으로 분류하고 경쟁 입찰은 다시 일반 경쟁 입찰, 제한 경쟁 입찰, 지명 경쟁 입찰, 협상에 의한 계약 방식 등으로 구분한다.

(3) 제안서 평가

제안서 평가는 우선협상자 선정을 위해 입찰자가 제출한 제안서에 대해 기술 및 가격 측면에서 평가를 하는 것을 말한다. 우선협상자 혹은 계약 대상자 선정을 위해 가격만이 주요 평가 요소일 경우에는 제안서 평가 및 우선협상자 혹은 계약자 선정이 비교적 단순한 편이다. 그러나 규모가 크거나 복잡한 계약일 경우 가격 및 기술적인 요소에 대한 평가는 물론 계약자 선정 이전에 우선 협상대상자를 선정하여 심도 있는 우선 협상을 거쳐 계약자를 선정하고 이어 계약을 체결한다.

최근 국제적으로 제안서 평가 제도는 가격 만에 의한 계약 대상자 선정 방식에서 최고 가치를 기준으로 한 제안서 평가 및 우선협상자를 선정하는 방식이 추세이다. 이는 단순히 가격과 기술 및 품질 등의 가치를 종합적으로 평가하여 발주자 혹은 구매자에게 최고 가치를 제공해 줄 수 있는 제안사를 계약 대상자로 선정하는 것이 전체 수명 주기 비용의 절감이 가능하다는 인식에 기초하고 있다.

제안서 평가는 제안요청서에 제시한 각종 기준 및 요건을 종합적으로 평가한다. 제안서 평가를 위해서는 사전에 공지된 제안서 작성 항목별로 제안서 평가 기준에 따라 공정하게 평가되어야 한다. 이를 위해 제안 평가일정 및 제안 평가 팀의 구성 등 제안 평가를 위한 제반 준비를 차질 없이 추진해야 한다. 제안서 평가의 공정성과 투명성을 확보하기 위하여 제안서 평가 기준은 제안요청서에 포함하여 사전에 공지할 필요가 있으며, 제안사 혹은 입찰자가 제안서의 각 항목이 어떻게 평가될 것인지를 숙지하여 제안서 작성 시 이를 고려하도록 하는 것이 필요하다. 기술 평가의 주요 항목은 주로 설계평가, 품질평가, 일정평가, 기타 평가로 구분된다.

① 설계평가

성능 사양에 의한 조달의 경우 공급자의 설계능력을 평가한다. 설계평가란 공급자가 제공하는 물품이나 서비스에 대한 설계 능력을 평가하는 것을 의미한다. 상세 설계 사양의 경우 제안요청서에 대한 예외사항 제시 여부 등을 표시한다.

② 품질평가

품질평가란 제안자 혹은 입찰자가 제안서에 제시한 품질 방안에 대해 강점과 약점을 평가하는 것을 의미하며, 품질절차의 적정성 등도 평가한다.

③ 일정평가

납품 일자의 적정성, 일정관리 방안 등의 적절성 등을 평가하는 것을 의미한다.

④ 기타평가

조직 및 인력의 적정성, 환경관리 방안의 적정성 등을 평가하는 것을 의미한다.

통상 정보기술 시스템통합 제안서의 기술 분야 평가 항목 및 평가 요소, 배점 등은 <표 11-7>과 같이 개발 계획 부분, 개발 부분, 관리 부분, 지원 부분, 전문업체 참여 및 상호협력 등으로 구분된다.

개발계획 부분은 주로 유사 분야 경험, 개발 대상 사업의 이해도, 개발전략 등이 포함되고, 개발 부분에는 주로 기능 및 성능, 개발 방법론, 개발환경 등의 항목이 포함되며, 관리 부분에는 주로 경영상태, 수행조직, 품질 보증 방안, 프로젝트 관리 방법, 일정계획 등의 항목이 포함된다. 지원 부분에는 주로 시험 운영, 교육 훈련, 유지보수, 기밀 및 보안, 비상대책 등이 포함되고, 전문업체 참여 및 상호협력 부분에는 주로 전문업체 참여 비율, 상호협력 방안, 중소기업 보호 및 육성 방안 등의 항목이 포함된다. 기술 평가표에는 부분별 항목별로 평가 요소가 세부적으로 구분되어 있으며, 각 평가 요소별로 배점이 할당된다.

〈표 11-7〉 정보기술시스템 통합 제안서 기술 평가표 사례

구분	중항목	평가요소	배점
개발계획 부분	유사분야 경험	• 개발 경험의 유사성, 개발 경험 건수 및 시기, 개발 분야의 규모 및 역할, 자체개발기능 등 관련 기술보유	10
	개발 대상 사업의 이해도	• 개발목표 및 내용의 이해도, 정확성 • 업무분석체계의 명확성, 목표시스템 적합성 • 제안요청서와의 부합성	10
	개발전략	• 추진전략의 창의성, 추진전략의 타당성, 적용기술의 혁신성 및 최신성, 제안기술의 실현 가능성	10
개발 부분	기능/성능	• 기능 및 성능, 운용, 표준, 사용자 편의성	15
	개발 방법론	• 개발절차의 타당성, 개발 산출물의 적정성 • 도구와 기법의 적정성과 경험, 적용 방법론의 경험	10
	개발환경	• 개발 장비와 개발 도구 보유현황 및 확보방안	5
관리 부분	경영상태	• 재무구조, 신용평가 기관의 신용도	10
	수행조직	• 조직체계 및 참여 인력의 적정성	
	품질 보증방안	• 품질보증 계획의 적정성, 품질보증 인력자질 • 사업자 품질보증 능력, 국제개발프로세스 품질인증 획득 여부 (CMMI)	
	관리 방법	• 이슈/위험, 자원, 일정, 보안, 변경, 문서관리 방안의 적정성	10
	일정 계획	• 세부 활동 도출 및 기간의 타당성, 세부 활동 배열의 합리성, 중간 목표 정의의 타당성, 자원 배분의 합리성	
지원 부분	시험운영	• 시험운영 방법, 내용, 일정, 조직의 적정성	10
	교육훈련	• 교육훈련 방법, 내용, 일정, 조직의 적정성	
	유지보수	• 유지보수 계획, 조직, 절차, 범위, 기간의 적정성	
	기밀보안	• 기밀보안체계 적정성, 기밀보안대책 확신성, 지식재산권확보	
	비상대책	• 백업/복구 대책, 장애 대응 방안	
전문 업체	전문 업체 참여	• 컨소시엄 구성의 적정성, 전문업체 기술의 부합성, 전문 업체의 자질, 전문 업체 활용방안의 적정성	5

참여 및 상호협력	상호협력	• 사업자 신고제도의 성실한 이행	
	중소기업 보호 및 육성	• 중소기업 GS 인증제품 적용 여부 및 규모, 중소기업 컨소시엄 참여 여부 및 규모 등	5

출처: KPMA, 프로젝트관리지침서, 2020

(4) 적격 심사

적격 심사제도는 제안서 평가 방법의 일종으로, 공공기관에서 발주한 공사에 대한 입찰에서 가장 낮은 가격으로 입찰한 업체에 대해 기술 능력과 입찰 가격을 종합 심사해 일정 점수 이상을 확보하면 낙찰자로 결정하는 제도를 의미한다. 본 제도는 시공 능력 및 기술력이 우수한 적격 업체를 선정한 뒤 이 중 가장 낮은 입찰 가격을 제시한 업체를 최종 낙찰자로 결정하는 제도로서, 본 제도의 도입 취지는 국내 업체의 경쟁력 제고와 보호 육성을 하고, 계약 이행 능력이 없거나 부족한 업체가 저가 입찰로 낙찰되는 것을 예방하며, 계약이행의 신뢰성을 확보함은 물론 업체의 경영 합리화 및 품질 향상을 위한 것이다.

3) 계약 체결

(1) 가격 협상

가격 협상은 제안사가 제시한 제안가격에 대해 발주자 혹은 구매자가 자체적으로 산정한 예정가격을 참고하여 가격에 대해 조정을 하고자 하는 협상을 말한다. 혹은 제안요청서에 제시한 사업범위 혹은 요구사항과 제안사가 제안요청서상에 제시한 사업범위 등을 기준으로 사업범위 혹은 요구사항의 추가 및 변경이 있는 경우 가격협상을 하는 경우를 말한다.

가격 협상과 계약 형태는 밀접한 관계가 있으며, 고정금액 계약이나 실비정산 계약에서 가격 협상 방법은 서로 다르게 접근이 필요하다. 또한, 계약의 복잡성이나 계약금액의 규모에 따라 다른 가격 협상 방법을 사용한다. 통상 소규모 계약에는 가격 분석에 의한 협상을 하고 규모가 큰 계약 협상을 위해서는 원가 분석 방법에 따른 계약 협상을 활용한다.

가격 분석에 의한 협상은 제안 금액을 기준으로 협상하는 방법으로 가장 널리 쓰이는 방법이다. 주요 장점으로는 협상 기간이 대체로 짧고, 특수 전문가의 지원이 거의 필요 없으며, 협상에 필요한 자료의 획득이 비교적 쉬운 편이다. 원가 분석에 의한 협상 방식은 제안 가격에 대해 항목별로 원가의 타당성을 분석하여 협상을 하는 방식이며, 원가분석에 대한 근거 및 전문가의 지원이 필요하며 명확한 원가 정보의 획득이 어려운 단점이 있다.

(2) 가격 이외의 주요 협상 항목

가격 이외의 주요 협상 항목으로는 일반 계약 조건, 인도 일정, 대가 지급 조건, 물품 선적 및 수송 방법 등이 있다. 기타 지적 재산권, 물가 변경에 따른 계약금액 조정 및 인센티브 관련 조항, 조달 진도보고 방안, 서비스 수행 조건, 책임 한계, 품질 부적격사항에 대한 처리 방법, 구매자가 제공하는 물품이나 서비스, 클레임 처리방안 및 적용 관련 법규 등이 있다.

(3) 계약서 서명 및 계약 발효

계약서 서명은 계약금액 및 계약 조건에 대한 협상이 완료되어 발주자 혹은 구매자와 공급자의 각 기관의 대표이사 혹은 대리인이 계약체결을 위한 날인 혹은 서명을 하는 것을 의미한다. 계약서 서명에는 발주자 혹은 구매자와 공급자의 주소, 회사명, 대표이사 명, 계약 체결 일자, 계약금액, 계약 기간, 대금 및 대금 지급 조건 등이 올바르게 표시가 되어있는지를 확인하고 서명 또는 날인을 하여야 한다. 계약 당사자 간에 계약서에 서명 시 계약이 발효된다. 혹은 계약 발효 조건(가령, 정부 승인 또는 자금 공급자 승인 시점 등)을 제시하여 계약 발효 조건이 충족되는 시점부터 계약이 발효되는 경우도 있다.

11.2.3 산출물

1) 선정된 공급사

선정된 공급사란 제안서 제출 혹은 견적서를 제출한 업체를 대상으로 제안서 평가 기준에 따라 가격 및 기술적인 평가를 거쳐 선정된 공급사들을 의미한다. 이중에서 가장 높은 점수를 획득한 선정된 공급사를 대상으로 우선협상 대상자로 선정하고 우선협상자와 계약협상을 통해 최종적으로 계약체결을 완료한다. 만약 우선협상자와 우선협상 과정에서 우선협상이 결렬되는 경우 차순위 선전된 공급사가 우선협상 대상자가 된다.

2) 계약서

계약서는 발주자 혹은 구매자와 공급사간에 제안요청서 및 제안서를 기반으로 기술 협상을 하고, 가격협상 등을 하여, 계약 당사자 간 합의사항들을 체계적으로 정리한 문서로서, 계약서를 구성하는 주요 문서로는 일반조건, 특수 조건, 그리고 부속 문서 등이 있다.

계약서의 일반조건의 주요 내용은 서두 부분, 본문, 말미 부분으로 구분할 수 있으며, 서두 부분에는 주로 계약의 제목, 전문, 계약체결 목적, 사용되는 용어에 대한 정의 등의 조항이 있고, 본문에는 거래 목적물, 대금조항, 거래 안전조항 등이 있으며, 말미에는 주로 해제(지), 계약 기간, 사정변경, 분쟁 해결조항, 보증확인, 서명 등의 조항이 있다. 통상 국내 계약서의 일반조건의 조항별 구성 체계는 <표 11-8>과 같다. 계약서의 특수 조건은 본 프로젝트의 특성과 특수성을 고려하여 일반조건과 다른 조건이거나 내용을 추가 보완할 경우 별도로 특수 조항을 두어 일반조건에 비해 우선 효력을 갖도록 한다.

〈표 11-8〉 국내 계약 일반 조건 기본구성 체계

부분	구분	세부항목	비고
서두 부분	제목	계약서의 명칭	용역, 물품공급 등 구분
	전문	계약의 배경	
	목적 규정	계약의 목적	
	정의 규정	계약서에 사용된 용어	빈번하게 사용되는 용어 정의
본문	거래 목적물	목적물의 명확한 기재	프로젝트 범위 등 명시
		목적물의 인도 시기	세부 마일스톤 기술
		목적물의 인도 방법	
		목적물의 인도 장소	
		목적물의 검수/하자 대처	검수 절차/기간, 하자보수 기준
	거래대금	거래대금의 명확한 기재	총 대금, 부가가치세 포함 여부
		거래대금의 지급 방법	대금 지급 수단(현금, 어음 등)
		거래대금의 지급 방법	지급 시기, 지급 횟수, 검증 방법
		거래대금의 연체 대처	거래대금 지연 시 연체율
	거래 안전규정	거래 안전 담보 조치	손해배상, 이행보증보험 등
		계약이행 후 하자보수	하자보수 보증보험 등

		불가항력 사항 규정	천재지변 등 발생 시
		비밀보장/지식재산권	알게 된 비밀보장, 지재권 보호 등
말미 부분	해제(지) 규정	해제(지) 기준	해제(지) 조건 및 정산 기준
	계약 기간 규정	계약의 시작과 종료 기간	계약 기간의 시작과 종료 일자
	사정변경 규정	계약이행환경의 사정변경	불가피한 사정 발생 시 면책 등
	분쟁 해결 규정	분쟁 발생 시 해결 방안	조정, 중재, 소송
	보증확인 및 서명	계약 당사자 및 날인	계약 당사자 및 인감 날인 등

출처: KPMA, 프로젝트관리지침서, 2020

계약 부속 문서로는 대금 지급 기준 및 지급 절차, 프로젝트관리 계획 및 절차, 보안 및 안전규정, 거래 윤리 규정 등 통상 발주기관의 필요에 따라 달라질 수 있다.

11.3 조달 통제

조달 통제는 조달계약 관리, 계약 성과 모니터링, 변경 수행 및 시정조치, 그리고 최종적으로 계약을 완료하는 프로세스를 의미한다. 조달 통제는 구매자와 공급자 모두에게 해당하는 업무이다. 즉 조달 통제의 주목적은 공급자가 적정 납기, 적정 품질, 적정 성과 등과 같은 계약요건을 확인하는 것은 물론 구매자가 소관 업무를 제대로 수행하는지를 확인하는 것이다. 다수 공급자가 참여하는 대형 프로젝트의 경우 공급자 간 또는 계약 간 인터페이스를 관리하는 것도 조달 통제의 주요 목적의 하나이다.

11.3.1 입력물

1) 프로젝트관리 계획

조달 통제를 위해 조달관리 계획, 공급사와의 계약서, 조달 작업명세서, 공급자에 대한 작업성과 보고서, 승인된 변경요청 등이 필요하다. 이와 같은 주요 정보 및 자료를 활용하여 공급자 성과 검토 통제, 계약변경 통제, 검수, 감리, 공급자 평가, 클레임 행정 및 조달 종료 등의 활동들을 한다.

2) 계약서

계약서는 구매자와 공급사 간 각 당사자의 권리와 의무, 책임 등에 대해 기술한 문서이다. 이를 기반으로 공급사는 물품 및 서비스를 적기에 납품하고 구매자는 검수를 통해 해당 대금을 지급한다.

3) 작업성과 데이터

작업성과 데이터는 공급사의 기술성과, 계약체결 후 활동, 진행 및 완료 업무, 수행한 원가, 대금지급 상태 등과 같이 공급사가 수행한 프로젝트 추진 현황을 포함한다.

4) 기업환경 요소

조달 통제에 영향을 미치는 기업환경 요소는 다음과 같다.

(1) 계약 변경 통제시스템
(2) 시장 조건
(3) 회계관리, 대금 지불시스템
(4) 구매조직의 윤리헌장

5) 조직 프로세스 자산

조달 통제에 영향을 미치는 조직 프로세스 자산에는 조달정책 및 기존 프로젝트에서의 학습사항 등이 있다.

11.3.2 기법 및 활동

1) 공급자 성과관리

공급사의 물품 및 서비스에 납품에 대한 일정, 품질, 원가 측면에서 성과관리를 한다.

2) 검수

검수란 공급자가 제출한 산출물 혹은 인도물의 수량과 기능 및 성능 등이 계약서 및 부속서류에 명시된 품질 기준 및 검수 기준에 부합하는지를 결정하기 위해 지정된 제삼자 혹은 계약담당자에 의해 수행되는 공식적인 검토를 말한다. 검수는 공급자가 제공하는 물품, 서비스 혹은 결과물의 복잡도 및 검수담당자의 필요에 따라 간단하게 실시할 수도 있고, 혹은 기능 및 성능 등에 대해 구체적으로 실시할 수 있다. 검수는 통상 대금 지급과 관련되어 실시되는 경우도 있다. 가령, 물품의 경우 설치 및 시험을 통해 검수하여 검수에 통과한 경우 물품에 대한 대가를 지급하고, 서비스의 경우 엔지니어링 단계별로 산출물에 대한 중간 검수 혹은 최종 검수를 통해 기성 방식에 따라 중도금 혹은 잔금을 지급하며, 공급자가 제공한 물품 혹은 서비스에 대한 검수는 계약시 상호 합의한 검수 항목과 검수 절차 및 검수 기준에 따라 실시한다.

3) 대가 지급

대가 지급은 공급자가 발주자 혹은 구매자에게 계약서에 명시된 물품 혹은 서비스를 제공시 지급하는 대가를 의미한다. 공급자에 대한 대금 지급은 계약서에 명시된 계약목적물에 따라, 물품 및 서비스에 대한 대금 지급 기준, 대금 지급 횟수, 대금 지급 수단 및 일정에 따라 지급한다. 통상 국내의 경우, 계약을 체결하면 계약금 혹은 선수금을 지급하고, 완성품 혹은 자재, 부품 등의 물품을 납품하는 경우 검수를 한 후 해당 대금을 지급하며, 용역 혹은 서비스의 경우 기성 정도에 따라 단계별 혹은 중간 산출물의 완성물에 대해 검수를 한 후 중도금을 지급한다. 최종 잔금은 최종 산출물 혹은 결과물의 인도 시 최종 검수 혹은 준공 검사를 한 후 지급한다.

4) 감리

감리란 프로젝트의 품질관리 방안의 일종으로 공급자의 계약이행 활동들이 프로젝트 조직의 정책, 프로세스 및 절차를 준수하는지를 확인하기 위해 프로젝트 조직과 독립적인 내부 혹은 외부 감리자들에 의해 시행되는 공식적인 검토 활동을 말한다. 통상 감리는 프로젝트 조직을 대상으로 모기업의 정책, 프로세스 및 절차의 미준수 사항 혹은 미흡 사항을 식별하거나 혹은 계약서에 정의된 공급자의 성과에 대한 편익 증가 및 개선을 위해 선제적으로 미흡한 사항 및 문제점들을 사전에 파악하여 개선점들을 권고 혹은 제시하는 경우도 있다. 감리자에 의해 권고된 사항들은 계약 당사자 간 검토를 통해 예방 활동 혹은 시정조치, 변경 요청 혹은 클레임 행정으로 처리된다. 감리를 효과적으로 실행하기 위해서는 감리에 대한 프로젝트 조직의 협조 사항, 공급사의 지원의무 및 협조 사항들은 계약체결 시에 구체적으로 계약조항에 명시할 필요가 있다.

5) 공급자 평가

공급자 평가는 발주자 혹은 구매자가 물품 혹은 서비스를 제공하는 공급사를 대상으로 공급사의 조달 성과 및 조달 능력 등에 대해 평가하는 것을 의미한다. 발주자 혹은 구매자는 해당 계약의 성공적인 수행을 위하여 공급자의 성과를 통제할 뿐만 아니라 해당 계약은 물론 향후 거래를 위하여 공급자를 지속해서 평가하는 시스템을 운영하는 것이 중요하다. 공급자와 계약이 종료 시 공급자에 대한 평가는 <표 11-9>와 같이 평가 항목별로 평가하여 향후 공급자 선정 시 활용한다. 공급자 평가를 좀 더 효율적으로 하기 위해 다음과 같은 항목들을 포함한 평가 양식을 활용한다.

〈표 11-9〉 공급사 평가표 사례

항목	수준					비고
	1	2	3	4	5	
1. 납기 준수						
2. 품질 기준 준수						
3. 프로세스 통제						
4. 원가 준수						
5. 문화						
6. 리스크관리						
7. 의사소통						
8. 역량						
9. 계약 준수						
10. 지원						
합계						
참고 및 특이사항						
평가자						

출처: KPMA, 프로젝트관리지침서, 2020

6) 계약 변경

계약변경은 발주자 혹은 구매자와 공급사간 체결된 계약에 대해 가격이나 기간, 범위 등에 대해 변경 발생 시 계약을 변경하는 것을 의미한다. 대부분의 계약은 정도의 차이는 있지만 여러 가지 사정으로 인하여 계약이행과정에서 변경 사유가 발생한다. 계약변경 사유가 발생하면 계약서에 명시된 절차나 방법에 따라 계약변경을 수행한다. 물품 혹은 용역 계약에 대해 고정금액으로 계약을 체결한 경우, 계약체결 후 계약 내용의 변경은 계약금액의 변경을 수반하는 경우가 많다. 계약 변경 절차는 계약서 및 사업수행계획서와 같은 계약부속 서류 등에 계약변경 요청 및 승인권자를 포함하여 상세히 기술되어야 하며, 프로젝트의 변경통제 시스템과 통합 운영하는 것이 필요하다.

7) 조달 종료

조달 종료는 발주자 혹은 구매자와 공급자간 체결한 계약에 대해 계약이행을 완료한 경우 혹은 계약을 중단할 필요가 있는 경우 계약을 종료하는 것을 의미한다. 프로젝트 계약 종료 단계에서는 계약에 주어진 모든 업무가 완료되었는지를 확인하여 유보금을 포함한 계약 대가의 최종지급이 이루어진다. 계약 종료는 전체 프로젝트 종결 프로세스와 밀접한 관계가 있다. 계약 종료 단계에서 클레임의 처리, 관련 기록의 관리, 계약의 해지 및 해제 등의 활동들이 이루어진다.

8) 교훈 사항 기록

조달관리 프로세스에서 습득한 교훈 사항이나 클레임 처리, 계약 변경, 계약 이슈 및 계약 분쟁 등에 대한 교훈 사항 등을 기록하여 향후 프로젝트에 활용한다.

9) 클레임관리

클레임이란 발주자 혹은 구매자와 공급자간 계약 내용에 대한 조정이나 계약 조건에 대한 해석 혹은 기간 연장 등과 같은 계약과 관련된 권리를 요구하거나 주장하는 것을 의미한다.

계약과 관련하여 발주자 혹은 구매자와 공급자 간의 계약적 권리에 따른 금전적 보상이나 계약 기간의 연장, 혹은 당초 계약에 포함되어 있지 않은 사유로 인해 발생한 추가 작업이나 손실에 대하여 합의된 계약금액 외의 보상을 청구하는 것을 포함한다. 통상적으로 계약 당사자 간의 근거 없는 막연한 피해 의식에 따른 불평이나 불만과는 달리 클레임은 객관적인 근거와 구체적인 금전적 보상 청구를 수반한다. 클레임을 제기하는 공급자는 먼저 계약 내용을 확인하고, 만약 계약변경이 필요한 경우 계약 변경에 수반되는 업무 범위와 소요되는 비용을 산정한다. 마찬가지로 발주자 혹은 구매자도 공급자가 충족하지 못한 계약적 요건을 확인하여 이로 인해 발생한 비용을 산정한다. 만약 클레임이 제기된 경우 계약 당사자 간에 협상을 통하여 해결하는 것이 가장 바람직하다. 만약 당사자 간에 협상을 통해 클레임을 해결하지 못하는 경우, 제3자가 개입하여 당사자 간에 해결을 촉진하는 조정이나 제3자가 당사자 간을 대신하여 클레임에 대한 의사결정을 하는 중재에 의해 해결할 수 있다.

클레임 유형은 명시적인 계약조건에 근거한 클레임과 계약위반에 근거한 클레임, 그리고 호의적 클레임 등으로 구분할 수 있다. 통상 클레임은 명시적인 계약조건에 근거한 클레임을 의미하고, 계약위반에 근거한 클레임은 묵시적으로 상대방이 계약 조건을 위반한 경우로 분쟁을 야기할 우려가 있어 리스크가 크고 실효성이 적은 클레임이며, 호의적 클레임은 상호간 신뢰 관계가 형성된 상태에서 쌍방이 예측하지 못한 리스크로 인해 발생한 손해를 발주자 혹은 구매자가 보전해주는 클레임으로 발주자 혹은 구매자의 호의에 기반한 클레임이다.

(1) 클레임 유형

① 계약 조건에 근거한 클레임

계약 조건에 근거한 클레임은 계약 조건에 명시된 조항에 따라 제기하는 클레임을 의미한다. 계약 조건에 근거하여 클레임을 제기하려면 클레임을 제기할 수 있는 계약 조항에 대한 이해와 절차를 명확히 인식하고 클레임에 대한 정당한 근거와 자료를 기반으로 클레임을 제기하는 것이 필요하다.

② 계약 위반에 근거한 클레임

계약 당사자의 어느 일방이 계약상의 의무를 다하지 못한 경우 혹은 계약을 위반한 경우, 상대방이 제기하는 클레임을 말한다. 묵시적인 계약적 의무사항으로는 발주자 혹은 구매자가 공급사의 계약이행에 대해 방해 행위가 없도록 하는 것, 공급자에 의한 적시에 현장 인도, 지시나 정보 제공이 적시에 이루어질 것, 공급자는 성의를 다하여 물품 혹은 서비스를 제공할 것, 자재는 용도에 적합한 것이어야 하며 품질 수준이 높아야 할 것 등이다. 하지만, 계약위반에 의한 클레임 제기는 상대방이 거부할 확률이 커서 클레임 제기가 쉽지 않다.

③ 호의적 클레임

호의적 클레임이란 공급자가 클레임에 대한 계약적인 권리를 갖지 못함에도 불구하고 공사의 특수성이나 계약 당사자 간의 이해관계 등을 고려하여 발주자 혹은 구매자가 공급자의 손실에 대해 일정 금액을 보상해주는 경우를 말한다. 가령, 긴급성이 필요로 하는 공사에 대해 공급자가 저가로 입찰을 했고, 또한 송사 중 감당하기에 버거운 공사로 인해 공급자의 손실이 막대하여 공사의 이행이 어려워진 경우에 구매자가 계약을 해지하지 아니하고, 공급자에게 일정 부분 보상을 하여 공사를 적기에 완성하도록 하는 경우이다.

(2) 클레임 추진 방안

클레임 추진 과정으로는 먼저 클레임을 제기하는 조직에서 계약서에 명시된 기간 내 상대방에게 클레임에 대한 통지의무가 있으며, 클레임 제기 시 첨부하는 서류는 최신의 상태로 기록을 유지해야 하며, 클레임을 제기하는 조직에서 클레임에 대한 사유, 항목, 금액 및 관련 상세 근거 내용 등을 제출한다. 클레임을 제기하면 통상 감리자 혹은 제삼의 전문가가 클레임에 대한 검토 및 금액 등을 결정하여 산출된 금액을 지급한다.

① 통지 의무
② 최신의 기록유지 및 클레임 상세 내용 제출
③ 감리자에 의한 결정
④ 지급

(3) 클레임 근거자료

클레임 근거자료는 클레임을 제기하는 손해액이나 소요 비용 산정에 필요한 근거자료를 의미한다. 클레임 근거 자료는 주로 계약 및 규정 관련 서류, 프로젝트 관련 계획 및 실행 관련 서류, 감리자와 구매자 간 수발신 서신 및 메일, 각종, 제품의 시험 및 품질 관련 서류, 변경 관련 서류, 작업일지 등이 있다. 클레임을 효과적으로 추진하기 위해서는 프로젝트 제안단계부터 최근까지 관련된 서류를 시기별, 혹은 분야별 서류를 담당자를 정해 체계적으로 관리하는 것이 중요하다.

① 계약문서, 프로젝트 관리 및 계획 문서(가령, 공정계획표 등)
② 각종 서신 및 구매자와 감리자에게 제출한 각종 보고서
③ 기성 및 지불 확인서
④ 각종 물량 확인자료
⑤ 각종 시험 결과 자료 및 검사 관련 자료
⑥ 각종 제안 관련 자료 및 원가 자료
⑦ 하도급 계약문서 및 하수급인 클레임 관련 자료

⑧ 공사와 관련된 각종 법규 및 정부 공시자료
⑨ 전문기관의 각종 의견서, 판단서
⑩ 작업일지 및 시공사 내부 자료

11.3.3 산출물

1) 계약 행정 문서

계약 실행과 관련하여 작성된 납기, 승인 또는 미승인된 변경요청서, 구매자가 작성한 기술문서, 인도물 관련 작업성과정보, 하자 보증, 송장, 대가 지급 등의 기록물 등이 있다.

2) 회사 보유 정보 및 자료 갱신

프로젝트관리 프로세스에 따라 개별 프로젝트가 의무적으로 보고할 여러 가지 프로젝트 정보를 정확하게 갱신한다. 예를 들면, 왕래 서신, 대금 지급 일정과 요청, 판매자 성과 평가 서류 등이 이런 갱신 정보에 해당한다.

3) 변경요청

조달 행정 프로세스에서 계약 내용의 변경이 필요한 경우 변경을 요청하는 문서이다.

4) 공급사 평가자료

공급사의 조달 실적에 대한 납기 능력, 의사소통 능력, 품질 준수 등에 대해 평가를 하여 향후 프로젝트 조달 시 참고한다.

5) 학습사항

학습사항은 물품 및 서비스 등의 조달항목에 대한 범위, 일정 및 원가를 준수하는데 효과적인 방안이나 기법 및 조달 계획 대비 실적이 차이가 발생한 경우 그 차이를 해소하기 위한 효과적인 시정조치 등에 대해 기록한다. 또한 만약 클레임이 발생한 경우 향후 재발을 방지하는 방안에 대해서도 기록하여 관련 조직에 공유하여 향후 프로젝트에서 활용한다.

이 장의 요약

- 프로젝트에서 조달이란 프로젝트 외부로부터 물품, 서비스 또는 결과를 구입하는 것을 의미한다.
- 프로젝트 조달관리는 조달계획 프로세스, 공급자 선정 프로세스, 조달관리 프로세스로 구성된다.
- 조달 계획 프로세스란 프로젝트의 자체 제작 혹은 구매 결정, 프로젝트 인도 방법, 계약 형태, 조달 프로세스 수립, 조달 조직 및 역할 정의, 조달 문서 작성, 조달 일정 등을 수립하는 것을 의미한다.
- 공급자 선정 프로세스란 조달 문서를 기반으로 외부 공급자들이 입찰 혹은 제안을 한 경우 경쟁력이 있고 역량이 있는 적절한 공급자를 선정하고 평가하여 계약을 체결하는 프로세스를 의미한다.
- 조달관리 프로세스란 선정된 외부 공급자와 체결된 계약에 따라 공급자는 계약 이행을 하고, 계약 이행에 대해 성과관리, 검수 및 대가 지급을 하고 필요한 클레임 처리 및 계약을 종료하는 절차를 의미한다.
- 프로젝트에서 외부공급자를 통해 조달하는 물품, 서비스 혹은 결과 등의 비중이 클수록 조달에 의해 공급되는 물품, 서비스 혹은 결과의 납기 및 품질, 가격 등에 따라 프로젝트의 성공과 실패하는 확률이 높아진다.
- 따라서 프로젝트를 성공적으로 완수하기 위해서는 프로젝트 조달관리를 효과적, 효율적으로 수행할 필요가 있다.

11장 연습문제

1. **다음 용어를 설명하시오.**

   1) 개산 계약
   2) 제한경쟁 제약
   3) FP-EPA(Fixed Price with Economic Price Adjustment)
   4) 가격협상
   5) RFT(Request for Tenders)

2. **다음 제시된 문제를 설명하시오.**

   1) 프로젝트 계약 형태에 따른 구매자 위험과 공급자 위험과의 관계를 설명하시오.
   2) 계약체결 방법에 따른 계약의 유형에 대해 설명하시오.
   3) 조달 계획, 공급자 평가 및 선정, 조달 통제 단계에서 조달 절차를 설명하시오.

3. **다음 객관식의 문제에 대해 올바른 답을 제시하시오.**

   1) 원가보전 가능계약에 포함되는 것은?
      ① CPIF(Cost Plus Incentive Fee)
      ② Unit pricing contracts
      ③ FPIF(Fixed-Price Incentive Fee)
      ④ Time and Material contract

   2) 조달관리 계획서에 포함되지 않는 것은?
      ① 계약의 종류
      ② 계약관리 lessons learned
      ③ 예정가격을 준비할 담당자
      ④ 계약체결 프로세스

3) 동일 장소에서 다른 관서, 지방자치단체 또는 정부 투자기관이 관련되는 공사 등에 대하여 관련 기관과 공동으로 계약을 체결하는 계약 형태를 무엇이라 하는가?

① 종합 계약
② 총액 계약
③ 개산 계약
④ 확정 계약

4) 계약 체결 방법에 따른 계약의 유형 중 제한경쟁 계약의 장점은?

① 민주적, 균등한 기회보장
② 경제적, 담합이 곤란
③ 우수한 업체 참가로 계약이행이 보장
④ 행정 소요기간 단축

5) 수요자의 입장에서 가장 높은 위험을 부담하는 계약 형태는 무엇인가?

① CPIF(Cost Plus Incentive Fee)
② CPAF(Cost Fee Award Fee)
③ CPPC(Cost Plus Percentage of Cost)
④ FPIF(Fixed-Price Incentive Fee)

CHAPTER

12

의사소통관리

의사소통관리는 프로젝트의 성공을 위해 매우 중요한 프로젝트관리 영역이라고 할 수 있다. 프로젝트를 성공적으로 완료하기 위해서 프로젝트관리자는 프로젝트를 수행하는 과정 및 각각의 프로세스에서 관련된 다양한 이해관계자들과 의사소통을 통해 프로젝트를 수행한다. 프로젝트를 수행하기 위해서 프로젝트 초기에는 프로젝트스폰서로부터 프로젝트관리자로 임명을 받고, 발주기관 및 사용자로부터 요구사항을 파악해서 프로젝트의 범위를 결정하고, 결정된 범위를 일정에 맞추어 실행하는 과정에서 필요한 이해관계자들에 적절한 의사소통 기법을 활용한다. 또한 주기적으로 프로젝트가 실행되는 상황을 파악하거나 수정 및 변경사항을 처리하고, 프로젝트 팀원들이 작업 및 활동을 통해 만들어지는 산출물들을 발주기관 및 사용자에게 인도하여 승인을 받는 과정에서도 관련된 사람들과 효과적인 의사소통을 해야 한다. 이렇게 프로젝트는 의사소통에서 시작하여 의사소통으로 완료한다고 할 수 있다. 이를 위해서 프로젝트관리자는 기본적인 의사소통의 개요 및 의사소통의 모델을 이해할 필요가 있으며, 대인관계에서의 언어적 및 비언어적 의사소통을 이해하고, 공식 및 비공식 의사소통을 원활하게 하기 위해서는 경청과 질문, 표현, 회의기술 등의 중요한 대인 간 의사소통의 기술을 이해하고 실제 현장에 적용 가능하도록 숙달될 필요가 있으며, 또한 대인 관계에서 발생할 수 있는 문제와 갈등을 이해하고 해결하는 과정 및 협상 능력을 키울 필요가 있다.

프로젝트 의사소통관리는 프로젝트와 관련 이해관계자들이 필요로 하는 정보가 배포될 수 있도록, 산출물의 개발 및 작성과 이들을 효과적으로 배포하는 활동들을 보장하는 데 필요한 프로세스들로 구성된다. 프로젝트 의사소통관리 프로세스는 의사소통관리 계획, 정보배포, 그리고 의사소통 통제 프로세스 등으로 구성된다.

의사소통관리 계획 프로세스는 의사소통의 대상을 정의하고, 어떤 내용의 정보를 언제, 어떤 수단으로 배포할 것인가를 정의하는 프로세스이다.

정보배포 프로세스는 프로젝트를 수행하는 과정에서의 필요한 정보를 필요한 사람들에게 배포하는 프로세스이다.

의사소통 통제 프로세스는 프로젝트의 이해관계자의 변동이나 의사소통 요구사항이 변동된 경우 의사소통관리 계획을 수정하고, 배포되는 정보들에 대한 변경 요구사항들을 파악 및 처리하는 프로세스를 말한다.

12.1 의사소통관리 계획

의사소통관리 계획은 각 이해관계자 혹은 이해관계자 그룹의 정보 필요성, 활용가능한 조직 자산, 그리고 프로젝트의 요구사항에 기반하여 프로젝트 의사소통 활동을 위한 접근 방안과 계획을 개발하는 프로세스이다.

의사소통관리 계획의 목적은 참여하는 이해관계자들에게 적시에 필요로 하는 관련 정보를 효율적이고 효과적으로 제공하는 문서화된 접근 방안을 작성하는 것이다. 의사소통관리 계획은 주기적으로 검토하여 필요시 갱신한다. 프로젝트의 다양한 정보 필요성을 충족시키기 위한 효과적인 의사소통관리 계획은 프로젝트 생명주기에서 초기에 개발된다. 통상적으로 의사소통관리 계획은 이해관계자 식별 과정 및 프로젝트관리 계획 개발과정에서 초기에 개발된다. 추가로 의사소통관리 계획은 프로젝트 관련 정보의 생성, 저장, 조회 및 폐기 방법 등을 고려하여 문서화되어야 한다.

12.1.1 입력물

1) 프로젝트 헌장

프로젝트 헌장은 핵심 이해관계자들을 식별한다. 또한 프로젝트 헌장은 이해관계자들의 역할과 책임 등을 포함한다. 프로젝트 헌장에서 식별된 핵심 이해관계자들과 이들 핵심 이해관계자들의 역할과 책임들은 의사소통 대상 및 필요한 정보를 식별하는데 활용된다.

2) 자원관리 계획

자원관리 계획은 팀 자원들이 어떻게 확보되고, 할당 및 관리, 그리고 해제되는지를 명시한다. 프로젝트 팀원들과 그룹들은 의사소통 요구사항을 제시하며 이들은 의사소통관리 계획에 반영되어야 한다.

3) 이해관계자 참여 계획

이해관계자 참여 계획은 이해관계자들이 효과적으로 참여하도록 하는 관리 전략을 포함한다. 이러한 전략은 이해관계자들과의 의사소통을 통해 이루어진다. 따라서 이해관계자 참여 계획은 이해관계자들 간 의사소통 요구사항 파악을 위해 필요하다.

4) 이해관계자 목록

이해관계자 목록은 프로젝트 이해관계자와의 의사소통 활동을 계획하는 데 사용된다. 이해관계자 목록은 이해관계자에 대한 의사소통 요구사항, 의사소통 기법, 의사소통 빈도, 의사소통 내용 등을 결정하는 데 활용된다.

5) 의사소통 요구사항

의사소통 요구사항은 프로젝트에 참여하는 팀원 및 이해관계자들의 정보배포 요구사항을 포함한다.

6) 조직환경요인

의사소통관리 프로세스에 영향을 미치는 조직환경요인들에는 조직문화, 조직의 의사소통 채널과 도구 및 시스템 등이 있다.

7) 조직 자산

의사소통관리 계획에 영향을 미치는 조직 자산들에는 조직 차원의 의사소통 요구사항, 정보의 생성과 교환 및 조회에 대한 표준 가이드라인, 기존 프로젝트들에서의 학습사항, 기존 프로젝트들에서의 이해관계자와 의사소통 자료 및 정보 등이 있다.

12.1.2 기법 및 활동

1) 의사소통관리 계획 시 고려사항

의사소통관리 계획 수립 시 고려사항들은 다음과 같다.

(1) 조직의 정책 및 권력 구조

조직의 의사소통 관련 정책 및 조직의 권력구조에 따라 의사소통 형태 및 수단 등의 의사소통 요구사항이 달라질 수 있다.

(2) 고객 및 조직의 환경 및 문화

고객 및 조직의 프로젝트 추진 환경 및 문화에 따라 의사소통 형태 및 빈도, 내용 등의 의사소통 요구사항이 달라진다.

(3) 조직 변화관리 방안 및 실행방안

조직의 변화관리 방안 및 실행방안에 따라 의사소통 요구사항 및 형태 등의 의사소통 요구사항이 달라진다.

(4) 프로젝트 인도물 형태

프로젝트 인도물의 구성 및 복잡성 등에 따라 의사소통 형태 및 빈도, 내용 등의 의사소통 요구사항들이 달라진다.

(5) 조직 의사소통 기술

조직에서 활용 가능한 의사소통 기술에 따라 의사소통 형태 및 수단 등이 달라진다.

(6) 기업 의사소통의 법적 요구사항 관련 조직 정책 및 절차

기업에서 요구되는 의사소통 관련 법적 요구사항 관련 조직의 정책 및 절차에 따라 의사소통 빈도 및 내용들의 의사소통 요구사항이 달라진다. 가령, 조직에서 요구되는 보안, 성희롱 방지 등에 대한 법적 의사소통 요구사항 관련 정책 및 절차에 따라 의사소통 요구사항이 달라진다.

(7) 안전 관련 조직 정책 및 절차

조직에서 요구되는 안전 및 품질 등에 대한 조직 정책 및 절차에 따라 프로젝트 참여 인력에 대한 의사소통 빈도 및 내용 등의 의사소통 요구사항이 달라진다.

(8) 고객 및 스폰서 포함 이해관계자들

고객, 스폰서를 포함하여 프로젝트 관련 내외부 이해관계자들의 범위 및 특성에 따라 의사소통 형태, 빈도, 내용 등의 의사소통 요구사항 등이 달라진다.

2) 의사소통 요구사항 분석

의사소통 요구사항 분석을 통해 프로젝트 이해관계자들이 필요로 하는 의사소통 요구사항을 결정한다. 의사소통 요구사항들은 의사소통 형태와 형식의 조합으로 이루어진다. 의사소통 요구사항들을 파악하고 정의하는 데 사용되는 정보의 원천들은 다음과 같다.

(1) 이해관계자 참여 계획에 따른 이해관계자들의 정보 및 의사소통 요구사항
(2) 1:1, 1:N, N:N 등의 의사소통 채널 및 통로의 잠재적 수
(3) 조직도
(4) 프로젝트 조직 및 이해관계자의 책임, 관계, 상호 의존관계
(5) 프로젝트 산출물 개발 전략
(6) 프로젝트에 참여하는 전문가나 부서
(7) 프로젝트에 참여하는 인력들의 근무 장소에 따른 로지스틱스
(8) 프로젝트 참여 인력 및 조직 내부 부서 이해관계자들의 정보 요구
(9) 미디어, 공공 및 계약자 등 조직 외부 이해관계자들의 정보 요구
(10) 법적 요구사항

3) 의사소통 기술

프로젝트 이해관계자 간 정보전달에 사용되는 의사소통 방법들은 매우 다양하다. 정보 교환 및 협업 등에 사용되는 의사소통 방법들은 대화, 회의, 문서, 데이터베이스, 소셜미디어, 및 웹사이트들이 있다.

의사소통 기술의 선택에 영향을 미치는 요인들은 다음과 같다.

(1) 정보 요구 긴급성

의사소통되는 정보의 긴급성, 빈도, 형태 등은 프로젝트에 따라 달라지면, 또한 프로젝트의 단계별로 달라진다.

(2) 기술의 가용성 및 신뢰성

프로젝트 산출물의 분배에 요구되는 기술은 프로젝트 기간에 모든 이해관계자를 위해 호환성, 가용성, 접근성 등이 확보되어야 한다.

(3) 사용 용이성

의사소통 기술은 프로젝트 참여자들이 쉽게 사용할 수 있도록 선택되어야 하며, 필요하면 사용에 대한 적절한 교육 훈련을 한다.

(4) 프로젝트 환경

프로젝트에 참여하는 인력들이 대면기반인지 혹은 가상환경인지를 고려한다. 또한 근무하는 장소가 여러 군데인지, 의사소통 언어가 복수인지, 다양한 문화적 요소 등을 고려한다.

(5) 정보의 민감도 및 비밀 수준

의사소통되는 내용의 민감성 및 비밀 수준에 따라 추가로 보안 수단이 필요하다. 특히 소셜미디어를 통해 교환되는 정보의 형태, 내용 등의 보안성 및 비밀 수준에 대한 정책이 필요하다.

4) 의사소통 스타일 평가

의사소통 스타일 평가는 개인 간 대면 의사소통을 위해 계획된 의사소통 활동을 위해 선호되는 의사소통 방법, 형태 및 내용 등을 파악하고 의사소통 스타일을 평가하는 데 사용된다. 또한 의사소통 스타일은 이해관계자 참여 계획 대비 실행 간 차이를 극복하기 위한 이해관계자별로 조절된 추가적인 의사소통 활동 등에 활용된다.

5) 참여 인력에 대한 문화 인식

참여 인력에 대한 문화 인식은 개인 간, 그룹 간, 더 나아가 조직 간 차이를 이해하고 이러한 차이에 따라 프로젝트 의사소통 전략을 적용하는 것이다. 이러한 문화 인식은 프로젝트 이해관계자들 간 문화 차이에서 비롯된 잘못된 의사소통 및 오해 등을 최소화한다. 문화 인식과 문화에 대한 민감도는 프로젝트관리자가 이해관계자들과 팀원들의 요구사항과 문화 차이에 기반한 의사소통 계획을 수립하는 데 도움이 된다.

6) 이해관계자 참여 평가 매트릭스

이해관계자 참여 평가 매트릭스는 개별 이해관계자들의 현재 참여 수준과 원하는 참여 수준 간 차이를 보여주며, 이를 통해 이 차이를 극복하기 위한 추가적인 의사소통 필요사항을 파악하는 데 활용된다.

7) 회의

의사소통 계획을 위해 프로젝트 회의를 활용한다. 프로젝트 회의는 가상회의, 대면 회의, 문서 협업 기술, 이메일시스템, 프로젝트 웹사이트 등을 활용한다. 의사소통관리 계획 프로세스는 프로젝트 팀원들이 프로젝트 정보를 배포하고, 다양한 이해관계자들의 정보 요구에 대응하는 가장 적절한 방법에 대해 프로젝트 회의를 통해 논의 후 결정한다.

12.1.3 산출물

1) 의사소통관리 계획

의사소통관리 계획은 프로젝트관리 계획의 요소로서 프로젝트 의사소통이 계획되고, 구조화되고, 실행되고 효과적인 모니터링 방안들을 기술한다.

의사소통관리 계획에 포함될 항목들은 다음과 같다.

(1) 이해관계자 정보 요구사항

이해관계자들의 의사소통 형태, 빈도, 내용, 양식 등에 대한 요구사항을 나타낸다.

(2) 의사소통 정보의 언어, 형식, 내용, 상세화 정도

의사소통 정보의 사용 언어, 형식, 내용, 상세화, 사용 도구 등을 나타낸다.

(3) 정보 공유의 이유

배포되는 정보의 취지 및 사유를 나타낸다.

(4) 배포 주기

배포된 정보의 주기, 빈도 등을 나타낸다.

(5) 배포자, 승인자, 수신자

정보배포 때 배포자, 승인자, 수신자 등을 나타낸다.

(6) 정보 공유 기술

공유 및 배포되는 정보의 기술을 기술한다.

(7) 의사소통을 위한 시간, 자원, 비용

의사소통에 걸리는 시간, 자원, 비용 등을 나타낸다.

(8) 에스컬레이션 프로세스

의사소통 때 정보에 따라 필요한 보고 및 승인 프로세스를 나타낸다.

(9) 의사소통관리 계획의 업데이트 주기와 방법

의사소통관리 계획의 갱신 주기 및 담당자, 절차를 나타낸다.

(10) 비밀정보관리 프로세스

비밀정보에 대한 등급분류 및 관리 프로세스를 나타낸다.

(11) 공통 용어

의사소통에 필요한 공통 용어를 기술한다.

(12) 정보 흐름도

중요 정보에 대한 정보 흐름도를 나타낸다.

(13) 의사소통 제약

의사소통 때 제약조건 등을 기술한다.

(14) 의사소통(미팅, 주간 회의 등) 템플릿

의사소통에 필요한 템플릿을 나타낸다.

(15) 기타

기타 필요한 사항을 기술한다.

12.2 정보배포

정보배포 프로세스는 적시에 그리고 적절하게 프로젝트 정보의 수집, 생성, 분배, 저장, 조회, 관리, 모니터링, 그리고 최종적으로 폐기하도록 보장하는 프로세스를 말한다.

본 프로세스의 목적은 프로젝트 팀원과 이해관계자 간 정보 흐름이 효율적 및 효과적으로 되도록 하는 것이다. 정보배포 프로세스는 프로젝트 기간 내 수행되며, 적절한 의사소통 기술, 방법 및 기법의 선택을 통해 효과적인 의사소통이 되도록 해야 한다. 추가로, 본 프로세스는 이해관계자 및 프로젝트의 변화하는 요구에 따라 의사소통 방법과 기법을 조정하고 의사소통 활동에서 유연하게 대처해야 한다.

12.2.1 입력물

1) 의사소통관리 계획

의사소통관리 계획 프로세스에서 작성한 의사소통관리 계획을 기준으로 정보배포를 한다. 실제 정보배포 과정에서 이해관계자 및 프로젝트의 의사소통 요구사항이 변경 때 의사소통 방법 및 기법을 변경 적용한다.

2) 이해관계자 참여 계획

이해관계자 참여 계획은 효과적인 이해관계자 참여를 위해 필요한 이해관계자관리 전략을 수립한다. 이러한 이해관계자 참여 관리 전략은 의사소통을 통해 이루어진다.

3) 자원관리 계획

자원관리 계획에 기술된 팀원 및 물리적 자원들의 관리를 위해 필요한 의사소통을 기술한다.

4) 산출물

프로젝트에서 작성 혹은 개발한 산출물을 팀원 및 이해관계자와 배포한다.

5) 프로젝트 작업성과 보고

작업성과 보고는 의사소통관리 계획에서 정의된 프로세스를 통해 프로젝트 이해관계자들에게 공유된다. 작성성과 보고에 포함되는 내용은 상태 보고, 진척 보고 등이다. 작업성과 보고를 위해 획득 가치 정보, 추세선 및 예상, 계약성과 정보, 리스크 요약 등 관련 이해관계자에게 필요한 정보를 제공해야 한다.

12.2.2 기법 및 활동

1) 의사소통 방법

의사소통 방법은 이해관계자 변경이나 그들의 필요 및 기대사항의 변경 때 유연하게 수정 및 대처해야 한다.

2) 의사소통 모델

의사소통의 모델은 아래 [그림 12-1]과 같이 의사소통을 위한 정보를 송신하는 사람과 송신하는 사람의 생각이나 아이디어를 상대방이 이해할 수 있는 언어 혹은 문자

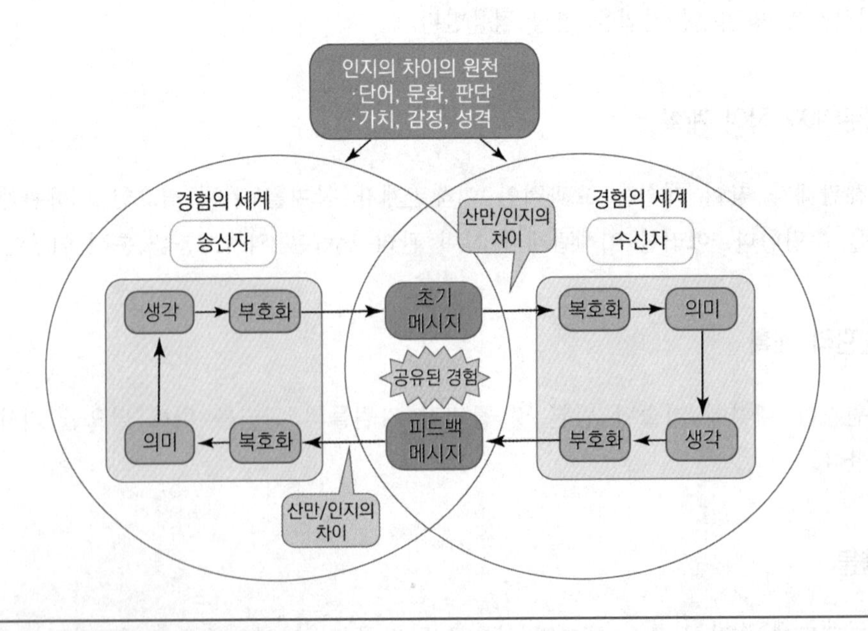

[그림 12-1] 의사소통의 모델 및 과정

로 표현한 신호 혹은 메시지, 그리고 상대방이 전달한 신호 혹은 메시지를 수신하여 이해하는 정보의 수신자로 구성된다. 그리고 의사소통 과정을 살펴보면 송신자와 수신자 간 공유할 수 있는 경험이 있고, 또한 상호 이해할 수 있는 공유된 문화, 지식이 있어야 원활한 의사소통이 가능하다.

(1) 정보의 송신자/부호화

송신자가 자신의 생각이나 아이디어를 상대방이 이해할 수 있는 기호로 변환하는 것을 부호화라고 한다. 부호화하는 방식에는 언어, 비언어, 문서, 도형 혹은 기타 다양한 매체들이 있으며 상대방의 지적 수준이나 장소, 거리, 언어 수단, 문화적 요소 등에 따라 달라질 수 있고 의사소통의 목적에 따라 적절하게 선택될 수 있다.

(2) 신호 혹은 메시지

송신자의 생각이나 아이디어는 부호화되어 신호 혹은 메시지가 된다. 부호화된 메시지는 신호로 변화되어 신호를 전달하는 수단을 통해 상대방에게 전달된다. 전달되는 과정에서 전달 수단 및 거리에 따라 잡음들이 생기기도 하고, 신호가 변질되기도 하여 상대방에게 인지의 차이가 발생할 수 있다. 인지의 차이는 언어, 문화, 판단의 차이 등에 의해서도 발생할 수 있으며, 또한 가치관, 감정 및 성격 등의 차이에 따라서도 발생할 수 있다.

(3) 정보의 수신자/복호화

상대방의 생각이나 아이디어를 문자 혹은 언어로 변환하는 과정이 부호화라면, 복호화는 그 반대의 과정이다. 정보를 수신한 사람은 전달 수단을 통해 전달되어온 문자 혹은 언어를 복호화 과정을 통해 상대방의 생각이나 아이디어를 이해한다. 만약 복호화된 메시지가 송신 측에서 보낸 메시지와 내용이 일치하면 성공적인 의사소통이 이루어진 것이다. 성공적인 의사소통의 확률을 높이기 위해서 메시지는 상대방의 경험과 지식 수준에 맞추어 부호화될 필요가 있다. 따라서 송신자와 수신자 사이에 공유된 경험과 지식 수준이 메시지의 표현 수준을 결정하는 데 중요하다.

3) 의사소통 채널

의사소통의 채널은 의사소통하는 사람들과의 의사소통 통로라고 할 수 있다. 의사소통의 통로는 1:1 형식, 1:N 형식, N:N 형식이 있을 수 있다. 의사소통하는 당사자들이 늘어나면 늘어날수록 의사소통 채널의 수는 기하급수적으로 늘어난다. 실제 프로젝트 환경에서는 프로젝트관리자는 산출물을 만드는 팀원이나 프로젝트에 참여하는 인력자원의 투입에 대해 협의를 하는 부서 관리자 및 프로젝트의 우선순위나 지원을 해 주는 상급자와의 의사소통에 주로 시간을 보낸다. 따라서 프로젝트관리자는 수직적 상하관계, 수평적 관계에서의 프로젝트 이해관계자들과의 효과적인 의사소통 채널을 선택하고 필요한 경우 의사소통 채널을 조절하기 위해 팀원이나 작업자들의 보고체계를 조절하는 것도 필요하다.

(1) 의사소통의 채널의 수

의사소통의 채널 수는 의사소통해야 하는 당사자들의 수에 따라 달라지는데 보통 의사소통의 채널 수는 당사자들의 수가 증가하면 기하급수적으로 증가하는 특성이 있다.

- 의사소통 채널 수 = $N(N-1)/2$, N = 의사소통 당사자의 수

가령, 의사소통 당사자의 수가 10명($N=10$)일 경우, 의사소통 채널 수는 $10 \times (10-1)/2$ 하면 $10 \times 9/2 = 45$개의 의사소통 채널이 된다. 의사소통 당사자가 20명일 경우, $20 \times (20-1)/2 = 20 \times 19/2 = 190$명이 된다. 이렇게 이해관계자들의 수가 늘어날 때 효율적인 의사소통을 위해 의사소통 당사자들을 그룹화하여 그룹별 의사소통 채널 수를 조절하는 것이 바람직하다.

(2) 프로젝트관리자의 의사소통 채널

프로젝트관리자의 의사소통 채널이란, 프로젝트관리자가 프로젝트를 성공적으로 완수하기 위해 다양한 이해관계자들과의 의사소통 관계라고 할 수 있다. 프로젝트를 성공적으로 수행하는 데 필요한 의사소통을 원활하게 하기 위해서는 비공식적인 개인 간 의사소통뿐만 아니라 공식적인 의사소통 채널을 이해할 필요가 있다. 의사소통 채널에는 크게 수직적 의사소통 채널과 수평적 의사소통을 구분할 수 있다. 수직적 의사소통 채널에는 프로젝트관리자의 관리자 및 스폰서와의 상향적 관계와 프로젝트 팀원 및 작업자들과의 하향적 의사소통 채널이 있고, 수평적 의사소통 채널에는 보통 기능조직의 부서관리자 및 다른 프로젝트관리자와의 의사소통을 말한다. 일반적으로 의사소통 채널은 프로젝트 조직도에 명시되어 있는데, 프로젝트 조직도에는 프로젝트에 참여한 사람들의 역할과 책임을 명시되어 있고 또한 보고관계 및 의사소통 채널이 명시되어 있다. 프로젝트 환경에서는 다음 <그림12-2>와 같이 보통 수직적 상향, 수직적 하향,

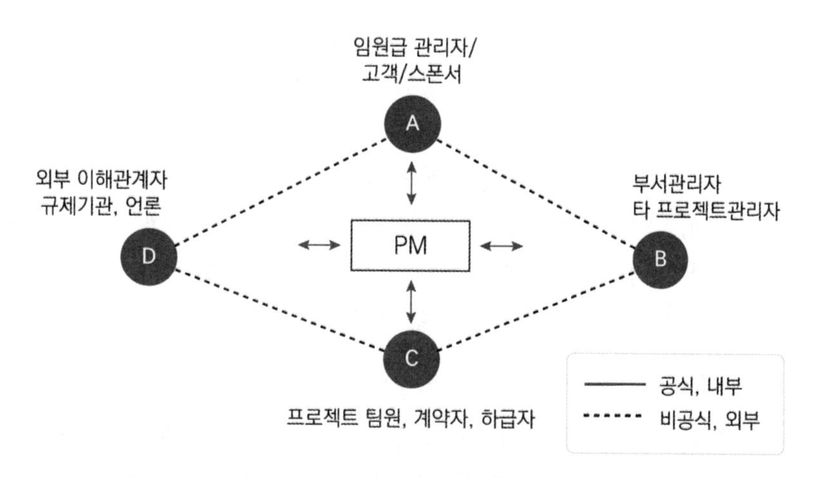

관계	제공	기대	필요기술
Ⓐ 임원급 관리자/ 고객/스폰서	상태 및 경고	조직적 지원, 피드백, 의사결정, 요구사항, 자금지원	문제해결, 시스템 구축 및 보고
Ⓑ 부서관리자 타 프로젝트관리자	기획 및 조정	기술적 지원 및 협력	협상 및 계약
Ⓒ 프로젝트 팀원, 계약자, 하급자	리더십, 지시 및 통제	품질 및 요구사항 만족	기획, 팀 구축 및 조정
Ⓓ 외부 이해관계자, 규제기관 공공언론	진행 정보	피드백 및 지원	공공관계 및 인터페이스

[그림 12-2] 의사소통의 채널

수평적 형태의 의사소통 채널이 존재한다.

① 상향적 의사소통

상향적 의사소통이란 프로젝트 임원 혹은 스폰서 등의 상급자와의 수직적 의사소통 관계로서, 프로젝트관리자가 책임을 맡은 프로젝트의 수행 성과에 대해 보고를 하고 평가를 받고자 할 때 혹은 조직적인 전략을 재정립하고자 할 때 활용한다. 일반적으로 프로젝트관리자는 프로젝트의 상황 보고, 제품에 관한 보고, 선적 보고 및 고객의 이슈 사항 등에 대해 예외적인 상황이 발생할 때 상급자에게 보고할 수 있다. 보고를 받은 상급자는 프로젝트의 목적과 목표를 효과적으로 달성하기 위해 우선순위를 재평가해서 조정하기도 하고 조직적인 대응 방안을 마련해서 프로젝트의 성공에 도움을 주고자 한다.

② 하향적 의사소통

하향적 의사소통이란 보통 프로젝트 팀원 혹은 하급자들과의 하향적 수직적 의사소통 관계로서, 하급자에게 프로젝트와 관련된 작업이나 활동을 지시하고 통제하고자 할 때 활용한다. 프로젝트관리자는 하급자에게 작업 및 활동과 관련된 의사소통을 하면 업무의 범위, 일정, 품질, 구현 방법, 평가 및 피드백 방안 등에 대해 초점을 맞추어 의사소통할 필요가 있다. 또한 하향적 의사소통에는 조직적인 가치, 정책, 프로젝트 목표, 일정, 예산, 및 제약사항, 위치 및 역할, 상호관계 등을 포함할 수 있다.

③ 수평적 의사소통

수평적 의사소통이란 프로젝트관리자와 동등한 관계인 부서관리자, 타 프로젝트관리자, 계약자, 고객, 서비스 및 지원 인력, 및 타 프로젝트의 이해관계자들과의 대등적 의사소통 관계로서, 조직의 한정된 인적 자원, 일정 및 예산, 계약 조정, 규제 기관과 고객들과의 협상뿐만 아니라 향후 프로젝트 수행을 위한 계획을 작성할 때 활용한다.

프로젝트 환경에서 프로젝트관리자는 상향적 의사소통 채널을 활용해서 고객으로부터 요구사항을 파악하고 상급자로부터 예산을 할당받거나 지침을 받을 필요가 있으며, 하향적 의사소통을 통해서 프로젝트 팀원이나 계약자에게 프로젝트에 관련된 업무를 지시하거나 통제하고, 수평적 의사소통을 통하여 부서 관리자와 자원을 할당받을 수 있다. 따라서 프로젝트와 관련된 의사소통을 하면 모호하지 않도록 하고, 잘못된 가정을 하지 않도록 하며, 갈등을 유발할 수 있는 해석을 하지 않도록 하며, 지연이나 좋지 않은 결과를 내지 않도록 유의할 필요가 있다.

4) 의사소통의 방식

프로젝트관리자는 자신의 생각이나 아이디어를 논리적으로 정리하고 효과적으로 의사소통할 필요가 있으며 의사소통에는 보통 세 가지 방식이 있다.

(1) 언어 의사소통

언어 의사소통 방식은 언어를 사용해서 자신의 생각이나 감정을 전달하는 방식이며, 프로젝트관리에서는 구두로 정보를 전달하거나 설명하고 상호 대화방식에 적절한 방식이다. 가령, 협상에서는 구두로 협상을 시작하고 완료하며, 상대방의 이해관계를 이해하고 문제에 대해 서로에게 이익이 되는 방안을 개발하기 위해서 상대방과 구두 방식으로 협상을 한다. 언어적 방식에서는 명료하게 원하는 결과를 얻기 위해서 적절한 단어의 선택 및 명확한 표현이 매우 중요하다. 프로젝트 수행상에서 언어방식은 정보의 시기적절한 정보의 교환, 빠른 피드백, 즉시의 메시지 분석, 신속한 완료 등의 장점이 있다. 그러나 복잡한 프로젝트에서 기술적으로 특별한 용어를 사용하여 의사소통 시에는 외부 사람들이나 기술자가 아닌 사람들에게는 이해하기가 어려운 단점도 있다. 따라서 프로젝트관리자는 공공, 외부 이해관계자, 마케팅 인력, 고위 임원들과의 의사소통 때 언어방식의 한계가 있다는 것을 인식할 필요가 있으며, 적절한 언어 혹은 다른 방식의 의사소통을 사용할 필요가 있다. 언어방식으로 의사소통 때에는 먼저 무엇을 말하려고 하는지를 말하고, 본론을 말한 다음, 무엇을 말했는지를 요약하고 마무리하는 것이 바람직하다.

(2) 비언어 의사소통

비언어 의사소통이란 단어 혹은 말을 사용하지 않고 제스처, 목소리의 톤, 표정, 그리고 신체언어를 사용해서 상대방과 의사소통하는 것을 의미한다. 일반적으로 수신자가 메시지를 받아 해석할 때는 메시지의 단어뿐만 아니라 송신자의 비언어적 행동들을 참고한다. 대인 의사소통 과정에서 비언어적 요소들은 보통 언어적 요소들보다 더 많은 메시지를 담고 있다. 앨버트 메하라비안(Albert Meharabian)에 의하면, 전체 메시지의 효과＝단어(7%)＋목소리 톤(38%)＋얼굴표정(55%)이라고 한다.

따라서 성공적인 대인 의사소통을 위해 프로젝트관리자는 가능한 한 언어적 요소들을 보완하기 위해 비언어적 요소들을 적절히 사용해야 한다. 그리고 프로젝트관리자는 언어적 요소와 비언어적 요소들을 조합해서 메시지를 전달할 때 두 가지 요소 간에서로 모순되지 않도록 해야 한다. 가령, 프로젝트 회의에서 구두로는 승인했지만, 비언어적 요소들은 거절을 표현한다면 메시지는 모호하게 되어 팀원 간에 혼란을 일으킬 수 있다.

(3) 문서 의사소통

문서 의사소통은 글을 사용하여 의사소통하는 것으로, 보통 프로젝트 환경에서 문서 의사소통 방식에는 보고서, 각종 계획, 제안서, 표준, 정책, 절차, 편지, 메모, 법적 문서 및 기타 다양한 형식의 정보들이 포함된다. 업무처리를 위한 문서 의사소통의 주목적은 문서가 읽혔을 때 신속하고 명확하게 이해되도록 하는 것이다. 이러한 목적을 달성하기 위해 메시지는 단순하고 직접적이며 치밀한 계획을 통해 작성되어야 한다. 보통 문서로 의사소통을 하기 위한 절차는 <표 12-1>과 같다.

〈표 12-1〉 의사소통 절차

단계	주요 할 일	참고사항
문서 작성의 기본 목적 설정	메시지의 일반적인 목적과 특정한 목적 설정	전략 수립, 문서 작성, 준비 단계
자료의 수집 및 분류	사실과 가정사항 수집 및 분석	
초안 작성	초안을 작성하고, 철자, 문법, 구두점, 형식, 약어, 올바른 단어 및 문장 사용 확인	문서 작성 단계
전체구조 확인	임원용 요약, 서론, 본론, 결론, 권고사항 등	
메시지 전송	메시지를 적절한 매체를 통해 전송	문서 전송 단계

① 문서 작성의 기본적 목적 설정

이 단계에서는 메시지의 일반적인 목적과 특정한 목적을 정의하는 것이다. 일반적인 목적으로는 무엇인가를 지시하거나, 정보를 통보 및 조회하거나, 상대방을 설득하는 것이며 특정한 목적으로는 추가적인 생각이나 데이터, 혹은 주석을 요구하는 것이다. 중요한 보고서, 제안서 혹은 계획서를 작성할 때 프로젝트관리자는 이런 문서의 기본적인 목적에 대해 팀원들과 공감대를 형성할 필요가 있다.

② 자료의 수집 및 조직

이 단계에서는 메시지의 목적에 수반되는 사실들과 가정사항들을 수집하고 분석하는 것이다. 수집된 자료를 대주제 및 소주제별로 분류하고 논리적 순서 혹은 관련된 것들로 묶어 조직하는 것이 좋다.

③ 초안 작성

초안 작성은 메시지의 복잡도에 따라 달라질 수 있으며, 중요하고 복잡한 문서나 보고서는 여러 번 초안을 작성 및 보완할 필요가 있다. 또한 철자법, 문법, 구두점, 형식, 약어, 올바른 단어 및 구문을 사용했는지 점검한다. 그리고 사용된 단어들이 메시지의 목적에 알맞게 사용되었는지를 점검한다.

④ 전체적인 구조 확인

이 단계에서는 작성된 메시지가 짜임새가 있는지를 확인한다. 기본적으로 보고를 받는 입장에서 핵심 아이디어 및 결론이 타당한지를 확인하며, 개요, 배경, 주요 이슈 같은 사항들이 적절히 언급되었는지를 확인하고, 본론 및 관찰, 요약, 결론, 및 권고사항들이 빠짐없이 언급되었는지를 확인한다.

⑤ 메시지 전송

이 단계에서는 작성된 메시지를 확인한 다음, 적절한 수단을 통해 메시지를 보낸다. 구두 및 문서 의사소통 방안은 환경에 따라 그 효과가 달라질 수 있다. 일반적으로 언어적 의사소통 후에 문서를 작성하여 보완하면 메시지를 좀 더 명확하게 할 수 있고 내용을 보완할 수 있다.

5) 프로젝트 의사소통의 형태

프로젝트를 수행하는 과정에서 프로젝트관리자는 다양한 이해관계자들과 다양한 형태의 의사소통을 해야 하는데, 대상에 따라서는 프로젝트에 직접적으로 관련이 있는 이해관계자들과의 1:1 혹은 프로젝트 팀원들과의 대인 의사소통, 대중 혹은 관련 단체 및 기관과의 공공 및 단체 간 의사소통으로 구분할 수 있으며, 형식에 따라서는 프로젝트 수행과 관련된 공식적인 의사소통과 취미 및 개인적 유대관계를 바탕으로 한 비공식 의사소통이 있다.

(1) 대인 의사소통

대인 의사소통은 상대방의 의사를 청취하거나 문제 해결 및 의사결정, 그리고 협상 및 갈등 관리 등을 하고자 할 때 사용한다. 프로젝트 환경에서 팀원들 및 고객들과의 효과적인 대인 의사소통을 위해서는 경청과 질문, 표현, 갈등 해결 및 협상 등과 같은 필요한 의사소통 기술들을 습득 및 숙달한다.

(2) 공공 및 단체 간 의사소통

공공 및 단체 간 의사소통은 프로젝트와 관련이 있는 외부 공공기관과 단체 등의 이해관계자들과 의사소통하는 방식으로 외부적으로 필요한 모든 공공기관과의 관계를 유지하기 위한 노력, 프로젝트에 대해 대중의 이해를 얻거나 저항을 감소시킬 때 혹은 프로젝트 조직의 대변인 역할을 하고자 할 때 필요하다. 공공 연설, 대중 프레젠테이션, 매체 대표와의 거래, 공문서의 작성 혹은 홍보 자료 등이 포함된다.

(3) 공식적 의사소통

공식적 의사소통은 프로젝트 조직도에 의해 기술된 책임 및 보고체계에 의해 수행되는 방식이다. 그리고 조직 설계, 전략적 계획, 프로젝트 기획시스템, 표준, 정책, 절차, 제안서, 편지, 기타 다양한 형태의 정보들을 의사소통하는 가장 효과적인 방법은 문서 형식을 활용한 공식적 의사소통 방식이다.

(4) 비공식적 의사소통

비공식적 의사소통은 보통 이해관계, 취미, 사회적 신분, 우정, 친척, 등의 공통적 유대관계를 바탕으로 비공식적 그룹들과의 의사소통 방식이다. 사람들은 보통 사회적 욕구를 만족하기 위해 비공식적 그룹에 가입한다. 프로젝트관리자는 비공식적인 의사소통을 통해 개방적인 의사소통의 분위기를 조성하거나 이슈 혹은 의사결정 사항에 대해 비공식 리더들로부터 피드백을 들을 수 있다. 비공식적 의사소통은 프로젝트 수행을 좀 더 협조적이고 부드럽게 추진할 수 있는 장점이 있다. 하지만 다른 사람들과 차별하여 혜택을 주지 않도록 유의할 필요가 있다.

6) 대인 의사소통의 기본기술

프로젝트를 성공적으로 수행하고 완료하기 위해서는 프로젝트에 참여한 팀원들 및 다양한 이해관계자들로부터 자발적인 의욕을 불러일으키고 적극적인 협조를 끌어내고 문제 발생 때 신속하게 효과적으로 해결하는 것이 중요하다. 이를 위해 결국 사람들과의 효과적인 대인 의사소통이 매우 중요하다고 할 수 있다. 효과적인 대인 의사소통을 위해서는 상대방의 의도 및 생각을 효과적으로 파악하기 위한 경청기술과 내가 원하는 내용 및 답을 원할 때 사용하는 질문기술 및 상대방의 이해를 구하고 협조를 구하는 표현기술 등을 활용한다.

(1) 경청

경청이란 상대방이 이야기할 때 그냥 조용히 있는 것이 아니라 일종의 헌신적 노력 및 존경의 표시라고 할 수 있다. 상대방이 어떤 감정 상태인지를 파악하고, 어떻게 세상을 보는지를 이해하고자 하는 노력이며, 자신의 선입관과 가치 및 신념, 개인적인 판단과 흥미를 접어두고 상대방의 시각으로 바라보는 것을 말한다. 진정한 경청은 상대방을 이해하고자 할 때, 상대방과의 대화를 즐기고자 할 때, 상대방으로부터 무엇인가를 배우고자 할 때, 상대방에게 도움을 주거나 위로하고자 할 때 가능하다. 따라서 진정한 경청을 위해서는 적극적인 의지와 노력이 필요하다.

우리가 보통 상대방의 이야기를 경청하고자 할 때 <표 12-2>와 같은 다양한 장애물들이 존재할 수 있으므로 평소에 경청의 중요성을 인식하고 경청의 장애물들을 제거하는 훈련을 할 필요가 있으며 상대방으로부터 피드백을 듣는 것도 좋은 방안이라고 할 수 있다.

〈표 12-2〉 경청의 장애물

중요 장애물	설명
비교하기	자신과 상대방을 평가하고 비교
마음 읽기	상대방의 의도를 파악 노력, 상대방의 내용엔 무관심
사전연습	다음에 무슨 말을 할까 고민, 상대방의 말을 듣는 척
선별하기	내가 듣고 싶은 이야기만 선별해서 청취
판단하기	선입관을 가지고 성급하게 판단
공상하기	상대방의 이야기 도중 개인적인 공상에 빠짐
연관 짓기	상대방의 이야기와 자신의 경험과 연관
충고하기	원하지 않는 충고와 조언, 상대방의 감정과 아픔 무시
논쟁하기	상대방을 멸시하거나 논쟁, 말싸움, 자신의 가치 비하
주장하기	변명, 왜곡, 자신의 실수를 인정하지 않는 것
주제 바꾸기	갑자기 화제를 바꿈, 농담으로 처리
비위 맞추기	상대방의 모든 것에 동의, 지나친 친절

효과적인 경청은 상대방이 이야기할 때 가만히 있는 것이 아니라 적극적인 참여와 공감적 경청, 또한 개방적인 마음가짐과 상대방의 언어 및 목소리의 톤 및 얼굴표정 등 신체적 언어 등에도 주의를 기울여 경청하는 것이다.

효과적인 경청의 방안은 다음과 같다.

① 적극적 경청

적극적인 경청은 상대방이 이야기할 때 상대방의 의사나 생각을 정확히 이해하고자 바꾸어 말하기 및 명료화하기 위해 질문을 하고 피드백을 주는 것을 포함한다.

② 바꾸어 말하기

상대방의 이야기를 정확히 이해하기 위해서는 상대방이 이야기를 자신의 언어로 바꾸어서 이야기하는 것도 좋은 방안이다. 적극적 경청을 함으로써 경청의 장애물에 대한 대부분의 해결책이 될 수 있다.

③ 명료화하기

명료화는 상대방의 이야기를 명확하게 이해할 때까지 질문을 하는 것이다. 질문은 상대방을 이해하는 데 필요한 정보를 얻고 배경과 상황을 이해하는 데 필요하다. 또한 상대방에게 관심이 있음을 알려준다.

④ 피드백

상대방이 이야기한 것을 바꾸어 말하기와 명료화를 통해 이해하였다면, 피드백은 자신의 생각과 감정을 상대방에게 이야기하는 것이다. 피드백은 내가 판단하는 것이 아니라 내 생각과 느낌, 감정을 공유하는 것이다. 피드백은 잘못이나 오해를 수정하는 기회가 될 수도 있으며 당신의 시각과 감정, 생각을 공유하게 되어 상대방으로부터 신뢰를 얻고 우호적인 협력관계를 유지할 수 있다. 효과적인 피드백을 하기 위해서는 즉각적, 정직, 지지적 그리고 구체적이어야 하나, 즉각적이란 상대방이 이야기한 후 상대방의 의견에 대해 바로 피드백을 주는 것을 말한다. 상대방에게 피드백을 나중에 하는 것은 피드백의 가치를 떨어뜨린다. 정직이란 상대방에게 당신의 진정한 반응을 진솔하게 전달하는 것이 중요하다. 지지적이란 상대방에게 도움이 되도록 장점을 언급하고, 더 잘되기 위해 개선점들에 대해 건설적인 방식으로 언급하는 것이 중요하다. 구체적이란 상대방의 장점과 개선점들에 대해 구체적으로 언급하는 것이다.

(2) 경청의 유형

경청의 유형은 공감적 경청, 개방적 경험, 확인적 경청 등이 있다.

① 공감적 경청

공감적 경청이란 상대방의 이야기를 입장을 이해하면서 듣는 것을 말한다. 상대방의 이야기를 모두 동의하는 것이 아니라 상대방의 입장과 배경을 이해하는 것으로, 상대방은 단순히 생존하려고 노력한다는 것을 이해하면 공감적 경청을 하기에 쉽다. 매 순간 당신 자신도 신체적으로, 심리적으로 생존하기 위해 노력하고 고통을 최소화하고 생명을 유지하기 위해 노력한다는 사실을 이해하면 상대방을 좀 더 이해하는 데 도움이 된다.

② 개방적 경청

개방적 경청이란 상대방이 이야기할 때 선입관이나 나 자신의 가치관과 편견으로 판단하는 것이 아니라 우선 상대방의 이야기를 있는 그대로 경청하는 것이다.

③ 확인적 경청

확인적으로 경청하는 것은 상대방이 이야기할 때 상대방의 말의 내용과 목소리의 톤 및 얼굴표정 등이 일치하는지를 관찰하거나 확인하면서 듣는 것이다. 상대방이 말하는 내용과 상대방의 목소리의 고저, 강조, 얼굴표정, 몸짓 등이 일치하는가를 관찰하면서 듣는 방법이라고 할 수 있다. 만약 상대방의 말의 내용과 신체언어 및 목소리의 톤이 일치하지 않는다면 당신은 일치하지 않는 부분을 명료화하기 위해 질문을 하거나 피드백을 통해 그 배경이나 모호한 내용을 확인할 필요가 있다.

(3) 질문

보통 상대방이 이야기한 것에 대해 이해하지 못하거나 모호한 내용을 명료화하기 위해서 또는 상대방으로부터 정보를 얻거나 내가 알고 있는 것에 대해 확신을 얻고자 할 때도 질문할 수 있다.

① 좋은 질문의 특징

상대방을 이해하고 유용한 정보를 얻기 위해서는 좋은 질문을 할 필요가 있다. 좋은 질문에는 상대방과의 의사소통 때 제한된 시간을 고려하여 내가 얻고자 하는 것을 얻고 상대방이 이야기한 내용을 명료화하기 위해 다음 <표 12-3>과 같은 특징이 있다.

〈표 12-3〉 좋은 질문의 특징

좋은 질문의 특징	설명
간단	"내가 대답에서 무엇을 얻고자 하는 것인가?", "어떤 질문표현을 통해 답을 얻고자 하는가?" 미리 고민
명료	수동태 표현, 모호한 표현, 다중 부정을 회피
핵심 유지	질문마다 하나의 주제에 집중, 그 주제의 특정한 부분에 집중
적절	목적을 명확히, 질문 의도에 정직
건설적	긍정적인 질문, 생산적이며 개선안 도출
중립적	가치 중립적인 질문을 하고, 편향적인 질문으로 유도 금지
개방형	상대방의 의견과 생각을 존중

② 질문의 유형

질문은 상대방 및 상황, 질문의 목적 등에 따라 <표 12-4>와 같이 몇 가지 형태로 구분할 수 있다.

〈표 12-4〉 질문의 유형

질문 유형	장점	단점 및 유의할 점
사실확인 (폐쇄형)	사실을 확인 가능, 단답형, 간단, 대화초기에 사용, 부담이 적음	너무 자주 하면 지루해질 가능성, 상대방의 의견이나 생각을 알기 어려움
이유 및 정당성 확인	기본적인 설명 혹은 정당성을 요구, 계속해서 질문을 이어갈 때 사용	목소리의 톤에 유의, 상대방을 비난하는 것처럼 오해, 상대방을 방어적

질문 유형	장점	단점 및 유의할 점
유도형	대답을 유도하는 질문	상대방을 불쾌하게 할 수 있음
가정형	조건부 질문, 지식이나 추정치 혹은 근거 있는 예상에 기초한 예측을 요구할 때	지나친 억측이 되지 않도록 유의
선택형	다중 항목을 세시하고 선호도 및 의견을 선택하도록	강요된 선택이나 속임수가 되지 않도록 유의
요약형	핵심 위주의 요약을 요구, 관리자에게 유용	대답하기가 어려울 수도 있음, 위협적이지 않도록 유의
개방형	상대방의 의견이나 생각을 자유롭게 질문	너무 전체적인 질문은 대답하기가 곤란, 어느 정도 범위를 정할 필요가 있음

(4) 표현

상대방과 의사소통을 위해 경청을 하고, 질문을 통해 명료화를 하고, 피드백을 통해 내 생각과 감정을 공유하는 것은 좀 더 효과적인 의사소통을 위해 중요하지만, 상대방에게 나의 요구나 생각, 사실, 감정 등을 효과적으로 표현하는 것도 매우 중요하다. 프로젝트 환경에서 팀원들에게 작업을 지시하거나 통제를 할 때, 이해관계자들에게 프로젝트 상황을 설명하거나 이해를 시킬 때, 또는 도움을 요청하면 효과적인 표현이 매우 중요하다.

효과적인 의사소통을 위한 표현에는 관찰, 생각, 감정, 요구의 네 가지 범주로 구분할 수 있다.

① 관찰

관찰은 주로 자신의 감각기관이 보고, 듣고 관찰한 것들을 객관적인 사실을 바탕으로 말하는 것으로 추론이나 추측, 의견을 포함하지 않는다.

② 생각

생각은 자신이 보고, 듣고, 관찰한 그것에서 나온 결론이나 추론을 말하는 것으로 관찰을 종합해서 실제로 무엇이 일어나고 있으며, 그 이유는 무엇이고, 어떻게 사건이 발생했는지를 이해할 수 있게 한다. 또한 생각은 어느 것이 좋고 나쁜지, 옳고 틀린지와 같은 가치 판단을 하고 그 사람의 믿음, 의견, 이론 등을 바탕으로 판단한 내용이다.

③ 감정

감정은 관찰이나 생각을 통해 자신이 느끼는 감정을 표현하는 것이다. 자신의 감정을 표현하는 것은 자신이 어떻게 느끼는지를 말하는 것으로 자신을 독특하고 특별하게 만드는 중요한 부분으로서 상대방이 당신을 공감적으로 이해할 수 있도록 하며 상대방이 당신의 요구를 들어줄 가능성이 커진다. 하지만 어떤 사람들은 당신의 감정을 듣고 싶지 않을 수도 있으며, 선택적으로 받아들이는 사람도 있다. 또한 분노나 화를 내는 것을 상대방을 위협하거나 공격을 한다고 생각할 수 있어서 지나친 감정 표현을 유의할 필요가 있다.

④ 요구

요구는 자신의 요구사항을 상대방에게 이야기하는 것으로 자신의 요구사항은 자신 이외에는 잘 모를 수 있다. 서로에게 자신의 요구사항을 분명하게 우호적으로 표현하는 것은 신뢰 형성과 성장에 도움이 된다.

7) 프로젝트관리 정보시스템

프로젝트관리 정보시스템은 이해관계자들이 적시에 필요한 정보를 쉽게 조회할 수 있도록 프로젝트 정보를 체계적으로 분류 저장한 시스템이다. 프로젝트 정보는 다음과 같은 도구를 사용하여 관리되고 분배된다.

① 프로젝트관리 소프트웨어 도구

프로젝트관리 소프트웨어, 회의 및 가상 사무실 지원 소프트웨어, 웹 인터페이스, 프로젝트 포털 및 대시보드, 그리고 협업 작업관리 도구들이 활용된다.

② 전자식 의사소통 도구

이메일, 팩스, 보이스 메일, 오디오, 비디오나 웹 콘퍼런싱, 그리고 웹사이트 및 웹 출판 등의 도구들이 사용된다.

③ 소셜미디어 의사소통 도구

웹사이트 및 웹 출판, 블로그, SNS(Social Network System) 등을 활용해서 이해관계자 커뮤니티를 형성하고 이해관계자들의 참여기회를 제공한다.

8) 갈등관리

(1) 갈등의 유형

① 개인 간 갈등

개인 간 갈등은 가령, 프로젝트 관리자와 팀원, 기능관리자와 프로젝트관리자, 팀원과 팀원 간처럼 개인과 개인 간 갈등으로, 주로 개인의 욕구 차이(가령, 매슬로우의 욕구 5단계), 성격 차이, 스타일 차이 등으로 인해 발생한 갈등을 의미한다.

② 그룹 내 갈등

그룹 내 갈등은 가령, 실행조직과 지원조직, PMO(Project Management Office) 파트와 실행 파트 간, 매트릭스 조직에서 두 개의 보고 라인 간 갈등처럼 한 회사 내에서 부서와 부서, 조직과 조직 간 갈등으로 주로, 희소 자원 분배, 목표 갈등, 평가 기준 차이, 보고 라인의 요구 차이, 역할 차이 등의 갈등을 의미한다.

③ 그룹 간 갈등

그룹 간 갈등은 구매사와 공급사, 발주사와 수행사, 수행사와 하도급사 간 갈등 및 분쟁처럼 회사 간 갈등으로 주로 권리와 의무 차이, 권력의 차이, 문화 차이, 검수 및 대금 지급 조건 차이, 업무 범위 인식 차이, 역할 차이 등의 갈등을 의미한다.

(2) 프로젝트 분야별 갈등 유형

프로젝트에서 분야별 갈등은 <표 12-5>와 같이 개인적, 기술적, 관리적, 그리고 제도적 갈등으로 분류할 수 있다.

〈표 12-5〉 갈등의 유형

구분	갈등 유형
개인적	• 성격 차이 • 프로젝트 우선순위 혹은 목적 불일치 • 의사소통 문제 • 이슈 해결에 대한 시간 관점 차이
기술적	• 기술적 선택 및 성과 교환
관리적	• 업무 불확실 및 정보 요구 • 역할 모호 • 일정 차이
제도적	• 관리 절차 갈등 • 인적 자원 배정 등 • 자원 분배 갈등 • 원가 및 예산 배분 갈등

(3) 프로젝트 생명주기별 갈등의 원천

프로젝트에서 갈등의 원천은 다양하며, 프로젝트 수행 단계별로 갈등의 우선순위는 <표 12-6>과 같다.

〈표 12-6〉 프로젝트 생명주기별 갈등의 원천 예

순위	초기 단계	기획 단계	실행 단계	종료 단계
1	프로젝트 우선순위	프로젝트 우선순위	일정	일정
2	관리절차	일정	기술적 선택	개인적 갈등
3	일정	관리절차	투입인력	투입인력
4	투입인력	기술적 선택	프로젝트 우선순위	프로젝트 우선순위
5	원가	투입인력	관리절차	원가
6	기술적 선택	개인적 갈등	원가	기술적 선택
7	개인적 갈등	원가	개인적 갈등	관리절차

9) 협상

프로젝트 환경에서 예산이나 일정 및 인력 자원 및 프로젝트 관리시스템 등과 같은 가시적인 이슈와 인정, 신뢰 구축, 믿고 우호적인 작업 환경 구축, 팀 성과 향상, 성취감, 제품 및 서비스의 공유된 주인의식 등과 같은 비가시적인 이슈, 인력 투입 및 추진 활동의 우선순위 조정 등에 협상이 필요로 한다. 협상은 상대방으로부터 원하는 것을 얻고자 할 때 사용하는 기본적인 수단이다. 협상은 양쪽 당사자들이 공통되거나 혹은 서로 다른 이해관계를 가지고 있을 때 합의에 도달하고자 하는 쌍방향의 의사소통이다.

상당수의 프로젝트는 책임과 권한 및 역할이 공유된 형태의 매트릭스 조직 형태가 될 수 있다. 프로젝트에 참여하는 사람들은 서로 다른 조직 및 비즈니스 경험하고 있을 수 있으므로 그들의 프로젝트에 대한 지식 및 개념이 다를 수도 있고, 프로젝트관리 기술과 인력 투입 및 일정 수립 등에 대한 기준이 다를 수 있다. 프로젝트를 성공적으로 완료하기 위해 프로젝트관리자는 기술적 전문가, 중간관리자나 부서관리자, 타 프로젝트관리자 및 상급관리자와 프로젝트의 우선순위와 역할 및 자원에 대해 협상을 해야 한다. 또한 고객과는 범위 및 일정, 예산 및 성과 기준에 대해 협상을 해야 하고, 팀원들과는 프로젝트 생명주기 동안 다양한 프로젝트 관련 이슈들에 대해 협상을 할 필요가 있다.

성공적인 협상을 위해 먼저 상황을 분석하고 평가를 할 수 있어야 하며, 적절한 협상 전략을 수립해서 협상 과정에 참여한 상대방 및 특정한 상황에 맞는 융통성 있는 협상 형태를 적용할 필요가 있다.

(1) 협상의 원칙

프로젝트 환경에서 협상은 인력 자원의 이동에 관한 개인들과의 의견 조정, 정보의 생성 및 활동의 수행 등에서 필요하다. 협상은 서로 다른 이해관계를 가지고 있는 상대방과 의사소통과 타협을 통해 합의에 이르는 과정이라고 할 수 있다. 협상은 프로젝트관리자가 고객, 부서관리자, 팀원 및 다양한 이해관계자들과 협의를 하기 위한 가장 중요한 기술 중 하나라고 할 수 있다. 그리고 협상하는 과정에서의 기준으로는 첫째, 가능하다면 현명하게 합의점을 찾는 것이 필요하다. 둘째, 효율적인 방법을 사용해야 한다. 셋째, 협상자 간의 관계를 증진하고 최소한 관계를 훼손해서는 안 된다. 효과적인 협상을 하기 위해 상대방과 합의에 이르는 협상에는 다음과 같은 네 가지의 원칙이 있다.

① 사람과 문제를 분리

문제가 발생 때 사람들은 발생한 문제에 초점을 맞추기보다는 자신의 입장이나 감정 혹은 상대방에 대한 선입관 등에 초점을 맞추기 쉽다. 이런 경우 문제를 해결하기보다는 점점 자신의 입장 및 감정에 치우쳐 합의에 이르기 어려워진다. 자신의 입장을 주장하다 보면 자신의 체면을 내세우기 쉽고, 체면이 손상하면 자존심이 상해 점점 협상하기가 어려워질 수 있다. 따라서 자신의 입장이나 체면, 자존심에 초점을 맞추기보다는 문제의 본질에 초점을 맞추어 서로 문제를 보는 시각 차이 혹은 문제가 발생한 원인 및 배경에 초점을 맞추는 것이 문제를 해결하는 데 매우 중요한 태도이다. 또한 상대방의 문제에 대한 시각 및 원인 등을 명확히 파악하기 위해 경청을 하고 명료화하는 과정이 중요하다. 또한 상대방의 입장에서 생각할 필요가 있다. 사람들은 보통 자신이 보고 싶은 것만을 보고자 하는 경향이 있다. 상대방이 보는 그대로 상황을 보려고 노력하고 상대방이 잘못한 것이 아니라 나 자신이 잘못할 수도 있다는 사실을 인정할 필요가 있다. '나는 옳고 상대방은 틀리다'라는 사고방식보다는 나와 상대방의 사고방식이 서로 다를 수도 있다는 것을 인정하고 상대방의 입장을 이해하려고 노력하는 과정에서 문제의 원인 및 배경을 이해할 수 있어 합의에 도달할 가능성이 커진다.

② 양쪽의 이해관계에 초점

협상을 위해서는 상대방의 상반되는 입장보다는 서로의 이해관계에 초점을 맞추는 것이 효과적이다. 상대방의 이해를 인정하고 제안된 해결책에 유연성을 발휘하며 문제를 해결하려는 의지를 갖고 상대방에게 개방적이고 지지적일 필요가 있다. 그리고 서로 문제를 해결하는 것이 중요하며 서로의 관계를 향상하고 서로 합의할 기회를 더 많이 얻는 것이 필요하다. 협상에 있어서 기본적인 문제는 서로 다른 입장이 아니라 각자의 욕구와 욕망, 관심, 두려움 등의 차이에 있다. 각자의 욕구와 관심사가 이해관계이다. 사람마다 처한 환경 및 욕구 수준에 따라 요구하는 것이 다를 수 있고 이해관계가 달라질 수 있으므로 상대방을 이해하려면 상대방의 욕구 수준과 가치관, 관심사를 이해할 필요가 있다. 상대방의 이해관계를 파악하기 위해 상대방에게 입장을 취하게 된 배경 및 동기, 희망, 두려움, 욕구 등을 질문하는 것이 필요하다. 혹은 내가 제안한 해결책을 상대방이 선택하지 않는 이유나 배경 등을 질문하는 것도 좋은 방안이다. 상대방은 자신이나 상대방이 속한 집단의 이해관계를 가질 수 있고, 때론 복수의 이해관계를 가질 수도 있다는 것을 이해할 필요가 있다. 그리고 인간의 가장 기본적인 욕구에는 생명을 유지하기 위한 생리적인 욕구, 안전하고 편안하게 살고자 하는 안정의 욕구, 소속감과 상대방과 우호적인 유대관계를 갖고자 하는 사회적 욕구, 명예와 성취감을 느끼고자 하는 자존감의 욕구, 자신의 가치관에 따라 자신의 능력을 발휘하고자 하는 자신의 실현 욕구 등이 있다.

③ 상호 이익이 되는 옵션 개발

협상하기 위해 문제와 사람을 분리해서 문제에 초점을 맞추고, 서로의 입장을 주장하기보다는 상대방의 욕구와 관심사를 이해하고 상대방의 이해관계를 이해하는 것이 중요하다. 그리고 이제부터는 서로의 이해관계에서 서로에게 이득이 되는 선택사항과 다양한 옵션들을 생각할 필요가 있다. 이를 위해 자유 연상법이라는 기법을 사용해서 서로 자유로운 분위기 속에서 솔직하게 개방적으로 각자의 의사를 아이디어를 제시하는 것이 중요하다. 이때 상대방이 이야기하는 것을 비판하거나 무시하지 말고 끝까지 경청하고 존중하는 태도가 매우 중요하다.

④ 객관적인 기준 기반 협상

협상은 기본적으로 서로 협의해서 서로의 이해관계를 기반으로 서로에게 이득이 되도록 합의하는 것이 바람직하지만, 그렇지 않을 때도 서로의 관계를 훼손하거나 어느 한쪽만 손해를 본 것 같은 인식이 되지 않도록 하는 것이 중요하다. 이를 위해 쌍방이 같은 사항에 이해관계를 가지고 있는 경우에, 예를 들면 쌍방이 가격 이슈에 서로 충돌이 발생하면 서로 양보하는 방안이 좋을 수 있지만, 어떤 기준이 없으면 의사결정하기를 주저하고 서로가 손해를 본 것 같은 마음이 될 수 있다. 이런 경우에는 서로가 인정할 수 있는 객관적인 근거나 기준에 기반을 두면 서로 합리적인 의사결정을 할 수 있다. 합리적인 의사결정의 기준은 서로의 의지와는 무관하고 정당성이 있고 또한 실용적이어야 한다. 객관석인 기준으로는 시장 가격, 선례, 도덕적 기준, 과학적 판단, 전문적 기준, 전통적 기준, 비용, 동등한 대우, 상호성 등이 될 수 있다.

(2) 협상의 단계

협상을 효과적으로 하기 위해서는 사전에 협상을 위한 준비를 철저히 하고, 준비된 상태에서 협상을 위한 만남과 회의를 해서 합의를 하고, 협상이 완료된 후엔 분석해서 학습을 통해 다음엔 더 나은 협상을 하는 것이 필요하다.

① 사전 협상 준비

협상을 통해 내가 원하는 것을 상대방으로부터 관계를 훼손하지 않으면서 얻어내기 위해서는 사전에 협상을 위한 준비를 철저히 할 필요가 있다. 준비사항으로는 쌍방의 요구사항과 이해, 관심사, 욕구들을 파악하고, 파악된 각종 정보를 분석하고 평가를 할 필요가 있다. 그리고 이해관계에서 충돌이 발생하면 이를 해결할 수 있는 객관적이고 합리적인 기준을 마련하여 의사결정이 쉽도록 다양한 옵션들을 사전에 개발하여 준비할 필요가 있다. 그리고 서로에게 유익한 협상을 하기 위한 장소 및 시간을 합의하여 정해 효율적인 합의를 할 수 있는 분위기를 조성할 필요가 있다.

② 만남 및 협상 회의

협상을 효과적이고 서로에게 유익하게 합의하기 위해서는 사전에 준비를 철저히 할 필요가 있으며, 또한 실제 상대방과 만나 합의를 하는 것이 중요하다. 이를 위해 협상을 시작하기 전에 서로 회의 진행방식이나 기록 등 협상을 위한 규칙을 정할 필요가 있다. 그리고 협상을 위해서는 상대방의 이해와 욕구들을 탐색하고 또한 나의 욕구 및 이해를 이야기해서 시간이 걸리더라도 끈기 있게 상호 이득이 되는 방안을 모색할 필요가 있다. 때론 협상에 따라서는 탐색, 전략 수정, 대안 제시 및 대안 협상 등 협상의 단계에 따라 여러 번 만날 수 있다.

③ 협상 후 분석

협상을 완료한 후에는 협상의 결과를 분석하고 평가할 필요가 있다. 협상 전 사전 예측된 협상의 계획과 실제 협상의 결과를 비교 분석하여 협상 과정에서의 학습사항,

잘못된 점 및 잘한 점, 향후 더 나은 결과를 위해 개선사항 등을 파악해서 부족한 점들을 보완하는 것이 필요하다.

(3) 협상의 형태

① 승-승 협상

승-승 협상은 협상 당사자 모두 원하는 결과를 얻는 협상이다. 승-승 협상을 하기 위해서는 상호 본인이 원하는 것을 명확히 표현하고, 상대방도 원하는 것을 명확히 표현할 때 가능하다. 따라서 승-승 협상을 하기 위해서는 상호 신뢰가 중요하다.

② 승-패 협상

협상의 어느 일방만이 원하는 것을 얻고 상대방은 그렇지 못하는 상태를 말한다. 가령, 어느 일방이 상대방보다 보유하고 있는 권력, 권한, 정보 등이 더 크고 많은 경우 승-패 협상 결과가 발생할 수 있다. 주로 단기적인 거래 혹은 상호 신뢰가 부족할 경우 승-패 협상이 발생할 수 있다.

③ 패-패 협상

패-패 협상은 당사자 모두 원하는 것을 얻지 못하고 협상 결과에 대해 만족하지 못하는 경우이다. 협상 당사자가 어떤 협상 항목에서 원하는 것이 동일하거나 이해가 충돌하는 경우, 상호 원하지 않은 양보를 해야 하는 경우에 발생한다. 이런 경우를 방지하기 위해 상호 창의적인 아이디어나 다른 협상 안건을 통해 협상 결과를 개선할 수 있다.

12.2.3 산출물

1) 프로젝트 정보배포 내역

프로젝트 정보배포 내역은 성과 보고, 인도물 상태, 일정 진척도, 원가 투입내역, 발표 자료, 기타 이해관계자들에 의해 요구된 정보를 포함한다.

2) 회의록

프로젝트 추진기간 동안 팀원들 및 이해관계자들과 실시한 회의에 대해서는 회의록을 작성하여 공유하고 기록 저장한다.

12.3 의사소통 통제

의사소통 통제 프로세스는 프로젝트와 이해관계자들의 정보 요구가 달성될 수 있도록 보장하는 프로세스이다. 의사소통 통제 프로세스의 목적은 의사소통관리 계획과 이해관계자참여 계획에서 정의된 정보 흐름을 최적화하여 원활한 의사소통이 되도록 하는 것이다.

이를 위해 계획된 의사소통 결과와 활동들이 프로젝트 인도물과 기대하는 결과물들을 확보하기 위해, 이해관계자들의 지원을 유지 및 확대하는 데 도움이 되었는지를 검토한다. 프로젝트 의사소통의 영향과 결과는 올바른 메시지와 올바른 내용이 올바른 채널과 적시에 올바른 대상에게 전달되었는지를 모니터링하고 주의를 기울여 평가되어야 한다. 의사소통의 모니터링은 고객만족도 조사, 학습사항 취합, 팀의 관찰, 이슈 로그 데이터 검토, 이해관계자 참여 평가 매트릭스의 참여 변경 등의 다양한 방법을 통해 이루어진다.

의사소통 통제 프로세스는 의사소통의 효과성을 증가하기 위해 의사소통 계획과 정보배포 활동을 주기적으로 검토하고 필요하면 의사소통 계획과 활동들을 수정한다.

12.3.1 입력물

1) 의사소통관리 계획

의사소통관리 계획은 적시에 정보를 취합, 생성 및 분배하는 현재 상태의 계획을 포함한다. 또한 의사소통관리 계획은 의사소통 프로세스들에 참여한 팀원, 이해관계자 및 작업을 식별한다.

2) 자원관리 계획

자원관리 계획은 프로젝트 조직도와 역할 및 책임 등을 이해하여 실제 프로젝트 조직과 어떤 변경을 이해하는 데 사용된다.

3) 이해관계자 참여 계획

이해관계자 참여 계획은 이해관계자의 참여를 촉진하는 전략을 수립한다.

4) 작업성과 데이터

작업성과 데이터는 실제 배포되는 의사소통의 형태와 양을 결정한다.

5) 정보배포 내역

프로젝트 추진기간 동안 실제 팀원이나 이해관계자들에게 배포된 정보의 내역과 히스토리를 나타낸다.

12.3.2 기법 및 활동

1) 의사소통 통제 고려사항

의사소통 통제 때 다음과 같은 사항들에 대해 전문화된 지식을 바탕으로 개인 및 그룹을 고려해야 한다.

(1) 공공, 커뮤니티, 미디어, 국제 환경, 가상 그룹 간 의사소통

프로젝트 동안 내부 팀원, 가상 그룹 및 외부 이해관계자 간 의사소통을 최적화하기 위해 이해관계자들의 특성과 문화를 이해하고 이해관계자별 맞춤형 의사소통을 위해 의사소통 활동을 모니터링하고 미흡한 점을 파악하여 이를 지속해서 시정한다.

(2) 의사소통 시스템 및 프로젝트관리 시스템

프로젝트 추진 동안 상당한 비중의 의사소통은 의사소통 시스템 및 프로젝트관리 시스템을 통해 이루어진다. 이런 의사소통 및 프로젝트 관리 시스템에 대해 전문적인 지식이 필요하다.

2) 프로젝트관리 정보시스템

프로젝트관리 정보시스템은 프로젝트관리자가 의사소통 계획에 따라 내외부 이해관계자들에게 그들이 요구하는 정보를 취합, 저장, 분배하는 데 활용하는 표준화된 도구들의 모음을 제공한다. 프로젝트관리 정보시스템에 포함된 정보는 유효성과 효과성을 평가받기 위해 모니터링된다.

3) 의사소통 효과성 평가

이해관계자 참여 평가 매트릭스를 통한 이해관계자 참여 변화 실적 및 의사소통 활동의 효과성에 관한 정보를 통해 의사소통의 효과성을 평가한다. 이를 통해 이해관계의 참여 목표와 현재 참여 현황 간 차이를 검토하여 미흡한 부분을 시정하고, 또한 의사소통의 미흡한 부분을 파악해서 이를 시정 조처하여 보완한다.

4) 의사소통 요구사항 변경

프로젝트 기간에 변경된 이해관계자 및 환경으로 인해 팀원이나 이해관계자들의 요구사항이 변경될 수 있다. 이런 변경된 요구사항에 대해서는 의사소통관리 계획 및 정보배포 프로세스의 변경이 필요하다.

12.3.3 산출물

1) 작업성과 정보

작업성과 정보는 의사소통관리 계획 대비 실제 수행된 의사소통 실적을 비교하여 그 차이를 나타내는 정보이다. 이를 위해 의사소통 효과성에 대한 설문조사를 통해 의사소통 효과성에 대해 피드백을 받는다.

2) 의사소통관리 계획 변경요청

의사소통 통제 프로세스에서는 의사소통관리 계획에 정의된 의사소통 활동들에 대해 모니터링을 통해 의사소통관리 계획의 조정, 시정조치 등 필요하면 변경요청을 한다.

이 장의 요약

- 프로젝트 의사소통관리 프로세스는 의사소통관리 계획 프로세스, 정보배포 프로세스, 그리고 의사소통 통제 프로세스로 구성된다.
- 의사소통관리 계획 프로세스는 의사소통의 대상을 정의하고, 어떤 내용의 정보를 언제, 어떤 수단으로 배포할 것인가를 정의하는 프로세스이다.
- 정보배포 프로세스는 프로젝트를 수행하는 과정에서의 필요한 정보를 필요한 사람들에게 배포하는 프로세스이다.
- 의사소통 통제 프로세스는 프로젝트의 이해관계자의 변동이나 의사소통 요구사항이 변동된 경우 의사소통 계획을 수정하고, 배포되는 정보들에 대한 변경 요구사항들을 파악 및 처리하는 프로세스를 말한다.
- 프로젝트를 성공적으로 완료하기 위해서 프로젝트관리자는 프로젝트를 수행하는 과정, 다양한 이해관계자들과 효과적인 의사소통이 필요하다.
- 효과적인 의사소통을 위해 프로젝트관리자는 기본적인 의사소통의 개요 및 의사소통의 모델, 대인관계에서의 언어적 및 비언어적 의사소통 방법, 경청과 질문, 표현, 회의기술 등의 중요한 대인 간 의사소통의 기술을 이해하고 실제 현장에 적용 가능하도록 숙달될 필요가 있으며, 또한 대인관계에서 발생할 수 있는 문제와 갈등을 이해하고 해결하는 과정 및 협상 능력을 키울 필요가 있다.

12장 연습문제

1. **다음 용어를 설명하시오.**

   1) 이해관계자 식별
   2) 정보의 수신자/복호화
   3) 에스컬레이션 프로세스
   4) 경청
   5) 승-승 협상

2. **다음 제시된 문제를 설명하시오.**

   1) 의사소통 채널에 대해 설명하고 효과적인 경청의 방안 및 경청의 장애물에 대해 설명하시오.
   2) 협상의 원칙에 대해 설명하고, 의사소통관리 계획에 포함되는 내용들은 어떠한 것이 있는가?
   3) 의사소통 요구사항들을 파악하고 정의하는 데 사용되는 정보의 원천들은 어떤 것인지 설명하시오.

3. **다음 객관식의 문제에 대해 올바른 답을 제시하시오.**

   1) 의사소통관리 계획서에 포함될 항목들이 아닌 것은?
      ① 이해관계자 정보 요구사항
      ② 의사소통을 위한 시간, 자원, 비용
      ③ 정보 흐름도
      ④ 변경사항 기록

2) 의사소통 방법을 결정하는 요인이 아닌 것은?
   ① 정보의 긴급성
   ② 기술의 가용성
   ③ 정보공유의 기술성
   ④ 프로젝트 기간

3) 의사소통 당사자의 수가 8명일 경우, 의사소통 채널 수는?
   ① 64
   ② 32
   ③ 28
   ④ 16

4) 이해관계, 취미, 사회적 신분, 우정, 친척, 등의 공통적 유대관계를 바탕으로 비공식적 그룹들과의 의사소통 방식을 무엇이라 하는가?
   ① 대인 의사소통
   ② 공식적 의사소통
   ③ 비공식적 의사소통
   ④ 공공 및 단체 간 의사소통

5) 프로젝트 생명주기별 갈등의 원천 중 실행 단계에서 제일 많이 발생하는 갈등은?
   ① 일정
   ② 기술적 선택
   ③ 투입인력
   ④ 원가

CHAPTER

13

전사적 프로젝트관리

앞에서 우리는 프로젝트관리의 변천과정을 개략적으로 살펴보았다. 일반적인 역사의 기술이 사학자의 역사관에 따라 다를 수 있듯이 프로젝트관리의 역사도 다각적으로 접근하여 기술할 수 있다. 여기서는 기업경영, 특히 경영조직 관점에서 프로젝트관리의 변천 과정을 다시 한번 생각해 보자.

이미 1960년대 말에 선진 기업의 경영자들은 기업환경변화에 대처하기 위하여 새로운 경영기법과 조직구조를 탐색하기 시작하였다. 이때에는 유동적인 환경 속에서 복잡한 업무를 취급하는 항공산업이나 건설 및 엔지니어링 산업에서 프로젝트관리를 적용하였다. 그러나 기업의 규모가 커지고 복잡성이 급격히 증대함에 따라 1980년대 초반에는 많은 기업의 경영자들이 기업의 성장을 위해 프로젝트관리를 활용한 경영이 필수불가결함을 인식하게 되었으며, 이를 위해 프로젝트에 의한 조직관리를 지향하는 기업 구조조정(organizational restructuring)이 불가피하게 되었다. 즉 '프로젝트에 의한 경영(MBP: Management By Projects)'이 활성화되었으며 이의 적용이 계속 확산되는 추세이다.

이 MBP를 적용함으로써 지속적으로 변화하는 환경에 쉽게 적응할 수 있고 주어진 시간 내에 여러 기능 분야가 함께하는 활동을 관리할 능력을 보유하게 된다. 동시에 수직 및 수평적 업무흐름이 보다 활성화되고 고객지향적으로 업무추진이 가능하게 되었다. 책임 소재를 분명히 하고 범기능적인 의사결정이 이루어질 수 있는 것도 MBP의 주요한 장점이다. 그렇다고 해서 기업의 모든 업무가 프로젝트에 의해 수행되는 것은 아니다. 기업의 기본적인 목적은 비즈니스를 지속하는 것이며 이는 반복적인 일상운영(ongoing operations)을 통하여 이루어진다. 이 일상 운영업무의 일부 또는 대부분을 프로젝트로 재정의하여 MBP를 하게 된다. 프로젝트와 일상운영은 사람이 수행하고 제한된 자원에 제한을 받으며 계획, 실행 및 통제된다는 공통점이 있으나 프로젝트는 한시적이고 유일하며 주어진 목표를 달성하는 것이 목적인 반면 일상 운영은 지속적이고 반복적이며 비즈니스를 지속하는 것이 목적이라는 점에서 그 차이가 있다.

전사적 프로젝트관리(enterprise project management)는 MBP의 기본개념을 바탕으로 하여 경영의 핵심을 일상운영보다 프로젝트의 개발, 계획 및 실행에 두는 것에 초점을 맞춘다. 다시 말하면 전사적 프로젝트관리는 동시에 추진하는 다양한 프로젝트를 통해 기업의 목표를 달성할 수 있다는 원칙을 토대로 하고 있다.

13.1 전사적 프로젝트관리의 개념

전사적 프로젝트관리에 대한 배경에서는 주로 기업의 일상운영과 관련하여 전사적 프로젝트관리를 설명하였다. 또 하나의 중요한 측면은 기업의 장기목표를 달성하기 위해 수행해야 할 일련의 활동에 대한 계획인 기업경영 전략의 실행수단으로서의 전사적 프로젝트관리이다. 물론 일상운영 업무도 기업의 전략적 목표를 이행하는 도구로 이용될 수 있다. 기업의 전략은 그 기업이 생존하느냐, 아니면 없어지느냐를 결정하는 중요한 것이다. 이 전략의 중요성은 누구나 인식하고 있지만, 그 전략의 절반 이상이 실행되지 않는 것이 오늘날의 현실이다. '구슬이 서 말이라도 꿰어야 보배'라는 말이 있듯이, 전략과 실행 사이의 연결을 강화하는 전략 실행의 조직 적용 능력이 주요한 문제로 대두되고 있다.

기업은 전략적 목표를 달성하기 위하여 자금과 자원을 투자하며, 이 투자를 구체적으로 이행하는 수단이 바로 여러 프로젝트들이다. 그러므로 이 프로젝트들을 성공적으로 완료하는 노력도 중요하지만 전략적 목표 달성을 위해 어떤 프로젝트를 선정하여 수행할 것인지, 그리고 그들을 어떻게 지속적으로 관리할 것인지에 대한 노력이 요구된다. 따라서 연관성 있는 프로젝트들을 그룹으로 묶은 프로그램 상태로 각 프로젝트들의 편익을 관리하거나, 전략적 목표와 일치시키기 위한 프로젝트나 프로그램을 선정하여 균형을 맞추어가는 포트폴리오의 관리를 통하여 전략을 이행할 수 있다. 이들은 모두 기초적인 개념을 형성하는 단계에서부터, 타당성 검토나 비즈니스 케이스 작성, 그리고 계획 작성을 통하여 실행되어 결국 종료에 이르게 된다. 특히 승인된 목적과 당위성이 지속적으로 유지되고 있는지, 혹은 현재의 전략적 목표와 일치되고 있는지에 대한 지속적인 평가와 함께 변경을 포함하는 적절한 조치들이 이루어져야 한다. 결국 이러한 지속적인 경영의사결정으로 조직의 전략적 목표 달성과 연계하여 일치되도록 평가하고 확인하는 것이 바로 전사적 프로젝트관리 차원이다.

오늘날 많은 기업들은 전략적 목표와 함께 다수의 프로젝트를 동시에 수행하는 복잡한 체계를 갖고 있다. 이들에게서 발견할 수 있는 공통점들은 다음과 같다. 먼저, 조직의 패러다임에 대한 전환의 필요성이다. 충실한 전략을 기반으로 하는 기업이라면, 그들은 그 전략의 실행에 중점을 두는 조직으로 전환이 필요하다는 것이다. 두 번째는, 프로젝트에 대한 정보 공유 및 이해 증진의 필요성이다. 이는 구성원들이 자신의 프로젝트가 회사 전략과 어떻게 연관되는지에 대한 이해가 부족하고, 회사에서 어떤 프로젝트들이 진행되고 있는지를 알 수 없으며, 프로젝트 간의 연관관계에 대한 이해가 부족하다는 것이다. 세 번째는, 자원의 비효율적인 활용이다. 자원의 활용도를 제대로 파악하지 못하여 합리적인 활용이 어렵거나, 더욱 가치 있는 프로젝트가 우선적으로 필요한 자원을 지원받지 못할 수 있다는 것이다. 네 번째는, 프로젝트 실행관리의 미흡이다. 이는 프로젝트 결과가 기대에 미치지 못할 경우 사전 대처가 어려울 수 있으며, 프로젝트 원가나 일정 및 기술적 목표 등을 달성하지 못할 수 있다는 것이다. 기업들이 당면한 이러한 현안에 대한 해결책의 하나가 바로 전사적 프로젝트관리이기도 하다.

13.2 전사적 프로젝트관리의 체계

전사적 프로젝트관리 체계는 조직 내의 모든 프로젝트의 진행 상황과 자원별 수행 정도를 시각적으로 확인할 수 있는 가시성, 프로젝트 진행 상황 중의 작업별 또는 자원별 변동 사항이 전체 프로젝트에 미치는 영향을 실시간으로 자동 분석하는 통찰력, 그리고 프로젝트가 제공한 상황 예측 정보와 분석 정보를 기준으로 프로젝트를 입체적으로 통제하는 통제력 등을 보장한다. 예를 들면, 많은 조직에서는 그들의 전략적 목표를 달성하기 위해 기존의 운영 업무들과 다수의 프로젝트들이 동시에 진행되고 있으며, 자원들은 서로 다른 업무와 여러 프로젝트에 걸쳐 혼재되어 있다. 단위 프로젝트관리의 관점에서 벗어나 기업 내에서 일어나는 모든 프로젝트들은 물론 일상적인 운영 업무까지도 함께 고려되는 것이 전사적 프로젝트관리이다. 이는 프로젝트와 자원관리 모두에 상응하는 목표를 맞춰주고 그들 사이에 균형을 유지할 수 있는 수단을 제공하며, 실시간으로 프로젝트의 정보를 공유할 수 있도록 하여 프로젝트 및 자원 사용에 대한 가시성을 확보해 준다.

이와 같은 전사적 프로젝트관리 체계를 구성하는 방법, 또는 접근하는 방법이나 관리모델은 매우 다양하다. 본서에서는 그중에서 가장 널리 보급되고 있는 미국 PMI에서 기준으로 발행한 프로젝트 포트폴리오관리(The Standard for Portfolio Management, 2013)를 위주로 설명한다. 포트폴리오관리 외의 기타 전사적 프로젝트관리 체계 내지 관리모델의 예도 간단히 소개한다.

13.2.1 프로젝트 포트폴리오 관리

1장에서 프로젝트의 계층구조로서 프로그램과 포트폴리오를 간단히 소개한 바 있다. 지금까지 전사적 프로젝트관리를 설명할 때 주로 프로젝트만 언급하였지만 실질적인 내용은 단위 프로젝트와 프로그램을 포괄하고 있다. 프로그램은 다양하게 정의할 수 있으며 산업계에서 서로 다른 개념으로 통용되고 있기도 하지만, 여기서는 PMI가 정의한 대로 "단위 프로젝트들을 개별적으로 관리할 때에 달성하기 어려운 편익과 통제를 확보하기 위하여 통합적으로 관리하는 관련된 여러 단위프로젝트의 집합이다." 따라서 프로젝트 포트폴리오는 기업이 전략적 업무 목표를 달성하는 데 유리하도록 단위 프로젝트, 프로그램 및 기타 업무의 집합체를 말한다.

전사적 프로젝트관리는 이와 같은 프로젝트 포트폴리오의 체계적인 관리를 통하여 구현할 수 있다. 이어지는 '절'에서는 프로그램관리를 우선 정의하고 나서 포트폴리오 관리에 대해 구체적으로 설명한다. 또한 프로그램이나 포트폴리오관리에 주요한 역할을 담당하는 프로젝트관리 오피스에 대해서도 추가적으로 설명한다. 포트폴리오관리의 경우와 마찬가지로 프로그램관리에 대한 설명도 PMI의 기준(The Standard for Program Management, 2013)을 주로 참고했다.

13.2.2 기타 전사적 프로젝트관리 체계의 예

시스템적으로 전사적 프로젝트관리 체계를 구성하는 부분의 예를 들면, [그림 13-1]과 같이 포트폴리오관리, 프로세스관리, 협업관리, 프로젝트관리로 구성될 수 있다.

우선 포트폴리오관리는 '프로젝트 포트폴리오관리'와 '사업 성과관리'의 상호 관계로 구성된다. '사업 성과관리'는 전략 성과관리, 프로젝트 성과관리, 그리고 조직 및 개인의 성과관리를 수행하여 그 결과를 프로젝트 포트폴리오로 보낸다. '프로젝트 포트폴리오관리'에서는 경영전략과 포트폴리오를 연계하고, 프로젝트를 선정하며, 최적화된 자원을 할당한다. 이렇게 전략과 연계된 프로젝트 구성이 승인되면 개별 프로젝트를 수행하게 되며, 그 개별 프로젝트 수행이 그림의 맨 아래에 있는 프로젝트관리이다.

프로젝트관리는 '단위 프로젝트관리'와 '자원관리'로 구성된다. 그중 '단위 프로젝트관리'는 프로젝트 계획을 수립하고, 이슈 및 리스크 관리, 변경관리와 진도관리 등을 수행한다. 이러한 개별 프로젝트들의 진척이나 성과는 '프로젝트 포트폴리오관리'에 전달되어 프로젝트 재선정과 최적화를 돕는다. '단위 프로젝트관리'는 별도의 중앙 집중화e

된 '자원관리'와 연계되는데, 이는 자원 정보 관리뿐만 아니라 자원의 활용도도 함께 관리된다.

또한 '단위 프로젝트관리'는 프로세스관리인 '작업흐름관리'와 연계되는데, 여기서 작업흐름관리란 단계별 승인 요청, 단계별 심의 수행, 프로세스관리, 아이디어관리 등을 포함한다. 예를 들어, 단위 프로젝트로부터 작업분류체계와 같은 범위 정보를 받으면, 작업흐름관리는 프로젝트의 단계 정보를 제공한다.

이러한 프로세스관리는 협업관리 부문으로 프로젝트 목표 데이터를 인도한다. 이 '협업관리'는 문서 보안, 협업 사이트 운영, 메신저나 화상회의와 같은 의사소통 체계, 산출물관리 기능 등을 제공한다.

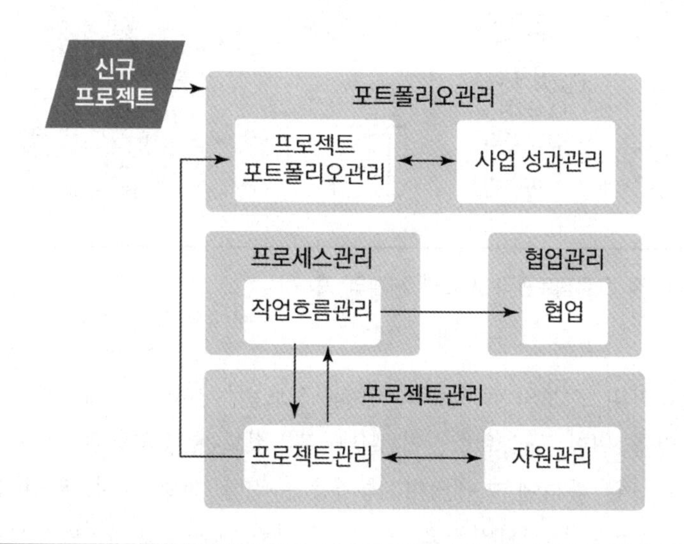

[그림 13-1] 전사적 프로젝트관리 시스템 구성

전사적 프로젝트관리 체계의 두 번째 예는 조직의 주요 이해관계자 중심의 정보 입력과 정보 제공을 나타내는 [그림 13-2]와 같다. 그림에서 프로젝트관리자는 포트폴리오관리 결과에 따라 프로젝트관리 오피스에서 승인한 새로운 프로젝트를 등록하고, 세부 작업들을 등록한 후 자원 할당을 한다. 등록된 프로젝트에 대한 기획 및 통제를 위한 일정관리, 산출물관리, 이슈 및 리스크 관리, 보고 문서관리 등을 수행한다. 이때 각종 현황 및 진행 정보는 팀원들이 입력하거나 등록하는 개인에 할당된 작업량과 성과, 이슈, 리스크 등의 정보를 종합하여 분석한 결과이다.

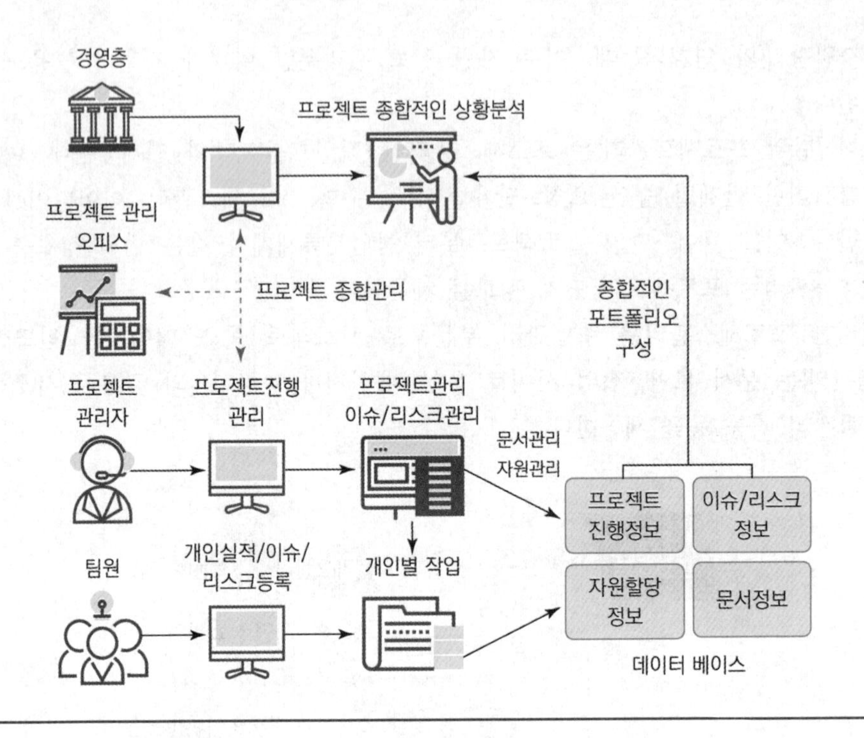

[그림 13-2] 전사적 프로젝트관리 시스템 체계의 예

프로젝트관리자의 정보와 팀원들의 등록 정보는 각 데이터베이스로 모여 종합적인 포트폴리오관리를 위한 구성요소들이 된다. 이 정보는 경영층과 프로젝트관리 오피스에서 종합적인 상황 분석에 이용되며, 경영층은 전체 현황 감시, 일정 현황 감시, 리스크 등의 각종 보고사항을 확인하고, 프로젝트관리 오피스와 함께 포트폴리오 구성 및 균형을 결정한다. 프로젝트관리 오피스는 전체 프로젝트의 변경관리, 진행관리, 상황분석, 그리고 프로젝트 포트폴리오관리를 수행한다.

13.3 전사적 프로젝트관리의 성공요인

전사적 프로젝트관리의 성공을 위해서는 문화적인 측면과 환경적인 측면이 모두 고려되어야 한다. 먼저 문화적인 측면에서는, 먼저 상위 관리자의 리더십, 즉 스폰서십과 같은 상부에서 하부로의 지원이 적절히 충족되어야 한다. 두 번째는 전사적 프로젝트

관리를 주도하는 핵심 요인을 하나의 단위 프로젝트처럼 적용하여야 한다. 세 번째는 전사적 프로젝트관리에 대한 수행에 있어서 조직의 참여와 합의, 그리고 수행 약속이 있어야 한다. 네 번째는 프로젝트관리 오피스(PMO)를 운영할 수 있는 가용자원이 있어야 한다. 마지막은, 실질적 정보 기반의 사실 기준의 개방적 문화, 그리고 협업과 팀워크를 촉진하는 개방적 환경으로 조직의 신뢰를 높이는 것이다.

다음으로 프로젝트 환경의 향상이 요구되는 환경적인 측면에는, 첫째 경영진의 지원과 함께 효과적인 프로젝트관리 프로세스를 구성하는 일이다. 이는 단순히 프로세스를 정의하기보다는 프로젝트 팀이 그 프로세스를 사용하도록 보장하며, 그 조직의 문화나 프로젝트 크기 등을 고려한 적합한 프로세스들로 구성되어야 한다. 두 번째는, 표준화된 소프트웨어 인프라로, 일관성 있게 조직에서 적용이 가능한 기획 템플릿이나 소프트웨어와 같은 도구를 적용할 수 있어야 한다. 마지막은, 경험 있는 프로젝트관리자가 요구되는데, 이를 위해서는 프로세스와 툴을 잘 이용할 수 있는 기술과 전문성을 높이기 위한 효과적인 교육이 필요하다.

그 외에도 기업들이 전사적 프로젝트관리를 성공적으로 수행하기 위해 고려해야 할 사항은 다음과 같은 것이 있다. 첫째, 공통의 용어를 수립해야 한다. 이는 프로젝트, 프로그램, 포트폴리오에서 사용되는 주요 용어들을 지속적이고 일관성 있게 사용할 수 있도록 용어들을 정의하고 구성원들이 그것을 공유하여 원활한 의사소통이 되도록 하는 것이 중요하다. 두 번째, 프로젝트관리 툴을 효율적으로 사용하기 위한 훈련이 요구된다. 만일 관리자나 구성원들이 툴을 사용할 줄 모르거나 그 수준이 낮아서 툴 사용에 어려움이 있다면, 계획을 변경하거나 내용을 수정하기 힘들 것이다. 세 번째, 가용자원과 수요의 균형을 맞추기 위해, 정확한 자원 데이터가 수집되어야 한다. 네 번째는, 프로젝트, 프로그램, 포트폴리오를 위한 관리를 위하여 통합된 도구가 있어야 한다. 다섯 번째는, 프로세스 및 도구에 대한 전문가가 되도록 프로젝트관리 오피스(PMO)를 양성하여야 한다. 프로젝트관리 오피스는 전사적 프로젝트관리를 위한 중심이며, 그 역량의 중심이다. 그러므로 조직 변화의 엔진으로서 프로세스에 대한 이해와 지식 공유를 위한 의사소통이 더욱 요구된다. 여섯 번째는, 프로젝트관리자를 비롯한 모든 이해관계자들은, 중앙 집중화된 프로세스에 대한 저항을 극복하기 위한 훈련과 의사소통이 요구된다. 마지막은 단호한 의사결정이 요구된다는 것이다. 즉, 전사적 프로젝트관리 수준에서는 전략적 목표를 위해 프로젝트나 자원을 할당해야 하므로 프로젝트를 다시 우선순위화하여 추진 중인 프로젝트를 취소시킬 수도 있다는 것을 의미한다. 이는 조직이 기꺼이 내려야 할 매우 어려운 의사결정을 수반한다.

결론적으로, 전사적 프로젝트관리를 위해서는, 기업 전략이 프로젝트를 통하여 수행되어야 하며, 외부에 의존하지 않고도 사업을 성공으로 이끌 수 있는 핵심 역량과 인프라가 구축되어야 한다. 또한 프로젝트, 프로그램, 포트폴리오 관리를 위한 통합된 관리 체계, 그리고 적극적이고 적절하게 실행 프로세스에 참여하는 전략적 통합자 역할의 경영자가 있어야 한다.

13.4 프로그램관리

13.4.1 프로그램 정의

프로그램이란 앞에서 이미 정의한 바와 같이 '단위 프로젝트들을 개별적으로 관리할 때에 달성하기 어려운 편익과 통제를 확보하기 위하여 통합적으로 관리하는 관련된 여러 단위 프로젝트의 집합이다.' 프로그램은 프로젝트와 마찬가지로 기업이 현재 보유하고 있는 능력을 제고하거나 개발하여 조직에 편익을 제공하는 것을 목표로 하며, 궁극적으로 조직의 목적과 목표를 이행하기 위한 수단이다.

여기서 편익이란 경영의 개선을 도모하여 기업의 이해관계자에게 효용(utility)을 제공하는 활동과 행동의 결과를 말한다. 예를 들면, 프로젝트나 프로그램의 결과가 원가 측면에서 원가 절감이나 매출 향상의 효과, 서비스 측면에서 서비스 향상이나 생산성 향상의 결과를 획득하였다면 이것이 바로 편익이다. 프로그램을 구성하는 프로젝트들은 산출물을 만들며 이 산출물은 능력을 만들어 이 능력으로 조직의 목적에 공헌하는 결과를 이끌어낸다. 이 과정에서 그 결과를 통해 조직의 편익 실현에 공헌해야 한다. OGC의 MSP®에서, "편익은 측정 가능한 개선사항이며, 그 개선사항은 특정 결과로부터 나온 것이고, 이 결과는 조직 목표에 공헌해야 한다"라고 정의하고 있다. 기업은 이러한 편익이 미래를 위해 투자하는 프로젝트와 프로그램을 통하여 획득된다고 말할 수 있다.

프로그램의 예로서 자동차 회사의 신차 개발 프로그램이 있다. 만일 새롭게 개발되는 자동차 모델에 새롭게 개발되거나 개선되는 엔진이나 부품이 장착되어 개선된 생산라인에서 제작될 예정이라면 이들은 연관성 있는 프로젝트들로 묶여져 하나의 프로그램으로 진행될 수 있는 것이다. 여기서 새로운 엔진 개발이나 부품의 개선은 하나 또는 여러 개의 프로젝트로 수행되며, 마찬가지로 생산 라인을 개선하는 것도 개별 프로젝트가 된다.

프로그램은 이와 같은 개별 프로젝트만의 집합만이 아니라 때로는 일상운영업무

(ongoing operation), 또는 반복적이거나 주기적으로 계속되는 업무를 포함하기도 한다. 앞의 신차 개발프로그램의 예에서 만일 생산라인을 별개 프로젝트에 의해 개선된 라인이 아니라 기존 라인을 그대로 사용할 경우 이는 일상제작업무가 프로그램에 포함되는 경우이다. 신문이나 잡지의 발행도 하나의 프로그램이지만 개별 일간신문이나 월간잡지는 프로젝트를 통하여 발간된다.

프로그램과 프로젝트는 성공에 대한 측정기준도 다르다. 일반적으로 프로젝트는 원가나 일정, 성능 등이 주요 성공요인이지만 프로그램의 성공을 측정하는 주요요인은 투자회수율(ROI), 새로운 능력의 확보, 기업에 제공하는 편익의 내용 등이다. 다시 말하면 프로젝트는 인도물을 생산하지만 프로그램은 편익과 능력을 기업에 전달한다. 기업은 이를 활용하여 조직목표를 달성한다.

일부 조직이나 산업계에서는 프로그램을 앞의 정의와는 다른 의미로 사용하기도 한다. 예를 들면 대형 프로젝트를 프로그램이라 칭하기도 하고 지속적 또는 주기적으로 수행하는 일상운영업무를 프로그램이라고도 한다. 때로는 프로젝트와 프로그램을 혼용하기도 한다. 그러나 본서에서는 가장 체계적이라고 판단되는 PMI의 정의를 따르기로 한다.

13.4.2 프로그램관리의 개념

프로그램관리(program management)란 개별 프로젝트의 집합인 프로그램의 전략적 편익과 목표를 달성하기 위하여 단위 프로젝트들을 중앙 집중화하여 조정하는 업무(centralized, coordinated management)를 말한다. 다수의 개별 프로젝트들을 프로그램으로 집중 관리함으로써 원가나 일정 등을 최적상태로 통합관리가 가능할 뿐만 아니라 각 프로젝트가 제공하는 편익의 시너지 효과를 기대할 수 있다. 또한 단위 프로젝트들의 인도물이나 소요인력의 통합관리가 가능하게 된다. 즉, 프로그램의 여러 구성요소들을 프로그램 목표 달성에 일치되도록 정렬하고 구성요소들의 일정, 원가, 자원의 통합으로 최적화를 이루는 것이다. 그러므로 프로그램관리에서 가장 중요한 점은 구성요소들 사이에 상호 의존관계를 통합적으로 관리하고 통제하는 것이다.

프로그램관리와 프로젝트관리의 관계를 몇 가지 측면에서 살펴보자. 우선 프로그램관리의 총 책임자인 프로그램관리자는 프로젝트관리자들에게 담당하는 프로젝트에 대한 기본적인 방향과 지침을 제공하고 프로젝트들 사이에서 일어나고 있는 일들을 조정하지만 프로젝트를 직접 관리하지는 않는다. 즉 프로그램관리자는 프로젝트들 사이의 상호 의존관계를 식별하고, 합리적으로 재조직하며, 통제한다. 또한 프로젝트들 사이에서 발생된 문제들 중 자체적으로 해결하지 못한 이슈들을 처리하고, 개별 프로젝트가 프로그램 전체의 편익에 어떻게 기여하는지를 추적한다. 같은 맥락에서 프로그램관리 프로세스는 개별 프로젝트관리 프로세스를 조정함으로써 프로젝트를 통합하는 기능을 수행한다. 예를 들면 프로젝트 차원에서 해결할 수 없는 리스크나 기타 문제점 등을 프로그램 차원에서 처리한다.

이와 같이 프로그램관리자는 통합과 조정을 다섯 가지 관리영역을 통해 수행하는데, 프로그램과 상위 전략 간의 정렬, 프로그램 편익의 실현, 프로그램 이해관계자의 참여, 프로그램의 거버넌스, 프로그램 생명주기의 관리가 바로 그것이다. 프로그램관리자는 프로그램관리 영역을 통해 구성요소들 사이의 상호 의존관계를 감독하고 이를 통합적으로 관리하기 위한 최적의 방안을 실행하기 위한 노력을 한다.

전사적 프로젝트관리의 기본체제로 제시하고 있는 포트폴리오관리와 프로그램관리의 관계는 포트폴리오관리에서 설명한다. 다만 일부 기업에서는 포트폴리오관리 체제를 갖추지 않고 프로그램관리를 전사적 프로젝트관리 체계의 최상위에 두기도 한다는 점을 유의하기 바란다.

13.4.3 조직의 전략과 프로그램 수명주기

포트폴리오, 프로그램, 프로젝트는 이들 사이의 상호작용을 통하여 분명하게 구분되어 나타난다. 먼저 포트폴리오관리는 조직의 전략을 달성하기 위해 요구되는 프로그램 및 프로젝트를 선정하여 우선순위를 결정한 후에 수행 조직 구성과 인력을 배정한다. 여기에 선정된 프로그램은 연결된 편익 달성에 초점을 맞추어 궁극적으로는 조직의 목표 달성을 통해 포트폴리오에 기여한다. 결국 프로그램관리는 조직의 전략을 이행하기 위한 계획과 실행이라는 관점에서 수행된다. 그러므로 성공적으로 프로그램을 수행하기 위해서는 조직이 프로그램관리를 어떻게 수행하느냐에 달려 있으며, 이는 그 조직의 전략과 목표를 정의하고 소통하며 전략에 일치시키는 정렬에 대한 정책, 절차, 의사결정 체계 및 구조와 연관된다. 프로젝트는 프로젝트 생명주기를 통해 인도물을 산출하지만 프로그램은 조직의 목표를 달성하고 유지 및 강화하는 편익과 능력을 인도한다. 조직은 일반적으로 전략을 수립하고 그 전략 달성에 대한 목표를 설정하며 이를 실행하기 위한 대안을 수립한다. 프로젝트 포트폴리오관리는 이러한 전략을 이행하기 위한 프로그램과 프로젝트로 선정하여 우선순위와 함께 자원을 배분한 것이다. 포트폴리오에서 기본적으로 정의된 프로그램의 실행과 관리는 '전략 계획과 연계'를 포함한 다섯 가지 수행영역으로 구성된다. 이들 수행영역 중에서 '수명주기관리' 영역은 프로그램의 생명주기를 정의, 인도, 종료의 3단계로 정의하고 있으며, 그중에서 인도 단계는 프로그램의 구성요소인 프로젝트 또는 하위 프로그램의 수행을 통해 인도물이 생산되고 인도되는 단계이다.

프로그램 수명주기를 살펴보면, 가장 처음인 프로그램 정의 단계는 프로그램 자체를 생성하고 준비하는 단계로, 프로그램 목표, 기대편익, 구성요소 등이 정의되며 프로그램관리자를 포함한 수행 조직이 구성되는 단계이다. 다음으로 편익인도 단계는 구성요소들을 계획하고 승인하여 통합적인 차원에서 관리를 수행함으로써 인도물을 산출하는 단계로서, 각 구성요소로부터 생산된 인도물이 고객이나 조직에 인도되고 편익이 실현됨으로써 각 구성요소들이 완료된다. 이들 인도 과정은 구성요소들 사이의 상호작용을 통해 순차적으로 실행되는 것이 아니고 대부분 반복적이고 병렬적으로 진행된다. 마지막 프로그램 종료 단계에서는 각 구성요소의 편익이 프로그램 수준에서 통합적으로 이행되며, 인도물이 운영으로 이관되어 공식적으로 프로그램을 종료하게 된다. 이 단계는 프로그램 종료를 위한 자원 방출과 교훈 사항 정리도 함께 수행된다.

13.4.4 프로그램관리의 수행영역

조직은 개별적인 프로젝트 실행을 통해 전략적 목표 달성을 이루기도 하지만, 동시에 프로그램과 같이 사전에 구성된 종합적인 결과를 달성하고 총체적인 편익을 실현하기도 한다. 이들 프로그램은 조직에 상당한 영향을 미치므로, 프로그램 수행 조직은 이해관계자의 기대, 프로그램의 요구사항, 요구되는 자원, 하위 프로젝트들의 착수시점에 대한 충돌 등을 보다 넓은 관점에서 전략적으로 고려하고 조정한다. 그러므로 조직의 비즈니스 프로세스는 프로그램의 수행 결과에 따라 프로그램 생명주기를 통해 다양한 형태로 변화할 수있다. [그림 13-3]과 같이 PMI의 Standard for Program Management(2013)에서는 프로그램의 성공을 위한 필수적인 요소로서 프로그램관리 수행영역을 다섯 가지로 정의하고 있다.

첫 번째, 프로그램 전략 정렬은 프로그램 실행을 통하여 조직의 전략적 목표를 달성하기 위한 기회와 편익을 식별하는 것이다. 이는 프로그램관리의 핵심이 프로그램이 조직의 전략에 일치되도록 설계하고 조직 전체의 관점에서 기대되는 편익이 실현될 수 있도록 전략에 초점을 맞추는 것이기 때문이다. 프로그램의 시작은 프로그램의 요구를

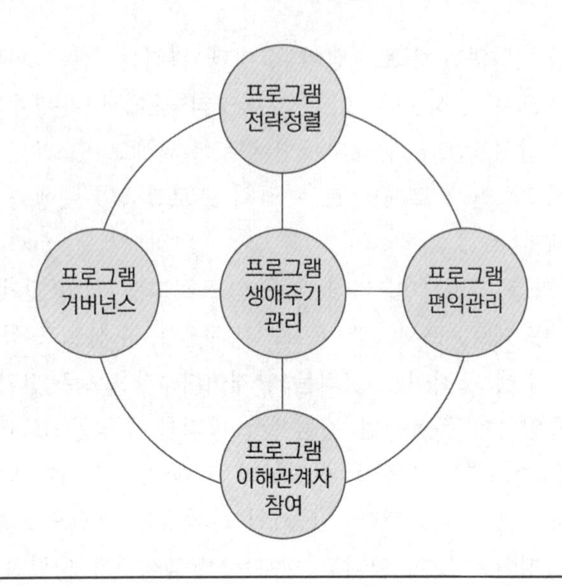

[그림 13-3] 프로그램관리의 수행영역

식별하고 기대되는 결과를 확인하여 비즈니스 케이스를 작성하는 것으로 시작된다. 이는 프로그램의 비용과 편익 간의 균형을 위해 작성되며, 재무적 분석, 명시적인 편익, 시장 수요 및 장벽, 잠정적 수익, 기술적 리스크, 시장진입 시점, 제약 사항, 조직 전략과 연계 정도 등을 포함한다. 비즈니스 케이스 작성 후에는 프로그램 계획을 수립하는데, 이는 프로그램과 조직 전략을 연결하여 상호 피드백을 유지하기 위함이다. 프로그램 계획에는 비전, 미션, 기대 편익, 목적과 목표 등이 포함된다. 또한 이 계획에는 활동에 대한 권한 위임, 감시 및 통제에 대한 관리 구조와 방법뿐만 아니라 프로그램의 성공 기준과 이에 대한 판단 척도도 제공한다. 프로그램 계획이 수립되면 프로그램 로드맵이 작성되는데, 이는 프로그램의 진행 방향으로 주요 마일스톤과 각 마일스톤에 대한 성공기준을 문서화한 것이다. 로드맵은 프로그램의 활동과 기대 편익 간의 관계를 연결하기 위해 작성되며, 주요 마일스톤과 의사결정 시점, 마일스톤 간의 상호 의존관계, 사업 전략과 프로그램 활동의 연계 구조를 표현한다. 조직의 전략적 목표는 조직을 둘러싼 환경의 변화에 따라 변경되며, 프로그램 또한 변경된 전략에 의해 수정될 수 있다. 이들 프로그램 비즈니스 케이스, 프로그램 계획, 프로그램 로드맵과 같은 요소들도 조직의 전략 목표와 지속적으로 연결하고 기대 편익을 실현할 수 있도록 프로그램의 환경 평가에 대한 결과를 반영하여야 한다.

편익이란 의도한 대상에게 효용, 가치, 변화 등을 제공하는 행동의 결과로, 프로그램과 프로젝트는 전략 계획에 맞추어 현재의 능력을 강화하거나 새로운 능력 개발을 통해 후원 조직에게 편익을 제공한다. 프로그램관리 수행영역의 두 번째는 프로그램 편익관리로, 이는 프로그램을 통해 제공되는 편익을 정의, 생성, 극대화, 인도, 유지하는 것이다. 프로그램 편익을 관리한다는 것은, 프로그램 생명주기 동안 여러 활동들의 결과와 실현되는 편익에 초점을 맞추는 것으로, 의도하는 편익과 결과를 설정하고 실현되는 정도를 관리함을 의미한다. 프로그램 생명주기와 연결되는 전형적인 편익관리 프로세스는 [그림 13-4]와 같이, 편익 식별, 편익 분석과 계획, 편익 인도, 편익 이행, 편익 유지순으로 진행된다. 먼저 편익 식별이란, 프로그램의 계획된 편익과 핵심 성공요인의 정의, 편익의 달성 정도를 측정할 지표 개발, 편익 계획 대비 진척도를 측정하는 프로세스 수립, 프로그램 진척 기록과 보고를 위한 의사소통 프로세스를 확보하는 것이다. 편익 분석과 계획은, 편익 실현 계획 수립 및 프로그램 작업 수행 과정에 대한 지침 제공, 프로그램 구성요소 정의와 우선순위를 결정하며 요소들 사이의 상호 의존성 설정, 편익 실현의 감시를 위한 측정치와 핵심 성과지표 정의, 프로그램 성과기준선 수립과 성과측정 결과를 공유하고 소통하는 것을 포함한다.

편익 인도와 관련된 활동은 프로그램 구성요소들을 착수, 실행, 이관, 종료하며 이들 요소들 사이의 상호 의존관계를 감시, 핵심 성과지표를 평가, 프로그램 진척을 기록하고 보고하는 것을 포함한다. 편익 이행은, 계획된 편익 인도 기준 검토, 인도물에 대한 인수기준 검토 및 평가, 완료 이후 운영에 대한 문서 검토, 편익 이행 상태의 평가 및 승인, 자원 방출 및 재배치 등을 포함한다. 끝으로 편익 유지는, 프로그램 인수조직의 운영, 재무, 형태 변화에 대한 계획 수립, 프로그램의 산출물, 능력, 개선에 대한 성과 감시 및 지속 가능성 감시와 함께 고객 요구에 대응하는 활동 등을 포함한다.

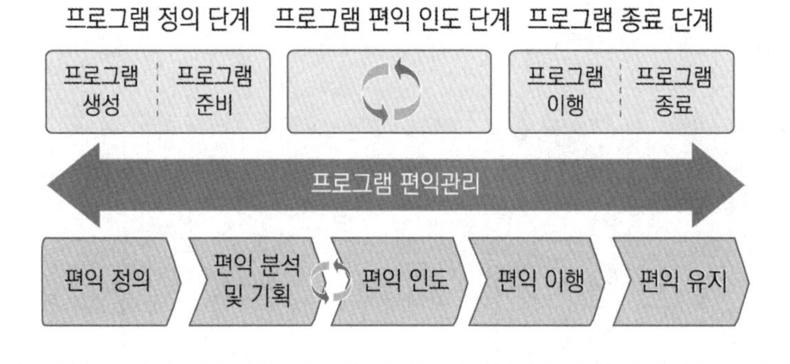

[그림 13-4] 프로그램 생명주기와 프로그램 인도관리

CHAPTER

14

프로젝트 통합관리 활동지침

14.1 착수 단계 활동

14.1.1 프로젝트 목표 설정

비즈니스 사례는 프로젝트를 수행해야 하는 이유, 달성할 목표 및 기업에 대한 정량화된 이점 측면에서 프로젝트를 높은 수준으로 정의하는 것이다. 이 단계에서는 프로젝트 계획을 구성할 프레임 워크가 있고 프로젝트의 중간 및 최종 결과를 명시된 목표와 비교하여 측정할 수 있도록 이러한 제안을 명시된 목표로 세분화해야 한다.

비즈니스 사례를 다시 검토하고 프로젝트가 생긴 이유와 프로젝트 결과로 어떤 성과가 기대되는지 조사한다. 실현해야 할 구체적인 결과와 달성할 수 있는 측정 가능한 이점을 식별한다. 목표가 달성되는 기간을 설정하고, 목표를 서술형식(글머리 기호 또는 텍스트)으로 공식적으로 문서화하여 목표의 정신과 의미가 유지되고 프로젝트 전체에서 일정하게 유지되도록 한다. 목표를 달성하는 과정에서 진행 상황을 감시하고 측정하고 측정 프로세스를 구현하는 가시적인 방법을 정의한다.

고려사항

프로젝트 목표를 결정할 때 다음을 고려한다.

- 조직에 어떤 변화가 있는가? 프로젝트가 조직에 어떤 종류의 변화를 나타내는가? 프로젝트의 결과는 무엇인가?
- 필요한 결과는 무엇인가? 프로젝트가 성공하기 위해서는 어떤 구체적이고 확실한 결과가 필요한가?
- 프로젝트는 언제 완료되는가 프로젝트 완료 시 프로젝트가 생산하기로 되어 있는 모든 것을 제공했는지 여부를 측정할 수 있는 기준은 무엇인가?

14.1.2 프로젝트 범위 정의

프로젝트의 규모와 복잡성을 결정하여 프로젝트의 범위를 정의한다. 내용과 맥락을 정의하여 프로젝트 주위에 경계(project boundary: 포함/불포함 내용)를 둔다. 수행할 작업과 프로젝트 결과로 인해 어떤 부분이 구체적으로 영향을 주는지에 대한 프로젝트 범위와 제외할 작업을 구체적으로 결정한다.

범위는 여러 가지 방법으로 정의될 수 있다. 프로젝트가 영향을 주는 비즈니스 목적 및 목표 측면에서 정의될 수 있다. 이러한 비즈니스 목적은 다음이 포함될 수 있다.

- 가치 흐름
- 비즈니스 기능 또는 프로세스
- 정책, 절차 및 교육 노력
- 조직 단위 및/또는 역할
- 지리적 위치
- 데이터베이스
- 네트워크
- 현재 시스템, 응용 프로그램 및/또는 모듈
- 장비

범위의 명확하고 간결한 정의는 프로젝트 성공의 열쇠이다. 설명 및 그래픽 형식으로 설명할 범위를 작성하면 현실적인 작업 계획, 예산 및 일정을 수립하고 기대치를 올바르게 설정하는 데 도움이 된다. 프로젝트의 범위가 시작부터 명확하게 정의되지 않고 프로젝트 생애주기 동안 엄격하게 준수되지 않는 경우(정식 범위변경 조치를 따르지 않는 경우) 프로젝트 인수자와 프로젝트 담당자 사이에 문제와 충돌이 거의 확실하게 발생한다. 이것을 확실하게 이해관계자에게 전달해야 한다.

프로젝트 범위를 관리한다는 것은 정의된 범위 내에서 프로젝트를 유지하는 것을 의미한다. 프로젝트 진행 중에 정의된 범위를 벗어난 작업이 식별되면 다음 조치 중 하나를 수행해야 한다.

- 작업은 범위를 벗어난 것으로 간주되며 다른 프로젝트의 후원으로 다른 시간으로 연기되고 완료된다.
- 프로젝트의 범위는 공식적으로 변경되어 새로운 작업으로 포함되도록 확장시키고, 범위 확장은 프로젝트 작업 계획, 자원, 예산 및/또는 일정을 공식적으로 변경한다.

범위 변경 계획 및 관리에 대해서는 작업 14.1.3 범위관리 정의에 자세히 설명되어 있다.

고려사항

프로젝트 범위 설명의 중요성을 감안할 때 프로젝트 초기에 충분히 명확하게 정의하는 것이 매우 중요한다. 프로젝트 범위를 정의할 때 다음 사항을 명심한다.

- **제품 범위와 프로젝트 범위**: 프로젝트 범위와 제품 범위가 명확하게 구분되어 있는지 확인한다. 제품 범위는 제품의 기능에 중점을 두는 반면 프로젝트 범위는 프로젝트를 완료하는 데 필요한 작업에 중점을 둔다. 둘 다 이상적으로 필요하다.

- **범위 밖의 것을 정의**: 여러 가지 이유로 인해 프로젝트에서 수행하지 않을 수 있다. 모호성을 정의하려면 프로젝트에서 이러한 제외를 미리 정의해야 한다. 여기에는 다음이 포함될 수 있다.
  - 지금 하지 않고 연기되는 작업
  - 다루지 않는 기능 또는 사업 목적
  - 프로젝트가 충족하지 않을 기능 또는 표준
  - 요구사항이 명시적으로 해결되지 않는 프로젝트 이해관계자 또는 그룹

- **범위를 상세히 정의**: 프로젝트의 결과로 무엇이 포함되는가를 통해 모호성을 제거하기 위해 프로젝트 내에서 예상되는 내용을 충분히 상세하게 정의해야 한다.

- **범위를 테스트**: 작업 범위에 대한 모호성을 배제하기 위해 범위를 테스트할 수 있다. 테스트에는 다음이 포함된다.
  - 세부수준, 완전성 및 포괄성을 검토한다.
  - 품질, 특성 및 생산 수단을 검토한다.
  - 적합성을 결정할 목적과 이해관계자를 검토한다.

- **다른 프로젝트 이해**: 프로젝트의 범위를 정의할 때 현재 조직에서 수행 중인 다른 프로젝트를 식별하고 프로젝트에 어떤 영향을 줄 수 있는지 고려해야 한다. 같은 영역에서 다른 프로젝트가 진행되고 있는가? 그들은 동일하거나 유사한 기술을 사용하고 있는가? 프로젝트의 특정 측면에서 협업할 수 있는 기회가 있는가? 궁극적으로 다른 프로젝트의 범위는 무엇인가? 프로젝트의 범위를 넓히거나 최소한 프로젝트와 다른 사람 사이의 충돌을 제한할 수 있는 기회가 있을 수 있다.

14.1.3 범위관리 정의

대부분의 프로젝트에서는 변경이 가능하며 일반적으로 발생한다. 종종 변경은 프로젝트의 범위가 개선되거나 재정의된 결과로 나타난 것이다. 프로젝트관리 팀은 프로젝트 범위를 정의하고 프로젝트 변경사항을 관리 및 추적하고, 프로젝트가 완료될 때 프로젝트가 제공되는지 확인할 수 있는 프로세스를 갖추는 것이 중요하다. 범위관리 계획의 특정 구성요소는 프로젝트의 규모, 복잡성 및 특성에 따라 다르지만 다음 프로세스를 포함할 수 있다.

- 프로젝트 범위를 정의하고 문서화하는 범위정의 프로세스
- 작업분류체계 개발 프로세스
- 범위 검증 및 승인 프로세스
- 통제 프로세스 변경

다른 프로젝트와 조직이 고려한 것에 대한 경험을 얻기 위해 과거 프로젝트와 주제 전문가와 상의할 수 있다.

이 프로세스 단계의 결과는 프로젝트 전체의 프로젝트 범위관리를 안내하는 범위관리 계획이 된다. 범위관리는 프로젝트의 전체 변경관리 프로세스와 직접 연결되어 있으며 전체 범위 무결성을 보장하기 위해 정기적으로 검토하고 적극적으로 관리해야 한다.

고려사항

프로젝트의 성공을 위해서는 올바른 범위관리 프로세스가 있는 것이 중요하다. 범위관리 프로세스를 정의할 때 다음 사항에 유의한다.

- 제품은 얼마나 잘 정의되어 있는가? 잘못 정의된 제품은 종종 제품의 기능을 지속적으로 변경하게 한다. 이러한 추가 요청은 종종 프로젝트의 범위와 복잡성을 증가시킨다. 제품이 제대로 정의되지 않은 경우 프로젝트의 변경사항을 캡처하고 관리할 수 있도록 잘 정의된 변경관리 프로세스가 있는지 확인한다.
- 조직 변경관리 고려사항은 무엇인가? 프로젝트의 결과로 조직 변경관리에 많은 영향을 미치는가? 조직은 최소 수준에 관계없이 프로젝트로 인해 어떤 형태로든 변화를 겪는다. 이 변화를 다루는 것은 프로젝트관리의 책임인가? 이는 프로젝트 범위가 정의되는 방식에 따라 조직에 큰 영향을 줄 수 있으므로 프로젝트 계획 초기에 이를 결정한다.

14.1.4 프로젝트 인도물 정의

프로젝트의 각 단계에서 제공될 주요 인도물을 식별한다. 프로젝트 인도물에는 구체적인 결과뿐만 아니라 공식 인도물이 포함될 수 있다.

인도물은 각 단계의 결과를 정의하고 궁극적으로 전체 프로젝트의 결과를 정의한다. 프로젝트에 참여하는 모든 사람들(관리자, 사용자, 프로젝트 팀 등)이 무엇을 생산할 것인지에 대해 공통된 이해와 동의가 있어야 한다. 프로젝트 인도물에 대한 기대는 올바르게 설정되고 관리되어야 한다. 비현실적인 기대는 실패로 인식되게 된다.

고려사항

잘 정의된 인도물 요구사항으로 인해 프로젝트에서 성공을 거둘 수 있다. 인도물이 올바르게 정의되도록 하려면 다음을 고려한다.

- **프로세스의 중요성**: 프로젝트 인도물을 정의하기 전에 누락된 것이 없는지 확인하기 위해 인도물의 모든 요구사항을 식별, 캡처 및 유효성을 검증하는 정의된 프로세스가 있는지 확인한다.

- **인도물 설명의 완료**: 인도물의 모든 기능을 캡처했는가? 프로젝트가 진행됨에 따라 기능이 추가되는 경우가 많으며 이러한 각 변경사항이 프로젝트 예산, 일정 및 범위에 영향을 줄 수 있다.

- **요구사항의 유형**: 하나 이상의 요구사항 유형이 있다는 것을 기억한다.

- **명시적**: 명시적 요구사항은 프로젝트 이해관계자가 구두로 작성하거나 문서화한 요구사항이다. '우리는 인도물이 XYZ를 할 수 있기를 원한다.'

- **묵시적**: 묵시적 요구사항은 무언의 요구사항이지만 포함된 것으로 간주되는 요구사항이다. '하지만 우리는 그렇게 할 것이라고 생각했다.'

- **감정적**: 정서적 요구사항은 이해관계자의 특정 희망, 기대 또는 두려움을 다루는 요구사항이다. 그들은 종종 인도물이 자신의 직업에 영향을 미치거나 고용 상태를 위협하는 방법과 같은 것들을 식별하고 포함하기가 가장 어렵다.

14.1.5 프로젝트 가정 및 제약 확인

프로젝트의 예상 결과가 정의됨에 따라 프로젝트를 정의하는 방향에 직접적인 영향을 미치는 사항이 결정된다. 두 가지 중요한 유형의 요소가 이러한 결정에 영향을 줄 수 있다.

1) 제약사항

제약은 외부 그룹에 의해 프로젝트 팀에 부과되고 프로젝트 내에서 관리되어야 하는 실제 또는 임의의 제한이다. 제한의 예에는 할당된 예산 또는 종료일 또는 프로젝트 팀이 채택해야 하는 특정 접근이 포함된다.

2) 가정

반면에, 가정은 프로젝트 팀이 프로젝트를 추진할 때 내린 결정에 영향을 미치는 실제, 사실 또는 확실하다고 간주되는 요소이다. 그것들은 프로젝트 팀이 선택한 모든 후속 선택에 영향을 미치며 프로젝트의 특정 시점에서 팀의 지식에 의해 주도되는 경향이 있다. 가정의 예에는 일정의 특정 시점에 특정 자원을 사용할 수 있거나 다음 12개월 동안 자원의 생산성이 5% 향상될 것이라는 아이디어 계획이 포함된다. 이것들은 확정된 것이 아니고 종종 변화할 수 있다.

비즈니스 케이스에는 직접 통제 범위를 벗어난 제한사항이 명확하게 명시되어 있어야 한다. 많은 경우에, 프로젝트의 추진 우선순위는 부분적으로 상황판단에 대한 주요 제약사항을 제시할 것이다. 영향력 우선순위는 원가, 일정 및 범위 또는 품질 우선순위로 분류될 수 있다. 예를 들어 부과된 소프트웨어 시작 날짜는 일정 제약 조건으로 작동한다. 20억 원의 프로젝트 최대 예산은 원가 제약이다. 모든 기존 소프트웨어와 통합하기 위해 최종 산출물에 대한 조직의 요구는 범위 제약이다.

각 제약 조건에는 일반적으로 프로젝트 예산, 일정 또는 인력 요구사항의 변경과 관련된 영향 설명이 있어야 한다. 적절하게 구조화된 제약 조건은 관리의 관점에서 신뢰성을 잃지 않고 프로젝트 범위를 변경하는 메커니즘을 제공한다. 당신은 경영진에게 조기에 알리고, 특정 제약 조건이 해제되거나 변경될 경우, 모든 투자가 해제될 수 있으며 프로젝트를 다시 계획해야 할 수도 있다.

또한 비즈니스 케이스에도 가정을 문서화해야 한다. 예를 들어, 솔루션을 제공할 수 있는 공급 업체가 둘 이상 있다고 가정한 경우, 공급 업체가 하나만 있으면 어떻게 되는가? 아니면 현재 존재하지 않는 모든 기존 소프트웨어 제품을 통합할 수 있는 시스템이 시장에 존재한다고 생각하는가? 의사결정을 제한하는 제한 조건과 달리 가정은 추정 및 계획을 기반으로 하는 최상의 추측이다.

고려사항

비즈니스 케이스 개발 시작부터 발표 이전의 최종 검토에 이르기까지 모든 가정과 제약사항을 식별하고 문서화하는 것이 중요하다. 다음을 고려한다.

- **상황 판단을 제한하는 내용을 문서화**: 내년 1월 1일까지 새로운 금융시스템을 구현해야 한다면 이를 명확하게 명시해야 한다. 이 일정 제약 조건은 프로젝트 전략과 비즈니스 케이스에 표시된 비용에 중요한 영향을 미친다.

- **비즈니스 케이스 자체에 제약이 있는 경우 문서화**: 시간이 부족하거나 결근으로 인해 주요 자원과 대화할 수 없는 경우에는 언급하는 것이 중요하다.

- **기록 철저**: 비즈니스 케이스 프로세스를 진행하면서 가정을 적어둔다. 문서를 작성할 때 시간을 절약할 수 있다.

- **가정 유형 문서화**
  - **산정**: 시간에 따라 변할 수 있는 산정치(임금, 이자율, 장비 원가). 이를 통해 비즈니스 케이스가 개발될 당시의 사실을 파악할 수 있다.
  - **자격**: 취할 수 있는 여러 가지 접근 방식에 따라 하나의 특정 접근 방식을 선택한다. 이를 통해 선택한 사항을 진술할 수 있다.
  - **일반화**: 세부사항을 정확하게 설명하는 것이 실용적이지 않거나 바람직하지 않은 경우 일반화된 가정(집단의 임금, 생산성 수준, 단가)을 설명할 수 있다.

- **기억해야 할 사항**: '만약'라는 용어가 생각난다면 그에 따라 가정이 있어야 한다. 문서화한다.

- **비즈니스 케이스 검토**: 비즈니스 케이스 개발에 관여하지 않은 사람에게 가정 및 제약 조건을 검토하도록 요청한다. 의식적으로 알지 못하는 추가 고려사항을 식별할 수 있다.

14.1.6 프로젝트 접근 방법 선택

프로젝트 수행 방법을 결정하여 프로젝트 접근 방식을 정의한다. 방법론, 작업분류 체계 및 기술이 프로젝트의 요구사항을 충족시키기 위해 가장 효과적으로 활용되는 방법을 결정한다. 선택한 접근법이 프로젝트 목표를 달성하기 위한 최적의 방법인지 확인한다. 사용되는 방법론, 팀 경험 및 관리 철학은 프로젝트 프레임 워크를 설정하기 위한 지침을 제공한다. 따를 수 있는 방법론에 따라 특정 접근 방식이 권장되지만 프로젝트의 특정 접근 방식은 프로젝트의 특정 설정에 따라 사용자 정의해야 한다. 대안을 검토하고 가장 적합한 방법을 선택한다.

- 프로젝트 관리 및 통제
- 변경관리, 프로그램 관리 및 조정
- 프로젝트 조직, 역할 및 팀 규모
- 구현 속도 및 타이밍
- 관리 및 사용자와의 상호작용
- 요구사항 수집 및 분석
- 솔루션 개발
- 기술 설계 및 시공 방법
- 전환, 구현 및 롤 아웃
- 품질 보증, 검증 및 검증 활동
- 교육 및 문서

접근 방식을 설정할 때 고려해야 할 사항은 다음과 같다.

- **정보수집 기술**: 주요 정보는 정보수집 기술을 적용하는 방법이다. 고려할 대안으로는 체계적인 인터뷰, 워크숍, 포커스 그룹이 있다.

- **설문조사 실시**: 설문조사는 일반적으로 비즈니스 지향 프로젝트에서 다양한 개인 정보를 수집하는 데 사용된다. 하나의 프로젝트에서 여러 정보수집 기술을 사용할 수 있다. 대체 가능한 설문 기술에는 메일 설문조사, 전화 설문조사, 구조화된 인터뷰, 포커스 그룹 및 경쟁 분석이 포함된다.

- **사용자 참여**: 비즈니스 모델링과 같은 주요 프로젝트 활동에는 고품질 결과를 생성하기 위해 사용자 입력이 필요하다. 사용자는 프로젝트 팀 구성원, 워크숍 및 포커스

그룹 참가자, 인터뷰 대상자 및 검토위원회 및 QA 팀 구성원으로서 프로젝트에 참여할 수 있다.

- **품질 보증**: QA 접근 방식은 프로젝트 결과의 품질에 중점을 두고 오류, 재작업 및 중복성을 줄이고 제거하는 일련의 정책 및 절차를 수립하는 데 달려 있다. 프로젝트 이정표에서 동료, 사용자 및 주제 전문가의 품질 검토가 권장된다.

- **개발 조정**: 프로젝트 중에 생산된 비즈니스/기술 모델은 일관성과 정확성을 보장하기 위해 기업 전체 레벨 모델과 조정되어야 한다. 이러한 개발 조정 기능은 프로젝트에 통합되거나 다른 프로젝트 또는 기업 차원의 노력과 조정될 수 있다.

- **순차적 활동 대 병렬 활동**: 프로젝트 활동의 완료는 순차적이 아닌 병렬로 수행될 때 신속하게 처리될 수 있다. 프로젝트 작업 계획이 최적화되도록 프로젝트 활동과 결과 간의 종속성 및 관계를 이해해야 한다.

- **도구 중심 접근**: 수동 활동과 도구 중심 프로젝트를 기반으로 하는 프로젝트에는 큰 차이가 있다. 도구 중심 프로젝트에서 작업, 절차 및 표준은 사용되는 도구에 맞게 사용자 정의된다. 도구 중심의 접근 방식에서는 프로토타입 사용, 경험 공유 및 객체 재사용이 일반적이다. 또한 도구 중심 프로젝트는 일반적으로 유사한 작업을 수동으로 수행할 때보다 시간이 많이 소요된다.

- **RAD(Rapid Application Development)**: AD는 가속화된 개발을 통제하기 위한 행동 및 관리 기술을 통합한다. RAD는 'timeboxing' 및 반복을 기반으로 하며 방법론, 도구, 사람 및 관리의 네 가지 필수요소를 포함한다. RAD는 프로세스와 구조에 의존하여 통제를 유지하면서 식별된 작업을 신속하게 완료한다.

- **JRP(Joint Requirements Planning)**: 질문 및 워크숍 기술 및 촉진의 조합은 사용자 요구사항 계획에 효과적으로 적용될 수 있다. 이 접근 방식인 JRP는 사용자 요구사항을 요청하고 검증하는 데 사용된다. JRP에서 사용자는 용이한 세션에서 요구사항을 정의한다. JRP는 RAD의 초석이지만 요구사항을 캡처하여 다양한 사용자 그룹에서 조정해야 할 때 언제든지 적용할 수 있다.

- **JAD(Joint Application Design)**: 질문 및 작업장 기법 및 촉진의 조합은 디자인 프로세스에도 적용될 수 있다. 이 JAD 방식은 사용자가 사용자 인터페이스에 중점을

든 시스템 설계에 참여하는 세션을 만든다. JAD는 RAD 접근 방식의 필수요소이지만 다양한 사용자 그룹으로부터 시스템 설계를 요청하고 조정해야 할 때 언제든지 사용할 수 있다.

고려사항

프로젝트를 수행하는 방법에는 여러 가지가 있으므로 다음 사항을 명심한다.

- **소규모 프로젝트**: 소규모 프로젝트나 조직에 보다 친숙한 프로젝트의 경우 프로젝트에 대한 합리적 또는 논리적 접근법은 하나만 있을 수 있다.
- **대규모 프로젝트**: 조직이 수행하는 더 크고 복잡한 프로젝트는 다양한 접근 방법이 있을 수 있으며 더 나아가 세부적으로도 각기 상이할 수 있다.

14.1.7 프로젝트 표준 결정

프로젝트 작업을 수행하고 프로젝트 활동 및 결과를 문서화하는 데 사용하기 위해 프로젝트 팀이 채택할 표준과 방법을 식별하고 나열한다. 표준은 일반적으로 재사용을 위한 이상적인 대안이다. 표준이 현재 조직 내에 존재하는지 판별하고 프로젝트에 적합한 표준을 재사용한다. 표준이 없거나 특정 표준이 새로 개발되어야 하는 경우 프로젝트 작업 계획에 프로젝트 시작 단계에서 표준 개발 작업이 반영되도록 한다.

표준은 프로젝트의 모든 측면에 적용될 수 있다. 표준에는 다음과 관련된 표준이 포함될 수 있다.

- 아키텍처
- 개발 환경
- 네트워크
- 도구
- 분석, 모델링 및 다이어그램
- 기술 설계 및 시공
- 문서화 및 교육
- 품질 보증, 테스트 및 검증
- 전환, 구현 및 롤 아웃
- 회의 관리 및 기업 커뮤니케이션

- 프로젝트 관리 및 통제
- 팁과 요령

고려사항

이전 표준을 사용하는 프로젝트의 경우 다음을 고려한다.

- **기존 표준을 업데이트:** 이전 표준을 검토한다. 마지막 프로젝트 이후에 업데이트되었는가?
- **추가 표준의 감안:** 과거 프로젝트의 경험을 고려할 때 다른 표준이 포함되어야 하는가?

특정 표준이 없는 프로젝트의 경우 다음을 고려한다.

- **이전 프로젝트를 검토:** 이전 프로젝트는 사용된 표준의 유형과 출처 및 해당 표준에 대한 경험에 대한 이상적인 정보 소스가 될 수 있다.
- **다른 사람들과 대화:** 조직 내 표준을 담당하는 사람들과 대화한다. 프로젝트의 표준을 식별하고 개발하는 데 도움을 줄 수 있다.

헌정이 승인되면 이제 계획을 시작할 수 있다. 그러나 경우에 따라 비즈니스 케이스 승인과 프로젝트 계획 단계의 실제 시작 사이에 지연이 있을 수 있다.

[프로젝트 헌장 템플릿]

프로젝트 헌장

A. 일반 정보

이 섹션에서 제공할 정보는 프로젝트에 대한 특정 이름뿐만 아니라 관련 직원에 대한 관련 정보를 제공한다.

프로젝트 이름:		일자:	
통제:		수정 일자:	
작성:		승인:	

B. 프로젝트 목적

이 섹션에서는 프로젝트의 목적과 수립된 헌장 내용을 전달한다.

C. 프로젝트 목표

이 섹션에서는 조직의 목표와 목표와 관련하여 프로젝트의 목표를 정의한다. 참고: 프로젝트는 불확실성으로 가득하다. 따라서 이 헌장의 일환으로 초기 리스크 평가를 개발하여 프로젝트의 결과에 부정적인 영향을 미칠 수 있는 높은 수준의 리스크 이벤트에 대한 완화 응답을 식별, 정량화 및 설정하는 것이 좋다.

이 프로젝트는 다음과 같은 조직 전략적 목표를 지원할 것이다. 각 목표에 대해 프로젝트 목표가 식별된다. 이 프로젝트 헌장의 결과로 개발된 프로젝트 계획은 다음과 같이 한다.

① 이러한 목표에 대한 성능을 측정하기 위한 프로젝트 성과측정 계획을 개발한다.

② 결과를 문서화하기 위해 프로젝트 성과보고서를 제공한다.

③ 외부 감독위원회는 프로젝트 성과측정 계획을 승인해야 한다.

조직 목표	프로젝트 목표

D. 프로젝트 범위

이 섹션의 세부 수준은 프로젝트 계획에서 세부 범위 개발을 허용하기에 충분해야 한다. 프로젝트 범위에 대한 자세한 설명은 계획 단계에서 개발될 것이다. Scope creep(비용, 일정 및 품질에 해당 업데이트 없이 작업을 추가)으로 인해 원래 계획을 달성할 수 없게 만들 수 있다. 따라서 프로젝트 전반에 걸쳐 범위의 초기 설명과 계획 준수가 가장 중요한다. 프로젝트에 영향을 줄 수 있는 적용 가능한 가정 및/또는 제약조건을 제거한다.

E. 프로젝트 권한

이 섹션에서는 프로젝트를 착수하는 개인 또는 조직의 권한, 권한 제한 또는 초기 체크포인트, 프로젝트에 대한 관리 감독 및 프로젝트관리자의 권한에 대해 설명한다. 이 프로젝트 헌장에는 프로젝트 완료에 영향을 미치는 변경 및 문제를 적절하게 통제할 수 있도록 내부 및 외부의 두 관리 구조를 포함한다.

(1) 권한 부여

이 섹션에서는 프로젝트관리자가 조직 내에서 적절한 자원을 사용할 권한이 있는지 확인한다.

(2) 프로젝트관리자

이 섹션에서는 프로젝트관리자의 이름을 명시적으로 지정하고 프로젝트에 대한 역할과 책임을 정의할 수 있다. 또한 이 섹션에서는 프로젝트관리자의 기술 집합을 나열하고 이 프로젝트에 선택된 것에 대해 정당화한다. (프로젝트) 복잡성에 따라 이 섹션에서는 프로젝트관리자가 매트릭스 조직 및 직원을 통제하는 방법을 설명할 수 있다.

(3) 감독(운영) 위원회

이 섹션에서는 프로젝트에 대한 대행사 관리 통제에 대해 설명한다. 프로젝트 내에서는 프로젝트의 일상적인 활동을 통제하기 위해 내부 통제를 수립해야 한다. 프로젝트관리자는 내부 통제를 관리해야 한다. 프로젝트 및 조직의 목표를 충족하기 위해 조직의 자원이 적용되도록 외부 감독을 수립해야 한다.

(4) 통제

이 섹션에서는 내부 및 외부 통제가 상호작용하는 프로세스를 설명하거나 참조해야 한다. 다이어그램은 적절한 경우 사용해야 한다.

F. 역할과 책임

이 섹션에서는 프로젝트 조직의 전반적인 구조와 프로젝트 단계 전반에 걸친 역할 및 책임에 대해 설명한다. 참고: 이 하위 섹션의 부록으로서 책임 행렬을 개발하는 것이 좋다. 행렬은 프로젝트의 주요 활동과 핵심 스테이크홀더그룹을 배치한다. 또한 상호 기능/조직 상호작용을 보여주는 좋은 예제를 제공한다.

(1) 프로젝트 조직 개요

이 섹션에서는 프로젝트관리자의 권한하에 있지 않고 프로젝트를 지원하는 주요 조직 또는 개인에 대해 설명한다. 책임 행렬은 자원 책임을 조직하고 할당하는 작업을 용이하게 할 수 있다.

주요 마일스톤	기능적 역할								

범례: R = 실행에 대한 책임(공유될 수 있다)
A = 권한에 대한 최종 승인
C = 상담 또는 자문
I = 정보 통보

G. 관리 체크포인트

이 섹션에서는 주관 부문에서 수립한 주요 관리 체크포인트에 대해 설명한다.

체크포인트	평가 기준
프로젝트 헌장 승인	
승인된 프로젝트 계획 완료	
첫 번째 드래프트 완료	
최종 드래프트 완료	

H. 서명

아래 사람들의 서명은 서명하는 사람들에 의해 이 문서의 목적과 내용에 대한 이해를 릴레이한다. 이 문서에 서명함으로써 귀하는 이 문서에 동의하여 내부에서 설명된 프로젝트에 대한 작업을 시작하고 필요한 자원에 대한 약속을 시작한다.

이름/직책	서명	일자

14.2 기획 단계 활동

14.2.1 작업분류체계(WBS) 정의(5.2 세부사항 참조)

작업분류체계는 프로젝트에서 수행할 작업의 분할이다. 프로젝트의 범위를 가져와 프로젝트에서 해당 범위를 만들기 위해 수행할 활동에 대한 설명으로 변환한다. WBS는 모든 추정 및 일정수립 활동의 기초가 된다. WBS의 최하위 수준을 활동 또는 작업패키지라고 하며 프로젝트관리자가 작업을 합리적으로 추정, 예약 및 관리할 수 있는 수준이다. 이 프로세스의 결과로 프로젝트관리 팀은 두 가지 주요 산출물을 갖게 된다.

- WBS
- 활동 목록

WBS를 만들려면 다음을 고려한다.

- WBS(Level 1)의 최상위 레벨에서 프로젝트 제품, 서비스 또는 결과로 시작한다.
- 이 제품, 서비스 또는 결과를 구성품 산출물, 기능 또는 단계(Level 2)로 분류한다.
- 활동 레벨(Level 3 등)에 도달할 때까지 산출물을 구성요소 산출물로 분류한다.
- 가장 낮은 수준의 WBS도 활동 목록을 제공한다.

- 효과적인 WBS 결과는 다음 내용으로 확인한다.
  - 한 사람 또는 작업 그룹이 작업을 수행하는가?
  - 활동으로 인해 실질적인 작업 결과가 발생하는가?
  - WBS 각가지가 긴밀하게 통합되어 있는가? 활동 및 산출물이 관련되어 있는가?
  - 가지 사이에 느슨한 결합이 있는가?
  - 비용, 일정 및 자원 요구를 쉽게 추정할 수 있는가?
  - 프로젝트관리자가 관리할 수준으로 정의되어 있는가?

고려사항

작업분류체계는 모든 프로젝트에서 중요한 부분이다. WBS를 개발할 때 다음을 고려한다.

- **접근 방식을 선택**: WBS를 정의하기 위한 적절한 접근 방식을 선택한다. 단계별, 주요 산출물 또는 이들의 조합으로 분류할 수 있다. 프로젝트의 규모와 복잡성에 따라 프로젝트에 가장 적합한 방법을 사용한다.

- **과거 프로젝트를 검토**: 과거 프로젝트는 종종 이상적인 WBS 정보 소스를 제공할 수 있다. 그것들을 검토하여 WBS가 어떻게 만들어졌으며 무엇이 포함되어 있는지 이해한다. 비슷한 프로젝트라면 많은 산출물을 프로젝트에 접목시킬 수 있다. 이 과거 WBS가 현재 프로젝트의 작업을 적절하게 나타내는지를 확인하려고 한다. 프로젝트에 포함되지 않는 추가 범위를 포함하지 않도록 수정한다.

- **템플릿을 사용**: 경우에 따라 프로젝트 정의에 도움이 되는 WBS 템플릿이 존재한다.

- **다이어그램 도구를 사용**: WBS를 만드는 데 사용할 수 있는 다양한 도구가 있다.

- **트리 다이어그램**: 트리 다이어그램은 WBS를 분류하는 전통적인 접근 방식이다. 프로젝트를 연속적인 세부 계층으로 나누는 블록 트리 다이어그램으로 구성된다.

- **마인드 맵**: 마인드 맵에서 맵의 중심은 프로젝트를 나타내며 맵의 분기는 이 중심점 밖으로 확장된다. 프로젝트의 산출물이 정의됨에 따라 점점 더 세부적인 계층으로 나뉜다.

- **개요 구조**: 워드 프로세싱 툴을 사용하여 WBS 개요를 만들 수 있다. 연속적인 들여쓰기는 프로젝트에 대한 새로운 수준의 세부사항을 나타낸다.

- **작업 시 팀을 포함:** WBS를 만들 때는 팀과 회의를 주선하여 회의를 정의하는 것이 좋다. 그들은 종종 WBS가 포함하고 포함하지 않아야 할 것에 대한 귀중한 의견과 피드백을 제공할 수 있다.
- **WBS를 확인:** 팀이 회의실에 있으면 해당 팀과 함께 유효성을 검사한다. 앞에서 언급한 WBS 테스트 질문을 사용하여 프로젝트의 전체 범위를 나타내는 WBS의 완성도를 테스트한다.
- **80시간 규칙을 고려:** 일부 사람들이 옹호하는 유용한 조언은 활동을 중단할 때 가장 낮은 수준의 WBS에 80시간 이상의 노력을 기울여야 하며 어떤 형태의 유형의 산출물을 생산해야 한다는 것이다. 모든 활동이 오래 걸리지는 않지만 일부 활동은 더 길어질 수도 있지만 이는 WBS가 적절한 세부 수준에 있는지를 검증할 때 고려해야 할 일반적인 규칙이다.
- **'분할' 관리하기 편한 수준으로 WBS를 분류:** 현재 수준에서 비용과 일정을 편하게 추정할 수 없으면 수준을 더 낮추어야 한다.

14.2.2 활동 연결관계 설정

작업분류체계(WBS)를 사용하여 활동을 정의한 후에는 프로젝트에서 작업을 수행하려면 활동을 순서대로 배열해야 한다. 이 기술의 숫자를 사용하여 개발할 수 있지만, 가장 빠르고 유연한 방법 중 하나는 포스트잇 노트를 사용하여 종속성 연관관계를 배치 계획하는 것이다. 다음 프로세스로 빠르게 사용할 수 있다.

- 작업당 하나의 포스트잇 노트를 사용하여 각 활동을 적는다.
- 모든 작업이 전사되면 벽에 큰 모조지를 붙여서 작업한다. 프로젝트의 크기에 따라 이 작업에는 매우 큰 벽이 필요할 수 있다.
- 이제 프로젝트 팀의 다른 구성원과 협력하여 프로젝트 시작부터 종료까지 작업을 순서대로 열거한다.
- 지정된 작업에서 수행된 작업과 다른 작업에서 수행되는 작업 간의 관계를 결정한다. 이전 모델(이전에 오는 활동) 및 후속 활동, 그들 사이의 상대적인 특성, 활동 사이에 발생할 수 있는 간격, 지연 시간 또는 중첩도를 식별한다.

연결관계에 다음과 같은 주요 유형이 있다(7.4 활동순서 배열 상세내용 참조).

- 완료－시작(FS)
- 시작－시작(SS)
- 완료－완료(FF)

작업이 올바르게 연결되고 프로젝트의 주경로를 인식하도록 관련 작업 간의 관계를 이해해야 한다. 프로세스는 작업 간의 관계를 지정한다. 제안된 작업분류체계에 대한 개정이 이루어진 경우 작업과 하위 작업 간의 종속성을 조정하여 이러한 개정을 반영한다.

고려사항

다음을 고려한다.

- **WBS를 검토**: WBS가 업데이트되고 활동 목록이 변경된 경우 활동 관계에 반영되어 있는지 확인한다. 이러한 활동은 활동 간의 종속성에 영향을 줄 수 있다.
- **간단하게 유지**: 대부분의 경우 완료－시작을 사용하여 관계를 시작할 수 있다. 다른 종속성 유형을 사용해야 한다고 생각되는 경우, 이 다른 형식을 사용해야 하는 이유에 대해 명확하게 이해하여야 한다.
- **리드(lead)와 지연(lag)을 식별**: 경우에 따라 활동 간에 잠재 고객 및 지연을 적용할 수 있다. 적용될 위치와 프로젝트 일정 생성에 영향을 줄 기타 보조 정보를 문서화한다.

14.2.3 프로젝트 마일스톤 결정

활동 또는 활동그룹에 대한 정의와 연결관계가 완료되면 프로젝트가 중요한 제품이나 결과를 생성하여 마일스톤에 도달하는 지점을 정의한다. 마일스톤은 일반적으로 확장된 프로젝트 팀의 구성원(예 프로젝트 스폰서, 품질보증 팀, 인수 팀, 사용자 검토 위원회 등) 및 독립적인 외부 검토자(예 감사원, 조사관, 방법론자, 기술자 등)에 의해 프로젝트 제품이나 결과를 검토하는 지점에서 발생한다.

프로세스 및 프로젝트별 지침은 프로세스와 관련된 주요 마일스톤을 식별하고 나열한다. 예산 책정을 위해 프로젝트가 각 주요 마일스톤에서 달성해야 하는 완료율을 계산한다. 이상적으로는 전반적인 진행 상황을 확인하기 위해 정기적인 프로젝트 간격으로 주요 마일스톤을 찾아야 한다. 또한 프로젝트 일정을 추적하고 관리하는 프로젝트 관리자를 지원하기 위해 마일스톤을 프로젝트 일정에 추가해야 한다.

프로젝트의 각 주요 마일스톤에서 다음 측면을 확인하고 검증해야 한다.

- **비즈니스**: 프로젝트의 제품 및/또는 결과가 비즈니스의 명시된 요구사항을 충족하는가? 비즈니스 요구사항을 충족하는지 확인하기 위해 제품 및/또는 결과를 확인했는가? 이 유효성 검사는 일반적으로 공식적인 수락 프로세스를 통해 이루어진다.

- **기술**: 프로젝트의 제품 및/또는 결과가 기술적으로 정확한가? 프로세스 또는 방법론에서 제안한 대로 적절한 수준의 세부 정보를 제공하는가? 명시된 기술 사양을 충족하는가? 기술 제품 및 결과는 품질 보증 프로세스에서 자동화된 도구를 수동으로 또는 사용하여 유효성을 검사할 수 있다.

- **조정**: 비즈니스 및 기술 모델이 전체 조직의 기술체계를 준수하는가? 프로젝트 간 관계를 고려하고 관리했는가? 프로젝트가 조직 내의 다른 활동과 단계적인가? 변경관리, 프로그램관리 또는 개발 조정 기관 또는 전사적 운영위원회와 같은 외부 조직은 프로젝트 전반에 걸친 조정을 검증할 수 있다.

- **관리**: 프로젝트 실적(예 시간, 예산, 인력, 우선순위 지정 및 '절충' 문제 등)이 프로젝트 계획에 대해 어떻게 진행되고 있는가? 프로젝트 감시 및 추적이 효과적인가? 프로젝트 문제가 적시에 식별되고 해결되고 있는가?

고려사항

프로젝트 마일스톤을 정의할 때 다음 사항을 염두에 둔다.

- **마일스톤 시작 대비 마일스톤 종료**: 마일스톤은 무언가가 완료되었거나 완료되었음을 나타내는 마무리 마일스톤일 수 있다. 예를 들어 프로젝트 계획이 수락되고 승인되어 프로젝트가 이제 활성화 단계로 이동할 수 있음을 나타내는 경우, 반대로 프로젝트 계획이 완료되고 실제 시작 사이에는 지연이 있을 수 있다. 시작 마일스톤은 활동이 실제로 시작되는 지점을 식별한다.

- **필수 대 선택 사항**: 필수 마일스톤이 있는가? 충족해야 할 특정 계약 요구사항이 있을 수 있다(프로젝트는 올해 12월 31일까지 완료되어야 한다). 이러한 마일스톤은 일정 제약 조건의 예이다. 이는 지정된 날짜별로 발생해야 한다. 반면에 선택적 마일스톤은 프로젝트 팀에 중요한 정보를 제공하고 프로젝트에 큰 영향을 줄 수 있지만 날짜가 돌

로 설정될 필요는 없는 마일스톤이다. 예를 들어 사용자 인수테스트 완료–교육시작이 될 수 있다.

14.2.4 프로젝트 조직 결정

프로젝트 팀 과 팀이 아닌 주요 지식 자원의 역할을 수행할 후보자는 비즈니스 케이스 개발 중에 확인되어야 한다. 이 정보를 사용하여 프로젝트 팀과 확장된 관계를 정의한다. 이 프로세스는 각 활동에 대한 역할 및 표준 역할 정의를 식별할 수 있으며 프로젝트에 맞게 구체화하고 사용자를 지정할 수 있다. 각 역할과 연관된 책임과 역할 간의 관계를 결정하는 보고 구조를 검증한다. 각 역할이 풀타임 또는 파트타임인지 여부를 결정한다. 역할이 파트타임인 경우 프로젝트에 전념할 개인의 시간의 백분율을 결정한다.

프로젝트 팀과 사용자 커뮤니티, 다른 프로젝트 팀, 프로젝트 스폰서 및 운영위원회 및 표준 참조그룹과 같은 영향력 있는 내부 조직과의 관계를 결정한다. 이러한 관계의 관리는 프로젝트 성공 또는 실패를 좌우할 수 있다(예 한 가지 핵심 역할 중의 하나는 프로젝트 결과를 수락하는 개인이다).

고려사항

일부 조직에서는 특히 프로젝트에 익숙한 조직에서는 프로젝트에 대한 표준 구조가 있을 수 있다. 이 구조는 이미 잘 정의되고 이해할 수 있다. 그러나 프로젝트에 '새로운' 조직이나 프로젝트관리 분야의 구성에 맞춰 프로젝트 조직을 정의하는 것은 어려울 수 있다. 프로젝트 조직을 정의할 때 다음을 고려한다.

- **조직 문화 및 프로젝트관리 익숙**: 그들은 과거에 지금과 같이 프로젝트를 수행했는가? 프로젝트 스폰서에게 고려해야 할 최상의 프로젝트 유형에 대해 이야기한다.
- **조직 템플릿**: 가능한 경우 프로젝트 조직 템플릿을 사용한다. 프로젝트를 정의하는 데 매우 유용하다.
- **RAM(책임배정 매트릭스) 또는 RACI(Responsible, Accountable, Consulted, Informed) 매트릭스 차트 사용**: 프로젝트의 역할과 책임을 정의할 때 RAM 또는 RACI 차트를 사용하여 그래픽 형식으로 배치하여 사람들이 어떤 책임이 있는지 이해하고 다른 사람이 책임이 무엇인지 볼 수 있도록 한다.

- **이해를 보장**: 정의하는 조직의 유형에 관계없이 프로젝트 스폰서와 관련된 다른 사람 모두에게 허용되는지 확인한다. 비프로젝트 관련 업무에 중점을 둔 기능조직에서 작업하는 경우 보고 구조에 위협을 느끼는 경우도 있다.

또한 프로젝트 조직에 적합한 구조에 영향을 줄 수 있는 몇 가지 고려사항은 다음과 같다.

- 프로젝트의 총 인원 수
- 외부 그룹 및 조직의 참여
- 프로젝트와 연결된 주요 함수 또는 고객 그룹
- 프로젝트와 관련된 주요 세분화 또는 작업 단계
- 프로젝트 내에서 수행되는 작업의 유형

14.2.5 투입노력(M/H) 산정

프로젝트 작업을 완료하기 위해 얼마나 많은 노동력이나 노력이 필요한지 예측할 수 있어야 한다. 산정은 프로젝트 접근방식, 프로젝트의 복잡성, 이러한 유형의 프로젝트와 함께 과거 경험, 산정치가 만들어지는 시점에 사용할 수 있는 세부정보의 양을 포함하여 상황에 따라 달라진다. 경험을 일반적인 규칙으로 사용하여 산정을 돕는다.

필요한 노력을 산정할 때 각 산정값의 기초를 문서화하는 것이 중요한다. 산정에 대한 기준은 다음과 같은 기록을 제공한다.

- 견적을 결정하는 데 사용되는 방법론
- 지원 규칙
- 가정
- 리스크 수준
- 진척의 순서

이 정보를 문서화하면 다른 사용자가 프로젝트관리자가 산정한 신뢰 수준과 파생 방법을 이해할 수 있다.

노력을 결정하기 위해 프로젝트에 대한 노력 수준을 결정하는 데 사용할 수 있는 여러 가지 방법이 있다. 그들은 다음과 같다(6.2 원가 산정 세부내용 참조).

- **하향식 산정**

- **상향식 산정**
- **모수 산정**
- **삼점 산정**
- **시간구간 설정**: 이 기술은 프로젝트의 범위를 기반으로 하는 기존 방법과 반대한다. 이 경우, 사용 가능한 한정된 시간이 있으며 제공할 범위는 해당 시간에 따라 다르게 된다. 프로젝트에 1,000M/H의 시간이 있고, 이 시간 내에서 팀에서 가능한 한 많은 범위를 생성한다. 그 타임박스의 끝에서 완료된 것이 최종 범위이다.

선택한 방법에 관계없이 다음과 같은 특별한 고려사항이 있다.

- 프로젝트 팀 구성원 수
- 팀원이 아니지만 프로젝트에 참여하는 사람 수(면접, 워크숍, 참조 그룹 등)
- 프로젝트에 관련된 사업부 수
- 인터뷰, 워크숍 또는 포커스 그룹 수
- 작업장 수
- 1단계 비즈니스 기능의 예상 수
- 주제영역의 예상 수
- 분석할 현재 시스템 수
- 평가 또는 재창조할 값 수
- 설계 및 개발할 모듈 수
- 절차 및 절차 단계 수
- 교육을 받을 사용자 수
- 초등 공정의 예상 수
- 예상 엔터티 수 유형

고려사항

프로젝트에서의 노력(M/H)을 산정할 때 다음을 고려한다.

- **활동의 '실제'기간**: 정보 수집에 사용되는 기술(예 설문조사, 인터뷰, 워크숍)과 같은 프로젝트를 수행하는 데 사용되는 기술은 프로젝트 일정에 큰 영향을 미친다. 활동을 완료하는 데 필요한 노력과 이러한 활동의 기간이 프로젝트 일정에 반영되는지 확인한다.

- **의사결정, 리뷰 및 승인**: 프로젝트 문제해결, 품질보증 수행, 제품 및 결과 검토 및 수락, 주요 의사결정 및 승인 획득에 전념하는 각 단계의 활동에 적절한 시간을 할당해야 한다. 기록에 따르면 이러한 활동은 일반적으로 전체 프로젝트 일정의 최대 15% 이상을 소비할 수 있다. 드물게, 당신은 경영진에게 산출물을 제출하고 같은 날 검토를 받을 수 있으나, 며칠 또는 몇 주가 걸릴 수 있다. 이 문제는 프로젝트에 반영되어야 한다.

- **전체 작업 범위**: 프로젝트 작업의 전체 범위가 산정치에 포함되어 있는가? 여기에는 품질보증, 재작업, 게시 및 산출물의 보관이 포함되는가?

- **전일제 대 파트타임**: 많은 시간이 소요되는 동안 활동은 활동이 마지막으로 중단된 곳을 찾는 노력이 필요하다. 누군가가 프로젝트에서 전일제로 작업하는 경우가 그 작업에서 떨어져 있다가 그 일을 대신해야 하는 사람보다 훨씬 적은 시간이 걸릴 것이다.
- **병렬 활동**: 특정 자원이 지정된 기간에 둘 이상의 활동에 대해 작업할 것으로 예상되는가? 그렇다면 역할을 전환하는 데 시간이 걸릴 것이다. 이 점을 염두에 두어야 한다.

- **근무일을 정의**: 사람들이 근무일을 정의할 때, 그들은 일반적으로 표준 8시간 일을 참조하고 그에 따라 자신의 견적을 한다. 그러나 이러한 요소를 고려할 때 표준 근무일은 훨씬 적을 수 있다.

- 전화 통화 및 대화로 인해 중단
- 휴일, 휴가, 아픈 시간 등
- 회의, 비용 청구, 감독 및 기타 관리 활동과 같은 비프로젝트 시간

실제 일한 시간은 5시간 또는 6시간일 수 있다. 이는 프로젝트 산정치에 큰 영향을 미칠 수 있다. 외부 자원을 사용하는 경우, 그들의 표준 일은 시간단위로 종종 고용(및 청구서)하기 때문에 8시간에 가까워질 수 있으며, 이때 고려해야 할 사항은 일이 중단될 경우이다.

14.2.6 자원 및 자원 요구사항 식별

프로젝트를 완료하는 데 필요한 특정 자원 기술 집합을 식별하고 프로젝트에 대한 자

원의 가용성을 결정한다. 사람들은 기본 프로젝트 자원이다. 역량이나 숙련도 수준을 아는 것은 할당된 작업을 완료하는 데 걸리는 시간을 이해하는 데 매우 중요하다. 동급 최강의 자원 또는 전문가가 무엇을 하고 있는지 정확히 알고 일반인보다 더 빨리 활동을 수행할 수 있는 자원을 식별할 수 있다. 당신은 또한 일반적으로 완료하는 일반 사람보다 더 오래 걸릴 것이다. 주어진 활동에 대한 많은 경험을 가지고 있지 않은 누군가를 보유하고 있을 수 있다. 자원을 식별하고 계획할 때는 숙련도를 고려한다.

프로젝트 팀에서 봉사할 개인을 선택하는 것 또한 다음에 따라 달라질 수 있다.

- 팀 역할 요구사항
- 자원의 가용성
- 주제 전문 지식
- 방법론 및 프로세스 지식
- 기술 지식
- 현재 시스템 지식
- 비즈니스, 비즈니스 프로세스 및 절차에 대한 지식
- 이전 프로젝트 단계에 대한 지식

숙련된 프로젝트 팀 구성원 외에도 프로젝트 자원은 다음과 같다.

- 작업 공간 및 시설
- 회의실 및 시설
- 전화, 팩스 기계, 기타 통신 장치 및 비즈니스 머신
- 하드웨어, 소프트웨어 및/또는 특수 목적 도구

각 프로젝트 팀 구성원은 다음 사무실 자동화 도구로 구성된 적절한 크기의 컴퓨터를 사용해야 한다.

- 워드 프로세서
- 스프레드시트 도구
- 다이어그램 도구
- 프레젠테이션 도구
- 프로세스 관리 및 프로젝트관리 소프트웨어
- 방법론

이 구성에는 응용 프로그램 개발 도구도 포함될 수 있다. 또한 팀 구성원은 다음에 액세스해야 한다.

- 프로젝트 저장소
- 개발 환경
- 테스트 환경

고려사항

잠재적인 자원을 식별할 때 다음을 고려한다.

- **위치를 정의**: 각 활동에 대해 활동의 전체 작업을 완료하는 데 필요한 위치를 정의한다.
- **필요한 스킬을 이해**: 프로젝트에 대한 프로젝트 자원을 선택하기 전에 각 위치에 필요한 역량 수준을 이해해야 한다.
- **참여에 관심여부**: 프로젝트에 대해 작업할 것인지 알아본다. 그들은 전혀 열정을 표시하지 않는 경우, 그들은 무엇보다 프로젝트에 더 많은 손해가 될 수 있다. 열정이 부족하면 팀의 사기, 생산성 및 혁신을 줄일 수 있다.

일부 프로젝트에서 프로젝트 자원을 식별할 수 있으나 프로젝트 팀에 자원을 사용할 수 있는 통제가 없는 경우가 많다. 다음은 몇 가지 포인트이다.

- **역량 수준**: 모든 자원의 기술 및 역량 수준을 결정한다.
- **훈련 필요여부**: 직무 설명과 개인의 역량 수준에 따라 교육이 필요한지 확인한다.
- **확약 획득**: 모든 자원의 경우 프로젝트에 전념하는 것이 중요하다. 누군가가 여러분에게 배정된 경우 프로젝트에서 벗어나고 싶은 이유와 프로젝트에 대한 기대치를 어떻게 충족시킬 수 있는지 알아본다. 더 많은 책임이나 전반적인 참여 또는 개발을 늘리고 프로젝트에 참여하는 것에 대해 더 큰 보람을 창출하는 다른 역할을 수행함으로써 더 효과적으로 도전할 수 있는지 고려한다.
- **상호 교차훈련 고려**: 대규모 프로젝트의 경우 프로젝트의 핵심 구성원이 프로젝트에서 다른 사람의 역할, 위치 및 작업을 이해할 수 있는 공식적인 교차 교육 계획을 고려한다. 중요한 자원을 잃어버린 경우 팀의 다른 자원이 일시적으로 백업 역할을 하고 프로젝트가 뒤로 지연되지 않도록 할 수 있다.

14.2.7 일정 개발

각 작업, 단계 및 단계, 작업을 완료하는 데 필요한 자원, 작업 종속성 및 수행해야 하는 특별한 고려사항의 산정에 따라 프로젝트 일정을 계산한다. 모든 가정과 제약 조건을 고려한다. 각 작업에 대한 예상 시작 및 종료 날짜를 반영하는 일정을 생성한다. 스케줄링은 반복적인 프로세스이다. 반복 프로세스 프로젝트 일정을 지속적으로 검토하고 진행 중인 활동과 진행 상황에 따라 조정한다.

중요한 첫 번째 단계는 프로젝트의 주 경로를 이해하는 것이다. 프로젝트의 주 경로는 프로젝트의 여러 경로 중 가장 긴 기간이다. 주 경로에서 활동이 지연되면 프로젝트의 종료 날짜가 지연된다. 따라서 주 경로의 항목은 예상되는 대로 완료할 수 있는 것만 배치하는 것이 필수적이다. 그렇지 않으면 프로젝트가 계획에서 나타내는 것보다 더 오래 걸릴 수 있다.

또한 현재까지 확인된 프로젝트 이정표와 중간 산출물을 프로젝트 일정에 통합한다. 프로젝트를 추적하고 특히 획득가치 또는 기타 성과측정값을 사용하는 경우 프로젝트의 실적을 이해하는 데 중요하다. 이정표 날짜가 누락된 경우 일정이 미끄러지고 정시에 완료되지 않을 리스크가 있음을 분명히 나타낸다.

- **권장기술**: 타임박스 사용－많은 프로젝트는 시간 제약조건에 구속되며 지정된 기간 내에 완료해야 한다. 타임박스 접근 방식을 통해 프로젝트 일정을 조정하면 완료될 작업을 제한하고 프로젝트를 정의한 적절한 시간 내에 유지할 수 있다. 타임박스 작업은 실제로 합리적이고 실행 가능한 작업을 기반으로 해야 하며, 그렇지 않으면 시간 복싱은 아무런 목적도 제공하지 않는다. 프로젝트 범위를 조정하여 프로젝트 작업을 타임박스에 맞춘다.

고려사항

프로젝트 일정을 개발할 때 다음을 고려한다.

- 역량 수준이 각 활동에 반영되는지 확인한다. 사람이 유능한 사람이 많을수록 작업을 완료하는 데 걸리는 시간이 줄어든다. 역량 수준이 낮은 경우 활동 기간에 이를 반영한다. 그들은 아마 전문가보다 작업을 완료하는 데 상당히 오래 걸릴 것이다.
- 아직 할당된 자원이 없을 경우 일정을 감안하여야 한다. 자원 역량 수준은 프로젝트 일정에 큰 영향을 미칠 수 있다.
- 일정을 개발할 때 이 시점까지 가정된 내용을 고려해야 한다. 일정에 큰 영향을 미칠

수 있다는 가정이 있는가?

- 더 크고 복잡한 프로젝트의 경우 프로젝트 스케줄링 소프트웨어 도구가 필수이다. 그러나 더 작은 프로젝트에서 작업하거나 더 상위수준에서 프로젝트 일정을 관리하는 경우 간단한 스프레드시트 또는 용지를 사용하면 동일한 값을 제공할 수 있다.

14.2.8 예산 책정

비즈니스 케이스 개발 중에 결정된 초기 예상원가에서 작업하여 프로젝트 수행의 예상원가를 반영한 프로젝트의 상세 예산을 작성한다. 다음 예상원가에 대한 예산을 기반으로 한다. 이 정보를 스폰서에게 가져가서 개인적인 피드백과 방향을 확인한다.

- 인적 자원 활용
- 하드웨어 구매 또는 임대
- 소프트웨어 구매 또는 임대
- 통신 시설의 구입 또는 임대
- 유지 보수 계약
- 교육 및 문서 비용
- 팀원을 위한 여행 및 생활비
- 하청 업체 서비스
- 공급업체 서비스
- 홍보
- 기타 비용

프로젝트가 실행되는 기간에 걸쳐 분산된 테이블에 예산을 문서화한다. 프로젝트의 월별 비용을 표시한다. 발생할 수 있는 관련 수익 또는 절감으로 인한 원가를 상쇄한다.

고려사항

예산을 편성할 때 다음을 고려한다.

- **템플릿 사용**: 예산 템플릿이 있는 경우 사용한다.
- **간단하게 유지**: 예산을 개발할 때 나중을 염두에 둔다. 업데이트하기 쉽고 자신과 다른 사용자가 쉽게 볼 수 있는 문서여야 한다.

- **우발사태 예비비의 유지**: 우발사태 예비비 예산을 분리한다. 예비비 예산을 편성하는 경우 고유한 항목으로 쉽게 추적할 수 있다.
- **예산 가정을 정의**: 예산을 개발할 때 이 시점까지 가정한 내용을 고려해야 한다. 예산에 큰 영향을 미칠 수 있다는 가정이 있는가?
- **책정완료 여부 확인**: 모든 자원(사람, 장비 및 자재)의 예산이 책정되었는가를 검토한다.
- **검토**: 회계에 배경이 있는 사람이 예산을 검토한다. 귀하 조직의 프로젝트 예산 편성 지침을 충족하는가?

14.2.9 프로젝트 리스크 식별

프로젝트 리스크를 효과적으로 관리하는 것보다 프로젝트의 성공에 더 큰 영향을 미치는 것은 거의 없다. 프로젝트가 실패할 경우 조직에 대한 리스크를 처리하는 비즈니스 리스크와 달리 프로젝트 리스크는 프로젝트의 성공에 긍정적 부정적 영향을 미칠 수 있는 사건이다. 프로젝트 리스크가 프로젝트를 압도하지 않도록 하려면 리스크관리에 대한 공식적이고 잘 정의된 접근방식이 필요하다. 이는 잠재적 리스크의 식별 및 문서화로 시작된다. 리스크를 효과적으로 관리하기 위해 프로젝트에서 가능한 한 빨리 이러한 리스크를 식별하는 것이 가장 좋다. 프로젝트에서 리스크가 일찍 식별될수록 더 많은 옵션을 처리할 수 있다.

좋은 첫 번째 단계는 프로젝트관리 팀, 프로젝트 스폰서, 고객, 이해관계자 및 리스크 전문가와 함께 리스크 식별 브레인스토밍 과정을 개최하는 것이다. 이 기술을 사용하면 리스크를 공동으로 식별하고 정의할 수 있다. 리스크를 식별할 때 두 가지 주요 질문을 해야 한다.

- 리스크는 무엇인가?
- 왜 그런 일이 일어나는가?

리스크를 식별하는 데 사용할 수 있는 다른 방법은 다음과 같다.

- 인터뷰
- 원인과 효과, 이시카와 또는 피쉬본 다이어그램
- 컨설팅 전문가의 공식적인 수단인 델파이 기술

- SWOT 분석(프로젝트의 강점, 약점, 기회 및 위협)
- 현재까지 확인된 모든 가정이 잠재적 리스크의 근원으로 검사되는 가정 분석

리스크 식별은 반복적인 프로세스이므로 프로젝트 과정에서 여러 번 반복해야 한다. 프로젝트 계획의 세부사항이 배치될 때 종종 새로운 리스크 요소가 발생하고 실제 사람들이 작업에 할당될 때, 제한된 금액의 자금이 특정 단계로 예산이 책정될 때, 작업 간의 주 경로 종속성이 분명해지고 개별 작업과 프로젝트 전체에 있어 촉박하게 시간 조정된 일정이 차트로 표시되면 누가, 언제, 어떻게, 어디서 알려지는지 알 수 없는 사건들이 발생하는 것은 흔히 있는 일이다. 프로젝트 전체의 주요 이정표 시점에서 리스크 계획을 검토한다.

고려사항

프로젝트에 대한 리스크의 중요성을 감안할 때 프로젝트의 리스크를 식별할 때 다음을 염두에 두는 것이 좋다.

- **리스크 허용 오차 수준**: 프로젝트에서 리스크 허용 오차 또는 허용 가능한 리스크 수준은 무엇인가? 프로젝트 스폰서의 관점에서? 주요 이해관계자? 조직?
- **리스크를 분류**: 프로젝트에서 확인된 리스크(통신 리스크, 테스트 리스크, 설계 리스크, 자원 리스크 등)를 분류할 수 있는가?

고려해야 할 다른 질문은 다음과 같다.

- 프로젝트가 제시간에 수행되는 것을 막을 수 있는 것은 무엇인가? 일정이 지연되면 어떻게 해야 하는가?
- 특정 작업이 지연되면 프로젝트에 미치는 영향은 무엇인가? 얼마의 지연을 감당할 수 있는가?
- 프로젝트가 예산을 초과하게 만들 수 있는 것은 무엇인가?
- 이 기술은 얼마나 새롭고 복잡하는가? 구현하는 것이 얼마나 어려운가?
- 개발 팀은 얼마나 경험이 있는가? 테스트 팀? 추정치가 경험 수준을 반영하는가?
- 필요한 시설과 장비를 사용할 수 있는가?
- 주요 팀 구성원이 종료하거나 프로젝트 중간에 다른 프로젝트로 전환되면 어떻게 되는가?
- 공급업체가 약속된 하드웨어를 정시에 제공하지 않으면 일정에 어떻게 되는가?

14.2.10 프로젝트 리스크 분석

프로젝트에 대한 리스크가 확인된 후 프로젝트관리 팀은 리스크를 분석하여 발생할 확률과 예상 영향을 파악할 수 있다. 결과는 프로젝트에 가장 큰 영향을 미치는 리스크 목록이 될 것이다. 그런 다음 이 순위 리스크 목록을 기반으로 특정 전략을 개발할 수 있다.

두 가지 주요 순위 요소는 확률과 영향이다. 확률은 주어진 리스크가 실제로 발생할 가능성으로 정의된다. 프로젝트와 프로젝트 수행에 관련된 조직에 따라 일부 리스크가 발생할 가능성이 높으며 다른 리스크는 아주 낮은 가능성만 있을 수 있다. 영향은 주어진 리스크가 발생할 경우 프로젝트에 미치는 영향으로 정의된다. 확률과 마찬가지로 리스크의 영향은 프로젝트 유형 및 관련 조직에 따라 달라진다.

영향과 확률을 할당하기 전에 일정 형태의 리스크 매트릭스를 개발해야 한다. 세 가지 일반적인 유형이 있다.

- 예 높음, 중간 또는 낮음
- 백분율 숫자의 선형 배율(예 0.2, 0.4, 0.6, 0.8)
- 백분율 또는 숫자의 비선형 배율(예 0.1, 0.2, 0.4, 0.8)

선택한 실제 유형은 프로젝트 팀의 선호에 매우 의존한다.

일단 유형이 선택되면 확인된 각 리스크에 대해 확률을 할당해야 한다. 각 리스크가 실제로 발생할 것으로 예상되는 가능성은 얼마인가? 이것은 매우 주관적인 과정이 될 수 있다. 프로세스에 관련된 사람들의 최선의 판단을 사용한다. 사용되는 배율의 유형에 따라 순위는 높음, 중간, 낮음 또는 숫자이다. 숫자가 높을수록 실제로 발생한다고 생각되는 확률이 높아진다고 간주한다.

이제 확률이 할당되었으므로 영향 등급을 할당한다. 리스크가 발생하면 어떤 영향이 발생하는가? 프로젝트에 대한 예상 피해는 무엇인가? 다시 동일한 행렬을 사용하여 서술 또는 숫자 등급을 적용한다.

각 리스크에 대한 두 등급을 선택한 경우 행렬을 사용하여 차트를 사용할 수 있다. 서수(ordinal) 척도를 사용하는 경우 두 등급(예 높음, 높음: 높은 확률, 높은 영향 또는 낮음, 중간: 낮은 확률, 중간 충격)을 결합한다. 숫자 척도를 사용하는 경우 확률 등급을 영향 등급에 곱하여 리스크 노출도를 계산한다. 이와 같이 한 다음 리스크가 가장 높은 것에서 최저 수준으로 순서대로 우선순위를 지정할 수 있다.

순위 목록을 사용하여 달러, 시간 및 노력으로 프로젝트에 미치는 전체 영향을 완전히 이해하기 위해 추가 정량적 분석을 위한 리스크를 선택한다. 적절한 경우 다음과 같은 다양한 기술이 포함될 수 있다.

- 의사결정 트리
- 민감도 분석
- 몬테카를로 분석

프로젝트 계획에 포함하기 위해 테이블 또는 리스크 등록대장에 우선순위가 지정된 리스크 목록을 문서화한다.

고려사항

프로젝트의 리스크를 분석할 때 다음을 고려한다.

- **리스크의 정량화**: 가능한 한 숫자를 입력하여 프로젝트의 리스크를 정량화한다. 주관적이고 정성적인 리스크 분석도 중요하지만 리스크의 영향을 완전히 이해하려면 금전적 시간적 용어로 전환해야 한다.

- **리스크와 불확실성**: 리스크를 분석할 때 이러한 리스크가 범위, 예산 및 일정 측면에서 프로젝트에 어떤 영향을 미칠 수 있는지 염두에 두어야 한다.

- **경향**: 리스크를 이해함에 따라 몇 가지 추세가 나타날 수 있다. 통신 문제나 기상 문제를 다루는 리스크의 숫자. 이렇게 하면 대응 전략을 이해하는 데 도움이 될 수 있다.

- **근본 원인을 고려**: 경우에 따라 여러 리스크가 동일한 근본 원인을 공유할 수 있다. 리스크의 근본 원인을 처리함으로써 동시에 여러 리스크를 처리할 수 있다.

- **리스크 순위**: 리스크의 순위를 매기거나 우선순위를 지정할 때 다음을 기준으로 순위를 매기는 것이 좋다.

- 필요한 응답의 긴급성
- 상대적 우선순위
- 상대적 리스크 순위
- 리스크 그룹화

14.2.11 리스크 대응계획 개발

리스크 대응계획은 리스크가 발생할 경우 리스크 이벤트를 사전에 대응할 수 있는 옵션을 개발하는 프로세스이다. 확인된 리스크에 대응하여 채택할 수 있는 부정적(위협), 긍정적(기회) 리스크 각기 다음과 같이 다섯 가지 유형의 리스크 전략이 있다.

- **부정적 리스크 대응 계획**(세부 내용은 리스크관리 상세정보 참조)
  - 에스컬레이션(escalation)
  - 회피(avoid)
  - 전가(transfer)
  - 완화(mitigate)
  - 수용(accept)

- **긍정적 리스크 대응 계획**
  - 에스컬레이션(escalation)
  - 활용(exploit)
  - 증대(enhance)
  - 분담(share)
  - 수용(accept)

확인된 각 리스크에 대해 적절한 대응 전략을 선택해야 한다. 확률이 높고 영향이 큰 리스크의 경우 회피가 선호하는 전략이다. 중간 확률과 영향이 있는 리스크의 경우 전가 및 완화가 권장된다. 영향과 확률이 낮은 리스크의 경우 수용을 선호하는 전략인 경우가 많다.

선택한 전략에 따라 프로젝트 계획의 구성요소를 업데이트할 수 있다. 예를 들어, 보험을 구입하려는 경우 프로젝트 예산에 반영되어야 한다. 프로젝트가 리스크가 높은 프로젝트로 간주되는 경우 우발사태 예산은 이를 더 높은 우발사태 예비비 및 관리여유로 반영해야 한다. 테스트 관리자를 고용하고 테스트 계획 구축과 같은 특정 완화 활동이 있는 경우 자원 계획 및 프로젝트 일정을 새 직원 및 활동으로 업데이트해야 한다.

고려사항

어떤 대응 전략을 선택했든 다음 질문을 고려한다.

- 프로젝트의 실제 측면에서 리스크는 얼마나 중요한가?
- 대응 원가는 얼마인가? 잠재적 영향 측면에서 가치가 있는 것보다 더 많은 비용이 들면 선택한 대응 전략이 합리적인가? 대응 원가는 다음과 같은 기준으로 예산에 반영한다.
  - Known(발생을 식별할 수 있고)－Known(얼마나 발생하는지 알 경우) 리스크: 프로젝트의 실행예산(성과측정기준선)에 포함시켜야 한다.
  - Known(발생을 식별할 수 있고)－Unknown(얼마나 발생할지 모르는 경우) 리스크: 우발사태 예비비(contingency)로 대응한다(예 환율변동, 인플레이션 등).
  - Unknown(발생을 식별할 수 없고)－Unknown(얼마나 발생할지 모르는 경우) 리스크: 경영예비비로 대비한다(예 예기치 않은 천재지변, 정치적 변동 등).
- 대응이 얼마나 적시에 필요한가? 리스크가 발생한 지 몇 주 후에 리스크 대응 전략을 구현하는 것은 시간 낭비일 수 있다.
- 대응이 사실적인가? 전략을 구현할 수 있고 조직에서 승인할 수 있는가?

대응 전략에 대한 이해관계자의 동의를 얻었는가? 이해관계자의 지원이 없으면 전략이 받아들여지지 않을 수 있다.

14.2.12 의사소통 접근 계획수립

의사소통은 프로젝트의 다양한 이해관계자의 정보 요구를 이해하는 데 중점을 두는 것이다. 프로젝트의 각 이해관계자는 서로 다른 요구사항과 기대치를 가지고 있다. 프로젝트의 다양한 측면이나 특정 단계의 결과에 관심이 있을 수 있다. 그들은 외딴 지역이나 다른 대륙에 위치할 수도 있다. 일부는 월별에 한 번만 정보를 유지하려는 반면 다른 사람들은 프로젝트 활동에 대한 자세한 설명을 원할 수 있다. 이러한 의사소통에 대한 계획은 프로젝트의 성공에 매우 중요하다.

확인된 이해관계자 목록을 검토한다. 누락된 이해관계자가 있는가? 목록을 검토한 후 각 이해관계자에 대한 의사소통 분석을 수행한다. 이렇게 하고서 다음을 결정한다.

- 프로젝트에 대한 그들의 구체적인 관심사는 무엇인가?

- 프로젝트 정보를 어떻게 받고 싶습니까? 그들은 회의를 선호하는가? 이메일, 전화 등
- 프로젝트에 대해 알고 싶은 정보는 무엇인가?
- 얼마나 자주 정보를 원하는가? 매일? 주간? 월별?
- 그들의 필요는 얼마나 시급한가?
- 이해관계자 그룹과의 접촉의 주요 포인트는 무엇인가?
- 그들은 어떤 수준의 세부사항을 찾고 있는가? 요약양식 또는 모든 세부정보?

그 결과 프로젝트 전반에 걸쳐 의사소통을 안내하고 프로젝트 상태 회의, 팀 회의 및 기타 의사소통에 대한 지침이 포함된 의사소통관리 계획이 된다.

고려사항

프로젝트에서 좋은 의사소통의 중요성을 감안할 때 통신을 계획할 때 다음을 고려한다.

- **방법을 제한하지 말 것**: 프로젝트의 특성에 따라 프로젝트 공동 작업 웹사이트, 뉴스레터, Q&A 세션, 뉴스 플래시, 팟캐스트 등과 같은 메시지를 얻을 수 있는 흥미롭고 독특한 방법이 있을 수 있다. 선택사항을 이메일이나 기존 회의로만 제한하지 않는다. 다른 방편이 있을 수 있다.

- **대부분의 요구를 충족하는 도구를 먼저 사용**: 종종 사람들은 자신의 요구를 충족시키기 위해 하나 또는 두 가지 형태의 의사소통을 보게 될 것이다. 이러한 요구를 가장 먼저 충족하는 한두 가지 접근 방식을 먼저 진행한다.

- **효과성 평가를 계획**: 통신을 기반으로 개별 이해관계자에게 문의하여 메시지가 전달되었는지 여부와 메시지가 이해되었는지 확인한다. 다음을 고려한다.
  - 의사통신의 효과에 대한 공식적인 설문 조사를 수행한다.
  - 정보에 액세스하거나 조회되는 횟수를 모니터링한다.
  - 효율성 조사를 통신 차량에 통합한다. 이는 전자메일이나 웹사이트에서 특히 효과적일 수 있다.

14.2.13 품질관리 계획 접근 방식결정

프로젝트에서 범위와 품질은 종종 혼동될 수 있다. 범위는 프로젝트에서 수행해야 할 작업이며 또한 수행하지 않아야 하는 작업을 얘기한다. 품질은 프로젝트에서 생산되는 인도물이 예상된 표준을 충족하는 정도이다. 프로젝트에서 품질은 검사하는 것이 중요한 것이 아니라 처음부터 모든 활동을 고려하고 계획해야 한다는 것을 깨닫는 것이 중요하다. 검사는 인도물이 완료된 후 발생하는 품질에 대한 단일 시간 감사이다. 품질 문제가 발견되면 완료된 인도물이 거부되거나 결함이 지적되고, 원래의 기대에 부응하는 인도물을 수정하기 위해 재작업이 수행된다. 품질 계획은 프로젝트에 품질이 계획되고 인도물이 개발될 때 기대에 부응하도록 설계된다. 프로젝트관리 팀은 프로젝트가 사용할 품질 표준을 정의해야 한다. 프로젝트가 충족해야 하는 특정 표준인가? 국제표준기구(ISO)의 일부 변형인가? 특정 산업 표준인가? 기업 또는 정부 표준인가? 이러한 사항을 식별하고 적절한 문서를 검토한다. 이러한 표준의 구체적인 측면을 따라야 하는가? 프로젝트의 각 인도물에 대한 특정 품질 기준을 정의하고 문서화한다. 각 인도물의 품질을 보장하기 위해 어떤 활동을 수행해야 하는가? 누가 품질을 검토할 것인가? 프로젝트 인도물을 수락하는 사람은 누구인가? 이 모든 것은 프로젝트 계획의 일부로 문서화되어야 한다. 이를 위해 품질 검사 목록을 개발할 수 있다. 검사 목록은 품질 활동의 집합이 수행되었는지 확인하는 데 사용되는 구조화된 도구이다. 마지막 단계로 품질 계획 작성을 포함하여 적절한 프로젝트 문서를 업데이트한다. 예를 들어 양질의 활동이 확인되고 계획된 경우 프로젝트 일정과 예산에 반영해야 한다.

IT 특정 품질 계획에는 다음과 같은 것들이 포함될 수 있다.

- 코드 작성에 대한 지침 개발. 이 프로젝트는 어떤 표준을 따를 것인가? 어떻게 구축할 것인가?
- 테스트 관리자를 갖는 경우
- 동료 리뷰 수행
- 코드 및 단위 테스트
- 통합 테스트
- 사용자 수용 테스트(UAT)

고려사항

품질의 중요성은 모든 프로젝트에서 충분히 강조될 수 없다. 품질에 대한 계획을 개발할 때 다음을 고려한다.

- **품질원가**: 대부분의 양질의 활동에는 직접적인 원가가 발생한다. 이러한 원가는 일반적으로 다음 중 하나로 분류할 수 있다.
- **예방원가**: 결함이 발생하지 않도록 하는 비용과 관련된 비용(더 나은 프로세스)
- **평가원가**: 인도물을 검토, 검사 또는 평가와 관련된 비용.
- **결함수정원가**: 제품의 문제를 해결하고 고객에게 반환하는 비용이다.
- **가치여부 판단**: 경우에 따라 프로젝트의 품질을 보장하는 비용은 단순히 가치가 없을 수 있다. 제품의 가치 또는 품질 저하 시 발생하는 손해를 대비하기 위해 더 많은 지출을 보증할 만큼 높지 않을 수 있다.
- **품질**: 대부분의 경우 품질과 특정 단계에 대해 이야기하여 품질관리가 품질문제를 처리하기에 적합한 만큼 프로젝트 팀을 확보할 수 있다. 아무도 첫 번째 사용으로 모든 것이 문제가 발생하는 무엇인가를 구축하고 싶어하지 않는다. 사람들이 자신이 구축하는 것에 자부심을 느끼도록 레버리지를 이용한다.

14.2.14 조달 및 인수 계획수립

많은 프로젝트에서 외부 공급업체가 프로젝트 내에서 일부 또는 전부 작업을 수행할 수 있는 기회가 있거나 필요하다. 이러한 경우 이러한 조달 및 인수 관리 방법을 정의하기 위해 계획된 접근 방식이 필요하다. 대규모 조직의 경우 일반적으로 이 프로세스를 관리하거나 지원하는 전체 부서 또는 그룹이 있는 조달 정책이 있다. 제품 범위와 함께 프로젝트 범위를 검토한다. 구입해야 할 특정사항이 있는가? 일단 확인되면 조직 외부에서 구매할 수 있는 옵션이 조직 내에서 제작할 수 있는 기회에 대해 일종의 제작 또는 구매 분석을 수행한다. 예를 들어 고객관계 관리시스템을 구축을 위해 조직은 외부에서 조달을 하는 것이 무엇이고 자체 제작할 내부 전문지식이 있을 수 있다.

조직 외부에서 구매 또는 조달하기로 결정한 후에는 각 기회에 대한 요구사항을 자세히 정의해야 한다. 종종 SOW(Statement Of Work－작업기술서)라고도 하며, 이는 본질적으로 계약의 범위이며 필요한 사항에 대한 구체적인 설명을 자세히 설명한다.

- 무엇을 구입: 사람? 자재? 장비?
- 언제 얼마나 필요한가?
- 세부사항은 예상 산출물의 복잡성에 따라 달라질 수 있다.

프로젝트 팀은 또한 프로젝트에 가장 적합한 계약유형을 결정해야 한다. 간단히 말해서, 계약의 세 가지 기본 유형이 있다(11.1 조달계획 세부사항 참조).

- **고정가격**(fixed price contract)
- **원가보상**(cost reimburible contract)
- **시간 및 재료**(time and material contract)

이 옵션을 선택하면 프로젝트/조직 내에서 계약을 관리하고 관리하는 방법을 문서화하는 조달 계획을 개발할 수 있다.

- 계약관리에 대한 책임은 누구인가?
- 프로젝트관리와 맥락에서 계약 추적 및 관리를 어떻게 관리할 수 있는가?
- 계약에 따라 산출물을 어떻게 검토하고 수락할 것인가?
- 계약에 따라 진행 상황을 어떻게 추적할 수 있는가?
- 계약에 따라 송장을 수락하고 승인할 책임은 누가 있는가?
- 계약 변경관리를 담당하는 사람은 누구이며 어떤 프로세스를 활용할 것인가?
- 프로세스는 어떻게 수행되는가?
- 누가 이것에 대한 책임이 있는가?

고려사항

구매 및 인수를 계획할 때 고려해야 할 몇 가지 사항은 다음과 같다.

- **범위 정의**: 무언가를 조달하려는 이유를 알고 당신이 원하는 것과 이유에 대해 마음속에 명확한 아이디어를 갖는 것이 중요하다. 이렇게 하면 계약 유형을 선택하고 계약 관련 문서를 검토할 때 헤아릴 수 없을 정도로 도움이 된다.

- **전문가 문의**: 계약이 큰 금액에 대한 것일 경우, 조달 부서에 문의하고 처리하도록 한다. 적어도 계약 전문가인 사람과 이야기한다. 그들은 당신의 고통을 많이 줄여줄 수 있다.

- **조직 계약서 사용**: 자신의 계약서를 사용하지 말고 조직에 표준인 계약서를 사용한다.

이렇게 하면 잠재적인 법적 문제를 방지하고 계약 협상 및 관리 프로세스를 완화할 수 있다.

- **계약 템플릿 확인**: 이전 프로젝트 파일에서 이전 템플릿을 채택하기 전에 현재 버전을 다시 확인한다. 마지막으로 사용한 이후 계약이 변경되었을 수 있다.
- **감안점**: 당신이 법률전문가가 아니기 때문에 공급업체와 협상할 때는 이 점을 염두에 두어야 한다.

14.2.15 계약체결 접근 계획수립

SOW가 개발되고 조달 계획이 수립되면 프로젝트관리 팀은 조달 프로세스를 지원하는 데 필요한 문서를 개발하고 공급업체가 조달 요구사항에 응답하도록 초대하는 방법을 식별하고 응답을 평가하는 데 사용되는 기준을 식별할 수 있다.

조달 문서의 가장 일반적인 형태는 다음과 같다.

- **견적요청(RFQ)**: 제품, 장비 또는 자원에 대한 단가 또는 고정 가격에 대한 견적을 요청하는 데 사용된다.
- **제안요청(RFP)**: 일반적으로 더 복잡한 서비스 또는 제품에 사용된다. 경우에 따라 조직에 특정 문제가 있을 수 있으며 잠재적인 '솔루션'을 개발하는 공급업체이다.
- **정보요청(RFI)**: 잠재 공급업체에 대한 정보를 수집하거나 시장에서 사용할 수 있는 사람 또는 무엇을 이해하기만 하면 된다.

개발된 문서패키지에는 공급업체가 응답하기 위해 알아야 할 정보, 응답에 대한 원하는 양식, SOW 및 계약조항 또는 제한이 포함된다.

프로젝트 팀은 또한 제안서를 평가하는 방법을 결정해야 한다. 이러한 평가 기준은 객관적이고 주관적일 수 있다. 예를 들어 다음과 같은 공급업체를 식별하기 위한 응답 평가 등의 것들이 포함될 수 있다.

- 가장 낮은 저가로 항목을 생성할 수 있다.
- 최고의 가치를 제공하는 항목을 생성할 수 있다.
- 가장 필요한 솔루션의 사양을 충족한다.
- 어떤 형태의 필수 인증 또는 인증을 받았다.

- 회사 또는 솔루션과 함께 작업한 경험이 있다.
- 유사한 프로젝트를 수행한 경험을 입증했다.
- 필요한 제품 용량을 가지고 있다.
- 필요한 기술 역량을 갖추고 있다.
- 공급업체가 평가 방법을 이해할 수 있도록 평가 기준을 포함하고 있다.

고려사항

어떤 종류의 계약이 가장 적합한지 고려한다. 고정가격, 시간 및 재료 및 원가보상의 세 가지 계약 양식을 감안할 때 다음을 고려한다.

- **계약 리스크 수준**: 리스크가 클 경우 프로젝트의 전반적인 리스크를 제한하는 고정가격 계약을 고려할 수 있다. 이 계약을 사용하면 리스크를 공급업체로 이전한다.
- **조기에 완료 이점파악**: 특정 시간 내에 또는 특정 사양에 따라 산출물을 완료할 경우 공급업체에 보너스를 제공하는 계약에 인센티브 수수료를 추가하여 포함할 수 있다.
- **산출물의 범위 변경 예상**: 경우에 따라 산출물의 범위에 많은 변경사항이 있을 것으로 예상되는 경우 원가보상계약에 서명하는 것이 가장 좋다. 초기원가가 더 크지만 보다 원가 효율적인 방법으로 변화를 관리할 수 있다.

14.2.16 프로젝트관리 계획서 작성

계획 노력의 결과를 수집하고 프로젝트 계획 문서로 조립한다. 프로젝트의 내용, 진행 방법, 전달할 내용, 언제 일어날지, 비용이 드는 것, 참여자를 설명하는 모든 자료를 한데 모은다. 각 프로젝트는 기업의 비즈니스와 성장을 지원하기 위한 기본적이고 통합된 계획의 일부라는 점을 기억한다. 프로젝트 계획이 다른 기업 수준의 노력과 조정되었는지 확인한다.

프로젝트 계획의 내용은 다음을 포함/설명해야 한다.

- 소개 및 요약
- 목적과 목표
- 정량화된 비즈니스 편익
- 범위
- 접근 방법

• 프로젝트 일정 및 주요 마일스톤
• 프로젝트 작업 및 제품
• 사용할 도구 및 기술
• 프로젝트 조직, 핵심 역할 및 팀 규모
• 자원 추정
• 프로젝트 예산
• 프로젝트 리스크

또한 프로젝트 계획에는 상세한 수준의 정보 및 관련 문서를 제공하는 첨부 파일이 포함될 수 있다. 일반적인 첨부 파일은 다음과 같지만 이에 국한되지는 않는다.

• 프로젝트 표준
• 프로젝트 리스크관리 접근 방식
• 이슈 및 문제 관리 접근 방식
• 통제 절차 변경
• 형상관리 절차
• 사용된 도구, 기술, 기술에 대한 자세한 설명

프로젝트 스폰서와 함께 자세한 프로젝트 계획을 검토한다. 프로젝트 스폰서로부터 피드백을 얻고 그의 지속적 지원과 헌신을 보장한다. 프로젝트 스폰서의 승인을 얻기 위해 필요에 따라 프로젝트 계획을 수정한다.

고려사항

프로젝트 계획의 다양한 구성요소를 함께 배치할 때 다음을 고려한다.

• 새로운 프로젝트 단계에 진입하거나 다른 프로젝트와 매우 유사한 프로젝트를 수행하는 프로젝트에서 마스터 프로젝트 계획을 사용하고 현재 프로젝트 또는 단계의 요구와 문제에 따라 그에 따라 업데이트를 하거나 변경되었을 수 있는 모든 것을 반영한다. 예를 들어 완전히 새로운 프로젝트 계획을 개발하는 대신 유지관리 또는 개선 단계에 있는 응용 프로그램 개발 프로젝트에서 이 작업을 수행하도록 선택할 수 있다.
• 경우에 따라 프로젝트는 필요한 모든 정보를 포함하여 보증하지 않을 만큼 충분히 작거나 친숙할 수 있다. 이러한 프로젝트의 경우 주요 구성요소를 포함하지만 불필요한 문서를 제외하는 수정된 프로젝트 계획을 사용하는 것이 좋다. 이 두 가지 주요 이점은 다음과 같다.

- 프로젝트관리자는 짧은 양식을 통해 중요한 문서만 완료하는 데 시간을 최대화할 수 있으므로 프로젝트를 더 쉽게 수행할 수 있다.
- 프로젝트 계획을 검토하는 사람들은 너무 많은 문서로 가중치가 조정되지 않기 때문에 이해하기가 편하다.

- **체계적으로 유지:** 비즈니스 케이스처럼 이야기처럼 구성할 필요가 없다. 하지만 완전한 전체 그림을 보는 사람에게 제공하여야 한다. 정리되고 깨끗하게 유지한다.

- **필요한 것만 전달:** 어떤 형태의 프로젝트 계획을 선택하든 세부 수준의 메시지를 가장 잘 전달할 수 있도록 전달한다. 매우 복잡하거나 상세한 프로젝트의 경우 자세한 프로젝트 계획을 제공하는 것이 좋다. 간단한 프로젝트의 경우 덜 형식적인 형태를 제공하는 것이 좋다.

- **스폰서와 프로젝트 계획 검토:** 프로젝트 스폰서로부터 피드백을 얻고 지속적인 지원과 헌신을 보장받는다. 프로젝트 스폰서의 승인을 얻기 위해 필요에 따라 프로젝트 계획을 수정한다.

14.2.17 프로젝트 계획 보고

프로젝트의 비즈니스 케이스는 이미 비즈니스의 생애주기에서 정당화 단계 또는 이전 전략 개발 지점에서 상위 경영진에 의해 승인되었다. 이 단계에서는 프로젝트가 어떻게, 언제, 누구를 통해 전달될 것인지, 그리고 그 정보를 경영진과 공유해야 하는 방법에 대한 세부사항을 설명한다. 프로젝트 계획의 관리 대상은 조직 및 프로젝트의 크기와 특성에 따라 달라진다. 프로젝트 구조 및 활동에 영향을 주거나 연관된 비즈니스 및 기술 관리자에게 알려야 한다. 이 그룹의 많은 사람들이 프로젝트의 운영위원회가 될 것이다.

또한 조직의 표준 및 예산 감시자와 같은 프로젝트 성공을 보장하는 데 도움이 되는 관리자의 의견을 통합해야 한다. 소규모 조직에서 또는 필요한 경우 임원진 수준 담당자를 포함해야 할 수도 있다. 초기 프로젝트가 승인되었음에도 불구하고 프로젝트 계획은 세부사항을 알아야 하는 사람들의 승인을 받아야 한다. 승인 및 피드백을 위해 적절한 관리 대상에게 프로젝트 계획을 제시한다.

발표에 앞서 회의 의제를 준비한다. 이상적으로는 참가자가 제시할 자료와 결정을 확인할 수 있도록 최소 1주일 전에 참가자에게 보낸다. 이것은 그들에게 모임을 준비하는 데 필요한 시간을 부여한다. 이렇게 하면 회의에 초점을 맞추고 프로젝트에 필요한 의사결정을 용이하게 할 수 있다.

발표에서 참석자가 다음 프로젝트 측면을 이해할 수 있도록 충분한 정보를 제공하는지 확인한다.

- 목표와 목표
- 범위 및 접근 방식
- 비즈니스 혜택
- 일정 및 주요 마일스톤
- 주요 작업, 제품 및 결과
- 프로젝트 조직, 핵심 역할 및 팀 규모
- 자원 요구사항
- 가정 및 제약 조건
- 위험 평가 및 위험 관리
- 비용

모임이 종료되면 모임 결과를 문서화해야 한다. 어떤 결정이 내려졌는가? 어떤 우려나 이의가 제기되었던가? 프로젝트가 수행해야 하는 다음 단계는 무엇인가? 프로젝트와 관련된 모든 것을 문서화한다. 회의록은 프로젝트 레코드에 귀중한 추가가 될 것이다.

고려사항

다음과 같은 발표원칙을 유지할 필요가 있다.

- **조직화**: 프로젝트의 범위를 포괄하는 발표자료를 개발하고 프로젝트 계획에 대한 단계별 이해를 통해 사람들을 안내한다.
- **자신감**: 이 시간까지, 당신은 프로젝트를 계획하는 데 많은 시간을 보냈고 자료를 알고 있으므로 자신감을 가져야 한다.
- **가정 숙지**: 그러나 프로젝트에서 만든 주요 가정이 문서화되어 발표에서 전달되는지 확인한다.
- **리스크 숙지**: 많은 사람들이 프로젝트가 리스크를 관리하는 것이라고 주장한다. 프로젝트에 대한 리스크와 이를 처리하는 전략을 알고 있어야 한다.

- **불확실성 전달**: 존재하는 프로젝트의 불확실성을 청중에게 전달해야 한다. 계획 개발 단계와 아직 존재하고 남아 있는 미지의 계획을 이해하는 것이 중요하다.

- **답변 준비**: 솔직하게 질문에 대답한다. 이 단계에서 당신이 모르는 것을 제기하는 경우, 그것은 프로젝트와 관련이 없는 것일 수 있다.

14.2.18 프로젝트 계획에 합의

경영층의 승인을 받아 프로젝트 계획을 완료할 수 있다. 범위, 접근 방식, 자원, 일정, 리스크 완화, 원가 또는 경영진이 제기한 기타 주요 문제를 완화하기 위해 필요한 경우 계획을 변경한다. 중대한 변경이 필요한 경우 프로젝트 계획 만들기 작업을 반복하고 경영진이 동의할 때까지 계획을 수정한다.

고려사항

프로젝트 계획에 대한 합의에 도달하면 다음 사항을 기억한다.

- **동의 내용**: 스폰서 또는 운영위원회가 프로젝트 계획에 동의할 때, 그들은 다음과 같은 개별 요소에 정말로 동의한다는 것을 기억한다.
  - 작업 승인: 프로젝트를 제공하고 예상 결과를 달성하는 데 필요한 프로젝트 접근 방식을 지원하고 승인한다.
  - 자금 승인: 그들은 예산을 승인하고 프로젝트에 필요한 자금을 제공하고 있다.
  - 자원 할당: 권장하거나 요청된 자원의 사용을 승인한다.

- **우려사항 문서화**: 운영위원회가 현재 프로젝트 계획에 대한 우려나 문제를 문서화한다.
  - 합의에 도달하지 못하면 그 이유를 이해하기 위해 노력한다.
  - 하기로 했던 일이 해결됐는가?
  - 너무 많은 질문에 답을 못하지 않았는가?
  - 프로젝트가 너무 리스키한가?
  - 추정치를 더 높은 수준으로 정의해야 하는가?
  - 조직의 정치가 작용하고 있는 것은 아닌가??

이러한 질문들에 그렇다고 대답하게 된다면 프로젝트를 진행할 수 있지만 조금 더 오래 걸릴 수 있다.

14.3 실행 단계 활동

14.3.1 프로젝트 작업 지시 및 관리

프로세스의 이 단계는 프로젝트 계획을 구현하는 것이다. 인도물을 만들고 프로젝트의 목표를 달성하기 위해 수행해야 하는 많은 활동이 있다. 여기에는 다음 작업을 시작하는 것이 포함된다.

- 프로젝트 목표를 달성하기 위한 활동 수행
- 계획된 프로젝트 작업을 충족시키기 위한 프로젝트 인도물 생성
- 프로젝트에 할당된 팀 구성원 제공, 교육 및 관리
- 자재, 도구, 장비 및 설비를 포함한 자원 획득, 관리 및 사용
- 계획된 방법과 표준 구현
- 프로젝트 의사소통 채널(프로젝트 팀 내부와 외부 모두) 구축 및 관리
- 원활한 예측을 위해 원가, 일정, 기술 및 품질 진행 상황, 상태 등의 작업성과 데이터 생성
- 변경요청 제출, 그리고 승인된 변경사항을 프로젝트의 범위, 계획 및 환경에 맞게 구현
- 리스크 관리 및 리스크 대응 활동 구현
- 판매자와 공급자 관리
- 이해관계자와 이해관계자 참여관리
- 획득한 교훈 수집과 문서화 및 승인된 프로세스 개선 활동 구현
- 모든 프로젝트 변경사항과 승인된 변경사항의 구현에 미치는 영향을 검토하는 절차가 수반되어야 함.
- 시정조치: 작업의 성과를 프로젝트관리 계획과 맞추는 것을 목적으로 하는 활동
- 예방조치: 작업의 미래 성과를 프로젝트 계획서에 맞추는 것을 목적으로 하는 활동
- 결함수정: 부적합한 제품 또는 제품 구성요소를 수정하기 위한 목적의 활동

고려사항

프로젝트를 실행할 때 다음을 고려한다.

- **계획 준수**: 당신은 프로젝트 계획을 개발하는 모든 시간을 보냈다. 계획 자체는 문서의 승인 그 이상이며 프로젝트에 접근하고 제공하려는 방법을 반영한다.

- **궤도 이탈**: 계획에서 멀리 표류하는 프로젝트를 발견하면 시간을 내어 계획으로 돌아가도록 한다. 기준선을 이해하는 계획에 초점을 맞추고 프로젝트를 제자리로 되돌리는 데 필요한 변경사항을 결정하는 계획에 중점을 둔다.

14.3.2 이해관계자에게 통보

프로젝트 결과에 이해관계를 가진 사용자, 고객, 소유자, 직원, 전략적 파트너 및 기타 이해관계자에게 승인된 프로젝트 계획을 발표하고, 프로젝트 승인에 있어서 별다른 요청은 없다고 해도 이해관계자의 지원이 필수적이다. 프로젝트의 범위와 목표와 비즈니스 이점을 이해해야 한다. 진행 중인 신규 및 향후 개발에 대한 정보를 제공함으로써 조직 내 해당 구성원 간의 프로젝트에 대한 지원을 유지한다. 이 활동은 프로젝트 시작 시 공식적인 의사소통(예 프레젠테이션, 브리핑, 구두 알림 또는 서면 메모)으로 시작하여 주요 이벤트나 새 단계가 시작될 때마다 프로젝트 생애주기 내내 계속된다. 의사소통의 형태가 무엇이든 간에 항상 프로젝트에 대한 관리의 의지를 보여줘야 한다. 이를 통해 조직 내 다른 사람들로부터 프로젝트에 대한 지원을 받는 데 도움이 된다.

통제 단계의 결과로 프로젝트에 변경사항이 있는 경우 이 단계에서 의사소통할 수 있다. 변경사항에는 다음이 포함될 수 있다.

- 승인된 변경요청
- 품질 또는 공정 개선
- 프로젝트 팀 구성
- 리더십 변화
- 수정된 이정표 또는 주요 날짜

고려사항

프로젝트의 시작에 대해 이해관계자에게 알리는 경우 프로젝트에 대한 기대를 전달하고 구매 및 지원을 계속 보장하기 위한 수단으로 프로젝트 시작회의를 주관하는 것이 좋다. 모임에 대한 다음 내용에 무게를 둔다.

- **시간 제한**: 킥오프 미팅을 2시간 이하로 유지하며, 여기에는 어떤 형태의 사회 활동이 포함되어야 한다.
- **그들의 관심을 모은다**: 프로젝트의 목표와 높은 수준의 토론에 초점을 맞춘다.

- **사회적 친목**: 이해관계자와 프로젝트 팀원들에게 만나 인사를 나눌 수 있는 기회를 제공하는 공식적이거나 비공식적인 사교 모임을 포함한다. 이것은 처음부터 프로젝트에 대한 신뢰와 긍정적인 관계를 구축한다.

- **정보패키지 제공**: 프로젝트 목표, 정당화, 적시성, 예산 등에 대한 보다 상세한 논의가 포함된 정보패키지를 제공한다. 다시 말하지만, 너무 많은 세부사항으로 이동하지 않는다. 더 알고 싶다면 물어볼 것이다.

14.3.3 참가자에게 브리핑

프로젝트 조직에 대한 설명, 프로젝트 내에서의 역할, 승인된 프로젝트 계획 및 프로젝트 자료를 지원하여 프로젝트 참가자에게 간략하게 설명한다. 프로젝트의 목표에 익숙해지고 개발 및 지속적인 활동에 속도를 높일 수 있도록 도와준다. 이러한 브리핑은 프로젝트 시작 시, 신규 참가자가 프로젝트에 참여하거나 오랜 시간 부재 후에 다시 참가할 때마다 발생해야 한다.

다른 지속적인 브리핑에는 팀 상태 회의, 프로젝트 스폰서와의 회의 및 운영위원회 회의가 포함된다. 이러한 브리핑은 주로 프로젝트 상태 및 문제해결과 관련된 공식회의이다. 이러한 브리핑은 특정 일정과 시간에 정기적으로 예정된 세션을 설정하는 것이 가장 좋다(예 매주 금요일 오후 3시, 매월 첫 번째 화요일 오전 8시 등). 사전 준비된 의제는 회의를 순조롭게 유지하는 데 도움이 된다. 또한 주요사항을 문서화하는 서면 회의록, 결정 및 할당된 작업 항목은 프로젝트에 관련된 사람들에게 정보를 제공하는 데 도움이 된다.

고려사항

프로젝트 시작에 대해 참가자들에게 브리핑할 때 이해관계자에게 알리는 고려사항과 유사한 팁은 킥오프 회의를 프로젝트의 시작을 알리는 이상적인 기회로 간주하는 동시에 팀원을 몰입하게 할 수 있는 이상적인 기회로 간주한다. 회의에 대한 다음 지침을 고려한다.

- **시간 제한**: 킥오프 미팅을 2시간 이하로 유지하며, 여기에는 어떤 형태의 사회 활동이 포함되어야 한다.

- **관심획득**: 프로젝트의 목표와 높은 수준의 토론에 초점을 맞춘다.

- **스폰서 및 기타 경영진 참석요구**: 스폰서와 다른 고위 경영진에게 프로젝트와 그 목표에 대해 간략하게 말하도록 초대한다. 프로젝트를 소유한 경영진의 의견을 들은 다음 프로젝트관리자로부터 이를 듣고 훨씬 더 많은 힘과 영향력을 갖게 된다.

- **친목**: 이해관계자와 프로젝트 팀원들에게 만나 인사를 나눌 수 있는 기회를 제공하는 공식적이거나 비공식적인 사교 모임을 포함한다. 이렇게 하면 처음부터 프로젝트에 대한 신뢰와 관계가 구축되기 시작한다.

- **정보패키지를 제공**: 프로젝트 목표, 정당화, 적시성, 예산 등에 대한 보다 상세한 논의가 포함된 정보패키지를 제공한다. 다시 말하지만, 너무 세부적으로 들어가지 않는다. 알고 싶다면 물어볼 것이다.

14.3.4 이해관계자 기대치 설정

프로젝트 참여자 및 기타 이해관계자의 기대치를 프로젝트, 범위 및 목표 및 생산에 대해 솔직하게 전달하고 프로젝트 참여자와 다른 이해관계자의 기대치를 설정한다. 프로젝트 참가자와 이해관계자에게 그들이 받게 될 것과 얻게 될 것으로 예상할 수 있는 시기에 대한 현실적인 그림을 제시한다. 프로젝트와 진행 상황에 대한 공통된 이해가 있는지 확인한다. 프로젝트 스폰서, 운영위원회, 사용자 및 기타 이해관계자의 프로젝트에 대한 비현실적인 기대와 인식은 치명적일 수 있으며 성공적인 프로젝트가 실패로 인식될 수 있다.

기대치 관리는 프로젝트 생애주기 동안 발생하는 지속적인 활동이다. 프로젝트관리자는 책임이 있지만 프로젝트 팀의 모든 구성원은 기업 전체에서 공식적이고 비공식적인 의사소통을 통해 이 활동에 참여할 수 있다.

고려사항

팀 구성원 및 이해관계자와의 회의 및 토론에서 다음을 고려한다.

- **정직**: 그들의 질문에 정직하게 대답한다. 당신이 그들의 질문 중 하나에 대한 답을 모르는 경우, 그렇게 말하는 것이 좋다. 그들의 질문에 대해 기록하고 곧 대답을 주겠다고 말한다.

- **오픈마인드**: 프로젝트관리자로서, 당신은 배를 조종하고 있다. 따라서, 사람들은 당신

에게 많은 질문을 할 것이다. 기꺼이 대답한다. 그리고 질문은 프로젝트의 성공에 매우 중요할 수 있는 프로젝트 참가자의 분위기를 이해하는 데 도움이 된다.

- **존중**: 프로젝트의 특성에 따라 프로젝트가 완료되면 개인, 팀, 단위 또는 부서에 대해 미래가 어떻게 될 것인지에 대한 많은 생각이나 우려가 있을 수 있다. 이러한 모든 질문은 의미 있는 것으로 간주하고 최대한으로 존중받고 있다고 생각하게 한다.
- **명확**: 간단한 단어를 사용하여 프로젝트의 의도와 방향에 대해 명확히 한다. 더 명확하고 쉽게 다른 사람들이 당신의 메시지를 이해하도록 한다.

14.4 프로젝트 작업 통제 활동

14.4.1 프로젝트 상태보고서 작성

프로젝트 팀을 이끌 수 있도록 표준화된 주간 또는 격주 상태보고서를 사용한다. 프로젝트 전반에 걸쳐 표준 측정단위를 이용한 팀 구성원의 일상적인 상태 보고는 프로젝트 상태를 평가하고 프로젝트 계획에서 차이원천을 식별하는 데 도움을 준다. 다음을 포함할 수 있다.

- 기간 요약 보고
- 보고 기간에 완료된 산출물
- 보고 기간에 시작되었지만 아직 완료되지 않은 인도물
- 현재 진행 중인 모든 활동에 대해 완료까지 예상치(ETC) 추정
- 보고 기간 동안 예약되지 않은 활동 및 산출물
- 다음 보고 기간 동안의 활동 및 산출물
- 문제 또는 우려 사항
- 손실시간
- 특정 산출물에 대한 프로젝트 팀 구성원의 시간 추적

정기적으로 예정된 상태회의는 프로젝트를 통제하고 상태를 평가하고 팀 구성원에게 정보를 제공하며 프로젝트 생애주기 초기에 진행 중인 경과를 식별하는 데도 필수적이

다. 상태회의는 간결해야 하며 팀 전체와 상관 없는 문제에 대해서는 논의하지 않고 해결을 위한 별도의 회의시간을 배정한다. 상태 회의는 다음 상태를 논의하기 위한 기회를 제공해야 한다.

- 주요 이벤트
- 작업 항목 및 열린 문제
- 예상 제품 및 결과에 대한 진행 상황
- 성과 및 차이
- 다음 보고 기간의 목표
- 주요 이슈 및 문제

모임이 완료되면 모임 결과를 문서화해야 한다. 어떤 결정이 내려졌는가? 어떤 우려나 이의가 제기되었던가? 프로젝트가 수행해야 하는 다음 단계는 무엇인가? 프로젝트와 관련된 모든 것을 문서화한다. 회의록은 프로젝트 기록에 귀중한 자료가 된다.

고려사항

상태보고서 및 상태회의는 프로젝트관리자가 프로젝트 상태에 대한 정보를 얻는 가장 효과적인 방법이다. 프로젝트의 상태를 파악할 때 다음 사항을 고려한다.

- **템플릿 사용**: 템플릿은 보고서를 개발하고 다양한 팀의 정보를 종합하는 과정을 용이하게 한다. 프로세스를 지원하려면 달성하고자 하는 정확한 정보를 파악할 수 있도록 템플릿을 사용한다.

- **후속 조치**: 어떤 이유로든, 당신은 누군가로부터 상태보고서를 받지 못하거나 상태 회의를 하지 못하는 경우, 일이 어떻게 됐는지 확인하기 위해 후속작업이 필요하다. 그들은 단순히 잊어버렸을 수도 있고, 의도적으로 당신을 피하는 것일 수도 있다.

- **시간 추적 주의**: 프로젝트 팀 구성원의 시간을 추적하는 경우 프로젝트에서 적극적으로 작업한 팀 구성원의 노력만 프로젝트에 추적되도록 한다.

- **작은 그룹 고려**: 일부 프로젝트에서 모든 참가자가 참가하는 정기적 주간회의가 실용적이지 않게 큰 경우가 있다. IT, 마케팅, 엔지니어링 또는 교육과 같은 특정 소규모 회의로 전환하는 것이 좋다. 또한 필요할 경우 각 팀이나 그룹을 대표하는 구성원이 참석하는 것을 고려한다.

- **부재의 경우**: 팀 리더가 자료를 만들 수 없거나 참여할 수 없는 경우 프로젝트의 일

부에 대한 상태보고서를 제공할 수 있는 동료를 보내도록 권장한다.

- **모임 계획:** 모든 사람이 상태 회의 의제에 대해 이해할 수 있도록 미리 회의를 계획해야 한다.
- **후속 조치:** 확실하지 않다고 느끼는 문제에 대한 후속 조치를 취한다. 어쩌면 팀원이 잘못 설명하였거나 잘못 해석했을 수도 있다.

14.4.2 팀 성과 감시

팀의 작업과 성과를 지속적으로 감시한다. 팀이 목표를 달성하고 결과를 달성할 때와 그렇지 않을 때 실제로 무슨 일이 일어나고 있는지 파악과 팀이 정체되어 있다는 다음의 징후에 유의한다. 지연 경향, 노력이 감소하고 있다는 징후, 긍정적 생각에 대한 포기, 그룹 또는 개별 방해 또는 충돌이 있는지를 찾는다. 가능한 경우 팀 성과 문제의 세부사항을 식별하고 수정하며, 적시에 피드백을 제공한다.

고려사항

- **일정을 추적하고 있는가?** 완료율? 인도물 완료 여부?
- **원가를 추적하고 있는가?** 프로젝트와 관련된 원가를 추적하고 있는가? 일부 조직에서는 내부 프로젝트인 경우 예산이 없는 경우도 있다.
- **노력(M/H)을 추적하고 있는가?** 프로젝트에서 실제 사용 M/H를 추적하고 있는가?
- **어떤 성과측정값을 사용하고 있는가?** 추적중인 특정 성과측정값이 있는가?
- **획득가치를 사용하고 있는가?** 가치(EV)는 수행된 작업의 가치를 살펴보는 성과측정의 한 형태이다. 예산의 25%를 지출했다면, 25%의 작업을 실현했는가?

14.4.3 자원 갈등 해결

프로젝트 팀과 외부 프로젝트 간에 상충되는 자원 할당을 해결한다. 프로젝트가 계획대로 실행될 수 있도록 프로젝트의 편익을 보호해야 한다. 이 활동은 프로젝트 중에 언제든지 발생할 수 있다. 내부적으로 팀 내 자원 충돌을 해결한다. 프로젝트 스폰서 및 회사 내에 존재하는 기타 개발 조정 조직과 외부 프로젝트와의 팀 간 자원 충돌 및 갈등을 해결한다. 프로젝트는 작업 의존성 연계를 통해 또는 공통 자원의 공유로 인해 여러 가지로 관련될 수 있다. 따라서 프로젝트관리자가 통제할 수 없는 외부의 이벤트가 프로젝트에 영향을 주어 예기치 않은 지연이 발생할 수 있다. 이러한 프로젝트 간 관계를 주의 깊게 감시하고 공유 자원을 사용하여 할당에 합의된 자원이 작업에 전념할 수 있도록 해야 한다.

고려사항

특히 프로젝트 요원이 프로젝트관리자가 직접 통제할 수 없는 기능조직에서 일하는 경우 충돌이 있을 수 있다. 이 경우 다음 중 일부를 고려한다.

- **교환**: 필요한 자원을 확보할 수 있도록 다른 프로젝트 또는 부서와 교환하거나 거래를 할 수 있다. 다른 조직에서 당신이 가지고 있거나 쉽게 얻을 수 있는 무언가를 필요로 할 수 있다. 지금이든 앞으로도 서로를 공유하거나 도울 기회가 될 수 있다.

- **에스컬레이션 고려**: 경우에 따라 스폰서에게 자원확보를 위해 충돌 해결을 위해 에스컬레이션해야 할 수 있다. 스폰서의 역할 중 하나는 프로젝트가 적절한 자금, 일정 및 자원을 받을 수 있도록 하는 것이다. 필요한 것을 얻지 못하면 스폰서에 연락하여 도움을 요청한다.

14.4.4 프로젝트 상태 평가

승인된 프로젝트 계획과 관련하여 프로젝트 상태를 결정한다. 정량화 가능한 데이터를 제공하는 작업표, 원가보고서, 송장, 자원 사용률, 팀 상태보고서 및 기타 문서를 포함한 관련 자료를 수집한다. 이전 보고 기간 이후 작업된 각 산출물의 상태와 이전과의 변경상태를 평가한다. 프로젝트 계획과 실제 진행 상황을 비교한다. 계획보다 앞서거나 또는 계획에 뒤져 있는 자원(소비율)과 진행 상황을 기준으로 작업이 궤도에 있는지 확인한다. 전체 프로젝트의 백분율 진척을 결정하고 프로젝트를 완료하는 데 필요한 시간과 원가를 예측한다. 추가 분석을 위해 프로젝트 계획의 차이를 식별한다.

현재 프로젝트 성과를 이해하는 데 도움이 되려면 EVA(획득가치 분석) 기술을 사용하는 것이 좋다. EVA는 프로젝트 진행 상황에 대한 더 큰 통찰력을 제공하는 고급 추적 및 프로젝트 통제 도구이다. 프로젝트의 상태와 진행 상황에 대한 정확한 평가를 제공할 뿐만 아니라 현재 진행 상황을 기반으로 향후 프로젝트 성과를 예측하기 위한 지원을 제공한다. 획득가치분석의 원칙은 프로젝트 예산의 50%를 지출했을 때 프로젝트 작업의 절반을 달성했다는 것을 의미하지 않는다는 인식에서 비롯된다. 마찬가지로 프로젝트 시간의 50%이 지났기 때문에 프로젝트 작업의 절반을 달성했다는 의미가 아닌 것과 같다.

고려사항

다음을 고려하는 것이 유용할 수 있다.

- **획득가치의 이해**: 획득가치를 아직 사용하지 않은 경우 시간이 지남에 따라 이것의 사용이 무엇을 의미하며 어떻게 작동하는지 파악한다. 프로젝트 상태를 평가하는 데 있어 매우 중요한 도구가 된다.

- **작동가능 여부파악**: 획득가치는 프로젝트의 범위와 산출물의 관련 가치에 대한 매우 명확한 이해가 필요하다. 프로젝트가 진행됨에 따라 모든 혜택을 받기 위해서는 사전에 많은 작업이 필요하다. 또한 그것은 범위의 변화 특성으로 인해 많은 프로젝트에서 작동하지 않는다. 당신 프로젝트에서 작동하기 어려우면 사용하지 않아도 무방하다. 많은 프로젝트관리자가 같은 상황에 있다. 이 개념은 종종 실제로 기대하는 것보다 어려움이 클 수 있다고 느낄 때 구현하기 쉽다고 얘기하고 있다. 사용에 주의를 요한다.

- **다양한 소스를 감안**: 프로젝트 정보의 한 소스만 사용하지 않는다. 현재 상태를 확증하는 방법으로 여러 정보 소스를 찾는다.

14.4.5 상황 진단

프로젝트 계획에서 차이를 분석하여 차이의 근본 원인을 확인한다. 계획보다 앞서 있는 활동과 계획의 배후에 있는 활동을 고려한다. 계획으로부터 뒤처져 있는 사람들을 위해 시정조치를 취하는 방법에 대한 아이디어를 제안하는 것과 함께 앞서 있는 계획 활동을 살펴본다.

프로젝트 활동의 잠재적 지연을 나타내는 경고 표시 또는 프로젝트 계획의 전체 지연은 극복할 수 없는 크기임을 나타낸다. 수행 중인 작업이 원래 정의된 대로 프로젝트 범위를 준수하는지 확인한다. 또한 당초 프로젝트에 계획되지 않은 시간을 추가하는 승인되지 않는 변경(scope creep)을 파악한다. 프로젝트에 할당된 시간이 관련 없는 작업이 아닌 프로젝트 작업을 완료하는 데 쓰이도록 한다. 제품 및 결과에 정확한 세부 수준이 있는지 확인한다. 실적입력에 세부정보가 너무 작거나 결과제품 또는 인도물이 필요한 수준을 초과하면 작업이 계획보다 오래 걸릴 수 있다. 프로젝트가 당초 궤도에 있는지 확인하고 성공을 보장하기 위해 해결해야 할 실제 이슈를 결정한다. 이러한 이슈를 이슈목록에 추가한다.

고려사항

- **지연된 산출물:** 산출물이 지속적으로 지연되어 생성되고 있는가? 이것은 무엇을 나타낼 수 있는가? 이럴 경우 고려사항은 다음과 같다.
  - 자원은 생각대로 숙련되지 않았거나 작업을 수행하는 데 너무 많은 시간을 할애하고 있는가?
  - 작업 범위가 원래 계획보다 더 복잡한가?
  - 프로젝트의 범위가 증가하고 있는가?
  - 산정치가 잘못되었고 계획이 작업을 완료할 충분한 시간을 허용했는가?

- **조기 산출물:** 프로젝트에서 예상보다 빠르게 작업이 수행되는 경우 가능한 원인 목록은 다음과 같다.
  - 자원이 너무 숙련되어 있고 필요한 것보다 더 많은 기술을 가진 사람들이 프로젝트에서 일하고 있지 않는가? 그들은 계획보다 빠르게 작업을 수행하고 있지만 프로젝트의 나머지 부분을 유지할 수 있는가? 조직이 결과에 대해 적시에 준비할 수 있는가?
  - 작업의 범위가 잘못 산정되지는 않았는가?
  - 작업의 전체 범위가 수행되고 있는가? 상황이 누락되지는 않았는가? 예상 품질대로 생산되고 있는가?
  - 산정이 잘못되었고 계획이 작업을 완료하는 데 너무 많은 시간을 허용하지 않았는가?

- **요구사항 및 기준선 재검증:** 프로젝트가 진행됨에 따라 프로젝트의 범위에 영향을 줄 수 있는 정보가 표시될 수 있다. 새로운 요구사항이 확인되고 있는가? 프로젝트 기준선(범위, 일정, 품질 및 원가)은 여전히 합리적인가? 차이가 클 경우 프로젝트 변경요청이 기준에 의해 발생할 수 있다.

14.4.6 필요한 조치 결정

프로젝트를 다시 진행하거나 계속 진행하려면 수행해야 할 작업을 식별한다. 시정조치와 변경요청을 구분한다. 시정조치는 프로젝트의 합의된 범위 내에서 해결해야 하는 변경사항이다. 여기에는 모임시간 변경, 대체기술 시도가 있을 수 있다. 사용자가 더 많이 참여하도록 하는 등 사소한 조정이 포함될 수 있지만 여전히 당초 계획의 범위 내에 있다. 궁극적으로 프로젝트를 순조롭게 진행하거나 사소한 문제를 따라잡기 위해 더 스마트하고 효과적으로 작업할 수 있는 방법을 찾는다.

변경요청이 필요한 작업에는 승인된 프로젝트 계획을 변경하는 모든 것, 즉 프로젝트의 일정, 범위 또는 원가가 포함될 수 있다. 이들은 프로젝트 스폰서 및 기타 경영층의 공식적인 승인이 필요하며 변경 통제 프로세스를 따라야 한다. 문제나 변경이 왜 발생하는지 또는 변경이 필요한 이유를 이해하기 위해 문서화되어야 한다.

고려사항

프로젝트에서 문제가 발견되면 가능한 한 빨리 수정해야 한다.

- **시정조치 대비 변경요청**: 시정조치는 프로젝트 범위를 변경할 필요가 없다.
- **원인 고려**: 시정조치를 실시하기 전에 문제의 원인을 잘 이해해야 한다. 그렇지 않은 경우 시정조치는 실제 문제를 해결할 수 없을 수 있다.
- **지연된 일정**: 다양한 전략을 사용하여 프로젝트가 다시 순조롭게 진행되도록 할 수 있다. 여기에는 다음이 포함된다.
  - 자원 등을 투입하여 일정압축(crashing)을 한다.
  - 작업을 중첩시켜 일정중첩(fast tracking)을 할 수 있다.
  - 주 경로상의 다른 프로젝트 활동의 지속 시간을 줄이다.
- **원가 초과**: 다른 활동 또는 원가 범주 내에서 예산을 이전하거나 전환할 수 있는지 확인한다.
- **품질 문제**: 프로젝트의 효율성 또는 생산성을 높이기 위해 프로세스를 수정할 수 있다. 경우에 따라 품질 표준을 지속적으로 초과하기 때문에 프로세스의 효율성을 줄여야 할 수도 있다.

14.4.7 스폰서에게 프로젝트 상태 보고

프로젝트 스폰서에게 프로젝트 상태를 알린다. 프로젝트 스폰서에게 문제가 발생했을 때, 더 커지기 전에, 그리고 시정조치를 취해야 할 때 알려야 한다. 일정보다 앞서거나 뒤처져 있는 활동과 중요한 공개 문제를 포함하여 진행률을 검토한다. 제안된 시정조치와 프로젝트에 미치는 영향을 검토한다. 시정조치에 따라 프로젝트 계획을 변경하기 위해 재협상해야 하는지 프로젝트 스폰서에게 조언한다.

경영진에 대한 효과적인 프로젝트 상태 보고는 예외적인 사항과 평상시와 다른 것을 강조한다. 계획 내에서 진행되는 작업의 경우 프로젝트 스폰서는 자세한 보고서가 필요하지 않는다. 그러나 지연된 작업은 상세히 보고해야 한다. 이러한 작업은 모호한 용어가 아니라 명시적이고 객관적으로 검토되어야 한다. 프로젝트 스폰서에 대한 상태보고서는 계획과 차이가 있을 경우, 그리고 이를 정정할 수 있는 기회가 있어야 한다.

정기적으로 프로젝트의 상태를 운영위원회에 보고해야 한다. 많은 프로젝트에서 분기별로 수행된다. 그러나 프로젝트의 크기와 복잡성에 따라 이러한 모임은 더 빈번하거나 드물게 개최될 수 있다.

운영위원회에 상태를 발표하기 전에 회의 의제를 준비한다. 이상적으로는, 그들이 의사결정 내릴 것을 요청받은 것에 대한 충분한 사전 파악을 위해 적어도 일주일 전에 위원회 위원에게 보내져야 한다. 이것은 그들에게 모임을 준비하는 데 필요한 시간을 부여한다. 이렇게 하면 회의에 집중할 수 있으며 프로젝트에 필요한 의사결정을 용이하게 할 것이다.

모임이 완료되면 모임 결과를 문서화해야 한다. 어떤 결정이 내려졌는가? 어떤 우려나 이의 제기가 제기되었던가? 프로젝트가 수행해야 하는 다음 단계는 무엇인가? 등 프로젝트와 관련된 모든 것을 문서화한다. 회의록은 프로젝트 기록에 귀중한 추가가 될 것이다.

고려사항

다음 중 일부를 고려한다.

- **조직화**: 프로젝트의 상태를 체계적인 방식으로 제시한다.
- **템플릿 보고서 사용**: 보고를 구두로 하지 않는다. 스폰서에게 프로젝트에 필요한 세부정보를 명확하고 일반적으로 이해되는 형식으로 제공하는 보고서를 작성한다.
- **대시보드를 사용**: 보고서에서는 대시보드 또는 프로젝트의 시각적이고 높은 수준의

개요를 사용하여 스폰서 및 다른 사용자가 프로젝트의 상태를 한눈에 이해할 수 있도록 한다.

14.5 프로젝트 변경 통제 활동

14.5.1 변경 식별 및 영향 분석

변경이 인식되면 대안을 식별하고 조사해야 한다. 각 대안의 영향을 식별하고 각 접근 방식의 결과를 평가한다. 가장 효과적인 솔루션을 찾는 데 중점을 둔 대안을 찾아야 한다. 예를 들어 활동이 계획된 완료 일자를 충족시키지 못할 경우 해당 일자에 개발이 고정되어 있으면 제품에 필요한 충분한 품질이 생성되는가? 프로젝트 계획을 변경하는 것이 보장되고 프로젝트의 목표를 달성할 수 있는 다른 방법이 없는지를 확인한다. 대안을 문서화한다.

대안은 또한 프로젝트를 연기하거나 종료할 가능성이 포함될 수 있다.

고려사항

프로젝트에 변경이 필요한 경우 다음의 대안을 평가하는 제안으로 고려한다.

- 프로젝트의 한 부분을 변경하면 프로젝트의 다른 영역에 큰 영향을 미칠 수 있다. 대안의 영향을 평가하는 데 시간을 투입한다.
- 요청이 프로젝트 또는 제품의 범위를 늘리거나 기능이나 활동을 줄일 수도 있다. 항상 요구사항이나 기대치가 추가되는 것은 아니다.
- 프로젝트관리 계획에 포함되어 있는 변경관리 프로세스를 사용한다. 이 프로세스는 프로젝트관리자를 지원하고 문서화되지 않은 또는 임시 요청이 공식적인 평가 및 수락 없이 구현되지 않도록 하기 위해 마련된 것이다.
- 요청의 원인은 무엇인가? 스폰서, 고객, 프로젝트 팀 구성원 또는 이해관계자인가?
- 요청을 검토한다. 경우에 따라 프로젝트 범위 내에서 요청된 변경일 수도 있다.
- 템플릿을 사용하여 변경요청을 문서화한다. 그것은 당신이 연구하는 데 필요한 것과 함께 해야 하는 방법에 대한 명확한 이해를 제공하고 이해관계자가 변경요청을 쉽게 평가하고 이해할 수 있도록 한다.

- 각 변경요청에 대한 다음 영향을 식별한다.
  - 추가 프로젝트 활동
  - 각 대안의 원가
  - 각 대안의 영향을 일정의 조정

- 다음을 문서화한다.
  - 요약
  - 변경요청 이유
  - 변경 내용의 세부정보
  - 사용자에게 미치는 영향
  - 변경이 없을 경우의 영향과 늦은 변경이 있을 경우의 영향

14.5.2 프로젝트 리스크 재평가

프로젝트 계획을 크게 변경할 때마다 프로젝트가 리스크를 가지고 있다는 것을 이해해야 한다. 프로젝트 범위, 활동, 산출물, 자원, 일정, 원가 또는 프로젝트의 기타 핵심요소의 변경은 영향과 가능성에 의해 평가되어야 하는 새로운 리스크가 발생할 가능성이 있다. 프로젝트 계획의 변경은 프로젝트 변경과 관련된 리스크와 적절한 결정에 무게를 두어야 한다. 리스크에도 불구하고 계획을 변경하기로 결정한 경우 이러한 리스크를 감시하고 프로젝트의 나머지 부분을 관리해야 한다.

계획 단계에서 개발한 리스크 평가를 다시 검토하고 프로젝트 계획 변경과 관련된 새로운 리스크를 식별하는 동일한 접근 방식을 취해야 한다.

고려사항

각 요청된 변경은 프로젝트에 리스크로서 영향을 미치고, 이 영향을 이해하는 것이 중요하다. 경우에 따라 리스크가 프로젝트에 상당한 영향을 미칠 수 있지만 어떤 경우에는 프로젝트 변경에 전혀 영향을 미치지 않는 경우도 있을 수 있다. 프로젝트의 리스크를 재평가할 때 다음을 고려한다.

- **요청된 변경의 영향을 이해:** 이러한 각 변경사항에 대해 변경요청이 영향을 줄 프로젝트의 영역을 이해하는 것이 중요한다. 일정? 원가? 범위? 품질? 이를 이해하면 새로운 리스크를 식별하고 오래된 리스크를 재평가하는 데 도움이 된다.

- **리스크 관리절차 사용**: 계획 섹션의 리스크 식별, 분석 및 대응계획 단계를 안내한다. 소규모 프로젝트의 경우 시간이 전혀 걸리지 않을 수 있으나, 더 크고 복잡한 프로젝트의 경우 프로세스에 다소 시간이 걸릴 수 있다. 프로젝트의 계획 단계에서 개발한 도구, 기술 및 문서를 사용한다.
- **리스크 허용 오차 인지**: 프로젝트 스폰서 또는 조직의 리스크 허용 오차 수준을 인지하지 못하는 경우가 있다. 이 경우 앞으로 적용할 권장사항에 영향을 줄 수 있다.

14.5.3 변경요청서 작성

변경요청은 검토 및 승인 또는 거부를 위해 경영진에게 제출된 공식 문서이다. 정보에 입각한 결정을 내릴 수 있도록 필요한 정보를 제공하는 것이 중요하다. 변경요청 양식을 사용한다. 제안된 정보에는 다음이 포함될 수 있다.

- 변경요청 제목 및 번호
- 요청된 변경에 대한 자세한 설명을 포함한 변경사유
- 문제가 프로젝트 및 이해관계자에 미치는 영향
- 늦게 변경하거나 전혀 변경하지 않았을 때 영향
- 가능한 솔루션
- 프로젝트관리자가 권장하는 솔루션
- 권장 솔루션이 프로젝트에 미치는 영향(예산, 일정, 프로젝트 범위 및 이 솔루션과 관련된 리스크의 영향 포함)
- 이 변경요청에 결합할 수 있는 기타 관련 변경사항

모든 기본계획이 보장되도록 프로젝트 스폰서와 긴밀히 협력한다. 변경 시 스폰서는 모든 프로젝트에서 발생되는 변경에 대처하는 방법을 도출하는 데 도움이 될 수 있다.

고려사항

변경요청을 준비할 때 다음을 염두에 둔다.

- 변경요청이 승인된 결과로 예상되는 내용을 문서화한다.
- 적절한 경우 대안에 대한 고려사항을 포함한다. 어떤 경우에는 목표를 달성하는 방법에는 두 개 이상의 방법이 있을 수 있다. 시간을 내어 검사를 문서화하고 대안을

문서화한다.

- 변경요청을 검토하고 승인/거부할 사람을 식별한다. 이는 올바른 사람들이 요청을 검토할 수 있는 기회를 가지며 올바른 사람이 앞으로 나아갈지 여부를 결정하는 것이 중요한다.

14.5.4 변경요청서 제출

프로젝트 스폰서 및 기업 내의 다른 적절한 경영층에 변경요청을 제시한다. 프로젝트 스폰서 및 상호 수용 가능한 조건에 대한 기타 경영층의 승인을 받는다. 필요한 경우 프로젝트 계획에 통합된 변경사항을 반영하고 수정된 계약을 실행하도록 프로젝트 계약을 수정한다. 프로젝트를 진행하기 위해 경영층으로부터 승인을 얻는다.

변경요청 기록부를 만들어 변경요청 상태를 감시하고 추적해야 한다. 대규모의 복잡한 프로젝트의 경우 기록부는 프로젝트관리자가 미해결 변경요청을 추적하여 적시에 처리되도록 할 수 있도록 한다.

고려사항

승인 변경요청을 제출할 때 다음을 고려한다.

- 변경요청이 여러분에게 크게(또는 무관하게) 보일지 몰라도, 그보다 결정권한을 가지고 있는 사람은 같은 방식으로 보지 않기 때문에 수락하거나 거부할 수 있다. 이 결정은 개인적인 감정과 상반되게 나타날 수 있다. 당신은 당신이 할 수 있는 일을 했고, 그것을 받아들이고 계속 진행한다.
- 변경요청을 구현하기 위해 구두 승인만 받아서는 안 된다. 서면으로 승인을 받는다. 서명되지 않은 경우 승인되지 않은 것으로 간주한다.
- 변경요청을 제출하면 변경요청을 평가하는 데 시간이 걸릴 수 있다. 일정에 해당 시간을 감안한다. 동시에 의사결정자가 승인이 필요한 시간을 인지해야 한다.
- 변경요청 기록부에 각 변경요청을 문서화한다. 다음과 같은 상위 수준의 정보를 포함해야 한다.
- 변경요청 이름
- 간략한 설명(짧은 문장 또는 키워드 1개)
- 변경요청(사람, 팀, 단위 또는 회사)을 요청한 사람 확인

- 생성된 일자
- 제출된 일자
- 변경이 필요한 일자 결정

14.5.5 프로젝트 문서 업데이트

변경요청이 승인되면 프로젝트 계획 및 모든 보조문서를 업데이트해야 한다. 승인된 변경요청은 프로젝트 범위, 일정, 예산, 활동 목록, 리스크 등을 수정할 수 있다. 이 모든 것을 업데이트해야 한다. 또한 프로젝트 정책 및 절차에 따라 업데이트가 필요할 수 있다. 식별되고 분석된 리스크 목록도 업데이트해야 한다.

변경요청이 제출되고 승인 또는 거부될 때마다 변경요청 기록부를 업데이트한다.

고려사항

변경요청을 승인하거나 거부하기로 결정한 경우 프로젝트 문서를 업데이트해야 한다. 다음 사항을 고려한다.

- 각 결정으로 변경요청 기록부를 업데이트해야 한다. 이렇게 하면 어떤 요청이 여전히 미해결되고 어떤 요청이 해제되었는지 알 수 있다.

14.5.6 프로젝트 품질 검토

프로젝트 품질을 검토하면 프로젝트 결과 및 결과가 허용되는지, 프로젝트의 품질표준을 준수했는지 여부를 결정한다. 프로젝트의 전체 생애주기 동안 발생하는 지속적인 활동이며 인도물 수락과 밀접한 관련이 있는 경우가 많다.

동료 검토, 테스트, 검사, 감사 및 워크스루와 같은 공식적인 프로세스는 일반적으로 허용 가능한 품질 기술이며 종종 정량화 가능한 통계 정보를 요구한다. 이 정보는 프로젝트관리 팀이 프로젝트의 품질 수준을 이해하기 위해 분석 및 해석할 수 있다.

품질 검토는 프로젝트 인도물만으로 제한되지 않는다. 프로젝트관리 활동에도 적용할 수 있고 또 적용해야 한다. 팀 회의가 정기적으로 진행되고 있는가? 운영위원회 회의가 예정대로 진행되거나 몇 주 또는 몇 달 동안 지속적으로 연기되고 있는가? 후속 조치를 위해 문제가 보고되고 기록되는가? 이 모든 것은 잠재적인 프로젝트관리 품질

문제의 예이다.

품질 정보의 중요한 소스는 획득가치 데이터이다. 이 데이터를 분석하여 프로젝트 성능이 프로젝트 품질에 미치는 영향을 더 잘 이해할 수 있다. 예를 들어 프로젝트가 계획보다 빠르게 진행될 때 품질이 희생되고 있음을 나타낼 수도 있다.

품질 검토의 결과는 다음과 같다.

- 프로세스가 정상으로 돌아갈 수 있도록 프로세스를 수정하는 시정조치이다.
- 예방조치는 처음에 일어나는 것을 방지하여 미래의 문제를 잠재울 수 있다.
- 품질검토의 결과로 프로젝트 계획을 변경해야 하는 변경이 요청될 수 있다.
- 잘못되거나 결함이 있는 인도물에서 이를 수정하는 방법에 대한 관련 권장사항이 있다.
- 프로젝트의 품질 표준을 충족하거나 초과하는 인도물

고려사항

프로젝트 품질을 검토할 때 다음을 염두에 둔다.

- **표준 준수여부**: 프로젝트가 실제로 프로젝트 계획에 명시된 품질 표준을 준수하고 있는가?
- **인도물 검토 및 승인여부**.: 물이 공식적으로 검토되고 해당 개인 또는 그룹이 서명하고 있는지 확인한다. 서명되지 않은 인도물은 문제가 될 수 있다.
- **확인된 결함의 해결여부**: 산출물을 검토하면 결함이 발견된다. 이러한 결함은 수정을 위해 확인되지만 실제로 수정되고 있는가?
- **비정상적인 문제 또는 결함여부**: 프로젝트에서 더 큰 문제를 나타내는 것인가? 문제의 원인을 이해하기 위해 간단한 추세 또는 근본 원인 분석을 고려한다. 당신은 결함의 일반적인 소스를 찾을 수 있다.

14.5.7 인도물 승인

인도물 수락에는 프로젝트 계획에 명시된 프로젝트 범위를 충족하는지 확인하기 위해 인도물을 검토하는 작업이 포함된다. 일반적으로 인도물 검토는 다음과 같은 형태를 취할 수 있다.

- 시험
- 측정
- 검증

인도물이 허용 가능한 기준을 충족하는 경우 고객 또는 프로젝트 스폰서가 수락하고 그에 따라 문서화된다. 이는 인도물 자체에 서명하거나 인도물을 간단히 설명하고 고객 또는 프로젝트 스폰서가 서명할 승인 부분을 가지고 있는 인도물 수락 양식을 사용하여 수행할 수 있다. 인도물이 거부된 경우, 결함이 명확한 식별과 권장 시정조치와 함께 책임 있는 팀 구성원에게 반환해야 한다. 인도물 수락은 품질 검토와 밀접한 관련이 있는 경우가 많다.

고려사항

인도물 수락은 중간 또는 최종 인도물을 수락하거나 거부하는 것이다. 다음은 염두에 두어야 할 몇 가지 고려사항이다.

- **작업 설명의 일부**: 대부분의 프로젝트에서 프로젝트관리자는 중간 인도물을 수락하거나 거부할 책임이 있으며 프로젝트 스폰서 또는 고객은 최종 인도물을 수락할 책임이 있다.
- **인도물 수락 필수적**: 인도물을 수락하면 인도물이 완료되었으며 정의된 기대치를 충족하는지 확인하고 검증할 수 있는 수단을 제공한다.
- **설정한 기준 사용**: 각 인도물에는 다른 수락 기준이 있을 수 있다. 계획에서 개발한 기준을 사용한다.
- **서면 확보**: 인도물이 수락되면 서면으로 수락 확인을 제공한다. 이것은 매우 중요한다. 서면 승인이 아닌 경우 인도물을 수락하고 최종인 것으로 간주해서는 안 된다.
- **버전관리**: 인도물이 수락되면 버전 번호를 업데이트하여 표시한다. '최종' 인도물을 다른 버전으로 작업하는 것보다 더 실망스러운 것은 없다.

14.5.8 리스크 감시 및 통제

앞에서 정의된 것처럼 리스크는 프로젝트의 성공에 큰 영향을 미칠 수 있으며, 리스크가 발생할 경우 사전에 해결하기 위해 면밀히 감시해야 한다. 프로젝트 팀이 리스크를 관리하고 감시하는 데 채택해야 하는 여러 가지 전략이 있다. 프로젝트 이슈를 평가하여 정의된 리스크의 지표인지 또는 잠재적인 악화기인지 확인한다. 획득가치관리를 포함한 프로젝트 진행 상황을 공식적으로 평가하여 프로젝트에 미치는 잠재적 부정적인 영향을 감시한다. 계획의 기대에 부합하지 않는 프로젝트 진행은 리스크가 발생했다는 것을 의미한다. 다른 성과측정값을 중요한 리스크 요소의 선행지표로 감시한다.

리스크 이벤트가 발생하거나 임박했다는 것이 확립되면 우발사태 예비계획을 검토해야 한다. 리스크가 실제로 발생했을 때 팀은 어떤 유형의 계획을 개발했는가? 프로젝트 팀은 리스크의 영향이 어떻게 생겼는지 이해하기 위해 리스크 재평가를 수행할 수 있다. 리스크 대응 전략을 검토하고 보조 또는 잔류 리스크를 감시한다. 2차 리스크는 대응 전략을 구현할 때 발생하는 리스크이다. 잔여 리스크는 전략이 구현된 후에도 여전히 존재하는 나머지 리스크이다. 필요에 따라 요청 기록부를 업데이트한다. 경우에 따라 리스크의 영향에 따라 변경요청이 필요할 수 있다.

고려사항

불행히도 많은 프로젝트의 경우 계획 단계에서 리스크가 확인되었으면서도 보류되고 무시된다. 프로젝트에서 이러한 일이 발생하지 않도록 하려면 다음을 고려한다.

- **프로젝트 이슈**: 각 프로젝트 이슈를 식별하여 정의된 리스크 요소의 잠재적인 문제를 나타내는지 여부를 결정한다.

- **프로젝트 진행 상황 검토**: 프로젝트 진행 상황을 평가하여 프로젝트에 미치는 잠재적 영향을 감시한다. 여기에는 획득가치 분석기법의 사용이 포함될 수 있다.

- **성과측정 감시**: 성과측정값을 사용하여 중요한 리스크 요소의 선행 지표(벤치마크 또는 트리거)를 능동적으로 감시한다.

- **리스크 검토 고려**: 프로젝트의 특정 단계에서는 리스크 검토를 수행하여 식별한 리스크와 관련하여 프로젝트가 놓여 있는 위치를 더 잘 이해할 수 있다. 그런 다음 새로운 리스크를 식별하고, 기존 리스크의 상당 부분을 재평가하고, 이미 통과된 리스크의 발생을 차단할 수 있다.

- **리스크에 대한 인식**: 프로젝트 전반에 걸쳐 리스크를 인식하면 발생했을 때 리스크를 식별하고 처리하는 데 도움이 된다. 프로젝트관리자와 프로젝트 팀의 모든 사람에게도 마찬가지이다.

14.5.9 범위 통제

프로젝트 과정에서 변경이 발생할 수 있다. 고객은 다른 기능이 필요하다는 것을 깨닫고 사용자는 기능을 향상시킬 수 있는 기회를 식별한다. 프로젝트관리 팀은 특정 활동과 인도물이 수행 중인 다른 작업과 중복됨을 인식하고 프로젝트에서 제거할 것을 제안한다. 이러한 모든 결과로 프로젝트의 정의된 범위에 대한 변경이 필요하다. 범위 통제는 프로젝트 범위 및 관련 변경 내용을 식별, 관리 및 추적할 수 있는 공식적인 프로세스를 제공한다. 원래 프로젝트 계획이 승인되면 공식적으로 승인된 범위 변경은 프로젝트 범위를 변경할 수 있는 유일한 방법이다.

프로젝트 고객은 프로젝트 범위 변경요청을 시작하는 경우가 많지만 프로젝트 문제 해결로 인해 발생하거나 프로젝트 팀의 다른 구성원에 의해 식별될 수도 있다.

변경요청을 준비하기 전에 프로젝트의 현재 범위를 검토한다. 경우에 따라 요청된 변경이 실제로 프로젝트의 정의된 범위에 이미 반영될 수 있다. 이러한 경우 범위의 설명은 여전히 유용할 수 있지만 공식적인 변경요청은 필요하지 않다.

요청이 현재 승인된 범위에 없는 경우 변경요청을 만들어야 한다. 변경관리 단계에 설명된 방향에 따라 준비한다. 그런 다음 검토를 위해 프로젝트관리자에게 제출할 수 있으며, 이후에 승인하기 위해 프로젝트 스폰서에게 전달될 수 있다.

프로젝트 변경이 필수적이 아닌 것에 대한 요청표를 만든다. 다른 작은 변경사항과 함께 포함하거나 더 큰 변경요청이 이루어질 때까지 기다린다. 너무 잦은 작은 변경요청은 프로젝트를 느리게 하고 관련된 모든 당사자를 좌절시킬 수 있다. 경우에 따라 제안된 변경사항은 향후 프로젝트 또는 제품 릴리스에 대해 항목별로 지정될 수 있다. "우리가 할 수 있다면 좋지 않을까요?"에 대한 응답은 단순히 "그것이 중요한 것은 알고 있지만, 두 번째 릴리스를 기다려야 할 것이다."

고려사항

모든 프로젝트에, 추가하고 새로운 정보 또는 기회를 활용하기 위해 프로젝트의 범위를 업데이트하는 강한 유혹이 있다. 범위 변경의 다음과 같은 잠재적 원인을 고려한다.

- 모든 프로젝트에서 요구사항과 기대치가 충족되지 않는다. 최고의 프로젝트관리자조차도 몇 가지 요구사항을 캡처하는 것을 놓칠 수 있다. 이는 정상이지만 이것에 대한 영향을 관리해야 한다.
- 프로세스의 범위를 관리하고 통제하는 공식적인 과정은 불합리한 의도는 아니다. 프로세스를 마련함으로써 프로젝트에 참여하는 모든 사람에게 고객이 실제로 원하는지를 확인하기 위해 공식적인 방식으로 변경관리해야 한다고 알려준다.
- 과잉품질은 고객이 원하는 것보다 더 많은 것을 제공하는 것이다. "아, 이 기능을 추가하자, 그들은 그것을 좋아한다!" 자원, 노력 및 예산 측면에서 더 많은 원가가 들 수 있고, 고객이 요구하지 않은 것을 주었기 때문에 불행한 고객으로 이어질 수 있다.

14.6 프로젝트 단계 또는 프로젝트 종료 활동

14.6.1 계약종료

계약종료에는 프로젝트의 모든 계약의 관리종료와 각 공급업체에서 생산한 산출물의 확인 및 수락이 포함된다. 계약해지 요구사항은 계약조건에 따라 완료되어야 한다. 최종 결제 전에 계약은 산출물의 '내장' 특성을 반영하고 향후 사용을 위해 기록을 업데이트해야 한다. 모든 산출물이 수락되고 문서가 생성되면 완료된 작업에 대한 최종 지불을 할 수 있다. 작업 결과가 허용되지 않는 경우 계약자가 프로젝트관리자의 만족을 위해 작업을 완료할 때까지 지불이 보류될 수 있다.

공급업체는 계약의 최종 종료에 대한 서면 통지를 제공해야 한다. 모든 계약 관련 서류를 제출할 수 있으며, 계약에 대해 배운 교훈과 계약자가 모여 향후 검토를 위해 포함될 수 있다. 계약 완료 사실을 재무 및 법률 부서와 같은 내부 그룹에게 제공한다.

고려사항

프로젝트가 종료될 때 다음과 같은 고려사항을 해결한다.

- 보조문서(교육 매뉴얼, 디자인 문서, 건축 도면, 보고서 등)가 있는 경우 계약자는 실제로 만들어진 내용을 반영하도록 업데이트해야 한다.
- 계약 이행 후 계약업체가 운영 유지보수 및 지원을 수행하지 않을 경우 사이트를 떠나기 전에 구축한 내용을 이해하는 데 필요한 정보를 제공해야 한다.

• 대부분의 계약에는 보류 또는 수락 기간이 있다. 제품이 지정한 대로 작동하고 완전히 서명되었는지 확인될 때까지 공급업체에 대금을 지불하거나 프로젝트를 승인하지 않는다.

14.6.2 최종 회계작업 수행

자원 활용 및 예산을 포함하여 프로젝트의 최종 회계를 수행한다. 프로젝트 자원의 실제 사용한 활용도를 계획된 사용률과 비교 조정하고, 실제 비용을 계획된 비용과 비교한다. 자원을 복귀시킬 준비를 위해 프로젝트 자원을 사용할 수 있는 모든 준비를 종료한다.

고려사항

최종 회계를 수행할 때 다음을 고려한다.

• **재무업무 종료**: 모든 재정을 포함한다. 프로젝트가 완료되고 프로젝트에 다른 어떤 것도 청구해서는 안 된다. 프로젝트가 완료된 후에도 프로젝트에 '청구'되지 않도록 하기 위함이다.

• **예산 성과 평가**: 모든 숫자가 확정되면 예산 관점에서 어떻게 수행했는가? 예산 관점에서 제대로 수행했는가? 프로젝트의 성과는 어떠했나? 산정치가 얼마나 정확했던가?

• **기대치 업데이트**: 프로젝트가 원하는 결과를 달성했는지 말하기에는 너무 이르지만 프로젝트와 관련된 원가를 반영하도록 업데이트할 수 있다.

14.6.3 전체 프로젝트 수락

각 프로젝트 또는 단계가 완료되면 프로젝트에서 생성된 제품 또는 결과를 정의하는 프로젝트 수락 양식을 준비한다. 프로젝트 스폰서 또는 프로젝트 소유자에게 수락을 제공한다. 수락은 기업의 관련 경영진의 서명으로 표시된다. 서명된 수락 문서를 프로젝트의 법적/계약 문서와 함께 보관한다.

프로젝트 결과의 거부도 문서화해야 한다. 프로젝트 결과가 거부될 경우 관련 경영진으로부터 서면으로 알림을 받는다. 프로젝트 결과를 수락하기 위해 수행해야 하는 작업을 식별한다.

고려사항

이 단계에서, 전체 프로젝트 결과의 수용을 얻는 것은 형식적이어야 한다. 그러나 다음을 염두에 두어야 한다.

- 프로젝트가 허용가능한 경우 승인되었는지 확인한다. 프로젝트관리자는 상황이 완료되었다는 것을 알아야 하고, 프로젝트 수락 서신은 이를 제공한다.
- 문서가 거부된 경우, 이유를 자세히 문서화한다. 프로젝트가 끝날 때뿐만 아니라 프로젝트가 진행됨에 따라 품질검토 및 산출물 수락 단계를 구축해야 한다.

14.6.4 인력 재배치 감시

프로젝트 직원의 재배치를 모니터링하고 후속 조치를 취한다. 프로젝트 인력을 다른 노력으로 재배치하는 데 필요한 조치를 취한다.

고려사항

프로젝트의 사람들은 성공적인 프로젝트를 생산하기 위해 당신과 함께 일했고 그들이 갈 곳을 찾을 수 있도록 도와주는 것이 중요하다. 다음을 고려한다.

- 프로젝트 팀 구성원을 돌보는 데 시간을 할애하여 다음 세 가지 작업을 수행한다.
  - 팀 구성원들이 누군가가 그들을 돕기 위해 노력하고 있다는 것을 알고 전반적인 사기를 향상시키도록 한다.
  - 그들이 새로운 위치에 정착할 수 있도록 함으로써 스트레스를 덜 받도록 한다.
  - 당신이 큰 그림에서 그들을 고려하는 데 시간을 투입했기 때문에 당신과 프로젝트에 대한 선의를 생성한다. 이것은 추후 프로젝트를 추진할 시, 요원획득에 도움이 될 수 있다.

- 요원 100%를 전일제로 보유한 프로젝트 팀의 경우 프로젝트가 완료되면 정기적인 작업이 없을 수 있다. 조직이나 외부에서 다른 것을 찾기 위해 적극적으로 노력해야 한다. 일상적인 프로젝트 활동의 일부로 이것을 포함하고 프로젝트가 축소될 때 다음 프로젝트 또는 다른 역할을 찾는 일을 포함한다.
- 인적 자원 관리자 및 기타 부서장과 협력하여 프로젝트 팀 구성원에게 적합하고 유익한 작업을 찾을 수 있다.

14.7 교훈 수집 활동

14.7.1 프로젝트 측정데이터 수집

개별 프로젝트 작업을 완료하는 데 소비된 비용, 기간 및 자원 유형에 대한 데이터를 수집한다. 정량화 가능한 프로젝트 특성 및 개체(예 인터뷰 수, 워크스루 횟수, 엔터티 유형 수 등)를 식별한다. 모든 관련 측정지표를 문서화한다. 이 정보는 후속 프로젝트에 대한 접근 방식 및 노력(M/H) 추정을 쉽게 정의하는 데 사용된다.

다음과 같은 수로 간주될 공통 변수:

- 프로젝트 팀 구성원
- 관련된 기타 사람
- 비즈니스/조직 단위
- 면접/포커스 그룹/워크숍
- 위치
- 주제 영역
- 비즈니스 영역
- 비즈니스 기능
- 최저 수준의 비즈니스 기능
- 제품 유형
- 제안된 비즈니스 시스템
- 제안된 데이터 저장소
- 예상 기본 프로세스
- 설계 영역
- 제품 수명주기
- 현재 시스템
- 데이터 저장소
- 기본 프로세스
- 소유 제품 유형
- 절차 및 절차 단계
- 레코드 유형

- 교육을 받을 사용자

고려사항

미래 프로젝트는 과거 프로젝트에서 제공하는 역사적 정보에 크게 의존한다. 프로젝트 측정지표를 수집할 때 이 점을 고려한다.

- 누군가가 향후 프로젝트를 계획하는 데 필요한 주요 정보는 무엇인가? 이 정보를 지원하는 데 필요한 측정지표는 무엇인가?
- 이해와 사용의 용이성을 위해 요약 형식으로 측정지표를 제공한다. 그러나 사용 가능한 경우보다 자세한 정보에 접근하는 방법에 대한 정보도 포함한다.
- 파악하기 쉬운 형식으로 정보를 제공한다. 너무 많은 세부정보 또는 불필요한 정보는 측정지표를 이해하기 어렵게 만든다.
- 측정지표를 간단히 문서화하고, 왜 유용하고 개발했는지를 간략하게 문서화한다. 그 출처는 무엇이며 어떤 수식을 만들었는지 확인한다.

14.7.2 프로젝트 결과 요약

고려사항

프로젝트가 완료되면 PIR(Past Implementation Review: 사후이행검토)을 진행할 수 있다. 이것은 프로젝트의 결과를 검토할 수 있는 학습 기회이다. PIR은 프로젝트의 성공과 실패가 아니라 프로젝트 전체의 범위를 대상으로 포착하기 때문에 교훈과는 차이가 있다. 적절한 PIR은 다음 영역 중 일부를 다룬다.

- 프로젝트 개요
- 프로젝트의 의도된 결과
- 달성된 결과
- 프로젝트 성과
- 성공 및 과제
- 향후 프로젝트에 대한 권장 사항

프로젝트 팀의 구성원, 프로젝트 스폰서, 운영위원회, 고객 및 기타 주요 이해관계자를 검토에 포함하여 완료되었는지 확인한다.

고려사항

프로젝트의 결과를 요약할 때 다음을 염두에 둔다.

- 많은 프로젝트 문서와 마찬가지로 이 연습에 대한 형식 템플릿을 사용한다. 이를 통해 이용자가 콘텐츠를 보다 쉽게 준비하고 쉽게 이해할 수 있다.
- 이 단계에서 가능한 한 간단하게 한다. 사람들이 자세한 정보를 찾고 있다면 자세히 살펴볼 수 있는 광범위한 프로젝트 파일이 있다.
- 선택한 형식에 관계없이 정리되고 읽기 쉽고 의미가 있는지 확인한다.

14.7.3 자원 성과 검토

각 프로젝트 자원의 성능을 평가한다. 각 프로젝트 참가자가 기여한 것에 대한 품질을 평가한다. 참가자가 뛰어난 영역과 개선이 이루어졌거나 필요한 영역을 식별한다. 참가자의 성과와 기록에 대한 기여를 문서화한다. 적절한 경우 자원을 더 개발할 수 있는 방법에 대한 제안서를 만든다. 개별로 프로젝트에 대한 기여를 인정하고 보상해야 한다.

고려사항

사람들이 프로젝트에서 어떻게 했는지 평가할 때 다음을 고려한다.

- 개별 팀 구성원이 귀하에게 직접 보고하든 그렇지 않든, 그들의 성과를 평가한다. 그들은 프로젝트를 수행하면서 어떻게 했는가? 그들은 어느 부분에서 탁월했는가? 개선의 기회는 어디에 있는가?
- 프로젝트에 대한 그들의 생각과 그들이 어떻게 수행했는지 알아본다. 대부분의 사람들은 당신이 판단하기 전에 자신의 성공과 어려움을 식별할 수 있다.
- 성과 보너스 또는 급여 인상을 결정하는 것이 매니저이기 때문에 평가를 관리자와 공유하거나 지속적인 개발 기회가 해결되도록 후속 조치를 취해야 한다.
- 당신이 충분히 용감하다면 프로젝트 팀이 프로젝트에서 당신의 성과를 평가하게 하는 것이 좋다. 당신의 성과를 평가할 수 있는 기회를 팀에게 제공하는 것은 매우 보람 있을 수 있다. 그들은 당신이 어떻게 이끌고 프로젝트를 관리하는 방법에 대한 훌륭한 통찰력을 제공할 수 있다. 또한 그것은 당신이 자신의 피드백을 소중히 하고 자신감을 가지고 있다는 것을 다른 사람에게 알려주기도 한다.

14.7.4 교훈 식별

긍정적이고 부정적인 교훈을 프로젝트의 측면에서 모두 식별한다. 방법론, 프로젝트 조직 및 기술 응용 분야의 다른 프로젝트에서 무엇을 반복해야 하는지, 무엇을 피해야 하는지 설명한다. 프로젝트 계획, 프로세스, 작업 및 기술 및 프로젝트 접근 방식을 개선하는 데 사용할 수 있도록 다른 사람(예 프로젝트관리자, 프로세스 디자이너 등)이 이 정보를 사용할 수 있도록 한다.

고려사항

교훈은 현재와 미래의 프로젝트에 풍부한 정보를 제공할 수 있다. 다음을 고려한다.

- 교훈 단계는 프로젝트 종료 시 공식적인 활동이지만 프로젝트 전반에 걸쳐 교훈을 식별하고 포착할 수 있는 기대치를 만드는 것이 좋다. 되도록이면 프로젝트의 생애주기 단계마다 교훈을 수집하는 것이 좋다. 그렇지 않으면 프로젝트의 최종 단계에 도달하여 수집하려고 하면, 많은 귀중한 교훈이 잊혀질 수 있다.
- 프로젝트 팀이나 이해관계자 그룹을 만나 체득한 교훈을 수집할 수도 있다.
- 프로젝트와 관련된 사람들을 기반으로 교훈의 범위를 활동 또는 산출물의 일부 하위 집합으로 제한하는 것을 고려할 수 있다.
- 이러한 실무사례는 기존 프로젝트와 미래의 프로젝트를 더 좋게 만드는 것이다. 다른 사람들이 이해하고 당신이 겪은 것에서 배울 수 있도록 결과를 광범위하고 넓게 공유한다.

참고자료 및 관련문헌

강창욱 외, 『경쟁우위 확보를 위한 프로젝트관리학』, 북파일, 서울, 2015.

강창욱, eZ SPC 2.0 소프트웨어, 한양대학교(https://www.hanyang.ac.kr/web/www/it_e)

김길선 외, 『디지털시대의 생산관리』, 법문사, 서울, 2002.

김병호, 유정근, 『PM+P 해설서(PMBOK 6th ed.-based)』, 소동, 서울, 2018.

김병호, 정승원, 『PM+P 수험서』, 소동, 서울, 2005.

김왕표 외, 『프로젝트 관리의 이해-이론과 실제』, 박영사, 서울, 2018.

김인호, 『건설 사업의 리스크 관리』, 기문당, 서울, 2004.

김준환, 『건설 경제론』, 박영사, 서울, 2004.

남상오, 『회계원리』, 다산출판사, 서울, 1993.

민택기, 최광호, 이재성, 조동창, "프로젝트 위험관리 실무", 과학기술부, 2001.

박은희, 정영동, 『리스크관리론』, 무역경영사, 서울, 2002.

백인희, "PDCA Cycle적용을 통한 건설현장 품질관리에 관한 사례연구," 「한국건축시공학회」, 2008.

백준홍, 『건설계약관리와 클레임해결』, 연세대학교 출판부, 서울, 1998.

스콧버쿤 저, 『마음을 움직이는 프로젝트관리』 박재호, 이해영 역, 한빛미디어, 서울, 2006.

산업통상자원부 기술표준원, 『프로젝트관리 표준(ISO 21500) 이행가이드』, 2013.

안영진, 『경영품질론: 6시그마와 TQM』, 박영사, 서울, 2003.

윤진호, 『기업경영과 원가관리』, 학문사, 경기, 2003.

이명호, 유지수, 『경쟁우위확보를 위한 생산관리』, 박영사, 서울, 1999.

이창우, 안태식, 고종권, 전규안, 『원가관리회계』, 박영사, 서울, 2006.

장동운, 『갈등관리』, 무역경영사, 서울, 1997.

정혜성, 권영일, 박동호, 『신뢰성 시험 분석 및 평가』, 영지문화사, 서울, 2007.

추욱호 외, 『구매조달관리』, 청구, 서울, 2004.

프로젝트관리협회, 『프로젝트 지식체계(PM BOK) 지침서』, 2004.

피터 번스타인 저, 안진환, 김성우 역, 『리스크: 리스크 관리의 놀라운 이야기』, 한국경제신문사, 1997.

하버드 경영대학원(황금진 옮김), 『성공을 약속하는 프로젝트 매니지먼트』, 웅진윙스, 경기, 2008.

한국전력 건설관리실, 『프로젝트 자재관리절차서』, 1993.

한국전력 서부발전소, 『프로젝트 자재관리 전산시스템 절차서』, 1998.

한국전력공사 건설관리실, 『프로젝트 원가관리절차서』, 1993.

한국표준협회, 『미래사회와 표준』, 2007.

한국프로젝트경영협회, 『실무사례로 풀어가는 프로젝트경영』, 2013.
한국프로젝트경영협회, 『프로젝트관리지침서(GPMS)』, 2020.
한양대 PM연구회 A13팀, 『해럴드 커즈너의 가치 중심의 프로젝트 관리』, 북파일, 서울, 2012.
현학봉, 『계약관리와 클레임 second edition』, 2012, C plus International.
『ICB 4.0 한글판』, IPMA Korea, 2017.
『ISO21500』, ISO, 2012.
『KS A ISO 21500』, 산업자원부, 2013.
『PMBOK 가이드 6판』, PMI, 2017.

1994–2012 report summary by C. Carroll, — 2015 report summary by S. Hastie, S. Wojewoda.
APQC, *Planning, Organizing, and Managing Benchmarking : A User's Guide*, Houston, 1992.
AXELOS, *Managing Successful Projects with PRINCE2*, 2017.
Burt, D. N., et al., *World Class Supply Management: The Key to Supply Chain Management*, McGraw–Hill Irwin, Boston IL, 2003.
C. A. Williams and R. M. Heins, *Risk Management and Insurance*, McGraw-Hill, New York, 1985.
Carl L. Pritchard, *Risk Management : Concepts & Guidance*, Defense Systems Management College and ESI International, 1997.
CII IR7–3, *Procurement and Materials Management: A Guide to Effective Project Execution*, Construction Industry Institute, 1999.
Clifford Gray & Erik Larson, *Project Management : The Managerial Process*, McGraw–Hill, 2000.
David L. Olson, *Introduction to Information Systems Project Management 2nd Edition*, McGraw–Hill, 2004.
Dick Billows, *Project Manager's Knowledge Base : PMP Prep with Practice Exams*, The Hampton Group, Inc, 2004.
Edmund H. Conrow, *Effective Risk Management : Some Keys to Success*, American Institute of Aeronautics and Astronautics, 2000.
Elaine M. Hall, *Managing Risk: Methods for Software Systems Development*, Software Engineering Institute, 1998.
Feigenbaum, A. V., *Quality Control : Principles and Administration*, McGraw–Hill Book Company, New York, 1951.
Fleming, Q. W, *Project Procurement Management: Contracting, Subcontracting, Teaming*, FMC Press, Tustin, California, 2003.
Gary L. Richardson, Brad M. Jackson, *Project Management Theory and Practice* Third Edition, CRC

Press, 2019.

Greene, Mark R. and Oscar N. Serbein, *Risk Management: Text and Cases*, Reston Publishing Company, second edition, 1983.

Harold Kerzner, *Project Management : A systems Approach to Planning, Scheduling, and Controlling*, 7th Edition, 2001.

Huston, C. L, *Management of Project Procurement*, McGraw−Hill, New York, 1996.

International Journal of Project Management 20(2002) 185-190 w.

IPMA, *Individual Compedence Baseline 4.0*, International Project Management Association.

ISO 8402, *Quality Management and Quality Assurance*, ISO Press, Geneva, 1994.

Jack Gido, Jim Clements, Rose Baker, *Successful Project Management* 7th Edition, Cengage Learning, 2017.

Jack T. Marchewka, *Information Technology Project Management Providing Measurable Organizational Value* 5th Edition, Wiley, 2016.

Jeffrey K. Pinto, *Project Management Achieving Competitive Advantage*, Pearson Education, 2007.

John M. Nicholas, *Herman Steyn Project Management for Engineering, Business and Technology*, 4th Edition, Routledge, 2012.

Joseph J. Corey, Jr., *Contract Management and Administration for contract and project management professional*, 2015, Joseph J. Corey, Jr., Contract Management Consultant.

Juran, J. M., *Juran on Quality by Design : The New Steps for Planning Quality into Goods and Services*, The Free Press, New York, 1992.

Juran, J. M., *Quality Control Handbook*, McGraw−Hill, New York, 1951.

Kathy Schwalbe, Information Technology Project Management 8th Edition, Cengage Learning, 2016.

Kenneth K. Humphreys, Lloyd M. *English, Project and Cost Engineers' Handbook*, AACE International, 1993.

Kerzner, H, *Project Management: A Systems Approach to Planning, Scheduling, and Controlling*, 9th edition, John Wiley & Sons, Inc., Hoboken, New Jersey, 2006.

Managing Projects in Organization 3rd Edi. 0470631384 J. Davison Frame.

Maximizing the Benefits of Disruptive Technologies on Projects, 2018 Pulse of Profession/in−depth report. PMI.

Maximizing the Benefits of Disruptive Technologies on Projects(PMI, 2018)

Oradivitch & Stephanou, *Project Management Risks & Productivity*, Daniel Spencer Publisher, 1990.

Parviz F. Rad, *Project Estimating and Cost Management*, Management Concepts, 2002.

Paul Sanghera, *PMP® IN DEPTH* Third Edition, Apress, 2019.

Paula K. Martin, *A Step by Step Approach to Risk Assessment*, Matin Training Associates, LLC, 2001.

Paula K. Martin and Karen Tate, *Risk Assessment*, Karen Tate LLC, 2001.

PMI, *A Guide to the Project Management Body of Knowledge* 3rd edition, Project Management Institute, 2004.

PMI, *A Guide to Project Management Body of Knowledge* 6th edition, Project Management Institute, 2017.

ProjectManagement.com, JPACE Project Management process.

R. Max Wideman, *Project & Program Risk Management*, Project Management Institute, 1992.

Stephen Grey, *Practical Risk Assessment for Project Management*, John Wiley & Sons, 1995.

The "real" success factors on projects Terry Cooke－Davies Human Systems Limited, 4 West Cliff Gardens, Folkestone, Kent CT20 1SP, UK.

The Role of Project Managers in Industry 4.0－April5 2018, Projectmanagement.com Luca Rezzani.

Value－Driven Project Management 2009 49－61 by Harold Kerzner, Frank P.Saladis.

Vijay K. Verma. *Human Resource Skills For The Project Manager*, Project Management Institute, 1996.

[저자 소개]

강창욱

미국 미네소타대학교 통계학 박사
한양대학교 산업경영공학과 교수
한양대학교 공학대학원 프로젝트관리학 전공 주임교수
前 ISO 21500/PC 236 한국전문위원회 위원장
前 한국프로젝트경영학회 회장

김진호

서울대학교 통계학 박사
공주대학교 산업시스템공학과 교수
국가참조표준센터 운영위원장
前 한국감성과학회 회장
前 한국표준과학연구원 책임연구원

김형도

한국피엠글로벌 대표
한국프로젝트경영협회 부회장
프로젝트관리지침서(GPMS) 집필위원장
ISO 21500/TC 258 한국전문위원회 위원
前 한국전력공사 부장

백동현

카이스트 산업공학 박사
한양대학교 경상대학 경영학부 교수
한양대학교 일반대학원 경영컨설팅 전공 주임교수
ISO 21500/TC 258 한국전문위원회 위원
前 한국프로젝트경영학회 회장

정은주

국민대학교 BIT전문대학원 공학박사
주) 한국IT컨설팅 PMO사업본부장
한양대학교 공학대학원 프로젝트관리학 겸임교수
前 한국정보통신기술사협회 부회장
前 SK(주) C&C PMO & 계약협상 전문위원

최광호

한양대학교 공학대학원 프로젝트관리학 겸임교수
前 PMBOK 5th Edition TVC Chair
前 International Institute for Learning(IIL) 지사장
前 (주)PMWiz 대표이사
前 PMI South Korea Chapter President

황인극

미국 텍사스 A&M 산업공학 박사
공주대학교 산업시스템공학과 교수
前 ISO 21500/PC 236 한국전문위원회 위원
前 한국프로젝트경영학회 회장
前 대한설비관리학회 회장

제4판

프로젝트관리학

초판발행 2009년 7월 22일
제4판발행 2021년 2월 25일

지은이 강창욱 · 김진호 · 김형도 · 백동현 · 정은주 · 최광호 · 황인극
펴낸이 안종만 · 안상준

편 집 황정원
기획/마케팅 오치웅
표지디자인 이미연
제 작 고철민 · 조영환

펴낸곳 (주) 박영사
서울특별시 금천구 가산디지털2로 53, 210호(가산동, 한라시그마밸리)
등록 1959. 3. 11. 제300-1959-1호(倫)
전 화 02)733-6771
f a x 02)736-4818
e-mail pys@pybook.co.kr
homepage www.pybook.co.kr
ISBN 979-11-303-1159-3 93500

정 가 35,000원